D1687887

Hans-Jörg Bullinger · Klaus-Peter Fähnrich
Betriebliche Informationssysteme

Springer
*Berlin
Heidelberg
New York
Barcelona
Budapest
Hongkong
London
Mailand
Paris
Santa Clara
Singapur
Tokio*

Hans-Jörg Bullinger
Klaus-Peter Fähnrich

Betriebliche Informationssysteme

Grundlagen und Werkzeuge
der methodischen
Softwareentwicklung

Mit 129 Abbildungen

Springer

Professor Dr.-Ing. habil. Hans-Jörg Bullinger
Dr.-Ing. Klaus-Peter Fähnrich
Fraunhofer-Institut für Arbeitswirtschaft
und Organisation
Nobelstr. 12
D-70569 Stuttgart

ISBN 3-540-61274-2 Springer-Verlag Berlin Heidelberg New York

Die Deutsche Bibliothek
Bullinger, Hans-Jörg
Betriebliche Informationssysteme: Grundlagen und Werkzeuge der methodischen Software-
entwicklung / Hans-Jörg Bullinger; Klaus-Peter Fähnrich. - Berlin; Heidelberg; New York;
Barcelona; Budapest; Hongkong; London; Mailand; Paris; Santa Clara; Singapur; Tokio:
Springer, 1997
ISBN 3-540-61274-2
NE: Fähnrich, Klaus-Peter

Dieses Werk ist urheberrechtlich geschützt. Die dadurch begründeten Rechte, insbesondere die der
Übersetzung, des Nachdrucks, des Vortrags, der Entnahme von Abbildungen und Tabellen, der
Funksendung, der Mikroverfilmung oder Vervielfältigung auf anderen Wegen und der Speicherung
in Datenverarbeitungsanlagen, bleiben, auch bei nur auszugsweiser Verwertung, vorbehalten. Eine
Vervielfältigung dieses Werkes oder von Teilen dieses Werkes ist auch im Einzelfall nur in den
Grenzen der gesetzlichen Bestimmungen des Urheberrechtsgesetzes der Bundesrepublik Deutsch-
land vom 9. September 1965 in der jeweils geltenden Fassung zulässig. Sie ist grundsätzlich
vergütungspflichtig. Zuwiderhandlungen unterliegen den Strafbestimmungen des Urheberrechtsgesetzes.

© Springer-Verlag Berlin Heidelberg 1997
Printed in Germany

Die Wiedergabe von Gebrauchsnamen, Handelsnamen, Warenbezeichnungen usw. in diesem Buch
berechtigt auch ohne besondere Kennzeichnung nicht zu der Annahme, daß solche Namen im Sinne
der Warenzeichen- und Markenschutz-Gesetzgebung als frei zu betrachten wären und daher von
jedermann benutzt werden dürften.

Sollte in diesem Werk direkt oder indirekt auf Gesetze, Vorschriften oder Richtlinien (z.B. DIN, VDI,
VDE) Bezug genommen oder aus ihnen zitiert worden sein, so kann der Verlag keine Gewähr für die
Richtigkeit, Vollständigkeit oder Aktualität übernehmen. Es empfiehlt sich, gegebenenfalls für die
eigenen Arbeiten die vollständigen Vorschriften oder Richtlinien in der jeweils gültigen Fassung
hinzuzuziehen.

Einbandentwurf: Atelier Struve & Partner, Heidelberg
Satz: Camera ready Vorlage durch Autoren
SPIN: 10538885   62/3020 - 5 4 3 2 1 0 - Gedruckt auf säurefreiem Papier

Vorwort

Das folgende Buch faßt wichtige Arbeiten der letzten zehn Jahre am Fraunhofer-Institut für Arbeitswirtschaft und Organisation (IAO) sowie am Institut für Arbeitswissenschaft und Technologiemanagement der Universität Stuttgart zusammen. Diese Arbeiten wurden im Bereich Mensch-Maschine-Kommunikation und Software-Ergonomie durchgeführt. Sie wurden immer unter einem engen Bezug einerseits zum Software Engineering und zur Software-Technik sowie andererseits zu ausgewählten Anwendungsgebieten durchgeführt. Dabei wurde insbesondere auch die Kooperation mit anderen Hochschulinstituten, der lokalen Industrie und der Software-Branche gepflegt.

Die Arbeiten basieren dabei wesentlich auf einer Vielzahl am Institut durchgeführter Vorhaben, deren Ergebnisse in wissenschaftliche Arbeiten und praktische Umsetzungen eingeflossen sind. In Verbindung mit den Forschungsarbeiten der Autoren wird für den Leser eine Gesamtschau zum Stand der Wissenschaft erstellt. Auch wirkten an den umfangreichen Arbeiten zahlreiche Studien- und Diplomarbeiter sowie Hilfsassistenten mit. Ihnen sei für ihre erfolgreiche Arbeit herzlich gedankt.

Insbesondere flossen in das Buch Arbeiten von Dr. Rainer Bamberger, Dr. Claus Görner, Dr. Karl-Heinz Hanne, Dr. Antonius J. M. van Hoof, Dr. Andreas Huthmann, Dr. Christian Janssen, Dr. Manfred Kroneberg, Dr. Eberhard Kurz, Dr. Hans-Peter Laubscher, Dr. Renate Mayer, Dr. Thomas Otterbein, Dr. Anette Weisbecker sowie Dr. Jürgen Ziegler ein. Ihnen gilt unser besonderer Dank und unsere Anerkennung für ihre wissenschaftlich-technische Leistung.

Die Ergebnisse der Arbeiten wurden mit zahlreichen Maschinenbauunternehmen, Herstellern von Automatisierungssystemen, Softwarehäusern und Anwenderunternehmen in den verschiedensten Branchen von produzierenden Unternehmen bis zu öffentlichen Dienstleistern oder Unternehmen im Bereich von Handel, Banken und Versicherungen erfolgreich umgesetzt. Auch hierüber berichtet dieses Buch.

Die hohe praktische Umsetzbarkeit der Arbeiten führte dazu, daß sich ehemalige Mitarbeiter unseres Institutsverbunds auf der Basis der Ergebnisse auch unternehmerisch betätigten. So wurde vor fast zehn Jahren die ISA Integrierte Informationssysteme gegründet. Wesentliche Arbeiten der Herren Kärcher, Raether, Dannenberg und Vögele in bezug auf die Werkzeuge IDM, ODS Toolbox sowie IDS, die auch in diesem Buch vorgestellt werden, basieren auf ihren langjährigen Entwicklungsarbeiten. Außerdem bildete sich auf der Basis der hier geschilderten Arbeiten die GSM Gesellschaft für Softwaremanagement. Herrn Gerald Groh sowie Dr. Claus Görner verdanken wir Weiterentwicklungen der Methodik im Bereich Rapid Prototyping, Projektmanagement, Gestaltung von elektronischen Büchern und Medien sowie viele Arbeiten im Bereich der internationalen Standardisierung und Normierung.

Unser besonderer Dank gilt Ursula Wunderlich und Brigitte Fübrich. Sie haben Manuskript- und Bildmaterial bearbeitet und redigiert. Ohne ihr Wirken wäre dieses Buch nicht zustande gekommen.

Das vorgelegte Buch beschränkt sich inhaltlich auf die Teile der Softwareergonomie und Mensch-Computer-Interaktion, die methodisch auf das Software Engineering hin ausgerichtet sind. Neben diesen Arbeiten wurde eine Vielzahl von Arbeiten, die arbeitswissenschaftlich oder psychologisch ausgerichtet sind, durchgeführt. Auf sie wird in ausgewähltem Umfang im Text verwiesen.

Stuttgart, im Januar 1997

Hans-Jörg Bullinger   Klaus-Peter Fähnrich

Inhaltsverzeichnis

1	Einleitung	1
2	Zielsetzung und inhaltliche Schwerpunkte	7
3	Die ingenieurmäßige Entwicklung von Informationssystemen	11
3.1	Vorgehensmodelle im Software Engineering	11
3.1.1	Das Wasserfallmodell	11
3.1.2	Das V-Modell	12
3.1.3	Spiralmodell	12
3.1.4	Das Modell des Prototypings	12
3.1.5	Softwarefabrik, Softwaremontage und Componentware	13
3.1.6	Klassifikation und Bewertung der Vorgehensmodelle	14
3.2	Methoden und Techniken in der Softwareentwicklung	16
3.2.1	Funktionsorientierte Modellierung	16
3.2.2	Ereignisorientierte Modellierung	16
3.2.3	Datenorientierte Modellierung	17
3.2.4	Objektorientierte Modellierung	18
3.2.5	Beschreibung von Vorgängen und Aufgabenabläufen	19
3.2.5.1	Petri-Netz-basierte Ablaufbeschreibungen	20
3.2.5.2	Zustandstransitionsansätze	21
3.2.5.3	Statecharts	21
3.2.5.4	Zur Bewertung von Vorgangsbeschreibungen	22
3.2.6	Vergleich der unterschiedlichen Software-Engineering-Methoden	23
3.3	Entwicklungsumgebungen und Werkzeugunterstützung	25
3.3.1	CASE-Werkzeuge	25
3.3.2	Integration von Software-Engineering-Werkzeugen	26
3.3.3	Standardisierung von Software-Werkzeugen	27
3.4	Ein Mehrebenen-Modell für die Objekt- und Aufgabenbeschreibung bei Informationssystemen	28
4	Essentielle Systemmodellierung	31
4.1	Objektmodellierung	31
4.2	Objektzustände	32
4.2.1	Der Zusammenhang zwischen Objektzuständen und Aufgabenabläufen	34
4.2.2	Bestimmung von Objektzuständen	34

4.2.3	Modellierung von Objektzuständen	35
4.2.3.1	Definition und Formalisierung von Objektzuständen	35
4.2.3.2	Graphische Darstellung von Zustandsklassen	36
4.2.4	Spezifikation des dynamischen Objektverhaltens	38
4.3	Aufgabenmodellierung mit Task Object Charts (TOCs)	39
4.3.1	Anforderungen an die Aufgabenmodellierung	40
4.3.2	Konzepte und Notationen von Task Object Charts	41
4.3.2.1	Elemente und Strukturen der Aufgabenbeschreibung	41
4.3.2.2	Flüsse in Task Object Charts	43
4.3.2.3	Aufgabentypen	46
4.3.2.4	Hierarchische Aufgabenstrukturen	47
4.3.3	Modellierung von Geschäftsprozessen mit Task Object Charts	50
4.3.4	Vergleich von TOCs mit anderen Modellierungsmethoden	51
5	**Konzeptueller Entwurf der Benutzungsschnittstelle**	**53**
5.1	Das Sichtenmodell	54
5.1.1	Objektsichten	58
5.1.1.1	Objektreferenzen	58
5.1.1.2	Attributsicht	58
5.1.1.3	Aggregationssichten	59
5.1.2	Sichten auf Funktionen und Vorgänge	59
5.1.2.1	Funktionsreferenzen	59
5.1.2.2	Aktorensichten	60
5.1.3	Mengensichten	60
5.1.3.1	Mengenreferenzen	61
5.1.3.2	Homogene Mengenobjekte	62
5.1.3.3	Inhomogene Mengenobjekte	62
5.1.4	Constraints und Filter	63
5.1.5	Dialogsichten	64
5.1.6	Relationen im Sichtenmodell	64
5.1.6.1	Zugriffspfade	64
5.1.6.2	Aggregationen	66
5.1.6.3	Kardinalitäten	67
5.1.6.4	Qualifizierte Zugriffsrelationen	67
5.2	Spezifikation der Sichteninhalte	69
5.2.1	Logische Sichtendefinition	69
5.2.2	Zuordnung Sicht – Objekt	69
5.2.3	Sichtendefinitionsschemata	70
5.3	Das Dialogmodell	71
6	**Dialogmodellierung**	**73**
6.1	Dialog und Dialogmodell	74
6.1.1	Begriffe	74
6.1.2	Kriterien zur Bewertung von Dialogbeschreibungstechniken und Dialogmodellen	74
6.2	Dialogbeschreibungstechniken	75

6.2.1	Zustandsübergangsdiagramme	75
6.2.2	Formale Grammatiken	75
6.2.3	Ereignismodelle	76
6.2.4	Constraints	76
6.2.5	Petrinetze	77
6.2.6	Bewertung der diskutierten Dialogmodelle	78
6.3	Dialognetze als Dialogbeschreibungstechnik auf Fensterebene	78
6.3.1	Grundform von Dialognetzen	78
6.3.1.1	Dialognetze als beschriftete B/E-Netze	78
6.3.1.2	Optionale Flüsse und modale Stellen	80
6.3.1.3	Modale Stellen	81
6.3.2	Hierarchische Gliederung von Dialognetzen	81
6.3.2.1	Komplexe Stellen und Unterdialognetze	81
6.3.2.2	Dynamische Teildialoge	82
6.3.3	Dialogmakros	83
6.3.4	Voll spezifizierte Dialognetze	84
6.3.5	Richtlinien und Prüfungen bei der Dialogspezifikation	86
6.4	Constraints für die Beschreibung der Dialoge auf Objektebene	87
6.4.1	Einführung von Constraints	87
6.4.2	Ableitung von Constraints aus Dialognetzen	87
6.5	Generierung ausführbarer Regeln für User Interface Management Systeme	88
6.6	Anwendungen von Dialognetzen	89
6.6.1	Methodische Benutzungsschnittstellenentwicklung	89
6.6.2	Editor für Dialognetzbeschreibungen	90
6.6.3	Der Einsatz von Dialognetzen zum Zwecke der Dokumentation	91
6.6.4	UIMS-Generator für Dialognetzbeschreibungen	91
6.6.5	Benutzungsschnittstellengenerierung aus höheren software-technischen Beschreibungstechniken	92
6.7	Einsatzerfahrungen	92
6.7.1	Dialogentwurf vermittels Dialognetzen von Informationssystemen im Versicherungsbereich	93
6.7.2	Migration eines PPS-Systems	94
6.7.3	Entwurf eines Druckereileitstands	94
6.8	Schlußfolgerungen	96
7	**Die Realisierung graphisch-interaktiver Informationssysteme: Vorgehensmodell und Beispiel**	**97**
7.1	Ein Vorgehensmodell zur Realisierung graphisch-interaktiver Informationssysteme	97
7.2	Ein Anwendungsbeispiel: Die Migration eines Produktions-planungs- und -steuerungssystems	100
7.2.1	Das Objektmodell der Anwendung	102
7.2.2	Modellierung von Aufgaben und Prozessen	103
7.2.3	Erstellung eines Sichtenmodells der Benutzungssicht auf das System	105

7.2.4	Konkretisierung der Benutzungsschnittstelle in der Prototypenentwicklung	110
7.3	Bewertung der Vorgehensweise auf der Basis gewonnener Einsatzerfahrungen	111
8	**Graphische Benutzungsschnittstellen aus Datenmodellen generieren**	**115**
8.1	Ansätze zur automatischen Generierung von Benutzungsschnittstellen	115
8.2	Modifikationen an ER-Modellen für die Ableitung der Spezifikation der Benutzungsschnittstelle	116
8.2.1	Grundelemente von ER-Modellen	116
8.3	Benutzungssichten als zentrales aufgabenbezogenes Schema	117
8.3.1	Verwendete Sichtentypen	117
8.3.2	Schemata für die Beschreibung der Eigenschaften von Sichten	118
8.4	Ableitung von Darstellungs- und Dialogstruktur aus dem Benutzungssichtenmodell	120
8.4.1	Die Bedeutung von Kardinalitäten der Relationen des Datenmodells für das Design der Benutzungsschnittstelle	120
8.4.2	Ableitung weiterer Dialogabläufe	122
8.5	Die automatische Generierung von softwareergonomisch gestalteten Benutzungsschnittstellen	124
8.5.1	Abstrakte Interaktionsobjekte	124
8.5.2	Auswahlregeln für die Darstellung von Sichten	126
8.5.3	Layoutregeln und Layoutverfahren	127
8.5.4	Aufbau einer Regelbasis als Formalisierung der Methode	127
8.5.5	Generierungsschritte zur Entwicklung von Benutzungsschnittstellen aus Datenmodellen	129
8.5.6	Veränderbarkeit und Erweiterbarkeit der Designregeln	131
8.5.7	Abbildung der Designspezifikation auf User Interface Management Systeme	131
8.6	Ein Werkzeugkasten zur Generierung von Benutzungsschnittstellen aus Datenmodellen	131
8.6.1	Generierung einer Benutzungsschnittstelle für die Auftragsabwicklung eines PPS-Systems	132
8.6.2	Vorgehensweise	133
8.6.3	Generierung der Benutzungsschnittstelle	133
9	**Software-Werkzeuge für graphisch-interaktive Benutzungsschnittstellen**	**137**
9.1	Basiskomponenten für graphisch-interaktive Benutzungsschnittstellen	137
9.1.1	Fenstersysteme	137
9.1.2	Marktrelevante Oberflächenbaukästen (Toolkits)	141
9.1.3	Programmierung graphisch-interaktiver Benutzungsschnittstellen mit Hilfe von objektorientierten Oberflächenbaukästen	142

9.1.3.1	Objektorientierte Oberflächenbaukästen	142
9.1.3.2	Die Klassen des objektorientierten Oberflächenbaukastens InterViews	144
9.1.3.3	Ein Programmierbeispiel für die Programmierung graphisch-interaktiver Benutzungsschnittstellen unter Verwendung eines objektorientierten Oberflächenbaukastens	147
9.2	Eine Klassifizierung von höherstehenden GUI-Entwicklungswerkzeugen	150
9.2.1	Ein Klassifizierungsschema	150
9.2.2	Höherstehende Entwicklungswerkzeuge im Überblick	152
9.2.2.1	Oberflächenbaukästen	152
9.2.2.2	Oberflächenbeschreibungssprachen und Oberflächeneditoren	153
9.2.2.3	Anwendungsrahmen	153
9.2.2.4	User Interface Management Systeme	154
9.2.2.5	Werkzeuge der vierten Generation und Hypermedia-Werkzeuge	155
9.2.2.6	Automatisch generierende Werkzeuge	155
9.3	Kriterien zur Beurteilung der Leistungsfähigkeit von GUI-Werkzeugen	155
9.3.1	Unterstützte Plattformen	156
9.3.2	Präsentationsschicht	157
9.3.3	Dialogsteuerung	161
9.3.4	Anwendungsschnittstelle	161
9.3.5	Einbettung in den Software-Engineering-Prozeß	163
10	**Interface Management Systeme**	**165**
10.1	Zur Definition von User Interface Management Systemen (UIMS)	165
10.2	User Interface Management Systeme: Die Zielgruppe	168
10.3	User Interface Management Systeme und Software-Anwendungsarchitekturen	169
10.4	User Interface Management: Benutzungsschnittstellen als geschichtete Software-Architektur	171
10.5	Benutzungsschnittstellen: Das Verhältnis von Datenbankmanagement und User Interface Management	172
10.6	Technologien im Umfeld von UIMS-Systemen	173
10.7	Komponenten eines User Interface Management Systems	175
10.8	User Interface Management und Client/Server-Architekturen	176
10.9	Vorteile beim Einsatz eines User Interface Management Systems	177
10.10	Werkzeugauswahl und Einführung	178
10.10.1	Auswahl und Einführung von GUI-Werkzeugen	179
10.10.2	Benchmark Tests	179
10.10.3	Marktuntersuchung zur Leistungsfähigkeit von Werkzeugen zur Entwicklung graphisch-interaktiver Benutzungsschnittstellen	183
10.10.4	Migration zu graphisch interaktiven Benutzungsschnittstellen in Client/Server-Architekturen	184

11 DIAMANT: Ein experimentelles, objektorientiertes User Interface Management System ... 185

- 11.1 Das User Interface Management System DIAMANT im Überblick ... 185
- 11.2 Die objektorientierte Dialogbeschreibungssprache UIDL ... 187
- 11.3 Implementation des DIAMANT UIMS ... 190
- 11.4 Zusammenfassung und Diskussion ... 192

12 IDM: Der Dialog Manager ... 195

- 12.1 Dialogmodell und Regelsprache des Dialog Managers ... 195
- 12.1.1 Einführung ... 195
- 12.1.2 Ressourcen ... 196
- 12.1.3 Objekte ... 197
- 12.1.4 Dialogregeln ... 201
- 12.1.5 Definition der Syntax der Regelsprache des Dialog Managers ... 202
- 12.2 Implementationsbeispiele für den Leistungsumfang des Dialog Managers ... 205
- 12.3 Beispiele für weitere Dialogbeschreibungssprachen ... 210
- 12.4 Weitere wichtige realisierte Funktionen des Dialog Managers ... 213
- 12.4.1 Objektorientierte Dialogprogrammierung mit dem Dialog Manager .. 213
- 12.4.2 Die Entwicklung portabler Dialogsysteme ... 216
- 12.4.3 Anwendungsspezifische Formatfunktionen ... 218
- 12.4.4 Erweiterung des Objektmodells durch ein Tabellenobjekt ... 219
- 12.4.5 Eine Datenbankschnittstelle für IDM ... 222
- 12.4.6 Weitere Entwicklungen des IDM ... 225

13 Ein UIMS für graphisch-interaktive CNC-Programmiersysteme ... 227

- 13.1 Das IPS-System ... 227
- 13.2 Funktionale Anforderungen an Benutzungsschnittstellenwerkzeuge bei graphisch-interaktiven Programmiersystemen ... 229
- 13.3 Spezifikationen eines User Interface Management Systems für die Entwicklung von Programmiersystemen an CNC-Werkzeugmaschinen ... 236
- 13.3.1 Erweiterungen und Anpassungen des X-Windows-Systems ... 236
- 13.3.2 Konzeption und Implementation eines CNC-spezifischen Toolkits 237
- 13.3.3 Erweiterung des User Interface Management Systems Dialog Manager durch Zustandsnetzwerke ... 238
- 13.3.4 Externe Ereignisse ... 239
- 13.3.5 Integration von analytisch beschriebenen Piktogrammen in die Dialogbeschreibungssprache ... 239
- 13.3.6 Der CNC-spezifische Window Manager ... 240
- 13.3.7 Ein Konfigurator für CNC-Programmiersysteme ... 240
- 13.4 Realisierung eines Beispieldialogs unter Verwendung von Stati ... 241
- 13.5 Realisierung des Systems ... 242

14	**Dialogbausteine für graphisch-interaktive Systeme**	247
14.1	Dialogbausteine - Eine Einführung	247
14.1.1	Klassifikation von Dialogaufgaben	248
14.1.2	Modellierung von Dialogaufgaben	250
14.1.3	Implementierung der Dialogbausteine	256
14.1.4	Entwurf und Implementierung einer Bausteinbibliothek	259
14.1.5	Ausblick auf weitere Entwicklungen	261
14.2	Zusammenfassung	262
15	**Benutzerwerkzeuge**	263
15.1	Das Konzept der Benutzerwerkzeuge	263
15.2	Anforderungen an und Gestaltungsempfehlungen für Benutzerwerkzeuge	263
15.3	Die Architektur von Benutzerwerkzeugen	264
15.4	Benutzerwerkzeuge bei Leitständen	265
15.5	Realisierte Benutzerwerkzeuge für einen Fertigungsleitstand	266
15.5.1	Plantafel	266
15.5.2	Arbeitsplaneditor	270
15.5.3	Navigation	270
15.5.4	Auftragsverfolgung	271
15.5.5	Terminierungsberater	271
15.5.6	Mailing	272
15.5.7	Struktureditor	272
15.5.8	Verknüpfungseditor	272
15.5.9	Planungsberater	272
15.5.10	Auftragssplitter	272
15.5.11	Sichteneditor	273
15.5.12	Tabelleneditor	273
15.6	Ein individualisierbares, heuristisches Einplanungswerkzeug	273
15.6.1	Methodisches Vorgehen zur Entwicklung des heuristischen Einplanungswerkzeugs	274
15.6.2	Modellierung eines individuellen heuristischen Einplanungswerkzeugs	274
15.6.3	Realisierung des Einplanungswerkzeugs	277
16	**Objektorientierte Anwendungsrahmen für Fertigungs- informations- und -kommunikationssysteme**	281
16.1	Hauptkomponenten eines Anwendungsrahmens für ein FIKS	283
16.2	Spezifikation eines Objektmodells für den Anwendungsrahmen	283
16.3	Implementation des Anwendungsrahmens	292
16.4	Konzepte der Benutzungsschnittstelle des Anwendungsrahmens	293
16.5	Einsatz des Anwendungsrahmens zum Bau eines Leitstands	296

17 Ein Generator für heuristische Dialogsteuerungen ... 299

17.1 Eine Architektur für heuristikbasierte Frage-Antwortsysteme ... 299
17.2 Heuristikbasierte Frage-Antwortdialoge am Beispiel der Diagnose von Werkzeugmaschinen ... 301
17.2.1 Diagnose von Werkzeugmaschinen im Rahmen allgemeiner Instandhaltungsstrategien ... 301
17.2.2 Ein heuristikbasiertes Frage-Antwortsystem für Diagnosesysteme an Werkzeugmaschinen ... 302
17.2.3 Eine Heuristikfunktion für Frage-Antwortsysteme ... 305

18 Interaktive Dokumentationssysteme, elektronische Bücher und Hilfesysteme ... 309

18.1 Anforderungen von Nutzern, Autoren und Software-Entwicklern ... 309
18.2 Vorteile elektronischer Dokumentationssysteme ... 310
18.3 Die Architektur des interaktiven Dokumentationssystems IDS ... 311
18.3.1 Das Erstellen von Dokumenten ... 313
18.3.2 ODF – Das Online Documentation Format ... 314
18.3.3 Konvertierung von Texten ... 314
18.3.4 Der Viewer: Die Benutzersicht des IDS Systems ... 316
18.3.5 Der Autorenschreibtisch ... 317
18.3.6 Der Toolkit ... 317
18.3.7 Inter-Prozeß-Kommunikation (IPC): Die WIRE-Bibliothek ... 318
18.4 Realisierung von Online-Hilfekomponenten ... 319
18.5 Vorgehensweise bei der Entwicklung von elektronischen Büchern ... 323
18.6 Weitere Entwicklungen und Anwendungen ... 325

19 Ein Online Styleguide zur Unterstützung der Softwareentwicklung ... 327

19.1 Die Motivation zur Entwicklung von Online Styleguides ... 327
19.2 Normen und herstellerunabhängige Richtlinien ... 329
19.2.1 ISO 9241 ... 329
19.2.2 Die EU-Richtlinie 90/270/EWG ... 329
19.3 Herstellerstyleguides ... 329
19.3.1 OSF/Motif Styleguide ... 329
19.3.2 IBM - SAA/CUA ... 330
19.3.3 The Apple–Human Interface Styleguide ... 330
19.3.4 The Windows Interface: An Application Design Guide ... 330
19.4 Implementierung des Online Styleguides mit Hilfe des Autorensystems IDS ... 330
19.4.1 Konzeption eines Online Styleguides: Einsatzgebiet und Zielgruppen ... 333
19.4.2 Typen von Informationsknoten eines Online Styleguides ... 334
19.4.3 Globale Zugriffsstrukturen eines Online Styleguides ... 334
19.4.4 Informationstypen zur Strukturierung der lokalen Struktur eines GUI Online Styleguides ... 336

19.5	Einstiegspunkte in einen GUI Online Styleguide	337
19.5.1	Inhaltsverzeichnis und Stichwortverzeichnis	337
19.5.2	Entscheidungstabellen und Synonymreferenzen	338
19.6	Die Entwicklung zielgruppenspezifischer GUI Online Styleguides	339
19.6.1	Zielgruppenspezifische Arbeitsobjekte und Objektsichten	339
19.6.2	Zielgruppenspezifische Dialogelemente und Fenstertypen	340
19.6.3	Zielgruppenspezifische Interaktionstechniken und Informationsgestaltung	340
19.6.4	Zielgruppenspezifische Informationsgestaltung	341
19.6.5	Weitere Elemente eines firmenspezifischen Styleguides	341
19.6.6	Anwendungsspezifischer Online Styleguide für CNC-Programmiersysteme	341
19.6.7	Firmenspezifischer Styleguide für Dienstleistungsrechenzentren	344
19.7	Zusammenfassung und Ausblick	347

Ausblick ... 349

Abkürzungsverzeichnis ... 351

Literaturverzeichnis ... 355

Sachverzeichnis ... 369

1 Einleitung

Die vorliegende Arbeit beschäftigt sich mit betrieblichen Informationssystemen. Dabei bilden die betrachteten Systeme vom Gegenstandsbereich her – zumindestens für viele produzierende Unternehmen – das Rückgrat ihrer betrieblichen Informationsverarbeitung. Für diese Systeme ist ein reichhaltiges Methoden- und Werkzeugrepertoire für alle Phasen des Softwarelebenszyklus vorhanden. Dieses Repertoire bezieht sich aber auf den Aspekt der Daten- bzw. Objekt- und Prozeßmodellierung und implementationsmäßig auf Datenbankmanagement und Programmablaufstrukturen. Die breite Verwendung graphisch-interaktiver Informationssysteme erfordert jedoch gleichberechtigt neben diesen beiden Ästen einen dritten: Methoden und Werkzeuge für Analyse, Design und Entwicklung der Benutzungsschnittstellen dieser Informationssysteme. Mit dieser Thematik beschäftigt sich die Software-Ergonomie oder auch Mensch-Computer-Interaktion.

Dabei machen Benutzungsschnittstellen oft zwischen 30 und 50 Prozent des Programmcodes entsprechender Systeme aus. Das fehlende Methoden- und Werkzeugrepertoire bildet den Ansatzpunkt der vorliegenden Arbeit. In der Arbeit wird ein vollständiges Methoden- und Werkzeugrepertoire entwickelt und dargestellt. Darüber hinaus ist dieses Methoden- und Werkzeuginventar harmonisch in die bereits existierenden Methoden und Werkzeuge für Objekt- und Prozeßmodellierung integriert bzw. auf diese abgestimmt. Dies geschieht in der Form, daß eine gemeinsame Basis in einer sogenannten essentiellen Systemmodellierung gefunden wird, von der ausgehend Spezialisierungen für die einzelnen Belange der Komponenten der Software entwickelt werden.

Die vorgelegte Arbeit basiert auf Forschungs- und Entwicklungsarbeiten, die innerhalb der letzten 15 Jahre im Gebiet der Software-Ergonomie am Lehrstuhl von Herrn Prof. Hans-Jörg Bullinger durchgeführt wurden. Im folgenden wird ein kurzer Abriß für den hier vorangetriebenen Bereich der Entwicklung von Methoden und Werkzeugen für graphisch-interaktive Systeme bis zum heutigen Stand sowie der Hauptdiskussionslinien in diesem Zeitraum gegeben. Dabei werden die Meilensteine auch anhand eigener Arbeiten dargelegt. Auf weiterführende externe Literatur wird innerhalb der einzelnen Fachkapitel eingegangen.

Seit Ende der siebziger Jahre wurden Arbeiten zu graphisch-interaktiven Systemen vorangetrieben. Dabei stand zu Beginn die ergonomische Betrachtung im Vordergrund (Bullinger, Fähnrich, 1982; Fähnrich, Ziegler, 1982). Dabei wurden sowohl Anwendungen in der Produktion als auch im Büro entwickelt, eingeführt und evaluiert (Fähnrich, Kern, 1983; Fähnrich, Ziegler, 1984a). Es wurden die spezifischen definierenden Eigenschaften von graphisch-interaktiven Systemen sowie ihr Vorteil gegenüber den damals dominierenden Kommandosprachen bzw. Menü- und Maskensystemen herausgearbeitet. Es wurden erste Ansätze für Gestaltungssystematiken entwickelt (Bullinger, Fähnrich, Sprenger, 1984a; Fähnrich, Ziegler, 1984b, Fähnrich, Ziegler, 1985).

Ab 1984 wurden in einem groß angelegten europäischen Verbundvorhaben mit 11 Forschungspartnern aus Industrie und Grundlagenforschung, das von den Autoren geleitet wurde und ca. 40 Forscher und Entwickler umfaßte, die theoretische und praktische Grundlage für die folgenden Arbeiten an Methoden und Werkzeugen gelegt. Das Vorhaben war auf eine Dauer von 5 Jahren angelegt und HUFIT (Human Factor Laboratories in Information Technology) betitelt. Die umfangreichen Ergebnisse wurden in einer Vielzahl von Publikationen dokumentiert (Fähnrich, 1985a; Bullinger, Fähnrich, Shackel, 1985; Fähnrich, Ziegler, Davies, 1987; Fähnrich, Ziegler, 1987). Die Ergebnisse wurden auf bedeutenden Konferenzen in eingeladenen Vorträgen zusammenfassend präsentiert (Fähnrich, Ziegler, Galer, 1988; Bullinger, Fähnrich, Ziegler, 1989a, 1989b).

Neben den Arbeiten zu graphisch-interaktiven (direkt manipulativen) Systemen wurde in den achtziger Jahren eine heftige Diskussion um sogenannte intelligente Systeme der nächsten Generation im Rahmen der Forschungen zur "Künstlichen Intelligenz" geführt. Die Resultate dieser Arbeiten in Bereichen wie multimediale, multimodale Systeme (Bullinger, Fähnrich, 1984), symbiotische Systeme (ebenda), intelligente Agenten (ebenda) und zukünftige Formen der Mensch-Maschine-Kommunikation (Fähnrich, Hanne, Höpelman, 1985a, 1985b; Hanne, Fähnrich, Höpelman, 1985) wurden in der Literatur dokumentiert. Spezifisch vorangetrieben wurden auch Arbeiten zu sprachbasierten Systemen (Rigoll, Fähnrich, 1984; Bullinger, Fähnrich et al., 1985; Fähnrich, Kornmesser, Rigoll, 1987) einschließlich ihrer Anwendung z. B. in der Produktion (Fähnrich, Hanne, Rigoll, 1985). Weiterhin wurden Entwicklungsarbeiten an sogenannten natürlichsprachlichen Systemen auch in ihrer Interaktion zu graphischen Systemen vorangetrieben (Hanne, Höpelman, Fähnrich, 1986). Diese Arbeiten zeigten zur damaligen Zeit zwar methodisch/ theoretisch interessante Ansätze auf, blieben aber für die praktische Anwendung ohne nennenswerte Ergebnisse. Eine gute Zusammenfassung findet sich in der Dissertation von Hanne (1993). Mittlerweile haben diese Arbeiten – jedoch mit zehn Jahren Zeitversatz – breiteren Eingang in die praktische Anwendung gefunden, spezifisch im Bereich multimediale Systeme sowie Benutzeragenten. Auch wurden auf der Basis dieser Arbeiten Repräsentationsmechanismen für graphische Benutzungsschnittstellen, wie in Kap. 3-8 dieses Buchs dargelegt, entwickelt.

Gegen Ende der achtziger Jahre konnte ein Zwischenfazit der bisher vorgestellten Diskussion gezogen werden; es konnten Ergebnisse zusammengefaßt werden, Fehler analysiert werden und vor allen Dingen die Richtung für die nächste Phase von Forschung und Entwicklung festgelegt werden (vgl. dazu die Beiträge Bullinger, Fähnrich, Ziegler, 1987a, 1987b; Fähnrich, 1988c). Auf der Basis dieser Analyse wurde in einer nächsten Phase das Gebiet zu seiner heutigen Gestalt ab Ende der achtziger Jahre entwickelt. Es wurde wesentlich auf Vorarbeiten aus dem HUFIT-Vorhaben zurückgegriffen. Zu Beginn nahmen dabei die Entwicklung von User Interface Management Systemen und anderen Entwicklungswerkzeugen und -umgebungen eine dominante Rolle ein (Fähnrich, 1991b, 1991c, 1991d; Bullinger, Fähnrich, 1991; Fähnrich, Kärcher, 1991) bis hin zur Entwicklung von Multimedia-Dialog Managern (Fähnrich, 1991a). Es folgte eine Phase der Kommerzialisierung und Breiteneinführung dieser Werkzeuge

(Fähnrich, Raether, 1991; Fähnrich, Janssen, 1991) sowie der Dokumentation von Einsatzerfahrungen und des sich entwickelnden Markts für diese Werkzeuge (Fähnrich, Janssen, Groh, 1992a, 1992b, 1992c, 1992d; Fähnrich, Groh, 1992, 1993a, 1993b). Diese Arbeiten wurden neben den Anwendern auch der wissenschaftlichen Gemeinschaft präsentiert (Fähnrich, Janssen, 1992). Die auf eine praktische Anwendung zielenden Arbeiten wurden neben der Entwicklung der Werkzeuge laufend weitergeführt (vgl. z. B. Fähnrich, Groh, Janssen, 1993; Bullinger, Fähnrich, Janssen, Groh, 1993; Groh, Fähnrich, 1993; Fähnrich, Janssen, Groh, 1994.

Den frühen Arbeiten aus den achtziger Jahren folgend sowie die Ergebnisse aus HUFIT weiterentwickelnd, wurden Arbeiten zur benutzergerechten Gestaltung und Evaluation von Informationssystemen im Sinne der Arbeitswissenschaften über die Jahre kontinuierlich vorangetrieben (Fähnrich, 1985b; Fähnrich, 1988b; Bullinger, Fähnrich, Ilg, 1992; Bullinger, Fähnrich, Ilg, 1993; Fähnrich, Ilg, Groh, 1994; Fähnrich, Ilg, Görner, 1994a). Spezifisch wurden Fragen der Entwicklung von Styleguides behandelt, da diese dem Anwender formalisierte Gestaltungshilfen geben, sich auf die etablierten Marktstandards beziehen und in entsprechende Entwicklungsumgebungen integriert werden können (vgl. Fähnrich, Görner, Ilg, 1993; Fähnrich, Ilg, Görner, 1993a, 1993b; Bullinger, Fähnrich, Groh, Ilg, 1996). Besondere Aufmerksamkeit wurde seit 1984 der internationalen Normung im Gegenstandsbereich der Arbeit sowie der Umsetzung dieser Normen in europäisches und nationales Recht gewidmet. Mitarbeiter des Instituts leiten seit über 10 Jahren die entsprechende Normungsgruppe bei der ISO (International Standards Organisation, vgl. Fähnrich, 1993; Fähnrich, Ilg, Görner, 1994b).

Neben die zentralen Arbeiten zu User Interface Management Systemen traten Arbeiten an komplexeren Softwarebaugruppen und -komponenten bzw. Generatoren, wie Dialogbausteine (Fähnrich, Groh, Ilg, Raether, 1996), Benutzerwerkzeuge (Fähnrich, Kroneberg, 1990a, 1990b), objektorientierte Anwendungsrahmen (Fähnrich, Huthmann, Kroneberg, Otterbein, 1992) oder Entwicklungsumgebungen für komplexe Dialogsysteme (Fähnrich, 1990a).

In den neunziger Jahren wurden um die zentralen Werkzeuge herum weitere periphere Werkzeuge für sogenannte User Support Systeme entwickelt. Ausgehend von Online Dokumentationssystemen (vgl. Fähnrich, Groh, Raether, 1996) wurden Online-Hilfesysteme und Online Styleguides entwickelt.

Im Rahmen des HUFIT-Vorhabens wurde frühzeitig klar, daß benutzergerechte Softwaregestaltung als ergonomisches Ziel nur über eine Kombination der Techniken der Mensch-Maschine-Kommunikation mit dem etablierten Gebiet des Software-Engineerings zu erreichen ist. Qualität muß in frühen Phasen von Konzeption und Design realisiert werden. Auch hier kann eine Disziplin der Mensch-Computer-Interaktion bzw. der Software-Ergonomie nur ihre Wirkung entfalten, wenn sie nicht alternativ zur Software-Technik und zum Software-Engineering entwickelt wird, sondern diese harmonisch erweitert. Auf dieser Erkenntnis aufbauend, wurde ein komplettes Methodeninstrumentarium von den frühen Phasen der Projektierung (Fähnrich, Groh, Kurz, 1996) über die Analysephase (vgl. Bullinger, Fähnrich, Groh, Ziegler, 1996), Design (vgl. Bullinger, Fähnrich, Janssen, 1996) bis hin zur automatischen Generierung von Benutzungsschnittstellen aus Modellen der Anwendung (vgl. Bullinger, Fähnrich, Weisbecker, 1996) entwickelt. Das Methodeninstrumentarium ist auf die Verwendung der vorher umrissenen Entwicklungswerkzeuge ausgelegt worden. Somit ist im Sinne einer Methoden- und Werkzeugintegration eine komplette Kette zur benutzergerechten, effizienten Entwicklung graphisch-interaktiver Informationssysteme geschaffen. Die in dieser Arbeit vorgestellten Methoden und Werkzeuge wurden vielfältig und erfolgreich angewendet. Dabei standen zum einen – entsprechend einer Kernausrichtung des Instituts – Büroanwendungen bzw. administrative Anwendungen im Produktionsbereich, aber auch bei Banken, Handelshäusern und Versicherungen sowie öffentlichen Dienstleistern im Vordergrund. Diese werden im folgenden nur periphär behandelt. Zentral für diese Arbeit sind Ergebnisse aus den Bereichen Produktionsplanung und -steuerung, Fertigungssteuerung bzw. Fertigungsinformations- und -kommunikationssysteme bis hin zu Werkstattinformationssystemen, graphischen Leitständen und CNC-Programmiersystemen. Die Tradition dieser Arbeiten reicht bis in die frühen achtziger Jahre zurück und wurde bereits bei den frühen Arbeiten der Autoren aufgeführt. Ein erstes Zwischenresümee der Arbeiten zu graphisch-interaktiven Programmiersystemen für CNC-Maschinen wird in Bullinger, Fähnrich, Sprenger (1984b) sowie Bullinger, Fähnrich, Raether (1984) gezogen. In Fähnrich, Raether (1985) sowie Bullinger, Raether, Fähnrich, Kärcher (1985a) wurden erstmalig die softwaretechnischen Aspekte und die Architekturen entsprechender Systeme behandelt. Die Ergebnisse wurden in Bullinger, Raether, Fähnrich, Kärcher (1985b) noch einmal breit diskutiert und es wurden neue Perspektiven für erweiterte Anwendungsgebiete aufgezeigt. Über eine zweite Generation entsprechender Systeme wird in Fähnrich, Raether (1987b) berichtet. In Fähnrich, Raether (1987a) werden Querbezüge zum Arbeitsschutz und zum mentalen Gesundheitsschutz aufgezeigt. In Fähnrich (1988a) sowie Fähnrich, Raether (1988a, 1988b) wird der Gedanke der "Werkstattorientierten Produktionsunterstützung – WOP" vertieft und in Fähnrich, Raether, Lauster (1988) der Einfluß von Softwarewerkzeugen (spezifisch User Interface Management Systeme) auf die Entwicklung technischer Software aufgezeigt.

Neben der Programmierung wurde vertieft die Diagnose und Wartung betrachtet (Fähnrich, Koller, Ziegler, 1990; Fähnrich, 1990b). Dabei realisierte das in der ersten Arbeit angesprochene System eines der ersten multimedialen Anwendungssysteme weltweit. Der Betrachtungshorizont wurde auf komplexe werkstattorientierte CIM-Systeme erweitert (Bullinger, Fähnrich, Erzberger, 1991; Bullinger, Fähnrich, 1991) und es wurden Arbeiten zu wissensbasierten Systemen mit komplexen Dialogsteuerungen integriert (Fähnrich, Groh, Thines, 1991). In einer letzten Phase wurden, nachdem bisher die funktionale Spezifikation und Entwicklung entsprechender Systeme im Vordergrund stand, nun die (objektorientierte) Entwicklungsmethodik einschließlich der Anwendung der in dieser Arbeit vorgestellten Methoden und Werkzeuge in den Vordergrund gestellt.

Begleitend zu diesen Arbeiten entstanden etliche wissenschaftlich weiterqualifizierende Arbeiten. Diese waren zu Beginn auf Sprachverarbeitung (Rigoll, Fähnrich, 1984) und KI-Forschung in der Mensch-Maschine-Kommunikation (Bullinger, Fähnrich, Hanne, 1993; Fähnrich, Hanne, 1993) fixiert, da diese Gebiete als methodisch anspruchsvoll galten. Zentraler für die hier vorgestellten Methoden und Werkzeuge sind die Arbeiten von Weisbecker (1995), Janssen (1996), Ziegler (1996) und Kurz (1996.) Weitere methodische Beiträge leisteten die Arbeiten von Kroneberg (1995) zu Benutzerwerkzeugen, Otterbein (1994) zu objektorientierten Anwendungsrahmen, Huthmann (1995) zu einer spezifischen komplexen Klasse von Planungswerkzeugen im Rahmen der Forschungen zu Benutzerwerkzeugen sowie die Arbeiten von Bamberger (1996) und Laubscher (1996) in der Anwendung der hier vorgestellten Methoden und Werkzeuge.

Auch die Arbeit von Mayer (1993) leistete ihren Beitrag spezifisch zu Dokumentationssystemen. In die weitere Umgebung des hier vorgestellten Themenkreises gehört auch die Arbeit von van Hoof (1995). Die Kette dieser Arbeiten wird momentan mit Themenstellungen im Bereich von Multimediasystemen, interaktiven Konsumentenprodukten (Görner, 1994) sowie Informationssystemen auf der Basis von Softwarekomponenten (Groh, Fähnrich, Kopperger, 1995) fortgesetzt. Die im folgenden dargelegten Arbeiten fokussieren aus der Breite des hier diskutierten Themas auf die Arbeiten der letzten Jahre sowie auf betriebliche Informationssysteme. Zielsetzung und inhaltliche Schwerpunkte werden im nächsten Kapitel erläutert.

2 Zielsetzung und inhaltliche Schwerpunkte

Dieses Buch hat sich zum Ziel gesetzt, einen umfassenden Überblick über Methoden und Werkzeuge der benutzergerechten Softwaregestaltung zu geben. Dabei werden vom Gegenstandsbereich her graphisch-interaktive betriebliche Anwendungssteme betrachtet. Sie reichen von datenbankbasierten Informationssystemen im Bereich Produktionsplanung und -steuerung bis hin zu Programmier-, Diagnose- und Planungssystemen im Werkstattbereich. Die vorgestellten Methoden und Werkzeuge sind selbstverständlich auch für Dienstleister und bürogebundene Tätigkeiten mit entsprechenden Informationssystemen geeignet. Nicht betrachtet werden Echtzeitsysteme und insbesondere maschinennahe Steuerungssysteme. Auch Multimediasysteme werden nur peripär behandelt. Die hier betrachteten Systeme bilden in den 90er Jahren jedoch für die meisten Unternehmen das Rückgrat ihrer betrieblichen Informationsverarbeitung.

Die Arbeit gliedert sich in zwei Hauptteile. In einem ersten Teil werden Methoden der Analyse und Gestaltung referiert, weiterentwickelt und integriert. Dabei werden alle Phasen der Analyse und Gestaltung betrachtet, die für eine Entwicklung des betrieblichen Anwendungssystems notwendig sind. In einem zweiten Teil werden Realisierungswerkzeuge diskutiert. Diese Werkzeuge wurden wie die Methoden des ersten Teils innerhalb der letzten fünf Jahre zur Anwendungsreife entwickelt und haben sich im industriellen Praxiseinsatz mannigfaltig bewährt. Nicht betrachtet werden im Rahmen dieses Buchs späte Phasen des Softwarelebenszyklus wie Einführung, Test und Wartung bzw. entwicklungsbegleitende Prozesse wie die Qualitätssicherung.

Über Methoden und Werkzeuge der Softwaregestaltung und -entwicklung existiert eine Vielzahl profunder Veröffentlichungen. Das hier vorgelegte Buch hebt sich von der Vielzahl der übrigen Arbeiten dadurch ab, daß es auf Methoden und Werkzeuge der benutzergerechten Softwaregestaltung fokussiert ist. Diese beinhalten eine durchgängige Methodik zur Entwicklung von Benutzungsschnittstellen für graphisch-interaktive betriebliche Anwendungssysteme als wesentliche Teilzielsetzung. Weiterhin hat das Buch zum Ziel, diese Methodik in generelle Methodiken des Software-Engineerings zu integrieren und diese so zu komplettieren. Dies insbesondere, als sich bisherige Methoden und Werkzeuge vorwiegend auf Analyse, Design und Implementation von Daten (Datenbanken), Funktionen und neuerdings auch Abläufen (Prozessen) erstrecken.

Das Buch beginnt in Kap. 3 mit einer Übersicht über die wesentlichen relevanten Grundlagen des Software-Engineerings. Dabei werden eingeführte Modelle, Methoden und Werkzeuge dargestellt und etliche wichtige Arbeiten der Literatur zitiert. Das Kapitel entwirft ein Schichtenmodell, das im folgenden als Referenzmodell dient.

Im folgenden Kap. 4 wird eine essentielle Modellierung des zu entwickelnden Systems eingeführt. Dabei werden Objektmodell, Objektzustände und ein Ablaufmodell entwickelt. Das essentielle Modell des Anwendungssystems ist relevant sowohl für die Benutzungssicht als auch für die Datenrepräsentation, die funktionale und prozedurale Sicht auf das System. Sie dient somit als einheitlicher Ausgangspunkt für spezifischere Analyse- und Designschritte.

Den Gegenstandsbereich des Buchs bildet die benutzergerechte Softwaregestaltung. Somit liegt der Fokus auf der Benutzungssicht. Entsprechend wird in Kap. 5 aus der essentiellen Modellierung eine Modellierung der logischen Benutzungssicht auf das Anwendungssystem (konzeptuelle Modellierung) abgeleitet. Diese wird in Kap. 6 weiter verfeinert zu einer Dialogsicht, die ihrerseits hinreichend genau Statik und Dynamik einer graphisch-interaktiven Benutzungsschnittstelle spezifiziert. Anderseits bleibt sie jedoch noch weitgehend frei von spezifischen Annahmen in bezug auf die Realisierung und Implementation sowie die verwendeten Werkzeuge.

Kapitel 7 entwirft eine Vorgehensweise zur benutzergerechten Softwaregestaltung unter Verwendung der nun eingeführten Methoden, Notationen und Werkzeuge. Weiterhin wird ein detailliertes Beispiel für die Verwendung der Methoden im Rahmen der Migration eines Produktionsplanungs- und -steuerungssystems zu einem graphisch-interaktiven System mit einer Client/Server-Architektur gegeben. Als Abschluß des ersten Teils der Arbeit und als Bindeglied zu den folgenden Kapiteln wird eine formalisierte Methode vorgestellt, wie aus einer essentiellen Modellierung heraus systematisch, formalisiert und automatisiert Benutzungsschnittstellen entwickelt (generiert) werden können. Hiermit ist der erste Teil des Buchs beendet.

Im zweiten Teil des Buchs werden Werkzeuge und vorgefertigte Komponenten für eine Realisierung graphisch-interaktiver Informationssysteme diskutiert. Dabei wird in Kap. 9 eine Übersicht über entsprechende Implementierungswerkzeuge für graphisch-interaktive Benutzungssschnittstellen gegeben. Es wird ein umfassender Kriterienkatalog vorgestellt. Eine Systematik für Auswahl und Einführung entsprechender Systeme wird referiert.

Im folgenden Kap. 10 wird näher auf die Klasse der User Interface Management Systeme (UIMS) eingegangen. Diese Klasse bietet für die Entwicklung graphisch-interaktiver Systeme die weitestgehende Unterstützung von allen betrachteten Systemen. In Kap. 11-13 werden dabei ein experimentelles System (DIAMANT), ein System mit weiter Marktverbreitung (IDM) sowie ein auf die spezifischen Belange eines Anwendungsbereichs hin weiterentwickeltes UIMS (CNC-Konfigurator) detailliert diskutiert.

Bei der praktischen Realisierung von Systemen hat sich herausgestellt, daß neben dem Ansatz, hochstehende Skript-Sprachen für die Entwicklung von Benutzungsschnittstellen graphisch-interaktiver Systeme heranzuziehen, die Verwendung von wiederverwendbaren Baugruppen eine wesentliche Rolle spielt. Diese werden im folgenden als Komponenten und Generatoren bezeichnet. In Kap. 14 werden Dialogbausteine, die entsprechend der Methodik aus Teil 1 spezifiziert und mit Hilfe der Werkzeuge aus Teil 2 implementiert wurden, eingeführt und vorgestellt. Diese Dialogbausteine sind generisch und für eine weite Klasse von Anwendungen verwendbar. Anwendungsspezifischer sind sogenannte Benutzerwerkzeuge, die in Kap. 15 diskutiert werden. Sie werden für eine engere Klasse von Systemen entsprechend den funktionalen Anforderungen dieser Systeme spezifiziert und implementiert. Im Rahmen dieses Buchs wird ein Satz von Benutzerwerkzeugen für Fertigungsinformationssysteme (spezifisch Leitstandsysteme) vorgestellt. Objektorientierte Anwendungsrahmen liefern die Basis für wiederverwendbare Komponenten. Es wird in Kap. 16 ein objektorientierter Anwendungsrahmen für Fertigungsinformationssysteme eingeführt. Als Beispiel für komplexe, wissensbasierte Dialoge wird anschließend in Kap. 17 ein Generierungssystem für komplexe heuristische Frage-Antwort-Dialoge vorgestellt.

Der letzte Teil der Arbeit wendet sich dem Bereich von Styleguides, Fehler- und Hilfesystemen sowie tutoriellen Systemen zu. Es wird im Kap. 19 dazu ein rechnerbasiertes Werkzeug zur Gestaltung der Implementationssicht graphisch-interaktiver Benutzungsschnittstellen (Online Styleguide) entwickelt. Es wird der Weg zu einem generellen Entwicklerinformationssystem gewiesen. Im vorherigen Kap. 18 wird ein grundlegendes Werkzeug für Dokumentations-, Hilfe- und tutorielle Systeme mit dem interaktiven Dokumentationssystem IDS vorgestellt. Dieses wird auch zur Implementation des in Kap. 19 vorgestellten Online Styleguides verwendet.

In einem abschließenden Kapitel werden einige Entwicklungen diskutiert, die in diesem Buch keinen Raum fanden. Neben den "harten" Methoden des Modellierens, wie sie in diesem Buch diskutiert werden, wird auf Methoden der Gestaltung und des Evaluierens verwiesen. Es werden neuere Werkzeugtypen und die Entwicklung im Bereich von Multimedia, 3D-Graphik bis hin zu virtuellen Realitäten angesprochen.

Damit endet das Buch. Wertungen der entsprechenden Methoden und Werkzeuge sind, soweit relevant, den einzelnen Kapiteln nachgestellt. In diesem Buch wird großer Wert darauf gelegt, die entwickelten Methoden und Werkzeuge in einen ingenieurmäßigen Anwendungskontext zu stellen. Dazu werden in jedem Kapitel direkt umfangreiche Beispiele gegeben. Das Buch ist begleitet von einer umfangreichen Literaturdokumentation.

3 Die ingenieurmäßige Entwicklung von Informationssystemen

Bei der Softwareentwicklung ergibt sich die Notwendigkeit, durch standardisierte Abläufe nach anerkannten Regeln Softwareprodukte mit gesicherter Qualität in kurzen Durchlaufzeiten bei hoher funktionaler Wettbewerbsfähigkeit des Produkts herzustellen. In Analogie zur Entwicklung in der teilefertigenden und der montierenden Industrie wurde dafür der Begriff des Software Engineerings geprägt. Voraussetzung für die ingenieurmäßige Softwareentwicklung sind dabei explizit nachvollziehbare, variierbare und anpaßbare Vorgehensmodelle zur Steuerung des Softwareentwicklungsprozesses. Den Modellen zugeordnet sind Methoden für die einzelnen Aktivitäten innerhalb des Softwareentwicklungsprozesses sowie Software-Werkzeuge zur Unterstützung des Methodeneinsatzes. Entsprechend den Schwerpunktsetzungen in der angewandten Informatik wurde dabei zuerst die Erstellung der Anwendungsfunktionalität methodisch unterstützt; mit dem Auftauchen von Datenbankmanagementsystemen wurde ein Vielzahl von Methoden entwickelt, die die Datenmodellierung zum Zwecke der Abbildung der Daten in ein Datenbankmanagementsystem zum Ziel hatte. Unzureichend unterstützt ist bisher der methodische Entwurf und das spezifische Design von Benutzungsschnittstellen. Neuere Ansätze im Software Engineering versuchen nun, die Problematik der funktionalen Modellierung, der Datenmodellierung sowie der Modellierung der Benutzungsschnittstelle ganzheitlich zu betrachten.

3.1 Vorgehensmodelle im Software Engineering

3.1.1 Das Wasserfallmodell

Vorgehensmodelle legen für die Aktivitäten, die im Rahmen der Tätigkeit softwareproduzierender Einheiten (SPEs) notwendig sind, deren wechselseitige Beziehungen fest und geben vorgeschriebene Reihenfolgen an. Das Wasserfallmodell ist das bekannteste Modell zur Softwareentwicklung; es bildet den gesamten Lebenszyklus einer Software durch sequentielle Unterteilung in Phasen ab. Boehm (1976) stellt fest, daß sich das Wasserfallmodell sehr gut zum betriebswirtschaftlich orientierten Projektmanagement eignet; zur technischen Ablaufsteuerung eines Softwareentwicklungsprojekts ist es allerdings weniger geeignet.

3.1.2 Das V-Modell

Das V-Modell setzt anders als das Wasserfallmodell an. Es betrachtet sämtliche Aktivitäten einer SPE. Damit sind auch Tätigkeiten wie Qualitätssicherung, Konfigurationsmanagement und Projektmanagement Inhalt dieses Modells. Das V-Modell ist ein generisches Prozeßmodell. Es beschreibt die Softwareentwicklung aus technisch funktionaler Sicht. Der Prozeß der Softwareerstellung wird als Folge von Aktivitäten definiert, die in die vier Submodelle Softwareerstellung, Qualitätssicherung, Konfigurationsmanagement und Projektmanagement zerlegt werden können. Zu jedem Submodell existiert eine Spezifikation der zu erzeugenden Produkte. Das Modell ist stark formalisiert. Es ist ein generisches Rahmenmodell und muß an die Spezifika der einzelnen Benutzerorganisationen angepaßt werden. Es ist besonders geeignet für die modellmäßige Unterstützung relativ konstanter Rahmenbeziehungen zwischen größeren softwareproduzierenden Einheiten und ihren Kunden.

3.1.3 Spiralmodell

Mit dem Spiralmodell (Boehm, 1988) wird ein iteratives Modell, daß kontrastiv zum phasenorientierten Wasserfallmodell oder V-Modell gedacht ist, vorgestellt. Dabei werden die einzelnen Elemente dieses phasenorientierten Modells mehrfach zyklisch durchlaufen. Der Verfeinerungsgrad ist in jedem Durchlauf abhängig von einer Risikobewertungsfunktion für einzelne Teile des zu realisierenden Systems. Risikoanalysen werden unter Einsatz von Techniken wie Prototyping, Benutzerbefragungen, Simulation und analytischen Modellen durchgeführt. Eine hohe Priorität wird auf die Aufnahme der Kundenanforderungen (Nutzeranforderungen) gelegt. Iterativ werden Prototypen erstellt. Teilweise werden Phasen im Sinne eines "Simultaneous Engineering" überlappend bearbeitet.

Das Modell geht von der Beobachtung aus, daß Spezifikations- und Designphasen entsprechend den klassischen phasenorientierten Vorgehensweisen zu überproportional hohem Beseitigungsaufwand in späteren Phasen eines Projekts führen. Daher wird großer Wert auf eine adäquate Erfassung und frühzeitige Überprüfung von Benutzeranforderungen gelegt. Nachteile dieses Modells liegen primär darin begründet, daß die entsprechenden Risikoanalysen methodisch komplex und aufwendig sind. Weiterhin ist eine entsprechende Projektsteuerung komplexer als in Phasenmodellen. In diesem Zusammenhang wurde auch der Begriff des dynamisierten Projektmanagements in bezug auf Ressourcenallokation und -zuteilung geprägt.

3.1.4 Das Modell des Prototypings

Prototypingmodelle sind typische Vertreter iterativer Vorgehensmodelle. Sie legen ein Schwergewicht auf die frühzeitige Einbeziehung des Benutzers. Prototypingmodelle orientieren sich an modernen Techniken des "Simultaneous Engineering" bzw. "Concurrent Engineering". Prototypen werden nach ihrer Zielsetzung und ihrer funktionalen Ausrichtung unterschieden (vgl. Floyd,1984).

Prototypingmodelle gehören zu den benutzerpartizipativen Modellen. Sie wirken motivierend auf das Projektteam, da sich früh Projekterfolge zeigen. Andererseits sind Prototypingprojekte im weiteren Projektverlauf oft kritisch, da Vorgaben für einen strukturierten Projektablauf zumeist fehlen.

3.1.5 Softwarefabrik, Softwaremontage und Componentware

Der Einsatz von Software Engineering zum ingenieurmäßigen Vorgehen bei der Softwareerstellung führte weitergehend auch zur Idee der Softwarefabrik. Das Ziel der Softwarefabrik ist die Softwaremontage aus vorhandenen Bausteinen, um konsistente, qualitativ hochwertige, fehlerfreie Software, die genau die Anwenderanforderungen widerspiegelt, in vorhersehbarer Zeit zu produzieren (Fisher, 1988). Es gibt verschiedene Ansätze für Softwarefabriken. So wurde in Europa die EUREKA Software Factory entwickelt (Fernström, 1992) und in Japan die Konzepte der Softwarefabrik in verschiedenen Firmen erprobt (Cusumano, 1991). Die Softwarefabriken sind noch weit davon entfernt, mit Produktionsfabriken vergleichbar zu sein und deren Vorteile zu bieten. Aber es ist gelungen, Konzepte, die zur Verbesserung bei der Produktherstellung dienen wie kontinuierliche Verbesserung, Prozeßmanagement, Standardisierung, systematische Wiederverwendbarkeit und gezielter Einsatz von Methoden und Werkzeugen, konzeptuell auf den Software-Entwicklungsprozeß zu übertragen.

Voraussetzung für die Softwarefabrik ist, daß Software nicht jedesmal von Grund auf neu entwickelt wird, sondern aus vorhandenen, geprüften und bewährten Komponenten zusammengesetzt werden kann.

Die Wiederverwendbarkeit ist deshalb ein wichtiger technischer Beitrag zur Softwareentwicklung (Yourdon, 1992). Ähnlich wie im Hardwarebereich, wo durch Wiederverwendbarkeit von vorhandenen Bausteinen ein exponentielles Wachstum erreicht werden konnte, wird auch im Softwarebereich seit Jahren bereits vom Software-IC (Cox, 1987) gesprochen.

Software-Bausteine müssen Qualitätsanforderungen im Hinblick auf Eigenschaften wie Zuverlässigkeit, Korrektheit, Robustheit, Erweiterbarkeit und Wiederverwendbarkeit erfüllen. Dann führen sie zu Zeit- und Kostenersparnissen bei der Software-Erstellung und erleichtern die Aufwandsabschätzungen.

Eine praktische Umsetzung der Idee von wiederverwendbaren Bausteinen wurde von der Objektorientierung erhofft. Durch das Zusammenfügen vorhandener Objekte sollte die Wiederverwendbarkeit von Code und somit die Erstellung von neuen Softwaresystemen erleichtert werden. In der Praxis stellt die Objektorientierung aber hohe Anforderungen an den Hersteller und die Anwender von Objekten. Bei der Entwicklung von Objekten bzw. Klassen muß der Entwickler von vornherein auf die Wiederverwendbarkeit achten, d. h. er muß wissen, wofür der Anwender die Klassen nachher einsetzen möchte. Dies erfordert erfahrene Entwickler und einen Mehraufwand an Zeit und Kosten im aktuellen Projekt, der sich erst in späteren Projekten, die auf den entwickelten Basisklassen aufsetzen, auszahlt. Da die Softwareentwicklung aber immer unter Zeitdruck steht, finden zukünftige Belange kaum Berücksichtigung. Der Anwender der Klassen benötigt ebenfalls viel programmtechnisches Wissen, um diese zusammenzusetzen. So wurden die Erwartungen, die in den Einsatz von Klassenbibliotheken gesetzt wurden, nur selten erfüllt. Ein Beispiel für eine Klassenbibliothek, deren Komponenten reibungslos ineinander greifen, bietet Smalltalk. Diese Klassenbibliothek ist das Ergebnis einer 20-jährigen Entwicklung.

Die Schwierigkeiten bei der Objektorientierung führten zur Etablierung der Componentware (Bullinger, Fähnrich, Kopperger, 1995), mit der beliebige Komponenten unabhängig von ihrer Realisierung kombiniert und zu großen Softwaresystemen zusammengesetzt werden sollen. Die grundlegenden Voraussetzungen für Componentware sind Standards, die die Kommunikation zwischen den Objekten definieren wie z. B. CORBA (OMG, 1992) und die Objektmodelle (Udell, 1994) wie System Object Model (SOM) bzw. Distributed System Object Model (DSOM) von IBM und Common Object Model (COM) von Microsoft, die die Basis für die Kommunikation zwischen den Objekten bilden. Die Objektmodelle bilden auch die Grundlage für das dokumentenzentrierte Arbeiten, bei dem die Anwender nicht mehr mit Programmen, sondern mit Dokumenten, die aus beliebigen Objekten bestehen, umgehen. Die technische Grundlage für den dokumentenzentrierten Ansatz bilden dabei die Dokumentenmodelle wie OLE von Microsoft (Microsoft, 1994) und OpenDoc (Apple, 1994) von den Component Integration Laboratories (CIL).

3.1.6 Klassifikation und Bewertung der Vorgehensmodelle

Die vorher geschilderten Vorgehensmodelle haben ein unterschiedliches Stärke/Schwächeprofil. Sequentielle Vorgehensweisen sind vom Projektmanagement her gut organisierbar. Andererseits wird ihnen teilweise die Realitätsnähe abgesprochen. Iterative Vorgehensweisen erscheinen hier realitätsnäher. Sie bergen jedoch die Gefahr, daß sie managementmäßig nicht mehr beherrschbar sind. In der praktischen Anwendung lassen sich folgende Trends in bezug auf den Einsatz der verschiedenen Modelle beobachten:

- Der Verbreitungsgrad des Wasserfallmodells ist am größten; dieses Modell ist zumeist in den Projekthandbüchern als offizielles Vorgehensmodell festgeschrieben und wird häufig entsprechenden großen Entwicklungsvorhaben zugrundegelegt.
- Speziell in der großtechnischen Entwicklung (Militärbereich, Luft- und Raumfahrt, Großanlagenbau, öffentliche Dienstleister etc.) findet das V-Modell breitere Anwendung.
- Iterative Vorgehensweisen werden im wesentlichen in Projekten mit Pilotcharakter in der industriellen Praxis auf ihre Einsatzfähigkeit hin geprüft.
- Methoden des Prototypings, des dynamisierten Projektmanagements, des Simultaneous Engineerings und des Risikomanagements finden verstärkt Eingang in phasenorientierte Modelle; auf der planbaren Basis eines phasenorientierten Vorgehens werden hier lokale Iterationsschritte und Dynamisierungen im Projekt auf der Basis der vorher geschilderten Methoden eingeführt.
- Momentan stark beachtet werden Verfahren eines "Design-to-Component", bei denen mit Hilfe von Bausteinen und Komponenten Software "montiert" wird.

Tabelle 3.1. Vergleich der unterschiedlichen Vorgehensmodelle des Software Engineerings an Hand von in der Literatur eingeführten Bewertungskriterien

	Wasserfallmodell	V-Modell	Spiralmodell	Prototyping
Bestandteile	**Phasen:** • Anforderungsanalyse • Designphase • Implementierungsphase • Integration und Test • Wartung	**Submodelle:** • Softwareerstellung • Qualitätssicherung • Konfigurationsmanagement • Projektmanagement	**Bestandteile eines Spiralumlaufs:** • Identifikation und Definition • Bewertung der Alternativen • Verifikation • Planung	**Unterscheidung nach Zielsetzung:** • explorativ • experimentell • evolutionär **funkt. Ausrichtung:** • horizontal • vertikal • diagonal
Typ	sequentiell	sequentiell	evolutionär	evolutionär
Komplexität	◐	●	●	○
Vollständigkeit	◐	●	◐	○
Modularität	◐	●	●	○
Systematik	●	●	●	○
Allgemeingültigkeit	○	◐	◐	●
Anpaßbarkeit	○	◐	◐	●
Rechnerunterstützung	●	◐	○	◐
Benutzerpartizipation	○	◐	●	●
Nachteile	• inflexibel • keine Berücksichtigung von Risikofaktoren • reale Projekte folgen keinem sequentiellen Ablauf • Ergebnisse für den Anwender erst am Ende sichtbar	• starre Phasen • geringe Einbeziehung der Benutzer	• Iterationen konvergieren nicht notwendigerweise • Risikoabschätzung schwierig	• keine Projektorganisation • hoher Kommunikations- und Abstimmungsaufwand • schwierige Zielkontrolle
Vorteile	• abgeschlossene Einheiten • definierte Ergebnisse	• Detaillierung • Projektmanagement • Qualitätssicherung • Anpaßbarkeit • Rollen	• Risikoabschätzungen • gleichermaßen anwendbar für Wartung und Neuentwicklungen	• frühzeitige Benutzerbeteiligung • Anpaßbarkeit • Flexibilität

Legende: ● hoch ◐ mittel ○ gering

3.2 Methoden und Techniken in der Softwareentwicklung

Methoden ordnen den einzelnen Durchführungsschritten von Aktivitäten im Vorgehensmodell Techniken und Notationen zu. Damit wird die Problemstellung zerlegt, strukturiert und formalisiert. Dabei kann sowohl nach funktionsorientierten als auch nach datenorientierten Zerlegungsmethoden und Notationstechniken unterschieden werden. In neueren Ansätzen des Software Engineerings wird jedoch meist ein Methodenverbund aus funktions- und datenorientierter Sichtweise auf ein System verwendet. Tritt der Ablaufsteuerungsgedanke in den Vordergrund (wie zum Beispiel bei Workflow-Systemen oder bei Echtzeitsystemen), so dominiert die Problemstellung der Strukturierung und Abbildung eines Prozesses. Eine Methodik mit dem Anspruch der Integration von daten- und funktionsorientierter Sichtweise wird durch die objektorientierten Methoden gegeben.

3.2.1 Funktionsorientierte Modellierung

Frühe Methoden des Software Engineerings wie z. B. die strukturierte Analyse (DeMarco, 1979) sahen die Funktionen, die ein System erfüllen soll, im Vordergrund. Dabei wurde ausgehend von Hauptfunktionen das Verfahren der schrittweisen Verfeinerung verwendet. Hinzu trat eine gewisse Modellierung der Anwendungsdaten. Beide Sichten wurden im sogenannten Datenfluß zusammengebracht. Diese Methodik war von der batch-orientierten Bearbeitungsweise der damals vorherrschenden Rechnersysteme geprägt: einzelne Stapelprogramme arbeiteten auf Datenmengen, die in Dateien und Lochkartenstapeln abgelegt waren. Die Struktur dieser Daten war zumeist relativ einfach. Komplexe Anwendungsprobleme wurden in lokale Bearbeitungsschritte zerlegt; es bestand meistens keine Gesamtsicht auf die im System vorhandenen Daten.

3.2.2 Ereignisorientierte Modellierung

Um den Schwachstellen der funktionalen Modellierung zu begegnen, wurde der Begriff des Ereignisses eingeführt. Ein Ereignis wird von außen an das System herangetragen; das System reagiert auf dieses Ereignis (Yourdon, 1989). Dieser Ansatz beruht auf der Beobachtung, daß eine gemeinsame Modellierung von Funktionen und Daten in voller Allgemeinheit extrem ressourcenintensiv ist. Als Prioritätsprinzip für die Vorgehensweise bei der Modellierung werden sinnvollerweise die externen Geschäftsvorfälle, die die Systembearbeitung steuern, eingeführt. Diese Sichtweise orientiert sich mehr an der dialogorientierten Bearbeitungsweise, die sich ab Anfang der 80er Jahre in der DV-Praxis durchgesetzt hat. Man kann damit diese ereignisorientierte Modellierung auch als eine Vorgängerin des objektorientierten Ansatzes betrachten. Bei Echtzeitsystemen oder Systemen, die einer starken Vorgangssteuerung bedürfen, wurde der ereignisorientierte Ansatz um sogenannte Kontrollstrukturen erweitert.

3.2.3 Datenorientierte Modellierung

Bei Informationssystemen bildet die Manipulation von Daten das zentrale Bearbeitungselement. Dementsprechend spielen bei Informationssystemen datenorientierte Modellierungsmethoden eine gewichtige Rolle. Sie sind auch in der Praxis am weitesten verbreitet. Die methodischen Grundlagen für die datenorientierte Modellierung kommen aus dem Datenbankentwurf. Dabei wird ein 3-Ebenen-Modell verwendet (ANSI, 1975), um die physikalische Repräsentation der Daten auf einem spezifischen Zielsystem auf einer höheren logischen Ebene zu repräsentieren; dadurch soll die notwendige physische und logische Datenunabhängigkeit gewährleistet werden. Klassische Datenmodelle wie das hierarchische Modell, das Netzwerkmodell und das Relationenmodell sind dabei spezifisch auf die Belange der Abbildung der Daten in eine physikalische Datenbank ausgerichtet. Um zusätzliche Abstraktionsmechanismen zur darstellungsunabhängigen Beschreibung der Informationsstruktur einer Anwendung zur Verfügung zu stellen, entstanden semantische Datenmodelle. Diese Datenmodelle modellieren auf einer konzeptuellen Ebene und bilden so die relevanten semantischen Konzepte der Anwendung ab.

Der erste und am weitesten verbreitete Vertreter dieser Klasse von Modellen ist das Entity-Relationship-Modell (Chen, 1976). Im Laufe der Jahre wurden eine Reihe von Erweiterungen eingeführt; z. B. EER (Extended Entity-Relationship-Modell) oder SERM (strukturiertes Entity-Relationship-Modell).

Darüber hinaus wurden bei semantischen Datenmodellen weitere Abstraktionsmechanismen wie Generalisierung/Spezialisierung, Aggregation, Klassifizierung und Gruppierung bzw. Assoziationen eingeführt, um komplexe semantische Strukturen der Elemente im Anwendungsbereich abbilden zu können. Hierarchienbildung zur Reduktion der Komplexität sowie Vererbung in Anlehnung an objektorientierte Modellierungsmethoden erlauben, die Komplexität der Darstellung zu reduzieren. Die Grundstruktur des Datenmodells bei allen diesen Methoden ist netzwerkartig oder hierarchisch.

Techniken der Datenmodellierung vernachlässigen die dynamischen Aspekte eines Informationssystems. Scheer (1991) lieferte Arbeiten zu einem sogenannten unternehmensweiten Datenmodell für funktionsbezogene Informationssysteme. Er geht davon aus, das ER-Modelle die gegenwärtig geeigneten Beschreibungsverfahren für Datenstrukturen sind. Dabei erweitert er sie um die vorher eingeführten Konzepte der Generalisierung/Spezialisierung, Gruppierung und stellt Kardinalitäten in einer Min/Max-Notation dar. Weiterhin führt er ergänzend Konzepte wie existentielle und identifikatorische Abhängigkeiten ein. Auch interpretiert er Beziehungstypen in Entitätstypen um, so daß sie als Ausgangspunkt für weitere Beziehungen dienen können.

Im Rahmen des europäischen Forschungsprogramms ESPRIT wurde für CIM-Systeme die Architektur CIM-OSA entwickelt. Hier wird zwischen funktionaler Sicht, Datensicht, Ressourcensicht und Organisationssicht unterschieden. CIM-OSA benutzt Abstraktionsmechanismen sowohl auf der Objekt- als auch auf der Hierarchieebene und unterstützt zahlreiche unterschiedliche vordefinierte Attributtypen.

Tabelle 3.2. Modellierungskonzepte und Abstraktionsmechanismen von semantischen Datenmodellen

Konzepte / Modelle	Beziehung		Abstraktionsmechanismen				Attribute					sonstige Konzepte			
	Darstellung	Kardinalität	Generalisierung	Aggregation	Klassifizierung	Gruppierung	Identifikator	einfach	komplex	mehrwertig	abgeleitet	Existenz-abhängigkeit	Vererbung	Strukturierung	dynamische Modellierung
Entity-Relationship-Modell nach Chen	Relation	1:1 1:n n:m					●	●				●		N	
Entity-Relationship-Modell nach Scheer	Relation, Uminterpretation Beziehung in Entitytyp	*	●	●		I	●	●				●		N	
SAM (Semantic Association Model)	Relation		●	●	●	●	●	●					●	N	OO
SDM (Semantic Database Model)	Relation		●	●	●	●	●	●		●				H	
SERM (Strukturiertes Entity-Relationship-Modell)	Relation, Entity-Relationship-Typ	*					●	●				●		H	
SHM+ (Extendend Semantic Hierarchy Model)	Attribute, Entities		●	●			●	●	●				●	H	TM
SHO (Semantisch-hierarchisches Objektmodell)	abstrakte Objekte		●	●	●		●	●					●	H	
CIM-OSA, Information View	Relation	*	●	●	●		●	●	●	●	●	●		H	

*	(min, max)-Notation	H:	Hierarchie
I:	Implizit durch 1:n Beziehung	N:	Netzwerk
OO:	Objektorientiert	TM:	Transaktionsmodellierung

3.2.4 Objektorientierte Modellierung

Die Betrachtung der betrieblichen Praxis lehrt, daß zentrale Datenstrukturen des Unternehmens, wie sie z. B. in Numerierungssystemen festgelegt bzw. in entsprechenden unternehmensweiten Daten modelliert sind, eine hohe Lebensdauer aufweisen. Änderungen in den organisatorischen Paradigmen schlagen eher auf funktionale und prozedurale Ausprägungen der entsprechenden Informationssysteme durch. Diese Beobachtung führt dazu, verstärkt betriebliche Datenobjekte zum

Zentrum der Betrachtung und Modellierung zu machen. Die objektorientierte Modellierung geht von diesem Grundgedanken aus; dabei werden Daten nicht mehr als Ein- und Ausgabedaten für Funktionen gesehen, sondern bilden gemeinsam eine operativ einzusetzende Einheit. Diese Betrachtung unterstützt klassische Konzepte wie Kapselung, Informationhiding und Abstraktion (Parnas, 1972). Darüber hinaus realisiert der objektorientierte Ansatz Konzepte wie Klassifizierung, Vererbung und Polymorphismus. Die objektorientierte Zerlegung führt zu abgeschlossenen Bereichen des Modells.

Zu der objektorientierten Vorgehensweise haben sich in den letzten Jahren verschiedene Analysemethoden etabliert, die zum Teil auf den Methoden der Strukturierten Analyse aufbauen (Rumbaugh et al., 1991) oder von Grundlagen der Objektorientierung wie der Klassifikationstheorie (Coad, Yourdon, 1991) ausgehen. Darüber hinaus gibt es die verantwortungsgesteuerten Ansätze wie z. B. OOSE, die ihren Schwerpunkt in den frühen Phasen der Modellierung haben. Sie unterstützen insbesondere das Finden der Objekte, das bei den anderen Methoden meist vernachläßigt wird.

3.2.5 Beschreibung von Vorgängen und Aufgabenabläufen

Wesentliche Aufgabe bei der Entwicklung von Informationssystemen ist die Gestaltung der dynamischen Abläufe von Aufgaben. Dabei ist sowohl auf oberer Ebene die organisatorisch-fachliche Abfolge von Aufgaben sowie auch ihre Umsetzung in Interaktionsabläufe am System zu gestalten.

Vorgänge sind dabei als Abfolgen von Tätigkeiten, die zur Realisierung von Aufgaben ausgeführt werden, definiert. Vorgänge beziehen organisatorische Dimensionen (z. B. Stellen) in die Bearbeitung ein. Standardisierbare Vorgänge in Unternehmen werden auch als "Workflow" bezeichnet. Vorgänge lassen sich auf der Basis von vier Kategorien beschreiben:

- Ereignisflüsse steuern die Aktivierung von Aufgaben in Abhängigkeit von auftretenden Ereignissen. Sie bewirken damit Zustandsänderungen des Systems.
- Daten- bzw. Objektflüsse modellieren Eingangsinformationen oder -objekte, die zur Aufgabenausführung benötigt werden. Weiterhin modellieren sie die Verwendung der Resultate in nachfolgenden Aufgaben. Dabei ist der Begriff eines Objekts als materielles oder auch immaterielles Objekt weit gefaßt.
- Aufgabenträger repräsentieren Stellen einer Organisation und bearbeiten Aufgaben.
- Ressourcen sind Materialien oder Betriebsmittel, die zur Aufgabenausführung benötigt werden. Dies können auch Aufgabenträger sein.

Je nach Betonung der unterschiedlichen Modellierungsaspekte lassen sich unterschiedliche Techniken unterscheiden. Datenfluß-orientierte Techniken (z. B. Datenflußdiagramme) beschreiben eine Abfolge von Aufgaben, die durch die Verfügbarkeit von Daten gesteuert wird. Sind wenig komplexe Fallunterscheidungen oder zeitliche Bedingungen bei der Aufgabenbearbeitung zu berücksichtigen, so lassen sich mit dieser Form der Modellierung ausreichende Ergebnisse erzielen. Eine Erweiterung dieser Technik stellt die Kommunikationsstrukturanalyse

KSA dar. Bei Ereignisfluß-orientierten Techniken wird die Steuerung der Aufgabenabfolge anhand von Start- und Ergebnisereignissen beschrieben. Ereignisse sind Zustandsänderungen des Systems. Einfache Abläufe mit Fallunterscheidungen werden z. B. in der Ereignisablaufanalyse (DIN 25424, Teil 1, 1981) dargestellt. Kontrollstrukturen für Programme werden in Form von Programmablaufplänen (DIN 66001, 1977), Strukturogrammen (DIN 66261, 1985) oder Jackson-Bäumen modelliert. Weiterhin stehen verschiedene Formen von Zustandsübergangsdiagrammen zur Verfügung. Event Schemata bieten darüber hinaus Konzepte zur Generalisierung und Spezialisierung von Ereignissen. Sie werden im Kontext objektorientierter Analyse eingesetzt.

Über diese mehr generischen Techniken hinaus existieren gemischte Techniken, die mehrere Modellierungsaspekte gleichzeitig berücksichtigen. Eine Verbindung von Daten- und Ereignisfluß schaffen Realzeiterweiterungen von DFDen. Aktigramme der SADT-Methode geben Ereignisflüsse und Aktivierungsflüsse für Tätigkeiten an. Vorgangskettenmodelle nach Scheer (1991) werden innerhalb der ARIS-Architektur zur Steuerung von Aufgaben durch Ereignisse verwendet und können zusätzlich Datenfluß und verschiedene Typen von Ressourcen angeben.

Im folgenden werden spezifisch Petri-Netze und Zustandstransitionsansätze mit ihren Erweiterungen zu Statecharts beleuchtet. Während die bisher vorgestellten Methoden vorwiegend zur aufgaben- und prozeßorientierten Modellierung des Systems herangezogen wurden, werden diese Ansätze zusätzlich auch für die Modellierung des Dialogs des Benutzers mit dem System herangezogen. Dabei besitzen diese Ansätze gut definierte formale Grundlagen.

3.2.5.1 Petri-Netz-basierte Ablaufbeschreibungen

Petri-Netze werden in verschiedenen Methoden als Basisrepräsentationsmechanismus für die Modellierung von Aufgabenabläufen benutzt. Es ist zu unterscheiden zwischen Zuständen als passiven und Ereignissen als aktiven Elementen der Modellierung. Hiermit sind beliebige Ablaufbeschreibungen einschließlich der Darstellung nebenläufiger Prozesse möglich. In bezug auf Aufgabenbeschreibungen werden zumeist höhere Netze z. B. in Form von Prädikat-Transitions-Netzen eingesetzt. Dabei werden individuelle Marken als Belegung der Zustände (Stellen) des Netzes zugelassen. Dies ermöglicht, den Fluß unterschiedlicher Objekttypen durch ein Aufgabennetz darzustellen. Es ergibt sich damit eine vorgangsorientierte Sichtweise.

Eine der methodisch am weitesten entwickelten Ansätze zur Modellierung von Aufgaben im Zusammenhang mit interaktiven Systemen stellen Rollen-Funktions-Aktions-Netze dar. Dabei werden die Konzepte Rollen (einer organisatorischen Stelle zugeordnete, lose gekoppelte Aufgaben), Funktionsnetze (Zerlegung der einer Rolle zugeordneten Aufgaben in durch Daten- und Objektflüsse gekoppelte Funktionen) sowie Aktionsnetze (Beschreibung der Dynamik von Arbeitsabläufen unter Einschluß von Aspekten des Kontrollflusses und des Datenobjektflusses) unterschieden.

Je nach Schwerpunktsetzung können diese drei Darstellungsaspekte in verschiedenen Kombinationen modelliert werden. RFA-Netze stellen damit eine komplexe, mächtige Modellierungstechnik zur Verfügung. Damit ist natürlich auch die Anwendbarkeit und Verständlichkeit einer vollen Ausprägung von RFA-Netzen schwierig.

3.2.5.2 Zustandstransitionsansätze

Das Verhalten eines Informationssystems kann als die Menge aller möglichen Abfolgen von Zuständen definiert werden. Eine entsprechende Beschreibungsform für dynamische Abläufe bilden Zustandsübergangsdiagramme (ZÜD).

Einfache Zustandsübergangsdarstellungen haben Nachteile in bezug auf die hierarchische Verfeinerbarkeit der Zustände oder die Spezifikation von Transitionen. Hierzu existieren Erweiterungen in Form von generalisierten ZÜDen (generalised transition diagrams). Zur Vermeidung der Einschränkung auf sequentielle Abläufe wurden parallel aktive ZÜDe z. B. für Dialogabläufe bei graphisch-interaktiven Benutzungsschnittstellen verwendet. Zustandsübergangsdiagramme bieten inherente Schwierigkeiten bei der Abbildung sequentieller Abläufe; für die Aufgaben- und Vorgangsbeschreibung sind sie aufgrund der Beschränkung auf die Modellierung des Kontrollflusses ebenfalls nur bedingt verwendbar.

3.2.5.3 Statecharts

Statecharts erweitern Zustandsübergangsdiagramme in zwei wesentlichen Aspekten. Zum einen wird eine hierarchische Strukturierung von Zuständen entsprechend dem logischen Kalkül eingeführt. Weiterhin lassen sich damit Transitionen nicht nur zwischen Einzelzuständen, sondern auch zwischen generalisierten Zustandsmengen angeben. Des weiteren können sogenannte orthogonale Zustände definiert werden, die gleichzeitig aktiviert sein können und damit eine Darstellung von Nebenläufigkeiten ermöglichen. Sogenannte Higraphen verallgemeinern den Statechart-Ansatz. Abbildung 3.1 gibt die Higraph-Darstellung eines Entity-Relationship-Modells.

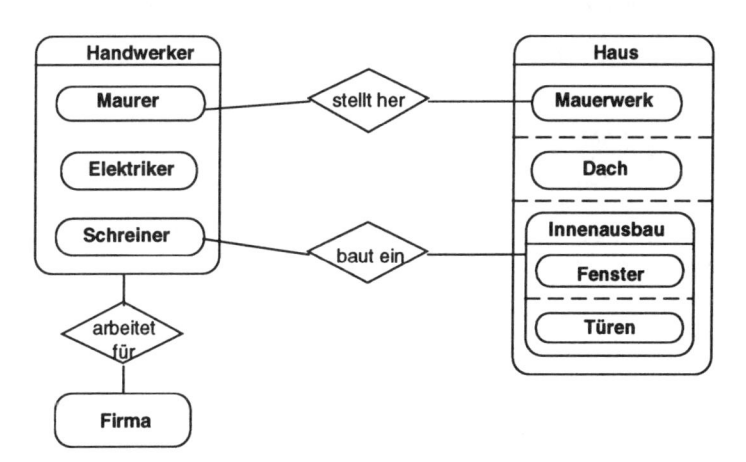

Abb. 3.1. Higraph-Darstellung eines Entity-Relationship-Modells mit Aggregations- und Klassifikationsbeziehungen

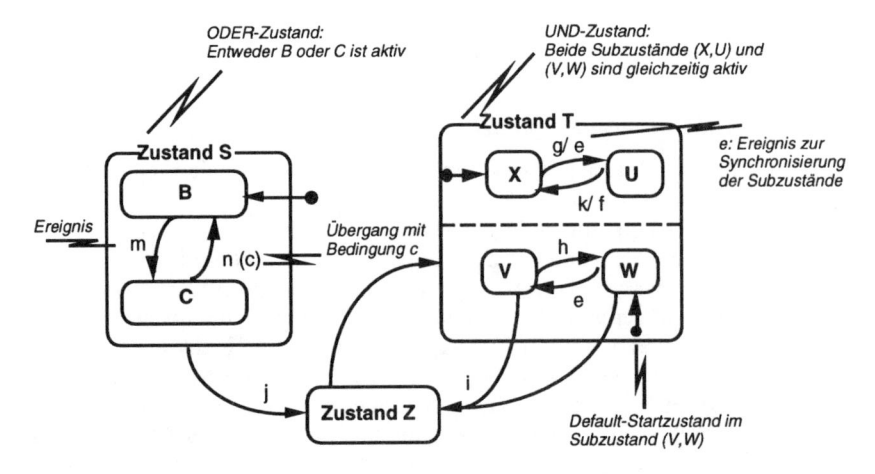

Abb. 3.2. Graphische Notation von Statecharts

Activity Charts können wie Datenflußdiagramme Funktionen und den Fluß von Daten zwischen den Funktionen abbilden; hierarchische Beziehungen werden durch die graphische Verschachtelung (Mengeninklusion) angegeben. Statecharts modellieren gleichzeitig die Struktur der Zustände und ihr Verhalten. Nebenläufige Prozesse können abgebildet werden. Damit sind Statecharts geeignete Kandidaten für die Aufgabenmodellierung bei interaktiven Systemen auf den unterschiedlichen relevanten Ebenen; hierbei werden allerdings nur Aspekte des Kontrollflusses repräsentiert. Erweiterungsformen von Statecharts wurden in Zusammenhang mit der objektorientierten Entwicklung sowie für die Entwicklung von Benutzungsschnittstellen eingesetzt. Dabei wurden aber keine aufgabenbezogenen Beschreibungen unterstützt, sondern Spezifikationen für die Realisierung bzw. im Fall von Statemaster eine Beschreibungssprache für ein User Interface Management System (UIMS) geliefert.

3.2.5.4 Zur Bewertung von Vorgangsbeschreibungen

Die Bewertung von Methoden zur Beschreibung von Vorgängen und Aufgabenabläufen wird spezifisch für die Belange von graphisch-interaktiven Informationssystemen vorgenommen. Hier sind als Kriterien die möglichen Darstellungsinhalte zu berücksichtigen:

- Daten- bzw. Informationsfluß;
- Ereignisfluß (Steuerfluß);
- Nebenläufigkeit von Prozessen;
- Ressourcen (Aufgabenträger, Materialien, Hilfsmittel).

Weiterhin ist wesentlich, welche Abstraktions- und Hierarchisierungsmöglichkeiten die jeweilige Technik bietet. Dies bezieht sich auf die Darstellung von Aufgabenhierarchien sowie auf Möglichkeiten zur Abstraktion von Zuständen und

3.2 Methoden und Techniken in der Softwareentwicklung

Tabelle 3.3. Bewertung von Methoden zur Darstellung von Vorgängen und Aufgabenabläufen. Die Kriterien oberhalb des Doppelstrichs bezeichnen die mit der Methode darstellbaren Konzepte, diejenigen unterhalb anwendungsbezogene Eigenschaften der Methode

Technik / Kriterium	DFD (DeMarco 1979)	VKD (Scheer 1991)	KSA (Krallmann et al. 1990)	Petri-Netze (vgl. Reisig 1986)	RFA (Oberquelle 1987a,b)	ZÜD (vgl. Larson 1992)	Event Schem. (Martin & Odell 1992)	Statecharts (Harel 1987)
Daten-/Informationsfluß	●	●	●	◐	◐	-	○	-
Ereignisfluß	○	◐	○	●	●	●	●	●
Nebenläufigkeit	○	○	○	●	●	-	◐	●
Ressourcen	◐	●	●	-	◐	-	-	-
Aufgabenhierarchien	◐	◐	◐	◐	●	-	◐	●
hierarchische Zustände	-	-	-	◐	-	◐	-	●
hierarch. Ereignisse	-	-	-	-	-	-	◐	-
Formalisierungsgrad	◐	○	○	●	◐	●	○	●
Verständlichkeit	●	◐	◐	○	○	●	◐	◐
Bekanntheitsgrad	●	○	○	◐	○	●	○	◐

Darstellungsunterstützung/Erfüllungsgrad: ● sehr gut/hoch ◐ möglich/mittel ○ nur bedingt möglich/gering - nicht möglich

Ereignissen. Außerdem besitzen die Methoden unterschiedlich stark formalisierte Grundlagen. Schließlich sind Kriterien hinsichtlich Verständlichkeit und gegenwärtigem Bekanntheitsgrad der Methode zu untersuchen. Eine zusammenfassende Bewertung der Methoden wird in Tabelle 3.3 gegeben.

3.2.6 Vergleich der unterschiedlichen Software-Engineering-Methoden

In Tabelle 3.4 wird eine kurze zusammenfassende Darstellung der unterschiedlich detaillierten Modellierungsmethoden gegeben. Diese werden kategorisiert nach dem Zweck der Modellierung, dem Modellierungsgegenstand, den Phasen im Entwicklungsprozeß, den Methodeneigenschaften (Handhabbarkeit, Darstellungsmethoden, Verständlichkeit etc.), der Ableitbarkeit von Teilen der Implementierung sowie der möglichen begleitenden Werkzeugunterstützung.

Tabelle 3.4. Vergleich von unterschiedlichen, praxiseingeführten Software-Engineering-Methoden

Software-Engineering-Methoden

		ereignis-orientiert	funktionsorientiert						datenorientiert				objekt-orientiert			
		SA	GRAI	HIPO	SA	RT	SADT	IDEF	W/Orr	JSD	ER	SM	IE	OOA, CY	OOA, SM	OMT	OOSE
Zweck	Unternehmensmodellierung		●										●				
	Systemmodellierung	●	●	●	●	●	●	●	●	●	●	●	●	●	●	●	●
Subjekte	Funktionen	●		●	●	●	●	●						●	●	●	●
	Daten	●			●	●	●	●	●	●	●	●	●	●	●	●	●
	Ablauf		●		●	●							●	◐	◐		●
Phasen	Analyse	●	●		●	●	●	●	●	●	●	●	●	●	●	●	●
	Design		●				●	●	●					●	●	●	●
	Implementierung																
Struktur	Hierarchie	●	●	●	●	●	●	●	●	●				●	●	●	●
	Netz								●								
Eigenschaften	graphisch	●	●	●	●	●	●	●	●	●	●	●	●	●	●	●	●
	schrittweise Verfeinerung						●	●				●					
	leicht erlernbar			◐	●	○	●	●	●	●	●	◐	●	●			●
	schnell zu zeichnen und zu ändern			◐		◐					◐	●	●				◐
	selbsterklärend			○		○	●	●	◐	●	●	◐	●	●			◐
	benutzungsfreundlich	●	◐	○	●	○	●	●	◐	●	●	◐	●	●	◐	◐	●
ableitbar	Coderahmen						◐		●	●							
	Code													◐	◐	◐	◐
	Datenstrukturen										●	●		◐	◐	◐	◐
	Datenbankbeschreibung											●				◐	◐
	Benutzungsschnittstelle													◐	◐	◐	◐
	Werkzeugunterstützung	●	●	●	●	●	●	●	●	●	●	◐	●	●	●	●	●

Legende: ● voll erfüllt   ◐ teilweise erfüllt   ○ nicht erfüllt

3.3 Entwicklungsumgebungen und Werkzeugunterstützung

3.3.1 CASE-Werkzeuge

Für fast alle der vorher eingeführten Methoden des Software Engineerings werden Produkte des sogenannten Computer-Aided Software Engineering (CASE) angeboten, die die Erstellung und Bearbeitung der Diagramme sowie Prüfung auf Konsistenz und Vollständigkeit unterstützen. Ein Überblick über vorhandene Werkzeuge und deren Eigenschaften in Form einer Marktübersicht findet sich in Weisbecker (1995). Die meisten Werkzeuge unterstützen Analyse- und Designphase. Eine durchgängige Prozeßkette von der Analyse bis zur Einführung eines Informationssystems wird in keinem der bekannten Systeme unterstützt.

Nach der Art und Weise, wie die im Software-Entwicklungsprozeß verwendete Vorgehensweise in die Werkzeuge miteinbezogen wird, lassen sich drei Kategorien unterscheiden: Zum einen Werkzeuge, die methodologie-neutral sind und keine Vorgehensweise vorgeben. Demgegenüber stehen methodologie-abhängige Werkzeuge, denen eine bestimmte Vorgehensweise zugrunde liegt und die strikt den Software-Entwicklungsprozeß vorschreiben. Diese Werkzeuge bieten eine durchgängige Unterstützung des Entwicklungsprozesses, sind aber nur sehr bedingt an firmenspezifische Gegebenheiten anpaßbar. Die dritte Kategorie wird von sogenannten Meta-Werkzeugen gebildet, die die Definition einer eigenen Vorgehensweise erlauben. Die Werkzeuge der letzten beiden Kategorien tragen durch die Integration einer Vorgehensweise auf jeden Fall zur Standardisierung und Systematisierung des Entwicklungsprozesses bei. Im Hinblick auf den Software-Lebenszyklus sind sowohl die phasenspezifischen als auch die phasenübergreifenden Tätigkeiten zu unterstützen.

Ein Großteil (ca. 65%) der Werkzeuge wird für die Analyse- und Designphase, den sogenannten Upper-Case-Bereich angeboten. Doch gerade bei den strukturierten Methoden kommt es beim Übergang zwischen Analyse und Design zum Bruch. Objektorientierte Methoden bieten hier eine bessere Durchgängigkeit.

Nur 20% der Werkzeuge bieten Codegenerierungen für die Implementierungsphase. Dabei sind Cobol und C die am häufigsten unterstützten Programmiersprachen. Es existieren jedoch keine Werkzeuge, die eine vollständige Codegenerierung aus der Spezifikation leisten. Es werden Coderahmen aus Datendefinitionen, Prozeßspezifikationen und Modulbeschreibungen erzeugt. Weitere Generierungsmöglichkeiten werden für Datenbank-Schemata angeboten. So können in der Regel für die verbreiteten relationalen Datenbanken (z. B. Oracle, Ingres, Informix, Sybase) Beschreibungen aus den Datenmodellen generiert werden.

Im Gegensatz zu Code- und Datenbankgenerierung wird die Erstellung von graphischen Benutzungsschnittstellen noch kaum unterstützt. Traditionell stehen, aus dem Großrechnerbereich kommend, Möglichkeiten zur Definition von maskenorientierten Benutzungsschnittstellen zur Verfügung. Es zeichnet sich eine Tendenz ab, Werkzeuge zur Erstellung von Benutzungsschnittstellen in CASE-Werkzeuge zu integrieren oder zumindestens eine Verbindung dazu herzustellen (Bullinger, Fähnrich, Janssen, 1993).

Die Orientierung an Phasen legt eine Top-Down-Vorgehensweise bei der Entwicklung nahe. Dies schlägt sich auch darin nieder, daß Prototyping in den frühen Phasen gar nicht oder nur schlecht unterstützt wird. Ebenso wird die Aufgabenanalyse, die allen Phasen vorangeht und bei der Prototyping als adäquates Hilfsmittel eingesetzt werden kann, nicht unterstützt.

Zu den phasenübergreifenden Tätigkeiten gehören Projektmanagement, Qualitätssicherung und die Erstellung von Dokumentation und Berichten.

Projektmanagement umfaßt Projektabschätzungen, -planung und -kontrolle. Es erlaubt die Verwaltung mehrerer Projekte und so Zeit- und Kostenabschätzungen für zukünftige Projekte sowie projektspezifische und -übergreifende Ressourcenverwaltung. Meist werden hier spezielle Werkzeuge für das Projektmanagement verwendet, die keine ausreichende Integration mit den CASE-Werkzeugen bieten.

Um die Qualität der Software sicherzustellen, muß es möglich sein, Werte für Softwarequalitätseigenschaften und -metriken automatisch zu erfassen und auszuwerten. Im Bereich der Softwarequalitätssicherung besteht jedoch hinsichtlich praktikabler Metriken und der entsprechenden Werkzeugunterstützung noch ein großes Defizit.

Bei der heutigen Größe und Komplexität der Anwendungen erfolgt die Entwicklung zwangsläufig im Team. Das bedeutet die Aufteilung der Entwicklungsaufgaben auf die verschiedenen Gruppenmitglieder. Dafür muß das CASE-Werkzeug die entsprechende Integration und Koordination bereitstellen. Dazu gehört die Zugriffsregelung für die zentrale Datenbasis und der konsistente Austausch von Dokumenten und Kommunikationsdienste wie z. B. elektronische Post, Terminkalender.

Die Komplexität der Anwendungen erfordert auch die Wiederverwendung von Komponenten auf allen Ebenen der Softwareentwicklung. Die Wiederverwendbarkeit von bereits vorhandenem Code oder auch von Designvorlagen wird bis jetzt von den CASE-Werkzeugen noch nicht in ausreichendem Maße unterstützt.

3.3.2 Integration von Software-Engineering-Werkzeugen

Ein wichtiger Aspekt ist die Integration von Softwareentwicklungs-Werkzeugen, die die Möglichkeit des Zugriffs und der Verwaltung von Entwicklungsdaten mit verschiedenen Werkzeugen erlaubt. Es gibt Bestrebungen, ein einheitliches Datenformat für den Austausch von Informationen zwischen Software-Entwicklungswerkzeugen (CDIF - CASE Data Interchange Format) zu schaffen. Bei den meisten CASE-Werkzeugen ist es möglich, Daten in Form von ASCII-Dateien zu exportieren und zum Teil auch zu importieren. In Abhängigkeit von der in dem CASE-Werkzeug verwendeten Entwicklungsdatenbank ist der direkte Zugriff auf die Daten in dieser Datenbank möglich.

Eine gemeinsame Datenbasis ist nur ein Aspekt der Integration von Software-Werkzeugen. Insgesamt werden dabei die folgenden Arten von Integration unterschieden:

- Plattformintegration: Verschiedene Software-Werkzeuge stehen in derselben Betriebssystemumgebung zur Verfügung. Diese Art der Integration wird von vielen Werkzeugen für die Standardbetriebssysteme erreicht.
- Datenintegration: Austausch von Daten zwischen den Werkzeugen z. B. durch ein definiertes Datenaustauschformat (CDIF - CASE Data Interchange Format).

- Steuerungsintegration: Steuerungsintegration bezieht sich auf die Fähigkeit, Aktionen in den einzelnen Werkzeugen anzustoßen. Dazu ist es notwendig, festdefinierte Schnittstellen zwischen den einzelnen Werkzeugen zu schaffen.
- Präsentationsintegration: Präsentationsintegration wird erreicht, wenn Software-Werkzeuge eine einheitliche Benutzungsschnittstelle anbieten. Durch standardisiertes Aussehen und Verhalten (look and feel) der Benutzungsschnittstellen wird das Arbeiten mit den verschiedenen Software-Werkzeugen erleichtert. Einmal Erlerntes für den Umgang mit den Werkzeugen kann übertragen werden. Die Präsentationsintegration wird zum Teil schon dadurch erreicht, daß sich für bestimmte Plattformen auch einheitliche Benutzungsschnittstellenstile etablieren wie z. B. MS-Windows für PCs oder OSF/Motif unter UNIX.
- Prozeßintegration: Die Prozeßintegration regelt das Zusammenspiel zwischen den Software-Werkzeugen und dem Software-Entwicklungsprozeß. Realisiert wird eine Prozeßintegration durch offene Software-Entwicklungsumgebungen, die es erlauben, beliebige Werkzeuge zu mischen und in eine gemeinsame Umgebung einzupassen. Die meisten großen Hardware-Hersteller bieten solche Umgebungen oder entsprechende Konzepte an (z. B. AD/Cycle von IBM, Softbench von HP, Cohesion von DEC).

3.3.3 Standardisierung von Software-Werkzeugen

Die Entwicklung von Standards und Werkzeugen für umfassende Software-Entwicklungsumgebungen wird in verschiedenen internationalen Projekten vorangetrieben. So wurde in dem ESPRIT-Projekt PCTE (Portable Common Tool Environment) eine Infrastruktur für Software-Entwicklungsumgebungen definiert und implementiert, die die Portabilität zwischen unterschiedlichen Hardwareplattformen und Betriebssystemen gewährleistet. PCTE umfaßt ein System zur Verwaltung der Daten und Funktionen zur Prozeßausführung und Interprozeßkommunikation.

Die Ergebnisse aus dem PCTE-Projekt bilden auch die Grundlage für das ECMA-Referenzmodell, das im Rahmen der European Computer Manufacturers Association (ECMA) von der Arbeitsgruppe TC33/TGRM definiert wurde. Dieses Referenzmodell ist ein Rahmenwerk zur Beschreibung und zum Vergleich der verschiedenen existierenden und geplanten Software-Entwicklungsumgebungen. Auf der einen Seite unterstützt das Referenzmodell den gesamten Software-Lebenszyklus (vertikale Integration), indem es die Vollständigkeit und Konsistenz der Information sicherstellt, die in den verschiedenen Phasen des Lebenszyklus erstellt wird. Auf der anderen Seite gewährleistet die methodische (horizontale) Integration die Integrität der Information innerhalb einer Software-Lebenszyklusphase, wenn unterschiedliche Modellierungsmethoden verwendet werden. Ziel des Referenzmodells ist es, zum einen die Standardisierung für Software-Entwicklungsumgebungen zu unterstützen und voranzutreiben und zum anderen als Grundlage für die Ausbildung von Software-Entwicklern zu dienen.

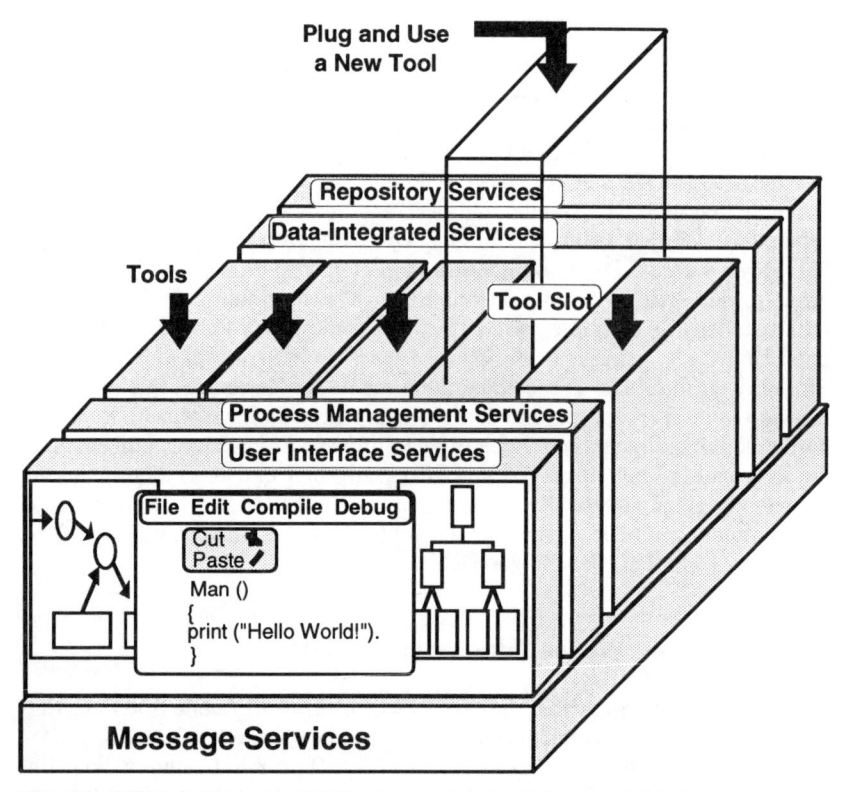

Abb. 3.3. ECMA-Referenzmodell für eine generische Software-Architektur

3.4 Ein Mehrebenen-Modell für die Objekt- und Aufgabenbeschreibung bei Informationssystemen

Durchgängige und aus einem Modell abgeleitete Vorgehensweisen zum objekt- und aufgabenorientierten Entwurf von graphisch-interaktiven Informationssystemen fehlen. Eine wesentliche Anforderung an ein benutzerorientiertes Gestaltungsvorgehen zur Gestaltung von Informationssystemen besteht darin, daß Aufgaben und Objekte aus der Sicht des Benutzers als zentrale Konzepte auf unterschiedlichen Abstraktionsstufen untersucht und gestaltet werden können. Ein Grundansatz für diese Betrachtungsweise findet sich z. B. im SOM-Ansatz nach Ferstl und Sinz (1991). Für die im folgenden entwickelten Methoden wird bei der Modellierung unterschieden in:

- Eine essentielle Ebene; hierbei werden funktionale Leistungen des Systems anhand der aus Anwendungssicht wesentlichen Objekte und Aufgaben beschrieben.

3.4 Ein Mehrebenen-Modell für die Objekt- und Aufgabenbeschreibung

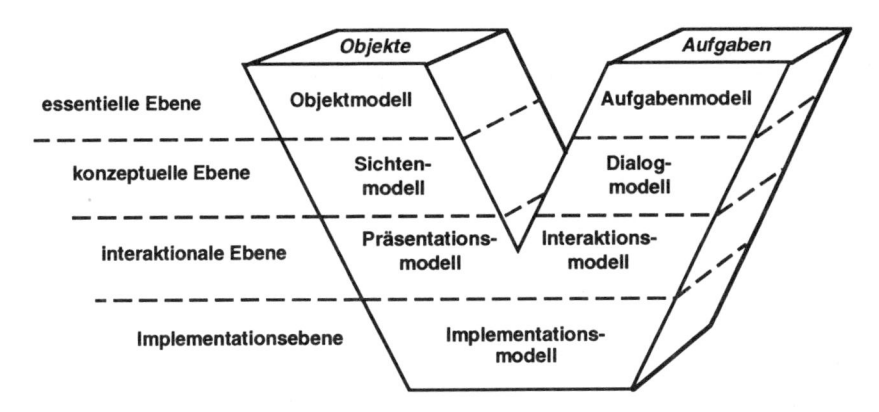

Abb. 3.4. Mehrebenenmodell zur Beschreibung interaktiver Informationssysteme

- Eine konzeptuelle Ebene; hierbei wird der logische Aufbau der Benutzungsschnittstelle beschrieben. Es werden jedoch keine konkreten, technologieabhängigen Interaktionsobjekte modelliert. Aussehen und detailliertes Interaktionsverhalten der Benutzungsschnittstelle bleiben damit auf dieser Ebene noch unspezifiziert.
- Die interaktionale Ebene beschreibt konkret Interaktionsobjekte und deren Zusammensetzung zur Benutzungsschnittstelle. Diese Objekte sind abhängig von den jeweils verwendeten Basisbausteinen für Interaktionsobjekte (Objektbaukästen; vgl. Kap. 9), die auf den verschiedenen technischen Systemplattformen zur Verfügung stehen.
- Die Implementationsebene beschreibt die technische Realisierung auf der Basis von Werkzeugen für die Entwicklung graphisch-interaktiver Systeme.

Diesen Ebenen vorgeschaltet ist eine Ebene der Projektierung von Software, in der die eigentliche Entscheidung für die weitere Entwicklung des Informationssystems getroffen oder verworfen wird. Auf jeder der hier beschriebenen vier Ebenen werden dual Objekte sowie Aufgaben einschließlich der Kopplung (z. B. in Form von Konsistenzbedingungen) der beiden Repräsentationen beschrieben. Auf der interaktionalen Ebene sind die objektorientierte und aufgabenorientierte Sicht auf das Informationssystem schon weitgehend ineinander verwoben. Auf der Implementationsebene werden vereinheitlichende Repräsentationsmechanismen in Form von Dialogbeschreibungssprachen und den entsprechenden zugehörigen User Interface Management Systemen realisiert.

4 Essentielle Systemmodellierung

Essentielle Anforderungen an ein System (McMenamin, Palmer, 1984) sind logische, abstrahierte Anforderungen, die technologieunabhängig formuliert sind. Es wird also von sämtlichen Details des Designs und der Implementierung abgesehen. Die essentielle Modellierung ist geeignet, um zunächst einen Überblick über ein zu entwickelndes System zu gewinnen.

Entsprechend dem in Kap. 3 eingeführten Referenzmodell umfaßt die essentielle Ebene ein *Objektmodell* und ein *Aufgabenmodell*. Wichtige Anforderungen an eine Technik der Objektmodellierung sind im Sinne dieser Arbeit Übersichtlichkeit, die Integration von Aufgaben- und Dynamikdarstellungen, die Einbeziehung der Benutzungsschnittstelle sowie die Integration der Modellperspektiven. Sieht man von der Beschreibung der Benutzungsschnittstelle und der geforderten Modellintegration ab, so erfüllt die *Object Modelling Technique (OMT)* von Rumbaugh et al. (1991) (s. auch Abb. 4.1) diese Anforderungen bereits sehr weitgehend. Diese Technik kann daher als Basis für die Objektmodellierung dienen. Allerdings ist sie hinsichtlich einer Modellierung von sogenannten Objektzuständen zu erweitern. Hierfür stehen bereits Ansätze in der OOAD-Methode von Martin, Odell (1992) sowie der Ansatz hierarchischer Zustände nach Harel (1988) zur Verfügung.

Zur Beschreibung von Aufgaben wird in Ergänzung dieses Methodeninventars eine hierarchische Methode benötigt, die eine integrierte Beschreibung von Daten- bzw. Informationsfluß sowie Ereignis- und Steuerfluß ermöglicht. Ferner sollte Nebenläufigkeit in den Aufgabenabläufen zugelassen sein und die Aufgabenträger (z. B. Stelle in einer Organisation) sollten modelliert werden können. Da diese Anforderungen in ihrer Gesamtheit in den etablierten Analysemethoden noch unzureichend erfüllt werden, wurde die Methode der *Task-Object-Charts* (TOC, s. Abschn. 4.3) entwickelt. Diese ist besonders an die Anforderungen zur Modellierung von objektbezogenen Vorgangsketten bei Informationssystemen angepaßt und nahtlos integriert mit der Objektmodellierung und Modellierung von Objektzuständen. TOCs beschreiben den Fluß zustandsbehafteter Objekte durch hierarchisch strukturierte Vorgänge und zeigen explizit die aus Benutzersicht relevanten Aufgaben (vgl. Ziegler, 1996; Bullinger, Fähnrich, Ziegler, Groh, 1996).

4.1 Objektmodellierung

Das *Objektmodell* im hier vorgestellten Methodenmix bzw. dem zugrundeliegenden Schichtenmodell beschreibt die Objekte des Anwendungsbereichs. Es kann als eine Erweiterung des Entity-Relationship-Modells (ERM) (Chen, 1976) aufgefaßt

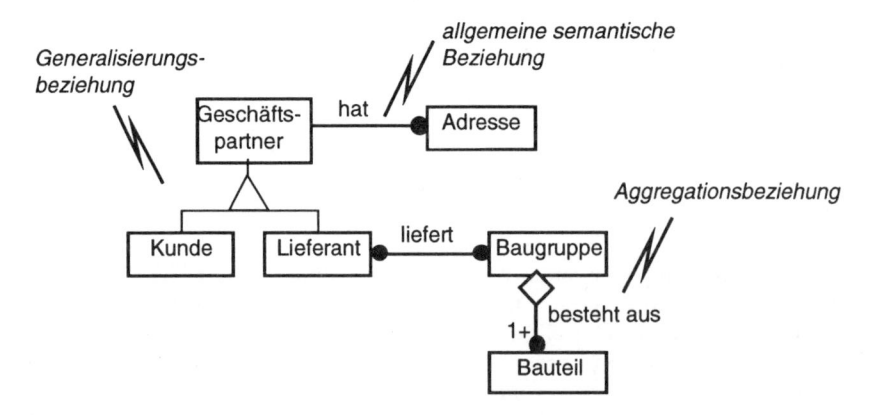

Abb. 4.1. Unterschiedliche Arten von Beziehungen bei der Objektmodellierung mit OMT

werden, in dem unterschiedliche Anwendungsdatentypen und deren semantische Beziehungen untereinander abgebildet werden. Im Objektmodell werden die Entitäten als Klassen dargestellt, wobei zusätzlich die für eine Klasse deklarierten Operationen angegeben werden können. Zusätzlich zu den benannten Relationen im ERM werden in der hier als Basis für die Objektmodellierung verwendeten Methode OMT (Rumbaugh et al., 1991) zwei spezielle Relationstypen aufgrund ihrer Bedeutung durch eigene graphische Notationselemente hervorgehoben. Dies ist zum einen die Generalisierungs-/Spezialisierungsrelation, die die Bildung von Superklassen-/Subklassen-Beziehungen wiedergibt, zum anderen die Aggregationsbeziehung, die der Teil-von-Beziehung entspricht. Ein Beispiel für die unterschiedlichen Arten von Beziehungen in OMT zeigt Abb. 4.1.

Eine Übersicht über die in OMT verwendete graphische Notation zur Objektmodellierung ist in Tabelle 4.1 dargestellt. Neben dem *Objektmodell* sieht OMT ein *dynamisches Modell*, basierend auf Zustandsübergangsdiagrammen in der Form von Statecharts, und ein *funktionales Modell* in Form von Datenflußdiagrammen vor. Diese werden im folgenden durch die integrierte Beschreibungsform der TOCs ersetzt (s. Abschn. 4.3). Es wird von der Annahme ausgegangen, daß diese Kombination von Methoden im Gegenstandsbereich des Buchs zu einer umfassenden Modellierung von essentiellen und konzeptuellen Anforderungen geeignet ist.

4.2 Objektzustände

Objekte stellen im Gegensatz zu elementaren Daten identitätsbehaftete, persistente Einheiten dar. Jedes Objekt wird deshalb zwischen seiner Erzeugung und dem Löschen einen Lebenszyklus durchlaufen, innerhalb dessen das Objekt unterschiedliche Zustände annehmen kann. Die unterschiedlichen Zustände können bei adäquater Modellierung als abhängig von den jeweiligen Wertebelegungen der Attribute des

Tabelle 4.1. Konzepte und Notationselemente von OMT

Bezeichnung		Notation	Anwendung	Beschreibung
Grundkonzepte	Klasse	Klasse	Kunde	Stellt eine Klasse von Objekten dar, von der Exemplare (Instanzen) erzeugt werden können (ohne Darstellung der Attribute und Methoden). Klassenbenennung erfolgt im Singular.
	Instanz (Exemplar)	(Klasse) Instanzname	Kunde — (Kunde) Firma HiTec	Ein einzelnes Exemplar der in Klammer angegebenen Klasse. Ist über die Instanziierungsrelation mit der Klasse verbunden.
	Relation	Relationsname	Kunde — hat — Stammkonto	Die (binäre) Relation zeigt eine bestimmte Beziehung zwischen den *Instanzen* der verbundenen Mengen (Menge von Paaren). Die Beziehung ist bidirektional, auch wenn der Relationsname eine bestimmte Leserichtung nahelegt.
Spezielle Relationstypen	Generalisierung/ Spezialisierung	Superklasse △	Maschine △ Werkzeugmaschine / Umformmaschine	Die über die Dreieckspitze verbundene Klasse ist die Superklasse, die eine Generalisierung der Subklassen darstellt (diese müssen mindestens ein gemeinsames Attribut aufweisen). Die Superklasse "Maschine" ist hier eine konkrete Klasse, von der ebenfalls Instanzen gebildet werden können (d.h. es gibt noch weitere Maschinen außer "Werkzeugmaschinen" und "Umformmaschinen").
	Aggregation	Aggregatklasse ◇ ◇ ◇ alternativ: Aggregatklasse ◇	Auftrag ◇ Auftragskopf / Auftragspositionen	Aggregation beschreibt, wie sich die Objekte der aggregierten Klasse aus Komponenten zusammensetzen (Teil-von-Beziehung). Objekte der Komponentenklassen können entweder selbständig existieren (z.B. Bauteile) oder sind von der Existenz des Aggregats abhängig (wie im gezeigten Beispiel). Typischerweise existieren Operationen, die bei Anwendung auf das Ganze auch für die Teile gelten.
Kardinalitäten	genau 1 optional (0 oder 1) 0 oder mehr 1 oder mehr Bereich spezifiziert	—— Klasse —○ Klasse ●— Klasse 1+ Klasse min, max Klasse	Kunde — erteilt —● Auftrag Ein Kunde erteilt keinen oder beliebig viele Aufträge; jeder Auftrag wird von genau einem Kunden erteilt. Kunde — hat 1+ Konto Ein Kunde hat mindestens ein Konto; jedes Konto gehört genau einem Kunden.	Kardinalitäten beschreiben Bedingungen für die Anzahl von Objekten einer Klasse, die in einer bestimmten Relation vertreten sein können. Bei der Generalisierungs-/Spezialisierungsrelation werden keine Kardinalitäten angegeben, da implizit immer eine 1:n-Beziehung angenommen werden kann.
Spezielle Konzepte	abstrakte Klasse	abstrakte Klasse	Person △ natürliche Person / juristische Person	Abstrakte Klassen sind Klassen, von denen keine Instanzen erzeugt werden können. Instanzen können nur von den Subklassen gebildet werden (Gegenteil: konkrete Klassen).
	qualifizierte Relation	Klasse Qualifizierer	Bank Kontonr. — Konto	Qualifizierer geben einen Schlüssel an, der für eine gegebene Instanz der qualifizierten Klasse die zugehörige Instanz der assoziierten Klasse eindeutig identifiziert. Qualifizierer verbessern die Sichtbarkeit von Zugriffspfaden

Objekts angesehen werden, wobei hier auch Relationen eines Objekts als Attribute aufgefaßt werden sollen. Dabei sind nicht alle beliebigen Kombinationen von Attributwerten relevant, sondern lediglich das Zutreffen bestimmter Bedingungen bzw. Bedingungskombinationen, die für das weitere Verhalten des Objekts und seine Bearbeitung von Bedeutung sind. Solche Zustände sollen als *Bearbeitungszustände* bezeichnet werden und stellen eine Abstraktion von konkreten Attributbelegungen (unter Einschluß der Beziehungen zu anderen Objekten) dar. Wie im folgenden zu zeigen sein wird, stellen Bearbeitungszustände von Objekten im vorliegenden Ansatz das zentrale Brückenglied zwischen Objekt- und Aufgabenwelt dar.

4.2.1 Der Zusammenhang zwischen Objektzuständen und Aufgabenabläufen

Die Zustände eines Objekts stehen in einem engen Zusammenhang mit der Bearbeitung des Objekts durch unterschiedliche Aufgaben, da Zustände die jeweilige Anwendbarkeit der für das Objekt definierten möglichen Operationen bestimmen. Aus der Sicht des Benutzers stellen Objektzustände deshalb Vorbedingungen für die Ausführung eines bestimmten Bearbeitungsschritts bzw. einer Aufgabe dar. Die Ergebnisse von Aufgabenausführungen resultieren in veränderten Objektzuständen, die als Nachbedingungen der Aufgaben betrachtet werden können. Aus den zulässigen Abfolgen von Zuständen eines Objekts, ggf. zusammen mit Bedingungen hinsichtlich weiterer benutzter Objekte ergibt sich die Menge der potentiellen Abläufe der Aufgaben, durch die der Benutzer das betreffende Objekt bearbeitet. Vor- und Nachbedingungen können in späteren Schritten auch zur Definition des konkreten Dialogablaufs herangezogen werden.

Ein wesentliches Ziel der essentiellen Analyse ist es deshalb, für jedes Objekt die bezüglich der Aufgabenbearbeitung relevanten Zustände zu bestimmen. Diese *Bearbeitungszustände* sind gegenüber anderen Belegungen der Objektattribute dadurch unterschieden, daß sie für mindestens eine Aufgabe eine relevante Vorbedingung für deren Ausführung bilden. So kann z. B. ein Objekt "Rechnung" die Bearbeitungszustände "verschickt", "fällig", "gemahnt" und "bezahlt" annehmen. Die Aufgabe "Kunden mahnen" darf nur ausgeführt werden, wenn "Rechnung" den Zustand "fällig" angenommen hat. Dieser kann z. B. dadurch definiert sein, daß "aktuelles_Datum − Erstellungsdatum ≥ 14 Tage" ist.

4.2.2 Bestimmung von Objektzuständen

Der Zustand eines Objekts kann gleichzeitig durch mehrere voneinander unabhängige Eigenschaften bestimmt werden. Die Objektbearbeitung kann dementsprechend abhängig von einer einzelnen Eigenschaft oder aber einer Kombination von Eigenschaften sein. So kann eine Rechnung "fällig" oder "gemahnt" sein, weiterhin durch die Merkmale "mit Skonto" oder "ohne Skonto" unterschieden werden. Hier kann eine Kombination von Merkmalen ausschlaggebend für weitere Aufgaben sein; so könnte die Merkmalskombination "gemahnt" und "mit Skonto" dazu führen, daß das Skonto wieder gestrichen wird.

Durch die zustandsbestimmenden Eigenschaften von Objekten wird die Gesamtmenge von Objekten einer Klasse in bestimmte Subklassen eingeteilt. Jedes Objekt ist zu einem bestimmten Zeitpunkt Mitglied einer oder mehrerer der so definierten Subklassen. Zustände können dementsprechend als Subtypen der Ausgangsobjektklasse verstanden werden. Im Gegensatz zur Klassenhierarchie des Objektmodells ändert sich die Zuordnung eines Objektes zu den zustandsbestimmenden Subklassen dynamisch mit der Zeit entsprechend dem Fortschritt der Aufgabenbearbeitung.

Zustände können hierarchisch aufgebaut sein. Die Zerlegung eines Zustands in Subzustände bedeutet, daß ein Objekt, das in einem der Subzustände ist, sich gleichzeitig im darüberliegenden Superzustand befindet. So kann das Objekt "Rechnung" gleichzeitig die hierarchischen Bearbeitungszustände "offen", "gemahnt" und "2. Mahnung" einnehmen, wobei "offen" in dieser Hierarchie den obersten, generellsten Zustand kennzeichnet. Zustände können auf allen Ebenen Vorbedingungen für die Ausführung von Aufgaben darstellen, wobei der spezifischere Zustand im Regelfall auch die spezifischere, d. h. für eine geringere Zahl von Objekten anwendbare Aktion erfordern wird.

Bei der hierarchischen Strukturierung von Zuständen treten zwei relevante Formen von Zustandszerlegungen auf, die entsprechend dem Statechart-Ansatz unterschieden werden können:

1) Zum einen kann sich ein Superzustand durch ein exklusives Oder aus den Subzuständen zusammensetzen (ODER-Zustand). Dies bedeutet, daß sich das System immer genau in einem der Subzustände befindet, wenn der Superzustand aktiv ist. Diese Zerlegung des Superzustands entspricht einer Klassenbildung für seine Elemente.

2) Zum anderen kann sich der Zustand eines Objekts aus dem Zustand seiner Komponenten bestimmen. Dies entspricht der Aggregation voneinander unabhängiger Subzustände zu einem Superzustand; die zugehörigen Objekte und Komponenten stehen im Objektmodell in einer Part-of-Beziehung. Dieser Zustand soll als UND-Zustand bezeichnet werden, da gleichzeitig alle Subzustände aktiv sind.

Zur Vermeidung von Redundanzen in der Darstellung kann es weiterhin sinnvoll sein, Zustände aus mehreren, voneinander unabhängigen Superzuständen abzuleiten.

4.2.3 Modellierung von Objektzuständen

Bei der Modellierung von Objektzuständen muß eine Hierarchisierung unterstützt werden. Es sollen weiterhin komplexe Zustände mit UND- und ODER-Konstrukten erfolgen können. Gleichzeitiges Vorliegen unterschiedlicher zustandsbestimmender Eigenschaften muß darstellbar sein.

4.2.3.1 Definition und Formalisierung von Objektzuständen

Wie bereits dargestellt, sind aus Sicht der Aufgabenbearbeitung nur gewisse Konstellationen von Attributwerten eines Objekts von Interesse. Für jede Klasse können die zu einem bestimmten Zeitpunkt existierenden Instanzen einer Objektklasse in weitere, möglicherweise überlappende Unterklassen eingeteilt werden. Im Gegensatz zur Klassenzuordnung eines Objekts im Objektmodell ist diese zustandsbezogene Klassifizierung eines Objekts notwendigerweise zeitvariant, da das Verhalten des Objekts gerade dadurch gekennzeichnet ist, daß es durch Operationen seinen Zustand ändert und dadurch einer neuen Klasse zugeordnet wird. Eine solche zustandsbezogene Klasse soll deshalb als *Zustandsklasse* bezeichnet werden.

Eine Zustandsklasse S_i einer Objektklasse K des Objektmodells ist deshalb eine Teilmenge dieser Objektklasse. Ein Objekt O_j befindet sich im Zustand S_i, wenn es Element der Zustandsklasse S_i ist. Die Zustandsfunktion ZF liefert zu jedem Zeitpunkt t_n während der Existenz eines Objekts die Menge der Zustandsklassen, in denen das Objekt enthalten ist.

Die Zustände einer Klasse können über Generalisierungs- und Aggregationsbeziehungen miteinander verbunden sein. Hierdurch ergibt sich eine Struktur, die als Zustandsgraph bezeichnet werden soll und deren graphische Repräsentation im folgenden Abschnitt erläutert wird.

In Ziegler (1996) werden Zustandsgraphen als sog. "gerichtete, azyklische Graphen" formal definiert. Weiterhin werden die Konstrukte der "Subzustände" und "Superzustände" einer Zustandsklasse definiert. Durch die Konstrukte für die Bildung von Subzuständen in Verbindung mit der Komponentenzerlegung eines Zustands ist es nun möglich, verschiedene Arten von Zuständen zu definieren: Oder-Zustände werden durch Vereinigung von Subklassen gebildet, Und-Zustände durch ein kartesisches Produkt.

Schließlich ist noch der wichtige Fall zu behandeln, daß ein Zustand aus mehreren Superzuständen abgeleitet sein kann. Hierbei gilt die wesentliche Einschränkung, daß Mehrfachgeneralisierungen nur auf orthogonale Komponenten gerichtet sein können, da ansonsten die Annahme einer disjunkten Zerlegung der ODER-Zustände verletzt wird. Ein Zustand mit mehr als einem Superzustand wird in Anlehnung an den Begriff der *join class* von Rumbaugh et al. (1991) als Verbundzustand bezeichnet.

4.2.3.2 Graphische Darstellung von Zustandsklassen

Im vorangegangenen Abschnitt wurde dargestellt, daß Generalisierungs- und Aggregationsbeziehungen wesentliche Elemente zur Modellierung von Objektzuständen darstellen. Deshalb können die Konstrukte zur Zustandsmodellierung als eine Untermenge der bereits im Objektmodell verwendeten Konstrukte angesehen werden, wobei Objektzustände gegenüber der statischen Klassifizierung der Objekte im Objektmodell dynamisch veränderlich sind.

Die Beziehungstypen "Generalisierung" und "Aggregation" werden im Zustandsmodell in Analogie zum Objektmodell verwendet. Allgemeine semantische Relationen werden darüber hinaus im Zustandsmodell nicht eingesetzt. Für die graphische Darstellung des Zustandsgraphen einer Objektklasse ist es deshalb wegen der konzeptuellen Ähnlichkeit naheliegend, entsprechende graphische Notationselemente wie im Objektmodell heranzuziehen.

Abbildung 4.2 zeigt ein Beispiel für die graphische Darstellung eines Zustandsmodells in OMT-Notation am Beispiel eines Fertigungsauftrags. Die Zustände

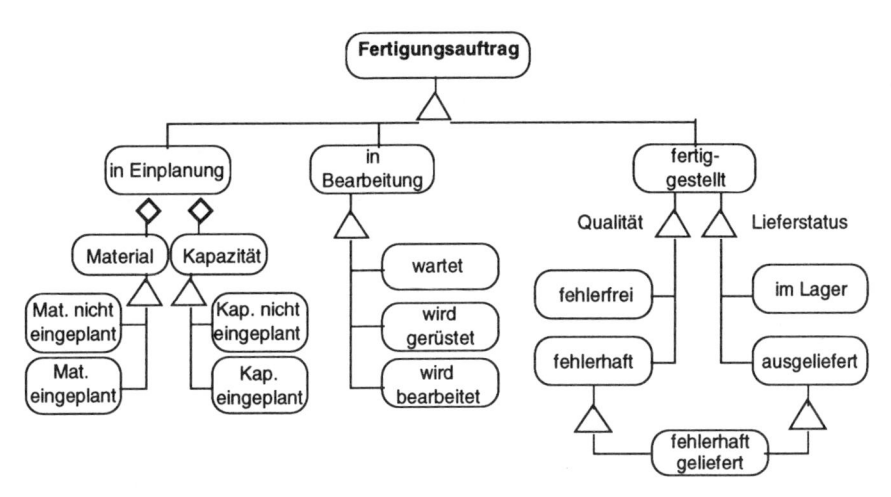

Abb. 4.2. Modellierung von Zustandsklassen am Beispiel eines Objekts "Fertigungsauftrag". Zur Darstellung werden die Generalisierungs- und die Aggregationskonstrukte von OMT verwendet. Zur Unterscheidung von Klassen und Zustandsklassen werden Zustandsklassen mit abgerundeten Ecken dargestellt

des Objekts werden dabei zur Unterscheidung von Objektklassen mit abgerundeten Ecken dargestellt. Die Objektklasse "Fertigungsauftrag" ist ein ODER-Zustand mit den Subzuständen "in Einplanung", "in Bearbeitung" und "fertiggestellt". Ein bestimmter Fertigungsauftrag befindet sich jeweils in genau einem dieser drei Zustände. Diese drei Zustände stellen deshalb (disjunkte) Subklassen dar. Die Gesamtmenge der Fertigungsaufträge ist stets die Vereinigung dieser drei Subklassen.

Der Zustand "in Einplanung" besteht dagegen aus den zwei Subzuständen "Material" und "Kapazität", die beide unabhängig voneinander "eingeplant" oder "nicht eingeplant" sein können. "Material" und "Kapazität" stellen orthogonale Komponenten des komplexen Zustands "in Einplanung" dar, die ihrerseits wieder in Subklassen aufgeteilt sind. Dies wird graphisch dadurch dargestellt, daß die Komponenten über eine Aggregationsbeziehung mit dem übergeordneten Zustand verbunden sind. Der übergeordnete Zustand ist hier ein UND-Zustand, d. h. ein Objekt in diesem Zustand befindet sich gleichzeitig in beiden Subzuständen. Jede Kombination der Subzustände der Komponenten, wie z. B. ("Material eingeplant", "Kapazität nicht eingeplant"), stellt damit eine mögliche Verfeinerung von "in Einplanung" dar, und kann für die Steuerung des Aufgabenablaufs herangezogen werden.

Die hier verwendete Darstellung der Aggregation eines Zustands aus Komponenten muß eingesetzt werden, wenn die Objektklasse auch im Objektmodell aus Komponenten zusammengesetzt ist, deren Zustand für die Bearbeitung relevant ist. Es gilt also die Regel, daß der Zustand komplexer Objekte durch komplexe Zustände abgebildet wird. Umgekehrt können Zustände aber auch in Komponenten zerlegt werden, ohne daß die zugehörige Klasse im Objektmodell aus Komponenten zusammengesetzt ist.

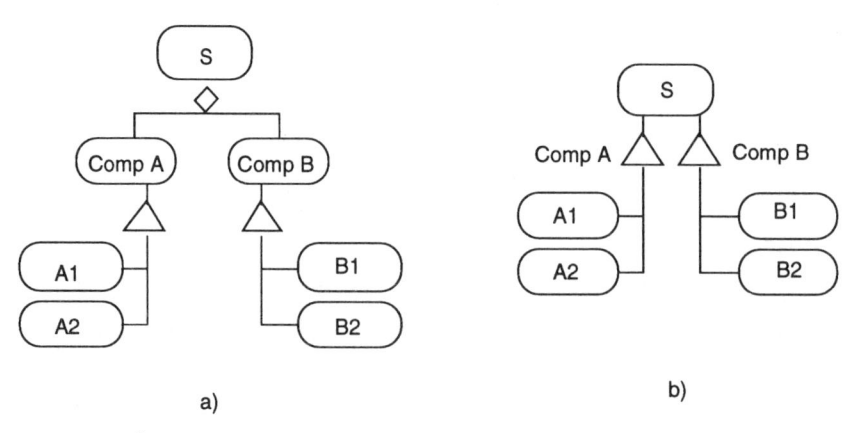

Abb. 4.3. Äquivalente Darstellung orthogonaler Zustandskomponenten durch a) Aggregationsrelationen mit expliziter Darstellung der Zustandskomponenten und b) durch beschriftete Generalisierungsrelationen

Ein solcher Fall liegt für den Zustand "fertiggestellt" vor. Hier wird allerdings eine abkürzende Notation für Zustandskomponenten verwendet, bei der die unterschiedlichen Subzustandsrelationen mit dem Namen der zugehörigen orthogonalen Komponente beschriftet werden. Der Zustand "fertiggestellt" wird durch zwei voneinander unabhängige Subzustandsbeziehungen verfeinert, nämlich "Qualität" und "Lieferstatus". Jede dieser beiden Relationen liefern zwei disjunkte Unterklassen. Der Zustand "fertiggestellt" ist damit ein UND-Zustand mit den orthogonalen Komponenten "Qualität" und "Lieferstatus". Diese Beziehung könnte auch alternativ dadurch dargestellt werden, daß "fertiggestellt" über eine Aggregationsbeziehung aus zwei Komponenten besteht, die ihrerseits in zwei disjunkte Zustände verfeinert werden. Diese Darstellungsäquivalenz ist in Abb. 4.3 verdeutlicht. Wenn sich die Zustandskomponenten nicht aus Objektkomponenten herleiten, ist häufig die Darstellung über unterschiedliche, beschriftete Generalisierungsrelationen anschaulicher und platzsparender. Die Aggregationsdarstellung bietet sich besonders an, wenn bei einer inkrementellen Spezifikation zunächst nur die Komponenten selbst ohne weitere Zerlegung abgebildet werden sollen. Falls mehrere Generalisierungsrelationen an einem Zustand enden (Dreiecksymbol zeigt in Richtung dieses Zustands) handelt es sich um einen UND-Zustand mit orthogonalen Komponentenzuständen (dies gilt nach den eingeführten Definitionen nicht, wenn mehrere Relationen von einem Zustand wegführen; in diesem Fall handelt es sich um einen Verbundzustand).

4.2.4 Spezifikation des dynamischen Objektverhaltens

Die Spezifikation des dynamischen Verhaltens besteht in der Darstellung der dynamischen, zeitlichen Aufeinanderfolge von Systemzuständen in Abhängigkeit von den auftretenden Ereignissen und ggf. vorliegenden Bedingungen. Entsprechende

Modellierungskomponenten sind Bestandteil vieler Systementwicklungsmethoden z. B. in Form von Zustandsübergangsdiagrammen.

Eine detaillierte dynamische Modellierung des Systemverhaltens ist insbesondere in denjenigen Fällen relevant, in denen komplexe zeitliche oder ablaufmäßige Gegebenheiten abgebildet werden müssen. Hierbei kann unterschieden werden in Echtzeitsysteme, bei denen die Dauer von Zuständen und der Zeitpunkt des Eintretens von Ereignissen verhaltensrelevant sind, und in Nichtechtzeitsysteme, bei denen lediglich der Systemzustand selbst und die Tatsache des Eintritts eines Ereignisses während der Dauer dieses Zustands relevant sind. Die Mehrzahl interaktiver Anwendungen in der Arbeitswelt weist zwar ein komplexes ablaufbezogenes Verhalten auf, erfordert aber keine Modellierung von Echtzeitaspekten.

Dynamische Modelle können auf unterschiedlichen Ebenen des Entwurfs von Interesse sein. Auf der organisatorischen Ebene können betriebliche Abläufe in ihrem zeitlichen Verhalten beschrieben werden. Bei der Aufgabenbearbeitung sind die Abfolgen der einzelnen Aufgabenschritte zu modellieren. Schließlich müssen die bei der konkreten Mensch-Rechner-Interaktion auftretenden Dialogabläufe spezifiziert und dokumentiert werden.

Eine Problematik bei bisherigen objektorientierten Vorgehensweisen muß darin gesehen werden, daß die Konzepte konventioneller Zustandsübergangsdarstellungen nicht direkt mit denjenigen verknüpft sind, die in der Objektmodellierung verwendet werden. So besteht z. B. eine Fragestellung darin, die ablaufsteuernden Ereignisse zu identifizieren. In manchen Ansätzen werden hierzu die zwischen den Objekten ausgetauschten Nachrichten herangezogen. Bei der in der vorliegenden Vorgehensweise im Vordergrund stehenden Klasse von Informationssystemen zeigt sich zumeist, daß das Vorliegen von Objekten in einem bestimmten Zustand den Auslöser für Aufgabenstellungen des Benutzers oder bestimmte Systemprozesse darstellt.

Deshalb erscheint es im Rahmen der essentiellen Modellierung für diese Systemklasse angemessener und ökonomischer, die Verbindung von Objekten und Aufgaben darzustellen, wie dies mit der im nächsten Kapitel dargestellten Methode möglich ist. Eine zustandsübergangsorientierte Dynamikmodellierung kann allerdings zusätzlich erfolgen, wenn dies z. B. die Komplexität der Abläufe erfordert. Dies kann analog zu dem Ansatz in OMT mit Statecharts geschehen.

4.3 Aufgabenmodellierung mit Task Object Charts (TOCs)

Die Entwicklung interaktiver Systeme mit einer benutzerorientierten Perspektive hat die optimale Unterstützung der Aufgabenstellungen des Benutzers zum Ziel (vgl. z. B. Bullinger, Fähnrich, Ziegler, 1987b). Die Analyse und Beschreibung der Aufgaben stellt deshalb neben dem Objektmodell und der Modellierung seiner Zustände den zweiten zentralen Ausgangspunkt für die Systemgestaltung und -entwicklung dar und muß durch geeignete Beschreibungsmethoden unterstützt werden. Für die Modellierung von Aufgaben wurde die Modellierungstechnik der *Task Object Charts* (TOC) entwickelt. Diese Technik erlaubt eine Darstellung von Aufgabenstrukturen zusammen mit den in den Aufgaben bearbeiteten Objekten und benutzt die im vorangegangenen beschriebenen Objektzustände zur Steuerung von Abläufen (Bullinger, Fähnrich, Ziegler, 1996 und Ziegler, 1996).

4.3.1 Anforderungen an die Aufgabenmodellierung

Für die Beschreibung definierter Aufgabenstellungen, die der Benutzer unter interaktiver Nutzung des Systems durchführt, ist meist eine funktional orientierte Darstellungsweise aufgrund ihrer Abbildbarkeit auf individuelle und organisatorische Zielhierarchien sowie ihrer intuitiven Verständlichkeit besonders geeignet. Gegenstand der Beschreibung können dabei sowohl einzelne, in sich abgeschlossene Aufgaben, wie z. B. "Auftragsdaten erfassen", wie auch zusammenhängende, zu Geschäftsprozessen verkettete Aufgaben ("Kundenauftrag bearbeiten") sein. Eine wesentliche Zielsetzung moderner Geschäftsprozeßorganisation ist die Ablösung stark funktional gegliederter Strukturen zugunsten kundenorientierter Arbeitsformen (Bullinger, Rathgeb, 1994). Die transparente Modellierung von Prozeßketten ist deshalb für die moderne Systementwicklung von großer Bedeutung, da in diesem Zusammenhang auch meist eine Optimierung und ggf. Flexibilisierung der Geschäftsprozesse angestrebt wird.

Ein kennzeichnendes Merkmal von Prozeßketten ist es, daß ihre Aufgaben oft vorrangig auf die Bearbeitung einer einzelnen, bestimmten Objektklasse (z. B. "Kundenauftrag") ausgerichtet sind. Diese Arbeitsobjekte sind ganzheitlich von einem oder mehreren Bearbeitern zu bearbeiten. Deshalb ist es wünschenswert, in der Analyse den Zusammenhang zwischen der Organisation der Aufgaben und den zugehörigen Arbeitsobjekten in effektiver Form darstellen zu können.

Bei konventionellen Methoden des Software-Engineerings erfolgt eine Trennung der Modellierung in ablauf- und funktionsbezogene Aspekte (z. B. als Zustandsübergangs- und Datenflußdiagramme). Dies beeinträchtigt jedoch die Übersichtlichkeit der Darstellung und ist für eine prozeßorientierte Betrachtungsweise nur bedingt geeignet. Bei Informationssystemen bestehen zudem typischerweise die verhaltensbestimmenden Ereignisse im Verfügbarwerden von Datenobjekten, die bestimmte Bedingungen erfüllen, und nicht im Auftreten beliebiger Elementarereignisse. Aus diesem Grunde kommt für eine prozeßorientierte Beschreibung insbesondere die Ausnutzung der Objektzustände als Mittel zur Ablaufsteuerung in Betracht. Diese Situation ist dabei Ausdruck des gestalterischen Zusammenspiels zwischen Arbeitsorganisation und der Gestaltung von I&K-Systemen, bei der nicht beliebige "Ereignisse" technische/organisatorische Systeme triggern, sondern das Gesamtsystem abgestimmt gestaltet wird.

Die Darstellung von Aufgaben und Prozessen sollte es deshalb ermöglichen, die folgenden Aufgabenaspekte auf unterschiedlichen Abstraktionsebenen in integrierter Weise abzubilden:

- die statische Aufgabenstruktur (Aufgabenhierarchie),
- Abläufe in dieser Aufgabenstruktur mit den jeweiligen auslösenden Ereignissen,
- die für eine Aufgabe benötigten Eingangsobjekte und
- die durch die Aufgabenausführung erzeugten Veränderungen an Objekten bzw. Nachrichten an systemexterne Einheiten.

4.3.2 Konzepte und Notationen von Task Object Charts

Task Object Charts (TOCs) erlauben eine graphische Modellierung einzelner Aufgaben, von Aufgabenhierarchien sowie von zu Prozeßketten zusammengebundenen Aufgaben. Prozeßketten können anhand der jeweils im Mittelpunkt der verschiedenen Bearbeitungsschritte stehenden Objektklasse organisiert werden, wobei die Verwendung weiterer Objekte für die einzelnen Bearbeitungsschritte spezifiziert werden kann. TOCs können gleichzeitig Aspekte des Daten- sowie des Steuerflusses bei der Aufgabenbearbeitung darstellen. Dies stellt einen wesentlichen Vorteil dieser Technik dar, der integrierend auf die Betrachtungsweise wirkt.

TOCs greifen das Higraph-basierte Grundprinzip von Statecharts auf, die eine Erweiterung konventioneller Zustandsübergangsdiagramme durch hierarchische Zustände, orthogonale Zustände und Ereignis-Broadcasting bieten, und führen drei wesentliche Modifikationen bzw. Erweiterungen ein. Dabei werden Aspekte der DFD-ähnlichen Activity Charts einbezogen, die ebenfalls zu dem von Harel angegebenen Methodenverbund gehören:

1. Die Elemente von TOCs stellen Aufgaben dar und entsprechen deshalb dem "Zustand" zwischen Aktivierung und Beendigung einer Aufgabe. Die Aktivierung einer Aufgabe erfolgt, wenn alle erforderlichen Vorbedingungen einschließlich eines auslösenden Starterereignisses vorliegen. Das Ende einer Aufgabe wird dadurch bestimmt, daß das der Aufgabe zugrundeliegende Arbeitsobjekt bzw. die Arbeitsobjekte in einen neuen Bearbeitungszustand übergehen.
2. Zusätzlich zu reinen Ereignisflüssen können auch Flüsse von Objekten angegeben werden. Ein "Objektfluß" zu einer Aufgabe hin bedeutet, daß das betreffende Objekt für die auszuführende Aufgabe benutzt wird, entweder um es zu verändern oder um die enthaltene Information für Entscheidungen oder die Bearbeitung anderer Objekte zu verwenden.
3. Es kann spezifiziert werden, in welchem Zustand ein Objekt vorliegen muß, um in einer Aufgabe bearbeitet oder verwendet zu werden. Hierzu wird die Beschreibung mit dem Zustandsmodell für die betreffende Objektklasse gekoppelt, in welchem alle relevanten Zustände und ihre Struktur definiert werden. Dies entspricht der Angabe zusätzlicher Bedingungen für einen Zustandsübergang in Statecharts. Der Übergang eines Objekts in einen bestimmten Zustand stellt gleichzeitig ein Ereignis dar, das die weitere Abfolge der Aufgaben steuern kann.

4.3.2.1 *Elemente und Strukturen der Aufgabenbeschreibung*

In einem TOC werden zur Beschreibung von Aufgabenstrukturen folgende Konzepte eingesetzt:

- *Elementaraufgaben* sind entweder nicht weiter zerlegbare oder auf der betreffenden Beschreibungsebene nicht weiter zerlegte Aufgaben.
- *Externe Prozesse* liegen außerhalb der zu modellierenden Systemgrenzen und werden im TOC als nicht weiter strukturierte Elemente dargestellt, die Ereignisse und Objekte an das System schicken bzw. von ihm empfangen können.
- *Prozesse* sind komplexe Aufgaben, die aus Subkomponenten zusammengesetzt sind. Prinzipiell besteht jedoch kein Unterschied zwischen Aufgaben und Pro-

zessen, so daß hier allgemein von Aufgaben gesprochen werden soll, wenn die Unterscheidung im betreffenden Kontext nicht relevant ist. Prozesse können in sequentielle und parallele Prozesse unterschieden werden, abhängig davon, ob jeweils genau eine oder mehrere Subaufgaben zu einem bestimmten Zeitpunkt aktiv sein können.

- *Objektklassen* werden durch die in OMT gebräuchliche Darstellung wiedergegeben und werden dazu eingesetzt, um die Verwendung von Objekten in bestimmten Aufgaben zu zeigen.

Die graphische Notation dieser Elemente ist in Abb. 4.4 wiedergegeben. Die Aufgabe- / Subaufgabe-Beziehung wird nach dem Prinzip von Higraphen durch den Einschluß der Fläche der Subaufgabe innerhalb der Fläche der übergeordneten Aufgabe dargestellt. Die zusätzliche (optionale) Angabe einer ausführenden Organisationseinheit in Verbindung mit einer Aufgabe bzw. einem Prozeß erlaubt es, den Aufgabenablauf durch unterschiedliche Stellen der betroffenen Organisation zu verfolgen und ggf. Optimierungspotentiale leichter zu erkennen. Eine zusätzliche (hier nicht angeführte) Dezimalklassifikation der Aufgaben erleichtert die Verknüpfung unterschiedlicher Diagrammteile und -ebenen. Im unteren Teil von Abb. 4.4a wird durch die dicke Umrandung eine komplexe Aufgabe dargestellt, die in einem separaten Diagramm verfeinert werden kann.

Da im weiteren Verlauf Fragestellungen der Systemgestaltung für den individuellen Benutzer im Vordergrund stehen, wird auf eine durchgehende Organisationsmodellierung verzichtet und ausführende Einheiten nur dort angegeben, wo dies erforderlich ist. Die Annotation von Aufgaben durch ausführende Einheiten erlaubt es prinzipiell auch, die Zuordnung von Aufgaben entweder zum Benutzer oder zum System darzustellen. Allerdings sind bei interaktiven Aufgaben System- und Benutzeranteile sehr stark miteinander verwoben, so daß meist erst auf einer Detailebene eine klare Trennung erfolgen kann.

Bei der Konstruktion zusammengesetzter Aufgaben können – ähnlich wie bei der Definition von UND- und ODER-Zuständen im Zustandsmodell – zwei Fälle unterschieden werden:

1. *Sequentieller Prozeß*: Die Subaufgaben eines Prozesses werden so abgearbeitet, daß zu jedem beliebigen Zeitpunkt jeweils höchstens eine Subaufgabe aktiv ist (Abb. 4.4b). Die Bezeichnung aktiv bedeutet hier, daß alle Voraussetzungen für die Aufgabenausführung vorliegen und ein entsprechendes Aktivierungsereignis erfolgt ist (über den tatsächlichen Beginn einer Bearbeitung in eine konkreten Situation kann nichts ausgesagt werden). Ein solcher zusammengesetzter Prozeß soll als *sequentieller Prozeß* (bzw. sequentielle Aufgabe) bezeichnet werden. Die Subaufgaben müssen jedoch nicht notwendigerweise alle durchlaufen werden; je nach vorliegenden Bedingungen kann auch nur eine Untermenge davon bearbeitet werden.
2. *Paralleler Prozeß:* Die Komponenten eines Prozesses sind gleichzeitig aktiv, d. h. die Voraussetzungen für die Ausführung aller unmittelbaren Subaufgaben sind erfüllt (Abb. 4.4c). Die Komponenten können dann nebenläufig bearbeitet werden. Die parallel zu bearbeitenden Komponenten werden durch eine gestrichelte Linie voneinander abgetrennt. Besteht eine der Komponenten wiederum aus einem sequentiellen Prozeß, ist innerhalb der Komponente natürlich nur

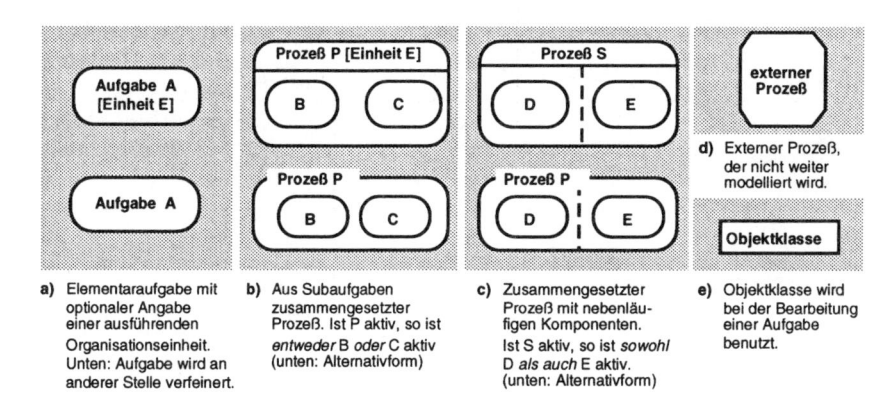

4.3 Aufgabenmodellierung mit Task Object Charts (TOCs)   43

Abb. 4.4. Aufgabenkonstrukte in Task Object Charts

eine Aufgabe aktiv. Zur Verdeutlichung der Darstellung und zur Benennung der Komponenten kann jede parallele Komponente zunächst mit einer einzigen Subaufgabe ausgefüllt werden, die anschließend weiter verfeinert wird.

Parallele Aufgaben können bei der Ausführung durch unterschiedliche ausführende Einheiten tatsächlich gleichzeitig bearbeitet werden. Bei der Aufgabenausführung durch einen einzelnen Benutzer kann in den allermeisten Fällen keine echt parallele Bearbeitung erzielt werden. Deshalb ist bei der Bearbeitung durch eine Einzelperson der Begriff der parallelen Bearbeitung zu interpretieren als eine ineinander verzahnte Bearbeitung, d. h. es kann beliebig zwischen zwei oder mehreren Aufgaben gewechselt werden, solange diese aktiv sind.

4.3.2.2 Flüsse in Task Object Charts

Die Elemente von TOCs können durch gerichtete Flüsse verbunden werden. Die Bedeutung dieser Relationen ist abhängig von ihrer Darstellung, wobei drei Fälle unterschieden werden können:

- reine Ereignisflüsse,
- gleichzeitige Flüsse von Objekten und Ereignissen,
- reine Objektflüsse.

Eine wesentliche Eigenschaft von TOCs besteht darin, daß bei allen Objektflüssen angegeben werden kann, in welchem Zustand sich ein Objekt befinden muß, damit der Fluß erfolgen kann. In vielen Fällen stellt der von einer Vorgängeraufgabe erzeugte Zustand eines Arbeitsobjekts den Auslöser für die nachfolgende Aufgabe dar (der Übergang des Objekts in diesen Zustand ist auslösendes Ereignis). In diesem Fall wird zusammen mit dem Ereignis das dem Ereignis zugrundeliegende Objekt der Nachfolgeraufgabe als Eingangsparameter übergeben. Hierdurch ergibt sich gleichzeitig ein Objekt- und Ereignisfluß.

Zur Ablaufsteuerung wird auf die im Zustandsmodell definierten Zustände zurückgegriffen. Es besteht also eine enge Verbindung zwischen TOC-Modell und

Tabelle 4.2. Flußrelationen und Verknüpfung von eingehenden Flüssen in TOCs

Art des Flusses	Notation	Beschreibung
Ereignisfluß	Event! → A → O:+	Event ist Auslöser für Aufgabe A, die ein Objekt O erzeugt. Das Ausrufezeichen kann wegfallen, wenn nur ein Eingang anliegt.
Disjunktion von Ereignisflüssen	$Event_1$! ... $Event_n$! → A → O:+	A wird durch irgendeines der eingehenden Ereignisse $Event_1$, ..., $Event_n$ ausgelöst (ODER-Verknüpfung).
Konjunktion von Ereignisflüssen	$Event_1$! ... $Event_n$! →○→ A → O:+	A wird ausgelöst, wenn $Event_1$ UND ... UND $Event_n$ eingetreten sind.
Objekt-& Ereignisfluß	O:X → A → O:Y	Der Übergang eines Objektes O in den Zustand X ist auslösendes Ereignis für Aufgabe A. O ist gleichzeitig das Eingangsobjekt für Aufgabe A, die O in den neuen Zustand Y überführt.
reiner Objektfluß	O:X → P → A → O:Y	Ein Objekt P wird als weiteres Argument für A benötigt. Objektflüsse werden durch einen hohlen Pfeil dargestellt. Optional können die benötigten Attribute angegeben werden: P (attr1, ..., attrn).
Aufgabe mit komplexer Vorbedingung	O:S ... $event_k$! →◇→ A → Q:Z z. B. C= (O:S OR P:T) AND time (x)!	C ist eine komplexe Vorbedingung und wird durch einen separat zu spezifizierenden Boole'schen Ausdruck definiert, in dem unterschiedliche Arten von Ereignissen verknüpft werden können.
Flußverzweigungen (oben: Aufspaltung in Subzustände unten: Generierung zusätzlicher Ereignisse)	A → O:Y •→ O:Y1 / O:Y2 A → O:Y → Event1! → Klasse K / Event2! → externer Prozeß	Durch Aufspaltung von Flüssen können mehrere Subereignis- oder Objektflüsse an einen Ausgang angebunden werden. **Oben**: O:Y spaltet sich in zwei Subzustände auf, die unterschiedliche Folgeaufgaben haben. **Unten**: Bei Auftreten des Ereignisses O:Y! werden gleichzeitig zwei Ereignisse (Nachrichten) generiert, die an eine Klasse und einen ext. Aktor gehen.
Start- und Endefluß	●→ A A →◉	Ein Startfluß kennzeichnet die Default-Startaufgabe innerhalb einer Superaufgabe, ein Endefluß die Beendigung der Superaufgabe.

4.3 Aufgabenmodellierung mit Task Object Charts (TOCs)

Zustandsmodell. Besonders zu beachten ist, daß die Subklassenbildung im Zustandsmodell auch in der Aufgabenbeschreibung ausgenutzt werden kann. So löst in allen Situationen, in denen ein generalisierter Superzustand Z eine Aufgabe aktiviert, auch ein Zustand aus einer Menge disjunktiver Subzustände diese Aufgabe aus. Dieser Sachverhalt wird in Abschn. 4.3.2.4 noch detaillierter erläutert.

Tabelle 4.2 zeigt die unterschiedlichen Typen und Verknüpfungen von Flußrelationen sowie die Konventionen für die Beschriftung der Flüsse. Die Klassifizierung bezieht sich hier auf die eingehenden Flüsse, während die Ausgangsflüsse nur als Beispiele angegeben sind. Eine Darstellung der unterschiedlichen Eingangs-/Ausgangsfunktionen wird im nächsten Abschnitt behandelt.

Sind außer den durch die definierten Objektzustände formulierbaren Bedingungen für die Ausführung einer Aufgabe noch weitere Vorbedingungen einzuhalten, so können diese in einer geschweiften Klammer hinter der Beschriftung eines Flusses angegeben werden [1].

Häufig ist es sinnvoll, in der Anforderungsanalyse neben den ablaufbestimmenden Angaben konkret die Attribute eines Objekts benennen zu können, die in einer Aufgabe verwendet werden. Dies ist sinnvoll, um aufgabenangemessene Sichten definieren zu können. Solche Angaben erfolgen in einer zugeordneten, nicht-graphischen Beschreibung (dem Aufgabendefinitionsschema), wie sie für alle Modellierungsobjekte dieser Vorgehensweise angelegt werden kann. In dieser Beschreibung können auch (ähnlich den Mini-Specs bei der DFD-Technik) die konkreten Prozeduren zur Ausführung der Aufgabe angegeben werden. Hinsichtlich der Verbindung unterschiedlicher Elemente lassen sich folgende Fälle unterscheiden:

- Ein Pfeil *zwischen zwei Aufgaben* A und B gibt an, daß das Ergebnis der Aufgabe A für die Bearbeitung von B benutzt wird. Dabei bildet der von A erzeugte Objektzustand den Auslöser für B, falls nicht noch weitere Bedingungen zu berücksichtigen sind.
- Ein Pfeil von einer *Objektklasse zu einer Aufgabe* kennzeichnet die Verwendung eines Objekts dieser Klasse für die Ausführung der Aufgabe. In den meisten Fällen wird dies ein reiner (passiver) Objektfluß sein. Objekten kann aber auch ein aktives Verhalten zugeordnet werden, so daß sie zustandsabhängig Ereignisse erzeugen können (Aktoren).
- Eine Verbindung *von einer Aufgabe zu einer Klasse* ist eine Aktion, die den Zustand des jeweils verwendeten Objekts aus dieser Klasse ändert. Dies entspricht dem Senden einer Nachricht an das Objekt.
- Die Verbindung zwischen *externen Prozessen und Aufgaben* entspricht dem Nachrichtenaustausch zwischen systeminternen und -externen Elementen.

---

[1] Um die Übersichtlichkeit der graphischen Darstellung zu verbessern, können Flußrelationen, die in beide Richtungen gelten, durch eine einzige Verbindungslinie mit Pfeilen an beiden Enden dargestellt werden (es ist aber auch möglich, zwei getrennt Pfeile zu verwenden). Dabei gilt, daß Textzusätze, die oberhalb bzw. links von der Linie plaziert werden, den Fluß von links nach rechts bzw. von oben nach unten beschreiben. Eine Anordnung unterhalb bzw. rechts der Linie gilt für den Fluß von rechts nach links bzw. von unten nach oben.

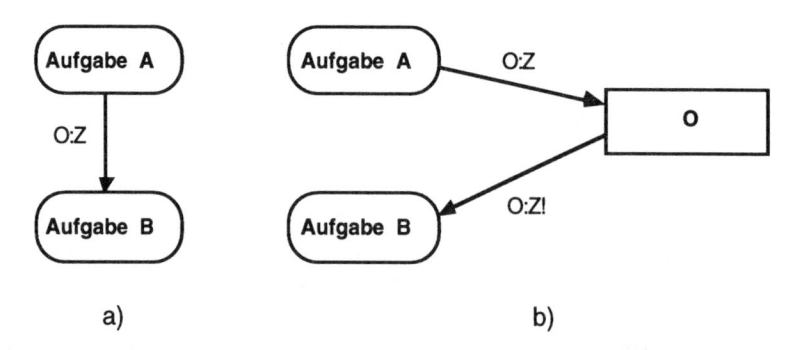

Abb. 4.5. Kommunikation zwischen Aufgaben in TOCs. Die Darstellungen a) und b) zeigen zwei logisch äquivalente Formen des Objektflusses zwischen A und B

Die direkte Flußbeziehung zwischen zwei Aufgaben kann prinzipiell dadurch ersetzt werden, daß zunächst ein Fluß zu der bearbeiteten Objektklasse erfolgt, die wiederum einen Auslöser an die nachfolgende Aufgabe sendet (Abb. 4.5). Allerdings ist der direkte Fluß zwischen den Aufgaben meist vorzuziehen, da dieser die Prozeßverkettung besser verdeutlicht.

Die Spezifikation der Flußrelationen kann in einer inkrementellen Form geschehen. Die einzelnen Komponenten der textuellen Annotationen sind jeweils optional. Je nach Grad der Spezifikation ergibt sich eine unterschiedliche Detaillierung des möglichen Systemverhaltens.

4.3.2.3 Aufgabentypen

Aufgaben können als eine Transformation einer Menge von Eingangsobjekten in bestimmten Zuständen in eine Ausgangsmenge mit entsprechenden Zielzuständen aufgefaßt werden, wobei die resultierenden Zustände nach bestimmten Kriterien näher am Gesamtziel der Aufgabenstellung liegen. Eine Aufgabe läßt sich damit definieren durch eine Abbildung auf der Menge der Zustandsklassen der Objekte des im Objektmodell beschriebenen Anwendungsbereichs.

Die Erzeugung neuer Objektzustände durch Aufgaben schließt die wichtigen Fälle ein, daß neue Objekte einer Klasse erzeugt bzw. existierende Objekte gelöscht werden. Entsprechend der vorliegenden Konstellation von Eingangs- und Ausgangsflüssen einer Aufgabe lassen sich unterschiedliche Typen von Aufgaben klassifizieren, die unabhängig von einem konkreten Bearbeitungsobjekt sind. Diese Typen sind in Tabelle 4.3 aufgeführt.

Durch die eingeführte Klassifizierung von Aufgaben lassen sich auch die zugehörigen Ereignisse einteilen. So resultiert z. B. die Durchführung einer Objektgenerierungsaufgabe in einem Objektgenerierungsereignis. Die Aufgabentypen sind unabhängig vom jeweils bearbeiteten Objekttyp und können deshalb als anwendungsunabhängige Aufgabenklassifikation verwendet werden.

Tabelle 4.3. Aufgabentypen in TOCs

Aufgabentyp	Darstellung	Beschreibung
Zustands-transformation	O:X → A → O:Y	A transformiert den Zustand X eines Eingangsobjekts O in den Zustand Y. Der Doppelpfeil steht hier für beliebige weitere Objektflüsse, die zur Bearbeitung benötigt werden, deren Zustand aber nicht geändert wird.
Objekt-generierung	⇒ A → O:+ oder O:+n oder O:Z+	A erzeugt ein neues Objekt der Klasse O (+n bezeichnet die Erzeugung von n Objekten). Der Zustand von O ist dann 'existiert'. Soll dem erzeugten Objekt ein spezifischer Zustand zugewiesen werden, erfolgt dies durch O:Z+.
Objekt-destruktion	O:X → A → O:-	Das Objekt O wird durch A gelöscht, wenn es den Zustand X hat.
Objekt-klassifikation (Fallunter-scheidung)	O:X → A → O:X1 ... O:Xn	A teilt die eingehenden Objekte in X1 ... Xn Unterklassen ein. Durch diese Fallunterscheidung können alternative Folgebearbeitungen angestoßen werden.
Objekt-komposition	Comp_1:X ... Comp_n:Y → A → O:Z	A erzeugt ein zusammengesetztes Objekt, das aus den Komponenten Comp_1, ..., Comp_n besteht.
Objekt-dekompo-sition	O:Z → A → Comp_1:X ... Comp_n:Y	A zerlegt O in die Komponenten Comp_1, ..., Comp_n.
Zustands-überwachung	$O_i:X_i$ ----→ A → Ereignis!	A überwacht den Zustand der Objekte O_i und erzeugt entsprechende Ereignisse, die andere Prozesse aktivieren können.

4.3.2.4 Hierarchische Aufgabenstrukturen

Bei der Bildung hierarchisch strukturierter Prozesse ergeben sich je nach Aufgabentyp und Konstellation der Eingangs- und Ausgangsflüsse unterschiedliche Fälle, die unterschiedliche Ablaufstrukturen der Aufgaben bewirken. *Sequentielle* und *parallele* Prozesse bilden die Hauptkonstrukte bei der Zusammensetzung komplexer Aufgaben. Zusätzlich muß eingangsseitig betrachtet werden, auf welche Weise die Eingangsflüsse den Subaufgaben zugeordnet werden. Auf der Ausgangsseite ist wesentlich, wie die Ergebnisse der einzelnen Aufgaben zum Ausgangsfluß des übergeordneten Prozesses beitragen. In Tabelle 4.4 sind die unterschiedlichen Fälle dargestellt und näher erläutert.

Die Möglichkeit zur Verwendung generalisierter Objektzustände als Ausgangsfluß komplexer Aufgaben ermöglicht es, vom Detailablauf in den Subaufgaben zu abstrahieren. Generalisierte Zustände bieten deshalb ein effektives Mittel, um

Handlungsspielräume bei der Aufgabenbearbeitung abzubilden. Die Interpretation einer Aufgabe mit generalisiertem Ausgang besteht darin, daß die Subaufgaben in einer nicht näher spezifizierten Weise zum Erreichen des Zielzustands beitragen. Im weiteren Vorgehen können die Ergebnisse der Subaufgaben in sukzessiver Weise spezifiziert und Abläufe zwischen den Aufgaben hinzugefügt werden. Die Möglichkeit der Zustandsabstraktion stellt deshalb ein mächtiges Mittel dar, um sowohl die Darstellung schwach strukturierter Aufgaben, die Angabe von Handlungsspielräumen als auch eine inkrementelle Spezifikation der Anforderungen zu unterstützen.

Tabelle 4.4. Hierarchische Strukturen in TOCs. Aus der Kombination des Aufgabentyps (sequentiell oder parallel) und den unterschiedlichen Möglichkeiten zur Zerlegung bzw. Zusammensetzung der Eingangs- und Ausgangsflüsse ergeben sich unterschiedliche Ablaufstrukturen der Aufgaben. Als Beispiel sind jeweils zwei Subaufgaben angegeben; die Konstrukte lassen sich aber jeweils auf beliebig viele Subaufgaben anwenden

	Strukturtyp	Notation	Beschreibung
Spezifizierte Aufgabenstruktur	Sequenz		A ist ein sequentieller Prozeß, dessen Subaufgaben B und C den Zustand von O transformieren. Der Pfeil zu B bezeichnet die Default-Startaufgabe von A (Alternativ kann hier O:X auch direkt an B münden). Ist C mit O:Z abgeschlossen, wird auch A insgesamt verlassen.
	Auswahl (mit spezialisierten Ausgangszuständen)		Die Subaufgaben von A werden abhängig davon ausgewählt, welcher Subzustand von O:X vorliegt. Die jeweiligen Subzustände werden transformiert und als getrennte Ergebnisse weitergereicht.
	Nebenläufigkeit (Zustandszerlegung)		B und C können nebenläufig bearbeitet werden. Sie verwenden jeweils eine andere Zustandskomponente von O:X als Eingang. Als Ausgang werden entweder die transformierten Zustandskomponenten O:Comp3 und O:Comp4 oder das wieder aggregierte Objekt in neuem Zustand O:Z weitergegeben.
Teilspezifizierte Aufgabenstruktur	Hierarchische Aufgabe mit unspezifizierter Ablaufstruktur		A transformiert O:X in O:Z. Dazu tragen die Subaufgaben B und C in noch unspezifizierter Weise bei. Dies kann im weiteren inkrementell spezifiziert werden.
	Alternativbearbeitung mit generalisiertem Ausgangszustand		Der Ablauf der Subaufgaben B und C ist unspezifiziert. Bilden die Ergebnisse von B und C disjunktive Subzustände Y1 und Y2 von O, wird jeweils der generalisierte Zustand O:Y weitergegeben und A beendet.

4.3 Aufgabenmodellierung mit Task Object Charts (TOCs) 49

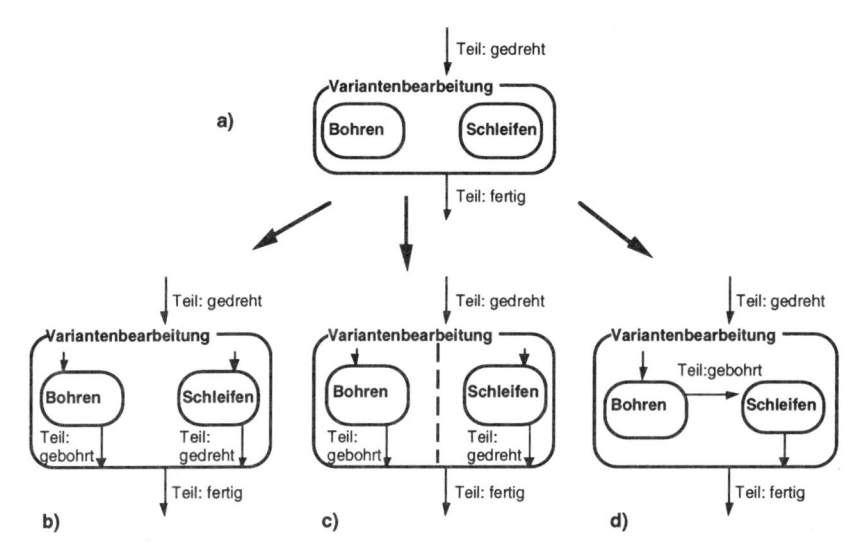

Abb. 4.6. Unterschiedliche Ablaufspezifikationen für die Subaufgaben eines generalisierten Prozesses

Generalisierte Aufgaben und Zustände eignen sich besonders, um wahlfreie Ausführungsreihenfolgen bei einer Objektbearbeitung anzugeben. In Abb. 4.6 ist die Situation dargestellt, daß ein Fertigungsteil, das im vorangegangen Arbeitsschritt gedreht wurde, anschließend gebohrt und geschliffen werden soll. Je nach Spezifizierung ergeben sich dabei unterschiedliche Ablaufmöglichkeiten. In Abb. 4.6a wird zunächst lediglich definiert, daß "Variantenbearbeitung" aus zwei Subaufgaben "Bohren" und "Schleifen" besteht und den Zustand "fertig" erzeugt. 4.6b stellt als Verfeinerung den Fall der alternativen Bearbeitung dar, d. h. das Teil wird entweder gebohrt oder geschliffen. In 4.6c müssen beide Tätigkeiten durchgeführt werden, wobei die Reihenfolge unerheblich ist. Schließlich wird in 4.6d eine feste Bearbeitungsfolge, "Bohren" und nachfolgendes "Schleifen", angegeben. Als Darstellungskonvention ist zu beachten, daß Flüsse, die innerhalb eines Prozesses beginnen und an seiner Umrandung enden, im Ausgangsfluß zusammengefaßt werden. Diese Zusammenfassung entspricht in 4.6b einer "Ver-Oderung" der resultierenden Zustände, da ein sequentieller Prozeß vorliegt, in 4.6c einer "Ver-Undung" aufgrund der Parallelität des übergeordneten Prozesses.

Objektzustände nehmen in TOCs die zentrale Rolle zur Steuerung von Aufgaben ein und stellen daher das wesentliche Bindeglied zwischen Objektmodell und Aufgabenmodell dar. Es ist deshalb wesentlich, daß das Zustandsmodell und das Aufgabenmodell konsistent entwickelt und gehalten werden können. Hierzu wird sinnvollerweise ein Dictionary eingesetzt, das die begriffliche und beziehungsmäßige Konsistenz zwischen diesen Modellierungskomponenten unterstützt.

4.3.3 Modellierung von Geschäftsprozessen mit Task Object Charts

Bei der informationstechnischen Unterstützung von Geschäftsprozessen ist es erforderlich, nicht nur einzelne Aufgaben oder Aufgabenaggregationen zu analysieren und zu beschreiben, sondern ganzheitliche Abläufe zu erfassen, zu bewerten und zu optimieren, die jeweils ein relevantes Ziel des Unternehmens repräsentieren. Ein Ansatz zur Strukturierung und Modellierung solcher Prozesse besteht darin, diese anhand der wesentlichen Objekte der Anwendung zu organisieren. Derart strukturierte Prozesse werden auch als Vorgänge bezeichnet (Scheer, 1991).

Task Object Charts eignen sich besonders für die Darstellung von Vorgängen, bei denen die einzelnen Aufgaben ein bestimmtes Arbeitsobjekt als hauptsächlichen Gegenstand haben. Dies wird graphisch anschaulich durch den Fluß von zustandsbehafteten Objekten durch die Aufgaben eines Prozesses visualisiert. Anstatt wie z. B. in DFDs jeweils Schreib- und Lesezugriffe auf Datenspeicher angeben

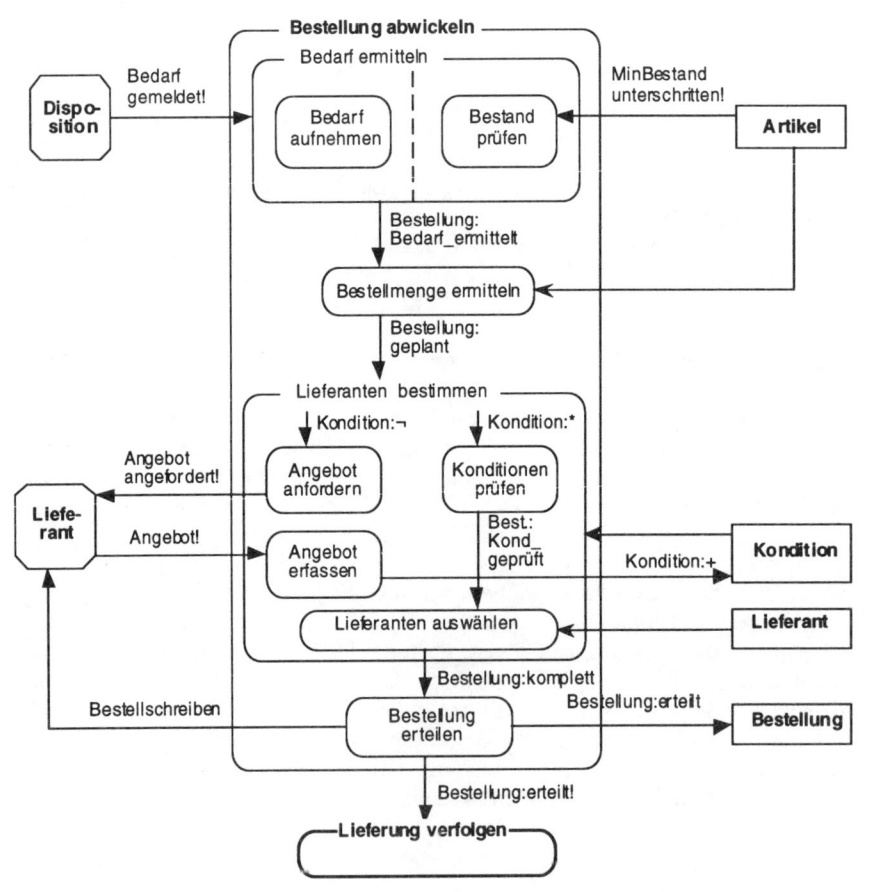

Abb. 4.7. Task Object Chart für den Vorgang "Bestellung abwickeln"

zu müssen, wird in TOCs die Veränderung gespeicherter Objekte implizit durch die Erzeugung eines neuen Objektzustands angegeben. Damit läßt sich der Fluß eines Objekts durch den Bearbeitungsprozeß sehr viel direkter verfolgen.

In Abb. 4.7 ist die Verwendung von TOCs zur Darstellung einer objektbezogenen Prozeßkette anhand des Beispiels eines Bestellvorgangs illustriert. Der Bestellvorgang kann entweder durch einen von der Disposition gemeldeten Bedarf oder aber durch das Unterschreiten einer Mindestanzahl der auf Lager gehaltenen Artikel ausgelöst werden. Hier sei angenommen, daß die Klasse "Artikel" selbst ein entsprechendes Ereignis erzeugen kann. Bei einer Bedarfsmeldung werden beide Subaufgaben von "Bedarf ermitteln" ausgelöst, da ggf. auch der Lagerbestand aufgefüllt werden sollte. Die Aufgabe "Lieferanten bestimmen" beinhaltet eine Fallunterscheidung, abhängig davon, ob die Lieferkonditionen (Preise etc.) für die zu bestellenden Artikel bereits vorhanden sind. Muß erst ein Angebot eingeholt werden, werden beide Zweige von "Lieferanten bestimmen" durchlaufen, da über die Aktion Kondition:+ der erforderliche Startzustand für "Konditionen prüfen" erzeugt wird.

Die gewählte Darstellung der Vorgangskette mit Hilfe von TOCs ermöglicht es, drei wesentliche Aspekte des Vorgangs in einer Darstellung zu veranschaulichen. Die Struktur des Vorgangs mit hierarchisch aufgebauten Prozessen und Aufgaben wird ähnlich wie in der Statechart-Technik über den topologischen Einschluß der Subaufgaben in die übergeordnete Aufgabe dargestellt. Ereignis- und Informationsflüsse werden über gerichtete Verbindungen abgebildet. Die wesentlichen objektbezogenen Vor- und Nachbedingungen werden durch die Annotation der Flüsse mit Objektzuständen bzw. Ereignissen definiert.

4.3.4 Vergleich von TOCs mit anderen Modellierungsmethoden

Aufgaben repräsentieren den funktionalen Aspekt der Systemanforderungen. In den herkömmlichen Ansätzen der Softwaretechnik werden für die funktionale Modellierung meist Datenflußdiagramme (DFD) (DeMarco, 1979; Yourdon 1989) eingesetzt. Diese beschreiben die datentransformierenden Prozesse im System, die Datenflüsse zwischen diesen Prozessen sowie Zugriffe auf Datenspeicher. Entsprechend neueren Methodenpräzisierungen erfolgt die Zerlegung des Systems in einzelne Prozesse ausgehend von Ereignissen bzw. Geschäftsvorfällen.

Im Vergleich zu DFDen beschreiben TOCs die erforderlichen Eingabeparameter für Aufgaben nicht auf Attribut-, sondern auf Objektebene. Zustände bilden Abstraktionen von den einzelnen Attributbelegungen und können zusätzlich zur Ablaufsteuerung eingesetzt werden, während DFDe keine expliziten Mittel zur Ablaufdarstellung anbieten. Zwar bieten Real-Time-Erweiterungen von DFDen Möglichkeiten zur Spezifikation von Steuerflüssen, diese werden aber separat behandelt und die eigentlichen Entscheidungsfunktionen, die den Steuerfluß steuern, in separate Beschreibungen ausgelagert ("C-Spec´s"). Die Darstellung von Aufgabenhierarchien in einem einzelnen Diagramm ist in DFDen nicht möglich, so daß die Übersicht über die Aufgabenstruktur nicht gegeben ist.

Verschiedentlich werden zur Darstellung von Aufgabenabläufen Petri-Netze verwendet. Prinzipiell geeignet sind hier besonders Prädikat-Transitions-Netze. Hierbei können die Stellen in Petri-Netzen durch Prädikate beschrieben werden, so daß man definieren kann, daß eine Stelle nur Objekte eines bestimmten Zustands enthält. Dies würde dem Fluß eines Objekts in diesem Zustand in TOCs entsprechen. Zudem bieten Prädikat-Transitions-Netze die Möglichkeit zur Simulation von Abläufen. Für die Zwecke der Anforderungsanalyse ist diese Fähigkeit meist aber nicht erforderlich. Im Sinne einer anschaulichen Aufgabendarstellung erweist sich die Verwendung zweier unterschiedlicher Elemente (Stellen und Transitionen) als eher ungünstig, da die Komplexität der Darstellung erhöht wird. Die Abbildung hierarchischer Prozesse erfordert mehrere Diagramme, so daß Aufgabenstrukturen nicht unmittelbar erkennbar sind.

Statecharts bilden hinsichtlich konzeptueller Struktur und Darstellung die Ausgangsbasis für TOCs, wobei hier allerdings eine andere Interpretation der Zustandsdarstellung vorliegt. Statecharts (wie auch einfache Zustandsübergangsdiagramme) gehen von (passiven) Zuständen aus, die zeitlich andauern und die durch beliebig kurze Aktionen ineinander überführt werden. In TOCs bilden (aktive) Aufgaben die Basiselemente, die zeitlich andauern und beendet werden, sobald ein bearbeitetes Objekt einen Zielzustand erreicht. Der Übergang in diesen Zielzustand erzeugt gleichzeitig ein Ereignis ("edge triggered event"), das nachfolgende Aufgaben aktivieren kann.

Die Kausalkette "Zustand-Aktion-Zustand..." wird also bei TOC in genau komplementärer Weise zum Statecharts-Ansatz geschnitten. Hierdurch werden die Aufgaben als Prozeßkomponenten sichtbar. Zusätzlich wird durch die Nutzung von Objektzuständen als Aufgabenauslöser ein enger Zusammenhang zum Objektmodell geschaffen, der bei Statecharts nicht vorhanden ist. Durch die Möglichkeit zur Bildung von Zustandshierarchien ergeben sich gleichzeitig hierarchische Ereignisse, die für eine abstrahierte Darstellung herangezogen werden können. Weiterhin kann gegenüber Statecharts der Nachrichtenaustausch mit Objekten und externen Aktoren dargestellt werden.

5 Konzeptueller Entwurf der Benutzungsschnittstelle

Im Vergleich zu bestehenden software-technischen Vorgehensmodellen (vgl. Kap. 3) wird bei der vorliegenden Methodik der *Benutzungsschnittstellenentwurf* explizit unterstützt. Die im essentiellen Modell definierten Objekte und Aufgaben des Anwendungsbereichs müssen für den Benutzer in geeigneter Weise zugänglich und manipulierbar gemacht werden. Nur indem effektive, verständliche und flexible Nutzungsmöglichkeiten bereitgestellt werden, kann die essentielle Systemfunktionalität im konkreten Arbeitsablauf produktiv eingesetzt werden.

Aus diesem Grund wird ein expliziter Entwurf der Benutzungsschnittstelle durchgeführt, der in einem *konzeptuellen Modell der Benutzungsschnittstelle* (im folgenden kurz: *Benutzungsmodell*) resultiert. Das Benutzungsmodell beschreibt die Anforderungen an das System aus der Sicht des Benutzers und bildet zusammen mit dem essentiellem Objekt- und Aufgabenmodell die zweite zentrale Komponente der logischen Anforderungsdefinition.

Das Benutzungsmodell beschreibt Objekte, Strukturen und Abläufe, mit denen die Elemente der essentiellen Ebene an der Benutzungsschnittstelle abgebildet werden. Dabei wird von der konkreten Realisierung, also z. B. der Auswahl von Interaktionsobjekten wie Feldern oder Menüs oder dem visuellen Layout von Fenstern weithin abstrahiert. Das Benutzungsmodell repräsentiert aber bereits Entwurfsentscheidungen hinsichtlich der Objekt- und Dialogstrukturen aus der Sicht des Benutzers und bildet somit einen strukturierten Ausgangspunkt für die Realisierung. Es stellt ferner eine Voraussetzung für ein strukturiertes Prototyping dar, das begleitend zum Entwurf als Explorations- und Validierungsmittel eingesetzt werden sollte.

Auf der konzeptuellen Ebene wird ebenso wie auf der essentiellen Ebene unterschieden in eine statische Beschreibung der Objekte und ihrer Beziehungen untereinander sowie in eine Beschreibung des Verhaltens. Die konzeptuelle Beschreibung der Benutzungsschnittstelle besteht deshalb aus zwei Komponenten:

- *Sichtenmodell:* Dieses beschreibt die Objekte, die die Elemente des essentiellen Modells abbilden und strukturieren. Diese Objekte werden im folgenden als Sichten bezeichnet. Die Relationen des Sichtenmodells geben den Aufbau dieser Objekte und die möglichen Zugriffspfade an.
- *Zugriffsmodell:* Dieses beschreibt die Abläufe bei der Systemnutzung auf der Ebene der Sichtenobjekte in Abhängigkeit von Systemzustand und Benutzereingaben. Dabei wird das Verhalten der Benutzungsschnittstelle durch die dynamische Aktivierung und Sichtbarkeit der Objekte des Sichtenmodells beschrieben. Das Zugriffsmodell beschreibt also den dynamischen Aspekt der Makro-Navigation des Benutzers durch das System.

Tabelle 5.1. Beziehungen zwischen Beschreibungskomponenten im essentiellen Anforderungsmodell und im konzeptuellen Benutzungsmodell

Typ	Essentielles Modell	Benutzungsmodell	Erläuterung des Zusammenhangs
Entitäten	Klassen von Anwendungsobjekten im Objektmodell	Objektsichten Strukturierungsobjekte	Objektsichten bilden Objekte der Anwendung ab. Strukturierungsobjekte fassen Objektmengen zusammen oder verweisen auf andere Objekte.
Relationen	semantische Beziehungen Aggregation Klassenbildung	Zugriffspfade Aufbaustruktur generische Bausteine	beschreiben, wie Sichten zusammengesetzt sind, wie der Benutzer auf Objekte zugreifen kann (Bausteine geben abstrahierte Zugriffsstrukturen an).
Zustände	Zustandsklassen	anpassbare Zugriffspfade, Filter, Constraints	bieten die Möglichkeit, zustandsabhängig auf einzelne Objekte oder Objektmengen zuzugreifen.
Funktionen	Prozesse und Aufgaben	Sichtenspezifische Operationen Funktionsobjekte Aktoren	Funktionen werden entweder objektorientiert im Kontext einer Sicht angeboten oder durch spezifische Objekte unterstützt.

In Tabelle 5.1 wird übersichtmäßig dargestellt, durch welche Teile des Benutzungsmodells die Konzepte des essentiellen Modells abgebildet werden können. Die einzelnen Konstrukte werden im folgenden näher erläutert.

5.1 Das Sichtenmodell

Das *Sichtenmodell* ist ein Modell der konzeptuellen Objekte der Benutzungsschnittstelle (Bullinger, Fähnrich, Ziegler, Groh, 1996; Ziegler, 1996). Seine Entitäten werden als *Sichtenobjekte* (kurz: *Sichten*) bezeichnet. Sichten sind Abbildungen von Elementen des essentiellen Modells in unterschiedlichen Formen. Dabei können sowohl Elemente des Objektmodells wie auch des Aufgabenmodells repräsentiert werden. Ein einzelnes Element des essentielles Modells kann mehrfach im Sichtenmodell abgebildet werden.

Die Anwendungsfunktionalität ist für den Benutzer über die Sichtenobjekte zugänglich. Sie bilden also die entscheidenden Konstrukte für die Systemnutzung, die möglichst weitgehend in Übereinstimmung mit der Begriffswelt und den Erfahrungen des Benutzers gebracht werden sollte, um eine effektive Nutzung zu erzielen. Werden aus anderen Erfahrungsbereichen bekannte Objekte und Strukturen im wei-

5.1 Das Sichtenmodell

teren Verlauf der Systemgestaltung mit geeigneten Visualisierungselementen verbunden, so spricht man von *Metaphern*.

Während bei der essentiellen Modellierung Klassen von Objekten angegeben werden, wird im Benutzungsmodell explizit eine Unterscheidung getroffen in Sichtenobjekte, die jeweils eine einzelne Instanz eines essentiellen Objekts darstellen, und solche, die Mengen von Instanzen gleichen Typs (entweder die gesamte Instanzmenge oder Untermengen davon) abbilden. Um Mengen von Instanzen handhaben zu können, müssen an der Benutzungsschnittstelle zusätzliche Strukturierungselemente eingeführt werden. Das Sichtenmodell beinhaltet deshalb zwei unterschiedliche Arten von Objekten:

1) *Objektrepräsentationen bzw. Objektsichten* bilden Entitäten der essentiellen Ebene ab. Die Abbildung kann dabei alle Attribute des essentiellen Objekts oder eine Teilmenge davon umfassen, wobei neben den essentiellen Attributen weitere, direkt aus diesen Attributen ableitbare Elemente auftreten können (z. B. das aus Geburtsdatum und laufendem Datum berechnete Alter eines Objkts "Person"). Bei graphischen Benutzungsschnittstellen ist diese Abbildung eindeutig umkehrbar, d. h. durch den Zugriff auf ein dargestelltes Objekt der Benutzungsschnittstelle ist das zugehörige Ursprungsobjekt der Anwendung eindeutig identifizierbar.

2) *Strukturierungsobjekte* besitzen kein direktes Äquivalent auf der essentiellen Ebene, sondern werden auf der Benutzungsebene zusätzlich eingeführt, um den Zugriff auf Objektsichten räumlich oder zeitlich zu strukturieren und Instanzen oder Instanzenmengen zu definieren. Hierzu gehören z. B. Container, die andere Objekte beinhalten können. Strukturierungsobjekte sind sowohl aufgrund der beschränkten technischen Ressourcen an der Benutzungsschnittstelle als auch wegen der perzeptiven und kognitiven Limitationen des Benutzers erforderlich.

Bei den im Sichtenmodell verwendeten Relationen zwischen den Sichtenobjekten können zwei unterschiedliche Typen auftreten:

1) *Zugriffsrelationen* zeigen mögliche Zugriffspfade, auf denen der Benutzer ein bestimmtes Sichtenobjekt erreichen, also im Dialogablauf anzeigen und manipulieren kann. Zugriffsbeziehungen sind gerichtete Verbindungen, d. h. eine Zugriffsmöglichkeit von Sicht A auf Sicht B impliziert nicht den Zugriff B auf A.

2) *Aggregationsrelationen* besitzen die gleiche Bedeutung wie im Objektmodell und zeigen im Sichtenmodell die Zusammensetzung von Sichten aus Komponentensichten. Zusammengesetzte Sichten treten auf, wenn eine einzelne Sicht mehr als eine Objektklasse des Objektmodells abbildet. Prinzipiell kann aber auch jede Sicht in Teilsichten zerlegt werden, um z. B. bestimmte Attributkombinationen mehrfach zu verwenden. Die Aggregationsbeziehung schließt die Zugriffsbeziehung ein, d. h. ist B Teil von A, so kann auch von A auf B zugegriffen werden, wobei der Zugriff in diesem Fall auch umkehrbar ist.

Das Sichtenmodell zeigt durch die Definition von Zugriffspfaden die Navigationsmöglichkeiten des Benutzers im System im Sinne der Erreichbarkeit auf (ohne die dynamischen, zustandsabhängigen Dialogabläufe festzulegen). Die möglichen Navigationspfade zu einer zu bearbeitenden Sicht, z. B. einem Formular zur Be-

5 Konzeptueller Entwurf der Benutzungsschnittstelle

Tabelle 5.2. Objekttypen und graphische Symbole des Sichtenmodells

	Bezeichnung	Notation	Anwendung	Beschreibung
Objektsichten	Objektreferenz	(Klasse) Referenzname	(Kunde) Kundenicon → (Kunde) Kundendaten	Zeigt eine einzelne Instanz von (Klasse) als Ganzes und verweist auf detailliertere Sichten. Angabe der Klasse ist optional.
	Attributsicht	(Klasse) Sichtenname	(Kunde) Stammdaten → (Kunde) Merkmale	Attributsichten zeigen die Attributwerte einer Instanz von (Klasse). Es können mehrere Attributsichten eines Objekts existieren.
Aktorensichten	Funktionsreferenz	Funktionsname	Kundenneuanlage → (Kunde) Stammdaten	Funktionsreferenzen dienen zur Aktivierung allgemeiner und objektbezogener Funktionen, ohne daß das entsprechende Objekt vorher aktiviert sein muß.
	Aktorensicht	(Aktorklasse) Name	(Vorgang) Bestellvorgang → (Angebot) Angebotsdaten	Aktorensichten zeigen den Zustand eines Vorgangs und verweisen auf die bei diesem Vorgang verwendeten Objekte. Aktoren können im Objektmodell als Klassen modelliert werden.
Mengensichten	Mengenreferenzen (Container)	(Klasse) Name / Filterreferenz	(Auftrag) → Auftragsliste / Aufträge PKW → Auftragsliste [Produkttyp]	Mengenreferenzen zeigen eine Menge von Objekten als Ganzes und erlauben den Zugriff auf ein zugehöriges Mengenobjekt. Klassenangabe nur für hom. Mengen. Filterreferenzen verweisen auf eine durch Filter oder Constraints eingeschränkte Menge von Objekten.
	homogenes Mengenobjekt	(Klasse) Mengenname	Aufträge → Auftragsdaten	Homogene Mengenobjekte liefern eine Sicht auf eine Menge von Objekten gleichen Typs.
	inhomogene Mengenobjekte	Mengenname	Arbeitsmappe ◇ (Kunde) / ◇ (Auftrag)	Inhomogene Mengenobjekte liefern eine Sicht auf eine Menge von Objekten, die von unterschiedlichem Typ sind. Sie beinhalten Referenzobjekte und können rekursiv aufgebaut sein.
	Constraints und Filter	{Constraint-Liste} / [Filterkriterien]	Rechnungen {Fälligkeit ≤ st-Datum -14 T.} / Kunden [Branche, Umsatz]	Constraints erlauben die dauerhafte Einschränkung eines Mengenobjekts durch invariante Bedingungen. Filter können vom Benutzer interaktiv gesetzt und verändert werden.
Dialog	Dialogsichten	Dialogobjekt-Name	Suchabfrage Kunden	Dialogsichten existieren nur temporär und werden für die Dialogführung eingesetzt.
Relationen	Zugriffspfade	unidirektional → / bidirektional ↔	Aufträge → Auftragsdaten	Zugriffspfade beschreiben, auf welchem Weg der Benutzer auf ein konzeptionelles Objekt zugreifen kann.
	Aggregation	◇	Auftrag ◇— Auftragskopf / Stückliste	Aggregationen zeigen explizit die Zusammensetzung einer Sicht aus Komponenten. Mengenobjekte sind immer zusammengesetzt.
	Qualifizierte Zugriffe	(Klasse) Name / Qualifizierer	Arbeitsplan Nr., Benennung → Arbeitsgang	Qualifizierer geben an, durch welche(s) Attribut(e) eine assoziierte Einzelinstanz identifiziert wird.

arbeitung der Attribute eines Objekts, können hinsichtlich der unterschiedlichen Arten von "Einstiegspunkten" differenziert werden. Dabei können folgende wesentliche Fälle auftreten:

- Bei *funktionsorientierter Navigation* wird als erstes eine Bearbeitungsfunktion, ggf. zusammen mit dem jeweiligen Objekt, bestimmt. Hierbei bildet eine bestimmte (Elementar-)Aufgabe einen Einstiegspunkt für den Dialog. Ein Beispiel ist eine Auswertungsfunktion, die über eine fest definierte Objektmenge läuft (z. B. Mahnungserstellung für fällige Zahlungen).
- *Objektorientierte Navigation* beginnt mit der Auswahl einer bestimmten Objektklasse und identifiziert dann in einem oder mehreren Eingrenzungsschritten das interessierende Einzelobjekt oder die Objektmenge. Erst dann wird die beabsichtigte Bearbeitungsfunktion im Kontext der Objektsicht ausgelöst. Komplexere Zusammenfassungen von Aufgaben und die Verwendung unterschiedlicher Objekte in einem Vorgang müssen in diesem Ansatz vom Benutzer selbst verwaltet werden.
- Ein *zustandsorientierter Zugriff* ist dadurch gekennzeichnet, daß eine Sicht alle Objekte eines Typs repräsentiert, die sich in einem bestimmten Bearbeitungszustand befinden. Diese Möglichkeit wird bei gegenwärtigen Benutzungsschnittstellen noch selten eingesetzt; sie bietet aber die Möglichkeit für die Realisierung aufgabengerechter Abläufe, da Objektzustände auch in TOCs als Aufgabenauslöser eine wesentliche Rolle spielen.
- Eine *vorgangsorientierte Navigation* verwendet als Startpunkt ein Strukturierungsobjekt, das alle Objekte beinhaltet, die für einen bestimmten Geschäftsprozeß verwendet werden. Dabei können alle drei bereits aufgeführten Zugriffsarten innerhalb dieses Vorgangsobjekts für den weiteren Bearbeitungsweg eingesetzt werden. Wird ein Vorgang selbst wieder als Objekt gesehen, ergibt sich hier eine Spezialform der objektorientierten Navigation.

Objekte, die bestimmte Vorgänge verwalten und ggf. selbst zustandsabhängige Ereignisse auslösen können, werden auch als *Aktoren* bezeichnet. Sie können zur rechnerunterstützten Steuerung von Abläufen eingesetzt werden und sind deshalb für sogenannte *Workflow-Management-Systeme* von großer Bedeutung. Die Benutzernavigation bei Verwendung solcher Aktoren wird in dem hier eingeführten Sichtenmodell unterstützt.

Mit den beschriebenen vier Navigationsarten kann das Sichtenmodell alle auf der essentiellen Ebene definierten Elemente im Dialog abbilden. Hierzu gehören neben den Komponenten des essentiellen Objekt- bzw. Klassenmodells und deren möglichen Zuständen auch die in den TOCs beschriebenen Aufgaben und Prozeßketten.

In den folgenden Abschnitten werden die unterschiedlichen Klassen von konzeptuellen Objekten beschrieben, die im Benutzungsmodell eingesetzt werden. Tabelle 5.2 liefert eine Übersicht über Sichtentypen und die verwendeten graphischen Symbole, die für die Erstellung von Sichtenmodellen herangezogen werden.

5.1.1 Objektsichten

5.1.1.1 Objektreferenzen

Objektreferenzen zeigen ein Objekt als Ganzes, wobei lediglich wenige Merkmale dargestellt werden, die die jeweilige Instanz für den Benutzer identifizieren. Die typische Visualisierungsform für Objektreferenzen ist bei graphischen Oberflächen die Darstellung als Icon, wobei üblicherweise nur der Typ und der Name der Instanz dargestellt werden. Die Typidentifizierung erfolgt zumeist über die graphische Form des Piktogramms, der Instanzname wird in textueller Form angegeben. Objektreferenzen erlauben nur Operationen, die für das Objekt insgesamt gelten. Hierzu zählen:

- Erzeugen, Duplizieren und Löschen eines Objekts;
- Änderung des Objektnamens;
- Bewegungs- und Speicherungsoperationen;
- Drucken, Versenden etc.

Neben der Bereitstellung von Operationen für das Gesamtobjekt werden Objektreferenzen für den Zugriff des Benutzers auf weitere, detailliertere Sichten des jeweiligen Objekts (daher die Verwendung des Begriffs "Referenz") verwendet. Referenzsichten existieren nicht nur für Datenobjekte, sondern können für die meisten der im folgenden aufgeführten konzeptuellen Objekte eingeführt werden, um entsprechende Zugriffs- und Bearbeitungsfunktionalität an der gewünschten Stelle der Benutzungsschnittstelle bereitzustellen.

Für eine bestimmte Objektinstanz können prinzipiell mehrere Objektreferenzen existieren, um das Objekt von mehreren unterschiedlichen Stellen der Benutzungsschnittstelle aus zugänglich und bearbeitbar zu machen. Einen speziellen Fall stellt hier der sogenannte "Alias" dar, der zwar den Zugriff auf das Objekt erlaubt, aber im Regelfall nur eingeschränkte oder gar keine Bearbeitungsoperationen zur Verfügung stellt.

5.1.1.2 Attributsicht

Attributsichten bilden jeweils eine einzelne Instanz einer Klasse des essentiellen Objektmodells ab. Dabei kann entweder das Objekt in der Gesamtheit seiner (benutzerrelevanten) Attribute oder nur in einem Ausschnitt dargestellt werden. Die typische Visualisierungsform für eine Attributsicht ist ein Formular mit Datenfeldern, die den Objektattributen entsprechen. Die Attributsicht kann auch abgeleitete Attribute beinhalten, die nicht im essentiellen Objektmodell beschrieben sind, die sich aber aus den essentiellen Attributen herleiten lassen. Während über die eigentlichen Attribute der Zustand des Objekts im Normalfall verändert werden kann, ist bei abgeleiteten Attributen die Rückabbildbarkeit nicht gewährleistet, so daß diese nur zur Ausgabe geeignet sind.

Die Attributsicht umfaßt weiterhin die für den Benutzer relevanten Operationen, die für dieses Objekt definiert sind. Dabei sind sowohl Operationen auf dem Gesamtobjekt (wie bei der Objektreferenz) als auch auf einzelnen Attributwerten möglich. Die Visualisierung der Operationen kann auf unterschiedliche Weise erfolgen, z. B. als Buttons im Formular oder als Einträge in der zugeordneten Menüleiste.

Zu einer einzelnen Objektinstanz können mehrere Sichten existieren, die jeweils unterschiedliche Ausssschnitte des Objekts abbilden. Dies wird insbesondere bei komplexen Objekten häufig der Fall sein. So könnte z. B. ein Objekt "Kunde" durch eine Sicht "Stammdaten" und eine Sicht "Kundenmerkmale" repräsentiert werden. In diesem Fall muß allerdings darauf geachtet werden, daß identifizierende Schlüsselattribute in allen zusätzlichen Sichten repliziert werden.

5.1.1.3 *Aggregationssichten*

Aggregationssichten sind aus Teilsichten zusammengesetzte Sichten. Sie werden verwendet, um den Aufbau zusammengesetzter Objekte zu zeigen, die im Objektmodell durch die Teil-von-Beziehung verbunden sind. Die einzelnen Komponentenklassen können dabei mit einer beliebigen Untermenge ihrer Attribute dargestellt sein. Ein Beispiel einer Aggregationssicht wäre ein Browser, der die Inhaltshierarchie eines Dokuments darstellt.

Neben der Darstellung kompositer Objekte kann prinzipiell jede Sicht in Teilsichten zerlegt werden, die über Aggregationsbeziehungen zusammengefaßt werden können. Hierdurch wird es z. B. möglich, die Substruktur einer Sicht anzugeben oder mehrfach verwendete Teilsichten (etwa einen Adreßblock) zu verdeutlichen.

Für bestimmte Arten von aggregierten Sichten wie etwa Containern, die zur Strukturierung von Objekten an der Oberfläche dienen, werden im folgenden noch spezielle Sichtentypen definiert.

5.1.2 Sichten auf Funktionen und Vorgänge

5.1.2.1 *Funktionsreferenzen*

Funktionsreferenzen verweisen auf einzelne Funktionen zur Bearbeitung von Objekten oder zur Veränderung des Zustands der BS. Diese Funktionen können auch außerhalb des Kontextes eines zu bearbeitenden Objekts ausgelöst werden, d. h. es muß nicht erst ein existierendes Objekt aktiviert werden, damit die Funktion zugänglich wird. Funktionsobjekte können die zusätzliche Angabe von Parametern erlauben, die die Ausführung der Funktion näher bestimmen (z. B. eine Suchfunktion mit Angabe der Suchparameter).

Funktionsreferenzen eignen sich besonders, um einzelne, einem bestimmten Geschäftsvorfall zugeordnete Aufgaben direkt zugänglich zu machen. Ein Beispiel ist etwa die Neuanlage eines Kunden, die möglich sein sollte, ohne zuvor im Kontext einer Kundenbearbeitung zu sein. Die Visualisierung kann z. B. durch ein Icon "Neuer Kunde" oder durch einen Menüeintrag erfolgen.

Funktionsreferenzen dienen dem funktionsorientierten Zugriff auf Objekte der Anwendung und sind als komplementär zum objektorientierten Zugriff zu sehen, der typischerweise durch Objektreferenzen oder Mengenobjekte erfolgt. Bei konventionellen Anwendungen mit hierarchischem Hauptmenü ist die Benutzungsschnittstelle im wesentlichen aus Funktionsreferenzen zusammengesetzt.

5.1.2.2 Aktorensichten

Aktoren- oder Vorgangssichten repräsentieren Instanzen der speziellen Kategorie der Vorgangs- bzw. Aufgabenobjekte der essentiellen Ebene, die zusammenfassend als Aktoren bezeichnet werden. Während Objektsichten Datenattribute eines einzelnen Objekts mit den zulässigen Operationen abbilden, zeigen Aktorensichten explizit den Bearbeitungszustand eines komplexen Prozesses, wobei die in diesem Prozeß verwendeten Objekte in der Sicht mehr oder weniger detailliert gezeigt werden können. Vorgangssichten erlauben dem Benutzer den Zugriff auf die am Vorgang beteiligten Objekte, bilden also auch Zugriffspfade zu anderen Objekten ab.

Aktorensichten können aufgrund der Eigenschaften der zugrundeliegenden Objekte von sich aus Ereignisse an den Benutzer melden und aktiv ihren Darstellungszustand ändern. Ein einfaches Beispiel einer Aktorensicht wäre die Darstellung eines Posteingangskorbs, die sich abhängig vom Posteingang verändern oder Nachrichten erzeugen kann. Ein komplexeres Beispiel wäre z. B. die Darstellung eines Vorgangs "Rechnung bearbeiten", in der die verschiedenen Bearbeitungszustände ("erstellt", "offen", "angemahnt") explizit dargestellt werden und Referenzen auf die zusätzlich benutzten Objekte ("Kunde" oder "Lieferauftrag") und deren Zustand enthalten sind.

5.1.3 Mengensichten

Objektsichten bilden jeweils Eigenschaften einer einzelnen Instanz einer Objektklasse der Anwendung ab. Bei der überwiegenden Mehrzahl der betrieblichen DV-Anwendungen geht es aber vor allem darum, große Datenmengen zu verwalten und zu bearbeiten. Entsprechend müssen an der Benutzungsschnittstelle Möglichkeiten geschaffen werden, auch mit Mengen von Objektinstanzen effektiv umgehen zu können. Hierzu werden an der Benutzungsschnittstelle Strukturierungobjekte eingesetzt, die dazu dienen, Instanzenmengen zu organisieren und den Zugriff zu strukturieren. Konzeptuelle Objekte der BS, die dazu dienen, Mengen von Instanzen abzubilden, werden hier als *Mengenobjekte* bezeichnet.

Mengenobjekte liefern Sichten auf Objekte der Anwendung, die in folgender Weise definiert werden können: Eine bestimmte Mengenobjektklasse steht in einer "bildet ab"-Relation zu einer oder mehreren Klassen des essentiellen Objektmodells (Abb. 5.1). Dabei stellt jedes Mengenobjekt der Klasse eine Instanz eines bestimmten Strukturtyps dar, der den Typ der Relationen zwischen den verwendeten Objekten bestimmt.

| Produkt | —bildet ab→ | Produktliste | ⋯instanziiert⋯▶ | Strukturtyp Liste |

Abb. 5.1. Beziehung zwischen Objektklassen der Anwendung, Mengenobjekten und dem zugrundeliegenden Strukturtyp am Beispiel des Typs "Liste"

Tabelle 5.3. Strukturtypen, die den unterschiedlichen Mengenobjekten der Benutzungsschnittstelle zugrundeliegen

Strukturtyp	Definierende Relationen	Beispiele für Mengenobjekte der Benutzungsschnittstelle
Lineare Ordnung	Vollständige Ordnung	Listensicht, Stapel von Fenstern
Partition (Bäume)	Äquivalenzrelation	Icon-Fenster (nur eine Ebene sichtbar), hierarchischer Browser
Graph	eine oder mehrere allgemeine Relationen	Struktureditoren, Netzdarstellungen

Ähnlich wie bei der Klassifikation von Datenstrukturen lassen sich unterschiedliche Strukturtypen angeben (Rembold, 1991), wobei für die Darstellung konzeptueller Objekte der Benutzungsschnittstelle die in Tabelle 5.3 aufgeführten Fälle relevant sind.

5.1.3.1 Mengenreferenzen

Mengenreferenzen zeigen eine Ansammlung von Objekten als Ganzes, ohne die enthaltenen Elemente darzustellen. Wie Objektreferenzen verweisen sie auf den zugehörigen Inhalt, ohne diesen abzubilden. Sie werden deshalb in Analogie als Mengenreferenzen bezeichnet, wobei auch der Begriff "Container" im Zusammenhang mit Benutzungsschnittstellen häufig verwendet wird (IBM, 1991). Die Mengenreferenz entspricht einem geschlossenen Container.

Mengenreferenzen erlauben Operationen, die für die gesamte Menge der darin enthaltenen Objekte gelten. So entspricht das Löschen eines Containers, der eine Menge von Dokumenten enthält, dem Löschen aller darin enthaltenen Dokumente.

Ein wesentliches Mittel zur aufgabengerechten Systemgestaltung besteht darin, dem Benutzer einen direkten Zugriff auf Objekte zu erlauben, die einen für die Aufgabe relevanten Zustand besitzen. Dies entspricht den Objektzuständen in TOCs, die eine Aufgabe auslösen. Hierfür können Mengenreferenzen eingesetzt werden, die den Zugriff auf eine (z. B. nach einem bestimmten Selektionskriterium gefilterten) Untermenge aller Instanzen einer Klasse erlauben. Solche konzeptuellen Objekte sollen als *Filterreferenzen* bezeichnet werden. Zur besseren Anpassung an die Arbeitsziele des Benutzers kann ein Objekt über mehrere Filterreferenzen ansprechbar sein, um unterschiedliche, evtl. individuell einstellbare Zugriffe auf die Daten zu ermöglichen. So kann z. B. die Menge aller Kunden eines Unternehmens nach Gebieten oder nach Umsatz eingeteilt und an der Benutzungsschnittstelle jeweils ein Icon zum direkten Zugriff auf diese Objektmenge zur Verfügung gestellt werden. Das Löschen einer Filterreferenz wird meist nicht das Löschen der gesamten enthaltenen Echtdaten bedeuten, sondern lediglich diese spezielle Sicht entfernen.

5.1.3.2 Homogene Mengenobjekte

Homogene Mengenobjekte stellen Mengen von Instanzen einer einzigen Klasse dar. Dabei werden evtl. im Objektmodell auftretende Klassenhierarchien nicht mit berücksichtigt, sondern jeweils ein bestimmter Typ von instanziierbaren Anwendungsobjekten betrachtet. Unter Anwendungsobjekten sollen diejenigen Objekte verstanden werden, die der Benutzer direkt bei der Ausführung von Aufgaben verwendet.

Ein typisches Beispiel für ein homogenes Mengenobjekt ist etwa eine Liste oder Tabelle von Kunden, die Instanzen des Typs "Kunde" beinhaltet und einige oder alle Attribute dieses Typs mit der jeweiligen Wertebelegung darstellt. Ein Mengenobjekt kann ggf. alle aufgabenrelevanten Benutzeroperationen für den betreffenden Typ zulassen. In einfachen Anwendungen kann es deshalb ausreichen, die zu bearbeitenden Objekte in Listenform mit allen relevanten Attributen darzustellen, ohne daß eine separate Attributsicht als Formular überhaupt zur Verfügung gestellt wird.

Homogene Mengen von Objekten können mit Hilfe der weiter oben aufgeführten Strukturtypen organisiert werden. Je nach verwendetem Strukturtyp ergibt sich ein unterschiedliches interaktives Verhalten, das für einige relevante Fälle in Tabelle 5.4 beschrieben ist.

5.1.3.3 Inhomogene Mengenobjekte

Inhomogene Mengenobjekte stellen Zusammenfassungen von Objekten unterschiedlichen Typs dar, wobei die Objekte auf der Darstellungsfläche gleichzeitig sichtbar sind. Auch hier können geordnete und ungeordnete Darstellungen auftre-

Tabelle 5.4. Unterschiedliche Strukturtypen bei konzeptuellen Mengenobjekten

Strukturtyp	Mengenobjekt	Beschreibung
lineare Ordnung	Liste (ggf. scrollbar oder blätterbar)	alle Elemente der Liste sind nach einem oder mehreren Kriterien geordnet; das System erhält diese Ordnung auch bei Einfüge- und Löschoperationen aufrecht. Sichtbare Einträge sind über Zeigeoperationen wahlfrei zugreifbar.
	(sequentieller) Formularstapel	Datenformulare für die Instanzen liegen virtuell hintereinander, jeweils nur eine Instanz sichtbar. Einträge sind nur über Vorgänger- und Nachfolger-Operatoren zugreifbar.
	Stapel mit wahlfreiem Zugriff ("Notebook")	Eigenschaften wie oben, die einzelnen Elemente sind jedoch über einen visuell dargestellten Index direkt (nichtsequentiell) zugreifbar.
Partition	Fenster mit frei anordenbaren Objekten eines Typs (Icons)	Objekte können ohne vorgegebene Ordnung zweidimensional frei angeordnet werden. Sinnvoll, wenn der Benutzer zusätzliche, individuelle Klassifizierungen durch den Ort kodieren möchte.

ten. Häufig wird für die Darstellung ungeordneter, inhomogener Mengenobjekte eine zweidimensionale, ikonische Repräsentationsform gewählt, bei der die unterschiedlichen Typen an der graphischen Form des Icons erkennbar sind. Hierbei sind die dargestellten Elemente Referenzobjekte, die auf eine detailliertere Darstellung des jeweiligen Objekts verweisen.

Inhomogene Mengenobjekte sind stets zusammengesetzte Sichten. Sie können als Elemente selbst wieder Referenzen auf Mengenobjekte enthalten. Sie können also *rekursiv* aufgebaut sein. Ein Standardbeispiel für rekursive Mengenobjekte sind Container-Objekte auf einem Desktop. Diese können auf jeder Ebene Instanzen unterschiedlicher Subklassen der Oberklasse "Datei" sowie weitere Container-Objekte ("Ordner") beinhalten und erlauben so beliebig tief verschachtelte Ablagehierarchien.

Die Zusammenfassung von Objekten in inhomogenen Mengenobjekten erfolgt meist interaktiv durch den Benutzer. Sie eignen sich deshalb auch insbesondere zur Anpassung des Systems (in bezug auf die Zugriffspfade auf Objekte) durch den Benutzer selbst. Während dies bei Standardoberflächen von PCs gängige Praxis ist, sind Anwendungssysteme häufig noch durch fest vorgegebene Strukturen bestimmt. Zur Nutzung der Anpassungsmöglichkeiten z. B. bei datenbankorientierten Systemen kann der Benutzer im gegenwärtigen Arbeitskontext häufig verwendete Einzelobjekte oder Objektmengen in Container-Objekten ablegen ("Arbeitsmappe") und dadurch wiederholte Suchprozesse auf der Datenbank vermeiden.

5.1.4 Constraints und Filter

Bei der Definition von Mengenobjekten können zusätzliche Bedingungen angegeben werden, mit deren Hilfe spezifiziert wird, welche Teilmenge der Gesamtheit der abzubildenden Objektinstanzen von einem bestimmten Mengenobjekt repräsentiert wird. Hierzu werden entweder Prädikate bzgl. der einzelnen Objektattribute oder ein im essentiellen Modell definierter Bearbeitungszustand angegeben.

Constraints sind Bedingungen, die für die gesamte Lebensdauer eines Mengenobjekts gelten. Sie werden in der Form {Bedingung$_1$, Bedingung$_2$,..., Bedingung$_n$} angegeben. Diese Bedingungen werden im Regelfall vom System automatisch aufrechterhalten, so daß der Zugriff auf das Mengenobjekt immer eine definierte Untermenge der Objektinstanzen liefert. Ein Beispiel wäre etwa die Unterteilung der Gesamtheit der Kunden eines Unternehmens in Großkunden und Normalkunden, wobei das Mengenobjekt Großkunden durch den Constraint {Bestellvolumen >100000} gekennzeichnet sein könnte.

Filter sind dynamische Constraints, die durch den Benutzer (im allgemeinen Fall auch durch das System) im Ablauf der Interaktion definiert und verändert werden können. Sie werden in der Form [Kriterium$_1$, ..., Kriterium$_n$] angegeben, wobei als Kriterium entweder der Name eines Objektattributs oder ein Objektzustand angegeben werden kann. Die Angabe des Filters [Branche, Umsatz] für eine Objektmenge "Kunden" bedeutet, daß der Benutzer während des Dialogs Bedingungen für die Attribute Branche und Umsatz definieren und damit die durch das Mengenobjekt repräsentierte Instanzmenge verändern kann. Filter sind auch zur Einschränkung von Mengenobjekten geeignet, die Aktorensichten darstellen. Hierbei ist die Einschränkung über den Objektzustand relevant. Die Definition eines Filters [Zustand] für ein Vorgangsobjekt "Rechnungsverfolgung" würde dem Benutzer z. B. erlauben, nach den Zuständen "2. Mahnung erstellt" oder "in Abklärung" zu selektieren.

Filter unterscheiden sich von normalen Suchoperationen. Während eine Suchoperation eine Funktion darstellt, die nach Aufruf ein bestimmtes Suchergebnis liefert und für weitere Abfragen wieder neu aufgerufen werden muß, repräsentieren gefilterte Mengenobjekte das Ergebnis bestimmter Abfragen und machen diese Ergebnisse über Mengenreferenzen zugänglich. Insbesondere können durch diesen Mechanismus unterschiedliche, multiple Abfragen auf eine Datenmenge als temporäre Objekte an der Benutzungsschnittstelle bereitgestellt werden. Eine Änderung eines Filters erfolgt meist durch die Änderung der Filterparameter in einer speziellen Filterdialogbox, wobei der Zugriff auf diese Dialogbox entweder von der Filterreferenz oder dem gefilterten Mengenobjekt ausgehen kann[1].

5.1.5 Dialogsichten

Dialogsichten sind reine Oberflächensichten, die lediglich zur Abwicklung der Interaktion mit dem Benutzer verwendet werden. Sie bilden keine Objekte der Anwendung ab, sondern stellen Funktionen bereit, die zur Bearbeitung der Objekte der Anwendung benötigt werden. Beispiele für Dialogsichten sind Dialogfenster, die für Sicherheitsabfragen verwendet werden, Fenster mit Hilfsinformationen oder Fenster zur Spezifikation von Funktionsparametern, wie etwa die Angabe von Suchkriterien bei einer Suchoperation.

Dialogsichten werden häufig in modaler Form eingesetzt, d. h. sie sperren die Aktivierung anderer Objekte, solange sie selbst aktiviert sind. Dialogsichten bieten damit die Möglichkeit, definierte Dialogsequenzen in einen benutzergesteuerten Interaktionskontext einzuführen.

5.1.6 Relationen im Sichtenmodell

5.1.6.1 Zugriffspfade

Die unbenannte, gerichtete Verbindung zweier Objekte im Sichtenmodell gibt einen Zugriffspfad an. Zugriffspfade beschreiben in abstrahierter Form die mögliche Navigation des Benutzers zwischen den konzeptuellen Objekten. Die Verbindung zwischen zwei Objekten A und B bedeutet, daß es bei Aktivierung des Objekts A eine (nicht näher spezifizierte) Möglichkeit gibt, die angegebene Sicht auf das Objekt B zu aktivieren.

Im Sichtenmodell bleibt außer der konkreten Art der Ausführung des Zugriffs durch den Benutzer auch unspezifiziert, wie sich die einzelnen Sichten verhalten,

---

[1] Für die konzeptuelle Ebene ist es irrelevant, ob die Ergebnisse der jeweiligen Suchvorgänge tatsächlich im System gespeichert werden, oder ob bei jedem Zugriff der Suchvorgang mit den entsprechenden Filterparametern erneut gestartet wird. Bei der Realisierung muß diese Frage aber natürlich hinsichtlich der Kriterien Performanz und Speicherbedarf entschieden werden.

d. h. ob z. B. A unsichtbar wird, sobald der Übergang zu B erfolgt ist. Diese Verhaltensbeschreibung ist Gegenstand der Dialogmodellierung im Benutzungsmodell und wird in Abschn. 5.3 bzw. ausführlich in Kap. 7 beschrieben.

Zugriffspfade sind gerichtet. Führt ein *unidirektionaler* Zugriffspfad von A nach B, so kann B von A aus sichtbar gemacht werden, aber es existiert kein definierter Pfad, der den Zugriff von B auf A gewährleistet. Dabei ist es unerheblich, ob der Benutzer u. U. das sichtbar gebliebene Fenster von A erneut aktivieren und dort einen (unabhängigen) Dialog weiterführen kann. Wesentlich ist, daß vom System für den Rückweg keine expliziten Dialogmechanismen und keine Aufrechterhaltung des semantischen Zusammenhangs zwischen den beiden Objekten zur Verfügung gestellt wird.

Bidirektionale Zugriffspfade gewährleisten dagegen, daß jeweils der Zugriff von einem Objekt auf das andere durch Dialogmechanismen unterstützt und der semantische Zusammenhang zwischen den beiden Objekten aufrechterhalten wird. Sind zwei bezogene Objekte in Fenstern gleichzeitig sichtbar, so kann eine Realisierung dieses Zusammenhangs darin bestehen, daß sich beim Wechsel der sichtbaren Instanz in einem Fenster auch der Inhalt des anderen Fensters entsprechend ändert (und somit nur ein "virtueller" Dialogschritt zum Zugriff auf die Daten erforderlich ist). Stehen z. B. die Objekte "Auftrag" und "Arbeitsplan" in einer 1:1-Beziehung, so kann bei Darstellung in zwei parallelen Fenstern das System automatisch dafür sorgen, daß jeweils zusammengehörende Daten dargestellt werden, gleichgültig welche Instanz der Benutzer in irgendeinem der beiden Fenster selektiert.

Zugriffspfade bilden semantische Beziehungen des essentiellen Objektmodells ab, wobei Verbindungen hinzukommen, die im essentiellen Modell nicht enthalten sind und die die Verbindungen mit den im Sichtenmodell zusätzlich eingeführten Objekten beschreiben. Eine wesentliche Aufgabe bei der Definition der Zugriffspfade ist die Auflösung der jeweiligen Zähligkeiten (Kardinalitäten) der Instanzrelationen des essentiellen Modells in entsprechende Navigationsmöglichkeiten. Dies entspricht begrifflich dem Vorgang der Normalisierung, der für die Überführung des Objektmodells in ein Datenbankmodell eingesetzt wird. Das Sichtenmodell beinhaltet deshalb gegenüber dem essentiellen Modell "Normalisierungen" hinsichtlich der Dialogführung mit dem System.

Mit den im Sichtenmodell verfügbaren Mitteln lassen sich für eine konkrete Objektinstanz praktisch beliebig viele, unterschiedliche Zugriffspfade definieren. Beim Entwurfsvorgehen müssen deshalb diejenigen Möglichkeiten entwickelt werden, die hinsichtlich der geforderten Aufgabenangemessenheit und Flexibilität optimal sind.

Abbildung 5.2 zeigt an einem Beispiel unterschiedliche Zugriffsmöglichkeiten auf eine Attributsicht (ein Datenformular) eines einzelnen Objekts, in der typischerweise die eigentlichen Bearbeitungsfunktionen für ein Einzelobjekt durchgeführt werden. Die gezeigten Zugriffspfade stellen die praktisch wesentlichen Fälle dar, wobei gegenwärtig bei konkreten Systemrealisierungen diese Möglichkeiten nur sehr eingeschränkt ausgenutzt werden.

66 5 Konzeptueller Entwurf der Benutzungsschnittstelle

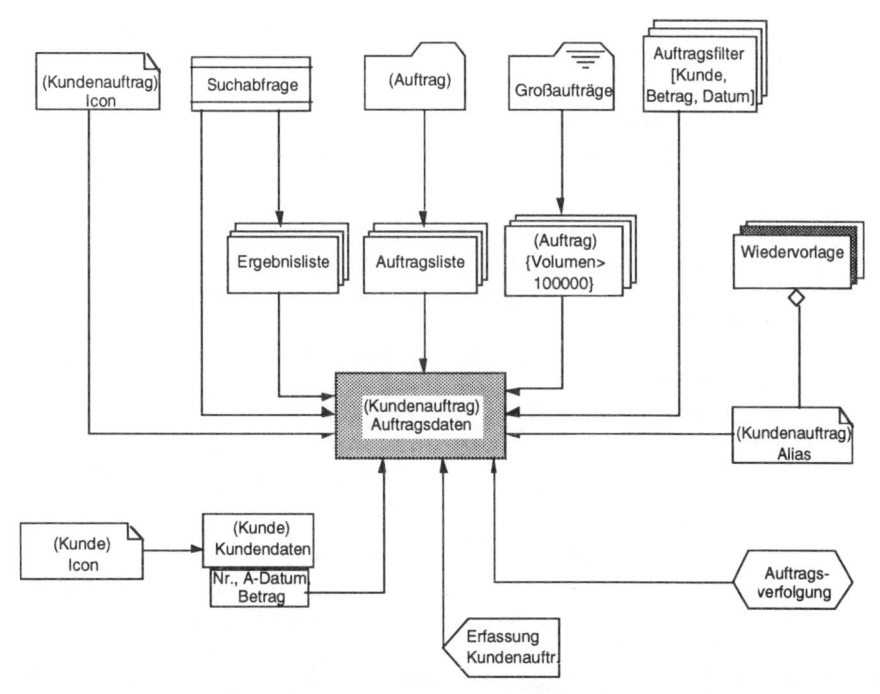

Abb. 5.2. Mögliche Zugriffspfade auf eine einzelne Objektsicht. Dabei ist die oberste Ebene des Zugriffs, die ein inhomogenes Mengenobjekt (z. B. einen Desktop) bildet, nicht explizit dargestellt

Neben den typischen Zugriffsmechanismen wie etwa der Auswahl eines Icons "Kundenauftrag" oder der Auswahl eines Eintrags in einer Liste können hier weitere Strukturierungselemente und vom Benutzer frei anlegbare Mengenobjekte wie z. B. Auftragsmappen nach bestimmten Auswahl- und Sortierkriterien eingesetzt werden, um aufgaben- und situationsangemessene Dialogabläufe zu erhalten.

5.1.6.2 Aggregationen

Zusammengesetzte Objekte der Benutzungsschnittstelle können über die Aggregationsrelation dargestellt werden. Die Zusammensetzung von konzeptuellen Objekten bedeutet, daß eine Sicht existiert, in der die einzelnen Komponenten zusammengefaßt und gemeinsam dargestellt werden können. Inhomogene Mengenobjekte sind grundsätzlich zusammengesetzt. Bei diesen kann daher über die Aggregationsrelation angegeben werden, aus welchen Objektklassen sich die Sicht zusammensetzt. Bei homogenen Mengenobjekten reicht die Angabe der abgebildeten Klasse, um die Komponenten zu definieren. In diesem Fall wird deshalb auf eine explizite Angabe der Aggregation verzichtet.

5.1.6.3 Kardinalitäten

Bei der Aufstellung des Sichtenmodells müssen die im essentiellen Objektmodell definierten Kardinalitäten in geeignete Zugriffspfade umgesetzt werden. Die Angabe einer Kardinalität bezieht sich auf die Relation zwischen den Instanzen der an der Relation beteiligten Klassen. Eine 1:n-Beziehung zwischen zwei Klassen A und B bedeutet im allgemeinen Fall, daß jeweils eine Instanz von A mit keiner, einer oder beliebig vielen Instanzen von B in der angegebenen semantischen Beziehung steht.

Im Benutzungsmodell werden die allgemeinen semantischen Beziehungen zwischen Objekten in Zugriffspfade abgebildet, die in der Systemimplementation durch entsprechende Dialogpfade realisiert werden. Dabei müssen die Kardinalitäten der Beziehungen in geeigneter Form umgesetzt werden. Je nach vorliegender Kardinalität kann dabei entweder eine direkte Umsetzung in einen Zugriffspfad erfolgen, oder es müssen Zwischenobjekte eingeführt werden, die eine "Normalisierung" des Benutzungsmodells bewirken und eindeutige Zugriffe im Dialog auch bei komplexen Beziehungen ermöglichen.

Tabelle 5.5 gibt die Umsetzung unterschiedlicher Kardinalitäten des essentiellen Modells im konzeptuellen Objektmodell der Benutzungsschnittstelle an. Bei allen komplexen (nicht 1:1) Beziehungen sind mehrere Arten der Umsetzung möglich. So kann die 1:n Beziehung (z. B. "Kunde" zu "Auftrag") dadurch realisiert werden, daß von den Daten eines einzelnen Kunden auf eine zugehörige Auftragsliste verzweigt wird, von der aus die detaillierten Auftragsdaten zugänglich sind. Alternativ könnte man eine zusammengesetzte Sicht verwenden, die die Kundendaten und eine Liste der Aufträge enthält und von dort direkt auf die Auftragsdaten übergehen.

Multiple Beziehungen müssen durch zusätzliche Objekte der Benutzungsschnittstelle aufgelöst werden. Werden keine zusammengesetzten Sichten verwendet, sind für die Darstellung der 1:n-Beziehung zweier essentieller Objekte drei konzeptuelle Objekte erforderlich; bei der m:n-Beziehung werden bereits vier Objekte benötigt, so daß sich in diesen Fällen für den Benutzer auch immer die Zahl der Navigationsschritte entsprechend erhöht, sofern die zusätzlichen Objekte nicht im gleichen Fenster dargestellt werden.

5.1.6.4 Qualifizierte Zugriffsrelationen

In Tabelle 5.5 wird die 1:n-Beziehung unter anderem dadurch realisiert, daß eine zusammengesetzte Sicht erstellt wird, die Daten einer Einzelinstanz von A mit einer Liste von Instanzen von B (im Regelfall mit einigen wenigen relevanten Attributen) enthält. Dieser Fall tritt in der Praxis gängiger DV-Systeme sehr häufig auf, z. B. wenn Kunden eine Menge von Aufträgen, Firmen eine Menge von Mitarbeitern etc. zugeordnet wird. Da eine vollständige Auflösung dieser Beziehung in unterschiedliche konzeptuelle Objekte wie oben angeführt zu zusätzlichen Dialogschritten führt, stellt die Verwendung einer aggregierten Sicht häufig eine sinnvolle Lösung dar.

Um diesen häufig auftretenden Fall ökonomisch darzustellen, können hier qualifizierte Zugriffsrelationen eingesetzt werden. Qualifizierer dienen dazu, ein bestimmtes Objekt aus einer Menge in einem spezifischen Kontext eindeutig zu identifizieren. So könnte z. B. im Kontext eines Arbeitsplans ein einzelner Arbeitsgang aus der Gesamtheit der zu diesem Arbeitsplan gehörenden Arbeitsgänge anhand seiner Nummer und seiner Benennung durch den Benutzer eindeutig identifiziert werden (evtl. vom System verwaltete Identifikatoren, die für den Benutzer nicht sichtbar sind, sind im Benutzungsmodell nicht relevant). Außerhalb dieses Kontexts "Arbeitsplan" müssen die gewählten Qualifizierungsattribute nicht eindeutig sein.

Tabelle 5.5. Umsetzung unterschiedlicher Kardinalitäten der Relationen des essentiellen Objektmodells in Zugriffspfade des Sichtenmodells

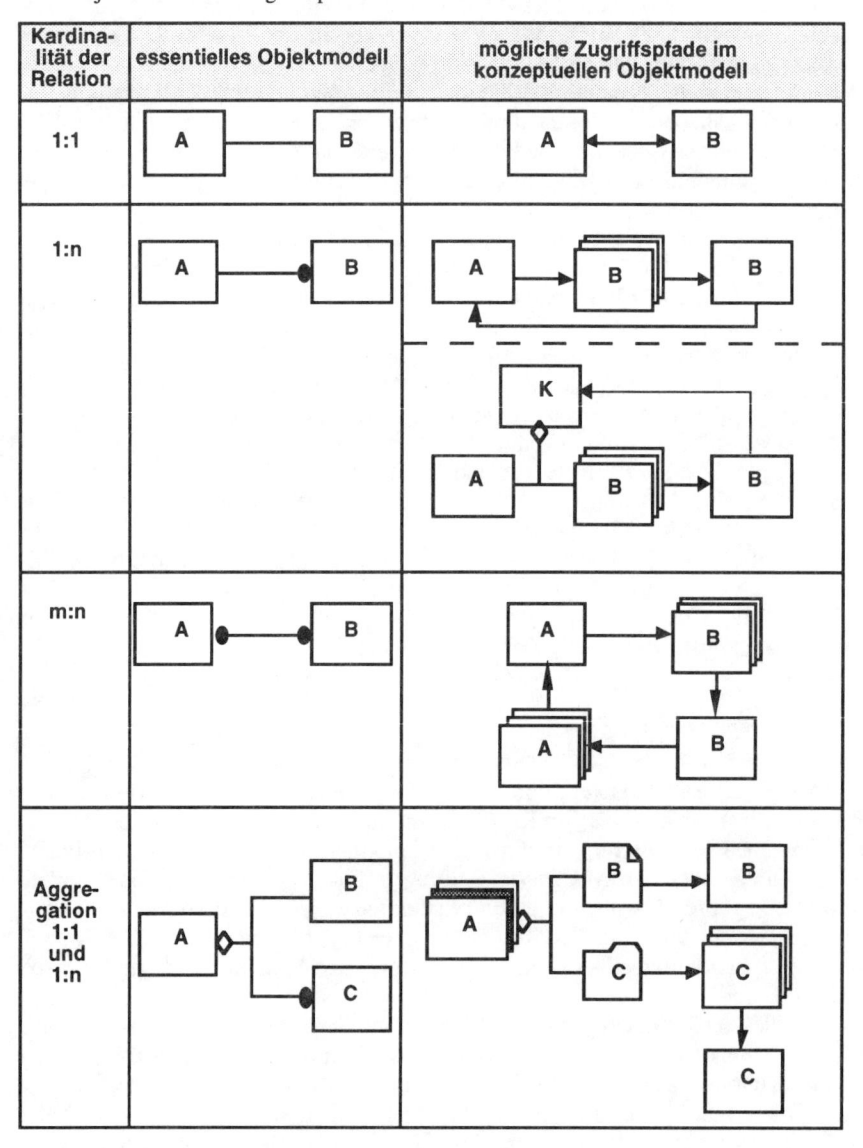

Kardinalität der Relation	essentielles Objektmodell	mögliche Zugriffspfade im konzeptuellen Objektmodell
1:1	A — B	A ↔ B
1:n	A — ●B	A → B → B; K ← ; A → B → B
m:n	A ●—● B	A → B ; ↑ ↓ ; A ← B
Aggregation 1:1 und 1:n	A ◇ B, C	A → B → B; C → C → C

5.2 Spezifikation der Sichteninhalte

5.2.1 Logische Sichtendefinition

Neben der Definition der konzeptuellen Struktur der Benutzungsschnittstelle werden im weiteren Verlauf des Entwurfs Angaben darüber benötigt, aus welchen einzelnen Informationselementen die definierten Sichten zusammengesetzt sind. Durch die durchzuführende Spezifikation ist z. B. festzulegen, ob ein Objekt der essentiellen Ebene vollständig oder nur ausschnittweise in einer bestimmten Sicht abgebildet wird.

Im Rahmen der konzeptuellen Modellierung der Benutzungsschnittstelle wird hier der Ansatz verfolgt, Sichten zunächst auf einer logischen Ebene zu definieren, d. h. nur anzugeben, welche Informationen in einer bestimmten Sicht dargestellt werden sollen, ohne die verwendete Interaktionstechnik oder die Form der visuellen Darstellung festzulegen. Wird der Entwurf des Systems begleitend durch eine Prototypenentwicklung unterstützt, werden solche Gestaltungsfragen bereits frühzeitig angesprochen, wobei davon ausgegangen werden kann, daß die anfänglich getroffenen Entscheidungen im Projektverlauf verfeinert oder revidiert werden müssen. Auch in diesem Fall ist die Dokumentation des logischen Sichteninhalts sinnvoll, um z. B. einen Bezugspunkt für alternative Layout-Entwürfe festzulegen. Schließlich kann die logische Sichtendefinition herangezogen werden, um mit Hilfe von Generatoren eine automatisierte Auswahl von Interaktionsobjekten und deren räumliche Anordnung zu erreichen.

5.2.2 Zuordnung Sicht – Objekt

Jede Objektsicht bildet ein bestimmtes essentielles Objekt ab, d. h. die Sicht identifiziert eindeutig eine bestimmte Objektinstanz der Anwendung. Dieses Objekt soll in bezug auf die spezifische Sicht als *Primärobjekt* bezeichnet werden. Zusätzlich können in Sichten aber auch Komponenten von Objekten dargestellt werden, die im essentiellen Objektmodell mit dem Primärobjekt in einer semantischen Beziehung stehen. Objekte, die eine semantische Relation vom Primärobjekt "entfernt" sind, sollen als *Sekundärobjekte*, solche, die vom Primärobjekt aus über zwei semantische Relationen erreicht werden können, als *Tertiärobjekte* bezeichnet werden. Beispielsweise wäre für ein Primärobjekt "Kunde" der zugeordnete Objekttyp "Auftrag" ein Sekundärobjekt, der mit dem Auftrag verbundene Typ "Produkt" ein Tertiärobjekt.

Eine Sicht muß die Identifikation des zugehörigen Primärobjekts in eindeutiger Weise erlauben. Jede Sicht muß deshalb mindestens die Schlüsselattribute des Primärobjekts abbilden; zusätzlich kann sie beliebige weitere Attribute des Primärobjekts, aber auch Attribute von Sekundärobjekten und ggf. von Tertiärobjekten abbilden. Diese müssen ebenfalls im Kontext eindeutig identifizierbar sein, wenn sie als Ausgangspunkt für Navigationsschritte verwendet werden.

5.2.3 Sichtendefinitionsschemata

Während für die im vorangegangenen beschriebene Modellierung der konzeptuellen Struktur der Benutzungsschnittstelle eine graphische Technik herangezogen wird, um eine verständliche und übersichtliche Darstellung zu erzielen, sollte die detaillierte Spezifikation der Sichtenobjekte getrennt davon erfolgen, um eine Überfrachtung der Darstellung zu vermeiden. Da diese Spezifikation im wesentlichen Attribute und Operationen auflistet, die aus dem essentiellen Objektmodell auf die verschiedenen Sichten abgebildet werden sollen, bietet sich hierfür eher eine formularorientierte, textuelle Beschreibung an. Derartige Beschreibungen sollen hier als *Sichtendefinitionsschemata* bezeichnet werden. Sichtendefinitionsschemata beinhalten folgende Beschreibungskomponenten:

- *Attributblock*: Hier werden die Attribute angegeben, die in die Sicht eingehen. Zunächst werden die Attribute des primären Objekts berücksichtigt, das in der Sicht repräsentiert werden soll. Diese können vollständig oder ausschnittsweise abgebildet werden. Zusätzlich können in derselben Sicht je nach Aufgabenstellung des Benutzers Attribute von Sekundär- oder auch Tertiärobjekten abgebildet werden.
- *Operationsblock*: Eine Sicht bildet einen Kontext, in dem der Benutzer bestimmte Operationen, die für das Objekt definiert sind, durchführen kann. Im Operationsblock wird angegeben, welche Objektbearbeitungsoperationen im vorliegenden Kontext zulässig sind. Die Definition der zulässigen Operationen erfolgt in Abhängigkeit von der assoziierten Aufgabe des Benutzers, so kann z. B. definiert werden, daß in einer bestimmten Sicht das Löschen des Primärobjekts nicht zulässig ist. Die Art der Auslösung der Operation (durch Menü oder Button) wird hier noch nicht spezifiziert.
- *Transitionenblock:* Es ist sinnvoll, die eigentlichen Objektbearbeitungsoperationen von denjenigen Operationen zu trennen, die einen Übergang zu einer anderen Sicht auslösen. Diese Übergänge werden hier als (Sichten)-Transitionen bezeichnet. Für jede mögliche Transition, die ausgehend von der aktuellen Sicht aktiviert werden kann, wird angegeben, durch welche Benutzeraktion die Transition ausgelöst wird, welche Bedingungen erfüllt sein müssen, damit der Übergang stattfindet, und welche Sicht nach erfolgtem Übergang aktiviert ist.
- *Vor-/Nachbedingungen* können entweder der Sicht insgesamt oder einzelnen Operationen oder Transitionen zugeordnet sein. Vorbedingungen für die gesamte Sicht geben an, welche Voraussetzungen erfüllt sein müssen, damit die Sicht aktiviert werden kann. Entsprechend dem Aufgabenmodell der essentiellen Ebene kann dies ein bestimmter Objektzustand oder auch eine allgemeine Bedingung sein. Nachbedingungen der Sicht definieren, unter welchen Voraussetzungen die Sicht verlassen werden kann.

Die für eine Sicht definierten Attribute und Operationen können mit den zugehörigen Spezifikationen wie Typ und Wertebereich aus den Objektschemata des essentiellen Objektmodells übernommen werden. Zusätzlich können im Sichtenmodell für die konkrete Ausgestaltung relevante Merkmale aufgenommen werden. Hierzu gehören z. B. Gruppierungsangaben für die Attribute oder Prioritäten bzgl. der Abarbeitungsreihenfolge. Tabelle 5.6 zeigt ein Beispiel eines ausgefüllten Sichtendefinitionsschemas.

Tabelle 5.6. Beispiel für ein Sichtendefinitionsschema (Auszug). Im Attributblock sind Attribute aus zwei abzubildenden Objekten angegeben. Durch die Angabe einer Kardinalität kann angegeben werden, wieviele Instanzen eines Objekttyps sichtbar gemacht werden. Hierdurch können auch Sekundärobjekte, die über 1:n-Relationen assoziiert sind, spezifiziert werden. Die Angabe der Kardinalität muß lediglich für ein Schlüsselattribut erfolgen

Sicht:	**Kundendaten**			Sichtentyp:		Objektsicht
Attribut	Objekt	Typ	Wertebereich	Kardinal.	Priorität	Beschreibung
Kundennummer	Kunde	num	(Muß-Feld)	1	1	Schlüssel für Instanz von ‹Kunde›
Name	Kunde	alpha			2	
Ort	Kunde	alpha			3	
...						
Auftragsnummer	Auftrag	num		n (5)	1	letzte 5 Aufträge des Kunden werden in Liste dargestellt
Auftragssumme	Auftrag	num			2	
Status	Auftrag	enum	{terminiert, geliefert, bezahlt}		3	

Operation	Vorbedingung	Häufigkeit	Sicherheit	Beschreibung
ändern	mindestens ein Feldinhalt geändert	hoch	mittel	
löschen	-	mittel	hoch	mit Sicherheitsabfrage durchführen

Transition	Bedingung	Aktion	Häufigkeit	Beschreibung
Auftragsdaten	Auftrag selektiert und Aufträge nicht leer	-	hoch	möglichst direkter Zugriff, z. B. Doppelklick auf Listeneintrag sollte unterstützt sein
Kundenliste	Änderungen gespeichert	schließt ‹Kundendaten›	...	...

5.3 Das Dialogmodell

Das *Dialogmodell* beschreibt die dynamischen Abläufe bei der Interaktion mit dem System auf der Ebene der Aktivierung von Sichten. Während das Sichtenmodell über die Zugriffsrelationen die prinzipielle Erreichbarkeit einer Sicht von einem bestimmten Ausgangspunkt aus angibt, also die statische Struktur der Navigationswege des Benutzers im System definiert, werden im Dialogmodell die dynamischen Übergänge in Abhängigkeit von der Eingabe des Benutzers und dem aktuellen Systemzustand spezifiziert (Dynamik der Navigation, vgl. z. B. Nielsen, 1990).

In der detaillierten Beschreibung der Sichten in den zugehörigen Definitionsschemata können zwar bereits dynamische Aspekte angegeben werden, indem Operationen und Transitionen zwischen unterschiedlichen Sichten spezifiziert werden. Da diese Beschreibungen aber jeweils einer einzelnen Sicht zugeordnet sind, läßt sich daraus nur schwer ein Überblick über das Gesamtverhalten des Systems oder größerer Systemausschnitte gewinnen. Deshalb ist eine Darstellungstechnik erforderlich, die es erlaubt, Dialogabläufe zu spezifizieren, zu veranschaulichen und die Angemessenheit dieser Abläufe im Bezug auf die Aufgaben des Benutzers überprüfen zu können. Für diesen Zweck wurde die Technik der Dialognetze entwickelt, auf die im folgenden Kap. 6 näher eingegangen wird.

6 Dialogmodellierung

Im folgenden wird ein integriertes Beschreibungskonzept für Dialogabläufe bei graphischen Benutzungsschnittstellen vorgestellt. Als Beschreibungstechnik werden dabei Dialognetze entwickelt, die insbesondere für die Dialogabläufe auf der Fensterebene zum Einsatz kommen. Für die Dialogabläufe auf der Objektebene werden Constraints integriert. Die vorgeschlagenen Techniken dienen dazu, die Dialogspezifikation bei Informationssystemen auf ein höheres Abstraktionsniveau gegenüber heutigen Entwicklungswerkzeugen, wie sie in Kap. 9-13 vorgestellt werden, zu heben.

Dabei sind im Bereich der Entwicklungswerkzeuge für graphische Benutzungsschnittstellen in den letzten Jahren eine Reihe von Fortschritten erzielt worden. Mit User Interface Management Systemen (UIMS) und verwandten Werkzeugklassen sind Werkzeuge entstanden, die die Entwicklung gegenüber der reinen Programmierung stark vereinfachen (Myers, Rosson, 1992) und sich bereits längere Zeit in einem kommerziell nutzbaren Zustand befinden. Im Bereich der Dialogmodellierung sind dagegen noch erhebliche Defizite zu erkennen. Weder die heute verbreiteten software-technischen Methoden, im wesentlichen Strukturierte Analyse und verwandte Techniken, noch die neueren Methoden der objektorientierten Analyse geben eine nennenswerte Unterstützung in bezug auf die Dialogmodellierung.

Nach Myers und Rosson (1992) liegt der prozentuale Anteil des Aufwands bei der Benutzungsschnittstellenentwicklung in der Phase der Realisierung momentan deutlich höher als in der Phase des Entwurfs. Der Grund hierfür ist sicher nicht, daß der Entwurf im Verhältnis weniger komplex wäre, sondern daß spezifische Entwurfsmethoden fehlen. Dies ist umso gravierender, als sich graphische Benutzungsschnittstellen nach dem Siegeszug im Bereich der Standardsoftware im Bürobereich nun auch für betriebliche Informationssyteme stark verbreitet haben.

Die relative Einfachheit, mit der heute Prototypen für Benutzungsschnittstellen erstellt werden können, verführt leicht dazu, schlecht dokumentierte, unstrukturierte und letzlich nicht korrekte Software zu entwickeln. Bei heutigen Entwicklungswerkzeugen ist es schwer, den Dialogablauf einer Anwendung zu durchschauen, da dieser über eine Menge von Regeln einer ereignisorientierten Spezifikation verteilt ist. Es werden also höhere, soweit wie möglich graphische Beschreibungstechniken benötigt, die ähnlich leicht verständlich sind wie die traditionell in der Benutzungsschnittstellenentwicklung verwendeten Zustandsübergangsdiagramme. Andererseits müssen diese Techniken den Anforderungen graphischer Benutzungsschnittstellen z. B. hinsichtlich der Quasi-Parallelität der Dialoge in Fenstersystemen gerecht werden. Über diese Argumentation hinaus, die "bottom-up" den Nutzen von Techniken der Dialogmodellierung herleitet, sind Dialognetze innerhalb der hier vorgestellten Gestaltungsmethodik (vgl. Kap. 7), die "top-down" arbeitet, der Baustein zur Dialogmodellierung.

6.1 Dialog und Dialogmodell

6.1.1 Begriffe

Der Dialog kennzeichnet den Ablauf der Interaktion zwischen Benutzer- und Rechnersystemen (DIN, 1988). Mensch-Rechner-Dialoge können aus zwei Perspektiven beschrieben werden:

- In einem behaviouristischen Ansatz können Aufgaben und Handlungen des Benutzers beschrieben werden (behavioural representation);
- in einem konstruktivistischen Ansatz können das Verhalten des Rechnersystems auf mögliche Eingaben sowie seine internen Zustände und Reaktionen beschrieben werden (constructional representation).

Mit Dialogmodell soll ein formales, konstruktivistisches Modell der Benutzungsschnittstelle bezeichnet werden, dem eine konkrete Beschreibungstechnik zugrundeliegt (Green, 1986).

6.1.2 Kriterien zur Bewertung von Dialogbeschreibungstechniken und Dialogmodellen

In Janssen (1996) sowie Bullinger, Fähnrich, Janssen (1996) werden Kriterien für die Bewertung von Dialogbeschreibungstechniken angegeben. An generellen Kriterien werden von den Autoren folgende genannt: Dialogbeschreibungen sollten einfach verständlich sein. Sie sollten präzise und eindeutig sein. Sie sollten Konsistenzprüfungen ermöglichen. Sie sollten mächtig genug sein, um nichttriviales Systemverhalten mit möglichst geringer Komplexität zu modellieren. Weiterhin sollte eine Trennung von Spezifikation (was) und Implementation (wie) gegeben sein. Es sollte die Konstruktion von Prototypen unterstützt werden. Eine formale, mathematische Basis sowie die Unabhängigkeit der Beschreibung von spezifischen Entwicklungswerkzeugen wird allgemein für notwendig erachtet.

In den vorgenannten Arbeiten wird daraus ein Kriteriengerüst bestehend aus den Kategorien Abstraktionsgrad, Mächtigkeit, Parallelität, Ausführbarkeit, formale Prüfbarkeit, Vorhandensein von Strukturierungsmitteln, Verständlichkeit sowie eine Charakterisierung des primären Anwendungsbereichs (Prozeßorientierte Dialoge, grobe und feine Dialoge) entwickelt.

Als Anwendungsbereich der Methoden und Beschreibungstechniken dieses Kapitels steht, wie in der gesamten Arbeit, der Bereich der betrieblichen Informationsverarbeitung im Vordergrund, in dem das Schwergewicht auf der Verwendung von Standard-Oberflächenobjekten und nicht auf freier Anwendungsgraphik liegt.

6.2 Dialogbeschreibungstechniken

Um die bei graphischen Benutzungsschnittstellen umfangreiche und komplexe Dialogspezifikation besser zu strukturieren, werden im folgenden wie oben bereits ausgeführt zwei Ebenen von Dialogabläufen unterschieden:

- Dialogabläufe auf Fensterebene (grobe Dialogabläufe) beschreiben die Abfolge von Fenstern und den Aufruf von Anwendungsfunktionen in Abhängigkeit von Benutzereingaben mit zugehöriger Darstellung der Systemreaktion.
- Dialogabläufe auf Objektebene (feine Dialogabläufe) beschreiben die Zustandswechsel der Oberflächenobjekte, die sich innerhalb von Fenstern befinden und die von dem Zustand anderer Oberflächenobjekte oder Anwendungsdaten abhängen.

Demnach werden im folgenden Techniken gesucht, die beide Ebenen optimal abdecken. Die Klassifikation der verschiedenen Beschreibungstechniken erfolgt nach dem zugrundeliegenden Dialogmodell, wobei zunächst die von Green (1985, 1986) beschriebenen Modelle der Zustandübergangsdiagramme, formalen Grammatiken und Ereignismodelle diskutiert werden. Ferner existieren die neueren Ansätze der Constraints und Petrinetze.

6.2.1 Zustandsübergangsdiagramme

In dieser Repräsentation wird eine Benutzungsschnittstelle basierend auf dem Modell eines endlichen Automaten als eine endliche Menge von Zuständen und Zustandsübergängen modelliert. Zu jedem Zeitpunkt ist genau ein Zustand aktiv. Die Zustandsübergänge sind mit den möglichen Eingaben des Benutzers beschriftet. Funktionsaufrufe (Präsentationskomponenten, Anwendung, Datenbankmanagementsystem) können dabei an Zustände gebunden sein. Zustandsübergangsdiagramme haben besondere Verbreitung für Masken- und Menüsysteme gefunden (Denert, 1977; Denert, Siedersleben, 1991; Wassermann, 1985).

Ein wesentlicher Nachteil von Zustandsübergangsdiagrammen ist deren sequentielle Semantik, die für die Beschreibung von Dialogen in graphischen Benutzungsschnittstellen in der Praxis nicht ausreicht. Zwar existieren einige Erweiterungen zur Beseitigung dieses Mangels, diese erfüllen jedoch nicht voll die Anforderungen bezüglich der Darstellung paralleler Dialogabläufe.

6.2.2 Formale Grammatiken

Formale Grammatiken in ihrer Grundform sind kontextfreie Grammatiken. Die Benutzereingaben werden einer der Grammatik entsprechenden Syntaxanalyse unterzogen. Wird eine zulässige Eingabe erkannt, so wird eine Produktion der Grammatik durchgeführt. Produktionen können z. B. Aufrufe der Anwendung oder der Präsentationskomponente sein.

Wie Zustandsübergangsdiagramme sehen sie in der Grundform keine Parallelität verschiedener Dialogpfade vor. Auch hier existieren entsprechende Erweiterungen. Aufgrund der textuellen Form und der Verteilung der Dialogspezifikation über eine Menge von Produktionen sind sie aber wesentlich unverständlicher als Zustandsübergangsdiagramme und haben wohl hauptsächlich aus diesem Grund nur eine geringe Verbreitung erfahren.

6.2.3 Ereignismodelle

Im Ereignismodell wird der Benutzer als Quelle von Ereignissen gesehen. Diese löst er durch seine Interaktionen mit Eingabegeräten aus. An die Ereignisse werden in sogenannten Regeln Aktionen gebunden. Diese beinhalten Anwendungs- und Präsentationsaufrufe sowie das Versenden von Nachrichten bzw. Ereignissen.

In manchen Ausprägungen werden eine oder mehrere Regeln zu Ereignisbehandlern (event handler) zusammengefaßt, wodurch ein Strukturierungsmittel zur Verfügung steht. In Erweiterung dessen können Ereignisbehandler als Klassen aufgefaßt werden, wodurch objektorientierte Strukturen entstehen. Aufgrund der engen Verwandschaft mit den heute verbreiteten Fenstersystemen hat sich das Ereignismodell im Bereich der kommerziellen User Interface Management Systeme weitgehend durchgesetzt. Die Vorteile liegen neben der theoretischen Mächtigkeit in der direkten Beschreibbarkeit von parallelen Teildialogen, da beliebig viele Regeln gleichzeitig aktiv sein können.

Hauptnachteil des Ereignismodells ist die schlechte Verständlichkeit größerer Spezifikationen. Die gesamte Dialogbeschreibung ist über eine Vielzahl von Regeln verteilt und daher schwer nachzuvollziehen. Formale Beweise werden durch die Mächtigkeit des Modells erschwert.

6.2.4 Constraints

Die drei vorgenannten Techniken können als klassische Techniken bezeichnet werden. Ein neueres Dialogmodell besteht in der Anwendung von "Zwangsbedingungen" (Constraints). Bei diesem Modell werden Beziehungen zwischen Objekten oder Attributen in Form von Bedingungen formuliert. Ändern sich Werte zur Laufzeit z. B. durch Benutzereingaben, so werden die Bedingungen vom Laufzeitsystem automatisch aufrecht erhalten (change propagation). In der Regel handelt es sich bei Constraints um algebraische Gleichungssysteme, die die Abhängigkeit einer Variablen (linke Seite einer Gleichung) von anderen Variablen (rechte Seite) ausdrücken. Änderungen von Werten auf der rechten Seite führen automatisch zur Neuberechnung der linken Seite.

Das Constraint-Modell wird häufig zur Ergänzung anderer Modelle, meist des Ereignismodells, verwendet. Der Vorteil liegt in der deklarativen Formulierung, wobei von den konkreten Ereignissen und deren Reihenfolge abstrahiert werden kann. Im Zusammenhang mit einer datenorientierten Anwendungsschnittstelle eignet sich das Constraint-Modell gut für die Spezifikation der Beziehungen zwischen den gemeinsamen Datenobjekten und den Oberflächenobjekten.

Constraints stellen wie Regeln im Ereignismodell Dialogabläufe in Form von textuellen, visuell unzusammenhängenden Beschreibungen dar. Sie eignen sich daher besonders für die Spezifikation der Dialogabläufe auf der Objektebene, wo graphische Beschreibungen zu aufwendig werden und andererseits Constraints aufgrund der meist lokalen Bedeutung gut verständlich sind.

6.2.5 Petrinetze

Petrinetze werden seit Ende der 80er Jahre im Bereich der Dialogspezifikation eingesetzt. Petrinetze besitzen als graphische Repräsentationstechnik eine gewisse Verwandtschaft zu Zustandsübergangsdiagrammen. Zustände korrespondieren mit Stellen, Zustandsübergänge mit Transaktionen. Bei Petrinetzen können allerdings im Gegensatz zu Zustandsübergangsdiagrammen mehrere Stellen gleichzeitig aktiv sein; dadurch kann Parallelität ohne exponentielles Anwachsen des Zustandsraums ausgedrückt werden.

Da Petrinetze den Dialogablauf graphisch visualisieren, können sie das Verständnis von interaktiven Systemen wesentlich unterstützen. Zudem existiert eine ausgereifte Theorie, die für formale Prüfungen verwendet werden kann. Dabei sind Petrinetze prinzipiell so mächtig wie das Ereignismodell.

Tabelle 6.1. Bewertung von fünf grundlegenden Dialogmodellen anhand eines Kriterienkatalogs

Dialogmodell Kriterium	Zustands- übergangs- diagramme	Gramma- tiken	Ereignis- modell	Constraint- Modell	Petri-Netze
Abstraktionsgrad	●	◐	○	◐	●
Mächtigkeit	●	●	●	○	●
Parallelität	○	○	●	●	●
Ausführbarkeit	●	●	●	●	●
Formale Prüfungen	●	●	○	●	●
Strukturierungsmittel	●	○	○	○	●
Verständlichkeit	●	○	○	●	●
Eignung für Fensterebene	●	◐	○	○	●
Eignung für Objektebene	◐	◐	◐	●	◐

Legende:
● Gut / Hoch   ◐ Mittel   ○ Schlecht / Gering

6.2.6 Bewertung der diskutierten Dialogmodelle

Das vorher eingeführte Bewertungsschema kann dazu herangezogen werden, die nun eingeführten Dialogmodelle zu bewerten. Tabelle 6.1 zeigt die entsprechenden Ergebnisse.

Anhand des aufgestellten Kriterienkatalogs erfahren Zustandsübergangsdiagramme und Petrinetze die besten Bewertungen. Dabei sind Zustandsübergangsdiagramme die "klassischen" und Petrinetze die "modernen" Techniken. Petrinetze bieten zudem den Vorteil, daß sie Parallelität hinreichend gut darstellen können; Zustandsübergangsdiagramme sind dagegen sowohl für die Dialogspezifikation auf Objektebene (bedingt) als auch auf Fensterebene geeignet. Grammatiken stellen sich als zu schwer verständlich und unhandlich heraus. Das Ereignismodell, das in den meisten User Interface Management Systemen als Repräsentationsmechanismus genutzt wird, erweist sich ohne eine entsprechende Erweiterung um eine Dokumentation des Designs als zu "flach" und "unstrukturierbar". Es ist eher als Implementierungsformat geeignet. Das Constraintmodell ist im wesentlichen als Ergänzung zu sonstigen Dialogmodellen zu betrachten, um spezifische Defekte dieser Dialogmodelle auszugleichen.

6.3 Dialognetze als Dialogbeschreibungstechnik auf Fensterebene

Dialognetze wurden mit dem Ziel entwickelt, eine adäquate Beschreibungstechnik für die Dialogabläufe auf Fensterebene bereitzustellen. Hierbei werden die Grenzen der auf Zustandsübergangsdiagrammen basierenden Techniken hinsichtlich der Beschreibung von Parallelität überwunden. Von allen bisher bekannten Techniken kommen Ereignisgraphen Dialognetzen am nächsten, da in beiden Fällen B/E-Netze zugrunde liegen. Dialognetze haben aber im Vergleich zu Ereignisgraphen bessere Strukturierungsmittel für die Zerlegung des Dialogs in Teildialognetze, wobei die Zusammenhänge zwischen Teildialogen graphisch dargestellt werden können. Außerdem werden eine Reihe von Konstrukten zur Vereinfachung der Beschreibung eingeführt.

6.3.1 Grundform von Dialognetzen

6.3.1.1 Dialognetze als beschriftete B/E-Netze

Beschriftete Bedingungs-/Ereignisnetze (B/E-Netze) bilden die Basis für Dialognetze. Diese Grundform verwendet keine formalen Beschriftungen und ist primär für den ersten Benutzungsschnittstellenentwurf geeignet; es werden in diesem Modellierungsschritt noch keine Details der Oberflächenobjekte spezifiziert.

Ein Dialognetz ist ein 6-Tupel $DN=(S, T, F, t_0, b, B)$. Hierbei ist S eine Menge von Stellen, T eine Menge von Transitionen und F eine Flußrelation, die Stellen

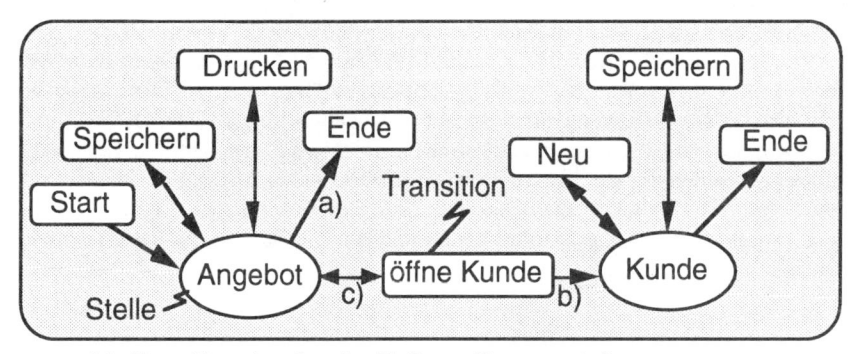

6.3 Dialognetze als Dialogbeschreibungstechnik auf Fensterebene   79

a) In Transition eingehender Fluß: Eingangsstelle;
b) ausgehender Fluß: Ausgangsstelle
c) beidseitiger Fluß: Nebenstelle

Abb. 6.1. Beispiel für ein Dialognetz mit (unspezifizierten) Beschriftungen

und Transitionen einander zuordnet. Weiterhin heißt t_0 Starttransition. B ist die Menge von Beschriftungen für S bzw. T mit b als Beschriftungsfunktion, die den entsprechenden Stellen und Transitionen ihre Beschriftung zuordnet.

Sei $DN=(S, T, F, t_0, b, B)$ ein Dialognetz. Dann bezeichnet für jeweils eine Transition t das Symbol $^\bullet t$ die Menge der Eingangsstellen und $t^\bullet$ die Menge der Ausgangsstellen von t. Bei beidseitigem Fluß heißt die entsprechende Stelle "Nebenstelle".

Wie bei Petrinetzen üblich, werden Stellen in der Graphik als Kreise oder Ovale, Transitionen als Rechtecke und die Elemente der Flußrelation als Pfeile dargestellt (Abb. 6.1). Von den Transitionen aus gesehen bedeuten eingehende Pfeile eine Beziehung zu einer Eingangsstelle, ausgehende Pfeile eine Beziehung zu einer Ausgangsstelle. Bei Nebenstellen wird ein Doppelpfeil gezeichnet Sämtliche hier eingeführten Bezeichnungen und Konzepte werden formal in Janssen (1996) definiert..

Für Dialognetze wird eine Funktion m als Markierungsfunktion oder Markierung eingeführt. Bei der Beschreibung von Dialogabläufen mit Dialognetzen wird die Sichtbarkeit eines Fensters durch die Markierung einer korrespondierenden Stelle modelliert. In der Grundform sind die Fenster statisch und es kann gleichzeitig nicht mehr als eine Inkarnation eines Fensters geben.

Eine Transition kann nur schalten, wenn alle Eingangsstellen (inkl. Nebenstellen) markiert sind und keine reine Ausgangsstelle markiert ist. Beim Schalten einer Transition werden die Marken aus den reinen Eingangsstellen entfernt und die Ausgangsstellen markiert. Nebenstellen bleiben markiert. Zu Beginn eines Dialogs schaltet die Start-Transition. Durch die möglichen Schaltfolgen in einem Dialognetz sind in der hier verwendeten Interpretation gleichermaßen die möglichen Folgen von Dialogschritten in dem beschriebenen Dialogsystem spezifiziert (über die Beschriftungsfunktion b).

In dem Beispiel in Abb. 6.1 wird zu Beginn des Dialogs das Fenster "Angebot" geöffnet, in dem der Benutzer z. B. Daten zum Angebot eintragen kann. Ohne Veränderung des Zustands können die lokalen Dialogschritte "Speichern"

80   6 Dialogmodellierung

und "Drucken" ausgeführt werden. Durch die Transition "öffne Kunde" kann zu dem Fenster "Kunde" verzweigt werden. Das Fenster "Angebot" bleibt dabei geöffnet, da die zugehörige Stelle als Nebenstelle spezifiziert ist. Das Schließen eines Fensters erfolgt jeweils durch die entsprechenden Transitionen "Ende".

In dem hier definierten Beschreibungsansatz wird der benutzergesteuerte Wechsel zwischen parallel geöffneten Fenstern mit den Mitteln des Fenstersystems (z. B. Aktivieren durch Klicken der Titelzeile) bewußt ausgeklammert. Dieser ist für alle Fenster implizit vorhanden und braucht deshalb nicht definiert zu werden.

6.3.1.2   Optionale Flüsse und modale Stellen

Bei parallelen Fenstern kann es Dialogschritte geben, die ein oder mehrere Fenster schließen sollen, ohne daß man die verschiedenen möglichen Kombinationen der Fensterzustände unterscheiden will. Analog kann es Dialogschritte geben, die Fenster öffnen sollen, aber auch stattfinden sollen, falls diese bereits offen sind. Zur Vereinfachung des Netzes bei diesen Situationen werden optionale Flüsse (dargestellt als gestrichelte Pfeile) eingeführt. Stellen, die über optionale Flüsse mit Transitionen verbunden sind, heißen optionale Stellen. Optionale Stellen beeinflussen nicht die Schaltbedingung. Beim Schalten einer Transition werden aber evtl. vorhandene Marken in optionalen Eingangsstellen entfernt und die optionalen Ausgangs- und Nebenstellen markiert, falls sie es noch nicht sind.

Beim Schalten der Transition "Beenden" in Abb. 6.2 wird eine eventuelle Marke aus der Stelle "Kunden" entfernt (das Kundenfenster geschlossen). Die Marke

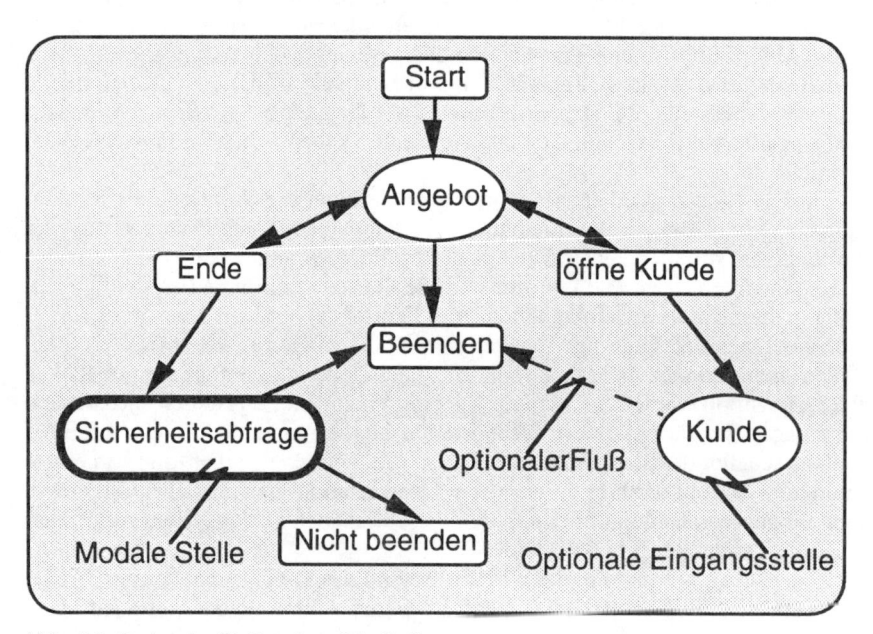

Abb. 6.2. Optionaler Fluß und modale Stelle

in der Stelle ist aber nicht Voraussetzung für das Schalten, da der Fluß als optional gekennzeichnet ist. Ohne das Konzept der optionalen Flußrelation müßten die beiden Fälle "Kunde offen" und "Kunde geschlossen" unterschieden werden, und es müßten zwei Transitionen verwendet werden.

6.3.1.3 Modale Stellen

Im ersten Beispiel (Abb. 6.1) stehen alle geöffneten Fenster parallel zur Verfügung und können beliebig vom Benutzer bearbeitet werden. Bei modalen Dialogfenstern dagegen, wie sie z. B. bei Meldungsdialogen verwendet werden, muß auch die Einschränkung der Parallelität einfach spezifiziert werden können. Zur Modellierung von modalen Dialogfenstern werden "modale Stellen" eingeführt (graphisch durch fetten Rand gekennzeichnet). In dem Dialognetz in Abb. 6.2 führt das Schalten der Transition "Ende" zum Öffnen der Sicherheitsabfrage. Von diesem Zustand aus sind nur noch die Transitionen "Beenden" und "Nicht beenden" möglich.

Ist eine modale Stelle markiert, können systemweit nur noch Transitionen schalten, die diese als Eingangsstelle haben. Sind mehrere modale Stellen zur Zeit geöffnet, so können nur die Transitionen schalten, die die zuletzt geöffnete modale Stelle als Eingangsstelle haben.

6.3.2 Hierarchische Gliederung von Dialognetzen

6.3.2.1 Komplexe Stellen und Unterdialognetze

In der Praxis treten in den meisten Dialogen so viele Fenster und Dialogschritte auf, daß der gesamte Ablauf nicht mit einem einzigen Dialognetz sinnvoll beschrieben werden kann. Es ist also eine Unterteilung in mehrere Netze erforderlich. Hierzu dienen in Dialognetzen komplexe Stellen (graphisch durch doppelte Umrandung dargestellt).

Hierbei können Hierarchien von Dialognetzen entstehen, wobei eine komplexe Stelle in mehreren Netzen vorkommen darf. Eine komplexe Stelle ist eine Vergröberung eines Teildialogs mit einem oder mehreren Fenstern, der in einem separaten Unterdialognetz beschrieben wird. Die bisher definierten Schaltregeln für Dialognetze mit komplexen Stellen ändern sich nicht. Die Beziehungen zwischen einer komplexen Stelle und ihrem Unternetz werden wie folgt erklärt: Wird eine komplexe Stelle markiert, so tritt das Start-Ereignis für das Unternetz ein. Wird die Marke aus einer komplexen Stelle abgezogen, so führt dies automatisch zum Abzug aller Marken aus dem Unternetz, also zu dessen Deaktivierung. Ebenso wird die Marke in einer komplexen Stelle entfernt, wenn innerhalb des Unternetzes alle Marken entfernt werden. Ansonsten werden Haupt- und Unternetz unabhängig voneinander geschaltet.

In so definierten Hierarchien von Dialognetzen darf eine komplexe Stelle, nicht aber eine gewöhnliche Stelle in mehreren Netzen vorkommen. Jeder Unterdialog kann aber in der Grundform nur einmal gestartet werden, auch wenn er von verschiedenen Netzen aus aufgerufen werden kann.

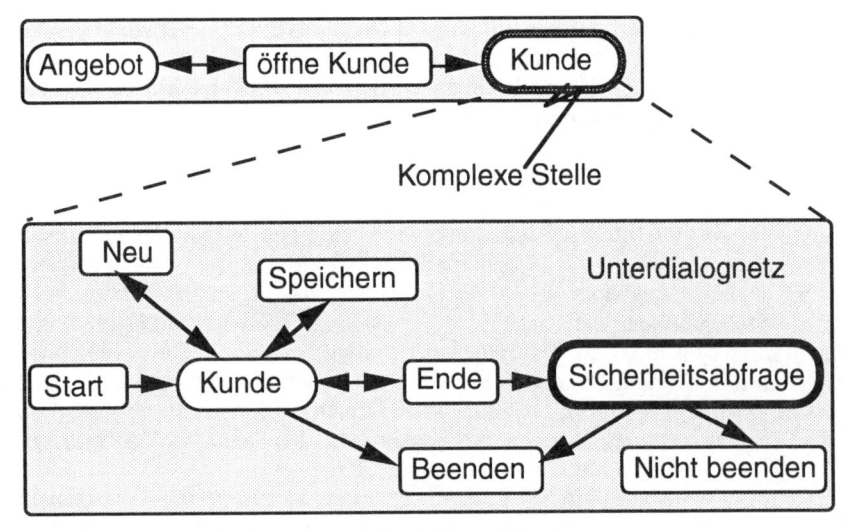

Abb. 6.3. Komplexe Stelle und zugehöriges Unterdialognetz

In Abb. 6.3 wurde der gesamte Kundendialog zu einer komplexen Stelle vergröbert und in einem separaten Unternetz beschrieben. Die für das Kunden-Fenster lokalen Dialogschritte "Speichern" usw. werden ebenso wie der Dialogablauf beim Beenden des Kundendialogs in das Unternetz verlagert.

Ein Dialog kann beim Beenden eines Unterdialogs in Abhängigkeit von dem ausgeführten Dialogschritt unterschiedlich fortgesetzt werden. Hierfür liegen die Transitionen zur Beendigung des Unternetzes im vergröberten Netz. Zur Verdeutlichung der Zugehörigkeit des Beendens zum Unterdialog können die Transitionen im Unternetz gestrichelt repliziert werden, ohne daß die replizierten Transitionen eine Wirkung haben. Werden je nach Aufrufkontext eines Unterdialogs unterschiedliche Startfenster benötigt, so kann dies durch Verwendung mehrerer Starttransitionen dargestellt werden. In diesem Fall muß durch Numerierung oder eine andere geeignete Beschriftung eine Zuordnung der Flußrelation im aufrufenden Netz und der korrespondierenden Starttransition erfolgen.

6.3.2.2 Dynamische Teildialoge

Aufgrund der bisherigen Festsetzungen wird durch die Markierung einer Stelle der Öffnungszustand von Fenstern gesteuert, welche genau einmal im System vorhanden sind. Soll hierbei ein Fenster mit Daten für eine neue Instanz eines Datenobjekts gefüllt werden, so kann dies durch Verwendung einer optionalen Flußrelation geschehen, so daß die entsprechende Transition wiederholt geschaltet werden kann.

Nun ist es in vielen Fällen sinnvoll, parallel verschiedene Instanzen von Fenstern zu zeigen, z. B. damit der Benutzer Vergleiche zwischen den Daten verschiedener Kunden anstellen kann. Hierfür wird eine spezielle Aufrufkonvention

6.3 Dialognetze als Dialogbeschreibungstechnik auf Fensterebene 83

a) Wiederholtes Füllen
eines Fensters

b) Dynamischer Aufruf
eines Unterdialogs

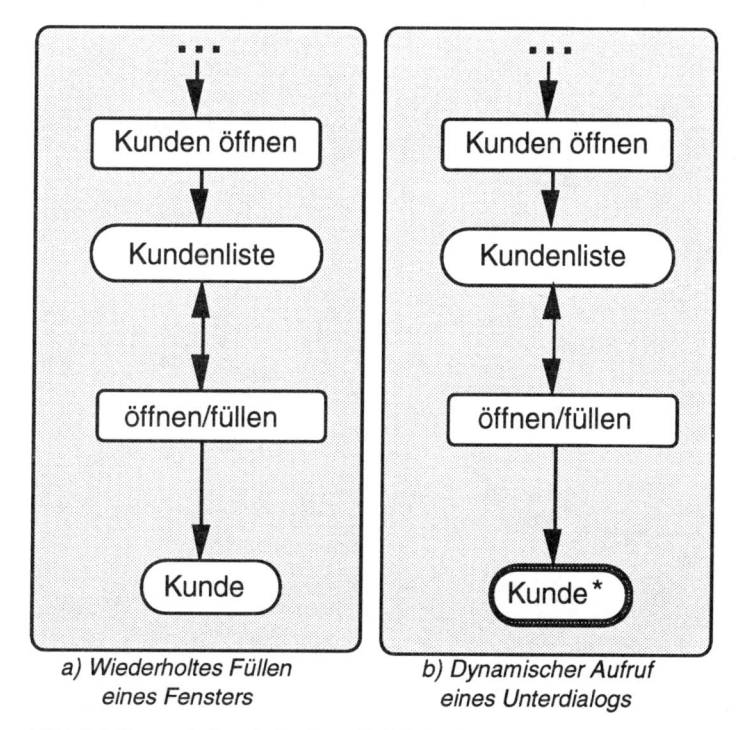

Abb. 6.4. Dynamischer Aufruf von Teildialogen

für Unterdialognetze eingeführt, die eine dynamische Erzeugung der zugehörigen Fenster ermöglicht, wobei dann je Fenstertyp mehrere Instanzen gleichzeitig vorhanden sein können.

Wird die Beschriftung einer komplexen Stelle von einem Stern ("*") abgeschlossen, so werden bei dem Start des zugehörigen Unterdialognetzes dynamisch neue Fenster für die dort vorkommenden Stellen erzeugt. Gleiches gilt für etwaige verschachtelte Unterdialoge, sofern diese nicht selbst dynamisch aufgerufen werden. Die Dialogbeschreibung wird dann auf sämtliche dynamisch erzeugten Unterdialoge angewendet.

6.3.3 Dialogmakros

Insbesondere im Einstieg kommen immer wieder die gleichen Dialogmuster vor, z. B. für den Zugriffsdialog bei verschiedenen Datenobjekten. Damit diese nicht redundant für alle Objekte beschrieben werden müssen, wird ein Makromechanismus eingeführt (Abb. 6.5). Ein Dialogmakro kann aufgrund einer Parametrisierung für unterschiedliche Objekttypen verwendet werden, so daß etwa im Beispiel das Muster für den Suchdialog nur einmal beschrieben zu werden braucht.

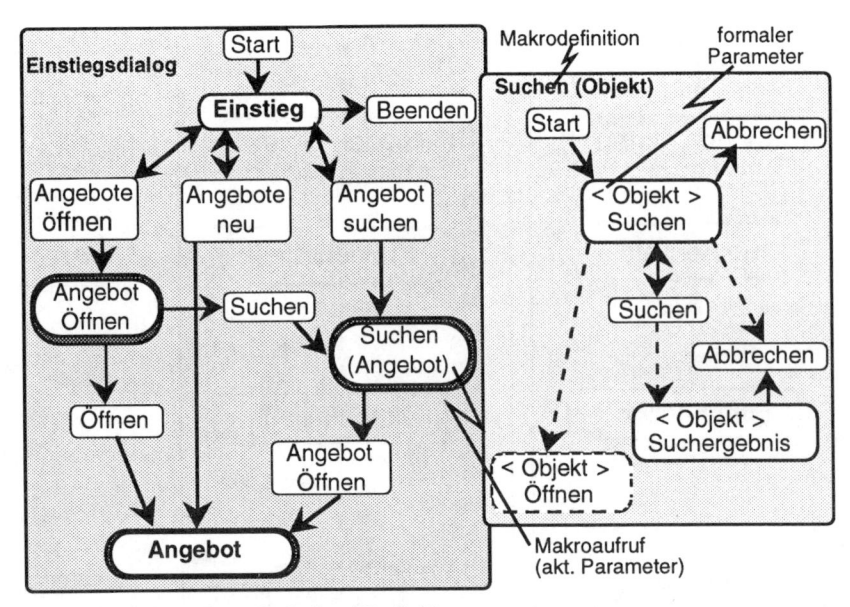

Abb. 6.5. Dialogmakro - Aufruf und Definition

Ein Unterdialog kann durch runde Klammern in der Beschriftung der komplexen Stelle als *Dialogmakro* deklariert werden. In den Klammern stehen die formalen Parameter, wie für Prozeduren in Programmiersprachen üblich. Die Verwendung der formalen Parameter in dem Dialogmakro wird durch spitze Klammern gekennzeichnet. Die beim Makroaufruf angegebenen aktuellen Parameter werden dann für die formalen Parameter eingesetzt (Textersetzung), so daß ein gewöhnliches Dialognetz entsteht. Die Orthogonalität zu den bisher definierten Konzepten ist gewahrt, so daß die Schaltregeln nach der Textersetzung wie gewohnt gelten. Näher definiert sind dynamische Teildialoge sowie Dialogmakros in Janssen (1996).

6.3.4 Voll spezifizierte Dialognetze

In den bisher getroffenen Definitionen korrespondieren Stellen stets mit Fenstern und die Dialogschritte, die durch Transitionen modelliert werden, sind nicht näher spezifiziert. Da Dialognetzbeschreibungen aber für die formale Spezifikation von Dialogabläufen, verbunden mit einer Code-Generierung, verwendet werden sollen, ist eine Präzisierung der bisherigen Beschriftungen erforderlich.

Durch die folgende Definition wird die Beschriftung von Transitionen um Ereignisse, Bedingungen und Aktionen erweitert. Zusätzlich zu den bisherigen Schaltbedingungen müssen als weitere Voraussetzung für das Schalten einer Transition das zugeordnete Ereignis eingetreten und die Bedingung erfüllt sein. Beim Schalten wird dann die Aktion ausgeführt. Für die Verallgemeinerung der Bedeutung von Stellen werden diese mit einer allgemeinen Bedingung, einer

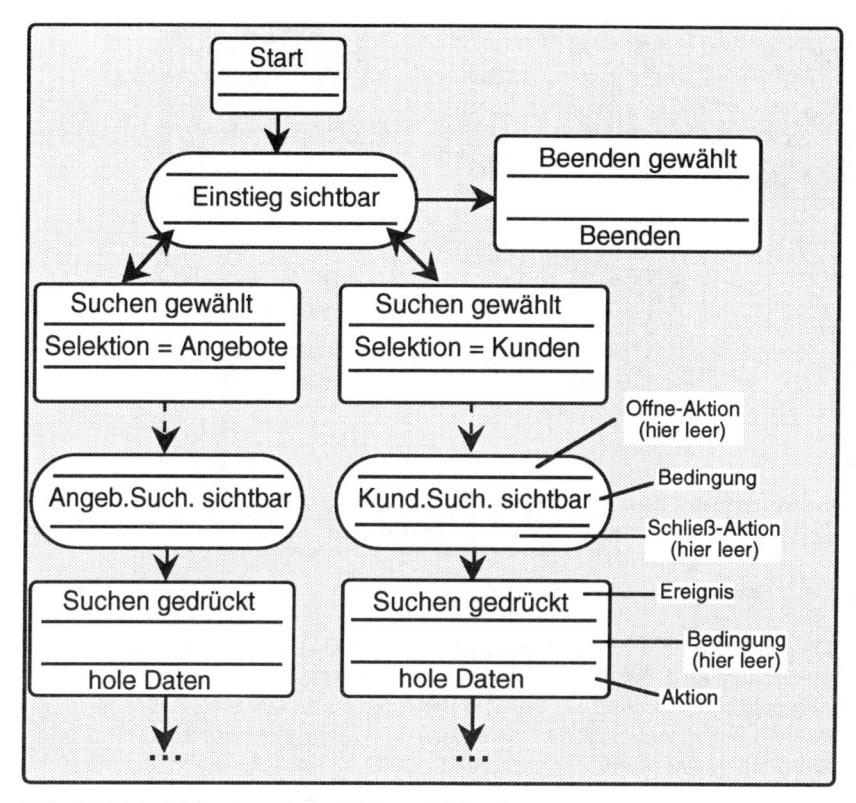

6.3 Dialognetze als Dialogbeschreibungstechnik auf Fensterebene 85

Abb. 6.6. Beispiel für ein voll spezifiziertes Dialognetz

Öffne-Aktion und einer Schließ-Aktion versehen. Die Interpretation wird so verallgemeinert, daß eine Stellenbedingung genau dann wahr ist, wenn die zugehörige Stelle markiert ist.

Die Konzepte der optionalen Flüsse und modalen Stellen werden analog für voll spezifizierte Netze übernommen. Für komplexe Stellen wird definiert, daß sie keine Bedingungen und Aktionen zugeordnet haben. Bei der Mehrfachverwendung komplexer Stellen ist die Eindeutigkeit etwaiger Fortsetzungen netzweit zu garantieren. Bei dynamisch aufgerufenen Unterdialognetzen ist zu beachten, daß sich die Ereignisse, Bedingungen und Aktionen auf Klassen von Interaktionsobjekten beziehen, damit sie für alle Instanzen unverändert interpretiert werden können.

Abbildung 6.6 zeigt einen Ausschnitt einer voll spezifizierten Dialognetzbeschreibung eines Einstiegsdialogs für ein Auftragsverwaltungssystem. Vom Einstiegsfenster "Auftragsverwaltung" aus können u.a. Dialogboxen zum Suchen nach einer Menge von Kunden oder Angeboten aufgerufen werden (siehe auch Abb. 6.7). Das Datenmenü wirkt dabei generisch auf alle Objekte im Einstieg. Die Steuerung, welches Fenster aufgerufen wird, erfolgt über Bedingungen in den Transitionen, die den Wert der aktuellen Selektion abfragen. Aktionen in den Stellen sind für das Beispiel nicht erforderlich.

Abb. 6.7. Fensterskizzen für das Beispiel in Abb. 6.6

Da gemäß der Interpretation voll spezifizierter Dialognetze der Wahrheitswert der Bedingung einer Stelle *s* gleich dem Markierungszustand ist, wird dies in den Schaltregeln nicht (redundant) erwähnt. Für praktische Anwendungen können die Öffne- und Schließaktionen für Stellen meist weggelassen werden, nämlich wenn keine Initialisierungen oder Abschlußaktionen in einer Stelle benötigt werden. Sie werden aber für eine formale Semantik von Dialognetzen benötigt (s. 6.5).

6.3.5 Richtlinien und Prüfungen bei der Dialogspezifikation

Im folgenden wird diskutiert, welche Maßnahmen getroffen werden können, um Dialogbeschreibungen in der Praxis überschaubar zu halten, und welche formalen Prüfungen zur Verifikation von Dialognetzspezifikationen prinzipiell möglich sind. Der praktische Erfolg einer Beschreibungstechnik hängt nicht zuletzt davon ab, wie kompakt und effizient die Darstellungstechnik ist. Im Falle der hier definierten Dialognetze trägt dazu wesentlich das Hilfsmittel der Hierarchisierung bei. Bei mehr als ca. 5 Stellen in einem Dialognetz sollte so z. B. gegliedert nach Objektbereichen eine Aufteilung und Hierarchisierung erfolgen. Ebenso sollte ab einer Anzahl von 5-7 Dialogschritten von einer Benutzersicht bzw. einem Fenster aus unterstrukturiert werden.

Zur weiteren Reduktion der Netzgröße können Standarddialogschritte wie Schließen, Abbrechen oder Hilfe einmal standardisiert beschrieben und wiederverwendet werden. Auch die Sichtbarkeitssteuerung z. B. beim Beenden von Dialogteilen kann so optimiert werden, ebenso bei Meldungsdialogen in Transitionen.

Petrinetze und insbesondere Bedingungs-/Ereignisnetze eignen sich gut für die formale Analyse von Netzeigenschaften, im vorliegenden Fall also Dialogeigenschaften. Zum Beispiel können mit Hilfe des Erreichbarkeitsgraphen die Erreichbarkeit von Fenstern, Verklemmungsfreiheit des Dialogs oder Lebendigkeit des Dialogs definiert und für einen Dialog gebildet und gewertet werden (Janssen, 1996). Weiterhin können Heuristiken für die Übersichtlichkeit von Dialogen gebildet werden. Es können weiterhin Konsistenzbedingungen wie z. B. das Vorkommen äquivalenter Stellen oder die Verwendung äquivalenter Ausgangstransitionen geprüft werden.

6.4 Constraints für die Beschreibung der Dialoge auf Objektebene

6.4.1 Einführung von Constraints

Vorrangiges Ziel der im vorigen beschriebenen Dialognetz-Technik ist die Dialogspezifikation auf der Fensterebene. Dies ist in einem frühen Entwurfsstadium bei Informationssystemen auch die relevante Ebene. Selbstverständlich bleiben aber zahlreiche dynamische Zusammenhänge auf der Objektebene hierbei unberücksichtigt. Ein Beispiel ist der Suchdialog in Abb. 6.7. Der Button "Suchen" soll genau dann für die Eingabe sensitiv sein, wenn ein Eingabefeld einen Text enthält.

Eine explizite graphische Beschreibung solcher Objektzusammenhänge ist relativ aufwendig, da für jeden interessanten Objektzustand eine Stelle mit den entsprechenden Transitionen und Beschriftungen erforderlich ist. Problemangemessener sind Constraints, die die geforderten Beziehungen direkt formulieren:

Button "Suchen" ist sensitiv ::=
    (Feld "Kundennr." ist nicht leer) **oder**
    (Feld "Kundenname" ist nicht leer);

Hierbei wird jeweils die Anpassung der Werte der Variablen auf der linken Seite der Gleichung auch bei Änderung von Werten auf der rechten Seite garantiert, ohne daß dies explizit in Regeln eines ereignisorientierten Systems beschrieben werden muß.

6.4.2 Ableitung von Constraints aus Dialognetzen

Die Constraints für den Aktivierungszustand von Interaktionsobjekten, die bei den Dialogabläufen auf Fensterebene relevant sind, insbesondere also Pushbuttons und Menüeinträge, können auch aus den entsprechenden Dialognetzen abgeleitet werden, sofern letztere voll spezifiziert sind. Dies erfolgt durch disjunktive Verknüpfung aller Schaltbedingungen der Transitionen, in dessen Ereignis ein Interaktionsobjekt vorkommt. Beispielsweise kann für den Menüeintrag "Suchen" in Abb. 6.7 durch das Dialognetz in Abb. 6.6 die folgende Bezichung abgeleitet werden:

Suchen ist sensitiv ::= ((Einstieg sichtbar) **und**
    (Angebote selektiert) **und** (Angeb.Such nicht sichtbar))

oder ((Einstieg sichtbar) **und** (Kunden selektiert) **und**
(Kund.Such nicht sichtbar));

Allgemein lassen sich aus einem vollspezifizierten Dialognetz Constraints für die Sensitivität eines Interaktionsobjekts ableiten. Der entsprechende Mechanismus wird wiederum in Janssen (1996) detailliert dargestellt.

Damit steht ein integriertes Beschreibungskonzept für Dialogabläufe zur Verfügung. Dialognetze beschreiben die Dialogabläufe auf Fensterebene. Constraints für die F(indialogsteuerung werden zum Teil explizit spezifiziert, zum Teil aus den Dialognetzen abgeleitet. Es verbleibt dann nur noch ein kleiner Rest der Dialogspezifikation, der mit den Mitteln des Ereignismodells beschrieben werden muß. Ein Beispiel ist die Selektionssteuerung für die Ikonen im Einstiegsdialog. Diese Regeln können aber häufig in Form von wiederverwendbaren Bausteinen spezifiziert werden und brauchen nicht für jede Anwendung neu spezifiziert zu werden.

6.5 Generierung ausführbarer Regeln für User Interface Management Systeme

Constraints für Beziehungen zwischen Oberflächenobjekten können im Rahmen heutiger Entwicklungswerkzeuge teilweise schon direkt als Sprachelement formuliert werden. Ist dies nicht der Fall, können sie mit Hilfe aktiver Variablen leicht nachgebildet werden, indem entsprechende Zuweisungen als Aktionen an die Änderungsereignisse gebunden werden.

In Janssen (1996) wird dargestellt, wie aus Dialognetzen Regeln für ereignisorientierte User Interface Management Systeme abgeleitet werden können. Abbildung 6.8 verdeutlicht das Prinzip der Codegenerierung anhand eines Beispiels, wobei als Zielsystem der Dialogmanager IDM verwendet wird. Das Ereignis aus der Transition wird direkt übertragen (on MenueSuchen select). Die zusätzliche Schaltbedingung der Transition setzt sich aus den Stellenbedingungen und der Transitionsbedingung zusammen. Die Aktionen sorgen zum einen für die Ab

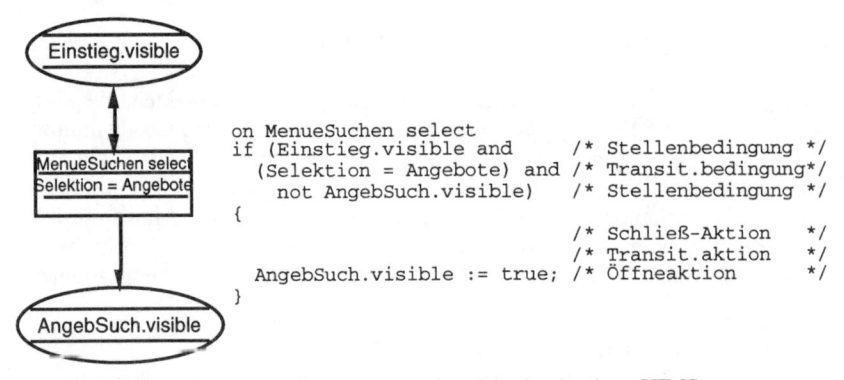

```
on MenueSuchen select
if (Einstieg.visible and        /* Stellenbedingung */
    (Selektion = Angebote) and  /* Transit.bedingung*/
     not AngebSuch.visible)     /* Stellenbedingung */
{
                                /* Schließ-Aktion   */
                                /* Transit.aktion   */
    AngebSuch.visible := true;  /* Öffneaktion      */
}
```

Abb. 6.8. Codegenerierung aus Dialognetzen für ereignisorientierte UIMS

bil-dung der Netzlogik, also für die Steuerung der Stellenbedingungen. Zum anderen werden die Aktionen aus den Transitionen (hier leer) übernommen. Die so generierte ereignisorientierte Spezifikation ist äquivalent zu dem Dialognetz in dem Sinne, daß auf die gleiche Folge von Ereignissen die gleichen Aktionen ausgeführt werden.

Damit ist verdeutlicht, daß das Ereignismodell in der Lage ist, das Dialognetzmodell abzubilden. Umgekehrt könnte man aus einer ereignisorientierten Spezifikation ein – wenn auch triviales – äquivalentes Dialognetz erzeugen, indem man die Regeln in Transitionen übersetzt. Dieses Netz hätte aber keinerlei Stellen und wäre genauso unanschaulich wie die ereignisorientierte Spezifikation. In Janssen (1996) wird die Äquivalenz von Dialognetzen und Ereignismodell nachgewiesen.

6.6 Anwendungen von Dialognetzen

6.6.1 Methodische Benutzungsschnittstellenentwicklung

Ein wichtiges Globalziel dieser Arbeit ist die Etablierung von Modellen für die Benutzungsschnittstelle in der Systementwicklung, die mit eingeführten Modellen der Software-Technik zusammenhängen. Als wesentliche Schritte nach einer essentiellen Modellierung des Systems werden hierbei vorgeschlagen (vgl. Kap. 7):

- Konzeptueller Entwurf der Benutzungsschnittstelle: Hierbei wird ein Entwurf der wesentlichen Objekte und Funktionen aus der Sicht des Benutzers durchgeführt. Ausgangspunkt ist dabei das Objektmodell aus der Anwendungsspezifikation, das um spezielle Objekte der Benutzungsschnittstelle erweitert wird und auch bereits erste Aussagen über eine Zugriffsstruktur trifft.
- Sichtenentwurf: Zur Bearbeitung der konzeptuellen Objekte sind Bildschirmdarstellungen erforderlich, die entsprechend der in Kap. 5 eingeführten Terminologie Sichten genannt werden. Eine logische Sicht ist dabei ein Ausschnitt von Objekten und Attributen aus dem Objektmodell. Die physische Sicht umfaßt die Darstellung der logischen Sicht mit Hilfe von Interaktionsobjekten und das graphische Layout.
- Dialogentwurf: Für die Konkretisierung der Dialogabläufe auf der Basis der Zugriffsstrukturen kommen Dialognetze zum Einsatz. Sie dienen zur Spezifikation des Wechsels zwischen Fenstern, wobei neben den Sichten auf Objekte Dialogboxen zur Steuerung von Dialogschritten Verwendung finden. Ferner können neben den objektorientierten Dialogmustern als Grundstruktur aus dem konzeptuellen Modell funktionale Direkteinstiege spezifiziert werden. In einem weiteren Schritt können die Ereignisse und Aktionen, die zu einem Dialogschritt gehören, durch Verfeinerung der Transitionen spezifiziert werden.

Abbildung 6.9 enthält ein Beispiel für einen Einstiegsdialog in den Objektbereich "Angebot" in einem Vertriebsunterstützungssystem. Neben dem Grundmuster der Auswahl eines Angebots aus einer Liste ("Angebot Öffnen") wird die Suche über eine Dialogbox angeboten. Ferner kann der Angebotsdialog auch direkt zum Neuanlegen eines Angebots aufgerufen werden.

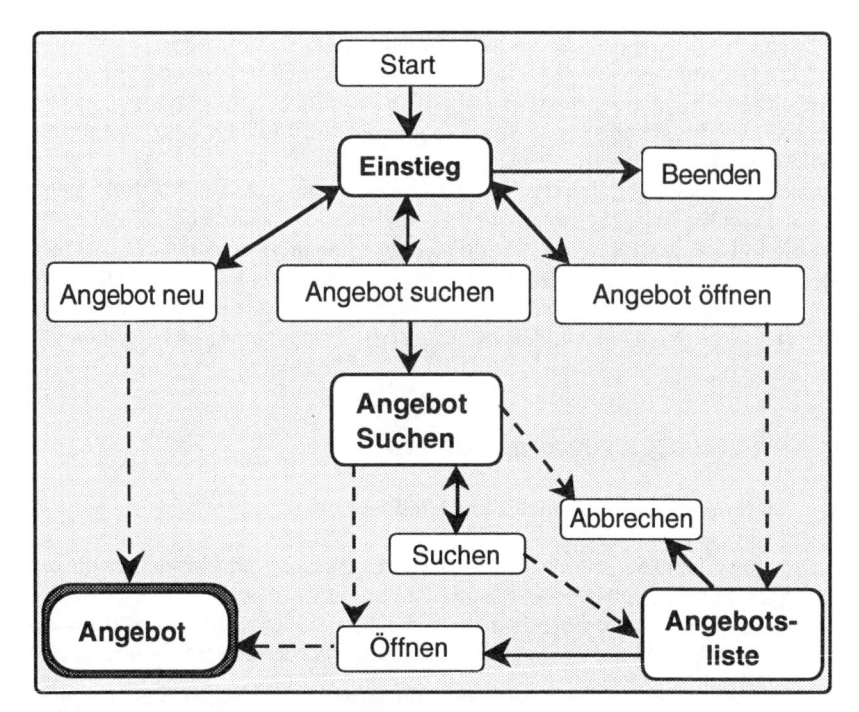

Abb. 6.9. Dialognetz für einen Einstiegsdialog

6.6.2 Editor für Dialognetzbeschreibungen

Im Zusammenhang mit den entwickelten Beschreibungstechniken für Dialogabläufe ist eine Werkzeugunterstützung sinnvoll. Dabei ist eine graphische Editiermöglichkeit für Daten- und funktionale Modelle im Rahmen heutiger CASE-Werkzeuge Standard geworden. Dieses wird auch für Dialognetze benötigt. Weiterhin ist eine integrierte Erstellung von Constraints anzustreben. Dabei werden Constraints an sie betreffende Objekte angebunden.

Ein entsprechender Editor wurde implementiert. Mit dem Editor lassen sich Stellen, komplexe Stellen und Transitionen erzeugen, weiterhin Flußrelationen und optionale Flußrelationen. Modale Stellen werden gekennzeichnet und verwaltet. Der Editor pflegt semantische Beziehungen zwischen Knoten und Kanten. Weiterhin arbeitet der Editor syntaxgetrieben. Es werden sowohl unspezifizierte als auch vollspezifizierte Dialognetze unterstützt und integriert. Das Öffnen von Stellen und Transaktionen ist möglich; dabei werden die entsprechenden Ereignisse, Bedingungen und Aktionen editierbar. Die Bildung von hierarchischen Dialognetzen wird adäquat unterstützt. Dabei werden in parallelen Fenstern Unterdialoge editiert. Es erfolgt eine Synchronisation zu den Hauptdialogen. Der Editor unterstützt ein Generierungsformat, das eine gute Basis für die Generierung von Dokumentations- und User Interface Management Systemen bildet.

6.6.3 Der Einsatz von Dialognetzen zum Zwecke der Dokumentation

Dialognetze eignen sich hervorragend zur Softwaredokumentation. Dabei können sie prototypbegleitend eingesetzt, im Rahmen einer Spezifikations- und Designphase verwendet oder aber auch zu Reengineeringzwecken eingesetzt werden. Es ist eine teilweise Synthese von Dialognetzen aus User Interface Management Code möglich. Dabei ist es sinnvoll, in einem ersten Schritt ein flaches Dialognetz ohne Zerlegung in Teildialoge zu erzeugen. In einem zweiten Schritt können diese interaktiv gruppiert werden. In einem weiteren Schritt ist es denkbar, Kriterien für die Gruppierung von Teildialogen in den Struktureditor einzubringen.

6.6.4 UIMS-Generator für Dialognetzbeschreibungen

Der entwickelte Generator arbeitet auf den durch den Dialognetzeditor erzeugten Strukturen. Aus diesen generiert er intern ein Metamodell des Dialognetzes. Dazu ist eine kontextfreie Grammatik definiert, die als Eingabe für das Werkzeug YACC dient. Die Grammatik ist um semantische Aktionen erweitert, die an die Produktionen gebunden sind und während der Syntaxanalyse für den Aufbau des Metamodells Sorge tragen.

In einer zweiten Stufe wird aus dem aufgebauten Dialognetz eine Menge von Regeln für den Dialogmanager IDM erzeugt. Dieser Prozeß wird über eine formale Semantik von Dialognetzen gesteuert. Dabei enthalten die Objekte des Meta-

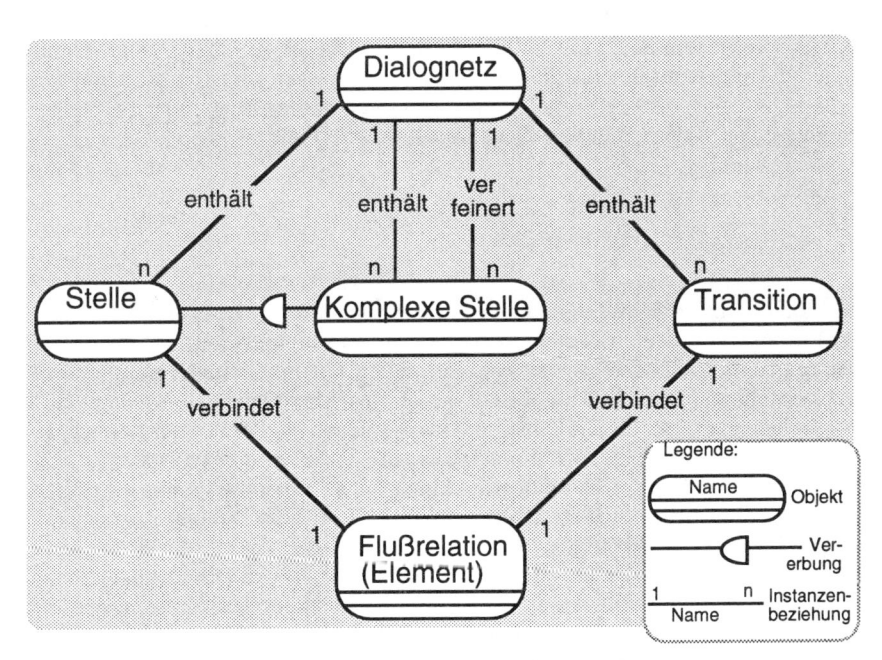

Abb. 6.10. Meta-Modell für Dialognetze als Basis für die Regelerzeugung

modells die Mechanismen zur Regelgenerierung als ihnen selbst zugeordnete Funktionen.

Die Implementierung wurde vor allem in bezug auf die Lokalität der Codegenerierung optimiert. Dies ermöglicht Änderungen und Erweiterungen mit minimalem Aufwand. Durch die Aufteilung des Generierungsprozesses in zwei Stufen und die Einführung eines internen Metamodells ist dieses unabhängig von der unterliegenden User Interface Management Technologie und kann als eine logische Dialognotation interpretiert werden. Das Metamodell läßt sich besonders elegant in ein User Interface Management System abbilden, falls dieses ereignisorientiert ist und die Reihenfolge der Regelabarbeitung nicht festlegt. Weiter sollten Regelkopfbedingungen enthalten sein können, die für die Darstellung von Stellen und Transitionsbedingungen benötigt werden. Falls Vorlagen oder Modelle im Funktionsumfang des User Interface Management Systems enthalten sind, ist der dynamische Aufruf von Dialogen besonders einfach zu realisieren.

6.6.5 Benutzungsschnittstellengenerierung aus höheren softwaretechnischen Beschreibungstechniken

Im Zusammenhang mit dem GENIUS-System (vgl. Kap. 8) steht eine vollständige Unterstützung für die Generierung von Fenstern und Dialogabläufen auf der Basis von graphischen Modellen zur Verfügung. Hierbei werden die Fenster unter Anwendung von expliziten Gestaltungsregeln aus logischen Sichten generiert, die auf der Basis des Datenmodells definiert werden.

Im Rahmen von GENIUS wird eine weitere Vereinfachung der Dialognetzspezifikation vorgenommen, indem Voreinstellungen für die Ableitung von Ereignissen und Aktionen aus den unspezifizierten Beschriftungen getroffen werden. Hierdurch ist nur noch die explizite Angabe etwaiger Bedingungen oder besonderer Ereignisse und Aktionen in den Transitionen erforderlich.

6.7 Einsatzerfahrungen

Zur Validierung der Einsatzfähigkeit und des praktischen Nutzens wurden Dialognetze in mehreren realen Projekten erprobt. In Zusammenarbeit mit einem Versicherungsunternehmen, einem PPS-Hersteller sowie einem Hersteller von Druckmaschinen wurden für die Prototypen-Entwicklung Dialogabläufe mit Hilfe von Dialognetzen spezifiziert (Janssen, 1996; Bamberger, 1996). Daneben wurden in verschiedenen Projekten Dialognetze für die Spezifikation typischer Dialogmuster im Rahmen von Gestaltungsrichtlinien für Informationssyteme eingesetzt. In allen Fällen wurde der Nutzen von Dialognetzen für die Dialogdokumentation von den Entwicklern bestätigt.

Zusätzlich zum Projekteinsatz wurden die Konzepte von Dialognetzen mehrfach Praktikern vorgestellt. Bereits nach einer einstündigen Einführung waren die meisten Entwickler in der Lage, Dialognetze zu interpretieren und teilweise eigene Entwurfe zu erstellen. Gelegentlich traten Anfangsschwierigkeiten bezüglich der parallelen Semantik auf, insbesondere wenn keine Vorerfahrungen mit Petrinetzen vorlagen. Diese Schwierigkeiten sind aber eher der Komplexität in der Entwicklung graphischer Benutzungsschnittstellen selbst als der Beschreibungstechnik der Dialognetze zuzurechnen.

6.7.1 Dialogentwurf vermittels Dialognetzen von Informationssystemen im Versicherungsbereich

Im Rahmen einer Downsizing-Maßnahme (Umstellung auf ein Client/Server-System) bei einem führenden Rückversicherungsunternehmen waren teilweise Applikationen neu zu entwickeln und teilweise für graphische Umgebungen in einer Client/Server-Architektur einem Reengineering zu unterziehen. Aus der Phase der Anwendungsspezifikation lagen dazu verfeinerte Aufgaben-/Datenmodelle sowie hierarchische Funktionsmodelle vor. Auf dieser Basis wurde ein konzeptueller Entwurf der Benutzungsschnittstelle durchgeführt. Dabei waren die vorhandenen Modelle teilweise zu datenbankorientiert (stark verfeinert und bereits normalisiert). So mußte in einem Reengineeringschritt von dieser Basis ausgehend teil-

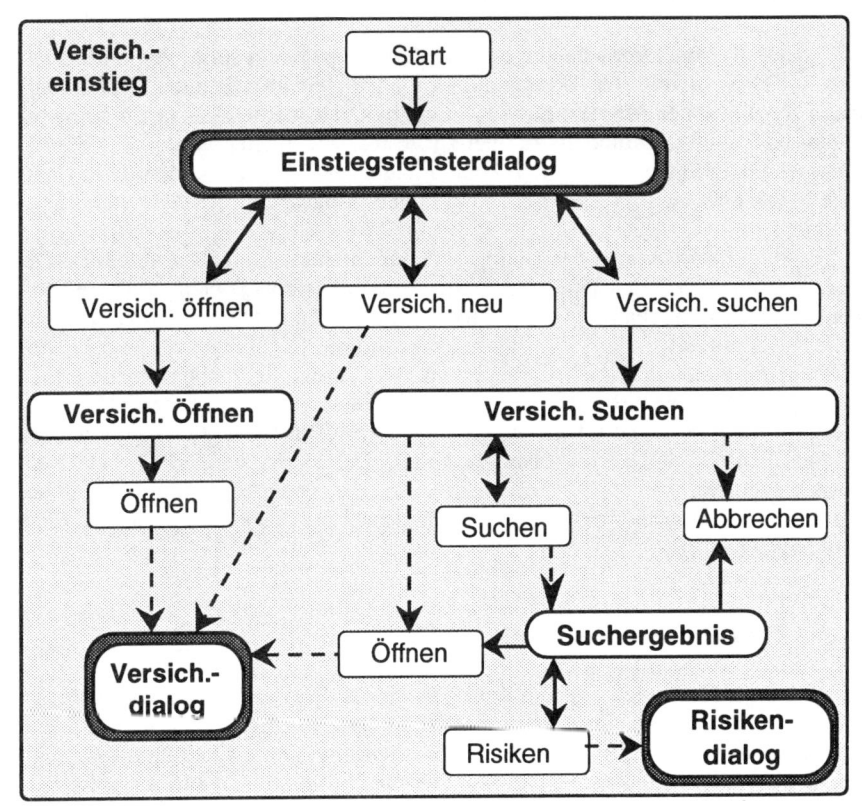

Abb. 6.11. Einstiegsdialog der Versicherungsanwendung für den Objektbereich "Versicherungen"

weise wieder vergröbert werden. Die bereits verfeinerten Funktionsmodelle waren nicht objektorientiert angelegt. Hier mußte eine neue Strukturierung durchgeführt werden. Primäres Ziel des zu entwickelnden Dialogsystems war es, Fälle, bei denen eine automatische Stapelverarbeitung nicht eindeutig erfolgen konnte, im Dialogverfahren nachzubearbeiten.

Im Anschluß an die konzeptuelle Entwicklung des Benutzungsschnittstellenmodells wurden Sichten- und Dialogentwürfe für einen Prototypen erstellt. Hierzu wurde in einem ersten Schritt ein Teil des Datenmodells (Versicherung und Auftrag) prototypisch realisiert. Diese Auswahl erfolgte, da es sich um die kritischen und zentralen Bereiche des Systems handelt. Das Gesamtsystem verwaltet mehr als 100 000 Rückversicherungen. Es waren komplexe Subdialoge zu realisieren. Damit zusammenhängend war die parallele Darstellung von Objekten verschiedener Typen in verschiedenen Fenstern zu realisieren. In einem weiteren Schritt wurden die in den Dialognetzen verwendeten Beschriftungen in eindeutige Bezeichner von Interaktionsobjekten umgesetzt. So ließen sich automatisch Regeln für ein User Interface Management System generieren.

6.7.2 Migration eines PPS-Systems

Ein Standard-Produktionsplanungs- und -steuerungssystem sollte von einer Version mit einer erweiterten Datenemulation auf einem PC zu einem vollgraphischen System unter MS-Windows weiterentwickelt werden. Es lagen keinerlei Daten- oder Funktionsmodellierungen vor. Ein konzeptuelles Modell der Benutzungsschnittstelle wurde aufgrund des vorhandenen Altsystems identifiziert und erstellt. Dazu wurde im wesentlichen die Funktionshierarchie des Altsystems analysiert.

Auf dieser Basis wurde das Dialogsystem modelliert. An realisierten Spezifika sind als zusätzliche Selektionsmöglickeiten Filterobjekte zu erwähnen. Diese können dazu dienen, Suchabfragen permanent abzuspeichern und unter Benutzerkontrolle wiederzuverwenden. Zum anderen wurde die Objektliste offen gelassen, während der Objektdialog abgearbeitet wird; dies ermöglicht eine schnelle Navigation zwischen den entsprechenden Fenstern. Auch wurde eine spezifische Optimierungsstrategie für das Öffnen und Schließen von Fenstern entwickelt, um nicht zu viele Fenster gleichzeitig offen zu halten. Der häufig wiederkehrende Einstiegsdialog verwendet ein Makrokonstrukt, um das Kopieren der entsprechenden Dialognetze zu vermeiden. Für die Dynamiksteuerung der Menüeinträge wurden Constraints benutzt.

6.7.3 Entwurf eines Druckereileitstands

Ein führender Hersteller von Druckmaschinen für den Bereich des Offsetdrucks plante die Entwicklung eines maschinenzentrierten Werkstattinformations- und -kommunikationssystems. Im Rahmen dieses Entwicklungsvorhabens war ein Leitstandssystem zu realisieren, das sowohl für Teilfunktionen auf der Maschine selbst lauffähig war als auch im Mehrmaschinenbetrieb mit Hilfe eines multi-

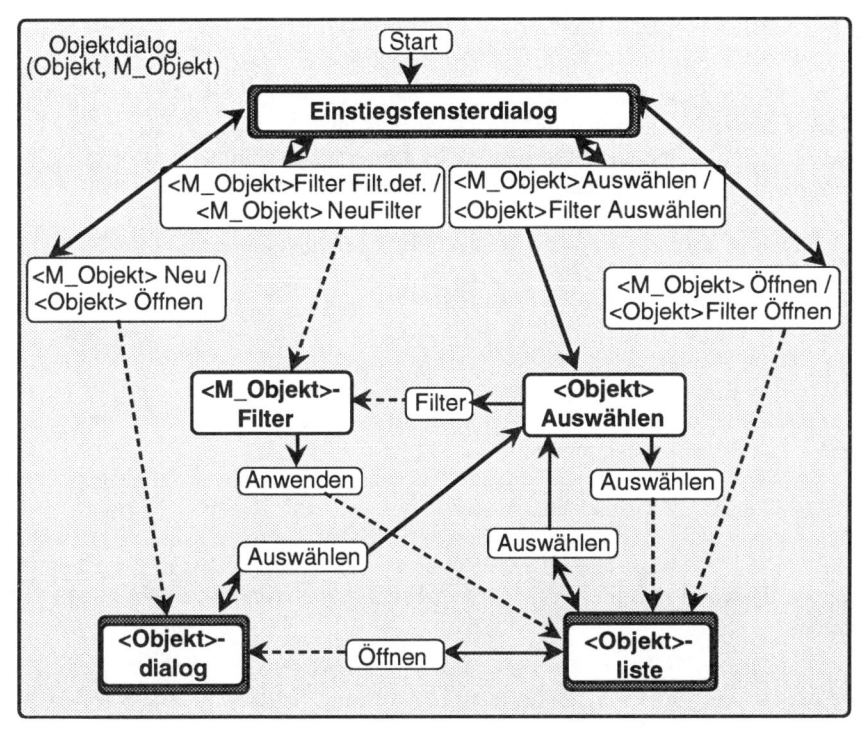

Abb. 6.12. Dialogmakro für die Auswahl von Objekten im PPS-System, parametrisiert mit dem Objektnamen (z. B. *Auftrag*) und dem zugehörigen Mengenobjekt (z. B. *Aufträge*)

tasking- und multiuserfähigen PCs betrieben werden konnte. Als besondere Randbedingung war dabei eine nahezu vollkommene Sprachfreiheit der Benutzungsschnittstelle vermittels einer ausgefeilten Icon-Technik zu realisieren. Weiterhin benötigt wurden Spezialobjekte wie Tabellenobjekt und Plantafelobjekt. Innerhalb des Vorhabens sollte ein gängiger Leitstand für den spezifischen Bedarf dieses Maschinenherstellers angepaßt werden. Dazu wurde ein Abgleich zwischen konzeptuellem Modell des verwendeten Leitstands und des für den Druckereileitstand notwendig erachteten konzeptuellen Modells aufgrund von Anwendererhebungen durchgeführt. Hier galt es, mit Hilfe von ersten Prototypen den Entscheidungs- und Verhandlungsprozeß zwischen dem Anbieter des standardisierten Leitstands und dem Hersteller der Druckereimaschinen zu moderieren. Dazu wurde eine Serie von Prototypen erstellt.

Die Benutzungsschnittstelle des Standardleitstands wurde komplett durch eine mit Hilfe eines User Interface Management Systems erstellte Benutzungsschnittstelle, die mit Dialognetzen modelliert wurde, ersetzt. Dazu wurde das entsprechende Dialogsystem produktreif entwickelt. Eine größere Problemstellung ergab sich in der Konzeption und Entwicklung der Anwendungsschnittstelle zum vorhandenen Leitstand. Hier wirkte sich negativ aus, daß die jeweils verwendeten Programmierparadigmen (ereignisorientiertes Programmierparadigma versus Programmlogik-gesteuertes Programmierparadigma) nicht kompatibel sind.

6.8 Schlußfolgerungen

Im Vergleich zu anderen Techniken auf der Basis von Zustandsübergangsdiagrammen oder Petrinetzen erfüllen Dialognetze die geforderten Kriterien für Dialogbeschreibungssprachen für graphische Benutzungsschnittstellen in Informationssystemen. Dialogabläufe auf der Objektebene können in geeigneter Weise durch Integration des Constraint-Modells spezifiziert werden.

Es wurde gezeigt, wie aus den Spezifikationen ausführbare Regeln für ereignisorientierte UIMS generiert werden. Ferner wurde gezeigt, wie die Spezifikationstechniken im Rahmen eines methodischen Entwurfs der Benutzungsschnittstelle zu verwenden sind. Die durchgeführten Beispielprojekte zeigen exemplarisch den prinzipiellen Nutzen der Beschreibungskonzepte auf. Für den breiteren praktischen Einsatz fehlt allerdings noch die integrierte Werkzeugunterstützung in kommerziellen Umgebungen, die heute im Bereich der Dialogmodellierung praktisch keine Funktionalität aufweisen.

Erweiterungen der hier entwickelten Methodik für Bereiche mit ausgeprägter Anwendungsgraphik sind denkbar. So kann etwa eine Plantafel in einem Leitstandssystem als spezielle Ansicht integriert werden. Die Navigation zu der Plantafel sowie die dynamischen Beziehungen zwischen den Objekten der Plantafel können dann mit den hier entwickelten Dialogbeschreibungsmitteln abgedeckt werden.

7 Die Realisierung graphisch-interaktiver Informationssysteme: Vorgehensmodell und Beispiel

7.1 Ein Vorgehensmodell zur Realisierung graphisch-interaktiver Informationssysteme

Das Vorgehensmodell setzt die in Kap. 4-6 eingeführten Modellierungs- und Repräsentationsmechanismen in Entwurfsaktivitäten um. Abbildung 7.1 verdeutlicht das Vorgehensmodell.

Am Beginn der Vorgehensweise steht die Untersuchung des betrieblichen Anwendungskontexts. Diese Sicht auf das System wird als Kontextsicht bezeichnet. In einem weiteren Schritt wird eine Anwendungssicht auf das System gewonnen. Dabei wird das System von anderen Systemen abgegrenzt, Systemziele definiert und es werden essentielle Anforderungen an das System definiert. In einem weiteren Schritt wird eine abstrahierte, typisierte Benutzungssicht (Konzeption der Benutzungsschnittstelle) und anschließend eine Konkretisierung der Benutzungsschnittstelle in Form einer verfeinerten Benutzungssicht gewonnen. Zwischen diese beiden Teilsichten lassen sich zumeist erste Prototypen einschieben, die auch einer Evaluation unterzogen werden. Letztendlich wird die Implementationssicht des Systems gewonnen. Sie umfaßt Architektur, technischen Systementwurf, Implementations-, Integrations- und Testaktivitäten.

Am Beginn stehen Aktivitäten zur Projektierung graphisch-interaktiver Informationssysteme. Sie liefern die Kontextsicht des Systems. Auch ist es notwendig, eine globale Systemdefinition und -spezifikation (Systemgrenzen, Systemziele) zu leisten. Ist ein entsprechendes Projekt zur Realisierung freigegeben, beginnt mit der essentiellen Modellierung die eigentliche Spezifikation des Systems. Aus den essentiellen Anforderungen, die sowohl für die Implementation der Funktionalität des Systems, für die Implementation der benötigten Datenbankstrukturen als auch für die Ableitung der Benutzungsschnittstelle geeignet sind, werden in einem nächsten Schritt aufgabenabhängige Benutzungssichten gewonnen. Die essentiellen Anforderungen werden z. B. mit Techniken, wie sie in Kap. 4 eingeführt wurden, modelliert. Die Konzeption der Benutzungsschnittstelle wird z. B. wie in Kap. 5 vorgestellt durchgeführt. In Kap. 5 sowie detaillierter im noch folgenden Kap. 8 finden sich die benötigten Methoden zur Auswahl und Gestaltung der konkreten Interaktionsobjekte der Benutzungsschnittstelle. Bei relativ einfach gehaltenen Problemstellungen lassen sich mit der in Kap. 5 und 8 eingeführten Methodik auch die Interaktionsabläufe gestalten. Bei komplexeren Systemen (wie z. B. graphisch-interaktiven Fertigungsleitständen) werden die Interaktionsabläufe mit Hilfe der Petri-Netz-basierten Techniken des Kap. 6 gestaltet. Die in Kap. 6 einge-

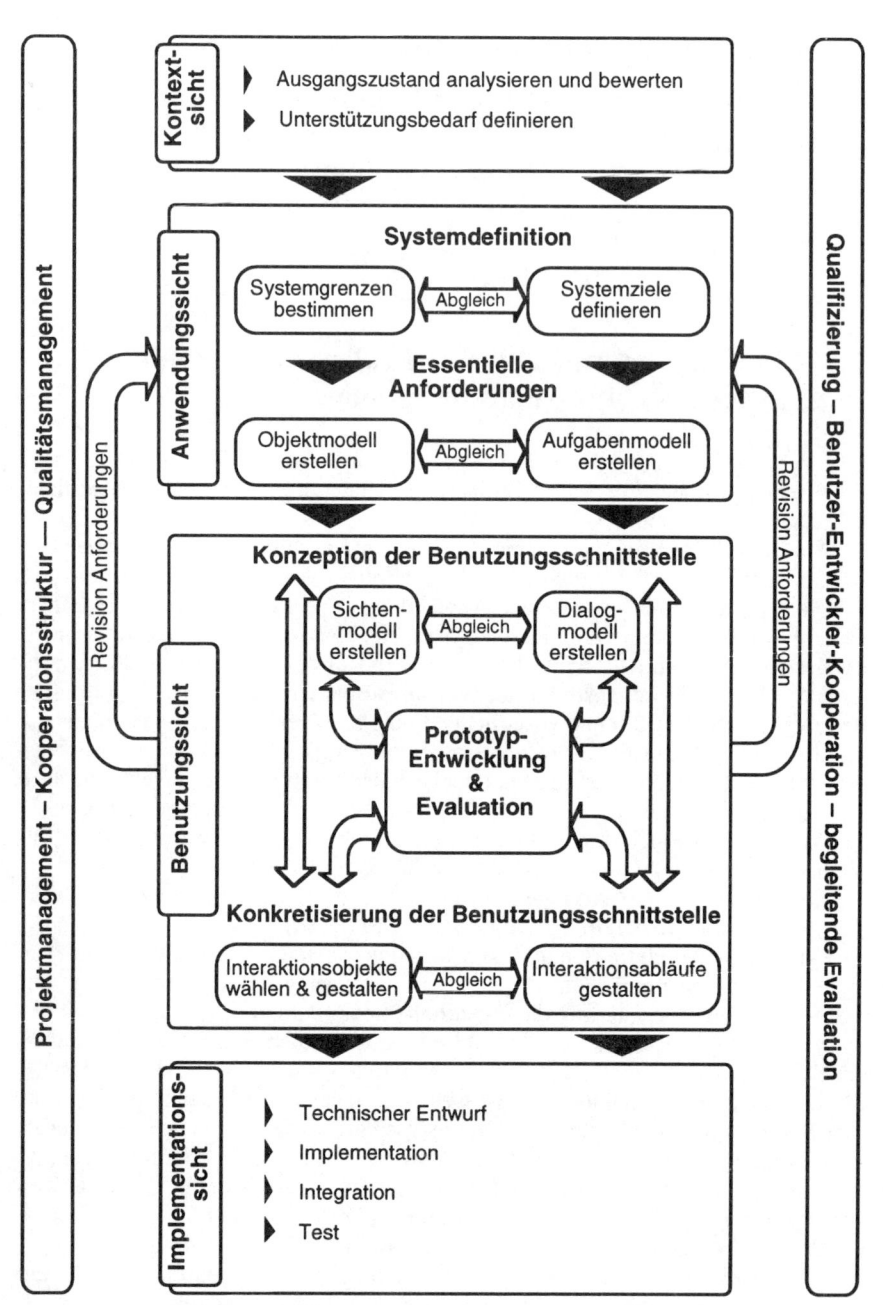

Abb. 7.1. Vorgehensmodell zur Entwicklung von Informationssystemen mit graphisch-interaktiven Benutzungsschnittstellen

führte Repräsentationstechnik der Dialognetze bietet sich auch an, wenn z. B. in einem Prototyping-Vorhaben "bottom-up" in Kooperation mit den Anwendern eine Benutzungssicht auf das System implementiert wurde und aus dieser nun eine abstrahiertere Repräsentation und Dokumentation gewonnen werden soll.

Der Entwickler definiert sodann die Implementationssicht auf das System. Spezifisch die in Kap. 6 eingeführten Dialognetze im Zusammenspiel mit etablierten Objektmodellen für die Interaktionsobjekte der Benutzungsschnittstelle erlauben eine abstrahierte, systemunabhängige Implementationssicht. Diese wird mit Hilfe von Werkzeugen, die in Kap. 9-13 ausführlich diskutiert werden, in – von einem Computersystem ausführbare – Anweisungen übersetzt. Hier spielen spezifisch sogenannte User Interface Management Systeme mit ihrer breiten Unterstützungsfunktionalität eine wesentliche Rolle. In diesem Buch wird der Versuch unternommen, einen weiteren Schritt über diese so dargelegte Vorgehensweise hinaus zu tun. In Kap. 14-17 wird dargelegt, wie verschiedene Formen von fertigen Softwarekomponenten (Bausteine, Benutzerwerkzeuge, Anwendungsrahmen) zur effizienten und benutzergerechten Entwicklung graphisch-interaktiver Informationssysteme verwendet werden können. Es bleibt allerdings weiteren Arbeiten vorbehalten, hier eine stärkere Verzahnung von Repräsentationsmechanismen und Vorgehensweisen bei der Entwicklung und Sammlung von Softwarekomponenten herzustellen. Eine entsprechende Vorgehensweise wird auch als "Design to Component" bezeichnet (Groh, Fähnrich, Kopperger, 1995).

Zunehmend wird (vgl. Ansätze eines Simultaneous Engineering) die Unterstützung parallelisierter Entwicklungsprozesse gefordert, die "top-down"-Vorgehensweisen mit einer prototyporientierten "bottom-up"-Entwicklungsweise verbinden. Dabei werden Teilsysteme simultan und mit unterschiedlichem Ausarbeitungsgrad vorangetrieben. Prototypen werden nach entsprechenden Risikoanalysen dort eingesetzt, wo für die späteren Benutzer Funktionalität verdeutlicht werden soll, früh eine benutzergerechte Gestaltung des Systems evaluiert werden soll oder auch Leistungsparameter für das gewählte Design verifiziert werden sollen. Für die unterschiedlichen so gewonnenen Sichten sind Abstimmungs- und Synchronisationsmechanismen zu definieren, die zu bestimmten Zeitpunkten Konsistenzen zwischen den Sichten herstellen. Ähnliche Gedanken finden sich in dem von Boehm (1988) vorgeschlagenen Spiralmodell.

In diesem Buch werden zumeist technische Repräsentationsmechanismen, Methoden und Werkzeuge diskutiert. Fragen der Bewertung von Designalternativen aus arbeitswirtschaftlicher, betriebswirtschaftlicher oder arbeitswissenschaftlicher Sicht sind in dieser Arbeit weitgehend ausgeschlossen worden. Unter betriebsorganisatorischen Aspekten ist Gestaltung und Optimierung der Geschäftsprozesse sowie die effektive und flexible Unterstützung der Tätigkeiten der Mitarbeiter von Bedeutung. In arbeitswissenschaftlicher Sicht ist eine sogenannte aufgabenorientierte und persönlichkeitsförderliche Systemgestaltung mit dem Ziel der Schaffung ganzheitlicher Tätigkeiten anzustreben (Hacker, 1986; Ulich, 1991). Kreativität, Sachkompetenz und Flexibilität erfordernde Aufgabenteile sollten dem Menschen zugeordnet werden. Das Informationssystem sollte Unterstützungsleistung für repetive, formalisierbare oder mengenmäßig aufwendige Tätigkeiten liefern. Eine vertiefte Diskussion entsprechender Gestaltungsrichtlinien sowie der Methoden zur arbeitsgestalterischen Analyse findet sich z. B. in Beck, Ziegler (1991) sowie IAT (1994).

7.2 Ein Anwendungsbeispiel: Die Migration eines Produktionsplanungs- und -steuerungssystems

Bei dem im folgenden dargestellten Beispiel handelt es sich um ein Migrationsprojekt im Bereich von Produktionsplanungs- und -steuerungssystemen. Das Gesamtsystem umfaßt dabei das für PPS-Systeme typische Spektrum an Funktionsbereichen wie Vertrieb, Einkauf, Disposition, Betriebsdatenerfassung, Lagerbuchhaltung und Stammdatenverwaltung für Kunden sowie die vereinbarten Artikelpreise, Rabattierungskonditionen u. ä. Das Migrationsprojekt leistet dabei die Umsetzung eines alphanumerisch ausgeprägten, auf mittlerer Datentechnik basierten PPS-Systems in ein graphisch-interaktives PPS-System in Client/Server-Architektur bei gleichzeitiger Erhöhung des Funktionsumfangs. Im folgenden wird ein wesentlicher Funktionsbereich (Einkauf) des Systems herausgegriffen.

Zur Sicherstellung von Lieferfähigkeit und Termintreue ist das Hauptziel des Einkaufs eine kostenoptimale und rechtzeitige Beschaffung von Material und Zulieferteilen. Der Einkauf interagiert mit anderen Teilen eines Unternehmens, Disponenten melden Bedarfe. Hinzu treten eigenständig durch den Einkauf ermittelte Bedarfe. Dazu kann z. B. eine Beobachtung von Lagerbeständen herangezogen werden. Die Bedarfe werden in entsprechende Bestellungen für Lieferanten umgesetzt. Der Bestellabwicklungsprozeß ist zu überwachen. Für unterschiedliche Bestellartikel existieren Preis- und Lieferkonditionen, die mit Lieferanten auszuhandeln und im System zu hinterlegen sind. Dieser Prozeß ist laufend zum Nutzen des Unternehmens zu optimieren.

Eine Optimierungsstrategie bildet dabei die bedarfsorientierte Beschaffung, die Lagerbestände und damit gebundenes Kapital reduziert. Dabei sind Lagerkosten gegenüber möglicherweise höheren Preisen bei einer "Just-in-Time"-Beschaffung abzugleichen. Gerade bei der bedarfsorientierten Beschaffung sind entsprechende

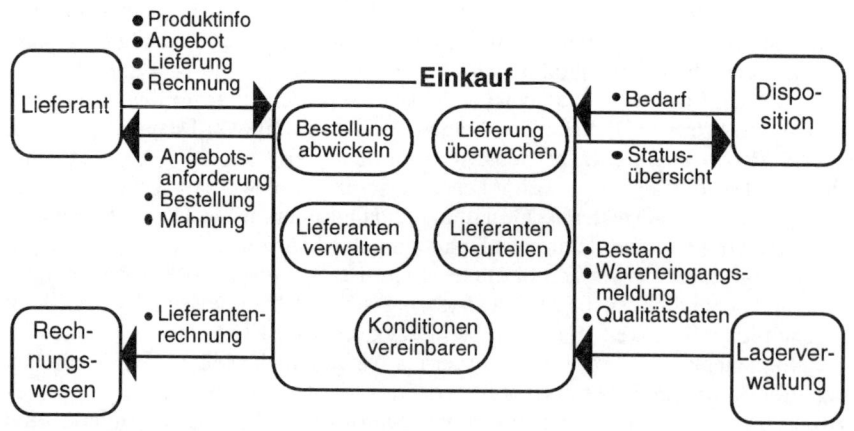

Abb. 7.2. Kontext-Diagramm für ein Anwendungsbeispiel "Einkauf" in der Notation der Task-Object-Charts

Planungsdaten mit anderen Stellen wie Disposition und Lager abzugleichen, so daß in der Fertigungssteuerung Planungssicherheit erzielbar ist.

Abbildung 7.2 zeigt eine erste Systemeingrenzung und Schnittstellendefinition. Es handelt sich dabei um ein sogenanntes Kontext-Diagramm, das Ereignis- und Objektflüsse auf einem aggregierten Level zwischen System und externen Prozessen angibt. Informationsflüsse und weitere Relationen innerhalb des Systems werden nicht weiter detailliert.

Die Kantenbeschriftungen zwischen System und externen Prozessen (Ereignisflüsse) entsprechen den Geschäftsvorfällen, die zu Beginn der Analyse mit einer Auflistung von relevanten Geschäftsvorfällen erhoben wurden.

Die interne Struktur des Systems (vgl. Abb. 7.3) wird mit einem ersten groben Objektmodell detailliert, das parallel zur funktionalen Definition der Hauptaufgabenbereiche des Systems im Kontext-Diagramm entwickelt wird. Neben internen Objekten können auch externe Objekte spezifiziert werden, mit denen Nachrichten ausgetauscht werden müssen.

Bereits in dieser Phase sollte die Konsistenz zwischen der objektorientierten und funktionalen, aufgabenorientierten Gestaltungsperspektive überprüft werden. Es muß jede Hauptaufgabe mit mindestens einem Objekt des Systems korrespondieren. Jedes definierte Objekt muß in mindestens einer Aufgabe genutzt werden. Diese erste grobe Sicht auf das System wird im folgenden in bezug auf Objektmodell und Aufgabenmodell im Schritte der essentiellen Modellierung weiter verfeinert. Dabei stellt sich die Frage, mit welcher Sicht begonnen wird. Diese Frage ist generell nach heuristischen Kriterien zu beantworten. Ein wichtiges Kriterium ist dabei die Stabilität der so erhobenen Informationen. Im gewählten Anwendungsbereich bilden die Objekte die stabileren Systemkomponenten; betriebliche Anwendungsfunktionen verändern sich dagegen häufiger. Es bietet sich also an, die Entwicklung eines essentiellen Modells mit einer Modellierung der Objekte der Anwendungswelt zu beginnen.

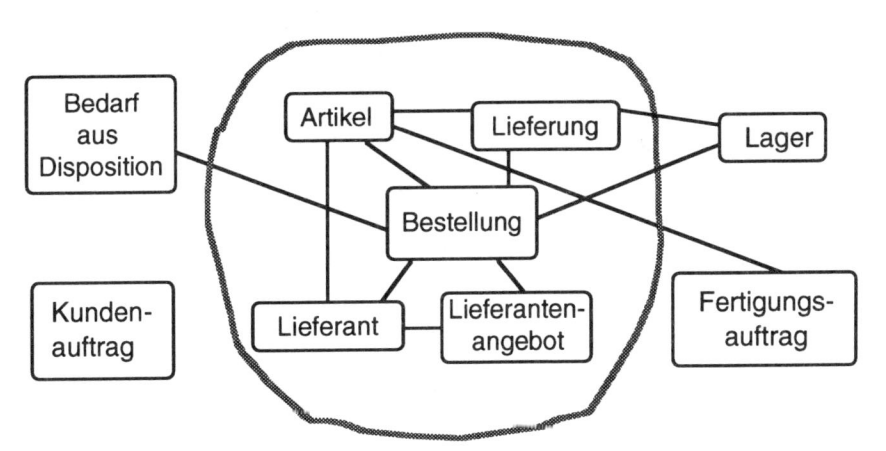

Abb. 7.3. Ein erstes Objektmodell der Anwendung basierend auf systeminternen und -externen Objekten

7.2.1 Das Objektmodell der Anwendung

Das bisherige grobe Objektmodell kann in einem ersten Schritt zu einem Modell, das in etwa einem Entity-Relationship-Modell entspricht, verfeinert werden. Dabei werden die semantischen Beziehungen zwischen den Objekten verfeinert, ihre Klassenbeziehungen aber noch außer Betracht gelassen. Abbildung 7.4 zeigt den hier relevanten Ausschnitt des Objektmodells der Anwendung, das bereits Klassenbeziehungen enthält.

Eine Modellierung mit Hilfe von OMT liefert reichhaltige Informationen für die späteren Phasen der Systementwicklung. Sie ist allerdings damit auch sehr umfangreich. Es ist für graphisch-interaktive Systeme zu empfehlen, die Modellierung der Objekte mit ihren semantischen Beziehungen, den auftretenden Kardinalitäten sowie den Klassenbeziehungen vorrangig vor einer Ausarbeitung von Objektattributen oder Operationen (Methoden) zu betreiben. Eine konzeptuelle Modellierung der Benutzungsschnittstelle kann auch ohne diese detaillierenden Informationen bereits in Angriff genommen werden. Für eine später auszuarbeitende detaillierte Definition der Einzelobjekte werden sogenannte Objektdefinitionsschemata verwendet. Dies sind Formulare zu den einzelnen Objekten, die im Entwicklungssystem gehalten werden. Tabelle 7.1 zeigt ein Beispiel für ein Objektdefinitionsschema.

In einem letzten Schritt werden verhaltensrelevante Zustände der Objekte bestimmt. Dies wird entsprechend der in Kap. 4 eingeführten Zustandsmodellierung durchgeführt. Zu modellierende Zustandsänderungen werden dabei durch extern eingehende Ereignisflüsse (Geschäftsvorfälle) oder aber auch durch interne Ereignisse wie den Abschluß von Bearbeitungsschritten ausgelöst. Objektzustände werden sinnvollerweise mit der Spezifikation eines Aufgabenmodells definiert.

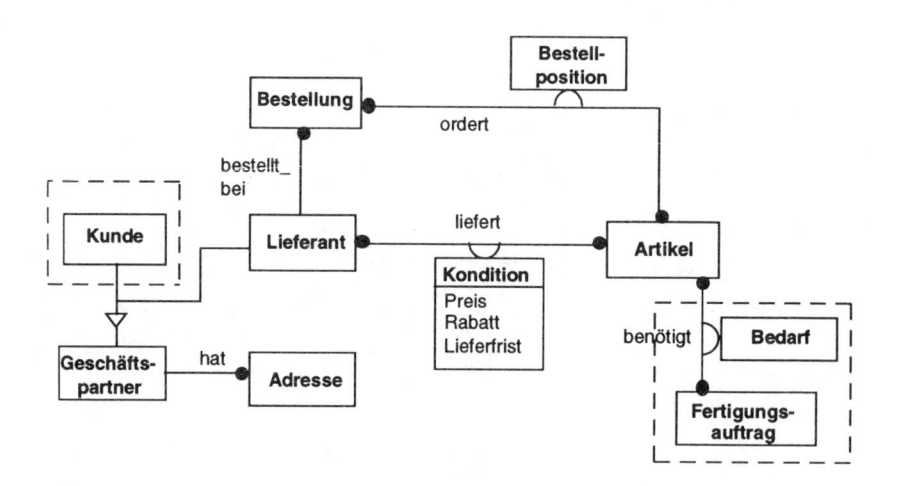

Abb. 7.4. Objektmodell unter Verwendung der Modellierungstechnik OMT, systemexterne Objekte sind dabei gestrichelt umrandet

Tabelle 7.1. Beispielhafte Darstellung eines Objektdefinitionsschemas für die Klasse "Bestellung"

Klasse:	Bestellung		
Attribut	Typ	Wertebereich	Beschreibung
Bestellnr.	integer	100000 ≤ n ≤ 499999	jede Bestellung erhält eine eindeutige Bestellnr.
Bestelldatum	date		
auftragsbezogener Rabatt	integer	0 ≤ n ≤ 100	ist unabhängig von den mit dem Lieferanten vereinbarten Rabatten für die einzelnen Positionen
Operation	Beschreibung		
neu	legt eine neue Bestellung an		
stornieren	storniert eine Bestellung		
berechne_Preis	berechnet den Preis der Bestellung aus den Preisen der einzelnen Positionen, den dort angegebenen Rabatten sowie ggf. aus dem auftragsbezogenen Rabatt		

Dabei wird für jedes Objekt des Systems ein standardisiertes Vorgehen durchlaufen. So wird zunächst für jedes externe Ereignis geprüft, ob dieses zu einer relevanten Veränderung des Objektzustands führt. Sodann wird für jede an dem Objekt durchzuführende Aufgabe ein resultierender Objektzustand definiert. Die hierarchische Struktur der Zustände wird mit UND- bzw. ODER-Beziehung modelliert. Dabei sollten abstrahierende Zustände eingeführt werden.

7.2.2 Modellierung von Aufgaben und Prozessen

Falls es die Kapazitäten im Projekt zulassen, werden parallel zur Beschreibung der Anwendungsobjekte im Sinne eines "Simultaneous Engineering" Aufgaben und daraus zusammengesetzte Geschäftsprozesse modelliert. Hierbei wird vom Kontextdiagramm ausgegangen. Dabei werden Prozesse so bestimmt, daß sie jeweils ein ihnen primär zugeordnetes Objekt (ggf. unter Verwendung weiterer Arbeitsobjekte) verändern, bis das Primärobjekt einen oder ggf. mehrere Zielzustände erreicht hat.

Die Aufgaben des Prozesses werden in einem "top-down"-Ansatz verfeinert (funktionale Dekomposition). Die Dekomposition kann dabei mehrere Ebenen umfassen. Normalerweise wird sie abgebrochen, wenn die durch die Aufgaben produzierten Ergebniszustände im Prozeßmodell alle fachlich relevanten Fallunterscheidungen wiedergeben. In einem alternativen Vorgehen werden gewünschte Zielzustände als Ausgangspunkte genommen und die zugehörigen Aufgaben in einem "bottom-up"-Ansatz hierarchisch aggregiert.

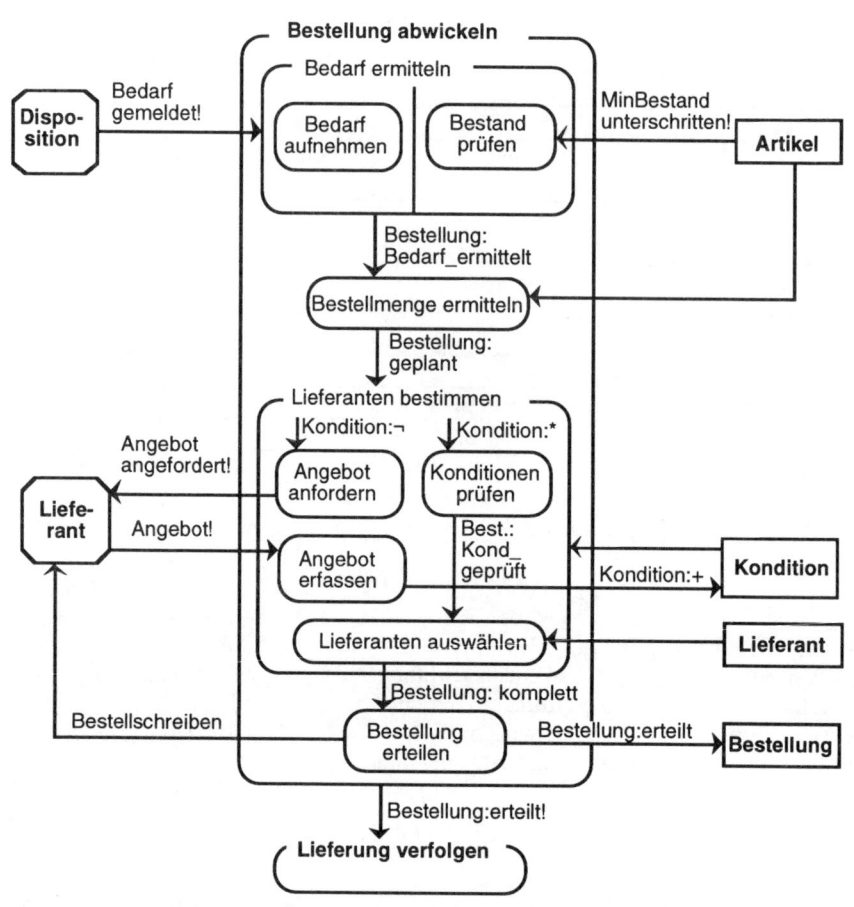

Abb. 7.5. Prozeßmodellierung mit Hilfe von Task-Object-Charts für den Vorgang "Bestellung abwickeln"

Aus statischen Aufgabenhierarchien werden im nächsten Schritt Ablaufstrukturen bestimmt. Hierbei werden die Modellierungshilfsmittel der in Kap. 4 eingeführten Task-Object-Charts verwendet. Es lassen sich Sequenzen, Verzweigungen und Nebenläufigkeiten darstellen. Abbildung 7.5 zeigt eine entsprechende Modellierung für den Vorgang des Abwickelns einer Bestellung.

An dieser Stelle der Systemmodellierung ist eine erste Festlegung der Funktionszuordnung Mensch-Rechner zu treffen. Dabei sind für die späteren Phasen der Entwicklung von Benutzungssichten Unterscheidungen in automatisierbare Anteile und graphisch-interaktiv bearbeitbare Anteile zu treffen. Hierfür kann z. B. ein Aufgabendefinitionsschema entsprechend den Objektdefinitionsschemata verwendet werden. Eine detailliertere Darstellung von Regeln zur Aufgabenzuordnung findet sich in IAT (1994).

7.2.3 Erstellung eines Sichtenmodells der Benutzungssicht auf das System

Aus Objekt- und Aufgabenmodell der essentiellen Ebene werden konzeptuelle Objekte (Sichten der Benutzungsschnittstelle) und in einem zweiten Schritt entsprechende Zugriffsstrukturen entwickelt. Es werden dem Benutzer die in seinen Aufgaben benötigten und zu bearbeitenden Informationen in geeigneter Form zusammengefaßt; der Zugriff auf die Sichtenobjekte ist für unterschiedliche Nutzungssituationen effektiv und transparent auszulegen. Das Objektmodell liefert dabei die darzustellenden Informationselemente sowie die für eine Zugriffsstruktur wesentlichen semantischen Objektbeziehungen einschließlich ihrer Kardinalitäten. Das Aufgabenmodell bestimmt die erforderlichen Informationsaggregationen sowie aufgabenbezogene Zugriffspfade. Darüber hinaus können optimierte Dialog- und Zugriffsstrukturen, wie in Kap. 6 gezeigt, eingeführt werden. Tabelle 7.2 erläutert den Zusammenhang zwischen essentiellem Modell und Sichtenmodell.

Objektsichten entsprechen in den meisten Fällen einzelnen Fenstern an der Benutzungsschnittstelle, können aber auch als Komponenten in zusammengesetzte Sichten eingehen. Dabei wird von den einzelnen Objekten des essentiellen Objektmodells ausgegangen. Es werden für Primärobjekte eine oder mehrere Sichten definiert. Zu den Aufgaben, die auf dem Objekt in unterschiedlichem Kontext operieren, werden die bearbeitungsrelevanten Attribute bestimmt. Es gilt dabei, die Anzahl der benötigten Sichten zu minimieren.

Anschließend werden alle semantischen Relationen und Aggregationsbeziehungen, die von einem Objekt ausgehen, untersucht. Es werden für Relationen ggf. eigene Sichten eingeführt; dabei sind die entsprechenden Kardinalitäten zu berücksichtigen. Dazu sind – wie auch in Kap. 5 bzw. 8 dargestellt – die Kardinalitäten

Tabelle 7.2. Ableitung von Eigenschaften des Sichtenmodells aus den Komponenten eines essentiellen Modelles

Essentielles Modell		Ableitungen für das Sichtenmodell
Objektmodell	Klasse	wird in eine oder mehrere Objektsichten abgebildet.
	Objektattribute	Attribute der Sicht bilden eine Teilmenge der Objektattribute. Werden im Sichtendefinitionsschema beschrieben.
	Operationen	in der Sicht verfügbare Benutzeroperationen
	Relationen	objektorientierte Zugriffspfade
	Objektzustände	Filter und Constraints, Aktoren zur Vorgangsdarstellung
Aufgabenmodell	Aufgaben	Definition der in einer Sicht benötigten Attribute, aufgabenbezogene Zugriffspfade, Funktionsobjekte
	Objektflüsse	Zugriff auf benötigte Objekte, zustandsbezogene Zugriffe auf Objekte
	Aufgabenabläufe	vorgangsorientierte Navigationsfunktionen

der Relationen zu berücksichtigen. Für aggregierte Objekte ist festzulegen, ob aggregierte Sichten oder Komponentensichten dargestellt werden.

Objektklassen, die mehrere Instanzen besitzen, können über Mengenobjekte repräsentiert werden. Die entsprechenden Attribute und Operationen sind zu definieren. Mengenobjekte sind in den Dialogfluß einzubringen. Es werden Zugriffspfade definiert, die den Einstieg von der obersten Ebene der Anwendung ermöglichen. Es werden zusätzlich direkte Einstiege und Referenzobjekte definiert.

Das hier dargestellte Beispiel realisiert einen objektorientierten Zugriff für den Benutzer, bei dem über Objektreferenzen zum Arbeitsobjekt navigiert und dann die Bearbeitungsfunktion ausgelöst wird. Neben objektorientierten existieren funktionsorientierte, zustandsorientierte und vorgangsorientierte Zugriffsformen. Die Wahl einer Zugriffsform sollte abhängig davon sein, welche Art von Konzept (Objekt, Zustand, Funktion oder Vorgang) für den Benutzer bei der Bildung des aktuellen Aufgabenziels im Vordergrund steht.

In Ziegler (1996) werden Anwendungsregeln für diese grundlegenden Navigationsarten gegeben und es wird eine Bewertung hinsichtlich der drei Aufgabenmerkmale Komplexität, Determiniertheit und Häufigkeit vorgestellt.

Bei der Analyse der vorgestellten Anwendung zeigt es sich, daß es mehrere Objekte gibt, für die Zugriffsstrukturen gleichartig gestaltet werden können. Diese Gleichartigkeit spiegelt Gleichartigkeit in den logischen Eigenschaften dieser Objekte wieder und verbessert die Konsistenz der Dialogabläufe. Es ist damit die Möglichkeit gegeben, Dialogbausteine zu definieren, die mehrere Sichten und Zu-

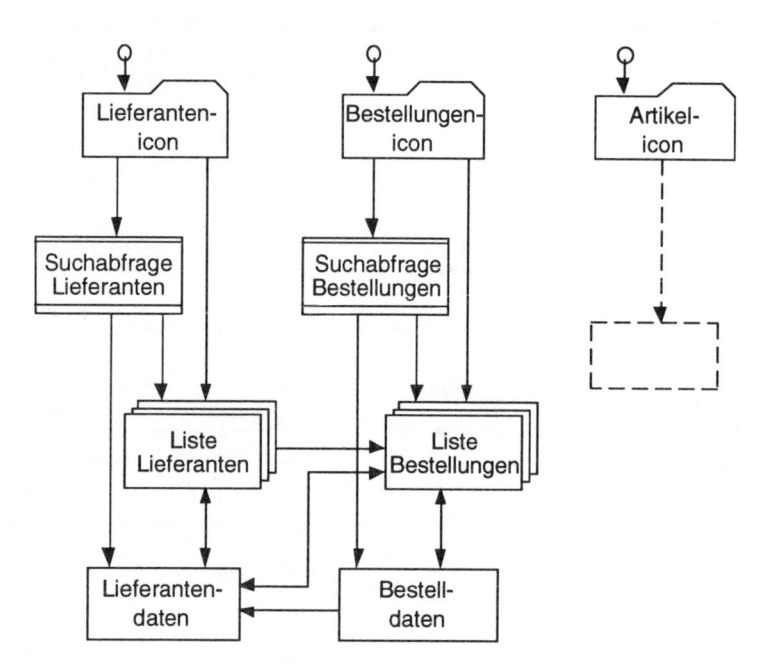

Abb. 7.6. Initiales Sichtenmodell für einen Ausschnitt des hier betrachteten Beispiels

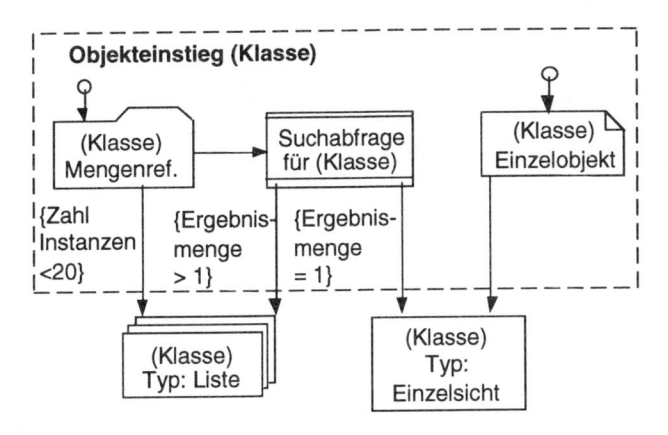

Abb. 7.7. Ein generischer Baustein für den Zugriff auf Objektsichten

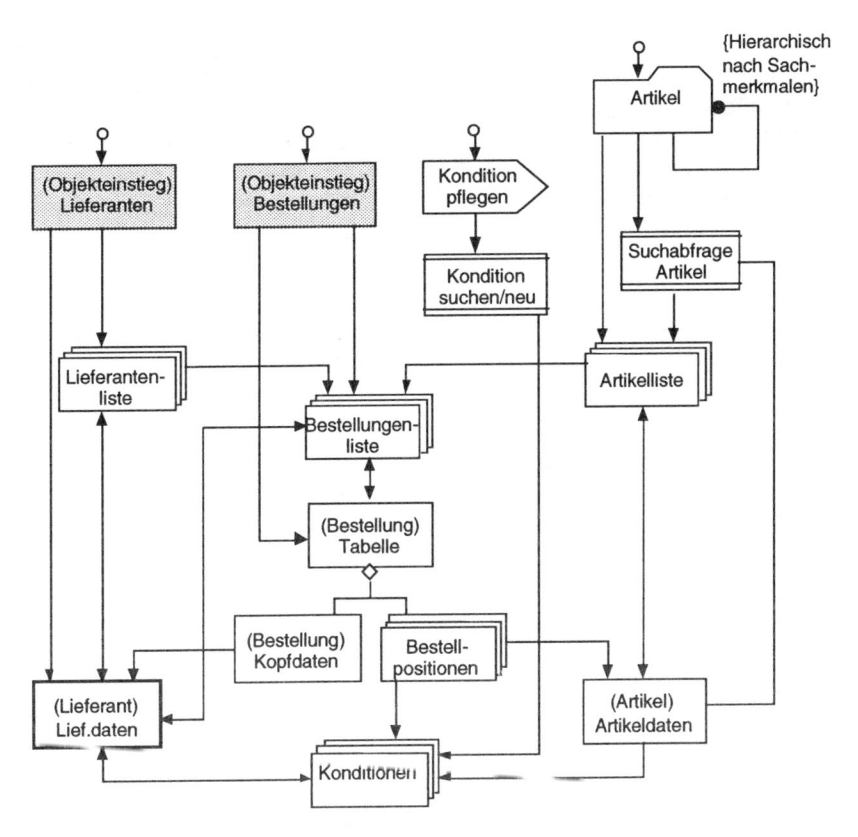

Abb. 7.8. Sichtenmodell für das Anwendungsszenario mit vollständig angegebenen Zugriffspfaden

108   7 Die Realisierung graphisch-interaktiver Informationssysteme

griffsrelationen beinhalten und die stellvertretend für die repräsentierten Zugriffsstrukturen in einem Diagramm in zusammengefaßter Form abgebildet werden.

Der in Abb. 7.7 als "Objekteinstieg" bezeichnete Baustein hat den Parameter "Klasse". Der Parameter wird bei der Definition der einzelnen Komponenten des Bausteins verwendet. Für jede Komponente ist ein Sichtentyp angegeben. Die nach außen gerichteten Pfeile stellen die Schnittstellen des Bausteins dar. Die Elemente vom Typ "Liste" und "Einzelsicht" entsprechen den im Hauptdiagramm dargestellten Sichtentypen, die dort allerding mit einer konkreten Objektklasse ausgezeichnet sind. Zugriffspfade können entsprechend Kap. 6 mit Constraints annotiert werden, um fallabhängige Pfade realisieren zu können.

Durch das Konzept der generischen Bausteine ist eine erhebliche Verdichtung der Darstellung der Zugriffsstrukturen im Sichtenmodell möglich. Gleichartige Strukturen werden besonders hervorgehoben. Eine Beurteilung der Konsistenz der Benutzungsschnittstelle wird verbessert und die Effizienz bei der Implementierung wird wesentlich erhöht.

In einem letzten Schritt wird eine Detaillierung der Navigationsstrukturen durchgeführt. Bei einem rein objektorientierten Zugriff existieren Standardregeln für die Auslegung der Navigationsstrukturen (vgl. auch Kap. 8). Es werden vorgehensmäßig dabei zunächst alle semantischen Beziehungen zwischen den Objekten des Objektmodells betrachtet und in entsprechende Zugriffspfade aufgelöst. Die Detailausprägung der Übergänge hängt dabei von den Kardinalitäten - wie in Kap. 6 und 8 dargestellt - ab. Abbildung 7.8 zeigt ein komplettes Sichtenmodell für einen Teil des Anwendungsszenarios mit vollständig angegebenen Zugriffspfaden. Generische Bausteine sind durch schattiert hinterlegte Elemente visualisiert. Fett umrandete Sichten sind komplexe Sichten, die an anderer Stelle weiter verfeinert werden.

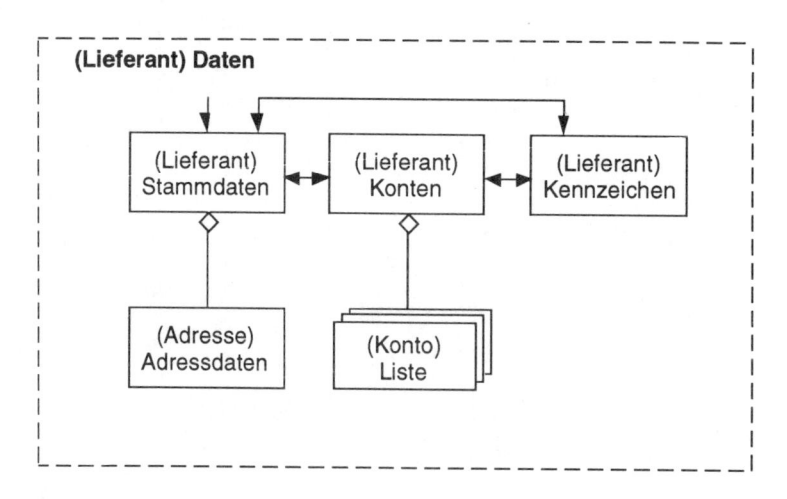

Abb. 7.9. Beispiel für aus Komponenten zusammengesetzte Sichten

7.2 Ein Anwendungsbeispiel

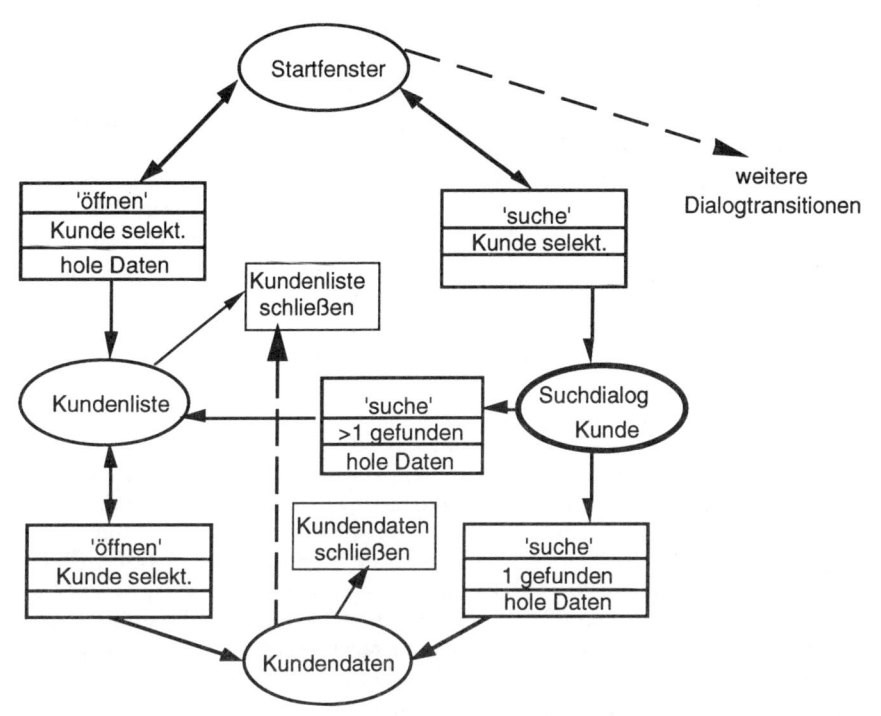

Abb. 7.10. Die Verwendung von Dialognetzen zur Entwicklung eines Dialogmodells für das Anwendungsbeispiel

Nachdem die objektorientierten Zugriffspfade definiert sind, wird im nächsten Schritt anhand des Aufgabenmodells untersucht, für welche Aufgaben weitere, ggf. alternative Pfade einzuführen sind. Funktionsorientierte Einstiege werden so für häufig auftretende Aufgaben mit gut definierten Ausführungsbestimmungen angelegt. Zustandsorientierte Pfade erlauben die Selektion von Objekten nach bestimmten Merkmalen, wie z. B. die Eingrenzung der Lieferanten nach bestimmten lieferbaren Artikelgruppen. Diese gefilterten Objekte können an der Benutzungsschnittstelle als temporäre Objekte in Icon-Form gehalten werden und erlauben dem Benutzer die Anpassung des Systems an seine gegenwärtigen Aufgabenziele.

In einem letzten Schritt wird ein konkretes Dialogmodell entwickelt. Dieses gibt an, durch welche Aktionen angestoßen und unter welchen Bedingungen die bislang definierten potentiellen Navigationspfade tatsächlich durchlaufen werden. Bisher sind diese Übergänge lediglich im Sinne einer prinzipiellen Erreichbarkeit spezifiziert, ohne die konkreten Abläufe zu detaillieren. Entsprechend Kap. 6 werden konkrete Ereignisse und Bedingungen zur Auslösung bestimmter Übergänge im Dialog spezifiziert. Die Beschreibung des Dialogverhaltens erfolgt zweckmäßigerweise mit den in Kap. 6 eingeführten Dialognetzen. Abbildung 7.10 verdeutlicht einen Ausschnitt des so entwickelten Dialogmodells für den Bereich des Kundendialogs.

7.2.4 Konkretisierung der Benutzungsschnittstelle in der Prototypenentwicklung

Nach dem Abschluß der konzeptuellen Entwicklung der Benutzungsschnittstelle werden Interaktionsobjekte ausgewählt, mit deren Hilfe die verschiedenen Sichten konkret zusammengesetzt werden. Dabei wird von einem logischen Objektmodell ausgegangen, wie es in Kap. 8, 10 und 12 erläutert ist. Dieses logische Objektmodell ist frei von Styleguidespezifika der einzelnen marktgängigen Standards. Die logischen Objekte entsprechen den in den verschiedenen Baukästen (Toolkits für Benutzungsschnittstellen (vgl. Kap. 9 und 10)) verfügbaren Basiselementen wie Fenster, Menüs, Felder, Buttons etc. und bestimmen durch ihre jeweiligen Interaktionseigenschaften das Dialogverhalten des Systems auf der sogenannten Mikroebene. Die Auswahlprozedur ist dabei algorithmisch beschreibbar. Eine entsprechende Prozedur wird in Kap. 8 vorgestellt. Ebendort wird auch die Gestaltung der Benutzungsschnittstelle in bezug auf das Layout der Interaktionsobjekte auf der Darstellungsfläche entwickelt und es werden Darstellungsparameter wie Schriftarten und -größen, Vorder- und Hintergrundfarben bestimmt. Für diese Schritte stehen internationale Normen und Standards und Gestaltungsrichtlinien zur Verfügung. Zur Unterstützung dieser Aktivitäten stehen Werkzeuge wie z. B. User Interface Management Systeme (vgl. Kap. 10-13) zur Verfügung.

Spätestens nach der Entwicklung der konzeptuellen Sicht auf das Informationssystem sollte eine prototypische Version einer entsprechenden Benutzungsschnittstelle mit Hilfe der in Kap. 9-13 diskutierten Werkzeuge oder unter Zuhilfenahme der in Kap. 14-17 diskutierten Bausteine und -gruppen vorgenommen werden. Prototypenentwicklung spielt in der hier definierten Vorgehensweise eine wichtige Rolle. Sie dient dazu, auf der Basis des Sichtenmodells die Systemgestaltung zu veranschaulichen und zu überprüfen. Diese Vorgehensweise ist konträr zu einem rein explorativen Prototyping. Vielmehr wird ein Konzeptentwurf als Ausgangspunkt für das Prototyping bereitgestellt. Dabei ist die Phase des Prototypings wesentlich zielgerichteter und zu deutlich reduziertem Zeit- und Kostenaufwand zu durchlaufen als bei einer reinen "bottom-up"-Vorgehensweise. Als Ergebnis einer Prototypenbewertung kann eine Überarbeitung der Gestaltung des Systems erforderlich werden. Dies ist im Sinne einer frühzeitigen Fehlereingrenzung und -behebung wünschenswert. Der Prototyp erlaubt dabei nicht nur die Prüfung der Gestaltung der Oberflächenaspekte der Benutzungsschnittstelle, vielmehr werden auch die essentiellen Anforderungen an das System überprüft. Häufig werden erst in diesem Schritt am konkretisierten System fehlende oder falsch ausgelegte Objekte, Attribute oder Operationen aufgrund der wesentlich höheren Anschaulichkeit sichtbar. Prototypen können mit verschiedenen Methoden evaluiert werden. Eine Evaluation sollte unter Hinzuziehung von Experten und unter Einbeziehung der späteren Benutzer erfolgen. Es stehen eine Reihe software-ergonomischer Verfahren zur Verfügung, die vom kontrollierten Experiment bis zur subjektiven Einschätzung des Systems durch Benutzer und/oder Experten reichen.

7.3 Bewertung der Vorgehensweise auf der Basis gewonnener Einsatzerfahrungen

Die hier vorgestellte Vorgehensweise wurde in einer größeren Zahl von Projekten angewendet. Diese reichen von dem bereits dargestellten Einsatz bei der Migration von Produktionsplanungs- und -steuerungssystemen über die Neuentwicklung einer Anwendung im Versicherungswesen (vgl. Ziegler, 1996), die Modellierung einer allgemeinen Vorgangssteuerung einschließlich der entsprechenden Benutzungssichten im Rückversicherungswesen bis hin zur Modellierung und Entwicklung von Dialogbausteinen und Benutzerwerkzeugen in Bereichen der Produktionsplanung und -steuerung (Einplanwerkzeuge, Umplanwerkzeuge, Multi-Ressourcen-Planung). Im folgenden wird von einigen Erfahrungen berichtet, die beim Einführen und Verwenden der hier vorgestellten Vorgehensweise gemacht wurden.

Das hier vorgestellte Methodeninstrumentarium erfordert eine sorgfältige Ausbildung der entsprechenden Systemanalytiker und Softwaredesigner. Sie steht einer ausschließlich "bottom-up"-orientierten, prototypenorientierten Entwicklung mit Hilfe von Werkzeugen zur Entwicklung von graphisch-interaktiven Benutzungsschnittstellen relativ konträr gegenüber. Die hier eingeführte Methodik vermeidet so die andernfalls häufig anzutreffenden Projektabbrüche oder Fehlentwicklungen in "bottom-up"-orientierten Prototypingprojekten. Die Methodik ist leicht einzuführen, wenn eine gewisse Vorbildung in Methoden des Software Engineerings sowie eine bereits häufigere Verwendung entsprechender Methoden (z. B. Entity-Relationship-Modellierung, Geschäftsprozeßmodellierung oder datenflußorientierte Methoden) in den anwendenden Unternehmen realisiert ist. Im Bereich kleinerer und mittelständischer Unternehmen wird der Softwareentwicklungsprozeß oft "bottom-up" betrieben. Hier fällt eine geordnete Einführung des entsprechenden Methodeninventars und der hier vorgestellten Vorgehensweise naturgemäß schwerer. Gute Erfahrungen wurden jedoch bei Migrationsprojekten erzielt, bei denen alphanumerisch ausgerichtete Systeme mit bereits existierenden Dokumentationen und Modellierungen auf graphisch-interaktive Systeme umgestellt wurden (vgl. Ziegler, 1996 sowie Weisbecker, 1995). In Unternehmen, die eher einen "bottom-up"-Entwicklungsprozeß mit allen damit verbundenen Schwierigkeiten für die Softwarequalität, ihre Wartbarkeit und Weiterentwickelbarkeit anwenden, stellen jedoch die in Kap. 6 vorgestellten Dialognetze eine Form der Abstraktion und Dokumentation dar, die von Softwareentwicklern beherrscht und akzeptiert wird. Im Zuge einer entsprechenden Dialogmodellierung gelingt es häufig auch, eine Modellierung und Dokumentation im Bereich eines Objektmodells zu erreichen.

Im folgenden werden Beobachtungen beim Einsatz berichtet. In etlichen Fällen ließ sich eine verbesserte Durchgängigkeit der Aktivitäten im Entwicklungsvorgehen beim Anwenden der hier geschilderten Vorgehensweise erzielen. Bisher waren funktionaler Entwurf des Informationssystems und Entwurf der Benutzungsschnittstelle streng voneinander getrennte Bereiche. Es ergaben sich so immer wieder Probleme bei der Umsetzung logischer Anforderungen in die Benutzungsschnittstellen. Durch die hier geschilderte Vorgehensweise konnte damit eine verbesserte Integration eingeführter Software-Engineering-Techniken (wie Entity-Relationship-Modellierung) mit dem Entwurf der Benutzungsschnittstelle erzielt werden.

Den Designern und Entwicklern wurde dabei der Zusammenhang zwischen einer essentiellen Modellierung, einer daraus abgeleiteten konzeptuellen Modellierung und einer Umsetzung dieses konzeptuellen Entwurfs in eine physikalische Benutzungsschnittstelle vermittelt.

Bei Neuentwicklungsprojekten bestehen dabei in der Regel günstige Voraussetzungen, in einem frühen Stadium die konzeptuelle Gestaltung der Benutzungsschnittstelle zu berücksichtigen. Auch wenn im Anwendungsfeld keine durchgängigen objektorientierten Techniken etabliert sind, konnte doch auf der heute weit verbreiteten Datenmodellierung in ERM-Form aufgesetzt werden (vgl. Kap. 8). Der Einsatz objektorientierter Verfahren in der Praxis würde jedoch die Durchgängigkeit der hier verwendeten Methodik noch beträchtlich verbessern.

Zusammenfassend kann man feststellen, daß in den betrachteten Projekten das Vorliegen expliziter Objekt- bzw. Entitätenmodelle mit allgemeinen semantischen Relationen und Kardinalitäten dieser Relationen sich als wesentliche Voraussetzung für eine angemessene Gestaltung der Benutzungsschnittstelle erwies.

Etwas anders lag die Situation bei Reengineering- oder Migrationsprojekten. In den untersuchten Vorhaben ergaben sich aufgrund der vorliegenden, fallspezifischen Datenstrukturen und deren teilweise enger logischer Verknüpfung mit der Systemfunktionalität eine Reihe von Problemen, die bei der Neuentwicklung nicht auftraten. Bei Migrations- und Reengineering-Projekten war damit die erzielbare Qualität der Benutzungsschnittstelle wesentlich geringer als bei Neuentwicklungsprojekten. Hier wurde zumeist ein mehr oder weniger geglückter Kompromiß zwischen alphanumerischen menü- und maskenorientierten Benutzungsschnittstellen sowie objektorientierten graphisch-interaktiven Benutzungsschnittstellen gefunden.

Unabhängig von der Einsatzart läßt sich jedoch belegen, daß die Vorgehensweise insbesondere für Anwendungen mit einer relativ großen Anzahl unterschiedlicher Objektklassen und komplexen semantischen Relationen zwischen den Objekten geeignet ist, wobei jeweils auch eine größere Anzahl von Instanzen vorliegen sollte. Diese Merkmale sind wiederum aber charakteristisch für größere betriebliche Informationssysteme, so daß die Vorgehensweise für den anvisierten Anwendungsbereich insgesamt als geeignet eingeschätzt werden kann.

Auch erwies sich die Vorgehensweise als flexibel und anpaßbar. Konnte z. B. nicht von einer vollständigen Objektmodellierung ausgegangen werden, so ließen sich auch bei Vorliegen der ER-Modellierung sinnvolle Ergebnisse erzielen. Kapitel 8 zeigt darüber hinaus, wie auch ein formaler Weg beschritten werden kann, aus einer ER-Modellierung zu einem sinnvollen Design graphisch-interaktiver Informationssysteme unter Hinzufügung von dort definierten Informationsklassen zu gelangen. Die weit verbreitete konventionelle Datenmodellierung kann so als Ausgangspunkt für eine objektorientierte Gestaltung des Systems genutzt werden. Auch in Situationen, in denen keine essentiellen Modelle vorlagen oder entwickelt werden konnten, erwies sich in einem dann "bottom-up"-orientierten Ansatz der sukzessiven Einführung von Dialogmodellierung und konzeptuellen Benutzungssichten bei prototypenartigen Vorgehensweisen das Verfahren als sinnvoll anwendbar.

In den betrieblichen Umsetzungsprojekten war festzustellen, daß die durchgängige Werkzeugunterstützung für die entwickelten Methoden noch wesentlich verbessert werden kann. Auch müssen diese Eingang in Standard-CASE- und Softwareentwicklungsumgebungen finden. Standardumgebungen betonen hier noch im wesentlichen das funktionale Design sowie das Design des Datenbankmanagementsystems. Als dritte Säule tritt das Design der graphisch-interaktiven Benutzungsschnittstelle hinzu. Es konnte in der hier vorgelegten Arbeit nachgewiesen werden, daß eine konsistente Ableitung aller drei Aspekte eines graphisch-interaktiven Informationssystems aus einer essentiellen Modellierung heraus möglich und sinnvoll ist.

8 Graphische Benutzungsschnittstellen aus Datenmodellen generieren

Bei der Entwicklung von Informationssystemen werden in der Anforderungsanalyse sowie in der Spezifikationsphase Daten- und Funktionsmodelle verwendet. Bei neueren Ansätzen wird hier ein integriertes, objektorientiertes Modell verwendet. Die in der Praxis verbreitetste Vorgehensweise zur datenorientierten Modellierung sind Entity-Relationship-Diagramme (Chen, 1976). In der Praxis haben sich verschiedene Ausprägungen von ER-Modellen herausgebildet. ER-Modellierungen dienten bisher primär dazu, den Ausgangspunkt für das Datenbankdesign bei Informationssystemen zu liefern. Dabei sind sie besonders geeignet für geschäftsvorfallgesteuerte Aufgabenbearbeitung, bei der die zu bearbeitenden Daten (Stammdaten, Bewegungsdaten) den zentralen Aufgabeninhalt bilden. Da ER-Diagramme die zur Aufgabenbearbeitung notwendige Information einschließlich der den Entscheidungsprozeß des Benutzers unterstützenden Information enthalten, sind sie primär auch als Ausgangspunkt für die Modellierung der statischen Anteile einer Benutzungsschnittstelle für entsprechende Informationssysteme geeignet. Unter statischen Anteilen werden dabei Formulare, Masken, Menüs sowie die Aufbereitung und Gruppierung von Information verstanden. Aus der Verwendung identischer Attribute in unterschiedlichen Objekten der ER-Diagramme sowie aus den Relationen zwischen Objekten lassen sich darüber hinaus potentielle Dialogübergänge ableiten.

Für eine weite Klasse von Informationssystemen, bei denen relativ einfache, sequenzielle Beziehungen zwischen den einzelnen Elementaraufgaben bestehen, kann dieses konzeptuelle Modell der Anwendung sowohl als Ausgangspunkt für das Datenbankdesign als auch für das Design und die spätere Implementation einer adäquaten Benutzungsschnittstelle Verwendung finden kann.

8.1 Ansätze zur automatischen Generierung von Benutzungsschnittstellen

Beim Datenbankdesign eines Informationssystems wird das konzeptuelle Datenmodell so transformiert, daß es eine Abbildung auf das physikalische Datenmodell z. B. einer relationalen Datenbank erlaubt. Dabei sind im wesentlichen Anforderungen des Datenbankentwurfs (DIN, 1989) in bezug auf Konsistenz, Redundanzfreiheit, Datensicherheit und schnellen Zugriff zu realisieren. Es werden dabei Transformationen des Modells sowie Ergänzungen um weitere detaillierende Informationen vorgenommen. Auf diese Weise entsteht ein erweitertes Modell in der Phase des Datenbankdesigns.

Einen ähnlichen Weg wird es im folgenden für das Design der Benutzungsschnittstelle zu entwickeln gelten. Es wird sich zeigen, daß Parallelitäten im Vorgehen zum Datenbankdesign gegeben sind. Dies läßt sich zurückführen auf die relativ enge Koppelung von Datenbankobjekten und Benutzungsschnittstellenobjekten sowie die einfach gehaltenen Abbildungen zwischen beiden im Gegenstandsbereich des Kapitels. Die Verwendung eines gemeinsamen Ausgangsmodells in der Spezifikationsphase erlaubt es, die vom Entwickler erzeugten Daten bis zu diesem Punkt für die datenorientierte als auch für die benutzungsschnittstellenorientierte Gestaltung des Systems konsistent zu halten. Es wird verhindert, daß Informationen mehrfach, unter Umständen sogar unterschiedlich spezifiziert und verwaltet werden. So wird Mehrfachaufwand vermieden, der Entwicklungsprozeß beschleunigt und es werden Formen einer inkrementellen Softwareentwicklung (Prototyping) effizient unterstützbar.

8.2 Modifikationen an ER-Modellen für die Ableitung der Spezifikation der Benutzungsschnittstelle

8.2.1 Grundelemente von ER-Modellen

Die Informationen von ER-Diagrammen werden bei der werkzeuggestützten Softwareentwicklung in einem sogenannten Data Dictionary abgelegt. Das Data Dictionary und die ihm zugrundeliegenden ER-Diagramme haben nicht zum Ziel, die Dynamik des Ablaufs bei der Aufgabenbearbeitung abzubilden. Daher ist in ihnen keine explizite Information enthalten, die zur Zuordnung von Entitäten, Relationen und Attributen zu einzelnen Arbeitsaufgaben und der Verknüpfung dieser Arbeitsaufgaben herangezogen werden könnte. Weiterhin nicht explizit enthalten sind Informationen, die aufgabenbezogen Nachbarschaftsbeziehungen (Gruppierungen von Objekten, Attributen und Relationen) abbilden. Darüber hinaus fehlen Konzepte zur Abstraktion. Diese Konzepte werden aber für eine Ableitung des Designs der Benutzungsschnittstelle benötigt. Dementsprechend werden zur Verfeinerung der ER-Diagramme neue Konzepte eingeführt. Komplexe Attribute sind dabei Aggregationen von atomaren Attributen einer Entität bzw. einer Relation. Komplexe Attribute können dazu herangezogen werden, aufgabenbezogen Attribute zu gruppieren und als ganzes bearbeitbar zu machen. So können etwa einzelne Elemente einer Adresse oder eines Kundenstammdatensatzes an der Benutzungsschnittstelle gemeinsam behandelt und auch entsprechend zusammengefügt dargestellt werden.

Beim Entwurf des Datenmodells werden Komplexitätsreduktionsstrategien angewandt, die darauf hinauslaufen, daß nur atomare Daten modelliert werden. Aus diesen atomaren Daten können im Aufgabenkontext unterschiedliche weitere Attribute abgeleitet werden. Diese werden normalerweise außerhalb des Datenbankschemas im funktionalen Teil des Informationssystems gehalten. Für die Gestaltung der Benutzungsschnittstelle müssen diese sogenannten abgeleiteten Attribute explizit in der Schematisierung der Benutzungsschnittstelle modelliert werden.

Neben der Möglichkeit, Attribute zu aggregieren, muß die Möglichkeit gegeben sein, aus Teilmengen des ER-Modells Gruppen zu bilden. Auch hier dienen diese Aggregationen wiederum dazu, einerseits gemeinsame Bearbeitungsfunktionalität anzubinden sowie andererseits eine gemeinsame Behandlung an der Benutzungsschnittstelle für diese Gruppe vorzunehmen. Um die Komplexität der graphischen Darstellung zu reduzieren, können diese Gruppen wiederum zusammenfassend durch ein neues Symbol repräsentiert werden. Dieses Konzept wird als Hierarchisierung bezeichnet.

8.3 Benutzungssichten als zentrales aufgabenbezogenes Schema

Die in der Datenmodellierung bekannten elementaren Konzepte sind Entitäten, Relationen, Attribute, Bearbeitungsfunktionen und in einigen Erweiterungen der ER-Modelle auch Navigationsfunktionen. Im folgenden wird ein weiteres Konzept (vgl. Kap. 5) eingeführt, das aufgabenbezogen die Elemente der ER-Modellierung verknüpft. Damit ist in einem entsprechenden Design festgelegt, welche Informationen mit welchen Bearbeitungs- und Navigationsfunktionen dem Benutzer situativ (aufgabenbezogen) zur Verfügung stehen. Die begriffliche Nähe zum Begriff der Sicht, wie er in der Datenbanktheorie verwendet wird (vgl. Schlageter, Stucky, 1983), wurde bewußt gewählt, da es sich hier um ähnliche Konzepte handelt. Sichten zur Benutzungsschnittstellengestaltung geben dabei die spezifische Sicht einer Arbeitsaufgabe auf die vom Informationssystem bereitgehaltenen Daten und Funktionen wieder.

Benutzungssichten sollen dabei die logische Struktur der Aufgabenbearbeitung innerhalb des Informationssystems widerspiegeln, nicht jedoch die physikalische Informationsdarstellung. Dies hält das Systemdesign frei von implementationsbedingten und systembedingten Restriktionen. Eine Sicht entspricht in der Praxis einem Bildschirm oder Fenster bzw. auch einer aufgabenbedingten Folge von Bildschirmen.

Die Definition von Sichten im Sichteneditor wird graphisch-interaktiv durchgeführt, indem die gewünschten Elemente aus ER-Diagrammen selektiert werden. Somit sind für die Definition von Sichten keine Programmierkenntnisse notwendig. Auf diese Weise können auch Nichtprogrammierer wie z. B. Anwendungsexperten in den Entwicklungsprozeß einbezogen werden.

8.3.1 Verwendete Sichtentypen

Im Kontext dieses Kapitels werden in Vergröberung der in Kap. 5 eingeführten Konzepte zwei Sichtentypen unterschieden:

* die Aggregationssicht (Referenz- und Mengendarstellung)
* sowie die Detailsicht.

Die Aggregationssicht faßt mehrere Elemente des ER-Modells zusammen. Dabei können Entitäten, Relationen oder Attribute jeweils einzeln aggregiert werden. Ein häufig benutzter Spezialfall ist dabei die Zusammenfassung von Instanzen einer Entität. Innerhalb der Aggregationssicht ist zwischen sogenannten Referenz- und

Mengendarstellungen zu unterscheiden. Objekte einer Referenzdarstellung werden auch als Container bezeichnet. Sie symbolisieren einen Behälter für die aggregierten Elemente. Diese können dann als Ganzes bearbeitet werden. Es existieren Navigationsfunktionen zu den einzelnen Elementen des Containers. In der Mengendarstellung werden die einzelnen Elemente einer Aggregation verbunden angezeigt. Dazu werden je nach Anzahl und Datenstruktur Listen-, Mengen- oder andere graphische Darstellungsstrukturen wie Bäume und Netze verwendet. Die in der Mengendarstellung angezeigten Elemente sind gedacht als Verweise auf die Detailsicht der einzelnen Elemente. Es werden Funktionen benötigt, um die einzelnen Elemente der Aggregation bearbeiten zu können und zur Detailsicht zu navigieren.

Eine Detailsicht zeigt die einzelnen Daten einer Sicht und macht sie bearbeitbar. Es handelt sich dabei in der Regel um die Werte von elementaren oder abgeleiteten Attributen des Datenmodells, die zur Bearbeitung einer Aufgabe benötigt werden. Dementsprechend werden die Funktionen zur Bearbeitung der einzelnen in der Sicht dargestellten Daten bereitgestellt. Weiterhin bereitgestellt werden Navigationsfunktionen, die die Übergänge zu anderen Sichten definieren.

8.3.2 Schemata für die Beschreibung der Eigenschaften von Sichten

Die zusätzlich benötigten Informationen für eine Generierung der Benutzungsschnittstelle werden im hier vorgestellten Verfahren in sogenannten Beschreibungsschemata definiert. Es existieren vier Klassen von Informationen innerhalb der Beschreibungsschemata:

- beschreibende Information,
- strukturelle Information,
- Aufgabenmerkmale
- sowie Verwaltungsinformation.

Die in den Schemata abzuspeichernde Information muß weitgehend in der Anforderungsanalyse eines Softwarelebenszyklusses festgelegt werden. Wenn ein CASE-Werkzeug verwendet wird, ist sie zu größeren Teilen bereits im Data Dictionary des diesbezüglichen Werkzeugs enthalten. In diesem Falle ist auch eine gute Konsistenz in bezug auf eine kompatible Entwicklung von Datenbank-Management und Benutzungsschnittstellen-Management gegeben.

Strukturelle Information modelliert die Zusammenhänge zwischen den einzelnen Elementen des Datenmodells bzw. der in Frage stehenden Sicht darauf. Bezogen auf die oben eingeführten Benutzungssichten werden so die Elemente einer Benutzungssicht entsprechend dem ER-Modell und die ihr zugeordneten Bearbeitungs- und Navigationsfunktionen identifiziert. Zusätzlich werden Navigationsfunktionen zwischen den einzelnen Benutzungssichten definiert; diese spezifizieren bereits große Teile des Dialogablaufs für die betrachtete spezifische Teilmenge betrieblicher Informationssysteme. Sie bilden eine Grundmenge von Standardnavigationen, die allerdings im spezifischen Fall um optimierende Navigationen ergänzt bzw. auch kontextabhängig eingeschränkt und weiter detailliert werden sollten.

8.3 Benutzungssichten als zentrales aufgabenbezogenes Schema

Bearbeitungsfunktion		Sicht	Attribut	Entity
Beschreibende Information	*Information, bezogen auf Aufgabenmerkmale*	*Beschreibende Information*	*Beschreibende Information*	*Beschreibende Information*

■ Identifikation
■ Bezeichnung
■ Beschreibung
■ Ereignis
■ Typ
■ Aktion
■ Undo-Funktion
	■ Vorbedingung
	■ Nachbedingung
	■ Vorgänger
	■ Nachfolger
	■ Priorität
	■ Häufigkeit
	■ Dauer
	■ Vollständigkeit
		■ Identifikation
		■ Bezeichnung
		■ Beschreibung
		■ Typ
			■ Identifikation
			■ Bezeichnung
			■ Beschreibung
			■ Berechnung
			■ Datentyp
			■ Länge
			■ Format
			■ Wertebereich
			  - Art
			  - Anzahl
			  - Werte
			  - Reihenfolge
			  - von
			  - bis
			  - Schrittweite
			  - Genauigkeit
			■ Selektionsart
			■ Vorbelegung
			■ Bedingungen
				■ Identifikation
				■ Bezeichnung
				■ Beschreibung

Strukturelle Information		*Strukturelle Information*		*Strukturelle Information*
■ anwendbar in Sicht ■ Parameter	*Verwaltungs-information* ■ System	■ besteht aus Sicht ■ geht ein in Sicht ■ betrifft Entity ■ betrifft Relation ■ Attribute ■ Bearbeitungs-funktionen ■ Navigations-funktionen	*Strukturelle Information* ■ gehört zu Entity ■ gehört zu Relation ■ geht ein in Sicht	■ geht ein in Sicht ■ Primär-schlüssel ■ Attribute *Verwaltungs-information* ■ System

Navigationsfunktion				Relation
Beschreibende Information	*Information, bezogen auf Aufgabenmerkmale*			*Beschreibende Information*
■ Identifikation ■ Bezeichnung ■ Beschreibung ■ Ereignis ■ Typ	■ Vorbedingung ■ Nachbedingung ■ Vorgänger ■ Nachfolger ■ Priorität ■ Häufigkeit ■ Dauer ■ Vollständigkeit		*Information, bezogen auf Aufgabenmerkmale* ■ Parallelität ■ logische Abhängigkeiten ■ Priorität ■ Häufigkeit ■ Mengengerüst Zugriff	■ Identifikation ■ Bezeichnung ■ Beschreibung
Strukturelle Information		*Verwaltungs-information*		*Strukturelle Information*
■ Übergang zu Sicht ■ anwendbar in Sicht ■ Parameter	*Verwaltungs-information* ■ System	■ System	*Verwaltungs-information* ■ System	■ Entities ■ geht ein in Sicht ■ Primär-schlüssel ■ Attribute *Verwaltungs-information* ■ System

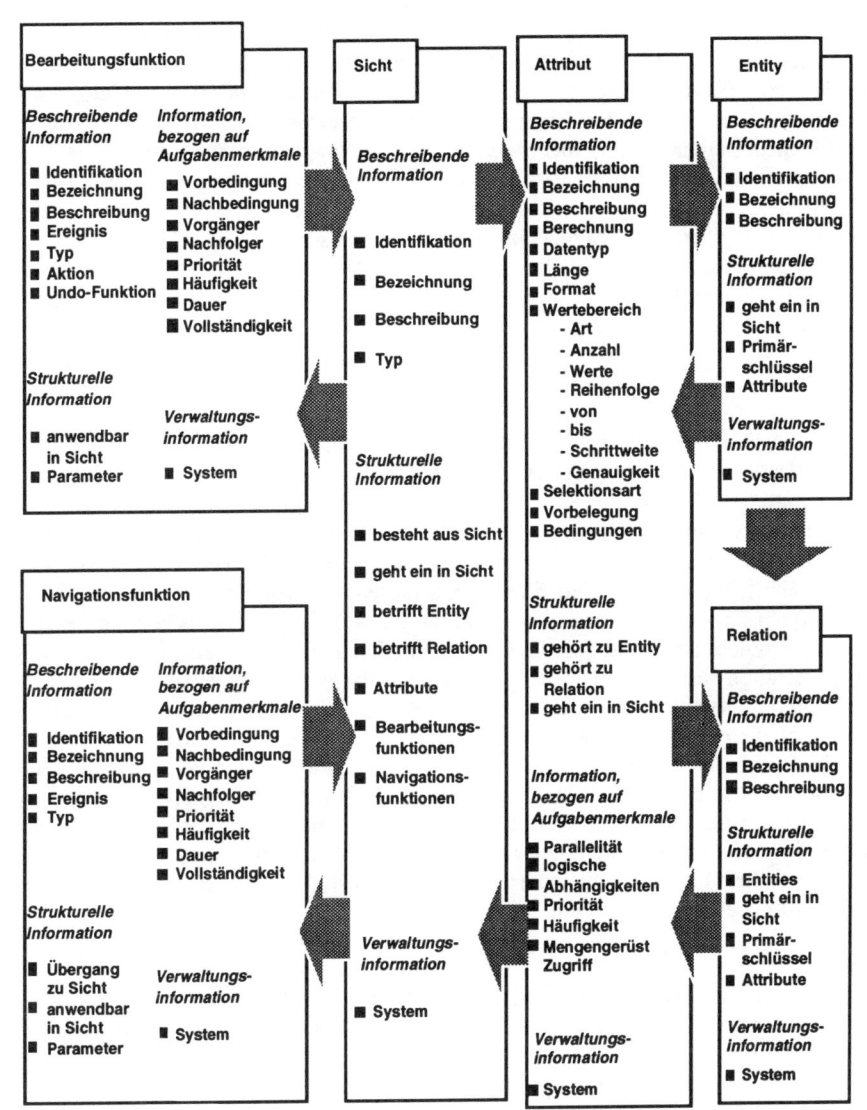

Abb. 8.1. Modellierungselemente für Benutzungsschnittstellen von Informationssystemen und deren Beschreibungsmerkmale für die Generierung aus Datenmodellen

Wichtige Merkmale lassen sich aus den zu bearbeitenden Aufgaben nach einer entsprechenden Aufgabenanalyse ableiten. Eine Herleitung entsprechender Merkmale findet sich z. B. in Beck, Janssen (1993). Diese besitzen Gestaltungsrelevanz für Menüstruktur, Benutzungssichtendefinition, damit zusammenhängende Informationsdarstellung sowie den Dialogablauf.

Bei einer rechnerbasierten Bearbeitung der Benutzungssichten in einem Sichteneditor z. B. eines CASE-Systems ist zusätzlich spezifische Verwaltungsinformation zu halten. Abbildung 8.1 summiert die nun eingeführten Modellierungselemente für Benutzungsschnittstellen von Informationssystemen (Bearbeitungsfunktionen, Navigationsfunktionen, Sichten, Attribute, Entitäten, Relationen) und die sie beschreibenden Eigenschaften (beschreibende Informationen, strukturelle Informationen, Aufgabenmerkmale, Verwaltungsinformationen). Weiterhin dargestellt ist, wie weit diese Information unter normalen Vorgehensweisen der ER-Modellierung bereits vorhanden ist, wie weit sie bei Verwendung von gängigen CASE-Werkzeugen abgedeckt ist und wie weit sie spezifisch für die hier vorgeschlagene Methode zusätzlich eingegeben oder generiert werden muß. Genauere Darstellungen der Gestaltungsrelevanz der einzelnen Eigenschaften sowie der einzelnen Merkmale finden sich in Weisbecker (1995).

8.4 Ableitung von Darstellungs- und Dialogstruktur aus dem Benutzungssichtenmodell

Attribute modellieren die zu bearbeitenden Daten. Sie sind in Form von Datenfeldern, Kontrollelementen oder als statische oder dynamische Texte auf der Benutzungsschnittstelle darzustellen. Die Eigenschaften der einzelnen Attribute wie z. B. Datentyp, Länge oder Format werden für die Gestaltung der entsprechenden Fenster bzw. Formulare herangezogen. Es können aus ihnen unter Verwendung softwareergonomischen Gestaltungswissens (Normen, Richtlinien, Designentwürfe und Styleguides ausgedrückt in rechnerinterpretierbaren Gestaltungsrichtlinien) Gestaltungsentwürfe hergeleitet werden. Aus der semantischen Struktur des Datenmodells, die durch die Bildung von Gruppen und Sichten gegeben ist, lassen sich die Anordnungen der Attribute beeinflussen. In einer Sicht werden Attribute, die zu einer Entität gehören, in einer Gruppe einer benachbarten Entität dargestellt, um deren logischen Zusammenhang auszudrücken. Weiterhin werden in einer Sicht auch die Attribute einer benachbarten Entität dargestellt, sofern sie zur Bearbeitung einer Aufgabe benötigt werden.

8.4.1 Die Bedeutung von Kardinalitäten der Relationen des Datenmodells für das Design der Benutzungsschnittstelle

Kardinalitäten geben an, wie mächtig und damit komplex die zueinander in Beziehung gesetzten Instanziierungen der für die Bearbeitungsfunktion benötigten Objekte sind. Für die Gestaltung der Benutzungsschnittstelle bedeutet dies, daß eine Darstellung entsprechend dieser Mächtigkeit zu wählen ist. Die Umsetzung dieser Kardinalitäten hängt wesentlich davon ab, ob benachbarte Entitäten in einer Sicht oder in verschiedenen Sichten repräsentiert sind. Sind sie in einer Sicht repräsentiert, so ist ein entsprechender Sichtentyp zu wählen. Sind sie in unterschiedlichen Sichten repräsentiert, so sind entsprechende Navigationsfunktionen zur Verfügung zu stellen.

Die beiden Beispiele in Abb. 8.2 verdeutlichen, wie aus der Kardinalität der Relation von zwei Entitäten Informationsdarstellung (Präsentation) und lokale Dia-

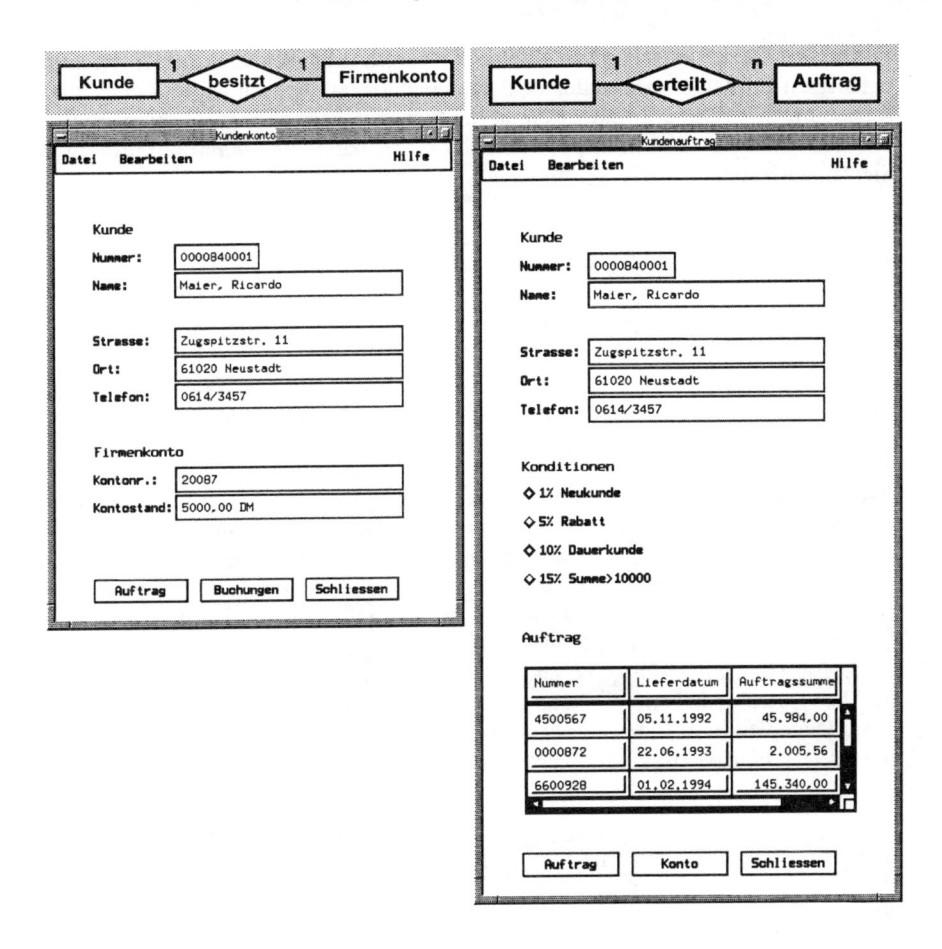

8.4 Ableitung von Darstellungs- und Dialogstruktur

Abb. 8.2. Ableitung von Präsentation und lokaler Dialogstruktur aus einem ER-Modell unter Auswertung der Kardinalitäten

logstruktur abgeleitet werden. Es handelt sich zum einen um die Darstellung einer 1:1 Beziehung und zum zweiten um die Darstellung einer 1:n Beziehung. Dabei findet die 1:1 Beziehung zwischen "Kunde" und "Firmenkonto" darin ihren Ausdruck, daß im Fenster "Kundenkonto" entsprechende Instanziierungen der Entitäten visualisiert werden. Zusätzlich wird Navigationsfunktionalität zu den benachbarten Entitäten "Auftrag" und "Buchungen" angeboten. Weiterhin wird Bearbeitungsfunktionalität in der Menüleiste sowie auf der Funktionstaste Schließen angeboten. Diese ist im Beschreibungsschema festgelegt.

Bei der 1:n Relation "Kunde erteilt Auftrag" wird ein einzelner Kunde als Instanziierung der Entität "Kunde" in Relation zu einer Aggregationssicht des entsprechenden Auftragsbestands (Liste) gesetzt. Auch hier werden aus den vorher eingeführten Schemata Standardbearbeitungsfunktionalität, Navigationsfunktionalität sowie die Attributdarstellung der Instanz der Entität Kunde abgeleitet.

122   8 Graphische Benutzungsschnittstellen aus Datenmodellen generieren

Bei n:m Beziehungen stehen eine oder mehrere Instanzen aller an der Relation beteiligten Entitäten zueinander in Beziehung. Durch Normalisierung einer n:m Beziehung wird diese in zwei Relationen (n:1 und 1:m) zerlegt. Es können also alternativ n:m Relation in einer Sicht oder aufgespalten und detaillierter in zwei Sichten dargestellt werden.

8.4.2 Ableitung weiterer Dialogabläufe

Ein einfacher, schematisierter Dialogablauf bei objektorientierten Benutzungsschnittstellen läuft wie im folgenden dargestellt ab. Nach einem Einstiegsdialog wird eine Mengensicht der aggregierten Dialogobjekte erreicht. Dies wird auch als Einstieg in die Anwendung bezeichnet. Danach wird ein gewünschtes Objekt selektiert und es werden entweder alle Instanzen dieses Objekts angezeigt oder es erscheint eine Möglichkeit zur Eingabe von Kriterien, um die gesuchten Instanzen des Objekts zu spezifizieren. Es wird das Suchergebnis angezeigt und daraufhin kann zur Detailsicht verzweigt werden. In dieser Detailsicht können dann entsprechende Datenmanipulationen vorgenommen werden. Von der Detailsicht aus kann wiederum zu Aggregations- bzw. Mengensichten übergewechselt werden. Anschließend stehen die bereits diskutierten Navigationsmöglichkeiten zwischen Entitäten (Objekten) zur Verfügung.

Dieser Dialogablauf ist schematisiert und vereinfacht. Abbildung 8.3 zeigt eine aus dem Datenmodell entsprechend dem oben dargestellten Vorgehensmodell generierte Dialogstruktur. In Fenster (a) ist eine Sichtendefinition für die Einstiegssicht dargestellt. Fenster (b) zeigt das zur Einstiegssicht gehörige Fenster. Fenster (c)

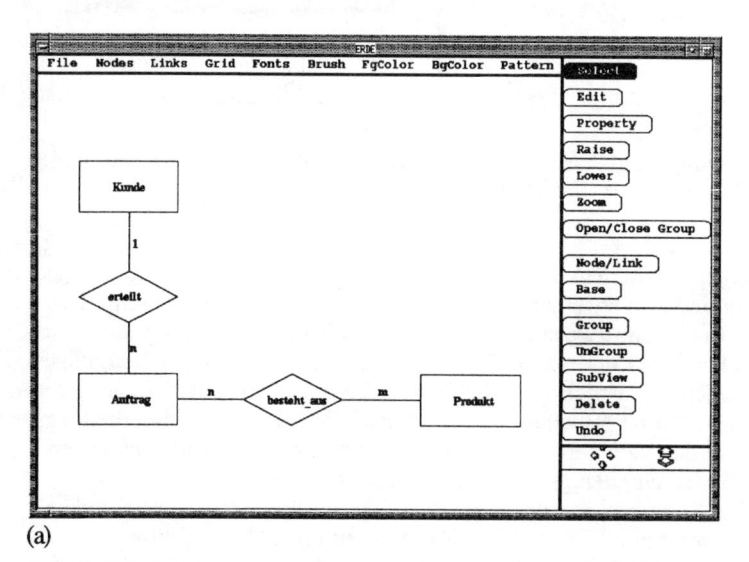

(a)

Abb. 8.3. Sichtendefinition und zugehörige generierte Sichten (Fenster)

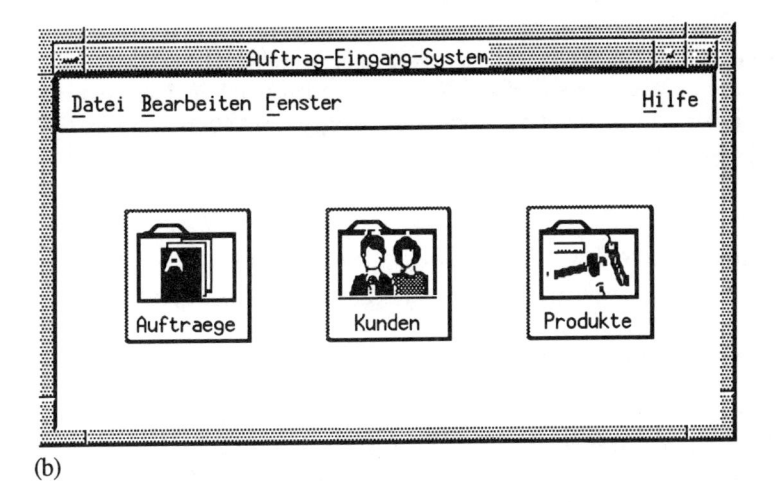

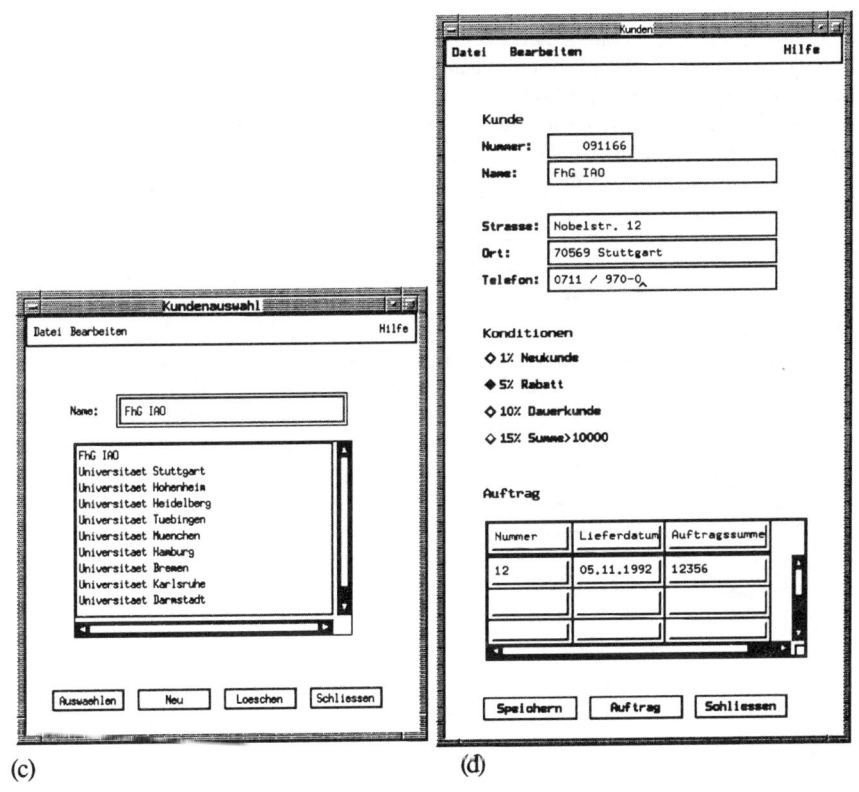

8.4 Ableitung von Darstellungs- und Dialogstruktur 123

(b)

(c) (d)

Abb. 8.3. Sichtendefinition und zugehörige generierte Sichten (Fenster) (Fortsetzung)

zeigt das zur Auswahl generierte Fenster, daß erscheint, wenn ein Icon in (b) selektiert wird. Fenster (d) zeigt das zur definierten Detailsicht gehörige Fenster.

Mit Hilfe dieser Methode und den dazugehörigen Auswahlregeln lassen sich also aus der ER-Modellierung und dazugehöriger Schemaerweiterung einfache Dialoge schematisiert ableiten.

8.5 Die automatische Generierung von software-ergonomisch gestalteten Benutzungsschnittstellen

8.5.1 Abstrakte Interaktionsobjekte

Während des Designs einer Anwendung soll die Modellierung weitgehend frei von Technologierestriktionen gehalten werden: Dies ist eine wesentliche Anforderung, um Portabilität zu erreichen. In bezug auf die Interaktionsobjekte der Benutzungsschnittstelle hat sich bisher kein eindeutiger Standard herausgebildet. Abstrakte Interaktionsobjekte (virtuelles Toolkit, logische Dialogobjekte) sind unabhängig von verwendetem Oberflächenwerkzeug bzw. darunterliegendem Toolkit oder Fenstersystem. Die hier definierten abstrakten Interaktionsobjekte wurden aus einer Untersuchung der vorhandenen Interaktionsobjekte in den gängigen Industriestandards und deren Abstraktion gewonnen. Abstrakte Interaktionsobjekte bilden auch die konzeptuelle Basis des User Interface Management Systems IDM (Dialog Manager), das in Kap. 12 vorgestellt werden wird. Abstrakte Interaktionsobjekte bieten den Vorteil, daß sie Anwendungssoftware an Kunden- und Benutzerbedürfnisse anpaßbar machen. Dies kann geschehen, indem unterhalb der Ebene der abstrakten Interaktionsobjekte konkrete Interaktionsobjekte entsprechend Industriestandards oder firmeninternen Standards definiert und die abstrakten Interaktionsobjekte auf diese abgebildet werden.

Abstrakte Interaktionsobjekte kann man in elementare und komplexe Interaktionsobjekte klassifizieren. Tabelle 8.1 zeigt die definierten abstrakten Interaktionsobjekte. Dabei dienen Dialogobjekte zur Strukturierung des Dialogablaufs und umfassen als komplexe Objekte "Fenster" und "Dialogbox". Aktionsobjekte dienen zur Darstellung und Auslösung von Funktionen, die in Form von Menüs oder Operationsauswahlen klassifiziert werden. Unter Präsentationsobjekten sind sowohl die einfachen als auch die komplexen zusammengesetzten Kontrollelemente für graphische Benutzungsschnittstellen wie Felder für Konstanten, Datenfelder, Einfach- und Mehrfachauswahl bzw. Gruppierungen, Datenfelder mit Feldbezeichnungen, Listen, Tabellen und Skalen subsummiert.

Die hier verwendeten abstrakten Interaktionsobjekte sind attributseitig durch ihre Position, ihre Größe, ihre Farbe und die verwendete Schrift bestimmt. Auch diese Attribute sind abstrakt definiert und werden erst in einem späteren Schritt auf die echten Ressourcen abgebildet.

Den abstrakten Attributen der Interaktionsobjekte können sogenannte Standardwerte zugeordnet werden. Mit diesen können Stilspezifika zum Zweck der Abbildung eines Firmenstandards oder von Benutzerpräferenzen festgelegt werden. Diese Festlegungen sind im resultierenden Informationssystem zur Laufzeit modifizier-

8.5 Die automatische Generierung von Benutzungsschnittstellen

Tabelle 8.1. Definition abstrakter Interaktionsobjekte für graphische Informationssysteme

Klassifizierung	Abstrakte Interaktionsobjekte	
	elementare	komplexe
Dialogobjekte		Fenster
		Dialogbox
Aktionsobjekte	Operationsauswahl	Menü
Präsentations-	Konstantenfeld	Gruppe
objekte	Datenfeld	Datenfeld mit Feldbezeichner
	Einfachauswahl	Liste
	Mehrfachauswahl	Tabelle
		Skala

Tabelle 8.2. Abbildung von abstrakten Datenobjekten auf Interaktionsobjekte sowie von Funktionen auf Interaktionsobjekte (Beispiele)

Daten-	Wertebereich			Zugriff	Inter-
typ	Art	Anzahl	Selektionsart		aktionsobjekt
alpha-	diskret	-		lesend	Ausgabefeld
numerisch				schreibend	Datenfeld
oder		1 < Anzahl ≤ 6	einfach	-	Einfachausw.
numerisch			mehrfach	-	Mehrfachausw.
		Anzahl > 6	einfach	-	Liste
			mehrfach	-	Liste
numerisch	kontinuier-	1< Anzahl ≤60	einfach	-	Skala
	lich	Anzahl > 60		lesend	Ausgabefeld
				schreibend	Datenfeld

Funktion		
Typ	Häufigkeit	Interaktionsobjekt
Standard	-	Menüeintrag
	hoch	Operationsauswahl
Anwendung	-	Operationsauswahl
Menütitel	-	Menüeintrag
	hoch	Operationsauswahl

bar. Es lassen sich gewisse Regeln finden, nach denen abstrakte Datentypen der Datenmodellierung auf abstrakte Interaktionsobjekte abgebildet werden können. Eine ähnliche Abbildung ist auch möglich für die Abbildung von Funktionen auf Interaktionsobjekte. Tabelle 8.2 zeigt einige der verwendeten Auswahlregeln sowie die beispielhafte Abbildung von Datenobjekten auf Interaktionsobjekte.

8.5.2 Auswahlregeln für die Darstellung von Sichten

Sichtenfunktionen und Daten werden mittels spezieller ergonomisch gerechtfertigter Auswahlregeln auf geeignete abstrakte Interaktionsobjekte abgebildet. Die Auswahlkriterien werden sachlogisch durch die zu bearbeitende Aufgabe (z. B. Aktivierung einer Funktion oder Treffen einer Auswahl) bestimmt. Dabei wird die Information zur Auswahl den vorher definierten Schemata entnommen. Die Auswahlregeln wurden auf der Basis von Normen, Richtlinien, herstellerspezifischen Styleguides und internationalen, in der Literatur anerkannten Standards entwickelt. Es existieren drei primäre Typen von Auswahlregeln:

- Regeln für die Darstellung von Sichten;
- Regeln für die Darstellung von Funktionen
- sowie Regeln für die Darstellung von Präsentationsobjekten.

Einer Sicht werden Bearbeitungsfunktionen zur Verarbeitung der Daten und Navigationsfunktionen zur Definition des Dialogablaufs zugeordnet. Für die Definition der Auswahlregeln in bezug auf die Darstellung dieser Funktionen werden weiterhin drei Funktionsarten unterschieden:

- Standardfunktionen wie sogenannte generische Funktionen (Öffnen, Drucken, Speichern) sowie standardmäßig in der Menüleiste vorkommende Funktionen;
- anwendungsspezifische benutzerdefinierte Funktionen;
- anwendungsspezifische benutzerdefinierte Funktionen, die eine inhaltliche Gruppierung der Funktionen nahelegen.

Auch hier existieren entsprechende Auswahlregeln für die Darstellung der Funktionen. Weiterhin existieren Regeln für die Abbildung von abstrakten Interaktionsobjekten auf konkrete Präsentationsobjekte.

Tabelle 8.3. Regeln zur Auswahl von abstrakten Interaktionsobjekten in Abhängigkeit vom vorliegenden Sichtentyp (Beispiele)

Auswahlkriterium für die Anwendung	Informationsquelle (Schema)	abstraktes Interaktionsobjekt
Sicht	Sicht.Art Sicht.Bezeichnung	Fenster - Fenstertitel
Einstiegssicht	Sicht.Art=Einstieg Sicht.Bezeichnung Sicht.betrifft Entity	Fenster - Fenstertitel - Icons
Auswahlsicht	Sicht.Art=Auswahl Sicht.Bezeichnung Sicht.Primärschlüssel	Fenster - Fenstertitel - Auswahlkriterium

8.5.3 Layoutregeln und Layoutverfahren

Bei der Sichtendefinition wurde festgelegt, welche Informationen zur Bearbeitung einer Aufgabe notwendig sind. Auswahlregeln bestimmen, welche abstrakten Interaktionsobjekte Träger der Information werden. Im letzten Schritt ist nun beim Layout festzulegen, wo die einzelnen Objekte zu plazieren sind und wie die Reihenfolge der Informationsanordnung gestaltet wird.

Klassisch spielen für die Informationsdarstellung die sogenannten Gestaltgesetze (Gesetz der Nähe, Gesetz der Ähnlichkeit, Gesetz der Symmetrie, Gesetz der sich überlappenden Bereiche) nach Wertheimer (1922) eine wichtige Rolle. Darüber hinaus wurden sogenannte Metriken zur Bewertung des visuellen Layouts vorwiegend von alphanumerischen Bildschirmmasken entwickelt. Diese Metriken gehen auf Tullis (1988) zurück. Streveler und Wassermann (1984) legen quantitative Metriken vor, die sich auf die Syntax des Bildschirmdesigns beziehen. Perlmann (1987) schlägt vor, die Informationsdarstellung von der hierarchischen Struktur der Information abzuleiten und postuliert sogenannte Darstellungsaxiome.

Auf der Basis dieser Vorarbeiten wurde ein rechnerbasiertes Layoutverfahren entwickelt. Es berücksichtigt bei der Darstellung der Information sowohl deren anwendungsbedingte Struktur als auch die Gestaltgesetze. Es stehen drei verschiedene Layoutalgorithmen zur Verfügung. Dabei behandeln zwei Standardfälle, der dritte behandelt den Ausnahmefall, daß die in einer Sicht darzustellende Information die Möglichkeiten der Darstellung innerhalb eines Fensters übersteigt. Dabei gehen die Algorithmen von einer vorzugebenden Fenstergröße aus. Hierin werden die benötigten Interaktionsobjekte grob positioniert. Ein explizites Gestaltungsziel ist dabei das Herstellen eines horizontalen Gleichgewichts sowie das Erreichen einer links-rechts-Symmetrie.

8.5.4 Aufbau einer Regelbasis als Formalisierung der Methode

Die hier vorgestellte Methode läßt sich mit Hilfe regelbasierter Techniken implementieren. Damit wird zum einen der notwendige Konkretheitsgrad einer Methode sichergestellt und demonstriert, zum anderen wird damit eine maschinelle Verarbeitung der Information ermöglicht.

Die in der Methode verwendeten Bausteine sind Objekthierarchien, Graphen, Entscheidungstabellen, Wenn-Dann-Beziehungen und abstrakte Datentypen. Dieses Modellierungsinstrumentarium läßt sich auf ein sogenanntes hybrides Funktionssystem abbilden. Dieses verwendet Produktionsregeln und objektorientierte Repräsentationen. Abstrakte Interaktionsobjekte werden dabei als Klassen dargestellt. Vererbungsmechanismen werden zur Darstellung der Attributwerte und zur Abbildung von Standardwerten benutzt. Auswahl- und Layoutregeln werden als Funktionsregeln abgebildet. Entsprechend abbildbar sind Entscheidungstabellen.

Eine explizite Ablaufsteuerung in Form von Verzweigungen und Sprungbefehlen stellt sich für die hier vorgestellte Methode als schwierig dar. Dies liegt im wesentlichen darin begründet, daß die abzuarbeitenden Suchräume aufgrund der Anzahl der Gestaltungsparameter sehr groß werden. Vielversprechend erscheint hier

128   8 Graphische Benutzungsschnittstellen aus Datenmodellen generieren

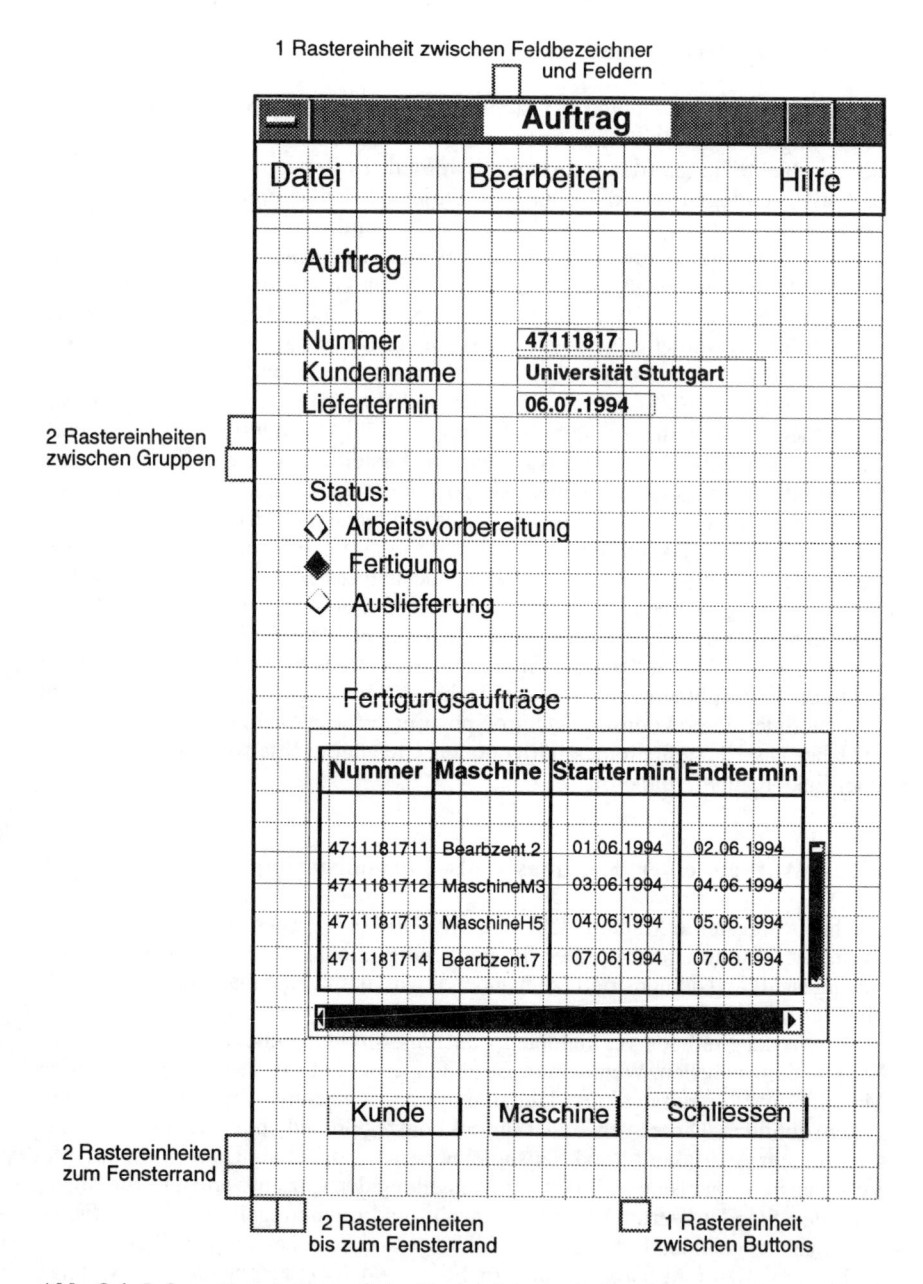

Abb. 8.4. Informationsdesign auf der Basis eines logischen Layoutrasters. Standardwerte spezifizieren Abstände innerhalb der Gruppen, Abstände zwischen den Gruppen und Abstände zum Fensterrand

eine zielorientierte Inferenzstrategie als Basisproblemlösungsmethode (vgl. Puppe, 1990). Als Inferenzmechanismus wird hier die sogenannte Rückwärtsverkettung verwendet. Dabei wird zur Feinsteuerung der Regelabarbeitung die sequentielle Abarbeitung der Reihenfolge der Prämissen innerhalb der Regeln verwendet. Damit kann ein schrittweises Vorgehen, daß die nächste Bearbeitungsstufe erst dann initiiert, wenn sinnvolle Zwischenergebnisse erreicht sind, modelliert werden.

Es wurden Regelbasen für alphanumerische Benutzungsschnittstellen und graphisch-interaktive Benutzungsschnittstellen entwickelt. Momentan werden wissensmäßig die notwendigen Voraussetzungen dafür geschaffen, daß ein entsprechendes System auch für multimediale Benutzungsschnittstellen ausgelegt werden kann.

8.5.5 Generierungsschritte zur Entwicklung von Benutzungsschnittstellen aus Datenmodellen

Auf der Basis des Datenmodells wurden Sichten und dazugehörige Schemata spezifiziert. Diese bilden die Grundlage für eine Generierung der Benutzungsschnittstelle. Diese Informationen werden schrittweise in die benötigten Eingangsinformationen für ein User Interface Management System transferiert. Dabei werden ergänzend zur Regelabarbeitung die mehrfach beschriebenen Standardwerte verwendet. In einem ersten Schritt werden Sichten, Funktionen und Daten mittels der Auswahlregeln den abstrakten Interaktionsobjekten zugeordnet. Abbildung 8.5 verdeutlicht die vier wesentlichen Schritte.

Dabei werden Sichten auf Fenster oder Dialogboxen abgebildet. Funktionen werden auf Menüs und Operationsauswahlen abgebildet und abstrakte Datenelemente auf Konstantenfelder, Datenfelder, Gruppen, Einfach- und Mehrfachauswahlen sowie Listen und Tabellen. Zur Auswahl werden die bereits diskutierten Auswahlregeln herangezogen.

In einem zweiten Schritt werden Parameterfestlegungen getroffen. Dabei werden aus den Schemata Detailinformationen über Normen, Längen, Formate, Wertebereiche und Vorbelegungen verwendet. Die belegten Standardwerte, die Benutzerpräferenzen, Umgebungsbeschreibungen und Stileigenschaften widerspiegeln, werden aufgearbeitet und es werden Position und Ausrichtung von Gruppen sowie Übergänge (Dialogschritte) zwischen Interaktionsobjekten innerhalb einer Gruppe oder zwischen benachbarten Gruppen festgelegt.

In einem letzten Schritt wird die Anordnung der Interaktionsobjekte entsprechend den bereits diskutierten Layoutalgorithmen vorgenommen. Auch hier gehen wiederum Standardwerte bezüglich Geometrie sowie dem Verhalten der abstrakten Interaktionsobjekte untereinander ein. Als Resultat wird die Anordnung der Interaktionsobjekte innerhalb einer Gruppe und gruppenübergreifend entspechend der Anwendungssemantik und der Gestaltgesetze sowie ihre Priorität bei der Aufgabenbearbeitung festgelegt. Als Ergebnis liefert dieser Vorgang eine Beschreibung der Benutzungsschnittstelle, die in einem letzten Schritt in eine Spezifikation für ein User Interface Management System transformiert wird. Diese werkzeugunabhängige Beschreibung der Benutzungsschnittstelle ermöglicht die flexible Verwendung von verschiedenen User Interface Management Systemen für unterschiedliche Umgebungen.

8 Graphische Benutzungsschnittstellen aus Datenmodellen generieren

Auswahl abstrakter Interaktionsobjekte

- ■ Sicht → Fenster
- ■ Funktion → Menü
  Operationsauswahl
- ■ Datenelemente → Konstantenfeld, Datenfeld, Gruppe,
  Einfach-, Mehrfachauswahl, Liste, Tabelle ...

Parameterfestlegung

- ■ Dateninformation (Schemata)
  Name, Länge, Format,
  Wertebereich, Vorbelegungen

- ■ Standardwerte
  - Benutzerpräferenzen
  - Umgebungsbeschreibung
  - Stileigenschaften

- ■ Wechselwirkung zwischen
  Interaktionsobjekten
  - innerhalb einer Gruppe
  - gruppenübergreifend
  - Position
  - Ausrichtung

Standardwerte

- ■ Abstrakte Interaktionsobjekte
  - Fenster
  - Menü
  - Gruppe
  - Konstantenfelder
  - Datenfelder
  - Operationsauswahl
  - Liste
  - Tabelle
- ■ Abbildung abstrakter Interaktionsobjekte auf Zielsystem
- ■ globale Festlegungen
- ■ Geometrie
- ■ Konfiguration der Generierung

Anordnung - Layout

- innerhalb einer Gruppe
- gruppenübergreifend
- Priorität
- Anwendungssemantik
- Gestaltgesetze

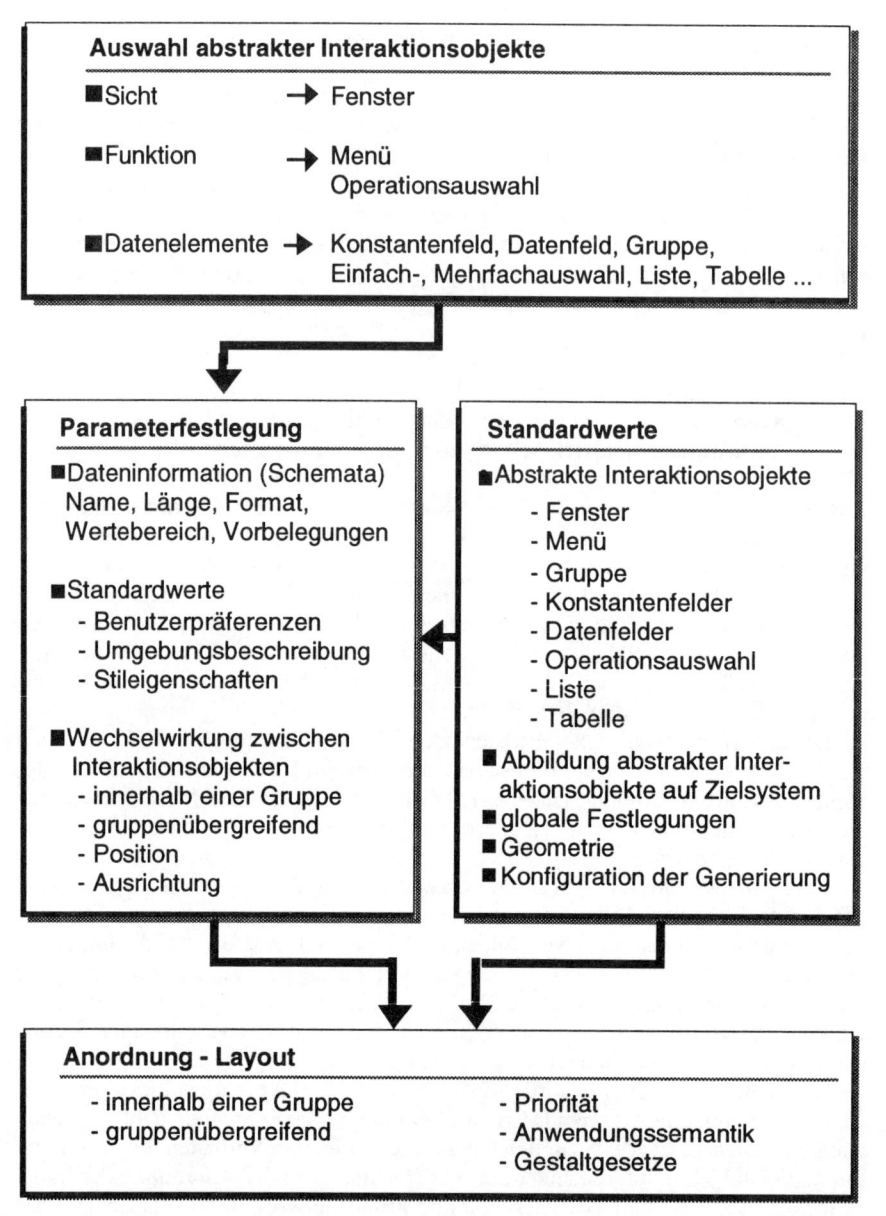

Abb. 8.5. Vorgehensweise zur Generierung von Benutzungsschnittstellen aus Datenmodellen: die vier wesentlichen Schritte

8.5.6 Veränderbarkeit und Erweiterbarkeit der Designregeln

Momentan werden die rechnerlesbar formulierten Gestaltungsregeln in einem relationalen Datenbanksystem gehalten. Es wurde weiterhin eine Erweiterung eines Standard Data Dictionary realisiert. Grundsätzliches Ziel ist es, daß die zusätzlich für die gestaltete Benutzungsschnittstelle benötigte Information in der Entwicklungsdatenbank des Entwicklungsprojekts gehalten wird. Dabei können an dieser Regel- und Faktenbasis auf den unterschiedlichen Stufen Modifikationen vorgenommen werden:

- es können die Standardwerte verändert werden;
- es können neue abstrakte Interaktionsobjekte hinzugefügt bzw. vorhandene modifiziert werden;
- die Auswahlregeln bzw. ergonomische Gestaltungsregeln können verändert werden oder
- es können in konsequenter Ausnutzung dieser Mechanismen anwendungsspezifische Designsysteme erzeugt werden.

8.5.7 Abbildung der Designspezifikation auf User Interface Management Systeme

Die mit dem regelbasierten System erzeugte formale Beschreibung der Benutzungsschnittstelle wird in einem letzten Schritt in die Beschreibungssprache eines User Interface Management Systems oder eine 4GL-Sprache oder andere Werkzeuge übersetzt. Über diese Trennung von abstrakter Beschreibung und Implementierung gewinnt die Software ein hohes Maß an Portabilität. Weiterhin kann dieser Ansatz auch zum Reengineering bereits vorhandener Informationssysteme benutzt werden. Dabei verringert sich der Aufwand, wenn entsprechende Datenmodelle und andere Formalisierungen bereits vorhanden sind. In diesem Fall ist auch ein erleichterter Übergang von alphanumerischen zu graphisch-interaktiven, objektorientierten Benutzungsschnittstellen möglich.

8.6 Ein Werkzeugkasten zur Generierung von Benutzungsschnittstellen aus Datenmodellen

Die hier vorgestellte Vorgehensweise zur Spezifikation von Benutzungsschnittstellen kann einerseits von einem Designer unter Verwendung des Objektmodells, der Regeln, Notationen und Entscheidungstabellen händisch angewendet werden. Andererseits ist es sinnvoll, auf einen Werkzeugkasten, der durchgängig die entworfenen Methoden unterstützt, zurückzugreifen. Abbildung 8.6 zeigt Elemente des Werkzeugbaukastens und ihr Zusammenwirken.

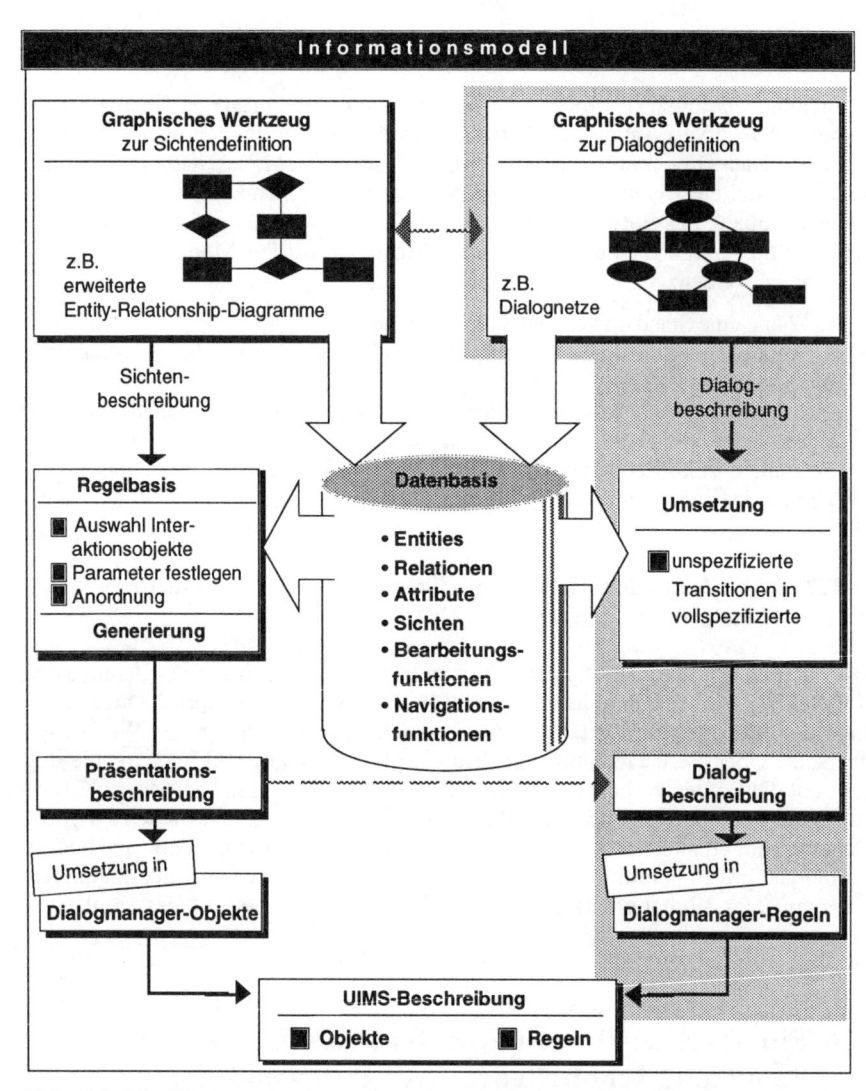

Abb. 8.6. Ein Werkzeugbaukasten zur Entwicklung von objektorientierten Benutzungsschnittstellen für Informationssysteme auf der Basis von Daten- und Aufgabenmodellen.

8.6.1 Generierung einer Benutzungsschnittstelle für die Auftragsabwicklung eines PPS-Systems

In den letzten Jahren waren speziell mittelständische Hersteller von PPS-Systemen gezwungen, ihre Systeme auf Standardumgebungen (Client/Server-Umgebungen) zu portieren. Diese Entwicklung gefährdet etliche dieser Softwareanbieter in ihrer Substanz. Eine Lösungsmöglichkeit besteht darin, für diesen Bereich standardisierte Softwareplattformen und Entwicklungsmethoden verknüpft mit Softwaregeneratoren zu entwickeln. Diese können den Aufwand für die hier anstehenden Migrationsprobleme substantiell reduzieren bzw. die entsprechenden Projekte überhaupt erst durchführbar machen. Die hier vorgestellte Methodik einschließlich der entwickelten Werkzeuge wurde in entsprechenden Fällen erfolgreich eingesetzt. Im folgenden wird ein typisches Einsatzbeispiel geschildert.

8.6.2 Vorgehensweise

Die vorhandenen Systeme wurden durchgängig auf proprietären Rechnersystemen entwickelt. Dabei wurden bei diesen Systemen, deren Entwicklung im Schnitt eine Dekade zurückliegt, durchweg keine Methoden des Software Engineerings angewendet. Bei einer Migration auf moderne Softwareumgebungen sollen zumindest Datenmodelle und Aufgabenmodelle zugrunde gelegt werden. Diese sind im Ansatz eines klassischen Reengineerings auf der Basis des vorliegenden Codes nur schwer zu gewinnen. Vielversprechender ist dabei die Vorgehensweise, in moderierten Sitzungen mit Fach- und DV-Experten erste Datenmodelle zu erstellen. Mit Hilfe des hier vorgestellten Methodeninventars und der dazugehörigen Werkzeuge kann sodann sehr kurzzyklisch eine entsprechende Visualisierung des Datenmodells und der Kernfunktionalität mit Hilfe eines Prototypen erstellt werden. Dabei kann die Regelbasis über die vorher geschilderten Mechanismen der existierenden Anwendung angeglichen werden; dies verbessert die Möglichkeit des Eindenkens bei den Fach- und DV-Experten. Auf dieser Basis können in mehreren zyklischen Schritten Datenmodell und Aufgabenmodell des Systems erweitert und verfeinert werden. Mit Hilfe dieser Vorgehensweise wird die Spezifikations- und Designphase zügig bewältigt. Zusätzlich ist es möglich, einen entsprechenden funktionalen Bausteinkasten zum Zwecke der Spezifikation und des Designs einzubringen.

Der so generierte Prototyp kann iterativ zur vollständigen Benutzungsschnittstelle ausgebaut werden, sofern die verwendeten Werkzeuge (spezifisch das UIMS, aber auch die CASE-Umgebung) für das gewünschte Zielsystem akzeptabel sind. Falls dies nicht der Fall ist, kann in etlichen Fällen durch die Erstellung eines weiteren Postprozessors in die gewünschte Zielumgebung hinein abgebildet werden.

8.6.3 Generierung der Benutzungsschnittstelle

Es wurde in einem ersten Schritt im ER-Modell gewonnen. Sodann wurden nach dem hier skizzierten Verfahren Einstiegs- und Auswahlsichten gewonnen.

Für einen schnellen Zugriff auf Daten werden zwei Standardzugriffswege angeboten: die sogenannte Listensicht und die Generierung eines Auswahlfensters. So kann ausgehend vom Einstieg für jedes dort repräsentierte Objekt mit der Funktion Öffnen die Liste der vorhandenen Elemente zu dem selektierten Objekt angezeigt werden. Abbildung 8.7 zeigt den Generierungsprozeß zur Definition und Generierung der Listensicht für das Objekt Bestellungen.

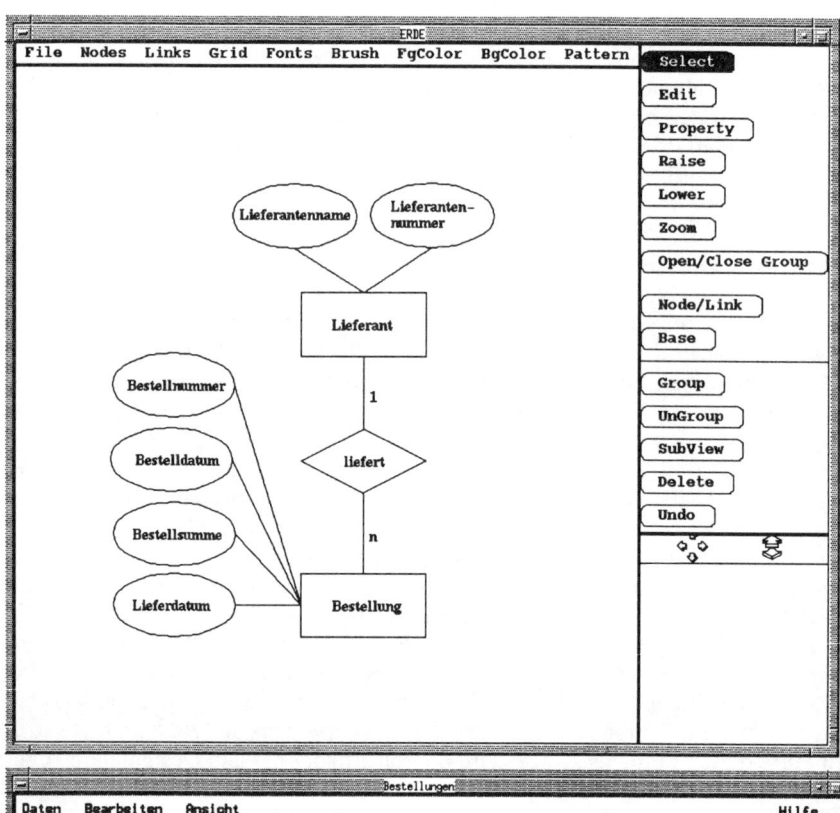

Abb. 8.7. Sichtendefinition für die Auswahl der Bestellungen aus einer Liste sowie das daraus generierte Fenster

8.6 Ein Werkzeugkasten zur Generierung von Benutzungsschnittstellen

Auch an diese Sicht können Funktionen angebunden werden: Neu, Öffnen, Auswählen, Speichern, Speichern unter, Drucken, Archivieren, Löschen und Schließen sind selbsterklärend. Darüber hinaus existieren die Bearbeitungsfunktionen Widerruf, Ausschneiden, Kopieren, Einfügen, Suchen und Erneut Suchen. Die Standardhilfefunktionalität ist selbstverständlich angebunden.

Bei großen Daten wird die Listendarstellung unübersichtlich. Dies gilt sicherlich für Entitäten wie Teile, aber auch für Kunden, Aufträge und Bestellungen. Aus diesem Grund wird ein alternativer Weg zur gezielten Auswahl von Daten angeboten. Mit der Funktion Auswählen können zielgenau Eigenschaften zu dem selektierten Objekttyp spezifiziert werden. Dazu wird ein modaler Dialog in einer Dialogbox geführt. Zur Bearbeitung der einzelnen Bestellungen ist eine Detailsicht Bestellung notwendig. In ihr werden die wichtigsten Daten der Bestellung und der einzelnen Bestellpositionen abgebildet. In diesem Teil des Systems befindet sich die wichtige anwendungsspezifische Bearbeitungsfunktionalität. Dabei können Angebote in Bestellungen überführt werden, Bestellungen storniert oder abgeschlossen werden. Zusätzlich gibt es noch eine Detailsicht (Bestellungsdetails) zu dieser Sicht.

9 Software-Werkzeuge für graphisch-interaktive Benutzungsschnittstellen

9.1 Basiskomponenten für graphisch-interaktive Benutzungsschnittstellen

9.1.1 Fenstersysteme

Fenstersysteme stellen die Basisfunktionalität für graphische Benutzungsschnittstellen zur Verfügung. Die Aufgaben eines Festersystems lassen sich wie folgt untergliedern:

- Sie verwalten die Darstellungsflächen (Fenster, die von einer oder mehreren Applikationen als Benutzungsschnittstelle genutzt werden).
- Sie bieten einen Satz von Graphikfunktionen, mit denen die Applikationen die ihnen zugeordneten Fenster manipulieren können, um darin Text und Standarddialogelemente sowie in gewissem Umfang Graphik darstellen zu können.
- Sie verwalten die angeschlossenen Eingabegeräte (Tastatur, Maus etc.) und benachrichtigen die Applikationen über Benutzereingaben.

Damit decken Fenstersysteme die E/A-Schicht von Benutzungsschnittstellen ab. Sie bieten damit eine geräteunabhängige Schnittstelle für die graphische Ein- und Ausgabe, wobei jedes Fenster als virtuelles Ausgabegerät betrachtet wird. Bei multitaskingfähigen Systemen (Mehrbenutzersysteme) können mehrere Applikationen gleichzeitig auf ein E/A-Gerät zugreifen. Es werden drei unterschiedliche Architekturen für Fenstersysteme unterschieden.

Fenstersysteme können als reine Client-Systeme in Form von Bibliotheken zur Verfügung gestellt werden. Durch die Anbindung an eine Applikation ist hier keine Multitaskingfähigkeit gegeben. Ein anderes Konzept bietet Windowsysteme als Teil des Betriebssystems (Kernsystem) an. Bei verteilten Umgebungen entsteht hier eine hohe Netzwerkbelastung. Die sinnvolle Kombination aus beiden Formen stellen sogenannte Client/Server-Umgebungen dar. Sie minimieren den Netzwerkverkehr und belasten andererseits häufig benutzte Systemfunktionen in einem Server.

Zu den erweiterten Aufgaben von Fenstersystemen gehört das sogenannte Window Management. Darunter werden die basalen Interaktionsmöglichkeiten mit Fenstern, sofern sie unabhängig von den Applikationen sind, zusammengefaßt.

Das marktführende Fenstersystem ist Microsoft Windows. Es bietet eine Applikationsschnittstelle mit ca. 450 Funktionen. Dabei sind auf unterster Stufe Gerätetreiber enthalten. Darüber wird eine virtuelle Geräteschnittstelle (DVI: Device Virtual Interface) angeboten. Oberhalb dieser Funktionalität ist eine Präsentationsschicht (GPI: Graphical Presentation Interface) angesiedelt. Zum Funktionsumfang gehören weiterhin ein Satz von Fenstersystembausteinen (Window Primitives). Windows realisiert darüber hinaus noch einen größeren Teil von Betriebssystemfunktionalität, die nicht im darunterliegenden MS-DOS-System realisiert ist.

MS-Windows ist objektorientiert konzipiert. Die graphische Ausgabe wird mit Hilfe von Objekten, die in einer Klassenhierarchie angeordnet sind, durchgeführt. Das Fenstermanagement ist in MS-Windows integriert.

Architektur Kriterium	Kernsystem	Client-System	Client/Server-System
Symbolisierung	Applikation Fenstersystem Betriebssystem	Applikation Fenstersystem Betriebssystem	Applikation Client-Prozeß ⇕ Server-Prozeß Betriebssystem
Schnelligkeit	●	◐	○–◐
Speicherbedarf	●	○	◐
Synchronisation	●	○	◐
Portabilität	○	●	◐
Wartbarkeit	◐	○	●
verteilte Architekturen	○	◐	●
Fehlerauswirkungen	○	●	◐

Legende: ○ ungünstige Lösung
◐ weniger günstige Lösung
● günstige Lösung

Abb. 9.1. Drei unterschiedliche Architekturen für Fenstersysteme und ihre Vor- und Nachteile

9.1 Basiskomponenten für graphisch-interaktive Benutzungsschnittstellen 139

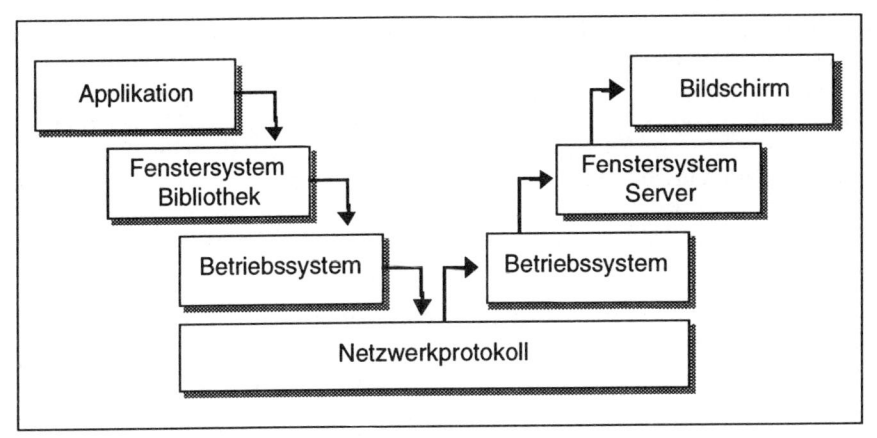

Abb. 9.2. Kommunikationskette beim Öffnen eines Fensters in einer Client/Server-Architektur

Der Presentation Manager stellt im wesentlichen die Funktionalität von MS-Windows für das Betriebssystem OS/2 zur Verfügung. Dabei kann sich der Presentation Manager auf ein voll ausgereiftes Multitaskingsystem stützen. Somit entfallen wesentliche Teile der systemnahen Funktionalität von MS-Windows bei der Implementation des Presentation Managers. Das basale Erscheinungsbild (Look and Feel) implementiert den CUA-Industriestandard (Common User Access) im Rahmen von SAA (System Application Architecture) für OS/2-Systeme.

Das X-Windows-System ist ein echtes Client/Server-System. X beschränkt sich darauf, die wesentlichen Protokolle zu definieren und Referenzimplementationen zu liefern. Dadurch wurde eine hohe Verbreitung, Portabilität und Hardwareunabhängigkeit erreicht. Die Kommunikation zwischen Client und Server läuft aus Performanzgründen asynchron. Trotzdem wird die Kommunikation zwischen Client und Server bei großen Installationen zu einem Engpaß, sofern nicht weitere Vorkehrungen getroffen werden. Das Window-Management ist nicht in das eigentliche Fenstersystem integriert. Dadurch lassen sich aufsetzend auf den normierten Protokollen verschiedene Look and Feels implementieren. X ist relativ offen gegenüber Erweiterungen. So stellt etwa PEX (PHIGS - Graphics Extension of X) eine Erweiterung von X um den wohl verbreitetsten 3D-Graphikstandard dar.

Ein weiteres interessantes Fenstersystem ist NeWS (Netword extensible Windows System) von Sun. Es beruht auf der Beschreibungssprache PostScript. Dies garantiert eine konzeptuell hohe Erweiterbarkeit und Geräteunabhängigkeit. Andererseits stellt es hohe Anforderungen an die Leistungsfähigkeit der Client-Systeme. Auch ist die Netzwerkbelastung im Rahmen des Client/Server-Modells durch stärkere Entkoppelung und die Verwendung des logisch hochstehenderen Kommunikationsprotokolls (PostScript) wesentlich geringer.

Das graphische Kernsystem (GKS), das lange Zeit als ein aussichtsreicher Kandidat für einen Standard für graphische Systeme galt, wurde von der Entwicklung von Fenstersystemen verdrängt. So bietet es auch heute noch eine breite geräteunabhängige Graphikschnittstelle. Es konnte sich jedoch nicht als Standard in Fensterumgebungen etablieren.

Für alphanumerische Fenstersysteme wurde in einem Schichtenmodell das System AlphaWindows im Zusammenhang mit dem User Interface Management System Dialog Manager (IDM – vgl. Kap. 12) implementiert. Es bildet die Funktionalität von Standardfenstersystemen soweit als möglich auf alphanumerischen Systemen nach. Es besteht aus den geschichteten Kompononenten Alpha-PD (Physical Device Driver), Alpha-LD (Logical Device Driver), Alpha-CM (Char

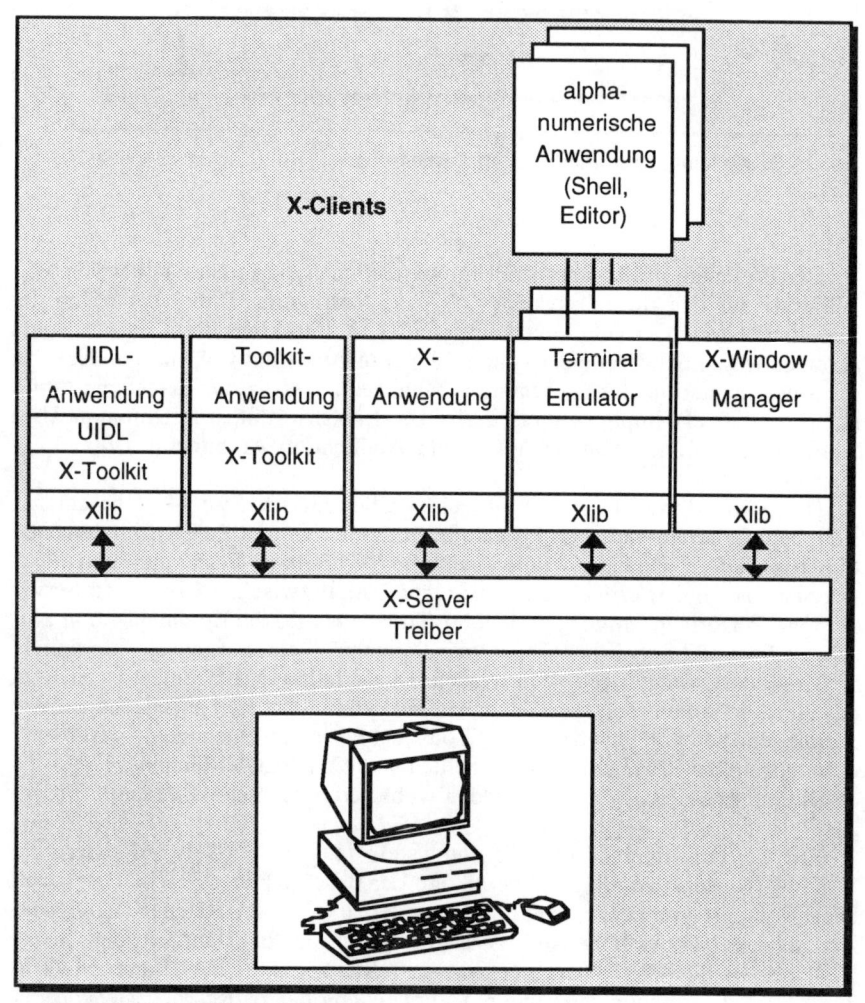

UIDL: User Interface Definition Language
Xlib: Bibliothek des X-Windows-Systems
X-Toolkit: Baukasten für Dialogelemente

Abb. 9.3. Client/Server-Architektur im X-Windows-System

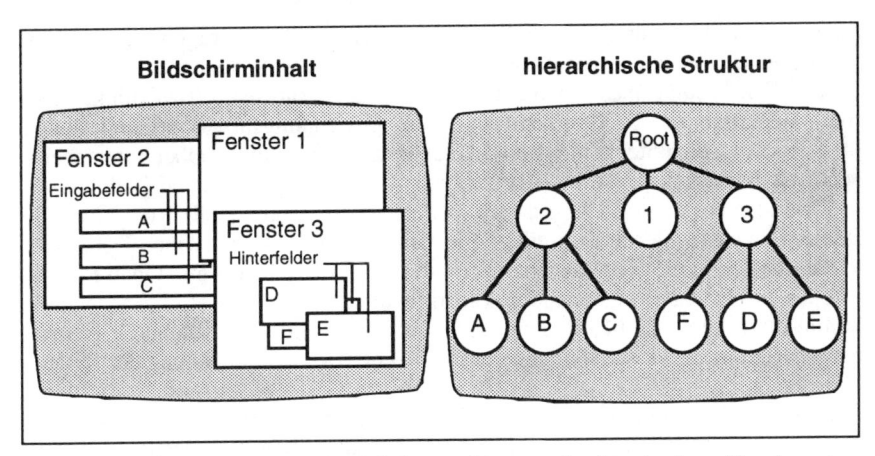

Abb. 9.4. Beziehung von Bildschirminhalten und interner Struktur in einem Fenstersystem

Map Manager), Alpha-DP (Drawing Primitives) sowie Alpha-WP (Windowing Primitives). Es wurde erfolgreich für die Migration etlicher Systeme (z. B. im PPS-Bereich) von alphanumerischen zu vollgraphischen Systemen innerhalb von heterogenen Client-Umgebungen (Terminals, PCs, Workstations) eingesetzt.

9.1.2 Marktrelevante Oberflächenbaukästen (Toolkits)

Fenstersysteme bieten dem Anwendungsprogrammierer eine sehr niedrigstehende und komplexe Programmierschnittstelle. Weiterhin beobachtete man bei der Programmierung von graphisch-interaktiven Anwendungen, daß sich für einen Anwendungsprogrammierer häufig wiederkehrend nahezu identische Aufgabenstellungen ergeben. Eine der häufigsten Aufgabenstellungen ist dabei, einen elementaren Satz von Dialogobjekten in bezug auf Darstellung sowie Interaktionsverhalten zu beschreiben. Weiterhin läßt sich beobachten, daß lediglich eine begrenzte Anzahl sogenannter generischer Dialogobjekte benötigt werden. Die Anzahl der benötigten generischen Dialogobjekte liegt dabei bei ca. 15-20 Objekten. Diese wurden zu Bibliotheken zusammengestellt und werden allgemein als Toolkits bezeichnet.

Für UNIX-Systeme hat sich der OSF/Motif-Oberflächenbaukasten als Standard herausgebildet. OSF/Motif (OSF/Motif Styleguide, 1993) besteht aus den Komponenten OSF/Motif Styleguide (Aussehen und Verhalten von Applikationen), Toolkit (Sammlung von standardisierten graphischen Objekten), UIL (User Interface Language: eine Beschreibungssprache zur Definition von Aussehen und Verhalten der Objekte) sowie dem Motif Window Manager (Verwaltung der Fenster und einheitliches Look and Feel entsprechend dem Styleguide).

OSF/Motif schreibt die Prinzipien Konsistenz, Flexibilität und direkte Manipulation als Dialogtechnik sowie Benutzerkontrolle vor. Damit werden einheitliche Prinzipien für Benutzerschnittstellen verankert, die für verbesserten Lerntransfer zwischen unterschiedlichen Anwendungen Sorge tragen, sofern diese Prinzipien der Arbeitsaufgabe angemessen sind.

Der OSF-Toolkit basiert auf den sogenannten Xt-Intrinsics (Basisfunktion zur Implementation von Toolkits) und stellt dem Anwendungsprogrammierer Dialogobjekte als sogenannte Widgets und Gadgets zur Verfügung. Dabei unterscheidet Motif nach Shell Widgets, Display Widgets, Container Widgets und Gadgets.

Open Look (Young, 1990) ist ein weiterer prominenter Toolkit für UNIX-Systeme. Er wurde allerdings mittlerweile vom Markt verdrängt. Open Look beinhaltet über den OSF-Toolkit hinaus einige interessante Konzepte. Open Look ist offener für Erweiterungen und zukünftige Interface-Standards. Es ist weniger komplex gestaltet als Motif (kein 3D-Look), verwendet die Rechnerressourcen daher sparsamer und versucht, eine besonders effiziente Handhabung der Systeme zu realisieren.

In den Presentation Manager integriert sind die benötigten Dialogobjekte. Aufgrund des objektorientierten Aufbaus des Presentation Managers stellt jedes dieser Objekte eine Instanz der generellen Klasse "Window" dar. Bezüglich der Dialogobjekte realisiert der Presentation Manager CUA. Der Presentation Manager verfügt über ein komfortables System zur Übertragung von Nachrichten (Message Handling System).

Die Applikationsschnittstellen von MS-Windows und Presentation Manager sind eng verwandt. Die grundsätzliche Struktur des objektorientierten Konzepts von Windowklassen und dem Versenden von Nachrichten an die einzelnen Windows ist bei beiden Systemen identisch.

9.1.3 Programmierung graphisch-interaktiver Benutzungsschnittstellen mit Hilfe von objektorientierten Oberflächenbaukästen

In diesem Unterkapitel wird die objektorientierte Programmierung graphischer Benutzungsschnittstellen behandelt. Es wird begründet, warum objektorientierte Programmiertechniken für die Oberflächenprogrammierung besonders geeignet sind. In einem weiteren Abschnitt wird InterViews als Beispiel für einen Oberflächenbaukasten vorgestellt, der in C++ implementiert ist, und es wird die Oberflächenprogrammierung mit Hilfe von InterViews dargestellt.

9.1.3.1 Objektorientierte Oberflächenbaukästen

Objektorientierte Konzepte werden bei den meisten Oberflächenbaukästen angewandt. Bisher wird allerdings bei den genannten Standardbaukästen noch keine objektorientierte Programmiersprache, sondern in der Regel C eingesetzt. Der Grund dafür liegt darin, daß sich noch keine objektorientierte Sprache als Standard gegenüber C oder in Erweiterung von C durchgesetzt hat. Allerdings wäre der Einsatz einer objektorientierten Programmiersprache natürlicher und würde die Implementierung ohnehin objektorientierter Entwürfe erleichtern.

Folgende Eigenschaften objektorientierter Programmiersprachen werden bei Oberflächenbaukästen ausgenutzt:

9.1 Basiskomponenten für graphisch-interaktive Benutzungsschnittstellen 143

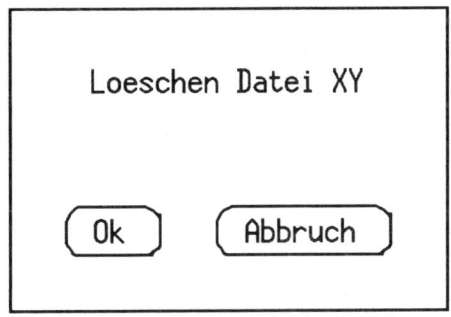

```
┌─────────────────────────────┐
│                             │
│      Loeschen Datei XY      │
│                             │
│                             │
│     ( Ok  )   ( Abbruch )   │
│                             │
└─────────────────────────────┘
```

Abb. 9.5. Bildschirmdarstellung einer Dialogbox

- Klassenbildung: Die Bausteine werden als Klassen implementiert und bilden so eine programmtechnische Einheiten von Datenstrukturen und Funktionen. Dadurch wird die Bausteinbibliothek in natürlicher Weise strukturiert, was nicht nur Erweiterungen, sondern auch die Einarbeitung für den Anwendungsprogrammierer erleichtert.
- Bildung komplexer Objekte: Vorhandene Bausteine können zu neuen zusammengefaßt werden. Beispielsweise enthält eine Dialogbox (Abb. 9.5) vordefinierte Elemente wie Knöpfe (Buttons) und Texte, die vom Anwendungs-Programmierer gruppiert werden.
- Vererbung und virtuelle Funktionen: Gemeinsame Eigenschaften von Bausteinen brauchen nur einmal implementiert zu werden. Zum Beispiel enthalten alle Oberflächenbausteine eine Darstellungsfläche und eine Zeichenfunktion zur Darstellung auf dem Bildschirm. Diese werden in einer gemeinsamen Basisklasse definiert. Hierbei ist die Zeichenfunktion virtuell, da verschiedene Bausteine jeweils eine unterschiedliche Darstellung haben. Der Aufruf kann aber ohne Kenntnis der spezifischen Eigenschaften erfolgen. So ist es z. B. möglich, die Zeichenfunktion einer Dialogbox durch den Aufruf der Zeichenfunktionen der Elemente zu definieren, ohne bereits festzulegen, welche Elemente enthalten sein werden. Dies ermöglicht auch die Einführung neuer Elementklassen, ohne den Programmtext für die Dialogbox zu verändern. Beispiele für die Verwendung virtueller Funktionen werden im folgenden Abschnitt gegeben.

C++ hat sich in der Praxis als die objektorientierte Erweiterung von C etabliert. C++ hat gegenüber C den Vorteil, daß statische Typprüfungen durch den Compiler durchgeführt werden. Bei der Verwendung von Bibliotheken in C machen besonders Anfänger leicht Fehler in den Parameterlisten, die dann zur Laufzeit schwer zu lokalisierende Fehler erzeugen. In C++ werden diese Typfehler bereits vom Compiler lokalisiert.

Für verschiedene Fenstersysteme und Oberflächenbaukästen existieren C++-Bibliotheken, die einen objektorientierten Baukasten zu Verfügung stellen. Einige davon werden hier genannt:

- *InterViews* von der Stanford University ist eine Bibliothek, die sowohl Klassen für interaktive Standardobjekte (Knöpfe, Menüs, Dialogboxen usw.), als auch Klassen für strukturierten Text und strukturierte Graphik enthält. Letztere

können z. B. als Basis für Text- bzw. Graphik-Editoren genommen werden. InterViews baut auf X-Windows auf und ist frei verfügbar.
- *CommonView* ist eine Entwicklung von Glockenspiel und läuft unter MS-Windows und Presentation Manager mit den entsprechenden look-and-feels. Eine Version für OSF/Motif ist ebenfalls erhältlich. Damit sind Anwendungen über diese drei Platformen hinweg portabel.
- Eine interessante Entwicklung im Hinblick auf die Portabilität ist auch *XVT* (Extensible Virtual Toolkit) von XVT Software Inc. Es bietet eine generalisierte C-Schnittstelle zu den meisten gängigen Oberflächenbaukästen an (Apple Macintosh, MS Windows, Presentation Manager und OSF/Motif). Außerdem werden alphanumerische Systeme unterstützt. Auf dieser Basis setzt dann eine C++-Bibliothek auf.
- *ET++* läuft unter verschiedenen Fenstersystemen im Workstation-Bereich (u. a. X) und ist frei verfügbar. Neben Klassen für Oberflächenbausteine sind auch Datenstrukturen (z. B. Listen) und Basisklassen für Anwendungsobjekte enthalten. Letztere definieren eine Struktur für die Anwendung vor. Daher werden Werkzeuge wie ET++ auch als *application framework* (Anwendungsrahmen) bezeichnet.

9.1.3.2   Die Klassen des objektorientierten Oberflächenbaukastens InterViews

InterViews enthält nicht nur Klassen für Standard-Oberflächenobjekte, sondern auch für strukturierte Graphik- und Textobjekte. Dadurch wird eine umfassende Unterstützung gegeben und das unterliegende Fenstersystem vollständig verborgen. Bei der Verwendung anderer Bibliotheken dagegen muß z. B. für die Darstellung von Anwendungsgraphik in der Regel direkt auf das Fenstersystem zugegriffen werden.

Ein Ausschnitt aus der Klassenhierarchie für interaktive Objekte (Interaktoren) ist in Abb. 9.6 oben dargestellt. Die Basisklasse `Interactor` enthält Elemente und Funktionen, die allen Interaktoren gemeinsam sind. So hat jeder Interaktor eine Darstellungsfläche (`canvas`) für die Darstellung auf dem Bildschirm. Zur Festlegung von Darstellungsattributen wie Vorder- und Hintergrundfarbe, Font usw. dient ein Objekt der Klasse `Painter`. Diese Klasse stellt außerdem Zeichenfunktionen für die unmittelbare Ausgabe bereit (ohne Speicherung einer Datenstruktur, im Gegensatz zu der strukturierten Graphik). Zur Definition der Eingabeereignisse, auf die ein Interaktor reagieren soll, ist ein Objekt der Klasse `Sensor` enthalten. `Painter` und `Sensor` sind dabei Ressourcen (`Resource`, Abb. 9.6 Mitte), die von mehreren Interaktoren gleichzeitig genutzt werden können.

In `Interactor` sind allgemeine Funktionen für die graphische Ein- und Ausgabe enthalten. Einige von ihnen sind allerdings virtuell und werden in den abgeleiteten Klassen von `Interactor` redefiniert. Beispiele für Funktionen von `Interactor` sind:

Ausgabe:

- virtual void Draw ()
  Zeichnet die Darstellung eines Interaktors auf der Darstellungsfläche.

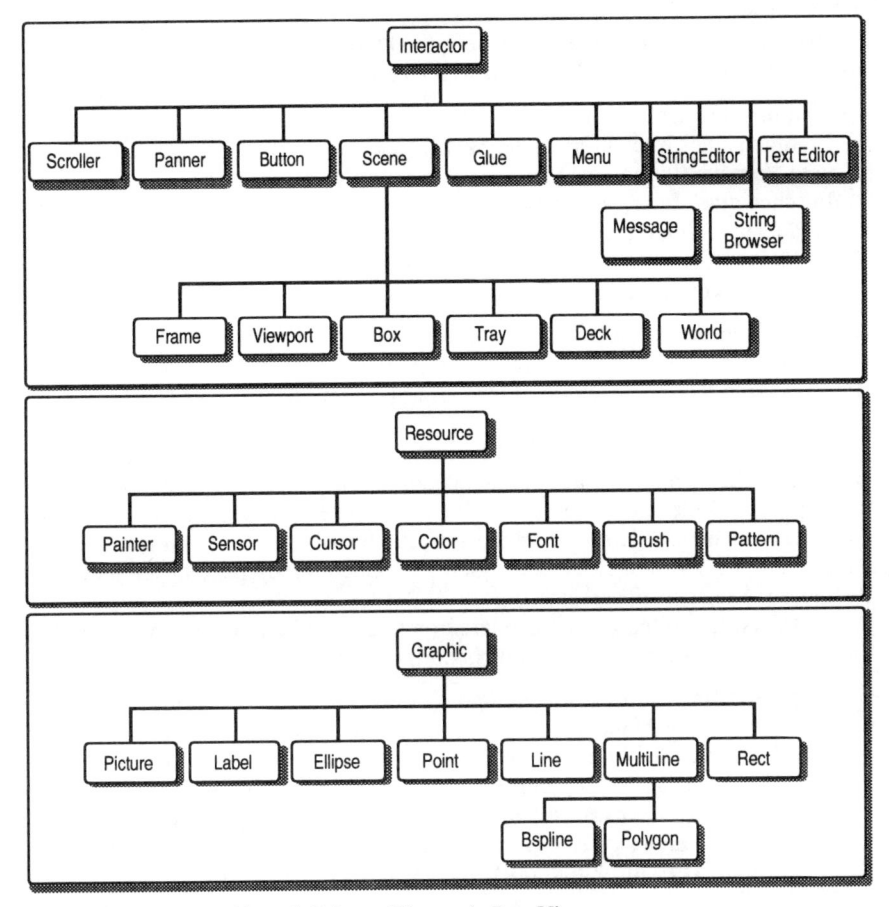

9.1 Basiskomponenten für graphisch-interaktive Benutzungsschnittstellen

Abb. 9.6. Eine Auswahl vordefinierter Klassen in InterViews

- virtual void Highlight (boolean)
  Hier kann die Hervorhebung eines Interaktoren, z. B. durch invertieren, definiert werden.

Eingabe:

- void Listen (Sensor*)
  Meldet die Ereignisse an, auf die ein Interaktor reagieren soll.
- virtual void Handle (Event&)
  Behandelt ein Ereignis, das für den Interaktor bestimmt ist.
- void Read (Event&)
  Liest das nächste Ereignis aus der Ereigniswarteschlange.
- void Run ()
  Implementiert eine Ereigniswarteschleife, die in der Regel einmal für die "Welt" (World, s. u.) aufgerufen wird. Liest mit Hilfe von Read Ereignisse und ruft die Handle-Funktion der zugehörigen Interaktoren auf.

Die Basisklasse für zusammengesetzte Interaktoren ist Scene. Sie enthält Funktionen zur Verwaltung von Bildschirmhierarchien, z. B.:

- void Insert (Interactor*)
  Einfügen eines Interaktors in die Szene.
- void Remove (Interactor*)
  Löschen eines Interaktors aus der Szene.
- void Config (Interactor*)
  Meldet der Szene, daß ein enthaltener Interaktor seine Form verändert hat, so daß das Layout entsprechend angepaßt werden kann.

Neben einer Reihe von Klassen für Standardobjekte wie Menüs, Buttons, Texteingabefelder (StringEditor), Textlisten (StringBrowser) und Dialogboxen (Box) ist eine Klasse für Texteditoren als abgeleitete Klasse von Interactor vorhanden.

Für strukturierte Graphik existiert eine eigenständige Klassenhierarchie. Die Basisklasse Graphic enthält Funktionen zum Zeichnen der Graphik, Setzen und Abfragen von Zeichenattributen und für graphische Transformationen. Die von Graphic abgeleitete Klasse Picture ist die Basisklasse für zusammengesetzte Graphiken. Andere abgeleitete Klassen implementieren spezielle Objekte wie Rechtecke, Kreise, Ellipsen usw.

Im folgenden sollen noch die Interaktoren näher erläutert werden, die in dem unten gezeigten Programmierbeispiel benötigt werden:

- PushButton ist eine abgeleitete Klasse von Button. Wird ein PushButton mit der Maus angeklickt (d. h. die Maus über den Knopf bewegt, die linke Taste gedrückt und wieder losgelassen), so ruft PushButton die virtuelle Funktion Press() auf. Ein PushButton besitzt wie jeder Button einen Zustand, der im Beispiel ein Integer ist. Der Wert 0 bedeutet gedrückt, der Wert 1 nicht gedrückt. Der Zustand ist eine Instanz einer Klasse ButtonState, die Funktionen für das Setzen und Abfragen des Zustands bereitstellt.

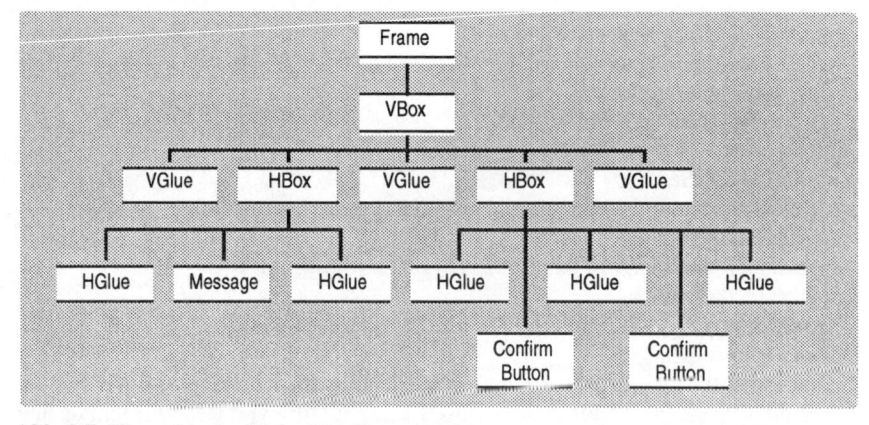

Abb. 9.7. Hierarchie der Dialogbox-Komponenten

9.1 Basiskomponenten für graphisch-interaktive Benutzungsschnittstellen

- `Message` ermöglicht die Darstellung einer Textzeile.
- `Box` ist die Basisklasse für Dialogboxen und hat die abgeleiteten Klassen `HBox` und `VBox` für horizontale bzw. vertikale Ausrichtung der Elemente.
- `Glue` ermöglicht die Definition von Zwischenräumen zwischen den Komponenten einer Dialogbox. `Glue` existiert in den beiden Ausprägungen `HGlue` und `VGlue` für horizontale bzw. vertikale Zwischenräume.
- `Frame` zeichnet einen Rahmen um einen Interaktor und hinterlegt einen Hintergrund.
- `World` ist die Wurzel aller Szenen auf dem Bildschirm ("Welt"), in der alle sichtbaren Interaktoren enthalten sind. Ein Interaktor, der in die Welt eingefügt wird, wird automatisch in einem Fenster sichtbar gemacht, wobei noch eventuelle Interaktionen mit dem Window Manager zur Positionierung des Fensters durch den Benuzer vorgenommen werden.

9.1.3.3 Ein Programmierbeispiel für die Programmierung graphisch-interaktiver Benutzungsschnittstellen unter Verwendung eines objektorientierten Oberflächenbaukastens

Das Beispiel 9.1 zeigt eine Implementierung der Dialogbox aus Abb. 9.5. Für die beiden `PushButtons` wurde die Klasse `ConfirmButton` definiert. Instanzen dieser Klasse haben einen Zeiger auf ihre Dialogbox (`creatorbox`), der im Konstruktor initialisiert wird. Die Funktion `Press()` aus `PushButton` ist so überschrieben, daß die Funktion `Quit()` in der Dialogbox aufgerufen wird.

Die Klasse `ConfirmBox` (Beispiel 9.2) baut in ihrem Konstruktor die Komponenten-Hierarchie der Dialogbox auf (siehe Abb. 9.7). In der Funktion `Quit()` wird je nach der Stellung des Ok-Buttons eine der virtuellen Funktionen `OkFunc()` und `CancelFunc()` aufgerufen. Diese beiden Funktionen werden

```
class ConfirmButton : public PushButton {
    ConfirmBox* creatorbox;          /* Enthält den Erzeuger */
Subjectstate*subject;
public:
    ConfirmButton (ConfirmBox*, const char*, ButtonState*, int);
    void Press();
};

ConfirmButton::ConfirmButton (ConfirmBox* creator,
    const char* text, ButtonState* state, int value)
    {
    creatorbox = creator;            /* Speichere Erzeuger */
}

void ConfirmButton::Press() {
    subject->SetValue(0);            /* Setze Zust. auf "gedrückt"*/
    creatorbox->Quit();              /* Melde an Erzeuger */
}
```

Beispiel 9.1. Die Klasse `ConfirmButton`

```
class ConfirmBox : public Frame {
   ButtonState* okstate;              /* Zustand Ok-Button */
   ButtonState* cancelstate;          /* Zustand Cancel-Button */
public:
   ConfirmBox (char* message);
   void Quit ();                      /* Beendet die Dialogbox */
   virtual void OkFunc ();            /* Aufruf bei "Ok"       */
   virtual void CancelFunc ();        /* Aufruf bei "Cancel"   */
};
ConfirmBox::ConfirmBox (char* message) {
   const int space = 20;
   okstate = new ButtonState(1);
   cancelstate = new ButtonState(1);
   Insert (new VBox (                 /* Zusammensetzung der   */
              new VGlue (space),      /* Dialogbox */
              new HBox (
                     new HGlue (space),
                     new Message (message),
                     new HGlue (space)
              ),
              new VGlue (2*space),
              new HBox (
                     new HGlue (space),
                     new ConfirmButton (this, "Ok", okstate,
                            false),
                     new HGlue (space),
                     new ConfirmButton (this, "Abbruch",
                            cancelstate, false),
                     new HGlue (space)
              ),
              new VGlue (space)
        )
   );
}
void ConfirmBox::Quit () {
   int value;
   okstate->GetValue (value);         /* hole Zustand          */
   if (value == 0)
   OkFunc ();                         /* Führe Aktion aus      */
   else
   CancelFunc ();
   GetWorld()->Remove (this);         /* Entferne Dialogbox */
}                                     /* vom Bildschirm     */
void ConfirmBox::OkFunc () {
}
void ConfirmBox::CancelFunc () {
}
```
Beispiel 9.2. Die Klasse ConfirmBox

9.1 Basiskomponenten für graphisch-interaktive Benutzungsschnittstellen

in abgeleiteten Klassen definiert und führen die gewünschten Aktionen aus. Die Klasse `ConfirmBox` ist damit für die Bestätigung aller möglichen Aktionen wiederverwendbar.

Das Beispiel 9.3 schließlich zeigt die Ableitung einer speziellen Klasse von `ConfirmBox`. An den Konstruktor wird der Name der zu löschenden Datei übergeben, der in `filename` gespeichert wird (die Funktionen `StrCat` und `StrCpy` sind analog zu den Standardfuntkionen `strcat` und `strcpy` zu verstehen, außer daß sie genügend Speicher allozieren, um das Ergebnis aufzunehmen). Die Funktion `OkFunc()` wird so redefiniert, daß die Datei gelöscht wird. Danach wird das Programm verlassen. `CancelFunc()` bewirkt nur das Verlassen des Programms.

Im Hauptprogramm `main` werden Instanzen von `World` und `MyConfirmBox` erzeugt und letztere in erstere eingefügt. Danach wird in die Ereigniswarteschleife eingetreten.

```
class MyConfirmBox: public ConfirmBox {
    char* filename;             /* Name der zu löschenden Datei */
public:
    MyConfirmBox (const char*);
    void OkFunc ();
    void CancelFunc ();
};

MyConfirmBox::MyConfirmBox (const char* file) :
        ConfirmBox (StrCat ("Loeschen Datei ", file)) {
    filename = StrCpy (file);
}

void MyConfirmBox::OkFunc () {
    unlink (filename);          /* lösche Dateiname */
    exit (0);                   /* Programmende     */
}

void MyConfirmBox::CancelFunc () {
    exit (0);                   /* Programmende */
}

main (int argc, char** argv){
    World* world = new World("", argc, argv);
    MyConfirmBox* confirmbox = new MyConfirmBox ("XY");
    world->Insert (confirmbox);    /* Dialogbox wird sichtbar */
    world->Run ();                 /* Warte auf Ereignisse */
}
```
Beispiel 9.3. Hauptprogramm für die Dialogbox

Die wesentlichen Prinzipien der objektorientierten Oberflächenprogrammierung seien hier noch einmal abschließend zusammengefaßt:
- Zum Aufbau von Benutzungsschnittstellenobjekten werden Objekte vordefinierter oder vom Programmierer definierter Klassen zusammengefügt.
- Bei der Einführung neuer Klassen für Oberflächenbausteine braucht der Programmtext der vordefinierten Klassen nicht geändert zu werden.
- Das Verhalten der vordefinierten Klassen wird an die speziellen Erfordernisse der Anwendung angepaßt, indem virtuelle Funktionen so redefiniert werden, daß sie anwendungsspezifische Aktionen ausführen. Diese ersetzen die Call-Back-Routinen der herkömmlichen Oberflächenbaukästen. Im Beispiel war die Funktion `Press()` von `PushButton` eine solche virtuelle Funktion.
- Im Hauptprogramm werden nur die erforderlichen Objekte erzeugt und auf dem Bildschirm dargestellt. Die Ablaufsteuerung wird dann an den Oberflächenbaukasten abgegeben, der die anwendungsspezifischen Ereignisbehandler aufruft. Ein solcher Ereignisbehandler ist zum Beispiel `Press()` in der Klasse `ConfirmButton`.

9.2 Eine Klassifizierung von höherstehenden GUI-Entwicklungswerkzeugen

Gegenüber Benutzungsschnittstellen auf alphanumerischen Systemen steigt der Entwicklungsaufwand bei graphischen Benutzungsschnittstellen wie OSF/Motif und Microsoft Windows erheblich an. Eine vorliegende Studie zeigt, daß höhere Entwicklungswerkzeuge wie User Interface Management Systeme und Oberflächeneditoren im allgemeinen Vorteile gegenüber reinen Programmierwerkzeugen haben (Myers und Rosson, 1992). Die Orientierung im Bereich dieser Werkzeuge ist schwierig, da Begriffe und Leistungen sehr heterogen sind.

In diesem Unterkapitel wird ein technisches Klassifizierungsschema für GUI-Entwicklungswerkzeuge vorgestellt. Werkzeuge werden dabei schwerpunktmäßig nach zwei Dimensionen, nämlich der unterstützten Architekturebene und dem Abstraktionsgrad für den Entwickler, klassifiziert. Die wichtigsten Werkzeugklassen werden charakterisiert. Im Bereich der Dialogbeschreibung werden einfache Beispiele für verschiedene Werkzeuge gegeben.

9.2.1 Ein Klassifizierungsschema

Im Rahmen der Bemühungen um eine bessere Werkzeugunterstützung bei der Entwicklung graphischer Benutzungsschnittstellen wurden eine Reihe von Werkzeugen entwickelt, die man grob in die in Abb. 9.8 gezeigten Klassen einteilen kann. Als wesentliche Klassen werden dabei die bereits diskutierten Oberflächenbaukästen, die in Kap. 16 detaillierter diskutierten Anwendungsrahmen, Oberflächenbeschreibungssprachen und -editoren, die in Kap. 10-13 ausführlich diskutierten User Interface Management Systeme, 4GL-Werkzeuge, Hypermedia-

9.2 Klassifizierung von höherstehenden GUI-Entwicklungswerkzeugen

Werkzeuge und Werkzeuge mit automatischer Generierung (vgl. Kap. 8) unterschieden.

Die vertikale Klassifizierung erfolgt nach den durch das Werkzeug unterstützten Architekturkomponenten graphisch-interaktiver Anwendungen. Die Einteilung dieser Komponenten geht auf das bekannte *Seeheim-Modell* für Architekturen interaktiver Systeme zurück (vgl. Abb. 9.9) und lehnt sich an gängige Schichtenmodelle an.

Die *Präsentationskomponente* verwaltet die externen Darstellungen der Benutzungsschnittstelle und ermöglicht Interaktionen des Benutzers. Hier werden Oberflächenobjekte erzeugt und Eingaben von den Eingabegeräten entgegengenommen. Dabei wird eine Transformation der Eingaben in ein internes Format vorgenommen, das an die Dialogsteuerungskomponente weitergegeben wird.

Die *Dialogsteuerung* definiert den Ablauf des Dialogs zwischen Benutzer und Anwendung. Sie empfängt und interpretiert die Eingaben von der Präsentationskomponente und führt zugeordnete Aktionen aus. Eine Aktion besteht darin, Oberflächenobjekte in der Präsentationskomponente zu erzeugen, zu verändern oder zu löschen, den internen Dialogzustand zu verändern oder Aufrufe der Anwendung über die *Anwendungsschnittstelle* durchzuführen.

Die *Anwendungskomponente* enthält die eigentlichen Anwendungsfunktionen sowie die Objekte, die mit diesen Funktionen bearbeitet werden. Idealerweise werden alle Ausgaben, die sich auf Oberflächenobjekte der Präsentationskomponente beziehen, indirekt über die Dialogsteuerungskomponente abgewickelt. Zur Abkürzung dieses Wegs ist aber auch die graphische Ausgabe unter direktem Zugriff der Anwendungsfunktionen auf die Präsentationskomponente möglich.

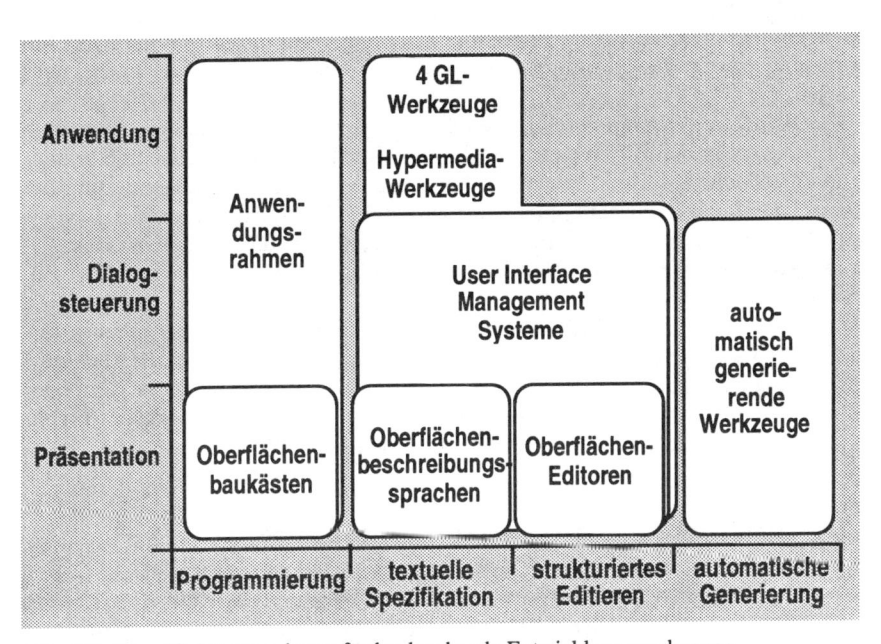

Abb. 9.8. Klassifizierungsschema für hochstehende Entwicklungswerkzeuge

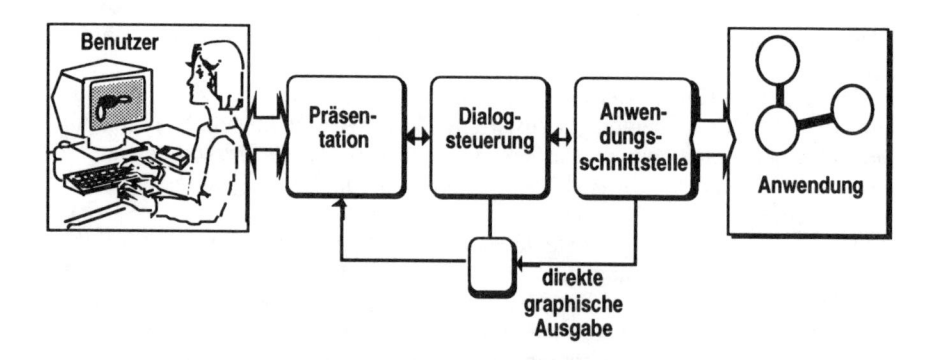

Abb. 9.9. Seeheim-Architekturmodell für interaktive Systeme

Bei der horizontalen Dimension des Klassifizierungsschemas wird im wesentlichen der Abstraktionsgrad betrachtet, den das Werkzeug dem Entwickler bietet. Werkzeuge mit einem höheren Abstraktionsgrad (ab strukturiertem Editieren) werden auch als *höhere Werkzeuge* bezeichnet.

Programmierwerkzeuge bieten den niedrigsten Abstraktionsgrad. Sie werden durch Bibliotheken gebildet, die der Entwickler von allgemeinen Programmiersprachen aus benutzt.

Die *textuelle Spezifikation* von vollständigen Benutzungsschnittstellen bzw. nur der Präsentationskomponente wird durch spezielle Beschreibungssprachen ermöglicht. Solche Sprachen enthalten Konstrukte für die Beschreibung von Oberflächenobjekten, z. B. Fenstern, Menüs, Knöpfen (Buttons) und Texteingabefeldern und ihren Darstellungsattributen wie Position, Größe, Farbe und Zeichensatz.

Strukturierte Editoren vereinfachen die Erstellung der Benutzungsschnittstelle noch weiter. Für die Entwicklung der Präsentationskomponente existieren graphische Oberflächeneditoren, mit deren Hilfe die Auswahl und Attributierung der Oberflächenobjekte vorgenommen werden kann. Die Spezifikation der Dialogabläufe erleichtern spezielle Editoren, die die vom Dialogmodell abhängigen Sprachkonstrukte (z. B. Regeln in einem ereignisorientierten Dialogmodell) verwalten können.

Ein in weiten Teilen noch in der Forschung und Entwicklung betriebener Ansatz für Entwicklungswerkzeuge ist die *automatische Generierung*. Hierbei wird aufgrund einer höheren Beschreibung (z. B. datenmodell-basierte Spezifikationen) eine Benutzungsschnittstelle unter Verwendung von wissensbasierten Regeln automatisch generiert. Ein Beispielsystem wurde in Kap. 8 vorgestellt.

9.2.2 Höherstehende Entwicklungswerkzeuge im Überblick

9.2.2.1 Oberflächenbaukästen

Oberflächenbaukästen bzw. Oberflächenwerkzeuge (User Interface Toolkits) bauen auf Fenstersystemen auf (z. B. X-Windows-System), und stellen Bausteine (widgets) wie Menüs (Pop-up, Pull-down), Buttons und Texteingabe-Felder zur Verfügung. Ferner sind Mechanismen für die Behandlung von Eingaben des Benutzers vorhanden. Die Anwendung kann Funktionen für die Ereignisbehandlung (call-back-functions) angeben, die bei bestimmten Ereignistypen aufgerufen werden sollen. Beispiele für Oberflächenbaukästen sind die bereits diskutierten Presentation Manager, MS Windows und OSF/Motif.

Da die Programmierschnittstellen verschiedener Oberflächenbaukästen hochgradig inkompatibel zueinander sind, stellt die Portierung von Anwendungsprogrammen auf andere Plattformen ein großes Problem dar. Allerdings sind abstrakte Programmierschnittstellen (z. B. im Dialog Manager IDM; vgl. Kap. 12) entwickelt worden, die die Verwendung verschiedener Oberflächenbaukästen ohne Änderung des Anwendungsprogramms zum Ziel haben. Zur Portierung ist in diesen Systemen nur ein neues Übersetzen und Binden auf dem Zielsystem notwendig.

Natürlich gilt diese einfache Portierbarkeit mit der Einschränkung, daß nur die vordefinierten Oberflächenobjekte aus dem Standardbaukasten verwendet werden dürfen, was für reale Anwendungen meist nicht ausreicht. Programmteile, die direkt auf das unterliegende Fenstersystem zugreifen, um anwendungsabhängige Darstellungen zu erzeugen, sind immer noch aufwendig zu portieren.

Oberflächenbaukästen sind reine Programmierwerkzeuge und bieten ein geringes Abstraktionsniveau. Ihre Programmierschnittstellen enthalten typischerweise Hunderte von Funktionen mit mehreren Parametern. Hieraus folgen hohe Einarbeitungs- und Entwicklungskosten. Andererseits bieten Oberflächenbaukästen maximale Flexibilität, da sie die Möglichkeiten der unterliegenden Plattform nicht einschränken.

9.2.2.2 *Oberflächenbeschreibungssprachen und Oberflächeneditoren*

Zur Erleichterung der Oberflächenerstellung werden bei vielen Oberflächenbaukästen *Oberflächenbeschreibungssprachen* (z. B. Motif UIL, User Interface Language) mitgeliefert, die anstelle der Programmierung eine textuelle Beschreibung der Oberfläche in einer problemangemessenen Sprache ermöglichen. Da die textuelle Beschreibung graphischer Oberflächen aber ebenfalls nicht sehr intuitiv ist, wurden *Oberflächeneditoren* (Screen Painter) entwickelt, mit denen die Oberfläche graphisch-interaktiv erstellt werden kann.

Bei allen Oberflächenwerkzeugen bleiben aber Nachteile in bezug auf die Dialogsteuerung. Diese verbleibt in der Anwendung und muß ausprogrammiert werden. Zur Konstruktion und Änderung ausführbarer Benutzungsschnittstellen müssen entsprechend längere Compile- und Link-Zyklen in Kauf genommen werden.

9.2.2.3 *Anwendungsrahmen*

Anwendungsrahmen werden durch Bibliotheken gebildet, die nicht nur Bausteine für die Benutzungsschnittstelle (Oberflächenobjekte und teilweise Dialogsteuerung) enthalten, sondern auch generische Klassen für die Entwicklung der eigentlichen Anwendung. Diese Werkzeuge bieten eine umfassendere Unterstützung als reine Oberflächenbaukästen. Als Programmierwerkzeuge sind sie aber in ihrer Struktur relativ komplex, so daß längere Einarbeitungszeiten erforderlich sind und ihr Einsatz sich erst nach längerer Erfahrung auszahlt. Für die schnelle Prototyperstellung sind sie eine Verbesserung gegenüber Oberflächenbaukästen und bieten mehr Flexibilität als die im folgenden vorgestellten höheren Werkzeuge.

9.2.2.4 User Interface Management Systeme

User Interface Management Systeme (UIMS) haben zum Ziel, die Nachteile der reinen Oberflächenwerkzeuge zu überwinden und eine weitergehende Unterstützung für die Entwicklung graphischer Benutzungsschnittstellen zur Verfügung zu stellen. Wesentliche Komponenten von UIMS sind strukturierte Editoren für die Entwicklung der Präsentationskomponente und der Dialogbeschreibung sowie eine Simulationskomponente zum sofortigen Test und zur Evaluation der Benutzungsschnittstelle. Ferner ist ein Übersetzer vorhanden, der die Dialogbeschreibung entweder in Programmtext einer höheren Programmiersprache oder in ein werkzeuginternes Format übersetzt, das zur Laufzeit interpretiert wird.

Dialogbeschreibungssprachen als Bestandteil von UIMS ermöglichen im Gegensatz zu reinen Oberflächenbeschreibungssprachen nicht nur die Definition statischer Oberflächenobjekte, sondern auch eine Beschreibung der Dynamik, d. h. der Reaktion der Benutzungsschnittstelle auf die Eingaben des Benutzers.

Einige Systeme abstrahieren mit Hilfe der Dialogbeschreibungssprache vom unterliegenden Oberflächenbaukästen, so daß die Portierung von Benutzungsschnittstellen auf andere Oberflächensysteme leicht möglich ist. Abbildung 9.10 verdeutlicht dies anhand der Darstellung einer idealtypischen Anwendungsarchitektur bei der Verwendung portabler UIMS. Wie bei den oben beschriebenen abstrakten Programmierschnittstellen gilt dies allerdings wiederum nur für den Teil der Benutzungsschnittstelle, der mit den Standard-Oberflächenobjekten der Dialogbeschreibungssprache definiert wurde. User Interface Management Systeme werden im folgenden Kap. 10 ausführlich diskutiert.

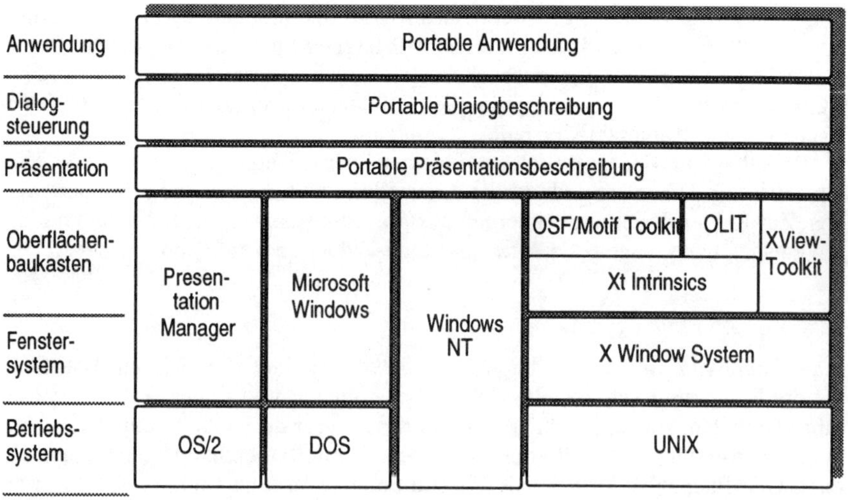

Abb. 9.10. Idealtypische Software-Architektur bei der Verwendung portabler UIMS

9.2.2.5 Werkzeuge der vierten Generation und Hypermedia-Werkzeuge

Werkzeuge der vierten Generation und Hypermedia-Werkzeuge enthalten spezielle Programmiersprachen (4GL-Sprachen), die anstelle von 3GL-Programmiersprachen zur vereinfachten Anwendungsentwicklung dienen. Hierdurch ist die Entwicklung der Benutzungsschnittstelle wie auch des nicht-interaktiven Teils der Anwendung unterstützt, so daß zur Entwicklung einer vollständigen Anwendung im Prinzip nicht mehr auf eine Programmiersprache der dritten Generation zurückgegriffen werden muß.

Werkzeuge der vierten Generation sind insbesondere im Datenbankbereich bekannt geworden und bieten dort eine entsprechende Anbindung, meist über eine SQL-Schnittstelle.

Hypermedia-Werkzeuge (z. B. *HyperCard* und *Toolbook*) bieten ebenfalls eine graphische Editiermöglichkeit und eine spezielle Programmiersprache an. Darüber hinaus wird noch Unterstützung für Hypertext und andere Medien, z. B. Animation, Video und Audio gegeben.

9.2.2.6 Automatisch generierende Werkzeuge

Im Bereich der automatischen Generierung von Benutzungsschnittstellen ist noch Forschungs- und Entwicklungsbedarf auszumachen. Ziel ist hier die Generierung von Benutzungsschnittstellen aus Beschreibungen, die im Software-Engineering ohnehin verwendet werden. Aus Beschreibungen, die auf Datenmodellen basieren, lassen sich z. B. Benutzungsschnittstellen (Fenster mit Interaktionsobjekten) automatisch generieren (vgl. Kap. 8). Eine graphische Dialogbeschreibung ermöglichen dabei Dialognetze (vgl. Kap. 6).

Somit erfolgt eine bessere Integration von Analyse und Design der Anwendung mit der Benutzungsschnittstellenentwicklung, es wird Entwicklungsaufwand gespart und eine bessere Konsistenz zwischen den Modellen der Analyse und des Designs mit der Implementierung erreicht.

Erste kommerzielle Systeme geben bereits eine Unterstützung für die CASE-Integration und die automatische Generierung. Beispielsweise wird durch die Anbindung eines CASE-Werkzeugs an ein 4GL-Werkzeug der Austausch von Entwicklungsdaten in beide Richtungen ermöglicht. Hierbei lassen sich auch erste Entwürfe für Masken generieren. Eine Integration wissensbasierter Regeln und graphischer Dialogmodelle steht aber noch aus.

9.3 Kriterien zur Beurteilung der Leistungsfähigkeit von GUI-Werkzeugen

In Abschn. 9.1 und 9.2 wurden Grundkonzepte von Entwicklungswerkzeugen für graphische Benutzungsschnittstellen behandelt. Dies sind insbesondere die Schichtenarchitektur, die Erstellung der Oberfläche mit graphischen Editoren, portable Objektmodelle sowie die Verwendung von speziellen Skript-Sprachen bzw. 4GLs für die Dialogbeschreibung. Es wird im folgenden auf der Grundlage dieser Konzepte ein detaillierter Kriterienkatalog für die Beurteilung von GUI-Entwicklungswerkzeugen hergeleitet. Der Kriterienkatalog ist Grundlage einer Marktuntersuchung, die regelmäßig durchführt wurde. Im letzten Abschnitt wird ein systematisches Auswahlverfahren auf der Grundlage des Kriterienkatalogs beschrieben.

Die Kriterien sind nach dem Seeheim-Modell in die Bereiche Präsentationsschicht, Dialogsteuerung und Anwendungsschnittstelle gegliedert. Weitere Bereiche sind die Basisplattformen, die Einbettung in den Software-Engineering-Prozeß und Marketing-Kriterien.

9.3.1 Unterstützte Plattformen

Die am häufigsten unterstützten Plattformen (Tabelle 9.1) für graphische Benutzungsschnittstellen sind z. Zt. Microsoft Windows und OS/2-Presentation Manager, im UNIX-Bereich X-Windows mit OSF/Motif. Weniger verbreitet sind Open Look und die Macintosh-Plattform. NextStep spielt kaum eine Rolle. Die meisten Hersteller aus dem Windows-Bereich unterstützen Windows NT. Einige Werkzeuge integrieren neben vollgraphischen Oberflächen auch alphanumerische Terminals, damit auf dem Migrationsweg zu graphischen Benutzungsschnittstellen bereits installierte Hardware mit verwendet werden kann.

Wichtig ist in jedem Fall, daß Entwicklungswerkzeuge, die mehrere Plattformen unterstützen, auch die einfache Portierung der Anwendungen über die verschiedenen Plattformen hinweg ermöglichen, d. h. daß die Anwendungen im wesentlichen unverändert übernommen werden können.

Im Bereich der Plattformen sollte außerdem auf die Hardware-Anforderungen des Werkzeugs in bezug auf Plattenkapazität, Hauptspeicher und Prozessorleistung geachtet werden.

Tabelle 9.1. Kriterien des Kriterienkatalogs für GUI-Werkzeuge in bezug auf die unterstützten Plattformen

1. Unterstützte Plattform		
1.1	**Betriebs- und Fenstersysteme**	OSF/Motif
		Open Look
		MS Windows
		Windows NT
		OS/2-Present. Manager
		Apple Macintosh
		NextStep
		alphanum. Terminals
		andere
1.2	**Portierbarkeit**	
1.3	**Hardwarebedarf**	Hauptspeicher gesamt (MB)
		Festplatte nur Werkz. (MB)
		Prozessor (Typ)

9.3.2 Präsentationsschicht

Bei den Kriterien bezüglich der Präsentationsschicht (Tabelle 9.2) wird diskutiert, welche Oberflächenobjekte durch das Werkzeug unterstützt werden. Typischerweise werden Standard-Oberflächenobjekte aus den zugrundeliegenden Systemen, z. B. Fenster, Menüs, Buttons und Textelemente, von allen Werkzeugen unterstützt. Daneben gibt es styleguide-spezifische Objekte wie z. B. das Notebook aus CUA, das eine Abbildung eines Notizblocks mit Register in einem Fenster ist. Ein Tabellenbaustein dient z. B. zur Repräsentation von Abfrage-Ergebnissen in Datenbankanwendungen.

In bezug auf das Objektmodell und die Implementierung der Oberflächenobjekte gibt es verschiedene Ansätze. Entwicklungswerkzeuge, die die Portierung zwischen verschiedenen Plattformen unterstützen, benutzen häufig ein eigenes Objektmodell, so daß die Spezifika der unterliegenden Baukästen nicht vollständig unterstützt werden, dafür aber die Anpassung an verschiedene Plattformen möglich ist. Objekte, die stärker auf eine Plattform ausgerichtet sind (z. B. OSF/Motif), übernehmen meist genau die konzeptuellen Objekte und Attribute des jeweiligen Oberflächenbaukastens. Für die Implementierung der Oberflächenobjekte wird entweder vom Werkzeug der unterliegende Oberflächenbaukasten (Toolkit) genutzt, oder eine eigene Implementierung vorgenommen. Im letzteren Fall ist wichtig, daß bei Bedarf Styleguide-Konformität zu der unterliegenden Plattform erreicht werden kann.

Neben den Standard-Objekten werden in vielen Anwendungen anwendungsabhängige Darstellungen in Form von strukturierter Objektgraphik, Anzeigen (z. B. Meßinstrumente), dynamisierter Graphik und Geschäftsgraphik benötigt. Liegt hier keine Unterstützung vor, so muß der Programmierer bei Bedarf auf das unterliegende Oberflächensystem ausweichen. Dies ist z. Zt. noch bei vielen Entwicklungswerkzeugen der Fall.

In der Zukunft werden Multimedia-Erweiterungen, also die Einbindung von Medien wie Sprache, Ton, Animation und Video in das Werkzeug, immer wichtiger. Hierbei werden sowohl entsprechende integrierte Medieneditoren als auch Erweiterungen der Dialogsteuerungsmöglichkeiten (z. B. Synchronisation paralleler Medien) benötigt.

Für eine volle Ausnutzung direkt manipulativer Interaktionstechniken sollte das sogenannte "Drag & Drop", also das direkte Bewegen von Objekten mit der Maus, unterstützt werden. Dies ist im Idealfall voll in das Werkzeug integriert, also in die entsprechenden Editoren und Beschreibungssprachen. Zumindest aber sollten entsprechende externe Protokolle der unterliegenden Plattform genutzt werden können.

Das Kriterium der Erweiterbarkeit gibt an, ob neben den vordefinierten Oberflächenobjekten auch eigene Objekte auf der Basis des Fenstersystems oder werkzeuginternen Primitiven definiert und eingebunden werden können. Hierbei ist nicht die Aggregation von bereits vorhandenen Objekten gemeint, sondern der Aufbau eigener Objekte mit eigenen Ereignissen aufgrund von Zeichenfunktionen und Mausereignissen. Im Idealfall ist eine Integration neuer Objekte in das Werkzeug durch den Anwendungsprogrammierer möglich, so daß diese im Rahmen der Editoren und Beschreibungssprachen zur Verfügung stehen.

Tabelle 9.2. Kriterien des Kriterienkatalogs für GUI-Werkzeuge in bezug auf die Präsentationsschicht

2. Präsentationsschicht		
2.1	Oberflächenobjekte	Standardobjekte
		styleguide-spezifische Tabellen
2.2	Oberflächenmodell	Toolkits bei Impl. genutzt
		Konzept. Objekte übern.
		Styleguide-Konformität
2.3	Spezielle Objekte	Strukturierte Objektgraphik
		Anzeigeinstrumente
		Dynamisierte Graphik
		Geschäftsgraphik
		Multimedia
2.4	Drag & Drop-Protokolle	extern
		integriert
2.5	Erweiterbarkeit	angebunden
		integriert
2.6	Objekte dynamisch erzeugbar	
2.7	Entwicklungswerkzeug	Standard-O.fl.beschr.spr.
		eigene Oberfl.beschr.spr
		graph. Editor, WYSIWYG
		graph. Editor, Baumdarst.
2.8	Internationalisierung	Texte umschaltbar
		autom. Layoutänderungen
		Datenformate umschaltbar
2.9	Objekt-Positionierung	relativ zu Vater
		relativ zu Geschwistern
		Layout-Hilfen
	Koordinatensystem	bildschirmorientiert
		benutzerdefiniert
		relativ zu Textfont
2.10	Objektoriente Mechanismen	Klassenkonzept
		Vererbung in Klassenhier.
		Vererbung in Objekthier.
2.11	Tastatur	Formatkontrolle
		Äquivalent zur Maus
2.12	nicht-sprachl. Dynamikdefinition	Sichtbarkeit von Objekten
		Präsentations-Attribute

9.3 Kriterien zur Beurteilung der Leistungsfähigkeit von GUI-Werkzeugen

Für flexible Anwendungen, die nicht von einer fest vordefinierten Objektmenge von Oberflächenobjekten ausgehen, ist es erforderlich, daß zur Laufzeit neue Oberflächenobjekte erzeugt werden können.

Für die Unterstützung der Oberflächenerstellung existieren wie oben beschrieben textuelle Beschreibungssprachen und graphische Editoren. Standard-Beschreibungssprachen (z. B. Motif-UIL) können etwa als Austauschformat zwischen verschiedenen Werkzeugen verwendet werden. Höhere Werkzeuge bieten eine graphische Editiermöglichkeit an. Hierbei kann es zum einen Baumdarstellungen der Oberflächenhierarchie, zum anderen reale Repräsentationen der Fenster (What You See Is What You Get, WYSIWYG) geben. Wichtig sind außerdem Layout-Hilfen, um Objekte automatisch, etwa an einem Raster, auszurichten.

Das Kriterium der Internationalisierung beschreibt die Anpassung der Oberfläche an nationale Eigenheiten. Insbesondere sollte der Sprachwechsel bei Texten, z. B. von deutsch auf englisch, durch Umschaltung erfolgen können, wenn die Textbausteine einmal definiert wurden. Es sollte also nicht notwendig sein, verschiedene Versionen für die Oberfläche parallel zu halten, wobei die Struktur und die anderen Attribute repliziert sind. Ebenso sollten Datenformate für Textfelder umgeschaltet werden können. Bei der Umschaltung von Texten kann es zu Verschiebungen des Layouts aufgrund unterschiedlicher Textlängen kommen, die automatisch ausgeglichen werden sollten.

Im Hinblick auf Änderungen im Layout einer Oberfläche ist es nützlich, wenn Positionen von Objekten nicht nur relativ zum übergeordneten Objekt einer Hierarchie (Vater), sondern auch zu gleichgeordneten (Geschwister) angegeben werden können. Anderenfalls muß beim Einfügen oder Löschen von Objekten die Position der Geschwister explizit nachgeändert oder neu berechnet werden, falls die Änderung zur Laufzeit geschieht. Das Koordinatensystem sollte nicht nur Bildschirmkoordinaten, sondern auch benutzerdefinierte Koordinaten zulassen, um die Größe von Darstellungen leicht ändern zu können. Zur Skalierung in Abhängigkeit von der verwendeten Schriftgröße sollte außerdem die Angabe eines Referenzfonts als Basis für ein Koordinatensystem möglich sein.

Objektorientierte Mechanismen sind für den Aufbau von Bausteinbibliotheken wichtig. Durch ein Klassenkonzept lassen sich Muster für Bausteine mit gemeinsamen Eigenschaften vordefinieren, so daß einmal definierte Bausteintypen leicht wiederverwendbar und änderbar sind. Vererbung dehnt dieses Konzept auf Klassenhierarchien aus und ermöglicht, Redundanzen bei der Bausteindefinition zu sparen. Beispiele für Bausteintypen sind Fenster mit immer gleichen Darstellungsattributen (z. B. Hintergrundfarbe), aber auch komplexere Bausteine wie Dialogboxen. Besonders flexibel wird die Vererbung, wenn die Wahl zwischen der Vererbung in der Klassenhierarchie und der Teilehierarchie besteht (z. B. Vererbung der Hintergrundfarbe vom Fenster auf die Groupbox und von der Groupbox auf die statischen Texte).

Für Anwendungen mit starker Tastaturnutzung, z. B. bei der Datenerfassung, ist es wichtig, daß diese als Alternative zur Maus für die Navigation und für die Auswahl von Objekten genutzt werden kann. Ebenso sind Formatkontrollen für Eingaben, die auf der Ebene der Benutzungsschnittstelle und nicht erst in der Anwendung durchgeführt werden, wichtig.

Als Alternative zu einer textuellen Dialogbeschreibung oder Dialogprogrammierung ermöglichen einige Werkzeuge, einfache Dialogfolgen formulargestützt zu beschreiben, wobei z. B. die entsprechenden Ereignisse und Aktionen aus vordefinierten Listen ausgewählt werden. Hierbei besteht z. B. Zugriff auf die Sichtbarkeit von Oberflächenobjekten oder auf sämtliche Präsentationsattribute. Solche Werkzeuge verlassen damit den Bereich der reinen Oberflächeneditoren, indem Möglichkeiten für die Dialogsteuerung mit integriert werden.

Tabelle 9.3. Kriterien des Kriterienkatalogs für GUI-Werkzeuge in bezug auf die Dialogsteuerung

3. Dialogsteuerung		
3.1	**Dialogbeschreibungssprache**	
3.2	**Dialogmodelle**	ereignisorientiert
		datenorientiert
		asynchrone Anwendung
		Timer
		andere
3.3	**Objektorientierung**	Klassenkonzept
		Vererbung in Klassenhier.
		Vererbung in Objekthier.
3.4	**Editierfunktionalität**	Browser/Editor
		Syntaxeditor
3.5	**Sprachkonstrukte**	Anweisung
		Anweisungsfolge
		Bedingte Anweisung
		Schleife
		3GL-Aufruf
		Unterprogrammdefinition
		Methoden-Aufruf
3.6	**Datentypen**	Integer
		Character
		Boolean
		Real/Float
		Pointer/Object-Id
		String
		Structure/Record
		Statisches Array
		Dynamisches Array
		Andere
3.7	**Erweiterbarkeit**	

9.3.3 Dialogsteuerung

Die Dialogbeschreibungssprache bzw. die Programmiersprache der vierten Generation stellt den Kern von User Interface Management Systemen bzw. 4GL-Werkzeugen dar und bietet die Möglichkeit, ablauffähige Benutzungsschnittstellen (bzw. komplette Anwendungen) zu erstellen.

Im Grundmodell sind heutige Entwicklungswerkzeuge ereignisorientiert, d. h. daß Aktionen an bestimmte Oberflächenereignisse angebunden sind. Eine Erweiterung ist das datenorientierte Modell, bei dem Beziehungen zwischen den Attributen der Oberflächen- und Anwendungsobjekte deklarativ definiert werden können. Da in vielen Anwendungen, etwa bei Anwendungen der elektronischen Post oder bei Prozeßüberwachungen, der Benutzer nicht die einzige Quelle von Ereignissen ist, müssen in allgemein verwendbaren UIMS asynchrone Anwendungsprozesse in die Gesamtsteuerung integriert werden können. Bei zeitkritischen Anwendungen sind zeitliche Ereignisse durch sogenannte *Timer* von Bedeutung.

Ebenso wie für die Benutzungsschnittstelle sind auch für die Dialogbeschreibungssprache objektorientierte Konzepte sinnvoll, um die Wiederverwendung von Dialogbeschreibungen zu ermöglichen.

Für die Entwicklung der Dialogsteuerung sind strukturierte Editoren nützlich. Regeleditoren verwalten den Zusammenhang zwischen Oberflächenobjekten und zugehörigen Regeln. Syntaxgesteuerte Editoren geben Unterstützung in Hinblick auf die syntaktische Struktur und ermöglichen z. B. die Navigation von Regel zu Regel oder nehmen Syntaxprüfungen vor.

Im Bereich des Sprachumfangs und vorhandener Datentypen geht der Trend zur Zeit eindeutig in Richtung auf die Mächtigkeit konventioneller Programmiersprachen. Die Steuerkonstrukte Anweisungsfolge, bedingte Anweisung und Schleife sind meist vorhanden. In der Regel können sowohl 3GL-Routinen aufgerufen werden als auch eigene Unterprogramme in der Sprache definiert werden. Noch wenig verbreitet ist die vollständige Anbindung an objektorientierte Sprachen, z. B. der direkte Aufruf virtueller Funktionen in C++ aus der Dialogbeschreibungssprache heraus, was aber auch einige Realisierungsprobleme aufwirft.

Die Erweiterbarkeit ist analog zur Erweiterbarkeit der Präsentationskomponente zu verstehen, bezieht sich also darauf, daß in die Dialogbeschreibungssprache neue Objekte mit neuen Ereignistypen integriert werden können.

9.3.4 Anwendungsschnittstelle

In diesem Abschnitt werden Kriterien für die Schnittstelle zwischen der Dialogsteuerung und der Anwendung behandelt. Das Grundmodell sieht hier einfach den Aufruf von Funktionen vor, die in der Anwendungsprogrammiersprache geschrieben sind. In Erweiterung dessen sollten wie gesagt bei objektorientierten Sprachen auch Objekte und Methoden bzw. virtuelle Funktionen aufrufbar sein. In umgekehrter Richtung sehen die meisten Werkzeuge den Zugriff auf die Dialogob-

Tabelle 9.4. Kriterien des Kriterienkatalogs für GUI-Werkzeuge in bezug auf die Anwendungsschnittstelle

4. Anwendungsschnittstelle		
4.1	Kommunik. Anwendung/ Dialog	Funktionsaufruf
		objektorientiert
		Zugriff auf Dialog aus Anw.
		Zugriff auf Fenstersystem
		Fenstersystem-Ereignisse
4.2	Datenbankschnittstelle	Bibliothek
		eingebettet in Anw.prog.
		eingebettet in Dialogspr.
		graphisches Tool
		andere
4.3	SQL-basiert	
4.4	Datenbanken	
4.5	Datenaustausch	Protokolle unterliegend
		eingebettet
4.6	Client/Server-Modelle	Nur P beim Client
		Nur P u. D beim Client
		P u. D b. Cl., Anw. verteilt
		Nur Daten beim Server
	Kommunikationsprotokolle	
4.7	Programmiersprachen	Ada
		C++
		Objective-C
		Cobol
		C
		Fortran
		Lisp
		Pascal
		Prolog
		Smalltalk
		andere

jekte (insbesondere Oberflächenobjekte) über eine Anwendungsschnittstelle vor, die dem Anwendungsprogrammierer als Bibliothek zur Verfügung steht. Hierüber kann eine gegenüber den Möglichkeiten des Werkzeugs erweiterte Funktionalität der Benutzungsschnittstelle realisiert werden. Dabei wird meist auch der Zugriff auf das unterliegende Fenstersystem und dessen Ereignisse benötigt. Ein Nachteil der direkten Verwendung des unterliegenden Fenstersystems ist natürlich der Verlust der Portabilität, die sonst von vielen Werkzeugen geboten wird.

Bei Mechanismen der Datenbank-Anbindung sind externe Funktionsbibliotheken und eingebettete Schnittstellen in die Anwendungsprogrammiersprache oder Dialogbeschreibungssprache (meist SQL-basiert) zu unterscheiden. Ferner unterstützen einige Tools graphische Datenbank-Abfragen.

Heutige Anwendungen werden nicht mehr isoliert verwendet, sondern sind mit anderen Anwendungen zu integrieren und müssen Daten miteinander austauschen können. Entsprechende Protokolle unterliegender Plattformen wie DDE und OLE sind aber noch nicht in alle Werkzeuge eingebettet worden. Hier muß dann die Steuerung extern über die Anwendung laufen.

Im Zusammenhang mit dem Client/Server-Konzept gibt es die erwähnten verschiedenen Stufen der Verteilung. Im einfachsten Fall liegt nur die Präsentation beim Client (bei netzwerkfähigen Fenstersystemen), manche Werkzeuge bieten die Möglichkeit Dialogsteuerung und Anwendung oder auch die Anwendung zu verteilen, so daß z. B. rechenintensive Teile auf die Server-Seite verlagert werden können. Im Datenbankbereich ist die Zentralisierung der Daten auf einem Server üblich.

Im Bereich der Programmiersprachen sind sicherlich C und C++ (mit der erwähnten Einschränkung in bezug auf virtuelle Funktionen) am verbreitetsten. Eine gewisse Rolle spielen noch COBOL, FORTRAN und Pascal.

9.3.5 Einbettung in den Software-Engineering-Prozeß

Bei der Generierung von Beschreibungsformaten wird zwischen Anwendungsprogrammiersprachen, Dialogbeschreibungssprache des Werkzeugs, Standard-Oberflächenbeschreibungssprachen und werkzeugspezifischer Binär-Repräsentation unterschieden. Die Generierung von Code in der Zielprogrammiersprache hat den Vorteil, daß die erzeugten Schnittstellen auch auf Plattformen eingesetzt werden können, auf denen das Entwicklungswerkzeug nicht zur Verfügung steht. Gleiches gilt, wenn standardisierte Oberflächenbeschreibungssprachen generiert werden können. Dialogbeschreibungssprachen und Binär-Repräsentationen sind dagegen werkzeugspezifisch, können eine gegenüber Oberflächenbeschreibungssprachen erweiterte Funktionalität haben, sind aber nur auf Plattformen nutzbar, auf denen das Werkzeug zur Verfügung steht. Hierbei hat in der Regel die Binär-Repräsentation den Vorteil der effizienteren Verarbeitung. Im Hinblick auf eine Austauschbarkeit von Dialogbeschreibungen zwischen Werkzeugen ist in der Zukunft ein entsprechender Standard wünschenswert.

Als Basis für die Anwendungsprogrammierung sollten aus den Funktionsspezifikationen der Dialogbeschreibungssprache Rümpfe für das Anwendungsprogramm generiert werden können.

Essentiell im Hinblick auf das Prototyping ist eine Simulationskomponente für die interpretative Ausführung der definierten Benutzungsschnittstelle, so daß unmittelbar getestet und evaluiert werden kann. Ein Debugger für die Dialogbeschreibungssprache ist für größere Anwendungen unverzichtbar. Im Zusammen-

Tabelle 9.5. Kriterien des Kriterienkatalogs für GUI-Werkzeuge in bezug auf die Einbettung in den Software-Engineering-Prozeß

5. Software Engineering		
5.1	**Generierbare Formate**	Anw.programmiersprache
		Dialogbeschreibungsspr.
		Standard-Oberflächenspr.
		Binär-Repräsentation
5.2	**Sonstige Unterstützung**	Simulation
		Debugger
		Log and Replay
5.3	**Modularisierung**	
5.4	**Mehrbenutzerbetrieb**	
5.5	**CASE-Werkzeuge**	integ. Datenhaltung
		Übertragung von Case-Tool
		Übertr. nach Case-Tool
		Generierung/Präsentation
		Generierung Dialoge
		Änderungskontrolle

hang mit Tests dienen Log-and-Replay-Funktionen dazu, Benutzereingaben aufzuzeichnen und bei späteren Versionen wieder abzuspielen oder statistisch auszuwerten.

Für große Anwendungen muß die gesamte Benutzungsschnittstelle in verschiedene Module aufgeteilt werden können. Ebenso sollte ein Mehrbenutzerbetrieb unterstützt werden, um die parallele Arbeit mehrerer Entwickler zu koordinieren.

An Bedeutung gewinnt zunehmend der Bereich der Integration der Benutzungsschnittstellenentwicklung in allgemeine CASE-Systeme. Hier sollten Entwicklungsdaten des Benutzungsschnittstellen- und des CASE-Werkzeugs zentral gehalten werden bzw. es sollte eine Übertragung von Daten in beide Richtungen möglich sein, so daß z. B. Datendefinitionen für Masken wiederverwendet werden können und umgekehrt. Wünschenswert sind dabei auch Generierungskomponenten, die logische Maskendefinitionen und Dialogmodelle in entsprechende Layouts und Dialogimplementierungen umsetzen. Hierbei sollte auch bei Änderungen im Werkzeug kontrolliert werden können, welche Folgeänderungen erforderlich sind.

10 Interface Management Systeme

Nachdem nun Basiskomponenten für die Entwicklung graphisch-interaktiver Benutzungsschnittstellen sowie formale Leistungskriterien vorgestellt wurden, soll eine spezielle Klasse höherer Werkzeuge, sogenannte User Interface Management Systeme, definiert und eingeführt werden. In den darauf folgenden Abschnitten dieses Kapitels werden dann Einsatz, Auswahl und Realisierung von User Interface Management Systemen (UIMS) behandelt und es werden in Kap. 11-13 realisierte Systeme vorgestellt. User Interface Systeme bildeten bei den hier vorgestellten Forschungs- und Entwicklungsarbeiten einen absoluten Schwerpunkt. Daher werden sie breit behandelt.

10.1 Zur Definition von User Interface Management Systemen (UIMS)

In der Literatur existiert bisher keine eindeutige Definition von User Interface Management Systemen. So wird etwa definiert, "daß ein UIMS der Teil der Software ist, der die Kommunikation zwischen Benutzer- und Anwendungsprogramm steuert". Ein anderer Autor definiert ein UIMS als ein System, "daß den Programmierer von den Unschönheiten der Programmierung einer graphischen Programmierschnittstelle befreit". Weiterhin umfasse ein UIMS bestimmte Werkzeuge und Techniken für die Implementierung der Benutzungsschnittstelle. Ein UIMS stelle einen Weg für den Entwickler bereit, die Benutzungsschnittstelle in einer hochstehenden Sprache zu spezifizieren. Das UIMS übersetze diese Spezifikation in eine ausführbare Benutzungsschnittstelle, verwalte die Ein-/Ausgaben der E/A-Geräte und die Interaktion mit dem Anwendungsprogramm. Diese letzte Definition bringt korrekterweise ins Spiel, daß ein UIMS eine eigene Schnittstellenbeschreibungssprache als wesentliches differenzierendes Merkmal enthalten sollte.

Um ein UIMS zu definieren, wird in der Literatur auf Vergleiche mit bekannten Konzepten zurückgegriffen. Etliche Autoren vergleichen die Rolle eines UIMS in der Schnittstellenkonstruktion mit der des Compilers in der Codeproduktion. Andere sehen eine Ähnlichkeit in der Grundaufgabe eines UIMS und eines Sprachübersetzungssystems, da in beiden Fällen der Eingabedialog in eine Sprache übersetzt wird, die die Anwendungsmodule steuert. Der Unterschied besteht darin, daß die Sprachübersetzung nur in Richtung Codegenerierung geht, während beim UIMS die Kommunikation auf jeder Stufe möglich sein muß.

Etliche Autoren stellen auch fest, daß es zwischen einem UIMS und einem Data Base Management System (DBMS) Analogien gibt. Sie definieren ein

UIMS als ein Werkzeug, daß ein Benutzungsschnittstellenadministrator verwendet, um Benutzungsschnittstellen für verschiedene Anwendungen aufzubauen, so wie ein Datenbankadministrator das DBMS verwendet. Sowohl eine Analogie als auch eine Symmetrie zwischen einem UIMS und einem DBMS wird beschrieben. Während ein DBMS Daten verwaltet, steht in einem UIMS die Benutzungsschnittstelle im Vordergrund. Ein DBMS befreit den Benutzer von der Kenntnis über Einzelheiten der Speicherorganisation; in einem UIMS benötigt der Programmierer keine Detailkenntnisse der Interaktionsgeräte und Interaktionstechniken. So wie es zu einem DBMS spezialisierte Abfragesprachen gibt, mit denen der Programmierer Sichten und Anfragen definiert, existieren in einem UIMS Sprachen zur Spezifikation der Zustandsabhängigkeiten, Zustandsänderungen und Bildschirmorganisation.

Für die weiteren Zwecke dieses Buchs soll von der folgenden Definition ausgegangen werden: Ein User Interface Management System (UIMS) ist ein Softwarewerkzeug zur Spezifikation, zum Design, zur Implementierung sowie zum Test und zur Wartung von Benutzungsschnittstellen. Es verfügt über eine für diesen Zweck optimierte Schnittstellenbeschreibungssprache, die Statik und Dynamik der Benutzungsschnittstelle (Look and Feel) repräsentiert und eine Laufzeitversion generiert oder interpretieren kann. Zur weiteren Eingrenzung für den Gegenstandsbereich dieser Arbeit sollen folgende Erläuterungen dienen: Ein UIMS ist im Normalfall als komfortables interpretatives Entwicklungssystem mit entsprechenden Editoren ausgestattet. Es verwaltet die Schnittstellen zur Anwendung. Essentielle Teile eines UIMS sind Schnittstellen zu weiteren Softwarewerkzeugen wie DBMS, Graphiksystemen, Kommunikationssubsystemen oder Programmiersprachen/-umgebungen. UIMS setzen auf standardisierten Toolkits auf.

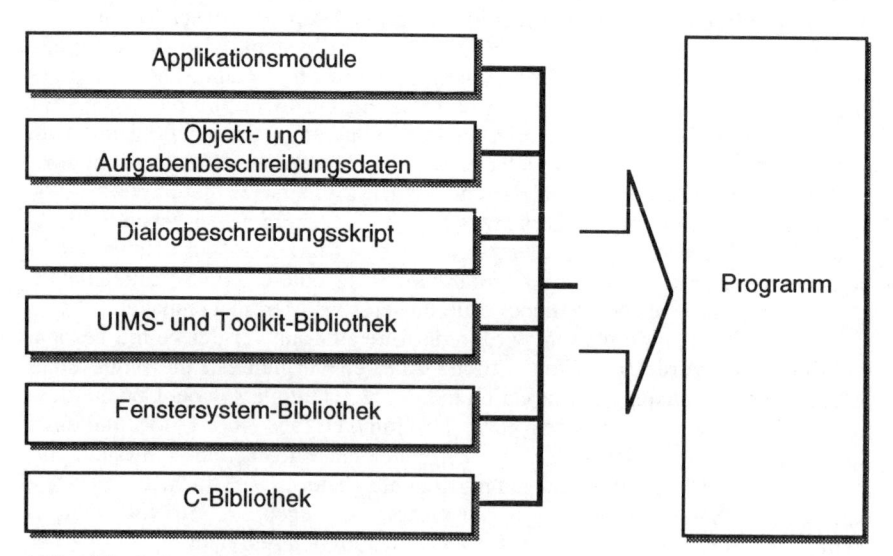

Abb. 10.1. Aufbau einer Anwendung unter Verwendung der UIMS-Laufzeitkomponente beispielhaft in einer C-Umgebung

Diese Definition und speziell die weiteren Erläuterungen grenzen den Begriff des UIMS, wie er hier verwendet wird, auf Softwarewerkzeuge ein, die für die Entwicklung betrieblicher Informationssysteme geeignet sind. Weniger erfaßt von dieser Definition werden abgeschlossene Spezialwerkzeuge, die z. B. für spezielle Aufgabenstellungen wie das Design von Kommunikationssoftware oder Betriebssoftware für ISDN-Systeme bzw. für die Gestaltung von Benutzungsschnittstellen für Konsumentenprodukte ausgelegt sind. Die Definition ist vielmehr auf große betriebliche Anwendungssysteme ausgerichtet, die für den Mehrbenutzerbetrieb arbeitsteilig ausgelegt sind.

Benutzungsschnittstellen wurden anfänglich durch Grammatiken oder durch direktes Kodieren in einer Programmiersprache der dritten Generation spezifiziert. Verwendung fanden in diesem Zusammenhang auch dedizierte KI-Sprachen mit komfortablen, interpretativen Entwicklungsumgebungen, die hervorragende Voraussetzungen für die Entwicklung von Benutzungsschnittstellen boten. Entsprechend waren die Werkzeuge für Systemprogrammierer oder sogar nur für dedizierte, in KI-Techniken ausgebildete Programmierer zu verwenden. Dies stellte natürlich eine wesentliche Einschränkung ihrer Einsetzbarkeit für die Entwicklung von Anwendungssystemen dar.

Aufgrund dieses wesentlichen Mangels entstand eine neue Art von Sprachen, die Dialogbeschreibungssprachen (DDL: Dialog Description Language) genannt werden. Sie können auch in Analogie zur Wissensrepräsentation als Dialogrepräsentation oder Dialogrepräsentationssprachen bezeichnet werden. Viele der in der KI entwickelten Mechanismen für regelbasierte Systeme, Frames, Constraints etc. finden in der Dialogrepräsentation und einer entsprechenden Dialogbeschreibungssprache Eingang. Dialogbeschreibungssprachen gehören zu den Sprachen in der Informatik, die für einen bestimmten Zweck entwickelt wurden (Special Purpose Languages). Sie haben Eigenschaften von generellen Programmiersprachen (elementare Datentypen, Kontrollkonstrukte, Variablen, Unterprogrammtechnik), verzichten aber oft auf die komplexeren Konstrukte von allgemeinen Programmiersprachen wie komplexe Datenstrukturen oder komplexe Kontrollstrukturen. Weiterhin bieten sie im Regelfall bei eingebauten mathematischen Funktionen oder String-Manipulationen nicht den Unterstützungsumfang wie Programmiersprachen. Andererseits verfügen sie über Konzepte, die nicht in jeder Programmiersprache realisiert sind wie Eventbehandlung oder die Möglichkeit, Nebenläufigkeiten mit Hilfe einer Regelsprache und der dazugehörigen Eventbehandlung zu ermöglichen.

In den dynamischen Teil einer Dialogbeschreibungssprache ist ein der Dialogbeschreibungssprache zugrundeliegendes Objektmodell eingebettet. Unter Objektmodell versteht man dabei die zugrundeliegende Menge der Dialogobjekte, die Möglichkeiten, sie zu neuen Objekten zu kombinieren, die Abbildungsvorschriften auf bestehende etablierte Standardobjektmodelle, die für die entsprechenden Objekte existierenden Attribute bzw. Ressourcen sowie Möglichkeiten zur Bildung von Hierarchien (Relationen) von Objekten mit entsprechenden Vererbungsmöglichkeiten von Objektattributen.

Für den Zweck dieses Buchs soll eine Dialogbeschreibungssprache wie folgt definiert werden: Eine Dialogbeschreibungssprache ermöglicht die formale Beschreibung von Benutzungsschnittstellen in angemessener Form. Sie enthält alle dazu notwendigen Sprachkonstrukte. Kern einer Dialogbeschreibungssprache sind

Mechanismen zur Dialogrepräsentation für Statik (Objektmodell) und Dynamik (Dialogmodell) einer Benutzungsschnittstelle. Dialogbeschreibungssprachen verfügen über angemessene Schnittstellen zu oder Einbettungen in andere Programmier- oder Entwicklungswerkzeuge.

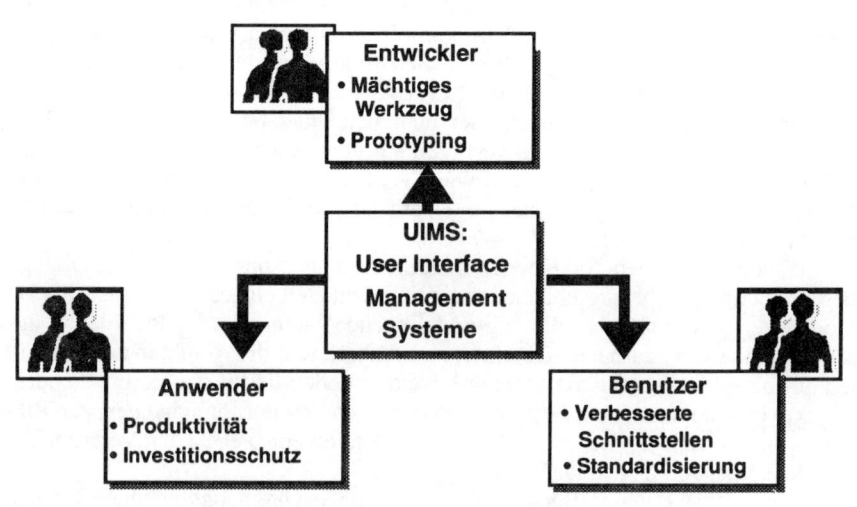

10.2 User Interface Management Systeme: Die Zielgruppe

Potentielle Zielgruppen können in Applikationsentwickler, Anwender und Endbenutzer eingeteilt werden.

User Interface Management Systeme sind primär auf die Bedürfnisse eines Anwendungsentwicklers für graphisch-interaktive Systeme ausgerichtet. Dabei ist primäres Ziel, die Produktivität von Anwendungsentwicklern über den ganzen Lebenszyklus eines Software-Produkts oder einer Software-Anwendung deutlich zu erhöhen.

Daneben werden User Interface Management Systeme auch mit dem Schlagwort "Prototyping" in Beziehung gebracht. Es gehört zum angestrebten Leistungsumfang von UIMS, daß sie "Prototyping" effizient unterstützen. UIMS heben sich von sonstigen "Rapid Prototyping"-Systemen dadurch ab, daß sie keinen "Wegwerfcode" erzeugen, sondern inkrementell die erzeugten Codeteile weiter verwenden können.

Anwender profitieren von User Interface Management Systemen im wesentlichen durch einen erhöhten Schutz ihrer getroffenen oder noch zu treffenden Investitionen. Dabei ermöglichen User Interface Management Systeme je nach primärer Zielsetzung des Anwenders:

Abb. 10.2. User Interface Management Systeme: Die Zielgruppen

- das Schaffen einer einheitlichen Benutzungsschnittstelle für die verbreiteten Marktstandards (OSF/Motif, MS Windows, Presentation Manager);
- das Zusammenbinden von alphanumerischen und semigraphischen Terminals auf proprietären Betriebssystemen oder UNIX mit neueren Benutzungsschnittstellen auf Personal Computern und Workstations mit ihren entsprechenden Benutzungsschnittstellen-Standards;
- das Aufzeigen eines Transitionspfads von alphanumerischen über semigraphische Anwendungen hin zu graphischen Benutzungsschnittstellen.

Der Endbenutzer profitiert auf vielfältige Weise vom Einsatz von User Interface Management Systemen:

- Anspruchsvolle graphisch-interaktive Benutzungsschnittstellen werden zu wesentlich günstigeren Konditionen (Kosten, Durchlaufzeiten) realisierbar. Dies fördert die Verbreitung entsprechender Systeme.
- Der Benutzer kann sich bei der Interaktion mit dem System primär auf seine Arbeitsaufgabe und nicht mehr auf die Beherrschung von komplexen Interaktionstechniken an der Benutzungsschnittstelle konzentrieren.
- Der Benutzer erhält über unterschiedliche Terminaltechnologien nahezu identische Benutzungsschnittstellen. Dies erleichtert das Erlernen neuer Anwendungen und erhöht den Lerntransfer.
- Der Anwender erhält selbst auf alphanumerischen und semigraphischen Terminals, die auch heute noch eine gewisse Verbreitung haben, einen ähnlichen Benutzungsschnittstellenkomfort wie auf graphischen PCs oder Workstations.

Zusammenfassend läßt sich sagen, daß User Interface Management-Werkzeuge zwar hauptsächlich auf die Bedürfnisse von Anwendungsprogrammierern als primäre Kundengruppe ausgerichtet sind. Von ihrem Einsatz profitieren aber auch Anwender und Endbenutzer.

10.3 User Interface Management Systeme und Software-Anwendungsarchitekturen

User Interface Management Systeme haben mittlerweile einen festen Platz unter den Software-Werkzeugen. Über ihre direkte Bedeutung als Software-Werkzeug am Arbeitsplatz eines Entwicklers hinaus erlangten sie eine erweiterte Bedeutung im Rahmen allgemeiner Software-Anwendungsarchitekturen. Mittlerweile geht man davon aus, daß Anwendungssysteme nach einer einheitlichen Software-Architektur entwickelt werden sollen. Diese Architektur enthält zumindest Komponenten für die Bereiche Betriebssystem, Datenbankmanagement, Kommunikation sowie Benutzungsschnittstellen, wird aber laufend um weitere Komponenten wie z. B. Vorgangssteuerungen oder gruppenunterstützende Systeme (CSCW-Systeme) erweitert. Dabei wird auch der Prozeß der Software-Entwicklung (Software Engineering oder auch Computer-Aided Software Engineering) mit einbezogen.

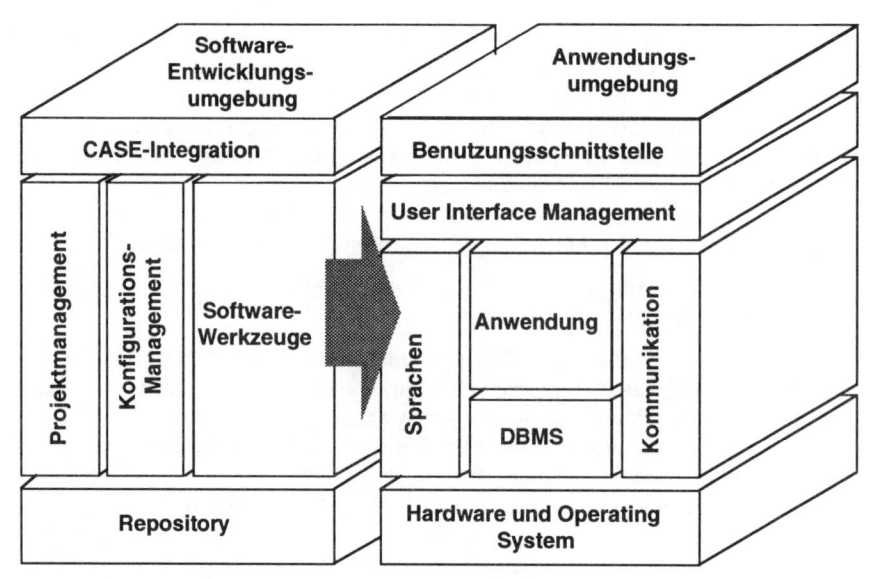

Abb. 10.3. Eine allgemeine Software-Anwendungsarchitektur

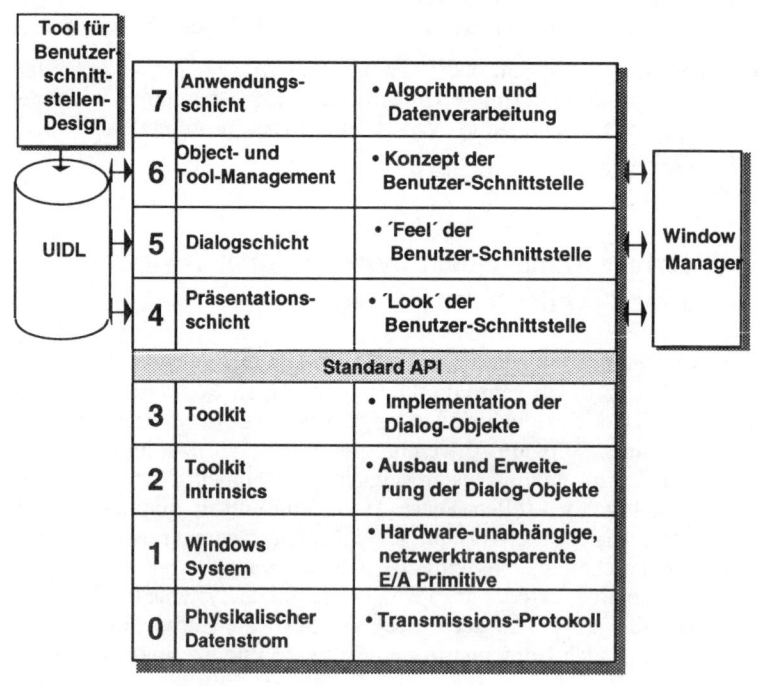

7	Anwendungs-schicht	• Algorithmen und Datenverarbeitung	
6	Object- und Tool-Management	• Konzept der Benutzer-Schnittstelle	
5	Dialogschicht	• 'Feel' der Benutzer-Schnittstelle	
4	Präsentations-schicht	• 'Look' der Benutzer-Schnittstelle	
	Standard API		
3	Toolkit	• Implementation der Dialog-Objekte	
2	Toolkit Intrinsics	• Ausbau und Erweiterung der Dialog-Objekte	
1	Windows System	• Hardware-unabhängige, netzwerktransparente E/A Primitive	
0	Physikalischer Datenstrom	• Transmissions-Protokoll	

Abb. 10.4. Eine geschichtete Architektur für Benutzungsschnittstellen am Beispiel X-Windows und OSF/Motif

Im Bereich der Benutzungsschnittstellen existieren die bereits diskutierten unterschiedlichen Industriestandards. Zu den verbreitetsten zählen die bereits diskutierten Standards Motif für UNIX-Workstations, der Presentation Manager für OS/2-Systeme sowie MS Windows. UIMS-Werkzeuge sollen dem Benutzer eine verallgemeinerte Schnittstelle auf diese Industriestandards bieten.

10.4 User Interface Management: Benutzungsschnittstellen als geschichtete Software-Architektur

Seit den siebziger Jahren ist man gewohnt, Software geschichtet aufzubauen. Wichtigster Vertreter dieser Konzeption ist das Sieben-Schichten-Modell der ISO für Kommunikations-Software. Eine ähnliche Einteilung läßt sich für Benutzungsschnittstellen finden (Abb. 10.4).

Versucht man nun, Werkzeuge aus dem Bereich des User Interface Managements in einem dreidimensionalen Suchraum zu verorten, so bietet sich die in Abb. 10.5 getroffene Darstellung an. Dabei findet man auf der einen Achse die bereits diskutierten Repräsentationsschichten. Auf der zweiten Achse ist der Unterstützungsbereich des Werkzeugs in den Phasen eines Software-Lebenszyklus, der in die Phasen Analyse, Design, Implementation, Test und Wartung unterteilt wurde, dargestellt. Auf der dritten Achse sind die zu unterstützenden Medien oder auch Benutzungsschnittstellen-Technologien aufgetragen. Hier kann unterschieden werden in alphanumerische, semigraphische, graphische und Multimedia-Technologien.

Ein UIMS sollte im wesentlichen die E/A-Schicht, die Präsentationsschicht sowie die Dialogschicht abdecken. Es sollte in der Designphase als Prototyping-Werkzeug einsetzbar sein, sein Schwergewicht sollte jedoch in den Bereichen der

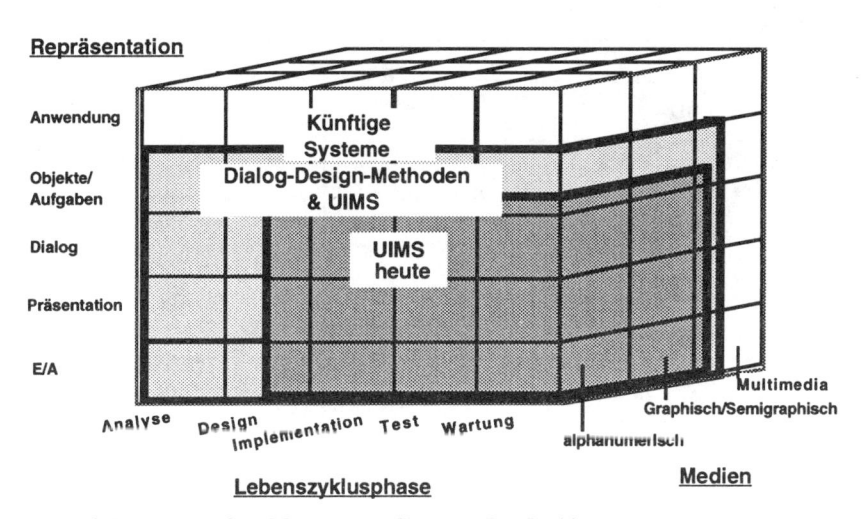

Abb. 10.5. User Interface Management Systeme: Der Problemraum

Implementation, des Tests als auch der Wartung von interaktiver Software angesiedelt sein. Dabei wäre für viele Anwendungen im Bereich offener Systeme in jedem Fall zu fordern, daß sowohl alphanumerische als auch semigraphische und graphische Terminals unterstützt werden. Aufgrund des sich in diesem Bereich momentan etablierenden Entwicklungsbooms sollten auch Multimedia-Objekte und -Ressourcen bearbeitbar sein.

10.5 Benutzungsschnittstellen: Das Verhältnis von Datenbankmanagement und User Interface Management

Neben das Datenbank-Management (DBMS) ist das User Interface Management (UIMS) als wichtige Säule in Software-Architekturen getreten. Dabei werden, wie sich bereits heute am Markt abzeichnet, neben DBMS-Servern UIMS-Server in verteilten Anwendungssystemen realisiert. Abbildung 10.6 zeigt das Verhältnis von UIMS-Systemen zu DBMS-Systemen im Bereich der Stapelverarbeitungssysteme (Batch-Systeme), der Transaktionssysteme (Online Transaction Processing Systems – OLTP) sowie der Entscheidungsunterstützungssysteme (Decision Support Systems – DSS).

Im Bereich der Stapelverarbeitung bieten Datenbankmanagement-Systeme einschließlich dem weitgehend standardisierten SQL Interface sowie der Zusatzfunktionalität Logic/Report Writer ein ausreichendes Dienstleistungsangebot für den Anwendungsprogrammierer. Hier benötigt die Anwendung keine interaktive Benutzungsschnittstelle. Bei transaktionsorientierten Anwendungen, also großen, verteilten Anwendungssystemen, stellt sich das Problem anders dar. An die interaktive Benutzungsschnittstelle werden bereits heute sehr hohe Anforderungen gestellt, die jedoch in Zukunft noch weiter steigen werden. UIMS, die neben

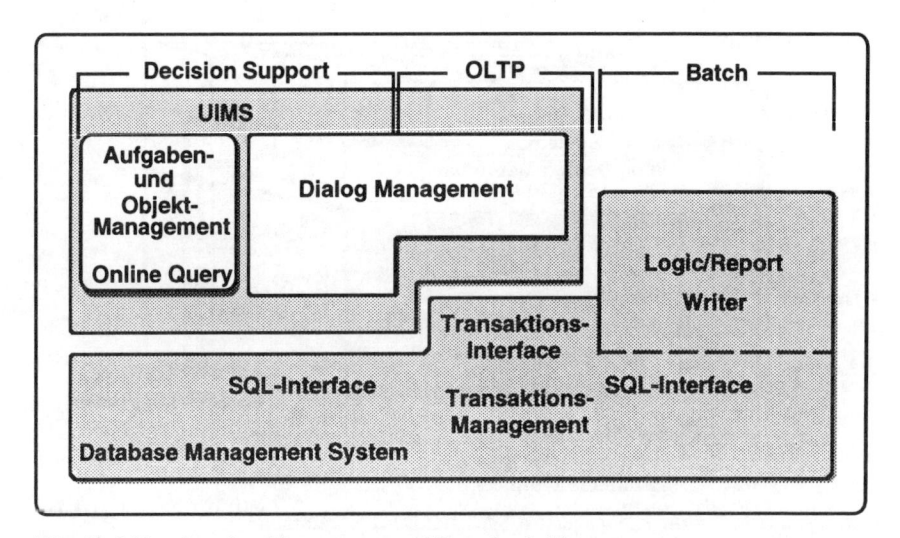

Abb. 10.6. User Interface Management und Datenbank-Management

10.5 Benutzungsschnittstellen: Datenbankmanagement und UI-Management   173

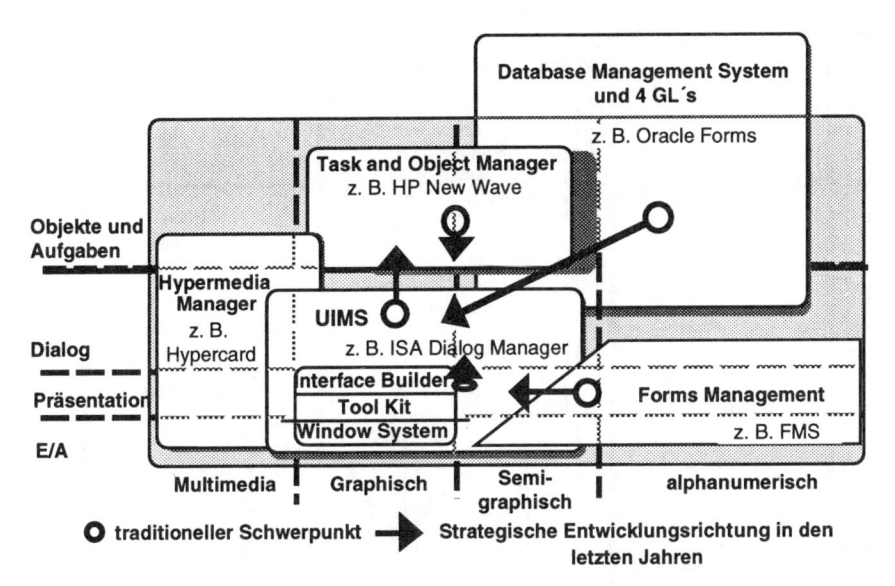

Abb. 10.7. Entwicklung von User Interface Management und verwandten Technologien

graphischen auch semigraphische und alphanumerische Terminals unterstützen, sind hier unumgänglich.

Im Bereich der Entscheidungsunterstützungssysteme tritt neben das User Interface Management das sogenannte Aufgaben- und Objekt-Management, oder, um eine neuere Begrifflichkeit zu verwenden: die Workflow und Groupware Software. Daneben wird eine interaktionsfähige Datenbankabfragespreche (Online Query Facility – OQF) benötigt, die wiederum auf den bekannten SQL Interfaces aufsetzt.

Zusammenfassend bleibt festzustellen, daß User Interface Management Systeme herkömmlicher Bauart für interaktive Systeme heute ein unverzichtbares Werkzeug darstellen. Von ebensolcher Bedeutung sind sie im Bereich der Entscheidungsunterstützungssysteme. Dies sind z. B. Bürokommunikationssysteme, MIS-Systeme und Anwendungssysteme im Bereich des technischen Büros. Hier sollten sie jedoch ergänzt werden durch Online Query Facilities und ein Aufgaben- und Objekt-Management.

10.6 Technologien im Umfeld von UIMS-Systemen

Die Technologien im UIMS-Umfeld haben sich in den letzten Jahren weiterentwickelt bzw. treffen auf etablierte Technologien, die sich weiterentwickeln. Hierzu ist eine Einordnung im Rahmen der bereits eingeführten Repräsentationsschichten einerseits sowie der zu unterstützenden Darstellungsmedien sinnvoll.

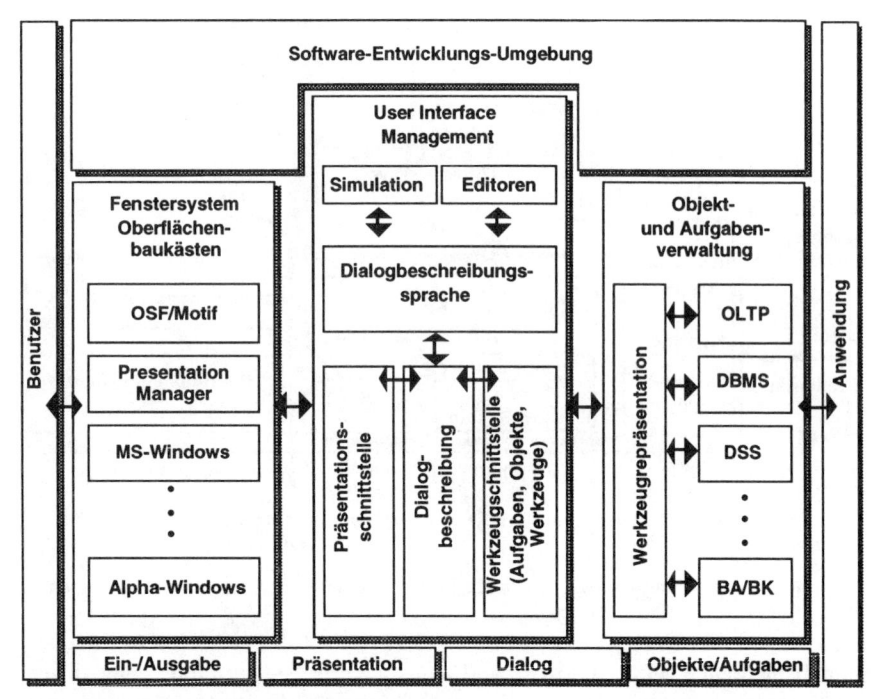

Abb. 10.8. Eine Architektur für UIMS Systeme

Im Bereich alphanumerischer und semigraphischer Terminals hatten auf der semantischen Schicht (Aufgaben, Objekte) Datenbankmanagement-Systeme einschließlich der mit ihnen verbundenen Sprachen der vierten Generation (4GLs) wesentliche Leistungsmerkmale. Dagegen war die Flexibilität bei der Gestaltung des Dialogs und der Präsentation bei diesen Systemen wenig bis gar nicht ausgeprägt. Von entsprechenden Anbietern wurden Weiterentwicklungen in Richtung auf graphische Benutzungsschnittstellen vorgenommen.

Klassische Vertreter von GUI-Werkzeugen im rein alphanumerischen und teilweise auch semigraphischen Bereich sind Formularsysteme (Forms Management Systems).

Zum zweiten hat sich ein Strang von Produkten im graphischen Bereich herausgebildet. Diese Entwicklung begann mit Fenstersystemen und entsprechenden Bibliotheken (z. B. Xlib) und setzte sich mit Resource Construction Sets wie z. B. der bekannten Apple Macintosh Toolbox oder den heute geltenden Industriestandards im Bereich von Oberflächenbaukästen wie OSF/Motif, Presentation Manager oder MS Windows fort. Darauf aufsetzend wurden sogenannte Interface Builder mit der Möglichkeit, das statische Layout einer Benutzungsschnittstelle graphisch-interaktiv zu erstellen, entwickelt. Diese Werkzeuge sind auf der E/A- und Präsentationsschicht angesiedelt und decken keine Entwicklung von Benutzerdialogen in ihrer Dynamik ab. Gerade hier liegt aber bei der praktischen Implementation das wesentliche Problem. Erst User Interface Management Systeme liefern hier eine entsprechende Unterstützung. Von einem UIMS wird auch eine entsprechende Unterstützung in den semigraphischen und alphanumerischen Bereich hinein erwartet. Im Bereich multimedialer Systeme haben sich Hypermedia-Systeme etabliert.

10.7 Komponenten eines User Interface Management Systems

Ein User Interface Management System sollte entsprechend Abb. 10.8 die gängigen, am Markt vorhandenen Industriestandards wie Motif, Presentation Manager und Windows unterstützen. Sie sollten ein bequemes Editieren der Benutzungsschnittstelle ermöglichen und darüber hinaus in der Lage sein, die Dynamik des Benutzerdialogs z. B. in Form einer leicht zu erlernenden Dialogbeschreibungssprache darzustellen und mit anderen Systemen auszutauschen. In zukünftigen Systemen sollten ein explizites Aufgaben- und Objekt-Management (evtl. auch im Zusammenspiel mit anderen Komponenten) realisiert sein.

Abbildung 10.9 zeigt den Datenfluß in einem UIMS. Mit Hilfe von Layout-Editoren, Dialog-Editoren und Aufgaben- bzw. Objekt-Editoren wird eine Benutzungsschnittstellenbeschreibung erzeugt. Zu fremden Systemen existieren Post-

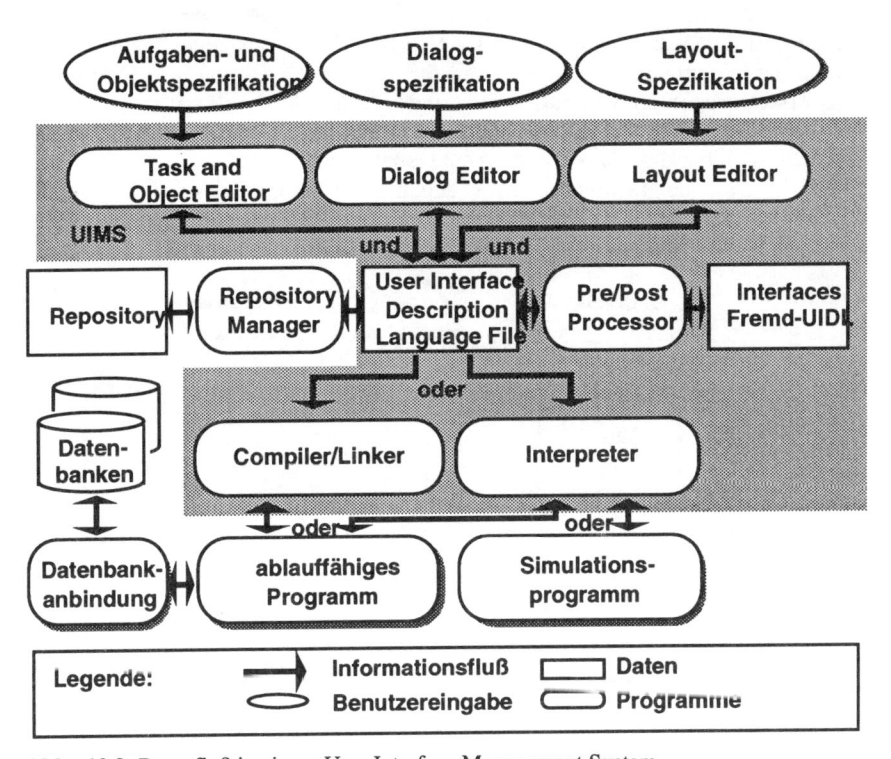

Abb. 10.9. Datenfluß in einem User Interface Management System

Prozessoren zur Umwandlung der entsprechenden Formate. Zu CASE-Systemen wird eine Verbindung über ein gemeinsames Repository hergestellt. Hier werden zusätzlich zu den bereits vorhandenen Daten Informationen über die verwendeten Dialogobjekte und ihre Benennungen abgelegt.

Die Benutzungsschnittstellen-Beschreibungssprache wird interpretativ in einer Simulations-Umgebung zum Ablauf gebracht oder auf dem Standard-Weg des Kompilierens und Linkens in ein lauffähiges Programm mit einer entsprechenden Datenbankanbindung überführt.

10.8 User Interface Management und Client/Server-Architekturen

Client/Server-Architekturen bestimmen momentan die Entwicklungsrichtung auch in Verbindung mit Host-Systemen. Als Clients setzen sich Windows-Systeme oder UNIX-Systeme und mit Abstrichen auch OS/2-Systeme durch. Gewünscht ist nun, daß ein UIMS entsprechende Client/Server-Architekturen unterstützt. Im Zusammenhang mit UIMS bedeutet das Client/Server-Konzept, daß ein Teil der User Interface Management-Laufzeitkomponente auf der Server-Maschine abläuft. Hier werden die daten- und rechenintensiven Aufgaben durchgeführt. Ein zweiter Teil der Ablaufkomponente des User Interface Managements wird dagegen auf den Client-Maschinen realisiert. So wird einerseits eine benutzerfreundliche Arbeitsumgebung geschaffen und zugleich das Netzwerk mit relativ wenig Netzwerkverkehr belastet. Dieses Konzept eignet sich sowohl für lokale Netzwerke als auch für sogenannte Wide Area Netzwerke.

Für Großrechner-Installationen, in denen noch häufig klassische Terminals vorzufinden sind, ist es von besonderer Bedeutung, daß diese alphanumerischen

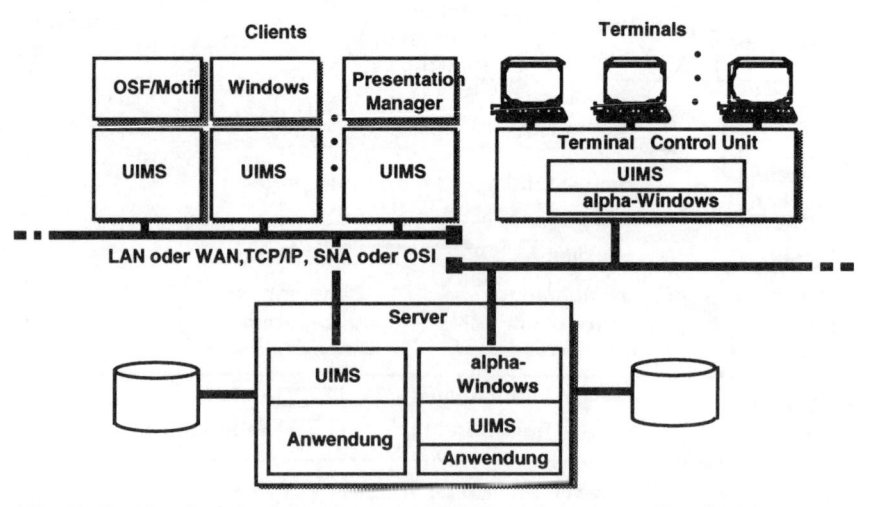

Abb. 10.10. Client/Server-Architektur für ein UIMS mit integriertem Terminal Support

Terminals integriert werden können. User Interface Management Systeme sollten aus diesem Grund einen speziellen Dialog Manager für alphanumerische Terminals anbieten, der das Look und Feel von Fenstersystemen auf PCs simulieren kann. Natürlich kann man hier in der Regel nicht erwarten, daß mit einem Zeigeinstrument wie einer Maus gearbeitet wird. Vielmehr müssen in solchen Fällen kontext- und semantikgetriebene Cursor-Steuerungen verwendet werden. Physikalisch wird ein Teil des User Interface Management Systems auf dem Host realisiert und ein zweiter Teil, sofern vorhanden, auf einer intelligenten "Terminal Control Unit". Ist diese nicht verfügbar, werden die Terminals direkt an den Host angeschlossen. Dies bedingt eine höhere Netzwerkbelastung durch die komplexen graphisch orientierten Benutzungsschnittstellen auf den verfügbaren Host-Terminals.

10.9 Vorteile beim Einsatz eines User Interface Management Systems

Eine Abschätzung der Aufwandsreduktion durch den Einsatz von User Interface Management Systemen in den Software-Lebenszyklusphasen Spezifikation, Design, Implementation, Test und Wartung wird in Abb. 10.11 vorgenommen.

Für die Software-Implementation und ihren Test werden durch den Einsatz von UIMS für Software-Systeme, die viele graphisch-interaktive Komponenten beinhalten, Aufwandsreduktionen von bis zu 25 Prozent erzielt. Auch in frühen Phasen von Design und Spezifikation hilft ein User Interface Management-Werkzeug. Die Benutzungsschnittstelle kann bereits sehr frühzeitig und komfortabel definiert werden, und die so gewonnene Benutzersicht auf die Funktionalität kann Fehlentwicklungen verhindern.

Annahmen: • 30 - 40% User Interface Code der Gesamtanwendung • Klassisches SE-Modell • Keine Integration von UIMS in CASE			
Phase	Anteil der Leistung (%)	Reduktion des Aufwands (%)	Reduktion der Durchlaufzeit (%)
Spezifikation	15	20	25
Design	10	15	50
Implementation	10	25	25
Test	15	30	50
Wartung	50	20	15

Abb. 10.11. Auswirkungen von User Interface Management Systemen

Von meist noch größerer Bedeutung sind die mit UIMS in den Design- und Spezifikationsphasen zu erzielenden Reduktionen von Durchlaufzeiten, die aufgrund von Erfahrungswerten mit bis zu 50 Prozent beziffert werden können. Auch können während der Testphase signifikante Verkürzungen der Durchlaufzeit erreicht werden.

10.10 Werkzeugauswahl und Einführung

Es wurde eine Vorgehensweise zur Auswahl und Einführung von GUI-Werkzeugen entwickelt und mehrfach erfolgreich zum Einsatz gebracht. Diese Vorgehensweise wird dabei spezifisch in bezug auf ein dediziertes Anforderungsprofil eines Unternehmens bzw. einer Unternehmenseinheit (SPU: Software Producing Unit) erstellt. In Form von Anwenderworkshops werden die unternehmensspezifischen Anforderungen erhoben und verfeinert. In einer ersten Herstellerauswahl können so unter Verwendung von K.O.-Kriterien, Muß-Kriterien, Kann-Kriterien und Soll-Kriterien eine Reduktion der relevanten Hersteller auf drei bis fünf getroffen werden.

Dabei spielt die Zielgruppe, die das Werkzeug nutzen soll, eine wichtige Rolle. Kann von einer Nutzung durch Systemprogrammierer oder Anwendungsprogrammierer mit Spezialkenntnissen im Bereich der GUI-Werkzeuge ausgegangen werden und sind spezielle Anpassungen des Werkzeugs in bezug auf die durchzuführende Entwicklungsaufgabe notwendig, so werden sicherlich andere Werkzeugklassen ausgewählt als bei einer Entwicklung eines betrieblichen Informa-

Werkzeugklasse	geeignet für:	Kriterium: Effizienz der GUI-Entwicklg.	Anwend.-breite	Offenheit	Erlernbarkeit	Wartbarkeit
Programmierumgebungen: Klassenbibliotheken Oberflächen-Baukästen und -Beschreibungssprachen	• SP	○	●	●	○	○
Interface Builder Interface Design Tools Screen Painters	• SP • AWP (+ SK)	◐	●	●	◐	◐
User Interface Management Systems Dialog Manager	• SP • AWP • AWA	●	●	◐	●	●
Multimedia- und Hypermedia-Werkzeuge	• AWP • AWA	●	○	○	●	●
4 GL-Sprachen	• AWP	●	◐	○	◐	◐
CASE-Werkzeuge	• SA • AWP	◐	◐	◐	◐	●

Legende:
AWA Anwenderabteilung
AWP Anwendungsprogrammierer
SA Systemanalytiker
SP Systemprogrammierer
(+SK) mit Spezialkenntnissen

● hoch
◐ mittel
○ niedrig

Abb. 10.12. Klassifikation von Entwicklungswerkzeugen in bezug auf den Grad der Geeignetheit für unterschiedliche Zielgruppen sowie eine Gruppe von fünf Beurteilungskriterien

tionssystems durch Anwendungsprogrammierer unter Mitarbeit der Anwenderabteilungen. Abbildung 10.12 gibt dabei eine erste Klassifikation von Klassen von Entwicklungswerkzeugen.

10.10.1 Auswahl und Einführung von GUI-Werkzeugen

Die Auswahl wie auch die Einführung von GUI-Werkzeugen kann je nach Problemlage unterschiedlich komplex sein:
- Eine Anwenderabteilung im Unternehmen sucht ein adäquates Werkzeug für eine spezifische Problemsituation und für eine dedizierte Entwicklungsumgebung.
- Ein Unternehmen sucht für den generellen Einsatz ein Werkzeug, das auf einer Vielzahl von Entwicklungsumgebungen einen portablen Benutzungsschnittstellencode erzeugt.
- Ein Softwarehaus will portable Produkte für eine Vielzahl von Plattformen, die am Markt verbreitet sind, entwickeln.
- Ein Forschungsinstitut sucht ein Spezialwerkzeug für Systemprogrammierer zur Entwicklung von Benutzungsschnittstellen.

Weitere Unterschiede bei der Auswahl sind sicherlich auch bezogen auf den Anwendungsbereich zu beachten. Eine Applikation im Bankensektor mit seinen etablierten COBOL-Umgebungen stellt dabei andere Anforderungen als die Entwicklung eines hochinteraktiven Fertigungsleitstands mit komplexen graphischen Elementen oder die Entwicklung eines Management Information Systems (MIS), das starke Kommunikationsunterstützung und Zugriff auf verteilte Daten benötigt. Für die Planung und Durchführung eines entsprechenden Projekts wurde eine Planungssystematik entworfen. Abbildung 10.13 stellt beispielhaft ein Arbeitsblatt dieser Planungs- und Einführungssystematik dar.

Zur Unterstützung der Durchführung entsprechender Projekte wurde ein generischer Kriterienkatalog (vgl. Kap. 9) entwickelt. Dieser Kriterienkatalog wird im Rahmen der Methodik in Form von Arbeitsblättern, die in moderierten Workshops Verwendung finden, eingesetzt. Abbildung 10.14 zeigt einen Ausschnitt aus einem entsprechenden Arbeitsblatt.

Es wurde eine Falldatenbank mit mehr als 50 durchgeführten GUI-Entwicklungsprojekten angelegt, die kontinuierlich weiterentwickelt wird. Vor dem Hintergrund bisher durchgeführter Projekte kann so von früheren Erfahrungen profitiert und ein problemspezifischer Anforderungskatalog erstellt werden. Auch bei der Einführung der Softwarewerkzeuge, bei Pilotprojekten und bei der Anwendungsentwicklung kann eine Fallbibliothek effiziente Hilfestellung geben.

10.10.2 Benchmark Tests

Auf der Basis des aufgestellten Kriterienkatalogs wurden für wesentliche Leistungsmerkmale standardisierte Programmieraufgaben ausgewählt, die die Leistungsfähigkeit der einzelnen Werkzeuge objektivierbar machen sollen. Dabei

Auswahl und Einführung GUI-Werkzeuge

Vorgehensweise	bereits getan?		Bedeutung					Bemerkungen
	ja	nein	1	2	3	4	5	
1 Einarbeitung in die Konzeption von GUIs								
Fachliteratur								
Arbeitspapier								
Strategiepapier								
Kritierienerarbeitung								
Kriteriengliederung								
2 Erstellung des Anwendungsprofils								
Aufgabenanalyse								
Fallstudienvergleich								
Anwendungsprofil								
Kriterien • Gewichtung								
3 Durchführung einer Marktuntersuchung								
Herstellerinformationen								
Präsentation								
Markterhebung								
Shortlist								
Referenzkundenliste								
Anwenderbefragung								
4 Erstellung der Leistungstests								
Definition								
Implementation								
Messung								
Leistungsbericht								
5 Durchführung des Pilottests								
Auswahl Pilotfeld								
Durchführung								
Erfahrungsbericht								
6 Spezifizierung der Einführungsmethodik								
Projektplanung								
Beteiligungskonzepte								
Qualifizierungsmaßnahmen								
Unterlagenerstellung								
7 Einführung des Werkzeugs								
Erfolgskontrolle								
Wirtschaftlichkeit								
Marktverfolgung								
8 Software Management								
Bausteinbibliotheken								
Styleguide								
Firmen-Styleguide								
Methoden der Dokumentation								
Methoden des Prototyping								
Methoden der Evaluation								
Transfer in die Abteilungen								

Abb. 10.13. Arbeitsblatt zur Planungs- und Einführungssystematik

10.10 Werkzeugauswahl und Einführung

Marktuntersuchung GUI-Entwickungswerkzeuge							
Anforderungskriterien GUI-Werkzeug		muß	soll	kann	Bemerkungen	Gewichtung	Werkzeuge
2. Präsentationsschicht (Teil II)								
Oberflächenmodell	Toolkits bei Implementation genutzt						
	Konzept Objekte übernommen						
	Styleguide-Konformität						
Spezielle Objekte	strukturierte Objektgraphik						
	Anzeigeninstrumente						
	dynamisierte Graphik						
	Geschäftsgraphik						
	Multimedia						
Drag& Drop-Protokolle	extern						
	integriert						
Erweiterbarkeit	angebunden						
	integriert						
Objekte dynamisch erzeugbar							
Entwicklungswerkzeug	Standard Oberflächenbeschreibungssprache						
	eigene Oberflächenbeschreibungssprache						
	graphischer Editor, WYSIWYG						
	graphischer Editor, Baumdarstellung						
Internationalisierung	Texte umschaltbar						
	automatische Layoutänderung						
	Datenformat umschaltbar						
Objektpositionierung	relativ zu Vater						
	relativ zu Geschwistern						
	Layouthilfen						
Verletzte Kriterien							
■ Muß-Kriterien								
■ Soll-Kriterien								
■ Kann-Kriterien								

Abb. 10.14. Arbeitsblätter (Ausschnitt) zur Ermittlung der Benutzeranforderungen an ein GUI-Entwicklungswerkzeug

handelt es sich um Aufgaben, die in der Komplexität zwischen der Programmierung elementarer Dialogobjekte (ein Pushbutton) und umfangreichen Benutzungsschnittstellen (eine Stammdatenverwaltung) liegen:

- Ein dynamisches Formular: In Abhängigkeit von Benutzereingaben entsteht zur Laufzeit ein neues Layout mit neuen Eingabefeldern und es werden neue Fenster zur Laufzeit generiert.
- Multiple Sichten: Ein Schieberegler und ein Text-/Ausgabefeld stellen den gleichen aktuellen Wert dar. Wird nun in einer Repräsentation ein Wert geändert, ändert sich die zweite Repräsentation automatisch.
- Layoutanpassung, abhängig von der Schriftgröße: Die Größe eines Fensters und des darin enthaltenen Pushbuttons wird in Abhängigkeit der verwendeten Schriftart automatisch und sinnvoll verändert.
- Vordefinieren von Vorlagen zur firmenweiten Verwendung: Ein Fenstertyp entsprechend einem firmeninternen Styleguide soll als ausführbarer Code in der Beschreibungssprache der Benutzungsschnittstelle definiert werden. Zur Laufzeit können Instanziierungen kreiert werden, die teilweise die Eigenschaften der Vorlage ererben, teilweise aber auch situationsspezifisch reagieren.

Dies sind nur vier Beispiele für definierte Benchmarks. Benchmark-Aufgaben wurden mittlerweile für eine größere Anzahl von User Interface Management Systemen implementiert. Bei der Beschreibung des Werkzeugs Dialog Manager (IDM) wird auf einige Beispielimplementationen eingegangen (vgl. Kap. 12).

In einer weiteren Untersuchung wurden die wichtigsten in Anwendungssystemen vorhandenen Makro-Dialogsequenzen analysiert und werkzeugunabhängig modelliert. Beispiele hierzu sind:

- Eine Stammdateneingabe von Kundendaten;
- Eine Ausgabe von Bestelldaten/Lagerdaten und verwalteten Aufträgen in Listenform;
- Ein interaktiver Einplanungsvorgang von Ressourcen;
- Die Eingabe, Ausgabe und Manipulation von Simulationsdaten in Tabellenform.

Es kann davon ausgegangen werden, daß zwischen 30 bis 40 Makromodelle definiert werden können, die einen Großteil der in der betrieblichen Anwendung vorkommenden Standardtransaktionen abdecken. Diese Makros sind als Benchmark-Testaufgaben für GUI-Generierungswerkzeuge bestens geeignet. Aus diesen Arbeiten heraus wurde eine Bausteinbibliothek für User Interface Management Systeme entwickelt (vgl. Kap. 14).

Die in der Bausteinbibliothek erfaßten Bausteine können als Referenztypen für die Beurteilung der Leistungsfähigkeit einzelner Werkzeuge herangezogen werden. Über diesen Level an Problemgranularität hinaus wurden in weiterer Vergröberung Typen von komplexen Benutzungsschnittstellen identifiziert:

- Leitstände mit hoher Interaktivität bei Einsatz von komplexen, nicht standardisierten Dialogobjekten wie "Plantafel" und "Tabellenobjekt"; mit multiplen Sichten auf Datenbestände und mit standardisierten Dialogboxen, formular- und menüorientierten Dialogen.
- Operatorkonsolen mit zeitkritischer Interaktivität und mit graphischen Elementen, die weit über standardisierte Dialogobjekte hinaus weisen.

- Technische Programmiersysteme mit graphik-, simulations- und pictogrammbasierten Dialogen, mit speziellen Anforderungen aus der Hard- und Softwareumgebung.
- Datenbankbasierte graphisch orientierte Informationssysteme mit hohen Anforderungen an die Anwendungsschnittstelle im Datenbankbereich und Anforderungen an Graphikfähigkeit, an die Möglichkeiten der Generierung von Formularen, Menüdialogen und Dialogboxen.
- MIS-Systeme mit Anforderungen an Kommunikation, Datenhaltung und Simulation. Gegebenenfalls auch unter Einbeziehung von wissensbasierten Komponenten.
- Branchensoftware mit standardisierten Dialog-Makros, Datenbankorientierung und Anforderungen an verteilte Verarbeitung.

Für jeden dieser generischen Typen von kompletten Benutzungsschnittstellen liegen Referenzimplementationen mit dem Werkzeug Dialog Manager und anderen Werkzeugen vor. Insgesamt wurden in diesem Bereich ca. 50 Implementationsprojekte unter entsprechendem Werkzeugeinsatz durchgeführt.

10.10.3 Marktuntersuchung zur Leistungsfähigkeit von Werkzeugen zur Entwicklung graphisch-interaktiver Benutzungsschnittstellen

Es wurden in jährlichem Abstand Marktuntersuchungen durchgeführt und veröffentlicht. Dort sind die Ergebnisse der durchgeführten Untersuchungen und Bewertungen der entsprechenden Werkzeuge wiedergegeben. Es zeigt sich, daß innerhalb der Klasse der User Interface Management Systeme der in Kap. 12 vorgestellte Dialog Manager technisch weiterhin unter den führenden Werkzeugen plaziert ist. Dabei ergaben die ab 1991 durchgeführten Marktuntersuchungen folgende Ergebnisse:

- IDM war über lange Jahre ein führendes Werkzeug; im Laufe der Jahre traten jedoch immer mehr sehr gute Werkzeuge hinzu.
- Die Werkzeuge differenzieren sich mittlerweile wenig auf der Präsentationsschicht.
- Die Funktionalität im Bereich der Dialogschicht gleicht sich an und entwickelt sich in Richtung objektorientierter Programmiersprachen.
- Die Werkzeuge differenzieren sich sehr stark in bezug auf die Anwendungsschnittstelle und ihre Einbindbarkeit in generelle Softwareplattformen.
- Stark differenzieren die Werkzeuge auch in bezug auf die Kriterien der Einbindbarkeit in einen generellen Softwareentwicklungsprozeß.

Zusammenfassend läßt sich feststellen, daß eine Planungs- und Einführungssystematik für den betrieblichen Einsatz entwickelt und vielfach erfolgreich eingesetzt wurde. Die Investitionssummen bei der Einführung von User Interface Management Systemen reichen dabei von fünfstelligen Summen bei reinen Beschaffungsmaßnahmen bis hin zu siebenstelligen bei der unternehmensweiten, strategischen Einführung eines Werkzeugs einschließlich der Kosten für die Integration in den Standardsoftwareentwicklungsprozeß, für organisatorische Umstellungen (Teambildungen im Rahmen von Prototypingansätzen), über entsprechende Einführungs- und Qualifizierungsmaßnahmen bis hin zur Implementation von Benchmarks und Durchführung von prototypischen Entwicklungsprojekten.

10.10.4 Migration zu graphisch-interaktiven Benutzungsschnittstellen in Client/Server-Architekturen

Die Migration von alphanumerischen zu graphischen Benutzungsschnittstellen bei existierender Software ist eine Problemstellung, die in ihrer Planung und Durchführung eine hohe Komplexität aufweist. Beispiele für entsprechende zu migrierende Systeme sind in den Bereichen Produktionsplanungs- und Steuerungssysteme, Qualitätssicherungssysteme, Vertriebsunterstützungssysteme oder Kundeninformationssysteme im Banken- und Versicherungsbereich gegeben. Hier sind komplexe gewachsene Anwendungssysteme in Client/Server-Umgebungen umzustellen. Dabei kristallisierte sich eine Hierarchie von Problemstellungen, die unterschiedlichen Aufwand bei ihrer Lösung erfordern, heraus:

- Auf der Präsentationsschicht der entsprechenden Software wird unter Beibehaltung von Dialogsteuerung und globaler Vorgangssteuerung sowie der Struktur der zu bearbeitenden Daten und Objekte lediglich eine Erweiterung der alphanumerischen Dialogobjekte wie Eingabefelder, Menüabfragen oder Eingabemasken durch standardisierte graphisch-interaktive Objekte vorgenommen.
- Zusätzlich werden in einem eventuellen erweiterten Konzept entsprechend der in Kap. 4, 5 und 6 vorgestellten Vorgehensweise Dialogobjekte, Sichten und Dialogabläufe neu definiert. Hierbei sind bereits tiefere Eingriffe in die Anwendungssoftware vorzunehmen.
- Die Software wird im Sinne einer konzeptuellen Sicht neu modelliert und entsprechend konzipiert. Hierbei ist zumeist eine Reimplementierung der Software vorzunehmen. Dabei werden im Sinne kooperierender Systeme Teilbereiche unter Systemkontrolle (rechnergeführte, Workflow-gestützte Abläufe) sowie als benutzerinitiierte Dialoge realisiert.

Es wurde eine entsprechende Planungssystematik für Migrationsprojekte entwickelt. Es wurden des weiteren etliche Migrationsvorhaben in den oben genannten Bereichen durchgeführt.

11 DIAMANT: Ein experimentelles, objektorientiertes User Interface Management System

Das User Interface Management System *DIAMANT* wurde im Rahmen des internationalen HUFIT-Projekts (Human Factors in Information Technology) entwickelt. Für die Implementierung wurde C++ verwendet. Im folgenden wird insbesondere auf die Dialogbeschreibungssprache von DIAMANT eingegangen. Außerdem werden einige Vorteile der Implementierung in C++ verdeutlicht.

11.1 Das User Interface Management System DIAMANT im Überblick

Das System DIAMANT war eines der ersten objektorientierten UIMS weltweit. Es wurde als voll einsatzfähiges System implementiert. Dabei war es als experimentelles System konzipiert und wurde jeweils für unterschiedliche Einsatzbereiche modifiziert. Es standen bei der Entwicklung folgende Ziele im Vordergrund:

- Erweiterbarkeit in bezug auf Oberflächenobjekte: Direkt manipulative Systeme erfordern anwendungsabhängig spezielle Oberflächenobjekte, die nicht allein durch Zusammensetzung vordefinierter Objekte erzeugt werden können. Als Beispiel betrachte man ein Produktionsplanungssystem, in dem Aufträge mit Hilfe der Maus in einem Gantt-Diagramm einer Maschine zugeordnet werden (Abb. 11.1). Hierfür müssen neue Oberflächenobjekte (Gantt-Diagramm, bewegliche Aufträge) definierbar und in die Dialogbeschreibungssprache integrierbar sein. Bei vielen UIMS ist dies nicht möglich, und die Konstruktion und Steuerung dieser Objekte muß aus der Anwendung heraus mit Mechanismen des Fenstersystems realisiert werden. Dies schränkt alle Vorteile eines UIMS ein. Die Erweiterbarkeit in bezug auf Oberflächenobjekte ist damit für ein experimentelles UIMS eine wichtige Voraussetzung, um in unterschiedlichen Anwendungskontexten getestet zu werden.
- Dynamische Objekterzeugung zur Laufzeit: Diese wird zwar inzwischen von marktgängigen Systemen wie dem Dialog Manager IDM unterstützt, war aber zu Beginn der Entwicklung von DIAMANT bei anderen Werkzeugen nicht vorgesehen. Ein Beispiel, in dem eine dynamische Objekterzeugung benötigt wird, ist ein Formular zur Personendatenerfassung. Hier müssen abhängig von der Zahl der Kinder einer Person Eingabefelder für die Erfassung der Kinderdaten

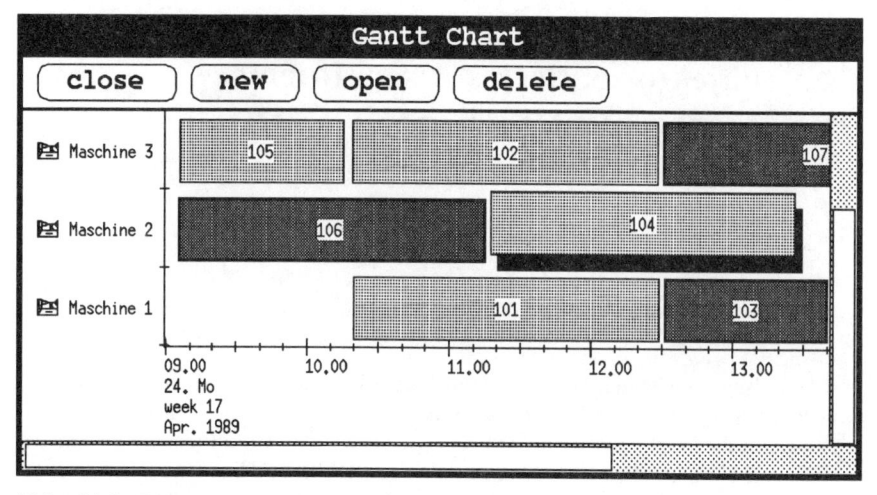

Abb. 11.1. Benutzungsoberfläche eines Produktionsplanungssystems realisiert mit Hilfe des UIMS DIAMANT

erzeugt werden. Das Kreieren von Objekten und die Erweiterung der Regelbasis zur Laufzeit ermöglicht das Anpassen an unterschiedliche Kontexte zur Laufzeit.
- Unterstützung multimedialer Benutzungsschnittstellen: Außer graphischen Medien auf der Basis von Fenstersystemen müssen auch andere Medien wie Sprachein- und -ausgabe, Animation und Video in die Dialogbeschreibung integriert werden können. Ein multimediales System, das mit DIAMANT realisiert wurde, ist MULTEX, eines der ersten multimedialen Diagnose- und Wartungssysteme.
- Flexibilität bei der Anbindung von Anwendungen: Anwendungen sollen sowohl an die Dialogkomponente direkt angebunden werden können, als auch in einem separaten Prozeß ablaufen können. Dies ermöglicht auch die Verteilung von Dialogkomponente und Anwendung.

DIAMANT enthält eine objektorientierte Dialogbeschreibungssprache, die im folgenden Abschnitt eingeführt wird. Weitere Komponenten sind ein Oberflächeneditor und ein Laufzeitkern. Der Laufzeitkern stellt Klassen für die interne Kommunikation zwischen Dialogobjekten und für die externe Interprozeßkommunikation bereit. Damit unterstützt DIAMANT sowohl die Verteilung der Anwendung als auch die Integration neuer E/A-Medien, die in eigenen Prozessen gesteuert werden. Als graphischer Oberflächenbaukasten wurde InterViews (vgl. Kap. 9) verwendet, das allerdings um einige Bausteine erweitert wurde.

11.2 Die objektorientierte Dialogbeschreibungssprache UIDL

Bei der Entwicklung von *UIDL (User Interface Description Language)* wurde ein ereignisorientiertes Dialogmodell zugrundegelegt. Dieses hat sich als besonders geeignet für die Beschreibung graphisch-interaktiver Dialoge erwiesen. Ein Dialog besteht in DIAMANT aus einer Menge von *Ereignisbehandlern* (event handler). Ein Ereignisbehandler verfügt über eine Menge von Regeln, wobei jede Regel die Reaktion auf genau einen *Ereignistyp* beschreibt. Ereignistypen sind für die vordefinierten Ereignisbehandler festgelegt. Bei neuen Ereignisbehandlern können aber auch eigene Ereignistypen definiert werden. Quellen der Ereignisse können sein:

- Ein Oberflächenobjekt: Jedes Oberflächenobjekt hat einen Ereignisbehandler, an den die Oberflächenereignisse weitergegeben werden und der die Darstellung des Objekts steuern kann;
- ein anderer Ereignisbehandler;
- ein externer Prozeß.

Das Versenden von Ereignissen ist damit das universelle Kommunikationsmodell der UIDL für die interne und externe Kommunikation. Die Reaktion auf ein Ereignis kann darin bestehen:

- neue Ereignisse zu versenden, z. B. um den Zustand von Ereignisbehandlern oder ihrer Oberflächenobjekte zu verändern;
- neue Ereignisbehandler zu erzeugen oder alte zu löschen;
- lokale Variablen des Ereignisbehandlers zu verändern;
- Anwendungsfunktionen aufzurufen.

Die UIDL ist objektorientiert ausgelegt. Ereignisbehandler sind Instanzen von Klassen, wobei die Regeln als Methoden aufgefaßt werden. Zwischen den Klassen kann es Vererbungsbeziehungen geben (einfache Vererbung). Damit lassen sich Vorteile von Vererbungsmechanismen auch auf der Dialogebene nutzen, insbesondere die Strukturierung durch Zusammenfassung der Regeln, die zu einem Objekt gehören sowie die einfache Anpassung vordefinierter Ereignisbehandler. Ferner können Objekte zur Laufzeit beliebig erzeugt und wieder gelöscht werden.

Eine Anwendung der Klassenbildung ist die Definition von Vorlagen, die die Befolgung von Richtlinien (Styleguides – vgl. Kap. 19) für die Oberfläche unterstützen. Sollen z. B. bestimmte Menüstrukturen eingehalten werden oder soll ein OK-Button immer die gleiche Farbe haben, so können hierfür Klassen definiert werden, die für verschiedene Anwendungen verwendet werden. Damit wird die Befolgung von Richtlinien stark vereinfacht.

Die Form einer Klassenbeschreibung in UIDL ist in Beispiel 11.1 dargestellt. In den Variablendeklarationen kann angegeben werden, welche globalen Variablen und Variablen der Oberklasse verwendet werden. Sonstige Variablen sind lokal und werden nicht deklariert. Als Typen existieren Integer, String, Objekt-Identifikator und Assoziativ-Array. Der Datentyp Float wird in der Dialogsteuerung nicht benötigt, da Float-Werte extern als String dargestellt werden und lediglich an die Anwendung weitergereicht werden müssen, wo sie dann konvertiert werden können. Dagegen benötigt man Integer, z. B. als Zähler oder als Array-Index. Arrays sind

```
eventhandler <Klassenname> is a <Oberklasse> {

    global <globale Variablen>;
    uses <Variablen der Oberklasse>;

    on start with (<Param1>,...):(<akt. Param1>, ...)
    {
        <Anweisungen>;
    }
    on <Ereignis> with (<Param1>,....) from <Sender>
            and <Nebenbedingung> {
        <Anweisungen>;
    }
    .
    .
    .
    on end {
        <Anweisungen>;
    }
}
```
Beispiel 11.1. Form einer Klassenbeschreibung in UIDL

dynamisch und können außer mit Integern auch mit Strings und Objekt-Identifikatoren indiziert werden. Sie werden für die Verwaltung von Mengen von Objekten verwendet. Im obigen Beispiel des Formulars zur Personendatenerfassung benötigt man z. B. ein Array zur Verwaltung der Eingabefelder für die Kinder.

Die Start-Regel (on start ...) und die Ende-Regel (on end ...) sind analog zu einem Konstruktor bzw. Destruktor in C++ zu verstehen und werden bei der Erzeugung bzw. Löschung eines Ereignisbehandlers ausgeführt. Genauso gibt die Parameterliste nach dem Doppelpunkt in der Start-Regel an, welche aktuellen Parameter an die Start-Regel der Oberklasse übergeben werden.

Die anderen Regeln geben die Reaktion auf Ereignisse an. In der Klausel with ... können Parameter angegeben werden. Die Klausel from ... schränkt die Ausführung einer Regel auf Ereignisse ein, die von einem bestimmten Sender kommen. In der Klausel and ... können weitere Nebenbedingungen für die Ausführung einer Regel angegeben werden.

Als Anweisungen innerhalb der Regeln sind Zuweisungen, Funktionsaufrufe und Kontrollstrukturen wie if-then-else und while als Anweisungen möglich.

Das Beispiel 11.2 zeigt eine Implementation einer Dialogbox in UIDL. Hierbei werden zwei vordefinierte Funktionen verwendet:

- create (<Klassenname>, <Param1>, ...) erzeugt einen Ereignisbehandler der angegebenen Klasse;
- send (<Empfänger>, <Ereignistyp>, <Param1>, ...) sendet ein Ereignis des angegebenen Typs an den Empfänger.

11.2 Die objektorientierte Dialogbeschreibungssprache UIDL

```
eventhandler ConfirmBox is a Framehandler {
  on start with (message) {
    space = 20;
    vbox = create (VBoxhandler);            /*Erzeugung der */
    buttonBox = create (HBoxhandler);       /*Objekte       */
    messageBox = create (HBoxhandler);
    okButton = create (PushButtonhandler, "Ok");
    cancelButton = create (PushButtonhandler, "Abbruch");
    question = create (Messagehandler, message);
    vglue1 = create (VGluehandler, space);
    vglue2 = create (VGluehandler, space);
    vglue3 = create (VGluehandler, space);
    hglue1 = create (HGluehandler, space);
    hglue2 = create (HGluehandler, space);
    hglue3 = create (HGluehandler, space);
    hglue4 = create (HGluehandler, space);
    hglue5 = create (HGluehandler, space);
    send (messageBox, "insert", hglue1);    /* Zusammen-*/
    send (messageBox, "insert", question);  /* setzen   */
    send (messageBox, "insert", hglue2);
    send (buttonBox, "insert", hglue3);
    send (buttonBox, "insert", okButton);
    send (buttonBox, "insert", hglue4);
    send (buttonBox, "insert", cancelButton);
    send (buttonBox, "insert", hglue5);
    send (vbox, "insert", vglue1);
    send (vbox, "insert", messageBox);
    send (vbox, "insert", vglue2);
    send (vbox, "insert", buttonBox);
    send (vbox, "insert", vglue3);
    send (this, "insert", vbox);
  }

  on "pressed" from okButton {
    send (parent, "Ok");                   /* Sende OK-Ereignis */
  }

  on "pressed" from cancelButton {
    send (parent, "Cancel");   /* Sende Cancel-Ereignis */
  }
}
```
Beispiel 11.2. Ein ConfirmBox-Beispiel in UIDL

```
eventhandler main {
  on start {
    confirmbox = create (ConfirmBox, "Loeschen Datei XY");
    send (world, "insert", confirmbox);   /* Sichtbarmachen */
  }

  on "Ok" from confirmbox {
    unlink ("XY");                        /* Löschen der Datei */
    exit (0);
  }

  on "Cancel" from confirmbox {
    exit (0);
  }
}
```

Beispiel 11.3. Verwendung der Klasse `ConfirmBox`

Bei beiden Funktionen können Parameter übergeben werden. Ferner werden die vordefinierten Variablen `this` und `parent` verwendet, die auf das Objekt selbst bzw. seinen Erzeuger verweisen.

In der `start`-Regel der Klasse `ConfirmBox` werden die benötigten Ereignisbehandler erzeugt. Hierfür werden die vordefinierten Klassen `VBoxhandler`, `PushButtonhandler` usw. verwendet. Diese erzeugen automatisch ein entsprechendes InterViews-Objekt für die Oberflächendarstellung. Nach der Erzeugung werden die Objekte mit Hilfe des `"insert"`-Ereignisses zusammengesetzt. Die `start`-Regel mag etwas aufwendig erscheinen. Man muß jedoch bedenken, daß dieser Code mit dem Oberflächeneditor automatisch erzeugt wird. Der Programmierer muß dann nur noch die Regeln für die Ereignisbehandlung realisieren. Hier wird festgelegt, daß beim Drücken eines der beiden Buttons das `"Ok"`- bzw. das `"Cancel"`-Ereignis an den Erzeuger der `ConfirmBox` zu senden ist. `"Ok"` und `"Cancel"` sind Beispiele für neu definierte Ereignisse.

Jedes UIDL-Programm definiert einen Ereignisbehandler `main`, analog zu der Funktion `main()` in C und C++. Die Verwendung einer `ConfirmBox` (s. Beispiel 11.3) besteht darin, eine Instanz zu erzeugen und diese sichtbar zu machen, indem sie in die "Welt" eingefügt wird. Ferner sind Regeln für das `"Ok"`- und das `"Cancel"`-Ereignis zu definieren. Die Anwendungsfunktionen werden in C-Syntax aus den Regeln heraus aufgerufen. Im Gegensatz zu C++ ist `main` in der UIDL ein echtes Objekt, für das auch Regeln definiert werden können.

11.3 Implementation des DIAMANT UIMS

DIAMANT wurde auf Sun Workstations unter SunOS in C++ implementiert, wobei einige systemnahe Routinen in reinem C geschrieben sind. Die Verwendung von C++ lag schon insofern nahe, als DIAMANT auf InterViews aufsetzt. Die

11.3 Implementation des DIAMANT UIMS

Vorteile einer objektorientierten Implementierung zeigen sich aber an vielen Stellen, nicht nur bei der Schnittstelle zum Oberflächenbaukasten.

Die Klassen für die Ereignisbehandler werden vom Übersetzer der UIDL in C++-Klassen übersetzt. Dadurch können Vererbungsmechanismen von C++ genutzt werden und es entfällt der Aufwand für eine Neuimplementation der Vererbung. Der Übersetzer für die UIDL wurde mit Hilfe des UNIX-Werkzeugs YACC (Yet Another Compiler Compiler) geschrieben.

Der Laufzeitkern enthält einen Ereignisverteiler, der je eine Warteschlange für lokale (innerhalb der Dialogsteuerung auftretende) und globale (von der Oberfläche oder anderen Prozessen kommende) Ereignisse verwaltet. Außerdem verwaltet er eine Liste aller existierenden Ereignisbehandler-Instanzen. Die Ereignisverteilung besteht darin, zunächst die lokale und dann die globale Warteschlange abzuarbeiten, da lokale Ereignisse Priorität haben. Jedes Ereignis wird dabei an den zugehörigen Ereignisbehandler weitergegeben.

Ein Vorteil der objektorientierten Implementierung besteht darin, daß die konzeptuellen Objekte Ereignisverteiler (`Dispatcher`) und Ereignisbehandler (`Handler`) direkt in Klassen geschrieben werden. Skizzen dieser Klassen sind in Beispiel 11.4 gezeigt. Die Funktionen `Addhandler` und `Delhandler` von `Dispatcher` übernehmen das Einfügen bzw. Löschen der Ereignisbehandler in der Objektliste. Die zentrale Funktion `Dispatch` besorgt die Verteilung der Ereignisse, indem die Funktion `Handle` des zugehörigen Ereignisbehandlers aufgerufen wird.

```
class Dispatcher {
    friend class Handler;
    Objelem *objlist;               /* Liste der verw. Objekte */
    Queue globalqueue;              /* globale Ereignisse */
    Queue localqueue;               /* lokale Ereignisse */
public:
    Dispatcher::Dispatcher();
    void Addhandler(Handler *);     /* Einfügen eines Handlers */
    void Delhandler(Handler *);     /* Löschen eines Handlers */
    ...
    void Dispatch();                /* Ereigniswarteschleife */
};

class Handler {
    ...
public:
    Token parent_t;                 /* Info über Erzeuger */
    Handler(Token &);
    ~Handler();
    virtual void Handle();          /* Ereignisbehandlung */
    ...
};
```

Beispiel 11.4. Skizzen der Klassen `Dispatcher` und `Handler`

Die Klasse `Handler` definiert allgemeine Eigenschaften für Ereignisbehandler. Alle Ereignisbehandler-Klassen sind von dieser Klasse abgeleitet. Jeder `Handler` besitzt Informationen über seinen Erzeuger (`parent_t`), die als `Token` übergeben werden. `Token` ist die universelle Datenstruktur für die Weitergabe von Daten innerhalb von DIAMANT und kann Integer, Strings und Zeiger auf Ereignisbehandler und Assoziativ-Arrays enthalten. Der Konstruktor von `Handler` besorgt die Initialisierung von `parent_t` und das Einfügen in die Objektliste (Aufruf von `Addhandler`), der Destruktor das Löschen (Aufruf von `Delhandler`). Die virtuelle Funktion `Handle` wird in den abgeleiteten Klassen überschrieben.

Für Oberflächenobjekte wie Dialogboxen, Buttons u. ä. ist in DIAMANT jeweils ein spezieller `Handler` als C++-Klasse vordefiniert. Dieser erzeugt in seinem Konstruktor ein entsprechendes InterViews-Objekt. Für die verwendeten InterViews-Objekte sind abgeleitete Klassen so definiert, daß sie als Reaktion auf ein Oberflächenereignis ein entsprechendes DIAMANT-Ereignis erzeugen und in die globale Warteschlange einstellen. Umgekehrt sind für die `Handler` von InterViews-Objekten Ereignistypen so definiert, daß entsprechende InterViews-Funktionen aufgerufen werden.

11.4 Zusammenfassung und Diskussion

DIAMANT ist ein User Interface Management System, das die Vorteile des ereignisorientierten Dialogmodells mit denen der Objektorientierung vereinigt. Die vorgegebene Ablaufsteuerung durch Ereignisse zeichnet die UIDL von DIAMANT als Spezialsprache gegenüber allgemeinen Programmiersprachen wie C++ aus und vereinfacht die Beschreibung von Dialogabläufen. Dafür fehlen einige Sprachelemente, z. B. Datentypen wie float und pointer, die auf der Ebene der Dialogbeschreibung aber auch nicht benötigt werden.

Marktgängige Systeme (wie das im folgenden beschriebene System IDM: Dialog Manager) sollten über den Funktionsumfang von DIAMANT hinaus die Anbindung der UIDL an Anwendungsdaten besser unterstützen. Eine Entwicklung in diese Richtung war das System *Serpent*. Serpent ermöglicht die Spezifikation von Beziehungen zwischen Oberflächen- und Datenobjekten durch *constraints*. Hierdurch wird die automatische Aktualisierung der Daten bei Oberflächenänderungen und umgekehrt unterstützt. In der UIDL von DIAMANT müßten hierfür spezielle Ereignisse und Regeln definiert werden.

Eine weitere Entwicklungsrichtung ist die Integration von User Interface Management Systemen mit CASE-Werkzeugen. Hier ist es z. B. vielversprechend, zusätzlich zu den bekannten Data Dictionaries Presentation Dictionaries zu definieren, in denen Darstellungsobjekte und Darstellungsattribute für die Daten festgelegt sind. Zusätzlich zu den heute möglichen Vorlagen durch Klassenbildung wäre dies ein weiterer Schritt, über verschiedene Anwendungen hinweg einheitliche Benutzungsschnittstellen zu gewährleisten. Als weitere Neuerung werden in der Forschung Werkzeuge entwickelt, die die automatische Generierung von Oberflächenobjekten aus Datenmodellen vorsehen, wobei eine wissensbasierte Beschreibung anzuwendender Richtlinien zugrundegelegt wird (vgl. Kap. 8).

11.4 Zusammenfassung und Diskussion

Als Weiterentwicklung im Bereich Multimedia ist die Vordefinition multimedialer Dialogobjekte zu erwarten (z. B. sprachliche Menüs). DIAMANT bietet zwar die Möglichkeit der Integration alternativer Medien; es wurden aber bisher keine Standardobjekte analog zu graphischen Oberflächenobjekten definiert. Allerdings wurde mit dem bereits erwähnten MULTEX-System ein multimediales System auf der Basis von DIAMANT realisiert. Für ein kommerziell voll einsatzfähiges User Interface Management System spezifisch auch für den Bereich von betrieblichen Informationssystemen stellten sich folgende Anforderungen als kritisch heraus:

- Das System sollte auf der Basis eines abstrahierten Objektmodells konzipiert werden. Ein abstrahiertes Objektmodell stellt eine verallgemeinerte Schnittstelle auf die bestehenden Industriestandards bei Fenstersystemen und Dialogobjektbaukästen dar. Auf diese Weise werden Benutzungsschnittstellen portabel implementierbar. Die Dialogbeschreibungssprache benötigt erweiterte Konstrukte zur Behandlung externer Ereignisse, zur Anbindung von Anwendungen und zur Kommunikation mit Fremdanwendungen.
- Das System muß für den Betrieb in Client/Server-Architekturen ausgelegt sein.
- Das UIMS sollte ablaufeffizient und speichereffizient in C implementiert werden; dies bedingt einen erheblichen Aufwand bei der Nachimplementierung objektorientierter Mechanismen in Kernsystemen.
- Die Entwicklungsumgebung benötigt sehr viel ausgefeilte Komfortfunktionalität und muß ergonomisch gestaltet sein.
- User Interface Management Systeme müssen sich in Standard-Softwareentwicklungsumgebungen (z. B. CASE-Umgebungen) integrieren lassen.

Auf der Basis der mit dem System DIAMANT gewonnenen Erfahrungen bei der Implementation objektorientierter User Interface Management Systeme wurde für den breiten Einsatz das System Dialog Manager, das im folgenden Kapitel vorgestellt wird, entwickelt.

12 IDM: Der Dialog Manager

Auf der Basis der mit dem objektorientierten User Interface Management System DIAMANT gewonnenen Erfahrungen wurde eine Spezifikation und Implementierung für ein System für den Echteinsatz geleistet. Diese Spezifikation profitierte u. a. auch von Erfahrungen, die mit einem rudimentären User Interface Management System auf der Basis von Apple Macintosh Systemen sowie PC-Systemen mit dem Werkzeugkasten GEM gewonnen wurden. In einem Vorprojekt wurde eine erste kommerzielle Version des User Interface Management Systems Dialog Manager entwickelt. Dieses wurde von einem großen kommerziellen Informationstechnikanbieter zu einem marktreifen Produkt weiterentwickelt. Der auf der Basis dieses reichen Erfahrungsschatzes entwickelte Dialog Manager (IDM) gehört, wie entsprechende Marktuntersuchungen zeigten, zu den funktional/technisch führenden User Interface Management Systemen am Markt weltweit.

12.1 Dialogmodell und Regelsprache des Dialog Managers

12.1.1 Einführung

Der Dialog Manager bietet ein verallgemeinertes Objektmodell. Dazu kennt er sogenannte Ressourcen und Objekte. Die Ressourcen und Objekte beschreiben statische Anteile sowie die lokale Dynamik der Dialogobjekte. Ressourcen sind dabei Elemente, die von den verschiedenen Objekten verwendet werden können, aber selbst nicht den Charakter eines Dialogobjekts in bezug auf graphische Ausprägungen und Interaktivität besitzen. Zu den Ressourcen gehören u. a. Farben, Zeichensätze und Variable.

Objekte sind diejenigen Elemente, mit denen der Benutzer Interaktionen durchführt. Sie besitzen eigene graphische Ausprägungen. Beispielhaft zu nennen sind Fenster, Menüs, Textfelder oder Bedienknöpfe. Attribute mit ihren Werten bestimmen Aussehen und Verhalten der Objekte.

Die Dynamik der Benutzungsschnittstelle wird durch Regeln definiert. Regeln beschreiben Interaktionen des Benutzers mit den Dialogobjekten auf einer ereignisgesteuerten Basis. Aufgrund dieser Ereignisse werden entsprechende Regeln aktiviert, mit denen z. B. Objektattribute verändert oder Applikationsfunktionen aufgerufen werden. Unter Verwendung der Regelsprache (Dialogrepräsentation, Dialogbeschreibungssprache) werden Benutzungsschnittstellen separiert von der Anwendung implementiert, ohne daß dabei auf eine herkömmliche Programmiersprache zurückgegriffen werden muß. Spezifisch für die inkrementelle Entwicklung und den Ausbau von Prototypen erweist sich dies als adäquates Vorgehen.

12.1.2 Ressourcen

Die Ressourcen des Dialog Managers IDM sind Farben, Zeichensätze, Cursor, Bilder, Texte, Variable und Funktionen. Jede Ressource erhält einen Namen, über den später auf sie zugegriffen werden kann. Bei manchen Ressourcen können alternative Definitionen angegeben werden. Jede dieser Alternativen erhält eine Nummer. Bei Applikationsstart kann die Nummer der zu verwendenden Alternative angegeben werden, so daß man für verschiedene Systeme auf unterschiedliche Alternativen zugreifen kann.

Color: Farben können im RGB-Modell, im HLS-Modell (Hue, Lightness, Saturation) oder mit einem fenstersystemabhängigen Namen definiert werden. Zusätzlich kann für die entsprechenden Bildschirme noch eine Graustufe sowie ein Schwarz-Weiß-Wert definiert werden.

Font: Zeichensätze werden immer mit einem systemabhängigen Namen definiert. Hier müssen bei portablen Oberflächen verschiedene Alternativen für die verschiedenen Zielsysteme spezifiziert werden, sofern dort keine gleichnamigen Fonts verwendet werden können.

Accelerator: Mit Accelerators können verschiedenen Dialogobjekten eine Taste oder eine Tastenkombination zugeordnet werden. Die Objekte werden dann durch Betätigung dieser Taste(nkombination) selektiert. Eine Accelerator-Ressource kann mehreren Objekten gleichzeitig zugeordnet sein, wobei darauf geachtet werden muß, daß diese Objekte nicht gleichzeitig im selben Fenster sichtbar sind.

Cursor: Diese Ressource wird zur Definition des Aussehens des Mauszeigers verwendet, sofern dies vom jeweiligen Fenstersystem unterstützt wird. Dazu kann man entweder einen systemspezifischen Cursornamen angeben, oder den Cursor direkt mit einem Zeichenfeld definieren.

Tile: Eine Tile kann als Bild in verschiedenen Objekten dargestellt werden. Die Definition geschieht entweder wie bei einem Cursor in einem zweidimensionalen Feld von einzelnen Zeichen (zweifarbige Bilder), oder durch Definition einer Datei im GIF-Format.

Text: Die Ressource Text unterstützt die Entwicklung von mehrsprachigen Dialogen. Dazu können jeder Textressource verschiedene Instanziierungen in unterschiedlichen Sprachen zugeordnet werden. Durch Angabe einer Alternative kann so die jeweils gewünschte Sprache ausgewählt werden.

Variable: Eine Variable kann einen Wert eines anzugebenden Datentyps aufnehmen. Sie kann in Regeln verwendet werden, um bestimmte Dialogzustände zu repräsentieren oder mit der Anwendung zu kommunizieren.

Function: Funktionen bilden die Schnittstelle zur Applikation. Das Anwendungsprogramm kann Funktionen zur Verfügung stellen, die dann als Function-Ressource der Dialogbeschreibung bekannt gemacht werden und dadurch aus Regeln aufgerufen oder Objekten zugeordnet werden können. Die Funktio-

12.1 Dialogmodell und Regelsprache des Dialog Managers

```
/* Definition von 2 Farben */
color Yellow "yellow", white;
color Blue   rgb(0,0,255), grey(255), black;

/* Fontdefinition */
font  Bold "helvetica", 12, bold;

/* Definition eines Accelerators mit 2 Varianten */
accelerator AccOK
{
   1: F1;      /* Variante 1 */
   2: F10;     /* Variante 2 */
}

/* Definition einer zweifarbigen Tile */
tile Bild 9, 9,     " ####### ",
                    "#       #",
                    "# ## ## #",
                    "# ## ## #",
                    "#       #",
                    "# #   # #",
                    "# ##### #",
                    "#       #",
                    " ####### ";
```

Beispiel 12.1. Ressourcen-Definitionen in IDM

nen können bis zu acht Parameter und einen Rückgabewert besitzen. Parameter werden je nach Funktionsdefinition *called-by-value* oder *called-by-reference* übergeben.

Beispiel 12.1 zeigt einige Ressourcen-Definitionen.

12.1.3 Objekte

Der Dialog Manager enthält einen Satz von Dialogobjekten, mit denen sich ein Großteil der Benutzeroberflächen von Standardapplikationen erzeugen läßt. Jedes dieser Objekte besitzt eine Menge von Attributen. Diese teilt sich auf in Attribute, die bei jedem Objekt vorhanden sind, und objektspezifische Attribute, die sich aus den jeweiligen Besonderheiten der Objekte ergeben.

Objekte werden hierarchisch in Baumstrukturen angeordnet, wobei die Wurzel jedes Objektbaums von einem Objekt des Typs `window` gebildet wird. Weitere Hierarchieebenen können mit Objekten vom Typ Groupbox erzeugt werden.

Allgemeine Attribute lassen sich wiederum in verschiedene Untergruppen klassifizieren:

Geometrie-Attribute: Mit Geometrie-Attributen lassen sich Größe und Position der einzelnen Objekte bezüglich des Objekts, in dem sie lokalisiert sind (ihr übergeordnetes Objekt – Parentobjekt), sowie eine zugeordnete Rasterung festlegen. So kann z. B. mit .width die Breite eines Objekts in Pixeln oder Rastereinheiten festgelegt werden.

Layout-Attribute: Layout-Attribute sind zuständig für die Definition der Vorder- und Hintergrundfarbe und des Zeichensatzes eines Objekts.

Hierarchie-Attribute: Mit Hilfe dieser Attribute kann die Hierarchie, in der das Objekt eingebettet ist, erfragt werden. Sie lassen sich nicht bei der Objektdefinition setzen, sondern sind nur in den Dialogregeln verwendbar. Das Parentobjekt kann so z. B. mit .parent ermittelt werden.

Standard-Attribute: Diese Attribute sind immer der oben definierten Gruppe zuordenbar und sind bei allen Objekten verfügbar. So kann mit .function einem Objekt eine Applikationsfunktion zugeordnet werden, die bei bestimmten Ereignissen für dieses Objekt direkt, ohne den Umweg über Dialogregeln, aufgerufen wird. Jedes Objekt kann anwendungsspezifische Daten in .userdata aufnehmen. Mit .accelerator kann einem Objekt ein Accelerator zugeordnet werden, und mit .help ein Hilfetext.

Für jedes Objekt können Modelle definiert werden, in denen bestimmte Attribute vorbelegt werden und die mit Kindobjekten vorbesetzt werden können. Wenn ein Objekt als Instanz eines Modells definiert wird, so erbt es automatisch alle Attribute dieses Modells. Bei der Instanz können dann noch Attribute geändert und weitere Kindobjekte hinzugefügt werden. Ererbte Kindobjekte können nicht mehr entfernt, allenfalls unsichtbar gemacht werden. Diese Vererbung ist dynamisch während der Laufzeit des Dialog Managers aktiv. Wenn ein Attribut an einem Modell geändert wird, so ändert sich damit dieses Attribut bei allen Instanzen, die das Attribut nicht nachträglich überschrieben haben. Im folgenden werden die einzelnen Objekte des Dialog Managers beschrieben:

Window: Mit window kann ein Toplevel-Fenster definiert werden. Sein Aussehen und Verhalten hängt vom jeweils verwendeten Fenstersystem und vom Window Manager ab. Mit Attributen wie .closable, .moveable und .sizable läßt sich das Verhalten eines Fensters konfigurieren, aber nur soweit dies auch vom Window Manger unterstützt bzw. beachtet wird. Windows können andere Objekte als Kindobjekte besitzen. Diese werden innerhalb des Fensters dargestellt. Eine Besonderheit bilden Menüs, die nicht frei positioniert werden können, sondern in eine Menüzeile am oberen Fensterrand eingesetzt werden.

Groupbox: Groupboxen können ebenso wie Windows andere Objekte als Kindobjekte besitzen. Mit Groupboxen lassen sich diese Kindobjekte zu Gruppen zusammenfassen. Diese Gruppen können so gemeinsam unsichtbar und sichtbar gemacht werden. Die Gruppierung hat bei bestimmten Objektbaukästen (Toolkits) Auswirkung auf die Tastatur-Navigation. Außerdem können so Radiobuttons zu logischen Funktionseinheiten gruppiert werden.

Menu: Menüs werden in einer Menüzeile am oberen Fensterrand eingetragen. Durch Selektion eines Eintrags in der Menüzeile oder Eingabe eines zugeordneten Tastatur-Accelerators kann so ein Menü geöffnet werden, um dort einen Eintrag auszuwählen. Ein Menüeintrag kann entweder ein Menuitem oder ein weiteres Menü sein. Im zweiten Fall wird bei der Selektion ein Untermenu geöffnet.

Menuitem: Mit diesem Objekt lassen sich einzelne Menüeinträge innerhalb eines Menüs definieren.

Menuseparator: Dieses Objekt dient als logische und graphische Trennlinie in Menüs, um Gruppen von Menüeinträgen voneinander abzugrenzen. Sie sind nicht selektierbar.

Statictext: Hiermit können statische Texte dargestellt werden. Diese Texte dienen üblicherweise zur Beschriftung und Erläuterung anderer Objekte oder Objektgruppen. Statische Texte dienen zur Anzeige und können deshalb normalerweise nicht selektiert werden.

Pushbutton: Mit Pushbuttons werden Bedienelemente realisiert, bei deren Selektion eine Aktion des Anwendungsprogramms ausgelöst werden soll. Sie können entweder mit der Maus oder mit Tastatur-Acceleratoren selektiert werden.

Checkbox: Mit Checkboxen kann eine Mehrfach-Auswahl getroffen werden. Jede Checkbox kann getrennt aktiviert und deaktiviert werden. Eine Checkbox zeigt ihren aktuellen Zustand durch zwei unterscheidbare graphische Ausprägungen an.

Radiobutton: Mit einem Radiobutton kann ein Einfach-Auswahlfeld dargestellt werden. Sind mehrere Radiobuttons innerhalb eines Vaterobjekts definiert, so läßt sich immer nur ein Radiobutton aktivieren. Bei Aktivierung eines anderen Radiobuttons geht der zuletzt aktive Radiobutton automatisch in den inaktiven Zustand über. Radiobuttons zeigen ihren Aktivierungszustand durch zwei graphisch unterscheidbare Ausprägungen an.

Edittext: Mit Edittexten lassen sich verschiedene Arten von textuellen Benutzereingaben durchführen. Mit dem Attribut .multiline läßt sich einstellen, ob der Benutzer nur einzeilige oder auch mehrzeilige Eingaben realisieren kann. Bei einzeiligen Eingabefeldern kann mit .format ein Eingabeformat vorgegeben werden. Damit kann erreicht werden, daß der Benutzer z. B. nur Zahlen eingeben darf.

Listbox: Listboxen dienen zur Darstellung von Listen, die sich dynamisch in ihrer Länge ändern können, und zur Auswahl eines oder mehrerer Elemente aus diesen Listen. Die einzelnen Listeneinträge sind Texte. Mit dem Attribut .multisel kann definiert werden, ob der Benutzer mehrere Elemente gleichzeitig auswählen kann. Falls die Liste mehr Elemente enthält als darstellbar ist, wird seitlich eine Scrollbar dargestellt, mit der durch die Listeneinträge geblättert werden kann.

Poptext: Ein Poptext dient zur Auswahl eines Eintrags aus mehreren Alternativen, wobei hier (im Gegensatz zu Radiobuttons oder Listboxen) nur der aktuell gewählte Eintrag sichtbar ist. Ein Poptext ist ähnlich wie ein Pushbutton visualisiert. Wird ein Poptext selektiert, so öffnet sich ein Menü mit allen möglichen Einträgen und der Benutzer kann einen Eintrag daraus wählen.

Image: Mit Images lassen sich Tile-Ressourcen darstellen und optional mit einer Unterschrift versehen. Für das Bild selbst lassen sich eigene Farben definieren, die unabhängig von den Farben des Imagerahmens und der Unterschrift sind. Images können wie Puhbuttons selektiert werden.

Rectangle: Rectangles dienen zur Darstellung von Rechtecken innerhalb von Fenstern. Diese Rechtecke können bei Bedarf mit einer Farbe gefüllt werden. Sie können nicht selektiert werden und dienen nur zur Visualisierung.

```
/* Als oberstes Objekt wird ein Fenster definiert    */
window MyWin
{
   .x 100;                /* Definition der Koordinaten */
   .y 100;                /* und der Fenstergroesse     */
   .width 300;
   .height 200;
   .visible true;

   /* Das Fenster enthaelt ein editierbares Feld */
   child edittext MyET
   {
      .x 10;
      .y 10;
      .format "%d";            /* numerisches Format */
      .content "1";            /* Default-Eintrag    */
   }

   /* Darunter wird eine Listbox dargestellt */

   child listbox MyLB
   {
      .x 10;                       /* Position */
      .y 50;
      .width 200;                  /* Groesse */
      .height 100;
      .multisel false;             /* Single-Selection */
      .content [1] "Alpha";        /* vorbelegte Eintraege */
      .content [2] "Beta;
      .content [3] "Gamma;
      .content [4] "Delta;
      .content [5] "Epsilon;
   }

   /* am unteren Fensterrand erscheint ein Pushbutton */
   child Pusbutton MyPB
   {
      .x 10;                /* 10 Pixel vom linken Fensterrand  */
      .y -10;               /* 10 Pixel vom unteren Fensterrand */
      .text "OK";
      .fgc Yellow;          /* Farbdefinition s.o. */
      .bgc Blue;            /* Farbdefintion s.o.  */
      .font Bold;           /* Font-Definition s.o. */
      .accelerator AccOK;   /* Accel.-Def. s.o. */
   }
}
```

Beispiel 12.2. Objektdefinitionen in IDM

Scrollbar: Eine Scrollbar ist ein Instrument zur Einstellung eines Zahlenwerts in einem bestimmten Bereich. Dazu kann der Benutzer einen Schieberegler mit der Maus innerhalb eines vorgegebenen Bereichs verschieben und bekommt den eingestellten Zahlenwert angezeigt.

Canvas: Eine Canvas bietet Applikationen den Durchgriff auf die dem Dialog Manager zugrundeliegenden Toolkits und Fenstersysteme. Mit Hilfe dieses Objekts können z. B. graphische Darstellungen in der Canvas ausgeführt werden, die mit den oben aufgeführten Dialogobjekten nicht realisierbar sind.

In Beispiel 12.2 wird die Definition von verschiedenen Objekten illustriert.

In IDM bzw. applikationsspezifischen Versionen von IDM existieren weitere portable und nicht portable Dialogobjekte. Zur ersten Klasse zählen Notebook, Tabellenfeld oder portable interaktive Geschäftsgraphiken und Diagramme. Zur zweiten Gruppe, die anwendungsspezifisch teilweise nur für eine Zielumgebung realisiert wurden, zählen Plantafeln, interaktive Flugobjekte (bei einer Entwicklungsumgebung für Fluglotsenarbeitsplätze) oder Multimedia-Objekte und Ressourcen.

12.1.4 Dialogregeln

Im Dialog Manager kann neben Ressourcen und Objekten das dynamische Verhalten der generierten Benutzungsschnittstellen mit Hilfe von Dialogregeln beschrieben werden. Damit wird von einem ereignisgesteuerten Modell ausgegangen. Vom Anwender initiierte Ereignisse wie Selektionen von Objekten lösen dabei die Regelbearbeitung aus. Für jedes Objekt existiert eine Menge von Ereignissen, die diesem Objekt zugeordnet sind. es ist zu unterscheiden zwischen:

Ereignisregeln: Ereignisse können in zwei Gruppen aufgeteilt werden: Dialogereignisse und interne Ereignisse. Dialogereignisse treten auf, wenn der Benutzer bestimmte Aktionen mit Dialogobjekten durchführt. Interne Ereignisse zeigen die Änderung eines Attributs durch Zuweisung in einer Dialogregel an. Beispiel 12.3 zeigt eine beispielhafte Realisierung von Ereignisregeln.

benannte Regeln: Benannte Regeln implementieren das Konstrukt einer Funktion. Sie können bis zu acht Parameter und einen Rückgabewert besitzen. Ein Beispiel für eine benannte Regel ist in Beispiel 12.4 gegeben.

In Regeln lassen sich lokale Variablen definieren. Als Anweisungen sind Zuweisungen auf Variablen und Objektattribute möglich; man kann mit `if...then...else...endif` bedingte Anweisungen formulieren. Es existieren benannte Regeln (auch rekursiv), Applikationsfunktionen und ein Satz von eingebauten Funktionen. Mit `this` kann in einer Regel das Objekt ermittelt werden, für das gerade ein Event bearbeitet wird. Die Syntax der Regelsprache lehnt sich an bekannte prozedurale Programmiersprachen an und erscheint wie eine Mischung aus PASCAL und C, da dies den Vorkenntnissen der im wesentlichen angestrebten Entwicklergruppe entspricht. Es wurden außerdem Versuche mit einer an COBOL-Notationen angelehnten Notation unternommen. Diese wurde allerdings nicht produktreif entwickelt.

202   12 IDM: Der Dialog Manager

```
on MyPushButton1 select    /* bei Selektion      */
{                          /* des Pushbuttons    */
   MyWin1.visible := true; /* wird das Fenster   */
}                          /* sichtbar gemacht   */
```
Beispiel 12.3. Ereignisregeln in IDM

```
rule integer Fak(integer N)
{
   if (N > 0) then
      return (N * Fak(N - 1));
   else
      return (1);
   endif
}
```
Beispiel 12.4. Benannte Regeln in IDM

12.1.5 Definition der Syntax der Regelsprache des Dialog Managers

Im folgenden wird eine Definition der Syntax der Regelsprache des Dialog Managers in Backus-Naur-Notation gegeben.

```
Dialogdatei ::= Definitionen Regelbasis
Definitionen::= Definition_für_Dialognamen
            {Definition_für_Resource}
            Definition_für_Defaultobjekt  {Definition_für_Defaultobjekt}
            {Definition_für_Vorlage}
            Definition_für_Objekt  {Definition_für_Objekt}
Definition_für_Dialognamen ::= dialog Bezeichner |
                   dialog Bezeichner
                   {
                   .xraster Wert;
                   .yraster Wert;
                   }
Definition_für_Resource ::= Funktionendefinition |
                   Callbackfunktionendefinition |
                   Farbendefinition | Cursordefinition |
                   Musterdefinition | Variablendefinition |
                   Zeichensatzdefinition | Texte |
                   Acceleratordefinition
/* Reihenfolge der Resourcen spielt keine Rolle. Im allgemeinen wird eine Resource
folgenderweise definiert:
      Resourceklasse Bezeichner Resourcebeschreibung ;
*/
```

12.1 Dialogmodell und Regelsprache des Dialog Managers

Funktionendefinition ::= **function** Typ Bezeichner ([Parameter { , Parameter}]);
Parameter ::= Typ [**input**] [**output**]
Callbackfunktionendefinition ::=
    function callback Bezeichner () **for** Ereignis { , Ereignis} ;
Farbendefinition ::=
    color Bezeichner **rgb** (R, G, B) [, **grey** (N)] [,**(black/white)**]; |
    color Bezeichner **hls** (H, L, S) [, **grey** (N)] [,**(black/white)**]; |
    color Bezeichner "Systemfarbe" [, **grey** (N)], [**(black/white)**];
/* 0 ≤ N ≤ 100, 0 ≤ R ≤ 255, 0 ≤ G ≤ 255, 0 ≤ B ≤ 255; N, R, G, B, H, L, S sind ganze Zahlen */

Cursordefinition ::= **cursor** Bezeichner x, y, Cursorstring { , Cursorstring } ; |
                 cursor Bezeichner "Name_in_X";
Cursorstring ::= " {blank| . | + | # } X {blank| . | + | # } "
/* dabei steht
    blank (Leerzeichen) und . für die Übernahme der Hintergrundfarbe,
    + für die invertierte Hintergrundfarbe,
    # für die Vordergrundfarbe,
    X für den Hotspot des Cursors. */

Musterdefinition ::= **tile** Bezeichner x, y, Musterstring { , Musterstring } ; |
                tile Bezeichner "Datei.**gif**";
Musterstring ::= " {blank| . | # } "
/* dabei steht
    blank (Leerzeichen) und . für die Übernahme der Hintergrundfarbe,
    und # für die Vordergrundfarbe. */
x ::= ganze_positive_Zahl   y ::= ganze_positive_Zahl

Variablendefinition ::= **variable** Typ Bezeichner; { **variable** Typ Bezeichner ; }

Zeichensatzdefinition ::= **font** Bezeichner "Zeichensatzname"; |
               font Bezeichner "Zeichensatzname", Größe;
               font Bezeichner "Zeichensatzname", Größe, Z_Attribute;
Größe ::= ganze_positive_Zahl
Z_Attribute ::= Z_Attribut { + Z_Attribut }
Z_Attribut ::= **bold** | **medium** | **normal** | **italic** | **roman** | **oblique**

Texte ::= **text** [Bezeichner] "String"
    {
        Nummer: " String_in_der_Sprache_Nummer" { ,
        Nummer: "String_in_der_Sprache_Nummer" } ;
    }
    /* Nummer kennzeichnet die Sprache und ist eine ganze Zahl beginnend
    bei 1. Diese Nummer wird bei der Ausführung des Programms in der Option
    -IDMlanguage <i> angegeben */

Acceleratordefinition ::= **accelerator** Bezeichner
      {

```
                        Zahl: Tastenspezifikation;
                        { Zahl: Tastenspezifikation; }
         }
     /* Zahl steht für die Tastaturspezifikation, 0 bedeutet die Default-Tastatur */

Definition_für_Defaultobjekt ::=
    default Objektklasse
    {
        Attribut Wert;
        { Attribut Wert; }
    }
Definition_für_Vorlage ::=
    model Objektklasse Bezeichner
    { Objektbeschreibung }
Definition_für_Objekt ::=
    Objektklasse Bezeichner
    { Objektbeschreibung }
Objektbeschreibung ::=
    { Attribut Wert; }
    { child Objektklasse Bezeichner
        { Objektbeschreibung } }

Regelbasis ::= Regel {Regel}
Regel ::=
    Ereigniszeile [ if (Bedingung) ]
    { Aktionen } |
    rule Bezeichner [ if (Bedingung) ]
    { Aktionen } |
    rule Typ Bezeichner ([ RulePar {, RulePar}] ) [if Bedingung]
    { Aktionen }
RulePar ::= Typ Bezeichner [ input ] [ output ]
Aktionen ::= { Aktion; }
Ereigniszeile ::= on Objekt Ereignis | on Objekt Attribut changed |
            on Objekt key Accelerator
Bezeichner ::= /* Zeichenkette, die mit einem Großbuchstaben beginnt */
Typ ::= integer | string | boolean | object | void
Objektklasse ::= canvas | checkbox | edittext | groupbox | image | listbox |
menubox | menuitem | menusep | poptext | pushbutton | radiobutton |
rectangle | scrollbar | statictext | window | Bezeichner
Wert ::= ganze_Zahl | "Zeichenkette" | Ausdruck
Attribut ::= /* ist von System vorgegeben (siehe Handbuch) und beginnt mit . */
Ereignis ::= /* ist vom System vorgegeben */
Accelerator ::= Bezeichner
Bedingung ::= Ausdruck {Vergleichsoperator Ausdruck} { log_Op Bedingung }
Vergleichsoperator ::= < | > | <= | >= | <> | =
log_Op ::= and | or | not | exor
aritm_Op ::= + | - | * | / | %
Aktion ::= if_Statement | Zuweisung | Prozedur
```

12.1 Dialogmodell und Regelsprache des Dialog Managers

if_Statement ::= **if** (Bedingung) **then** Aktionen [**else** Aktionen] **endif**
Zuweisung ::= Bezeichner := Ausdruck;
Prozedur ::= **exit** () I **print** (Ausdruck) I **perform** Regelname I Ausdruck
Ausdruck ::= Bezeichner I Funktion I **false** I **true** I Ausdruck arithm_Op Ausdruck I
ganze_Zahl I (Ausdruck) I - Ausdruck I **not** Ausdruck
Funktion ::= **itoa**(Ausdruck) I **atoi**(Ausdruck) I **length** (Zeichenkette I Objekt) I
create(Objektklasse, Objekt, Objekt, 3) I **destroy**(Objekt, **true** I **false**) I **fail** () I
updatescreen I Funktionenname (Ausdrücke) I Regelname (Ausdrücke)
   /* die genaue Syntax der eingebauten Funktionen enthält das Handbuch */
Ausdrücke ::= [Ausdruck {, Ausdruck }]
Funktionenname ::= Bezeichner
Regelname ::= Bezeichner
Objekt ::= Objektpfad {{Referenz} Objektpfad } [Attribut]
Objektpfad ::= Bezeichner{.Bezeichner} I **this**
Referenz ::= **.parent** I **.window** I **.child**[i] I **.menubox** I **.groupbox**
Zeichenkette ::= { Ziffer I Buchstabe I Leerzeichen I Sonderzeichen }

/* in der neuen Version gibt es für Farbendefinitionen, Cursordefinitionen,
Musterdefinitionen und Zeichensatzdefinitionen auch Varianten,
z. B. für die Farbendefinition:
   color Bezeichner
   {
      { Zahl : (**rgb** (R, G, B) I **hls** (H, L, S) I "Systemfarbe")
         [, **grey**(N)] [, (**black/white**)]; }
   }
*/

/* Stand 1.93 */

12.2 Implementationsbeispiele für den Leistungsumfang des Dialog Managers

Im folgenden werden Beispiele für die Verwendung der Dialogbeschreibungssprache des Dialog Managers gegeben. Im ersten Beispiel wird anhand eines dynamischen Formulars das Erzeugen von Objekten während der Laufzeit veranschaulicht (Beispiel 12.5). Die Höhe des das Formular umschließenden Fensters wird je nach Anzahl der neuen Objekte verändert. Mit dem Attribut ".lastchild" wird auf das zuletzt erzeugte Objekt zurückgegriffen, das je nach Anwendung evtl. mit der Funktion "Destroy" gelöscht wird. Da das Schleifenkonstrukt zur Ablaufsteuerung in der Dialogbeschreibungssprache des Dialog Managers nicht in seiner vollen Ausprägung benötigt wird, simuliert eine von einem variablen Ereignis abhängige Regel ("on X_mal.value changed") die Schleife.

Das zweite Beispiel verdeutlicht die klassische Problemstellung der objektorientierten Programmierung, bei der die Konsistenz zweier Darstellungen desselben internen Objekts hergestellt werden kann (Beispiel 12.6). Die Variable "ZAHL" bestimmt den Wert sowohl des Textfelds als auch des Schiebereglers.

Wird der Wert einer Darstellung verändert, so ändert sich auch die Variable. Eine Regel schaltet bei jeder Änderung der Variablen "ZAHL" und setzt den Wert in der anderen Darstellung konsistent (vgl. auch Model-View-Controller (MVC) in Kap. 16).

Das dritte Beispiel (s. Beispiel 12.7) verändert die Größe des Fensters abhängig von der gewählten Schriftgröße. Das Attribut "Bezugszeichensatz" des Fensters wird entsprechend der Schriftart gesetzt. Die restlichen Attribute werden innerhalb der Teilhierarchie vererbt und müssen nicht neu spezifiziert werden.

```
rule Anzeigen
{
  ANGABE := create (groupbox, WiPruef, WiPruef.parent, 3);
  WiPruef.height := 24 + (Nummer - 1) * 8;
  ANGABE.ytop := 16 + (Nummer - 1) * 8;
  /* andere Objekte der Groupbox werden erzeugt */
}

on EtPruefanz deselect_enter
{
  Vorher := Eingegeben;
  Eingegeben := atoi(this.content);
  if (Eingegeben < 11 and Eingegeben > 0) then
      X_mal := Eingegeben;
  else
      Eingegeben := 0;
      X_mal := 0;
      this.content := "0";
      Letztes_loeschen := Vorher;
  endif
}

on X_mal.value changed
if (X_mal > 0)
{
  Nummer := Eingegeben - X_mal + 1;
  perform Anzeigen;
  X_mal := X_mal - 1;
}

on Letztes_loeschen.value changed
if (Letztes_loeschen > 1)
{
  destroy (WiPruef.lastchild, true);
  WiPruef.height := WiPruef.height - 8;
  Letztes_loeschen := Letztes_loeschen - 1;
}
```

Beispiel 12.5. Erzeugen eines dynamischen Formulars mit der Dialogbeschreibungssprache des Dialog Managers IDM

```
window W1
{
   child scrollbar Scroll1
   { ...
   }
   child edittext Et1
   { ...
   }
}

on Scroll1 scroll
{
   ZAHL := this.curvalue;
}

on Et1 deselect_enter
{
   ZAHL := atoi(this.content);
}

on ZAHL.value changed
{
   Et1.content := itoa(ZAHL);
   Scroll1.curvalue := ZAHL;
}
```

Beispiel 12.6. Konsistenz zweier Objektrepräsentationen eines internen Datenobjekts; Darstellung mit der Dialogbeschreibungssprache des Dialog Managers IDM

Im vierten Beispiel wird das Aussehen und Verhalten eines Fensters für eine Klasse von Fenstern vordefiniert (vgl. Beispiel 12.8). Dabei sollen vom Style her folgende Vorgaben realisiert werden: Im unteren Teil sind drei Pushbuttons realisiert (OK, Cancel und Help). Weiterhin soll in bezug auf das Dialogverhalten standardisiert werden, daß ein Betätigen der Cancel-Taste den Dialog beendet.

Ein weiteres Beispiel beschäftigt sich mit der Internationalisierung von Benutzungsschnittstellen. Hier wird verdeutlicht, wie von einer Bediensprache zu einer anderen umgeschaltet werden kann (vgl. Beispiel 12.9).

In Beispiel 12.10 wird zum Vergleich die Realisierung des ersten Beispiels mit Hilfe der Dialogbeschreibungssprache "Slang" des prototypischen User Interface Management Systems "Serpent" (Bass et al., 1990) vorgestellt.

Es wurde ein ausführlicher Vergleich von mehreren Dialogbeschreibungssprachen durchgeführt. Dabei wurden zehn führende Dialogbeschreibungssprachen untersucht und in bezug auf ihre Sprachkonstrukte verglichen. Es wurden darüber hinaus für vier User Interface Management Werkzeuge (Dialog Manager IDM, DIAMANT, System TeleUse mit der Dialogbeschreibungssprache D sowie System Serpent mit der Dialogbeschreibungssprache Slang) dedizierte Code Reviews

```
window Window1
{
   child statictext St1
   { ...
   }
   child pushbutton Knopf
   { ...
   }
}
on Knopf select
{
   if (Grosser_font) then
      Window1.reffont := Klein;
      St1.font := Klein;
      this.font := Klein;
      Grosser_font := false;
   else
      Window1.reffont := Gross_und_dick;
      St1.font := Gross_und_dick;
      this.font := Gross_und_dick;
      Grosser_font := true;
   endif
}
```

Beispiel 12.7. Automatische Anpassung von Größenattributen eines Fensters abhängig von Layoutattributen eines Textobjekts; Darstellung mit der Dialogbeschreibungssprache des Dialog Managers IDM (Fortsetzung)

```
model window Fenster
   {
   .title "allgemeines Fenster";
   ...
   child pushbutton OK_button
   { ...
   }
   child pushbutton Cancel_button
   { ...
   }
   child pushbutton Help_button
   { ...
   }
}
```

Beispiel 12.8. Vordefinieren des Aussehens und Verhaltens für ein Fenster; Darstellung mit der Dialogbeschreibungssprache des Dialog Managers IDM

```
Fenster Window1
{
}

/*********** RULES ***************/
on Cancel_button select
{
  exit();
}
```

Beispiel 12.8. Vordefinieren des Aussehens und Verhaltens für ein Fenster; Darstellung mit der Dialogbeschreibungssprache des Dialog Managers IDM (Fortsetzung)

```
text WindowText "Window"
{
   1: "Internationalisierung";
   2: "internationalisation";
}
text NameText "Name"
{
   1: "Name";
   2: "name";
}
text PushText "Ende"
{
   1: "Ende";
   2: "end";
}

window W1
{
   .title WindowText;
   ...
   child statictext St1
   {
      .text NameText;
   }
   child pushbutton Pb1
   {
      .text PushText;
   }
}
```

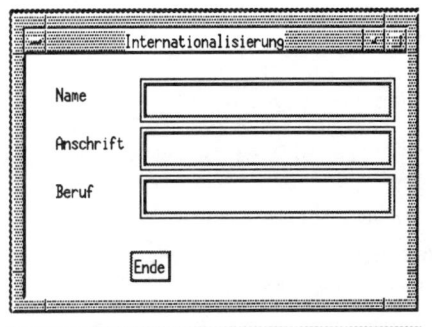

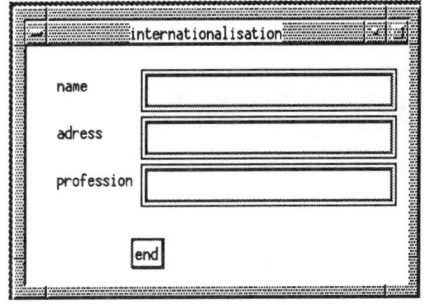

Beispiel 12.9. Internationalisierung; Darstellung mit der Dialogbeschreibungssprache des Dialog Managers IDM

```
number : XmText {
  ATTRIBUTES :
  METHODS :
    send : {
    Nummer := value;
    WHILE ( Counter < Nummer) DO
      Counter := Counter + 1;
      current_id := create_sd_instance( "instance_sdd",
                                        "BSP1_BOX");
      put_component_value (current_id, "nummer", counter);
    END WHILE;
    }
}
VC : instance_vc
CREATION CONDITION : (new("instance_sdd") and instance_sdd.nummer
                                                         <= Nummer)
OBJECTS :
  ...
  On Destroy : {
    Counter := Counter - 1;
    destroy_sd_instance(get_creating_sd(instance_vc));
  }
END VC instance_vc;
```

Beispiel 12.10. Realisierung eines dynamischen Formulars mit Hilfe der Dialogbeschreibungssprache "Slang" des User Interface Management Systems "Serpent"

für die hier vorgestellten Beispiele durchgeführt. Weiterhin wurde eine größere vergleichende Implementation zwischen dem Dialog Manager, DIAMANT und dem TeleUse-Werkzeug geleistet. Die Ergebnisse dieser vergleichenden Implementationen flossen in die Weiterentwicklung des Dialog Managers ein. Dabei sind die Dialogbeschreibungssprachen des DIAMANT-Systems und Slang als experimentelle Dialogbeschreibungssprachen zu charakterisieren. Die Dialogbeschreibungssprache des DIAMANT-Systems ist dabei als objektorientiert zu charakterisieren. Slang bringt als interessantes Konzept ein, das es datengetrieben arbeitet. D (Tele-Use) und die Dialogbeschreibungssprache des Dialog Managers sind voll ausgebildete Sprachen für kommerzielle Systeme. Dementsprechend legen sie wert auf Optimierung, Zuverlässigkeit, Erlernbarkeit und eine qualitativ hochwertige Implementierung.

12.3 Beispiele für weitere Dialogbeschreibungssprachen

In diesem Abschnitt werden beispielhaft die Dialogbeschreibungssprachen einzelner Entwicklungswerkzeuge vorgestellt, um die Möglichkeiten von UIMS bei der Steuerung der Dynamik zu erläutern und einen Vergleich mit der Sprache des Dialog Managers zu ermöglichen.

12.3 Beispiele für weitere Dialogbeschreibungssprachen

In Beispiel 12.11 ist ein Skript in der Dialogbeschreibungssprache des *SNI Dialog Builders* dargestellt. Es ist direkt einem Pushbutton (PushButton-Clear) zugeordnet, der den Inhalt des Labels Text auf null setzt. Alternativ können Regeln auch an Klassenbeschreibungen angebunden werden (s. u.).

Im UIMS *GRIT plus* sind Regeln ebenfalls direkt den Objekten zugeordnet. Eine textuelle Repräsentation der gesamten Objektbeschreibung (analog zum Beispiel 12.11) läßt sich bei *GRIT plus* mit einem Zusatzmodul erzeugen. In Beispiel 12.12 werden die Aktionen für ein Skript beschrieben, das bei der Selektion eines Kundenicons ausgeführt wird. Die Darstellung des Objekts wird invertiert, indem eine neue Bitmap zugeordnet wird. Ferner wird der Menüeintrag Suchen (dessen Zeiger noch mit der frame_child-Funktion errechnet wird) für die Eingabe aktiviert.

Im Gegensatz zum *SNI Dialog Builder*, der vorwiegend eine attributorientierte Schreibweise mit Zuweisungen für Veränderungen der Oberfläche verwendet, werden solche Veränderungen bei *GRIT plus* mit Funktionen durchgeführt.

Neben den Grundfunktionen der dynamischen Veränderung von Oberflächenobjekten unterstützen viele UIMS die dynamische Erzeugung und Zerstörung von Oberflächenobjekten. Dies wird in Beispiel 12.13 für die Sprache *D* von *TeleUSE* gezeigt. In *TeleUSE* (Kuschke, Beyer, 1991; TeleUSE, 1991a, 1991b) sind Ereignisse frei definierbar und werden in einer gesonderten Datei für die Oberflächenbeschreibung den Ereignissen des unterliegenden Oberflächenbaukastens zugeordnet. Das Ereignis Anzahl_Geaendert führt dazu, daß in einem dynamischen Formular neue Elemente (z. B. Bereiche zum Eintragen von Daten über Kinder in Abhängigkeit von der Kinderzahl) erzeugt bzw. nicht mehr benötigte gelöscht werden.

Durch Funktionsaufrufe wie tu_atoi (eine vordefinierte Funktion, die eine Wandlung von ASCII nach Integer durchführt) lassen sich bei User Interface Ma-

```
object PushButtonClear : XmPushButton {
   ...
   descriptions {
      XmNactivateScript =  (){
      Script ()
    {
      /Text.XmNlabelString = "0";
    }};
   };
};
```

Beispiel 12.11. Attributorientierte Objektmanipulation im *SNI-Dialog Builder*

```
{
   ...
   this.set_bitmap("kundeinv");
   this.frame_child("Suchen").enable();
}
```

Beispiel 12.12. Funktionsorientierte Objektmanipulation im UIMS *GRIT plus*

```
Anzahl_Geaendert does
   neu := tu_atoi(ui->form1->number.value);

   while alt > neu do
        element[alt].destroy_widget;
        alt := alt - 1;
   end while;

   while alt < neu do
      w := create widget (...);
      element[alt] := w;
      ...
      alt := alt + 1;
   end while;
end
```

Beispiel 12.13. Dynamische Objekterzeugung und Zerstörung in *D* *(TeleUSE)*

```
cancel does
      cancel.source_widget.root.mapped:= false;
end
```

Beispiel 12.14. Klassenbezogene Dialogbeschreibung in *D* *(TeleUSE)*

```
on Icon select
{
    /* Deselektion der bisherigen Selektion */
    ...
    /* Selektion des neuen Icons */
    Currentselection := this;
    this.fgc := WHITE;
    this.bgc := BLACK;
    ....
}

on Currentselection.value changed
{
    ...
    Suchen.sensitive := (Currentselection =
                        Kunden);
    ...
}
```

Beispiel 12.15. Dialogbeschreibung im Dialog Manager

nagement Systemen auch Anwendungsfunktionen anbinden, mit deren Hilfe insbesondere allgemeine Berechnungen und Datenhaltungsfunktionen ausgeführt werden. Grundsätzlich sind die Dialogregeln in *TeleUSE* den Objektklassen zugeordnet, die in der Oberflächenbeschreibung definiert werden. Dadurch lassen sich diese Beschreibungen für eine beliebige Anzahl von Instanzen wiederverwenden. Beispiel 12.14 zeigt eine Dialogbeschreibung für einen Cancel-Button. Hierbei wird das zu dem jeweiligen Button (`source_widget`) gehörige Fenster (`root`) vom Bildschirm entfernt, indem das Attribut `mapped` auf `false` gesetzt wird.

Im *Dialog Manager* besteht die Möglichkeit, Dialog-Regeln an Objekte oder an Klassen anzubinden. Im Regelkopf wird nach dem Schlüsselwort on zunächst der Objekt/Klassenname und dann der Ereignistyp angegeben. In Beispiel 12.15 ist die erste Regel eine Klassenregel, die für alle Icons in einem Fenster ausgeführt wird, wodurch also im Gegensatz zu der Verwendung von Objektregeln erhebliche Einsparungen an Programmtext erzielt werden. Hierbei wird die Variable `Currentselection` neu besetzt und die Bildschirmdarstellung invertiert. Die untere Regel übernimmt die Steuerung der Selektierbarkeit des Menüeintrags Suchen in Abhängigkeit von der aktuellen Selektion. Sie wird nicht durch ein Oberflächenereignis ausgelöst, sondern durch die Änderung des Werts der Variablen `Currentselection`. Die Auslösung von Ereignissen bei der Änderung von Werten führt zu ähnlichen Möglichkeiten wie im daten- oder constraintorientierten Dialogmodell des *Serpent*-Systems (Bass et al., 1990).

Die Prinzipien der Dialogbeschreibung wurden hier beispielhaft für User Interface Management Systeme dargestellt. Innerhalb der Systeme müssen dabei meist nur die Aktionen textuell beschrieben werden, die bei einer Regel ausgeführt werden sollen. Für die Anbindung an ein Objekt und die Definition des Ereignistyps werden zumeist spezielle Regeleditoren vorgesehen.

12.4 Weitere wichtige realisierte Funktionen des Dialog Managers

In diesem Unterkapitel werden über die bereits dargestellten Leistungsumfänge der Dialogbeschreibungssprache hinaus noch schlaglichtartig einzelne Teilbereiche der Funktionalität, die eine gewisse herausragende Bedeutung haben und in den Jahren 1994-95 implementiert wurden, erläutert.

12.4.1 Objektorientierte Dialogprogrammierung mit dem Dialog Manager

Die generellen Konzepte von Klasse und Instanz werden im Dialog Manager einerseits auf die Begriffe Defaults und Modelle abgebildet, andererseits auf die verwendeten Dialogobjekte. Dabei existieren für die unabhängigen Objektarten (Window, Pushbutton, Edittext, ...) pro Objektart ein sogenannter Default als Basismodell. Die Vererbung erfolgt über eine Modellhierarchie auf die Instanzen, die in Abb. 12.1 dargestellt ist.

Es können komplex strukturierte Modelle mit Unterobjekten gebildet werden, wobei geerbte Unterobjekte lokal modifiziert werden können. Abbildung 12.2 verdeutlicht die Verwendung von hierarchischen Modellen.

Modelle lassen sich zur Laufzeit in bezug auf ihre Attribute, das Einfügen neuer Unterobjekte bzw. das Löschen bestehender Objekte ändern. Instanzen übernehmen vom Modell geerbte Werte; sichtbare Instanzen von Objekten realisieren die Änderung unverzüglich bei Änderung der Attribute zur Laufzeit. Instanzattribute können dabei jederzeit während der Laufzeit auf ursprünglich geerbte Werte zurückgesetzt werden.

Benutzerdefinierte Attribute sind für alle Objektarten unter Nutzung der Vererbungsmechanismen möglich. Dabei können skalare Attribute (string Name:= "Kunde"), Vektorattribute (integer Feld [100]) und Shadow-Attribute (string Name shadows E1.content).realisiert werden. Der Zugriff aus der Regelsprache heraus erfolgt analog zu vordefinierten Attributen (Firma.Name:= "Traub"; Temp.Monat [12]:= kalt). Zugriffe von C und COBOL aus sind wie bei vordefinierten Attributen möglich. Attribute können dynamisch zur Laufzeit erzeugt und gelöscht werden. Eine Zugriffsüberprüfung erfolgt erst zur Laufzeit, so daß bei der Implementation ein sorgfältiges Design zu entwickeln ist.

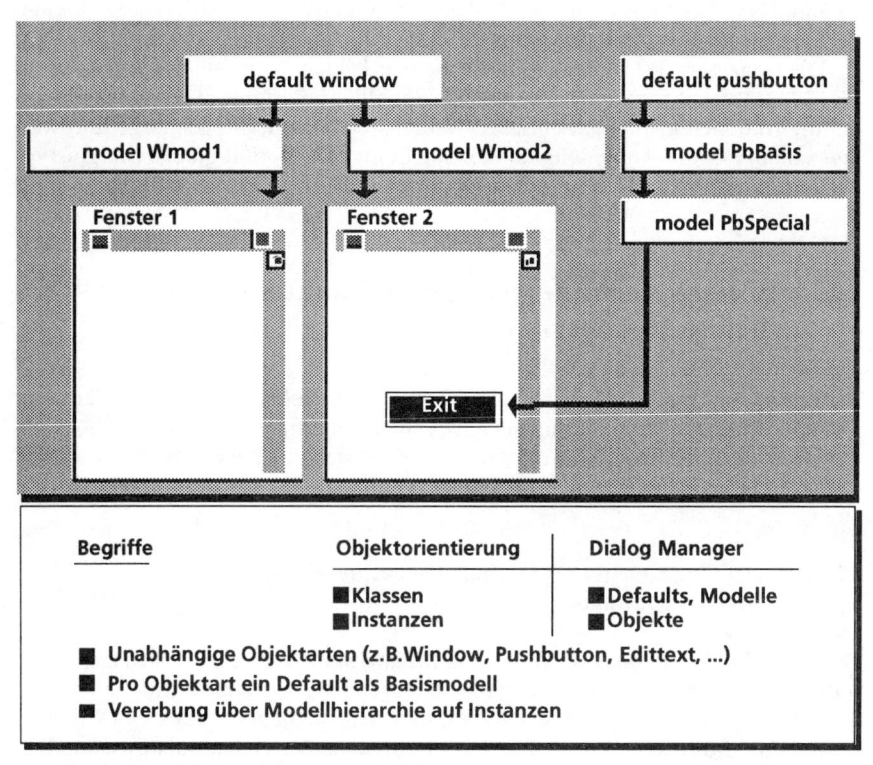

Abb. 12.1. Defaults, Modelle und Instanzen als objektorientierte Konzepte im Dialog Manager IDM

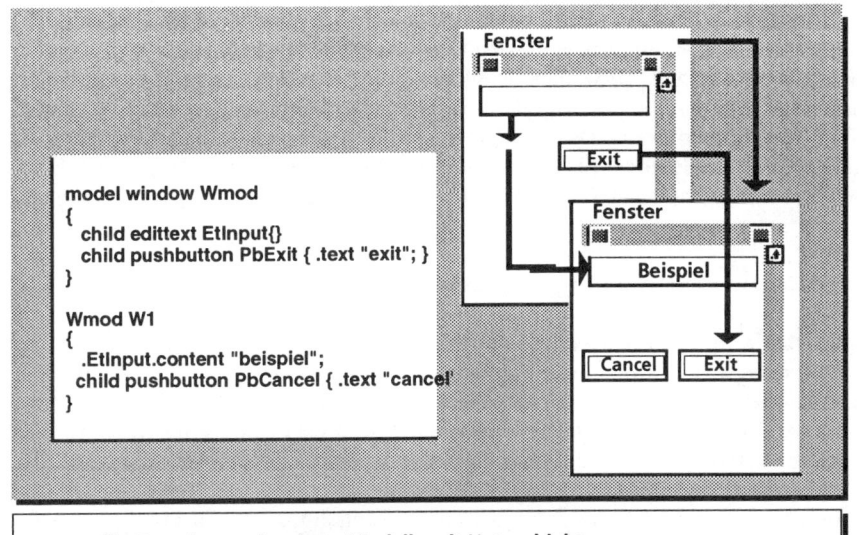

12.4 Weitere wichtige realisierte Funktionen des Dialog Managers 215

```
model window Wmod
{
  child edittext EtInput{}
  child pushbutton PbExit { .text "exit"; }
}

Wmod W1
{
  .EtInput.content "beispiel";
  child pushbutton PbCancel { .text "cancel"
}
```

- Komplex strukturierte Modelle mit Unterobjekten
- Geerbte Unterobjekte können lokal modifiziert werden
- Besonderheit bei geerbten Unterobjekten:
  - Keine Umbenennung möglich
  - Reihenfolge vom Modell vorgegeben
  - Zusätzliche Objekte werden hinten eingefügt

Abb. 12.2. Verwendung von hierarchischen Modellen im Dialog Manager IDM

```
rule void Meth_Init1 (object ThisObj, string
    ThisObj.title : = S;
}
rule void Meth_Open (object ThisObj) {
    if (ThisObj.Init <> null) then
        ThisObj.Init (This, "...");
    endif
    ThisObj.visible := true;
}
```

```
model window Wmod {
    object Init : = null ;
    object Open : = Meth_Open
}
Wmod W1 {
    . Init : = Meth_Init1;
}
on dialog start {
    W1.Open (W1);
}
```

- Methodendefinition durch Ablage von benannten Regeln in benutzerdefinierten Attributen:
  - Benannte Regel implementiert Methode
  - Regel wird in Attribut des Modells abgelegt
  - Aufruf erfolgt über Zugriff auf Attribut
  - Objekt muß als Parameter übergeben werden

Abb. 12.3. Realisierung von Methoden durch Regeln in Attributen beim Dialog Manager IDM

Das System kennt implizite und vordefinierte Methoden, die ein Dialog in bezug auf z. B. das Ändern von Attributen oder das Aufrufen von sogenannten "Built-In-Funktionen" verwendet. Darüber hinaus bietet der Dialog Manager vordefinierte Methoden, die aus Applikationen netzwerkfähig gerufen werden können. Methoden können des weiteren durch Regeln in Attributen realisiert werden. Abbildung 12.3 verdeutlicht dies. Weiterhin realisiert sind benutzerdefinierte Methoden und ein vereinfachter Attributzugriff auf Objekte in fremden Dialogquellen.

12.4.2 Die Entwicklung portabler Dialogsysteme

Als Gründe für die Entwicklung portabler Dialogsysteme werden allgemein die Entwicklung von Anwendungen für heterogene Umgebungen, ihre Erweiterbarkeit, ihre Migrierbarkeit, ihre Integrierbarkeit in bestehende Systemumgebungen bzw. die Integrierbarkeit mit bestehenden Standardprodukten sowie ein multinationaler Einsatz genannt. Dabei wird Portabilität in bezug auf die eingesetzte Hardware, das verwendete Betriebssystem, das verwendete Fenstersystem und zugehörige Objektbaukästen (Toolkits) sowie in bezug auf die Einhaltung von Normen und Styleguides (Look & Feel der Anwendung) gefordert.

Bezüglich der Hardware sind in bezug auf den Bildschirm Portabilität für alphanumerische und graphische Anwendungen in bezug auf Größe und Auflösung der Systeme und in bezug auf Farben und Graustufen zu realisieren. Bezüglich der Tastatur sind unterschiedlich genormte Tastaturbelegungen für nationale Varianten sowie für unterschiedliche Anwendungssysteme (Textverarbeitung, Dateneingabe) sowie für das Auslösen von Funktionen (Funktionstastenblöcke) zu realisieren. Bezüglich der Cursorsteuerung sind mausbasierte Systeme (Zwei- oder Drei-Button-Maus), tastenbasierte Cursorsteuerungen oder Steuerungen vermittels Zeigerinstrumenten wie Lichtgriffel zu realisieren.

Bezüglich des Fenstersystems und der Objektbaukästen ist zu unterscheiden zwischen den Systemen X-Windows-System mit OSF/Motif, dem Presentation Manager, Microsoft Windows und alphanumerischen Systemen. Hier ist auf Portabilität bezüglich des spezifischen sogenannten Look & Feel dieser Systeme in bezug auf Dialogobjekte, Ressourcen (z. B. Farben, Fonts, Cursor) und Basisfunktionen im Bereich von z. B. Cut & Paste oder Basalkommunikationsfunktionen zu achten.

Bezüglich Internationalisierung sind unterschiedliche Sprachen zu realisieren. Weiterhin sind auf nationale Gegebenheiten (Datum, Währungen, Darstellungen von Dezimalzeichen) Rücksicht zu nehmen. Auch kulturell bedingte Unterschiede bei Farbempfindungen sind zu berücksichtigen.

In bezug auf unterschiedliche Benutzergruppen sind Variabilitäten in bezug auf die Erkennbarkeit von Schriftgrößen, das Erkennen von Kontrasten oder Effekte wie Rot-Grün-Blindheit zu beachten. Eine große Rolle spielen Erfahrungen im Umgang mit Rechnern. Portabilität muß Lösungskonzepte in bezug auf die Einflußgröße Benutzer anbieten. In bezug auf internationale Normen und Styleguides sind je nach Gültigkeitsbereich der entsprechenden Normen portable Anwendungen zu entwickeln. Die Beispielsammlung in Beispiel 12.16 gibt einen Überblick über Realisierungsmöglichkeiten mit Hilfe des Dialog Managers.

12.4 Weitere wichtige realisierte Funktionen des Dialog Managers

- Farbgebung mit Ersatzfarben:

  ```
  color ColError {
    0: "red",grey(200),white;
    1: "RED",grey(200),white;
  }
  ```

- Portable Positionierung eines Fensters (z. B. unter Alpha-Windows):

  ```
  on dialog start {
    variable integer I;
    if (setup.toolkit = toolkit_alpha) then
      for I := 1 to Dialog.count[.child] do
        if Dialog.child[I].class = window then
          Dialog.child[I].xleft := 1;
          Dialog.child[I].ytop := 1;
        endif
      endfor
    endif
  }
  ```

- Max. Fenstergröße abhängig vom Bildschirm:

  ```
  on dialog start {
    MWnEdit.maxwidth := setup.screen_width;
    MWnEdit.maxheight = setup.screen_height;
  }
  ```

- Portable Definitionen bei Ressourcen (z. B. Fontdefinition innerhalb von X-Windows):

  ```
  font FntDef "*courier*-*-r-normal-*-14-*-iso8859-*";
  ```

- Varianten für Ressourcen (z. B. Cursor):

  ```
  cursor CurActive {
    0: "XC_watch";
    1: "WAIT";
  }
  ```

- Mehrsprachigkeit: Textübersetzung zur Entwicklungszeit (Textvarianten):

  ```
  text "Guten Tag"
  {
    1: "Bonjour";
    2: "Buenos dias";
  }
  ```

- Übersetzung zur Laufzeit (Anbindung eines Textbehandlers):

  ```
  char far* DML_default DM_CALLBACK
              NlsFunction(uint msgno, int *codepage);
  ```

Beispiel 12.16. Beispielhafte Lösungsmöglichkeiten für Problemstellungen der Portabilität mit Hilfe des Dialog Managers IDM

- Nationale Formate (z. B. Datumsformat):
  ```
  function formatfunc FunDatum ();
  format FmtDatum
  {
    0: "MM-DD-YY" FunDatum;
    1: "DD.MM.YY" FunDatum;
  }
  ```

- Farbpaletten mit verschiedenen Varianten für unterschiedliches Farbempfinden:
  ```
  color ColBackground {
    ...
  }
  color ColInput {
    ...
  }
  ```

- Raster für Objekte im Fenster mit Referenzfont:
  ```
  font FontStandard {
    0: "*-times-*--14-*iso8859-1" y := *120%+1;
    1: "SYSTEM" y := *90%+0 x:= *100%+1;
  }
  ```

Beispiel 12.16. Beispielhafte Lösungsmöglichkeiten für Problemstellungen der Portabilität mit Hilfe des Dialog Managers IDM (Fortsetzung)

Die Beispiele geben einen Einblick in die Möglichkeiten der Entwicklung portabler Programmiertechniken mit Hilfe des Dialog Managers. Diese Funktionalität und die entsprechend gewonnenen Erfahrungen sind von hohem Wert für die Entwicklung weltweit zu vermarktender Anwendungssysteme.

12.4.3 Anwendungsspezifische Formatfunktionen

Teil einer hochentwickelten Benutzungsschnittstelle sind anwendungsspezifische Formatfunktionen z. B. bei der Datumseingabe in Formularen, bei Eingaben von Beträgen oder sonstigen fest formatierten Daten. Diese Daten müssen in einem spezifischen Format ausgegeben werden. Bei Interaktionen des Benutzers in bezug auf Eingabe oder Editieren dieser Angaben müssen in einer entsprechenden Fehlerbehandlung die Formatvorgaben berücksichtigt werden. Dabei sind im Dialog Manager zwei Formen von Formatfunktionen zu unterscheiden:

- Dialog Manager Standardformate sowie
- benutzerdefinierbare Formatfunktionen.

Auf Daten, die entsprechend formatiert sind, greifen Anwendungs- und Benutzeraktionen zu. Anwendungsaktionen setzen Inhalte, prüfen Inhalte oder lesen Inhalte aus. Benutzeraktionen geben Inhalte ein, löschen Inhalte, editieren Inhalte, navigieren auf jenen und selektieren sie. Dabei werden in einem Format Zeichensätze

12.4 Weitere wichtige realisierte Funktionen des Dialog Managers

```
!! Formatfunktion als Element einer Format-Ressource

!! Deklaration der Funktion
function c formatfunc Bsp_Formatfunktion;

!! Definition der Ressource
format BspFormat "NN.NN.NNNN" Bsp_Formatfunktion;

window Bsp
{
    child edittext Edit1
    {
        !! Einbindung im Objekt
        .format        "NN.NN.NNNN";
        .formatfunc Bsp_Formatfunktion;
    }
}
```
Beispiel 12.17. Formatfunkion als Element einer Formatressource (Deklaration der Funktion; Definition der Ressource; Einbindung in das Dialogskript)

vorgegeben, Kardinalitäten überprüft, Einschränkungen der möglichen Zeichenmenge überprüft, auf Muster abgeprüft, numerische Formate abgeprüft, Sicherheitsabprüfungen vorgenommen, die Semantik von entsprechenden Eingaben überprüft und entsprechende Aktionen ausgelöst. Dabei sind gewisse Grunddienste wie automatische Konvertierungen oder automatische Ergänzungen bereitzustellen. Formate müssen intern objektorientiert verwaltet werden und die entsprechenden rechnerinitiierten und benutzerinitiierten Aktionen realisiert werden. Der Dialog Manager bietet einen Satz von Standardformatfunktionen wie z. B. eine Datumsbehandlung. Weiterhin bietet er entsprechende Schnittstellen für die Integration von benutzerdefinierten Formatfunktionen an, die dann die standardmäßige Systembehandlung überschreiben. Es wurde eine Syntax für Formatfunktionen definiert. Die Parameter für Formatfunktionen wurden definiert. Beispiel 12.17 zeigt die Integration einer Formatfunktion als Element einer Formatressource.

12.4.4 Erweiterung des Objektmodells durch ein Tabellenobjekt

Für die Ein- und Ausgabe großer Mengen formatierter Daten in einer tabellenartigen Struktur führt das Zusammensetzen elementarer Dialogobjekte auf dem Level der Dialogbeschreibungssprache erfahrungsgemäß zu ineffizienten Lösungen. Auch sind viele Ausnahmefallbehandlungen notwendig, für die die Dialogbeschreibungssprache nicht konzipiert ist. Weiterhin sind komplexe Interaktionen mit Anwendungssystem und Datenbank zu realisieren. Dies führt zu der Konklusion, ein eigenständiges Dialogobjekt für diesen Verwendungszweck zu implementieren. Das Tabellenobjekt (Tablefield) gehört neben z. B. einem Plantafelobjekt oder Objekten für eine interaktive Geschäftsgraphik zu den komplexen Interaktionsobjekten. Sie sind für graphisch-interaktive Informationssysteme unentbehrlich. Stellvertretend für diese Klasse von komplexen Objekten wird das Tabellenobjekt hier im folgenden näher beleuchtet.

Die Motivation für ein zusätzliches Tabellendialogobjekt "Tablefield" leitet sich aus mehreren Überlegungen her. Das Tabellenobjekt ist ein Instrument für die formatierte Ein- und Ausgabe großer Datenmengen. Heutigen Fenstersystemen und Werkzeugkästen mangelt es an Objekten in dieser Situation. Die Ein- und Ausgabe und Manipulation großer alphanumerischer Datenmengen, wie sie aber gerade in kommerziellen und verwaltungstechnischen, aber auch in technisch-wissenschaftlichen Informationssystemen auftreten, gehört zu den Standardanforderungen bei der Entwicklung einer Benutzungsoberfläche.

Das hier realisierte Tabellenobjekt ist ein IDM-Objekt, das sich in seinen grundlegenden Eigenschaften wie die übrigen Objekte des Objektmodells verhält. Es ist portabel für die verschiedenen unterstützten Plattformen ausgelegt und übernimmt das Look & Feel des zugrundeliegenden Fenstersystems. Es kennt die Konstrukte Attribute, Ereignisse, Modelle und Vorbelegungen. Es ist voll in die IDM-Regelsprache (Dialogbeschreibungssprache) eingebunden und kann auch aus anderen Programmiersprachen heraus verwendet werden.

Alternativen zur Verwendung eines eigenständigen Tabellenobjekts stellt die Ausprogrammierung der entsprechenden Funktionalität in einer "Canvas" dar. Sie ist mit hohem Programmieraufwand verbunden und ist zumeist nicht portabel auszulegen. Eigene Formatierungsroutinen und eine Verknüpfung mit der Ereignisverarbeitung des Dialog Managers müssen geschaffen werden. Die Verwendung von Listboxen zur Simulation eines Tabellenobjekts beschränkt die Ausgabe auf eine

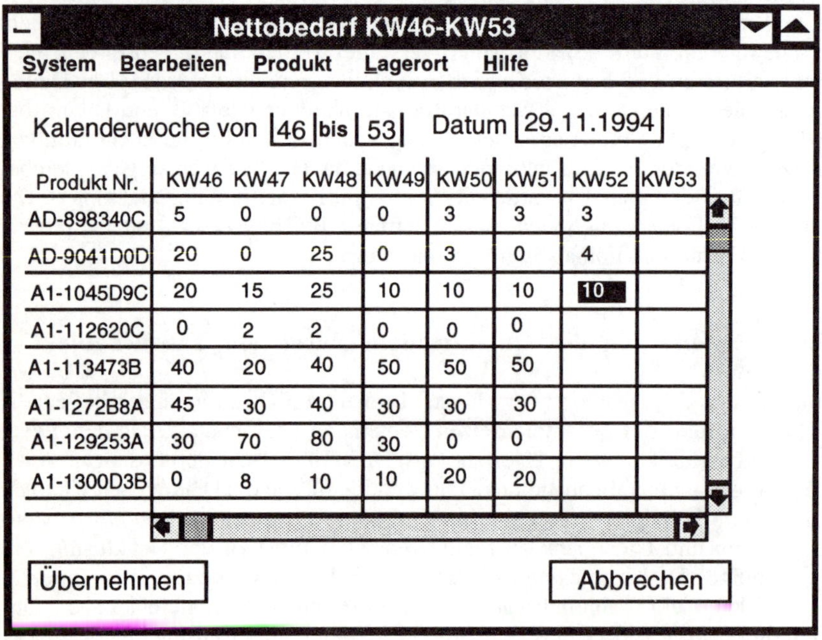

Produkt Nr.	KW46	KW47	KW48	KW49	KW50	KW51	KW52	KW53
AD-898340C	5	0	0	0	3	3	3	
AD-9041D0D	20	0	25	0	3	0	4	
A1-1045D9C	20	15	25	10	10	10	10	
A1-112620C	0	2	2	0	0	0		
A1-113473B	40	20	40	50	50	50		
A1-1272B8A	45	30	40	30	30	30		
A1-129253A	30	70	80	30	0	0		
A1-1300D3B	0	8	10	10	20	20		

Kalenderwoche von |46| bis |53| Datum |29.11.1994|

Nettobedarf KW46-KW53 — System Bearbeiten Produkt Lagerort Hilfe — Übernehmen / Abbrechen

Abb. 12.4. Visualisierung des Tabellenobjekts beim Dialog Manager IDM

12.4 Weitere wichtige realisierte Funktionen des Dialog Managers 221

Spalte bzw. erfordert die Synchronisation mehrerer Listboxen. Auch sind Fragen der Formatierung zu lösen. Bei der Verwendung von Textobjekten (Statictext und Edittext) kommt es durch eine große Anzahl von Ereignissen bei der Interaktion mit dem komplexen Objekt zu einer unerträglichen Systemperformanz. Die Problematik, wie sie bei Listboxen geschildert wurde, verschärft sich dadurch, daß auch noch Spalten- und Blätterverhalten realisiert und synchronisiert werden müssen. Eine weitere Alternative würde die Verwendung eines Notebook-Objekts darstellen. Das Notebook ist nicht auf allen Systemen verfügbar und stellt lediglich eine Lösung für logisch gruppierbare kleine Datenmengen dar. Zusammenfassend erweist sich das Tabellenobjekt allen denkbaren Alternativen als überlegen. In einem eng begrenzten Bereich kann ein Notebook das Tabellenobjekt ergänzen.

Ein Tabellenobjekt kann dynamisch nachgeladen werden. In bezug auf seine Schlüsselattribute wie Größe, Layout oder Erscheinungsbild ist es flexibel verwendbar. Es benutzt das System des IDM für Formatierungen. Es ist effizient als ein Objekt implementiert und besitzt assoziierte Methoden zum lokalen Editieren, zur Fehlerbehandlung und zur Realisierung von Hilfe.

Das Tabellenobjekt unterscheidet zwischen momentan sichtbaren Daten, vorgeladenen Daten und virtuell im Zugriff befindlichen Daten. Daten können dynamisch nachgeladen werden. Abbildung 12.5 zeigt die interne Realisierung eines dynamischen Nachladevorgangs.

Wird dabei der sichtbare Bereich des Tabellenobjekts gerollt und sind in dem jetzt anzuzeigenden Bereich Daten nur unzureichend vorhanden, wird die mit ".content func" bezeichnete Funktion gerufen. Ihr obliegt die Entscheidung, ob Daten nachgeladen werden. Eine Funktion "content" lädt die Daten und plaziert diese im Tabellenobjekt. Für den Benutzer ergeben sich minimale Verzögerungen durch den dynamischen Nachladevorgang. Konflikte mit Systembegrenzungen können vermieden werden, indem Datenbereiche, die aller Voraussicht nach

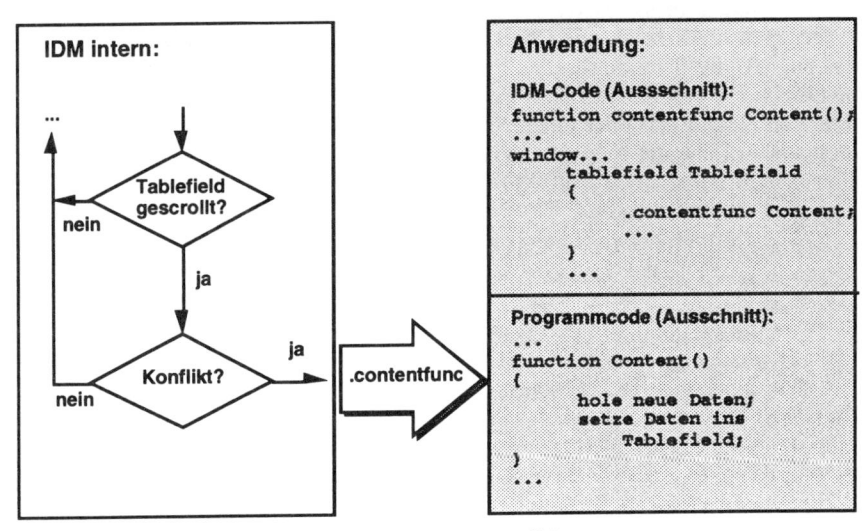

Abb. 12.5. Dynamisches Nachladen – interne Realisierung

nicht mehr im Anzeigebereich benötigt werden, aus dem Tabellenobjekt entfernt werden.

Eine dynamische Anpassung der Tabellengröße an die jeweilige Datenmenge ist vorteilhaft für Anwendungen, bei denen die Anzahl der anzuzeigenden Daten unbekannt oder nur sehr schwer zu ermitteln ist. Hierbei wird die Performanz der Anwendung nicht vermindert.

12.4.5 Eine Datenbankschnittstelle für IDM

Entgegen dem Seeheim-Schichtenmodell ist es oft sinnvoll und sogar notwendig, aus der Benutzungsschnittstelle unter Umgehung der Applikationsfunktionalität direkt auf eine Datenbank zuzugreifen. Dies gilt z. B. für das Laden von im IDM benötigten Schlüsseltabellen. Es gilt aber auch für die Entwicklung von Prototypen ohne Anwendungscode, bei denen die Dynamik des Dialogs mit Hilfe von Daten auf einer Datenbank getestet werden sollen. Weiterhin gilt dies auch für Programme mit minimaler Verarbeitungslogik. Generell sollten lesende Zugriffe auf eine Datenbank in dieser Situation ermöglicht werden – schreibende Zugriffe sollten jedoch nicht ermöglicht werden.

SQL hat sich als Standard für die Datenbankabfrage etabliert. IDM verwendet ein "embedded SQL" als Basisfunktionalität. Ein "interaktives SQL" mit interaktiven Erweiterungen für einfache, aber weniger flexible Operationen ist weiterhin realisiert. Dazu wurde ein Zugriffsobjekt für die Datenbank und ein Hilfsobjekt für Einzelzugriffe auf Sätze realisiert ("database" sowie "dbcursor"). Als neue Sprachkonstrukte wurde das Absetzen von SQL-Befehlen ("exec sql with <database> ... ;" sowie "exec sql with <dbcursor> ... ;") realisiert. Die Schnittstelle wurde dabei für Oracle-Datenbanken, Informix-Datenbanken und ODBC- artige (Open Database Connectivity) Schnittstellen auf PC-Client-Systemen realisiert. Entwicklungen sind vorgesehen für Ingres, Sybase und SQL-Access.

Beispiel 12.18 zeigt eine Objektdefinition für Datenbankzugang und Datenbankzugriff, die Selektion in den SQL-Record mit expliziter Übertragung sowie die Selektion eines Satzes mit Anzeige in einem Edittext. Anschließend wird die Selektion einer Liste über einen SQL-Record dargestellt sowie die direkte Selektion einer Liste mit Anzeige im Tabellenobjekt oder Fenster.

- Objekt-Definitionen für Datenbankzugang/-zugriff:
    ```
    database DbPLz
    {
        .username "Scot";
        .password "Tiger";
        .database "PLZCONV";
        .flagerrors true;
        .autocommit true;
        .active true;
    ```

Beispiel 12.18. Beispielhafte Anwendung der Datenbankschnittstelle des IDM-UIMS

12.4 Weitere wichtige realisierte Funktionen des Dialog Managers 223

```
        child dbcursor DbcCursor1
        {
        .flagerrors false;
        .autoreuse true;
        .autocommit true;
        }
}
```

- Selektion in den SQL-Record, explizite Übertragung:

```
on PbSearch2 select
{
    exec sql with DbPlz
                SELECT ITEM1, ITEM2 FROM TABLE1
                    WHERE ITEM1 LIKE :EtSelection.content;

    Et1.content := DbPlz.ITEM1;
    Et2.content := DbPlz.ITEM2;
}
```

- Selektion eines Satzes, Anzeige in Edittexten:

```
on PbSearch1 select
{
    exec sql with DbPlz
           SELECT ITEM1, ITEM2 FROM TABLE1
                  INTO   :Et1.content,
                         :Et2.content
                  WHERE ITEM1 = : EtSelection.content;
}
```

- Selektion einer Liste über SQL-Reord:

```
on PbSearch4 select
{
    variable boolean Running;
    exec sql with DbPlz.DbcCursor1
                SELECT ITEM1, ITEM2, ITEM3 FROM TABLE1
                    WHERE ITEM1 LIKE :EtSelection.content;

    Running = true;
    while (Running and DbPlzCursor1.error = 0)
            exec sql with DbPlz.DbcCursor1 FETCH NEXT;
            Tf1.content[1, DbcCursor1.row+1] = DbcCursor1.ITEM1;
            Tf2.content[1, DbcCursor1.row+1] = DbcCursor1.ITEM2;
            Tf3.content[1, DbcCursor1.row+1] = DbcCursor1.ITEM3;
            if (DbcCursor1.row > 200) then
                    DbcCursor1.active := false;
                    TellUser (mbNotify, "Anzeige abgescnitten");
                    Running := false;
            endif
```

Beispiel 12.18. Beispielhafte Anwendung der Datenbankschnittstelle des IDM-UIMS (Fortsetzung)

224   12 IDM: Der Dialog Manager

```
            endwhile
    }
```

- Direkte Selektion einer Liste, Anzeige in Tablefield oder Fenster:

```
    on PbSearch3 select
    {
        exec sql with DbPlz
                    SELECT ITEM1, ITEM2, ITEM3 FROM TABLE1
                           INTO    :Tf1.content[1,DbPlz.row+1]
                                   :Tf1.content[2,DbPlz.row+1]
                                   :Tf1.content[3,DbPlz.row+1]
                           WHERE ITEM1 LIKE :EtSelection.content;

        switch (DbPlz.row)
              case 0:
                    TellUser (MbNotify, "Keine Daten gefunden");
              case 1:
                    Wn1.Et1.content := Tf1.content[1,1];
                    Wn1.Et2.content := Tf1.content[2,1];
                    Wn1.Et3.content := Tf1.content[3,1];
                    Wn1.visible := true;
              otherwise:
                    Tf1.window.visible := true;
        endswitch
    }
```

- Schreiboperationen in die Datenbank:

```
    on PbStore select
    {
        exec sql with DbPlz
                    INSERT INTO TABLE1    (ITEM1,
                                           ITEM2,
                                           ITEM3)
                           VALUES (:Et1.content,
                                   :Et2.content,
                                   :Et3.content);
    }
```

- Benutzung voll dynamischer SQL-Statements:

```
    on PbCreateDatabase select
    {
        exec sql with DbPlz IMMEDIATE DROP TABLE TABLE1;
        exec sql with DbPlz IMMEDIATE CREATE TABLE TABLE1 [..];
        exec sql with DbPlz IMMEDIATE GRANT [..];
    }
```

Beispiel 12.18. Beispielhafte Anwendung der Datenbankschnittstelle des IDM-UIMS (Fortsetzung)

12.4.6 Weitere Entwicklungen des IDM

Das System wurde kontinuierlich an neue Betriebssysteme wie z. B. Windows NT oder Neuerungen bei den Basissystemen (Windows 95, Motif 2.0) angepaßt. Neben den bereits diskutierten Erweiterungen einzelner Objekte wie z. B. "Tablefield" oder ein allgemeines Notebook treten Erweiterungen auf wie:

- ein Interface zum Transaktionsmodul CICS im Rahmen verteilter Verarbeitung;
- ein UNIX-Shellscript-Interface für die automatisierte Steuerung von Workflow;
- eine Kommunikationsbibliothek;
- eine Bibliothek zur Verarbeitung von Zeichenketten (Strings)

sowie eine laufende Ergänzung des Objektmodells in bezug auf noch nicht realisierte Teile des CUA-Standards. Weiterhin werden Drag & Drop-Mechanismen für die direkt manipulative Interaktion unterstützt. Des weiteren werden im Bereich des Software Engineerings ein Modularisierungskonzept, ein Re-use-Konzept sowie Analyse- und Dokumentations-Tools eingeführt.

13 Ein UIMS für graphisch-interaktive CNC-Programmiersysteme

13.1 Das IPS-System

Im Jahr 1985 wurde weltweit eines der ersten interaktiven Programmiersysteme für Werkzeugmaschinen vorgestellt. Es handelte sich dabei um das System Traub IPS (Interaktives Programmiersystem). Dieses System ermöglichte dem Programmierer einer CNC-Werkzeugmaschine, Geometrie und Technologie für Drehteile mit Hilfe eines modalen, interaktiven Programmiersystems an Stelle einer deklarativen Skriptsprache zu definieren. Dieses Programmiersystem wurde im Lauf der Zeit um Komponenten im Bereich CAD-CNC-Kopplung, Ressourcenverwaltung, Wartung und Diagnose oder lokale Arbeitsplanung erweitert; es wurde damit in Richtung auf ein Fertigungsinformations- und -kommunikationssystem FIKS (vgl. Kap. 16) erweitert. Für die erste Version wurde ein nicht dokumentiertes, rudimentäres UIMS als Entwicklungswerkzeug verwendet, daß lediglich auf einem spezifischen Graphikprozessor sowie einem System-Monitor aufsetzte und ein Fenstersystem, einen Satz von Graphikobjekten sowie die Dialogsteuerung realisierte.

Auch sämtliche darauf aufsetzende Software wurde spezifisch für diese Klasse von Werkzeugmaschinen und den entsprechenden Hersteller entwickelt. Dies bedingte hohe Kosten und lange Entwicklungszeiten. Andererseits setzten sich die entsprechenden Systeme am Markt als Standard durch. Die Designziele, die mit diesen sogenannten WOP-Systemen (Werkstattorientierte Produktionsunterstützung – WOP) erreicht werden, sind wie folgt definiert:

- An spanenden Fertigungsverfahren orientierte Programmiermethoden mit einheitlichem Dialog;
- graphisch-interaktive Eingabe ohne Programmiersprache;
- graphisch-dynamische Simulation des Bearbeitungsprozesses;
- Optimierung und Änderung von Programmen in gleicher Weise wie die Neuprogrammierung;
- wirkungsvoller Einsatz des Facharbeiters bei numerisch gesteuerten Fertigungseinrichtungen;
- Modul zur Erstellung, Verwaltung und Übertragung von Daten für Werkzeuge, Spannmittel und Programme für Einfahren und Rüsten;
- einheitliches System für Werkstatt und Arbeitsvorbereitung; Vereinheitlichung der Bedienung der Systeme im Werkstattbereich;
- Integrationsfähigkeit in einem verteilten DV-Umfeld.

228   13 Ein UIMS für graphisch-interaktive CNC-Programmiersysteme

Abbildung 13.1 zeigt das typische Bildschirmlayout der Systeme der ersten Generation. Dieses besteht aus einer Funktionszeile zur Auswahl des nächsten Arbeitsschritts sowie aus einer Anzeige des aktuellen Dialogzustands; weiterhin aus einem graphischen bzw. alphanumerischen Informationsbereich sowie dem Dialogfenster zur Anzeige und Eingabe durch den Bediener zuzüglich des textuellen, numerischen oder graphischen Eingabefelds. Zusätzlich werden in einem Bereich Warnungen und Fehlermeldungen angezeigt. In der Softkeyleiste werden die aktuellen Funktionen der Softkeytasten angezeigt.

Die Erstellung von CNC-Programmen gliedert sich in eine maschinenunabhängige Phase, bestehend aus den Arbeitsschritten "Geometrie" und "Bearbeitung", und eine maschinenabhängige Phase mit den Arbeitsschritten "Arbeitsplan", "Rüsten" und "Simulation". Die maschinenunabhängige Phase kann sowohl auf dem Programmierplatz in der Arbeitsvorbereitung als auch direkt an der Maschine ausgeführt werden; die Schritte der maschinenabhängigen Phase sind nur auf der Maschine zu realisieren, da sie auf bestimmte Maschinenzustände zugreifen.

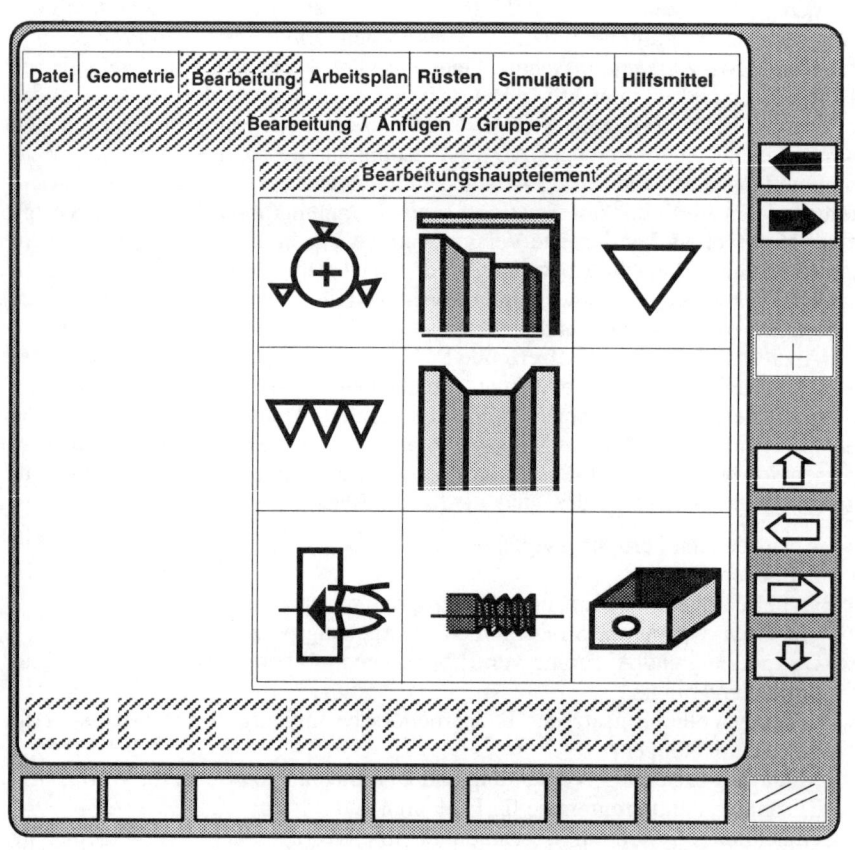

Abb. 13.1. Bildschirmlayout des CNC-Programmiersystems IPS

Über diese Entwicklung hinaus wurden Ende der 80er Jahre Konzepte zu sogenannten offenen Steuerungen diskutiert. Offene Steuerungen sollen dabei stärker als bisher auf Softwarearchitekturen und Hard- und Softwarebaugruppen aufsetzen. Im Rahmen dieser allgemeinen Entwicklung wurde der Dialog Manager zu einem User Interface Management System für graphisch-interaktive Programmiersysteme an CNC-Werkzeugmaschinen spezialisiert und weiterentwickelt. Dabei waren von der Systemsoftware bis zum User Interface Management System konzeptuelle Änderungen und Erweiterungen notwendig.

13.2 Funktionale Anforderungen an Benutzungsschnittstellenwerkzeuge bei graphisch-interaktiven Programmiersystemen

Es wurde ein umfangreicher funktionaler Kriterienkatalog für graphisch-interaktive Programmiersysteme auf der Basis der Implementation des IPS-Systems und anderer Programmiersysteme für CNC-Werkzeugmaschinen erstellt. Eine zusammenfassende Darstellung dieses Kriterienkatalogs wird im folgenden vorgestellt.

Als Hauptkriterien für ein graphisch-interaktives Programmiersystem für CNC-Werkzeugmaschinen wurden die Kriterien Einheitlichkeit des Dialogsystems, Einfachheit der Bedienung und Aufgabenangemessenheit gewählt. Es wurden Zusatzfunktionen spezifiziert, die außerhalb dieser Kriterien stehen, und es wurden verfahrensspezifische Kriterienkataloge für Drehen, Fräsen, Bohren, die Blechbearbeitung, die Laserbearbeitung und andere Verfahren entwickelt, die hier nicht im Detail vorgestellt werden.

Die Kriteriengruppe Einheitlichkeit beinhaltet Fragestellungen zur Konsistenz in bezug auf Begrifflichkeit, Informationsgestaltung, Dialoggestaltung, E/A-Komponenten sowie eine Verfahrenstransparenz über unterschiedliche Hersteller und Fertigungsverfahren hinweg; zusätzlich eine Ortstransparenz in bezug auf Programmiersysteme in Steuerungen und auf Programmierplätzen sowie per Datenaustausch angekoppelte Fremdsysteme. In diesem Bereich liegt ein ausgesprochener Schwerpunkt der Leistungsfähigkeit von User Interface Management Systemen für die Implementierung graphisch-interaktiver Programmiersysteme an CNC-Werkzeugmaschinen.

Für den Kernbereich der graphisch-interaktiven Programmierung werden in Tabelle 13.2 für das Kriterium der Einfachheit der Bedienbarkeit Kriterien bezeichnet. Auch in diesem Bereich unterstützen User Interface Management Systeme die Realisierung dieses Kriteriums zu einem großen Teil. Einzelne Unterkriterien lassen sich aber lediglich auf der Ebene des Anwendungssystems im Rahmen einer entsprechenden Anwendungssystemprogrammierung realisieren.

In bezug auf die Einfachheit von Dialogstrukturen und Hilfesystemen in Tabelle 13.3 ist wiederum eine weitgehende Unterstützung durch das User Interface Management System in Verbindung z. B. mit Fehlerhilfe und tutoriellen Systemen gegeben. Eine wesentliche Rolle bei der Einfachheit und Einheitlichkeit von Dialogstrukturen spielen objektorientierte Dialogmodelle und Dialogbausteine.

Tabelle 13.1. Funktionale Anforderungen an Benutzungsschnittstellenwerkzeuge bei graphisch-interaktiven Programmiersystemen im Bereich Einheitlichkeit

	Kriterium	Unterkriterium	W	U	Funktionale Anforderung	BE
Einheitlichkeit	Konsistenz	• Begrifflichkeit	●	◐	Lexikon	D, UIMS
		• Layout, Farbgestaltung etc.	◐	●	Modelle, Bausteine, Layout Editor	D, UIMS
		• Dialoggestaltung	●	●	Standard-Dialog-Objekte, Modelle	D, UIMS
		• Tastenanordnung/ -gestaltung	◐	○	Treibersoftware, Softkeys	S, UIMS
	Verfahrenstransparenz	• Layout und Dialogstruktur bei unterschiedlichen Herstellern/ Fertigungsverfahren	◐	◐	Objekt- (Klassen) Bibliotheken, Modellbibliotheken, Bausteine	D, UIMS
	Ortstransparenz	• Steuerung/ Programmierplatz	●	●	Transparenz Betriebssystem und Toolkit	S, UIMS
		• Datenaustausch	●	◐	Client/Server-Architektur Objektmanagement	S, UIMS

Legende:
W: Grad der Wichtigkeit
U: Grad der Unterstützbarkeit
BE: Bestimmender Einfluß durch...
D: Designer
A: Anwendungsprogrammierer
S: Systemprogrammierer

Bewertungen:
○ gering
◐ mittel
● hoch

Im Kriterium der Aufgabenangemessenheit sind wesentliche funktionale Anforderungen an graphisch-interaktive Programmiersysteme zusammengefaßt. Dabei können in bezug auf Geometrieeingabe und Technologieeingabe weitgehende Unterstützungen durch ein User Interface Management System bei der Implementierung der funktionalen Anforderungen geboten werden. Andererseits sind für spezifische Funktionen im Bereich Kommunikation, Realisierung von Schnittstellen, anspruchsvolle 3D- und Echtzeitgraphik spezielle Systemdienste und entwicklungsunterstützende Systeme notwendig. Teile der Funktionalität sind algorithmischer oder heuristischer Natur bzw. werden datengetrieben realisiert und sind damit im Zusammenspiel zwischen Anwendungssystem, Entscheidungsunterstützungssystem und Datenbanken zu realisieren.

13.2 Funktionale Anforderungen an Benutzungsschnittstellenwerkzeuge

Tabelle 13.2. Funktionale Anforderungen an Benutzungsschnittstellenwerkzeuge bei graphisch-interaktiven Programmiersystemen im Bereich Einfachheit (Teil 1)

Kriterium		Unterkriterium	W	U	Funktionale Anforderung	BE
Einfachheit	Graphisch interaktive Programmierung	• Graphische Darstellung • Interaktive Programmierung • Visuelle Rückkopplung	●	●	Dialogobjekte, Dialogmodi, objektorientierte Graphik	A, UIMS
		• Bildsymbole	◐	●	Piktogramme, Icon Editor	D, UIMS
		• parametrisierte Geometrieelemente	●	●	Dialogboxen	A, UIMS
		• Trennung Geometrie/Technologie	●	○	Anforderung an das Anwendungssystem	A, UIMS
		• Optimierung Änderungen, Neuprogrammierung identisch bzgl. Dialog	●	○	Anforderung an das Anwendungssystem	A, UIMS
		• Plausibilitätsprüfung	◐	◐	Formatprüfungen in Regelsprache	A, UIMS
		• Fehlermeldungen und Fehlerartanzeige	◐	◐	Cursor-Fokus, Fehlerbehandlung, Hilfesystem	A, D, UIMS
		• Statusanzeigen	◐	●	Benutzungshistorie, Layout	D, UIMS
		• Unterstützung aller Steuerungsfunktionen	●	●	Spezial-Dialogobjekte	S, A, UIMS
		• Lokalisierbarkeit	●	●	Lokalisierbarkeits-Werkzeuge	D, A, UIMS

Legende:
W: Grad der Wichtigkeit
U: Grad der Unterstützbarkeit
BE: Bestimmender Einfluß durch...
D: Designer
A: Anwendungsprogrammierer
S: Systemprogrammierer

Bewertungen:
○ gering
◐ mittel
● hoch

Tabelle 13.3. Funktionale Anforderungen an Benutzungsschnittstellenwerkzeuge bei graphisch-interaktiven Programmiersystemen im Bereich Einfachheit (Teil 2)

Kriterium		Unterkriterium	W	U	Funktionale Anforderung	BE
Einfachheit	Dialog-strukturen	• Anpassung an Arbeitsaufgabe	●	●	Dialogmodelle, Bausteine	D, A UIMS
		• Dialogmakros	●	●	Modelle, Bausteine, Log und Replay	A, UIMS
		• Dialogflexibilität	●	●	Dialogmodelle	A, UIMS
		• Dialogunter-brechung/-abbruch	◐	◐	Dialogmodelle	A, UIMS
		• Bestätigungen	◐	◐	Aufgabe Anwendungssystem	A, UIMS
	Hilfe-systeme	• Bedienungshin-weise, Erklärung, Parameter, Funktionen und Dialogschritte	●	●	Hilfesystem-Werkzeuge, Tutorielles System, Anwendungssystem	D, A, UIMS
		• Kontextabhängige Fehlermeldungen	◐	◐	Fehler- und Hilfe-systeme, Anwen-dungssystem	D, A, UIMS
		• Einlernsystem	◐	◐	Log und Replay, Hypermedia-Unter-stützung, Tutor	D, A, UIMS

Legende:
W: Grad der Wichtigkeit
U: Grad der Unterstützbarkeit
BE: Bestimmender Einfluß durch...
D: Designer
A: Anwendungsprogrammierer
S: Systemprogrammierer

Bewertungen:
○ gering
◐ mittel
● hoch

Die in Tabelle 13.6 und 13.7 diskutierten Zusatzfunktionen lassen sich zu einem guten Teil durch ein User Interface Management System effizient realisieren. Es bedarf jedoch im Bereich z. B. von Verwaltungsfunktionen, Planungsfunktionen, Datenerfassungsfunktionen, Protokollgenerierungsfunktionen, Diagnosefunktionen und Schnittstellen zu weiteren Systemen des Einsatzes spezialisierter Systemdienste sowie der Nutzung entsprechender Datenbanken und darauf aufsetzender algorithmischer und heuristischer Verarbeitungsfunktionalität.

13.2 Funktionale Anforderungen an Benutzungsschnittstellenwerkzeuge 233

Tabelle 13.4. Funktionale Anforderungen an Benutzungsschnittstellenwerkzeuge bei graphisch-interaktiven Programmiersystemen im Bereich Aufgabenangemessenheit (Teil 1)

Kriterium		Unterkriterium	W	U	Funktionale Anforderung	BE
Aufgabenangemessenheit	Allgemeine Anforderungen	• NC-Steuerungsprogrammierung • DNC • Datenaustausch Technologien • Vorbedingungen • Parallelprogrammierung	●	○	Systemdienste und Anwendungsfunktionalität; Benutzungsschnittstelle implementierbar	S, A UIMS
	Geometrieeingabe	• Farbgraphik	◐	●	Ressourcen	D, UIMS
		• Menüführung • Softkeys • direkter Aufruf Funktionen	●	●	Dialogobjekte	D, A, UIMS
		• verschiedene Bemaßungssysteme	●	●	Regelsprache	A, UIMS
		• Berechnung fehlender 'Maßangaben' • Toleranzberücksichtigung • Variationsabfrage	◐	●	Variablen in Regelsprache	A, UIMS
		• Änderung Geometrieparameter • Einfügen/Entfernen Teilkonturen • Übergangselemente • graphische Hilfsfunktionen	●	◐	Canvas Objekt, objektorientierte Graphik	D, A, S, UIMS
		• zusätzliches Zeigeinstrument	◐	◐	Treibersoftware	S, A, UIMS
		• CAD-Kopplung/ Digitalisierungssysteme	●	◐	Systemdienste und Anwendungsfunktionalität; Benutzungsschnittstelle implementierbar	S, A, UIMS

Legende:
W: Grad der Wichtigkeit
U: Grad der Unterstützbarkeit
BE: Bestimmender Einfluß durch...
D: Designer
A: Anwendungsprogrammierer
S: Systemprogrammierer

Bewertungen:
○ gering
◐ mittel
● hoch

Tabelle 13.5. Funktionale Anforderungen an Benutzungsschnittstellenwerkzeuge bei graphisch-interaktiven Programmiersystemen im Bereich Aufgabenangemessenheit (Teil 2)

Kriterium	Unterkriterium	W	U	Funktionale Anforderung	BE
Aufgabenangemessenheit	Technologieeingabe • Bearbeitungsstrategie	●	◐	Constraints-basierte Aufgabenbeschreibung	A, UIMS
	• frei definierbare Bearbeitungsmakros	◐	●	Modelle Log und Replay	A, UIMS
	• Technologiedatei • Technologieprozessor • Plausibilitätsüberprüfung • Werkzeugdatenabruf • Werkzeugermittlung • Spannmittelauswahl	●	○	Anwendungsfunktionalität, Benutzungsschnittstelle implementierbar	A, UIMS
	• Graphische Simulationen • Bearbeitungsprozeß • Kollisionsüberprüfung, z. B. 3D, Zoom	●	○	Echtzeitgraphik, 3D-Animation	S, A, UIMS
	• Graphische Darstellung von Bearbeitungswerkzeugen und Spannmitteln	◐	●	Piktogramme, Icon Editor	D, UIMS

Legende:
W: Grad der Wichtigkeit
U: Grad der Unterstützbarkeit
BE: Bestimmender Einfluß durch...
D: Designer
A: Anwendungsprogrammierer
S: Systemprogrammierer

Bewertungen:
○ gering
◐ mittel
● hoch

13.2 Funktionale Anforderungen an Benutzungsschnittstellenwerkzeuge 235

Tabelle 13.6. Funktionale Anforderungen an Benutzungsschnittstellenwerkzeuge bei graphisch-interaktiven Programmiersystemen im Bereich der Zusatzfunktionen (Teil 1)

Kriterium		Unterkriterium	W	U	Funktionale Anforderung	BE
Zusatzfunktionen	Verwaltungsfunktionen	• Verwaltung Werkzeuge, Spannmittel und Meßmittel sowie deren Daten	●	◐	Datenbankschnittstelle, Objektmanagement, Piktogramme, Drag und Drop	S, A, UIMS
	Planung	• Arbeitsplan • Aufspannplan • Einrichtungsplan • Prüfpläne	●	◐	Plantafel, Spezialobjekte, Dialogboxen	A, UIMS
	Datenerfassung	• Maschinendatenerfassung • Betriebsdatenerfassung	●	◐	Dialogboxen, Business-Graphikobjekte, Sensorikobjekte	A, UIMS
	Protokollgenerierung	• Datenübertragungsprotokolle • Bearbeitungsprotokolle • Fertigungsstatistiken	◐	◐	Reportwerkzeug, Business-Graphik, Verlaufsgraphik in Canvas	A, UIMS
	Diagnose	• wissensbasiertes Diagnosesystem	●	◐	Kopplung UIMS und XPS-Werkzeug	S, A, UIMS

Legende:
W: Grad der Wichtigkeit
U: Grad der Unterstützbarkeit
BE: Bestimmender Einfluß durch...
D: Designer
A: Anwendungsprogrammierer
S: Systemprogrammierer

Bewertungen:
○ gering
◐ mittel
● hoch

Zusammenfassend läßt sich feststellen, daß entsprechend ausgestaltete User Interface Management Systeme einen wesentlichen Beitrag bei der Implementierung graphisch-interaktiver Programmiersysteme für CNC-Werkzeugmaschinen leisten. Dies umso mehr, je spezifischer die Werkzeuge auf diesen Anwendungsbereich in bezug auf zusätzliche Dialogobjekte, Anbindbarkeit an Datenbanken, Kommunikationsfähigkeit und vorgefertigte Dialogbausteine zugeschnitten sind.

Tabelle 13.7. Funktionale Anforderungen an Benutzungsschnittstellenwerkzeuge bei graphisch-interaktiven Programmiersystemen im Bereich der Zusatzfunktionen (Teil 2)

Kriterium		Unterkriterium	W	U	Funktionale Anforderung	BE
Zusatzfunktionen	Schnitt-stellen	• generierte Schnittstellen • Steuerungs-schnittstellen • Kommunikations-peripherie	●	○	Systemdienste, Anwendungssystem, Benutzungs-schnittstelle implementierbar	A, S, UIMS
	System-funktionen	• Datenverzeichnis und -dokumentation • Datenoperationen • Quell- und Teileprogramm-verwaltung	●	●	Desk Top-Operationen, Dialogobjekte, Datenbankanbindung	A, UIMS
		• Paßwortschutz • Schreib-/Lese-rechte	◐	◐	Dialogboxen	A, S, UIMS
		• Taschenrechner	◐	●	Dialogsprache	UIMS
		• Hardcopy-Funktion	◐	●	Protokollfunktion	UIMS

Legende:
W: Grad der Wichtigkeit
U: Grad der Unterstützbarkeit
BE: Bestimmender Einfluß durch...
D: Designer
A: Anwendungsprogrammierer
S: Systemprogrammierer

Bewertungen:
○ gering
◐ mittel
● hoch

13.3 Spezifikationen eines User Interface Management Systems für die Entwicklung von Programmiersystemen an CNC-Werkzeugmaschinen

13.3.1 Erweiterungen und Anpassungen des X-Windows-Systems

Bei der auf Werkzeugmaschinen verfügbaren Hardware handelt es sich zumeist um keine reine Standardhardware; gegenüber Standard-PC- und Workstationsystemen treten Robustheit und Echtzeitfähigkeit, gewachsene Hardware- und Softwarestrukturen, aber auch Restriktionen aus Kostengründen in den Vordergrund. In dem hier berichteten Fall wurde daher eine Portierung des X-Windows-Systems auf die Zielhardware geleistet. X-Windows wurde wegen seiner allgemeinen Verfügbarkeit als Industriestandard, der Verfügbarkeit der Quellen, der verteilten Architektur sowie

13.3 Spezifikationen für die Entwicklung von Programmiersystemen 237

seiner Leistungsfähigkeit gewählt. Bei der Portierung auf die Zielhardware waren konzeptuell folgende Schritte zu leisten:

- Das Zielbetriebssystem bot keine POSIX-konforme Programmierschnittstelle an. Daher mußte der vom Betriebssystem abhängige Teil von X an das entsprechende System angepaßt werden. Hier waren spezifisch die Netzwerkmechanismen zu reimplementieren.
- Anpassung an Graphikeigenschaften des Systems; der geräteunabhängige Teil von X (diX: device independent X) konnte erhalten werden. Bei der Komponente ddX (device dependent X) mußte eine Portierung auf die entsprechende Zielhardware mit gewissen Anpassungen vorgenommen werden.
- Es wurden Optimierungen für den speziell verwendeten Graphikprozessor zur Performanzsteigerung von X durchgeführt.
- Spezielle Eingabegeräte (Folientastaturen, Graphiktabletts mit niedriger Auflösung) wurden eingebunden; auf die Nutzung einer Maus wird aus technischen Gründen (Handhabbarkeit, Verschmutzung) verzichtet.

13.3.2 Konzeption und Implementation eines CNC-spezifischen Toolkits

Implementationen von Standardtoolkits (speziell für das X-Windows-System) sind sehr umfangreich und teilweise sehr wenig performant bei knappen Hardware-Ressourcen. Es wurde daher ein CNC-programmspezifischer Toolkit entwickelt.

Dieser Toolkit wurde mit dem Kernsystem des User Interface Management Systems IDM (Dialog Manager) integriert; er konnte so auf das allgemeine Objektmodell und die damit vorgebildeten Datenstrukturen im verwendeten Dialog Manager zurückgreifen. Dadurch vereinfachte sich die Implementation wesentlich. Der Toolkit wurde also als verallgemeinerte Fenstersystemschnittstelle (WSI: Window System Interface) für die Abbildung des logischen Objektmodells des Dialog Managers auf das angepaßte und reimplementierte X-Windows-System realisiert.

Dabei konnten für den Anwendungsbereich die Objekte teilweise konzeptuell vereinfacht werden (etliche Attribute wurden nicht benötigt). Andererseits mußten neue Objektklassen definiert werden. Bei den neuen Objekten handelt es sich zum einen um die sogenannte Moduszeile. Sie stellt ein horizontales Menü dar, deren Einträge mit speziellen Moduszeilentasten angewählt werden können. Weiterhin mußte der Fokusrahmen konzeptuell neu entwickelt und implementiert werden.

Die Objekte Window, Canvas, Selektionsfenster des Poptexts sowie Groupbox, Listbox und Edittext konnten aus X-Windows übernommen werden. Die übrigen Objekte wurden aus Effizienzgründen nicht als eigenständige Objekte realisiert, sondern direkt in das X-Fenster des Vaterobjekts eingebettet.

Eine wesentliche konzeptuelle Änderung gegenüber Standardfenstersystemen und den darauf aufbauenden Toolkits ist die Navigation. Sie wurde vollständig ohne Maus realisiert. Es wurde auf Navigationstasten zurückgegriffen. Mit diesen Cursortasten wird der Fokusrahmen in die gewünschte Richtung gesteuert. Hierzu waren teilweise neue und erweiterte kontextsensitive Navigationsstrategien zu entwickeln.

13.3.3 Erweiterung des User Interface Management Systems Dialog Manager durch Zustandsnetzwerke

Modusfreie Benutzungsschnittstellen, die standardmäßig an PCs verwendet werden, werden den Erfordernissen von CNC-Programmiersystemen nicht gerecht. Hier müssen Funktionsmengen strukturiert und baumartig zugreifbar gemacht werden. Dies ist nicht als Restriktion der Gestaltung des Systems in bezug auf ergonomische Kriterien anzusehen. Vielmehr stellt es eine arbeitsorganisatorische Notwendigkeit dar. Der nichtmodale Dialog muß durch ein Zustandsnetzwerk überlagert werden, wobei jedem Zustand eine eigene Belegung von Funktionstastenblöcken zugeordnet werden kann. Durch dieses Zustandsnetz muß eine geeignete Navigation ermöglicht werden.

Der Dialog Manager IDM wurde deshalb um Objekte erweitert, die entsprechende Zustandsnetzwerke realisieren und zustandsabhängige Tastenblockbelegungen ermöglichen. Diese Objektklasse wurde als "Status" bezeichnet. Ein Nebeneffekt der Einführung von Stati ist die wünschenswerte Partitionierung der Dialogbeschreibung in kleine unabhängige Einheiten. Damit wird der Dialog leichter entwickelbar (mehrere Entwickler können unter vereinfachten Bedingungen gleichzeitig entwickeln) und leichter wartbar.

Stati sind nicht sichtbare Objekte, die die Regelbasis der Benutzungsschnittstelle partitionieren. Stati bilden als Definitionshierarchie eine Baumstruktur. Sie sind entlang der Pfadstruktur des Baums lexikalisch zugänglich. Die dynamische Zugriffsstruktur wird vermittels eines Stack-Modells realisiert. Ein Status ist dynamisch zugreifbar, falls er sich auf dem Stack befindet.

In einem Status können Objekte, Modelle, Regeln und Variable gebunden werden. Es existieren sogenannte elementare Stati, die keine weiteren Stati und keine Modelle enthalten. Sie erhalten jedoch zusätzliche Attribute, da sie semantisch für die Belegung der Tastaturblöcke genutzt werden. Darüber hinaus können komplexe Stati weitere Statusgruppen, Modelle und elementare Stati enthalten. Stati bilden einen Baum, dessen Knoten komplexe Stati und dessen Blätter im Normalfall elementare Stati sind.

Im folgenden werden einige Konsequenzen der Verwendung modaler Dialoge innerhalb eines User Interface Management Systems diskutiert. Summarisch lassen sich die Auswirkungen wie folgt zusammenfassen:

- Objekte müssen entlang der Status-Hierarchie nach ihrer lokalen Einfügung bekannt gemacht werden.
- Der Dialog muß entsprechend seiner Modularisierung im Zustandsbaum geladen werden können. Dazu müssen die entsprechenden Teildialoge mit Dateibezeichnungen assoziiert werden können.
- Die Regelbasis soll entsprechend dem Status partitionierbar sein; es sollen Regeln bevorzugt im Zusammenhang mit ihren entsprechenden Stati ausgeführt werden (Scoping von Regeln). Dazu müssen sie an den entsprechenden Status gebunden werden. In ihrer Regelvorbedingung muß die Aktivierung des entsprechenden Status geprüft werden.
- Innerhalb von Stati sollen lokale Variable definiert werden können, sie sollen von einem Status Sn dann zugänglich sein, wenn der Status Sm, in dem sie definiert sind, lexikalisch vom Status Sn aus zugänglich ist. Ihr Wert ist defi-

niert, wenn ihr zugehöriger Status Sm aktiviert ist; bei Deaktivierung verlieren sie ihre Wertzuweisung.
- Die Partitionierung des Dialogs entlang eines Zustandsbaums ermöglicht ein dynamisches Nachladekonzept (realisierbar mit und ohne Cache-Speicher).

13.3.4 Externe Ereignisse

Externe Ereignisse sind Ereignisse, deren Quelle außerhalb der Kontrolle des Dialog Managers liegt. In ihrer Abarbeitung sollen sie jedoch den Dialogereignissen innerhalb des Dialog Managers gleichgestellt sein. Es ist eine Vielzahl von Quellen für externe Ereignisse denkbar; diese können datenbankgesteuert auftreten oder sie können aus der Anwendungslogik heraus generiert werden; der häufigste Fall in diesem Anwendungsfeld ist jedoch, daß sie von der Aktorik und Sensorik der Maschine erzeugt werden.

Um die beschriebenen Zielsetzungen zu erreichen, werden Erzeugung und Kommunikation der externen Ereignisse nicht verwaltet. Es werden lediglich Übergabeformate spezifiziert. Die externen Ereignisse werden weiterhin in den Warteschlangenverwaltunsproß des Dialog Managers integriert; sie werden dazu gegenüber den internen Ereignissen nachrangig priorisiert. Die Zuordnung zu Ereignistypen und ihre Abarbeitung wird vom Dialog Manager geleistet. In der Dialogbeschreibung wird ein externes Ereignis als eine Kombination von Dialogereignissen parametrisierter Regeln beschrieben. Die Ausführung einer dem externen Ereignis zugeordneten Regel wird durch die Applikation über eine sogenannte Schnittstellenfunktion vorgemerkt (Eintragung in eine Warteschlange). In der internen Warteschlangenverarbeitung wurde zusätzlich die Behandlung asynchroner Ereignisse integriert.

13.3.5 Integration von analytisch beschriebenen Piktogrammen in die Dialogbeschreibungssprache

In der Standardversion des Dialog Managers werden Piktogramme in Form von Bitmaps bzw. in gewissen standardisierten Pixelformaten (GIF-Format) mit der Ressource "tile" definiert. Für Anwendungen in der Produktionstechnik und im Engineering reicht dieser Ansatz nicht aus. Hier liegen oft analytische Beschreibungen entsprechender Objekte vor bzw. sind aufgrund von Effizienzüberlegungen bei der Speicherplatzablage zu schaffen. Es wird deshalb eine neue Ressource benötigt, mit der Bilder aus Graphikprimitiven analytisch zusammengesetzt werden können. Diese Ressource wird im folgenden als analytisches Piktogramm bezeichnet. Zur Realisierung wurde ein Piktogrammeditor erstellt, der aus Grundprimitiven (Linien, Rechtecke, Kreise, Kreisbögen) den Aufbau komplexer Piktogrammobjekte erlaubt. Die Elementarobjekte bzw. zusammengesetzten Objekte können dabei attributiert werden (Muster, Farben, Strichstärken und Arten etc.). Weiterhin wurden die Definitionen entsprechender Piktogramme in die Dialogbeschreibungssprache aufgenommen. Des weiteren ist die entsprechende Ressource innerhalb der Dialogbeschreibungssprache verfügbar.

13.3.6 Der CNC-spezifische Window Manager

Die Verwendung eines Standard Window Managers war nicht möglich, da die CNC-Programmierung wesentlich spezifischere und detailliertere Anforderungen an einen Window Manager stellt als dies für die generischen Window Manager in Standard-PC-Umgebungen der Fall ist. Die Hauptanforderungen, die von den Standardanforderungen abweichen, sind dabei:

- CNC-Programmiersysteme benötigen eine definierte Bildschirmaufteilung. Diese erwächst aus einer softwareergonomischen Gestaltung des Systems und stellt keine illegitime Einschränkung des Benutzers dar. Diese softwareergonomische Gestaltung muß durch den Window Manager umgesetzt und verwaltet werden (Hauptfenster, Statusleiste, Softkeyleiste, Dialogfenster, Rückmeldungsfenster).
- Der Window Manager muß Aufgaben im Rahmen der Softkeybelegung wahrnehmen; einerseits existieren Softkeys, die von dem Prozeß behandelt werden, der die entsprechenden Softkeystati verwaltet. Andererseits existieren allgemeinere Softkeybelegungen, die über den Window Manager verwaltet werden. Darüber hinaus existieren eigene Fensterverwaltungsdialoge des Window Managers, die auch über Funktionstastenbelegungen unterstützt werden.
- Durch das Ersetzen der Mausnavigation durch eine Tastaturnavigation fallen erweiterte Aufgaben für den Window Manager im Bereich des Managements des Eingabefokus an.

Über das Konzipieren und Implementieren eines neuen Window Managers hinaus müssen auch Anpassungen innerhalb des Dialog Managers bezüglich der Zusammenarbeit mit diesem wesentlich erweiterten Window Manager realisiert werden.

13.3.7 Ein Konfigurator für CNC-Programmiersysteme

Mit Hilfe des entwickelten User Interface Management Systems können unterschiedliche Programmiersysteme für CNC-Werkzeugmaschinen realisiert werden. Diese können zum einen verfahrensspezifisch (Drehen, Fräsen, Schleifen etc.) gestaltet werden. Darüber hinaus können sie unterschiedliche gewünschte Spezifika einzelner Hersteller unterstützen (Corporate Identity; herstellerspezifische Programmierstile). Weiterhin können unterschiedliche funktionale Mächtigkeiten eines CNC-Programmiersystems (Integration mit externen Systemen (CAD, PPS, MDE), Datenbankfunktionen wie Programmverwaltung, Ressoucenverwaltung etc.) realisiert werden. Dies legt es nahe, den Standardeditor des User Interface Managements Systems funktional wesentlich zu erweitern. Mit Hilfe dieses Editors lassen sich sodann unterschiedliche CNC-Programmiersysteme realisieren. Dieser funktional erweiterte und spezialisierte Editor einschließlich seiner Hilfesysteme wurde als Konfigurator bezeichnet. Die konzeptuellen Erweiterungen gegenüber dem Standardeditor lassen sich wie folgt zusammenfassen:

- Die oben spezifizierten Erweiterungen des Dialog Managers müssen im Editor unterstützt und umgesetzt werden.

13.3 Spezifikationen für die Entwicklung von Programmiersystemen 241

- Die Dialogpartitionierung muß im Editor umgesetzt werden; dazu wird der Zustandsgraph über einen Browser visualisiert und zugreifbar. Dieser dient kooperierenden Entwicklerteams zur Selektion und Verwaltung der im folgenden zu bearbeitenden Teildialoge. Innerhalb eines Entwicklerteams sind Zugriffsrechte und Versionsverwaltungen realisiert.
- Die Durchsetzung eines gemeinsamen Stils ist bei kooperierenden Entwicklerteams schwieriger als bei Einzelentwicklern. Dazu wurden Mechanismen implementiert, die dafür Sorge tragen, daß Ressourcen für ein Entwicklerteam einheitlich definiert und verwendet werden.
- Der Editor ist um die Möglichkeit der Definition und Bearbeitung analytischer Piktogramme erweitert worden.
- Dem Endanwender, der in der Regel über eigene geschulte Entwicklungsabteilungen verfügt, ist es zu ermöglichen, Teile der Benutzungsoberfläche nach seinen Anforderungen effizient zu erweitern und anzupassen. Dazu wird das Erstellen und Verwalten entsprechender Modelle und Dialogbausteine unterstützt.

13.4 Realisierung eines Beispieldialogs unter Verwendung von Stati

Das Beispiel besteht aus den vier Statusgruppen G1, G2, G3 und G4 sowie den fünf Softkey-Stati SK1, SK2, SK3, SK4 und SK5. Abbildung 13.2 zeigt die Definitionshierarchie der Stati. An jeden Status sind Regeln gebunden; diese sind

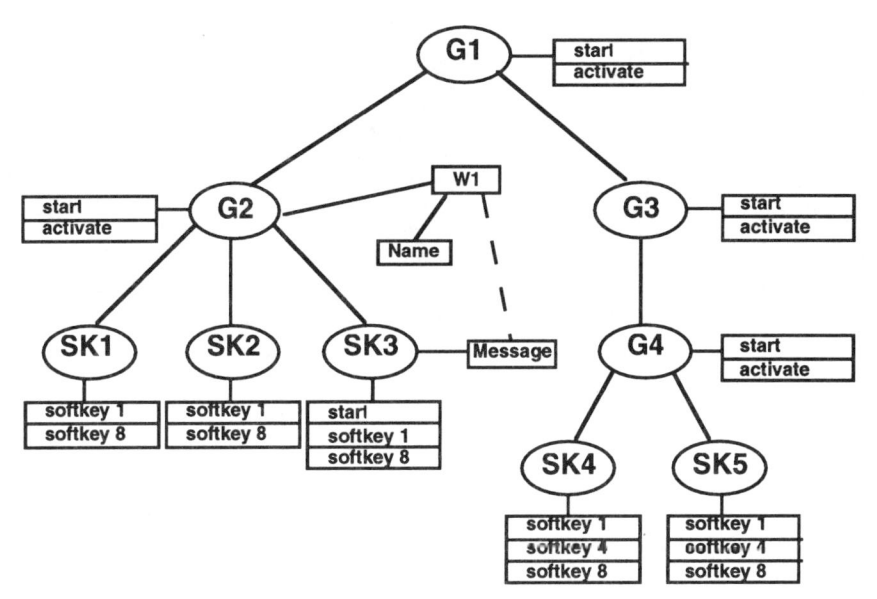

Abb. 13.2. Beispieldialog für ein interaktives CNC-Programmiersystem unter Verwendung von Dialogstati

in Abb. 13.2 durch die an sie angebundene Eintrittsereignisse visualisiert. G2 definiert das Fenster W1, in dem sich der Edittext "Name" befindet. SK3 fügt in W1 den Statictext "Message" ein. Der Status G2 bildet einen Unterdialog zum Anlegen und Löschen einer Datei. Bei Dialogstart wird (durch Parametersteuerung) über die Stati G1, G3 und G4 nach SK4 gesprungen. Von dort kann nach SK5 und von dort wieder zu SK4 gewechselt werden. Aus SK4 und SK5 kann G2 aufgerufen werden.

13.5 Realisierung des Systems

Das komplette System einschließlich eines CNC-Programmiersystems wurde für zwei Hersteller von CNC-Werkzeugmaschinen (Drehbearbeitung und Fräsbearbeitung) realisiert. Im folgenden werden noch einige wichtige Hinweise auf die Implementation gegeben, sofern diese über IDM hinausgehen:

- Es wurden Parser für Stati mit den Werkzeugen "lex" und "yacc" implementiert.
- Die dazugehörigen Datentypen und Interfacefunktionen wurden spezifiziert und implementiert.
- Es wurden Schnittstellen zum Parser realisiert und interne Hilfsfunktionen zum Auffinden von Stati, zum Springen auf gewisse Stati, zum Verlassen der entsprechenden Stati und zum Überprüfen der Zulässigkeit von Transitionen geschaffen.

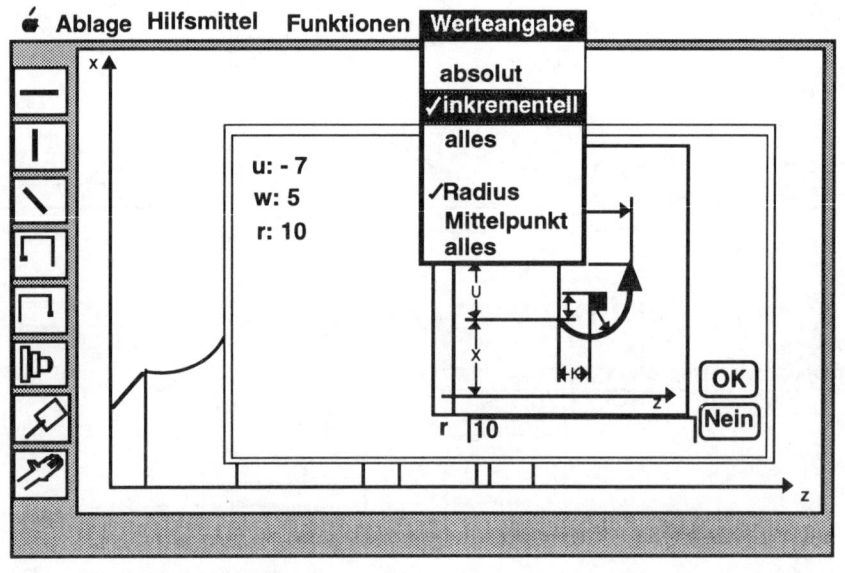

Abb. 13.3. Bildschirminhalte eines CNC-Programmiersystems, das mit Hilfe des spezifischen CNC-UIMS entwickelt wurde

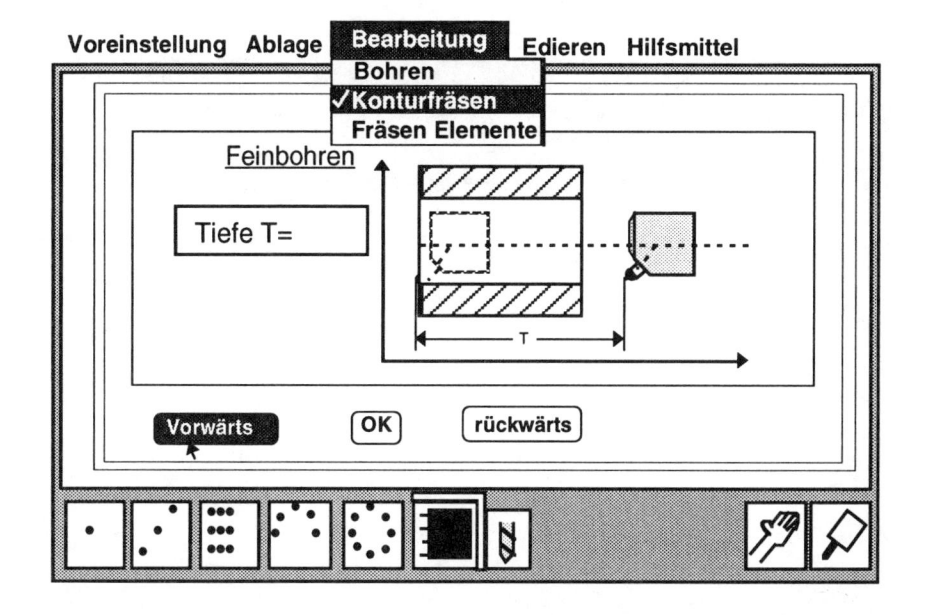

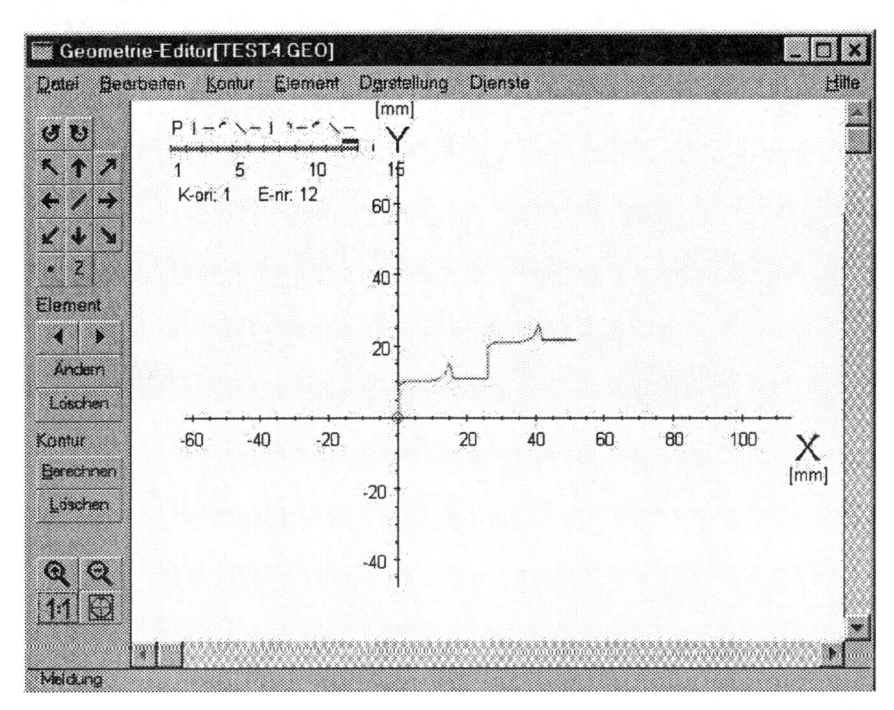

Abb. 13.3. Bildschirminhalte eines CNC-Programmiersystems, das mit Hilfe des spezifischen CNC-UIMS entwickelt wurde (Fortsetzung)

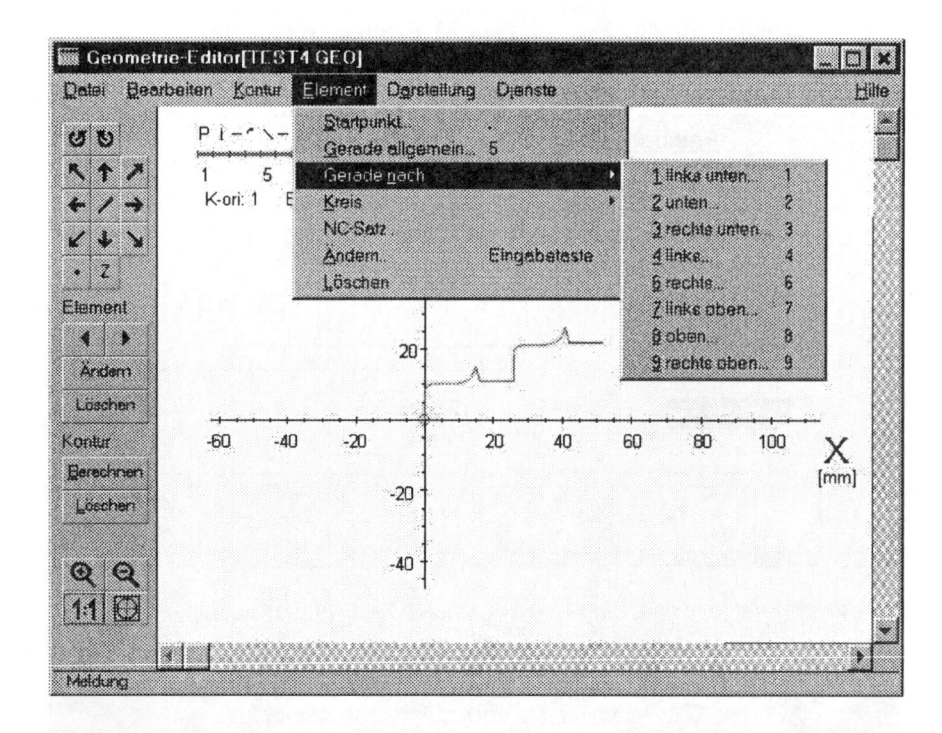

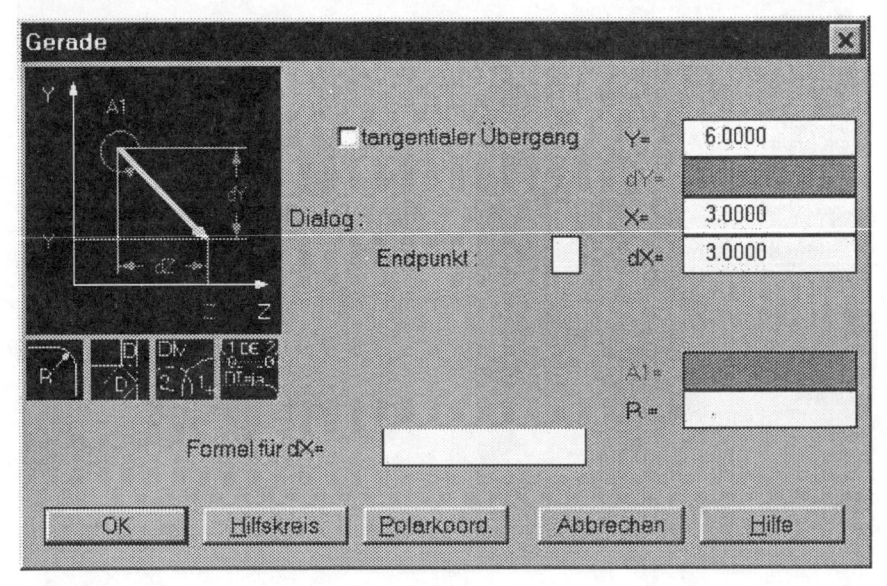

Abb. 13.3. Bildschirminhalte eines CNC-Programmiersystems, das mit Hilfe des spezifischen CNC-UIMS entwickelt wurde (Fortsetzung)

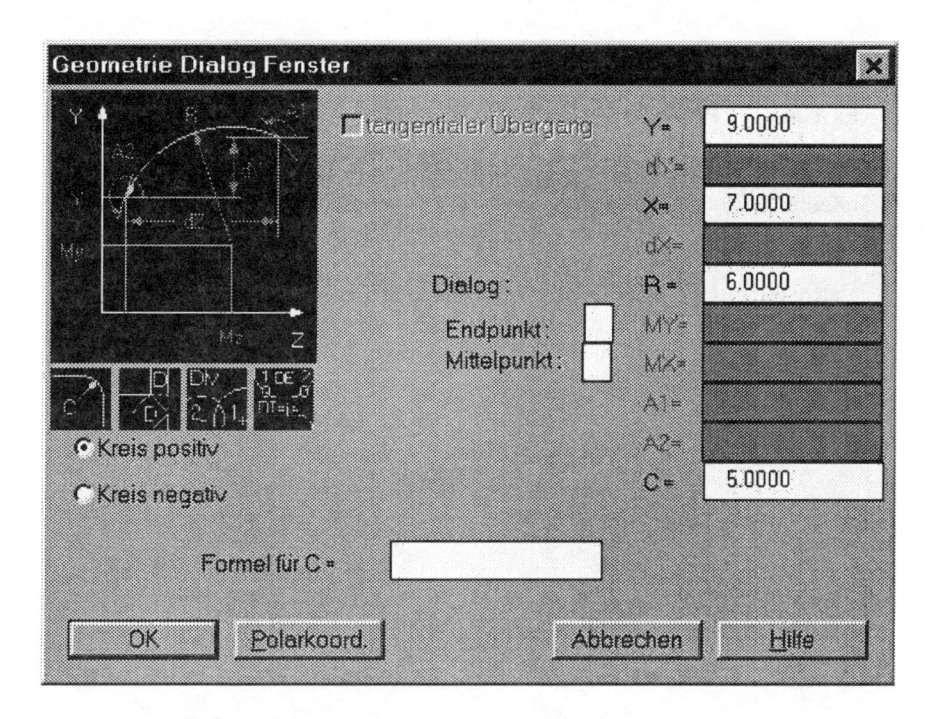

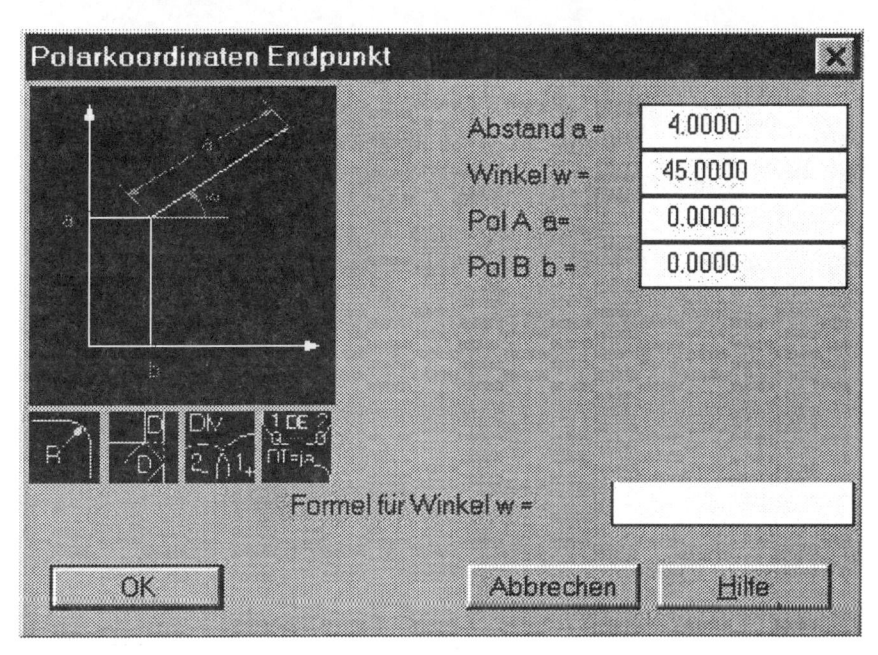

Abb. 13.3. Bildschirminhalte eines CNC-Programmiersystems, das mit Hilfe des spezifischen CNC-UIMS entwickelt wurde (Fortsetzung)

- Weiterhin mußte die Kommunikation mit dem CNC Window Manager realisiert werden.
- Es wurde ein Piktogrammparser geschaffen; die entsprechenden Datentypen und Interfacefunktionen wurden spezifiziert und implementiert; synoym zum vorher Gesagten wurde eine entsprechende Schnittstelle zum Parser und entsprechende interne Dienstfunktionen realisiert.
- Der spezifische CNC Window Manager wurde implementiert; auch hier wurde ein Satz von Interface- und Dienstfunktionen zusammen mit den zugehörigen Datenstrukturen spezifiziert und implementiert.
- Der Konfigurator wurde mit Hilfe des Dialog Managers implementiert.
- Mit dem so vorliegenden Werkzeugkasten wurden die entsprechenden CNC-Programmiersysteme implementiert.

14 Dialogbausteine für graphisch-interaktive Systeme

Bisher wurde zumeist davon ausgegangen, daß Systeme auf der Basis von 3GL-Sprachen sowie entsprechender hochstehender Skriptsprachen (z. B. 4GL-Sprachen) implementiert werden. In diesem Kapitel wird exemplarisch aufgezeigt, wie höhere Baugruppen in den Prozeß der Entwicklung graphisch-interaktiver Systeme integriert werden können. Dabei sind Komponenten auf vier Ebenen denkbar:

- Dialogbausteine: Hier werden Benutzeraufgaben, die im wesentlichen der Dialogschicht zuzuordnen sind, zu größeren, wiederverwendbaren Baugruppen zusammengefaßt.
- Benutzerwerkzeuge: Sie realisieren in einem Anwendungsbereich generische, interaktive Anwendungsfunktionalität, die unter Verwendung z. B. von Dialogbausteinen dem Benutzer vielfältige Wirk- und Gestaltungsmöglichkeiten im Umgang mit dem System einräumen.
- Anwendungsrahmen: Sie ermöglichen (z. B. realisiert als objektorientierte, wiederverwendbare Bausteinbibliothek) die Realisierung komplexer Anwendungssysteme (z. B. ein Leitstand mit komplexer Objektstruktur und graphisch-interaktiver Benutzungsschnittstelle).
- Generatoren: Über das Konzept eines Anwendungsrahmens hinaus bieten Generatoren eine komplexe Entwicklungsumgebung für spezifische Anwendungssysteme. Insbesondere eingeführt sind sie im Bereich von wissensbasierten Systemen, Simulationssystemen oder komplexen Dialogsystemen.

14.1 Dialogbausteine - Eine Einführung

Dialogbausteine sind vorgefertigte Baugruppen einer Benutzungsschnittstelle, die an die Anforderungen einer Anwendung angepaßt und zu einer kompletten Benutzungsschnittstelle zusammengesetzt werden können.

Bei der konventionellen Oberflächenentwicklung werden Dialoge aus den Interaktionsobjekten des zugrundeliegenden Fenstersystems aufgebaut. Dazu wird ein geeignetes Interaktionsobjekt ausgewählt und seine Eigenschaften (z. B. Position) werden über die Objektattribute festgelegt.

Bei der Anwendungsentwicklung mit Dialogbausteinen wählt der Entwickler einen geeigneten Baustein aus und paßt ihn im Sinne einer Variantenkonstruktion an die Gegebenheiten der Anwendung an. Dialogbausteine sind größere Einheiten (z. B. Fenster mit mehreren Interaktionsobjekten) einer Benutzungsschnittstelle und entsprechen den softwareergonomischen Vorgaben eines Styleguides.

Dieser Ansatz ist vergleichbar mit der Wiederverwendung (Re-use) von Programm-Code. So werden zu praktisch jedem Compiler umfangreiche Bibliotheken mit Programm-Code für vielfältige Anwendungsgebiete mitgeliefert. Ebenso werden auf dieser Basis in Zukunft zu einem User Interface Management System Bibliotheken mit Dialogbausteinen für Informationssysteme, Multimedia-Anwendungen etc. entwickelt. Auch im Bereich der Componentware (z. B. im Umfeld von Visual Basic) zeigt sich diese Entwicklung.

Der Hauptvorteil des Einsatzes von Dialogbausteinen liegt in der Zeiteinsparung durch Wiederverwendung. Anstatt jedes Dialogfenster aus einzelnen Interaktionsobjekten zusammenzusetzen, kann der Entwickler vorgefertigte Bausteine (Vorlagen) verwenden und diese eventuell anpassen.

Durch die Verwendung von Dialogbausteinen wird der Anwendungsentwickler zusätzlich bei der benutzergerechten Gestaltung von Benutzungsschnittstellen unterstützt. Er kann Bausteine auswählen, die den Vorgaben von Normen, Standards und Richtlinien entsprechen, und wird dadurch bei der Anwendung dieser Regeln entlastet. Gleichzeitig wird die Qualität einer Anwendung verbessert, indem Bausteine verwendet werden, die sich bereits bewährt haben. Die Standardisierung von Dialogbausteinen erleichtert außerdem die Erstellung von einheitlichen und konsistenten Benutzungsschnittstellen. Dialogbausteine werden vom Anbieter oder vom Unternehmen qualitätsgesichert.

14.1.1 Klassifikation von Dialogaufgaben

Eine Analyse informationsverarbeitender Systeme hat ergeben, daß es einen Anteil von Dialogfunktionen gibt, der in generalisierter Form Anwendung finden kann. Dabei handelt es sich zumeist um Funktionen der Navigation oder des Anstoßens von Bearbeitungsfunktionen. Auch die Manipulation von Datenbeständen gehört bei Informationssystemen zu den charakteristischen Funktionen. Diese Funktionalität, die komplexe Dialogmodule an der Schnittstelle zur Anwendungsfunktionalität bzw. zu Benutzerwerkzeugen zur Verfügung stellt, kann standardisiert werden und in Form eines "Styleguides" für den Softwaregestalter zugänglich gemacht werden. Dabei können diese Module mit den Mitteln der Modellierung, wie sie in dieser Arbeit beschrieben sind, formal spezifiziert werden und können als wiederverwendbare Bibliothek von Dialogbausteinen bei der Erstellung der Benutzersicht im Rahmen des Designs einer Anwendung bzw. ihrer Implementation eingesetzt werden.

Damit werden gleichzeitig mehrere Ziele erreicht. Zum einen wird der Grad der Standardisierung von Informationssystemen wesentlich erhöht mit positiven Auswirkungen auf Erlernbarkeit, Qualität der Bearbeitung und Leistungserbringung durch den Benutzer. Weiterhin kann bei solch einer Bausteinbibliothek die ergonomische Qualität entsprechend Normen, Richtlinien und Standards sowie auch bezüglich festgeschriebener Styleguides, die die grundlegenden Dialogobjekte und ihre Verwendung betreffen, sichergestellt werden. Da man weiterhin davon ausgehen kann, daß ein größerer Teil der Dialogfunktionalität durch die Dialogbausteine abgedeckt wird, ist mit wesentlichen Erhöhungen der Produktivität und mit einer Verminderung der Durchlaufzeiten in Design und Entwicklung von Informationssystemen zu rechnen. Um entsprechende Dialogbausteine zu identifizieren, wurden

14.1 Dialogbausteine - Eine Einführung   249

Aufgabenanalysen durchgeführt. Entsprechend Abb. 14.1 gliedert sich die dabei gefundene Bausteinfunktionalität.

Insgesamt wurden in dieser Klassifikation 15 Bausteine mit sechs Unterbausteinen identifiziert. Diese werden entweder parametrisiert oder zerfallen implementationstechnisch bedingt in weitere Bausteinvorlagen. Insgesamt sind die Bausteine zu den vier Klassen Einstieg, Auswahl, Bearbeitung und Meldung zuzuordnen. Die Klassifikation wurde auf der Basis einer breiten und repräsentativen Anzahl von betrieblichen Informationssystemen gewonnen. Des weiteren wurde sie in ihrer Grundstruktur aus einer theoriegeleiteten Klassifikation von Benutzersichten auf Informationssysteme hergeleitet.

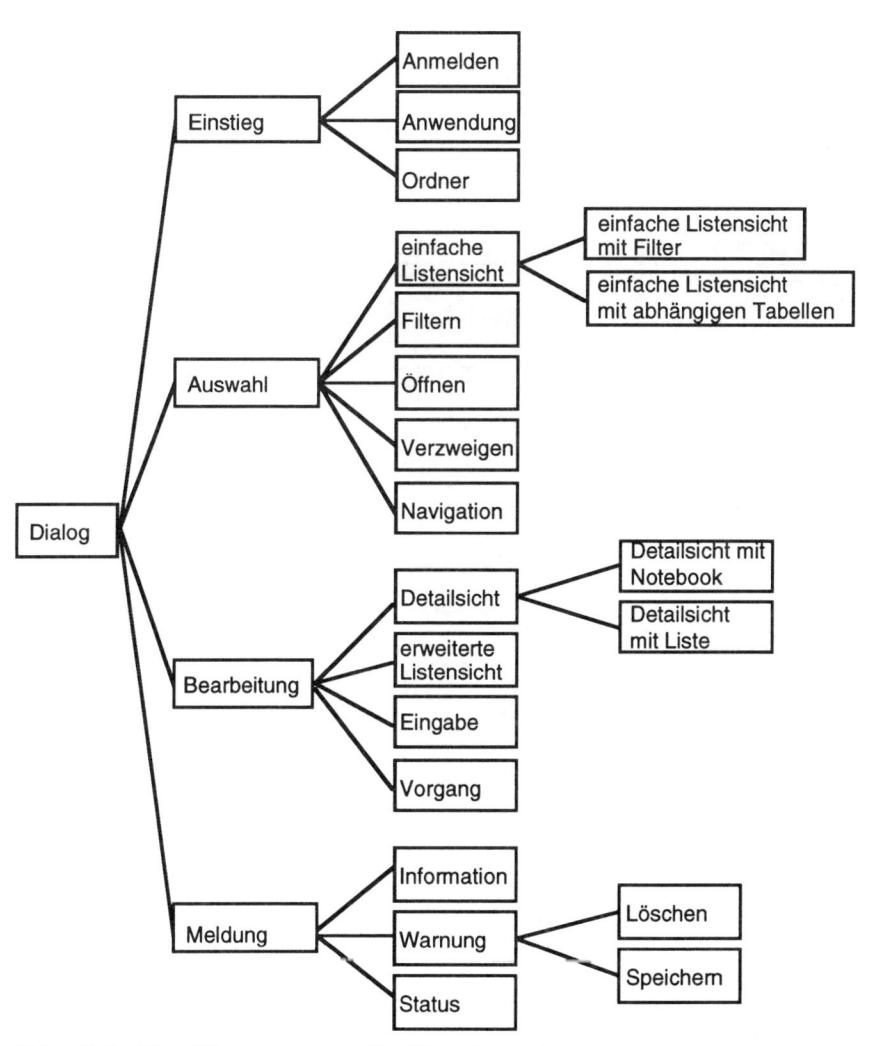

Abb. 14.1. Klassifikationssystem für Dialogbausteine

14.1.2 Modellierung von Dialogaufgaben

Mit Hilfe der Dialognetze wurden die einzelnen Dialogbausteine in ihrem dynamischen Verhalten modelliert. Damit ist eine technologieunabhängige Beschreibung der Dynamik der Dialogbausteine gegeben. Diese Modellierung ist unabhängig vom darunterliegenden Werkzeug oder einer Implementationssprache.

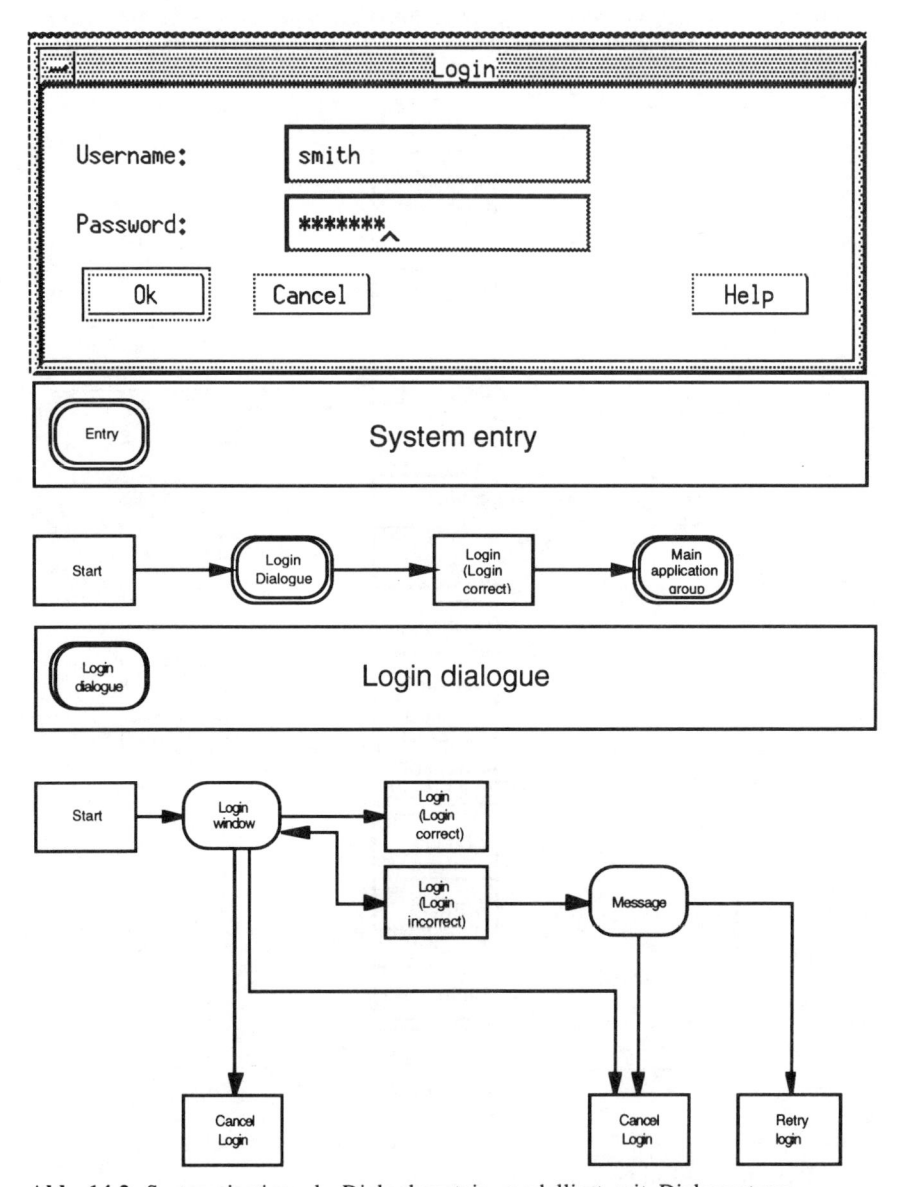

Abb. 14.2. Systemeinstieg als Dialogbaustein modelliert mit Dialognetzen

Auch ist die Beschreibung damit unabhängig von dem in der Anwendung verwendeten Industriestandard für die Basissoftware der Benutzungsschnittstelle. Weiterhin vereinfacht sich für den Systemdesigner mit Hilfe des Dialogbaustein-Styleguides der Dokumentationsaufwand wesentlich, da er für einen größeren Anteil der Module der Benutzungsschnittstelle lediglich den Styleguide referenzieren muß. Abbildung 14.2 zeigt die Modellierung mit Dialognetzen für einen beispielhaften Dialogbaustein, den Systemeinstieg.

Dabei führt der Dialog von einem Einstiegsfenster (log in window) mit entsprechenden Meldungsfenstern (message windows) zum Selektionsfenster für Anwendungen (main applicaton group). Ein modaler Subdialog im Meldungsfenster

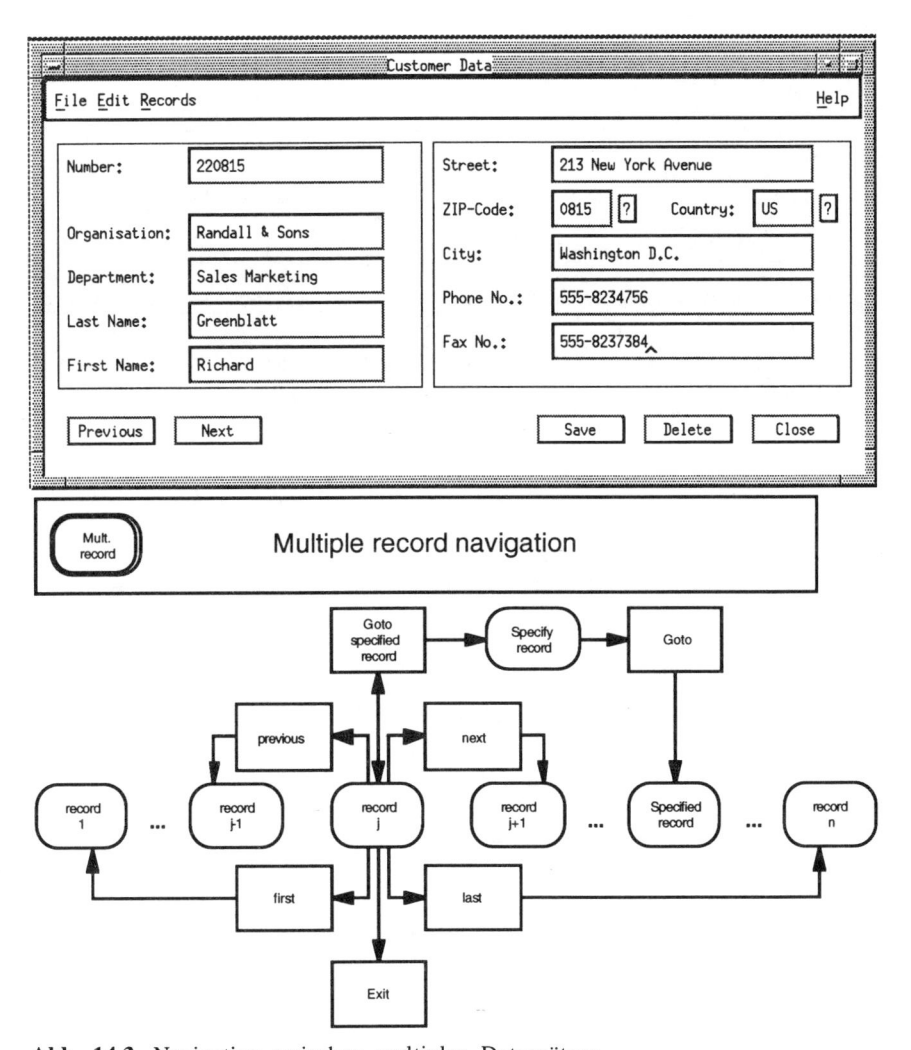

Abb. 14.3. Navigation zwischen multiplen Datensätzen

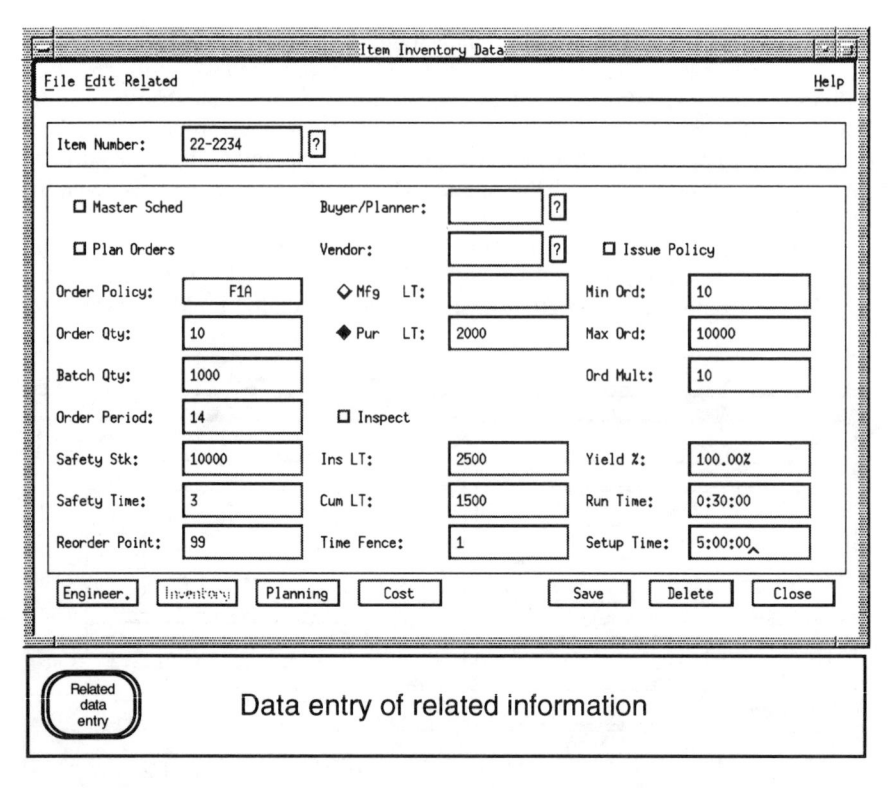

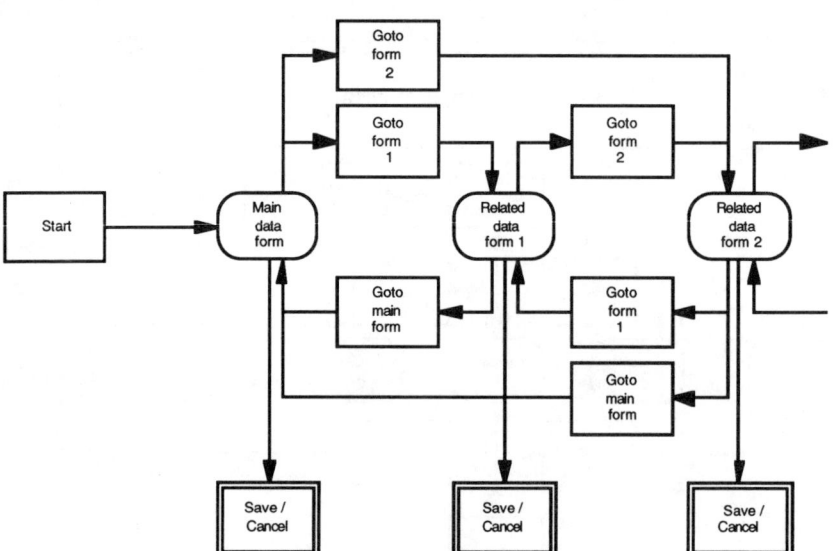

14 Dialogbausteine für graphisch-interaktive Systeme

```
┌──────────────────────── Item Inventory Data ────────────────────────┐
│ File  Edit  Related                                            Help │
│                                                                     │
│   Item Number:   22-2234      [?]                                   │
│                                                                     │
│     ☐ Master Sched        Buyer/Planner:  [        ] [?]            │
│     ☐ Plan Orders         Vendor:         [        ] [?]  ☐ Issue Policy │
│     Order Policy:   F1A       ◇ Mfg  LT:  [      ]    Min Ord:  10      │
│     Order Qty:      10        ◆ Pur  LT:  2000        Max Ord:  10000   │
│     Batch Qty:      1000                              Ord Mult: 10      │
│     Order Period:   14        ☐ Inspect                                 │
│     Safety Stk:     10000     Ins LT:     2500        Yield %:  100.00% │
│     Safety Time:    3         Cum LT:     1500        Run Time: 0:30:00 │
│     Reorder Point:  99        Time Fence: 1           Setup Time: 5:00:00 │
│                                                                     │
│   [ Engineer ] [ Inventory ] [ Planning ] [ Cost ]   [ Save ] [ Delete ] [ Close ] │
└─────────────────────────────────────────────────────────────────────┘

( Related
  data      )   Data entry of related information
  entry
```

Abb. 14.4. Dateneingabe bei verbundenen Informationen

14.1 Dialogbausteine - Eine Einführung

wird in einer Dialogbox geführt, falls der Systemeinstieg fehlerhaft war.

Abbildung 14.3 zeigt einen mittelkomplexen Dialog. Dabei kann mit der Funktion "Previous" sowie der Funktion "next" der vorherige oder nächste Datensatz angewählt werden. Mit "first" und "last" kann an Anfang und Ende der Datensätze gesprungen werden. Über ein Spezifikationsfenster kann zu einem beliebigen (aber zu spezifizierenden) Datensatz gesprungen werden.

Das Beispiel in Abb. 14.4 gehört zu den komplexeren Dialogbausteinen, da Subdialoge verwendet werden müssen. Von einem Hauptformular aus kann dabei zu mehreren verbundenen Formularen gesprungen und zurückgesprungen werden. Es kann ein Unterdialog zum Sichern oder Löschen geführt werden.

Ein weiteres Beispiel (Abb. 14.5) zeigt eine Navigation in hierarchischen Strukturen. Bei diesem Dialog werden verschiedene Nachbarschaftsbegriffe von benachbarten Entitäten in entsprechende Navigationsfunktionalität umgesetzt.

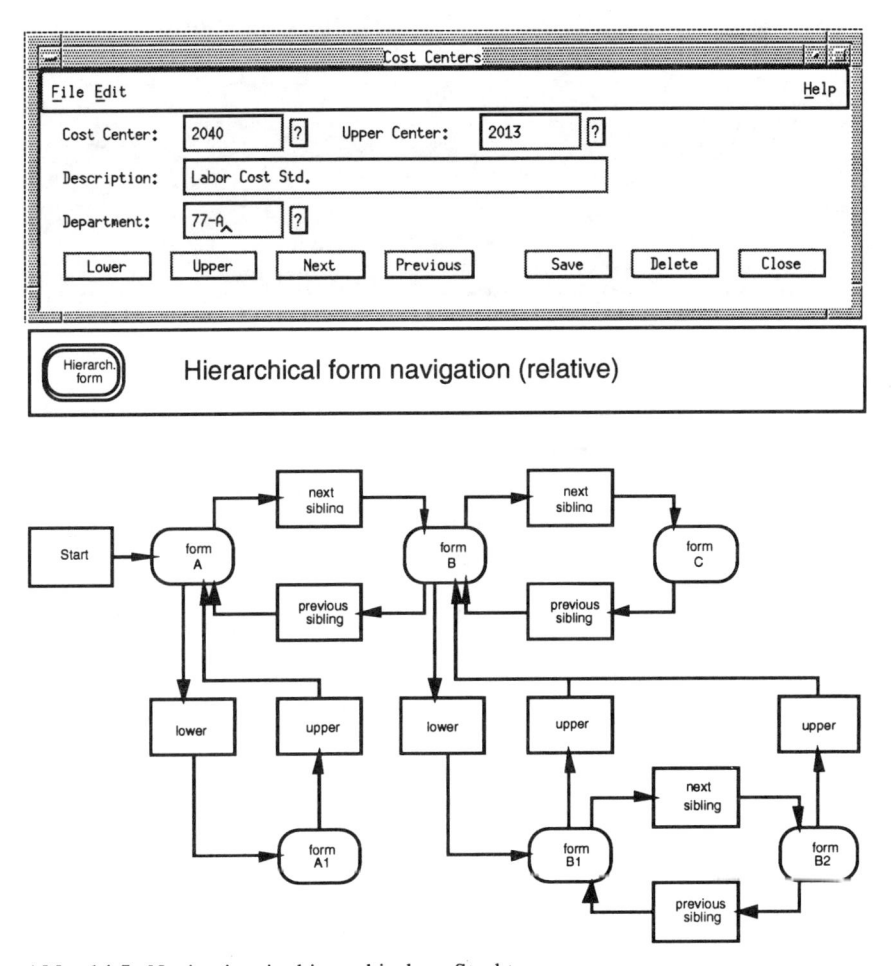

Abb. 14.5. Navigation in hierarchischen Strukturen

14 Dialogbausteine für graphisch-interaktive Systeme

Pushbutton	Semantik	Nächster Dialog
Neu	Erzeugt ein neues Datenobjekt und öffnet die Detailsicht	Detailsicht
Öffnen	Öffnet die Detailsicht des ausgewählten Datenobjekts	Detailsicht
Filtern...	Filtern-Dialog für diesen Objekttyp	Filtern
Abbrechen	Verzweigen abbrechen	-
Hilfe	Hilfe zum Verzweigen-Dialog	Hilfesystem

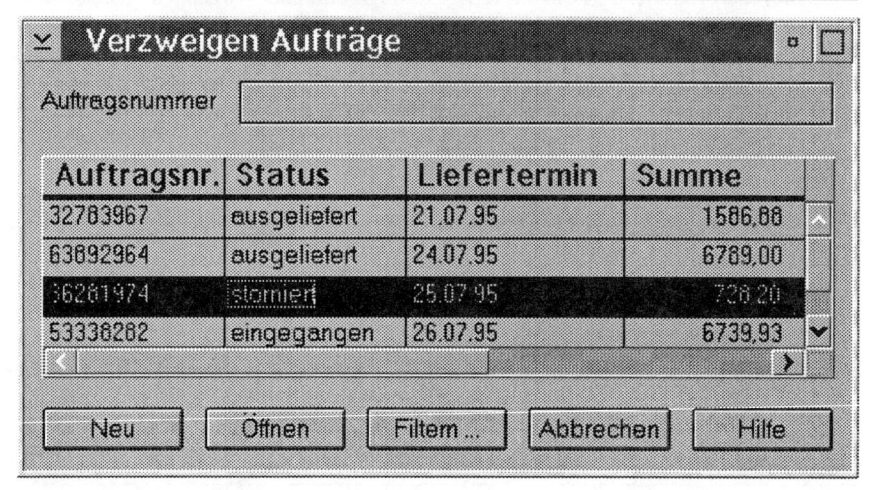

Abb. 14.6. Beispiel eines Verzweige-Dialogs sowie das entsprechende Sichtenschema

Menü	Eintrag	Semantik	Nächster Dialog
<Objekt>	Neu	erzeugt ein neues Datenobjekt und öffnet die Detailsicht	Detailsicht
	Öffnen...	Öffnet ein bestehendes Datenobjekt	Öffnen
	Filtern...	Filtern-Dialog für diesen Objekttyp	Filtern
	Speichern	Speichert das Datenobjekt	-
	Speichern unter...	Speichert das Datenobjekt unter einem anderen Namen	Speichern unter
	Ablegen in Ordner...	Legt das Datenobjekt in einem Ordner ab	Listensicht
	Voriger	Wählt den vorigen Datensatz aus, falls mehrere angezeigt werden können	-
	Nächster	Wählt den nächsten Datensatz aus, falls mehrere angezeigt werden können	-

Abb. 14.7. Detailsicht eines Datensatzes

Menü	Eintrag	Semantik	Nächster Dialog
	Drucken...	Druckt das Datenobjekt	Drucken
	Löschen...	Löscht das Datenobjekt	Löschen
	Schließen	Schließt das Fenster	-
Bearbeiten	Standardmenü, siehe Listensicht		
Ansicht	<Notebook-seiten-Liste>	Auswählen einer Notebook-Seite	-
Verzweigen	<Objektliste>	Liste aller Beziehungsobjekte	Verzweigen
Fenster	Standardmenü, siehe Anwendung		
Hilfe	Standardmenü, siehe Anwendung		

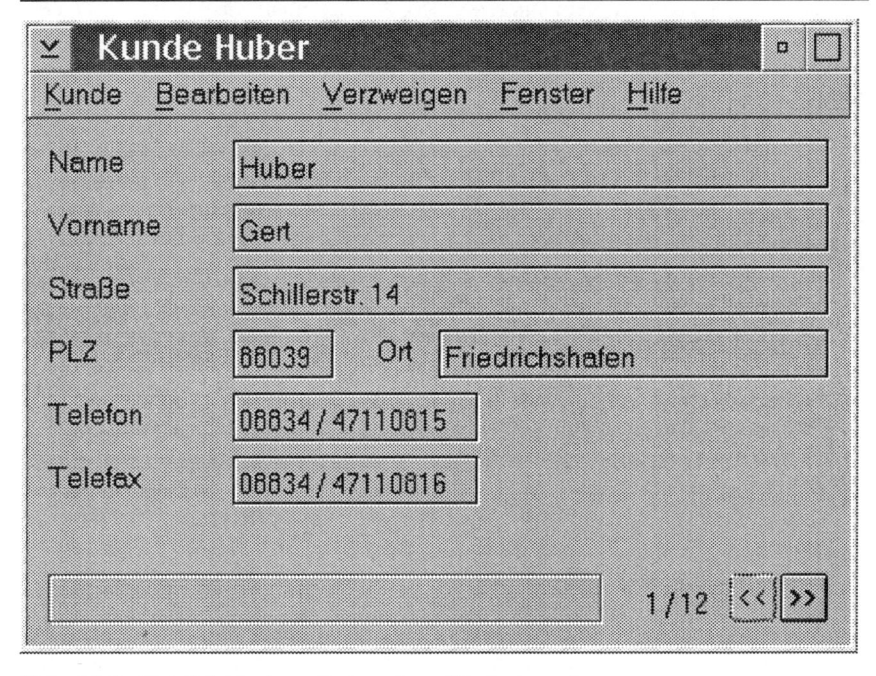

Abb. 14.7. Detailsicht eines Datensatzes (Fortsetzung)

Entsprechend den in der Normung eingeführten Mechanismen (vgl. ISO 9241) wurde für die Dialogbausteine eine Formalisierung der Informationsgestaltung durchgeführt. Dabei wurden die so gestalteten Dialogbausteine entsprechend den einschlägigen Normen, Richtlinien und Standards gestaltet und sind somit als Standardbaugruppen in hohem Maße entsprechend dieser Vorschriften qualitätsgesichert. Abbildung 14.6 zeigt einen Verzweige-Dialog. Abbildung 14.7 zeigt ein weiteres Beispiel; es handelt sich dabei um eine Detailsicht auf einen Datensatz.

Mit Hilfe von sog. Sichtendefinitionen wurde nach der funktionalen Definition, der Definition des Dialogflusses sowie der Informationsgestaltung ein komplettes Design der Dialogbausteine geliefert. Dieses Design kann gleichzeitig als komplette Dokumentation verwendet werden. Das Design ist bisher unabhängig von der gewählten Softwarearchitektur.

14.1.3 Implementierung der Dialogbausteine

Zur beispielhaften Implementierung der Dialogbausteine wurde das Werkzeug IDS (ISA Dialog Manager) verwendet, da es ein geeignetes objektorientiertes Vorlagenkonzept einschließlich der hier benötigten Vererbungsmechanismen bietet. Es ist möglich, die vorgenommene Spezifikation der Dialogbausteine komplett auf die ereignisorientierte Sprache von IDM abzubilden. Die Dialogbausteine können aber auch direkt in C++ unter Verwendung eines Toolkits wie MOTIF, Windows oder Presentation Manager implementiert werden. Auch können entsprechend ausgelegte 4GL-Sprachen zur Implementation verwendet werden. Durch die Verwendung von Dialogbausteinen wird somit die Portabilität von Anwendungen potentiell erhöht.

Die Dialogbausteine wurden in diesem spezifischen Fall als Modellvorlagen in IDM implementiert. Jede Vorlage besteht dabei aus einem Fenster, daß die zur Spezifikationszeit bekannten Interaktionsobjekte enthält. Dabei sind die Vorlagen generalisiert. Für den Einsatz in konkreten Anwendungen sind folgende Anpassungen nötig:

- Texte, die bei einer Instanziierung anzupassen sind, wurden syntaktisch in spitze Klammern gesetzt. Zum Beispiel wird in einem Fenster zum Öffnen eines Kundendatensatzes der Text "<Schlüssel>" durch "Kundennummer" zur Laufzeit ersetzt.
- Wenn für einen Dialogbaustein zur Spezifikationszeit für die benötigten Interaktionsobjekte die entsprechenden Attribute nicht im voraus bekannt sind, wurde eine exemplarische Liste aufgebaut. Zum Beispiel können für eine Detailsicht die Interaktionsobjekte zur Darstellung der Daten nicht im voraus bestimmt werden. Deshalb wurde eine Liste von Eingabefeldern mit den Beschriftungen "<Attribut 1>", "<Attribut 2>" etc. angegeben. Bei der Instanziierung werden im hier diskutierten Beispiel Eingabefelder mit den Beschriftungen "Name", "Vorname", "Straße" etc. erzeugt.
- Bei Menüs wurde die Obermenge der sinnvollen Menüeinträge angegeben. Werden bestimmte Funktionen einer Anwendung nicht benötigt, kann das Menü bei der Instanziierung dynamisch rekonfiguriert werden.
- Es wurde eine generische Funktionsleiste als eigenständige Modellvorlage implementiert. Soll ein Fenster eine Funktionsleiste erhalten, wird die Vorlage für dieses Fenster zur Laufzeit instanziiert.
- Das Binden von Regeln an die Instanzen von Objekten (bzw. allgemein die Einbindung der Bausteine) muß zur Laufzeit realisiert werden. So ist z. B. für einen Dialogbaustein zum Auswählen eines Datenobjekts aus einer Liste (Listensicht) eine Regel implementiert, die beim Betätigen des OK-Pushbuttons das Fenster schließt. Das Fenster, das anschließend geöffnet werden soll, muß konkret zur Laufzeit instanziiert werden.

14.1 Dialogbausteine - Eine Einführung

Abbildung 14.8 zeigt in der bereits eingeführten Notation eine "einfache Listensicht". Dabei wird in diesem Fall zusätzlich die entsprechende Implementierung mit Hilfe des Werkzeugs IDM geliefert (vgl. Beispiel 14.1).

Das Beispiel definiert ein Fenster mit einer Tabelle und drei Pushbuttons *OK*, *Abbrechen* und *Hilfe*. Die Regeln am Ende des Codes schließen das Fenster, wenn der Benutzer den Pushbutton *OK* oder *Abbrechen* wählt.

Pushbutton	Semantik	Nächster Dialog
OK	Auswahl bestätigen	Detailsicht
Abbrechen	Auswahl abbrechen	-
Hilfe	Hilfe zum Dialog	Hilfesystem

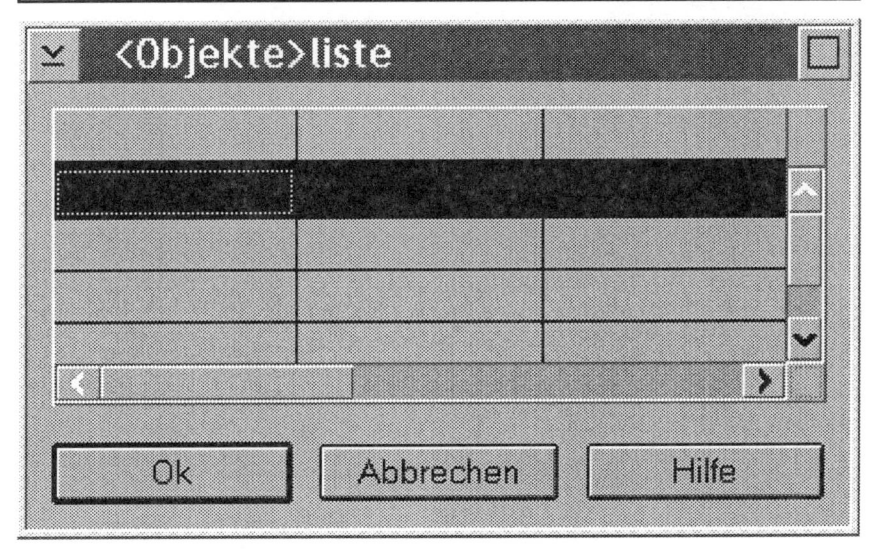

Abb. 14.8. Beispiel einer einfachen Listensicht

```
model window DBS_ListeEinfach1
{
    .active        false;
    .xauto         0;
    .xleft         10;
    .width         340;
    .yauto         1;
    .ytop          10;
    .height        180;
    .posraster     false;
    .sizeraster    false;
```

Beispiel 14.1. Implementierung einer einfachen Listensicht

```
        .xraster       1;
        .yraster       1;
        .dialogbox     true;
        .iconifyable   false;
        .minheight     180;
        .minwidth      340;
        .maxheight     0;
        .maxwidth      0;
        .title         "<Objekte>liste";
    child tablefield TF_Liste
    {
        .xauto         0;
        .xleft         10;
        .xright        10;
        .yauto         0;
        .ytop          10;
        .ybottom       50;
        .posraster     false;
        .sizeraster    false;
        .rowcount      5;
        .xraster       0;
        .yraster       0;
    }
    child pushbutton PB_Ok
    {
        .xauto         1;
        .xleft         10;
        .width         100;
        .yauto         -1;
        .height        25;
        .ybottom       10;
        .posraster     false;
        .sizeraster    false;
        .text          "Ok";
        .defbutton     true;
    }
    child pushbutton PB_Abbrechen
    {
        .xauto         1;
        .xleft         120;
        .width         100;
        .yauto         -1;
        .height        25;
        .ybottom       10;
        .posraster     false;
        .sizeraster    false;
```

Beispiel 14.1. Implementierung einer einfachen Listensicht (Fortsetzung)

```
            .text         "Abbrechen";
    }
    child pushbutton PB_Hilfe
    {
        .xauto        1;
        .xleft        230;
        .width        100;
        .yauto        -1;
        .height       25;
        .ybottom      10;
        .posraster    false;
        .sizeraster   false;
        .text         "Hilfe";
    }
}

on DBS_ListeEinfach1.PB_Ok select
{
    this.window.visible := false;
}

on DBS_ListeEinfach1.PB_Abbrechen select
{
    this.window.visible := false;
}
```

Beispiel 14.1. Implementierung einer einfachen Listensicht (Fortsetzung)

14.1.4 Entwurf und Implementierung einer Bausteinbibliothek

Die hier entwickelten Softwarebausteine sollen im Sinne eines Konzepts zur Wiederverwendbarkeit in Form einer Bausteinbibliothek für den Entwickler zur Verfügung gestellt werden. Es ist dabei davon auszugehen, daß auf der Basis der hier entwickelten Dialogbausteine in Anwenderunternehmen weitere Varianten entwickelt werden, so daß leicht eine Anzahl von 100 und mehr Bausteinen in einem großen Anwenderunternehmen erreicht wird. Dabei sollen die Bausteine aus der Bibliothek komfortabel ausgewählt und zur Bearbeitung mit entsprechenden Werkzeugen bereitgestellt werden können. Es sollen verschiedene Möglichkeiten der Suche nach Bausteinen geboten werden. Diese beinhalten Suche nach Eigenschaften, Schlüsselwörtern oder ähnlichen Bausteinen. Die Bausteinbibliothek soll gepflegt werden können und es soll ein Katalog der vorhandenen Bausteine erzeugt werden können.

Es wurden unterschiedliche Methoden der Klassifikation für Bausteine untersucht. Diese beinhalten die Freitextmethode, die Schlüsselwortmethode, die Facettenmethode sowie die Hypertextmethode. Es wurde im wesentlichen die Facettenmethode für die Klassifikation der Dialogbausteine gewählt, weil sie die besten Suchergebnisse liefert. Zusätzlich werden Schlüsselwort- und Hypertextmethode in begrenztem Umfang verwendet, um Suchmöglichkeiten flexibel zu erweitern. Bei den Facettenmethoden wird dabei ein Baustein nach unterschiedlichen Facetten wie z. B. Autor, Verwendungskontext, verwandte Bausteine, Implementationscharakteristika etc. klassifiziert. Jede Facette ist dabei die Zusammenfassung entsprechender Attribute, die die Facette näher beschreiben. Es wurde ein komplettes Facettenschema für Dialogbausteine entworfen und implementiert.

Die so implementierte Softwarebibliothek unterscheidet zwischen Softwarekatalog und Verwaltungsfunktionen der Softwarebausteine. Der Katalog gewährt dem Anwendungsentwickler verschiedene Sichten auf die Softwarebibliothek. Abbildung 14.9 verdeutlicht dies beispielhaft.

Neben dieser globalen Übersicht werden Detailsichten entsprechend einem entwickelten Facettenschema angeboten. Dies sind:

- Identifikation: Information über Name, Version und Zustand des Softwarebausteins;
- Eigenschaften: Kategorie des Softwarebausteins und Kategorie spezifischer Facetten zur Beschreibung der Eigenschaften des Bausteins;
- Beschreibung: Umgangssprachliche Beschreibung zur Dokumentation und Freitextsuche sowie Schlüsselworte für die Schlüsselwortsuche;
- Implementierung: Details der für die Implementierung verwendeten Hard- und Software;
- Abhängigkeiten: Soft- und Hardwareabhängigkeiten, die nicht bereits unter Implementierung erfaßt sind;

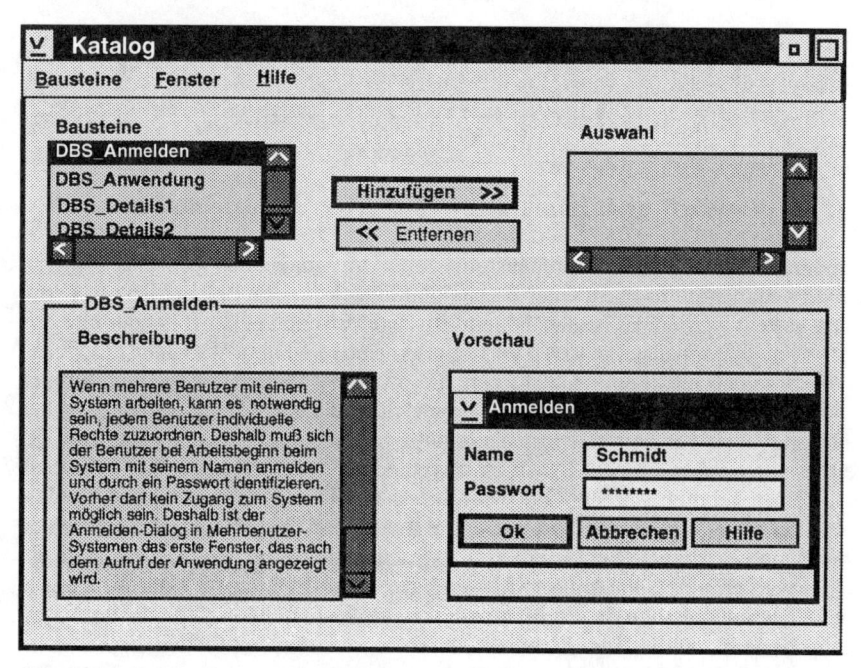

Abb.14.9. Katalogfenster der realisierten Softwarebibliothek beispielhaft für einen Anmeldedialog

- Autor: Name und Adresse des Urhebers des Bausteins;
- Verweise: Liste mit ähnlichen bzw. zugehörigen Softwarebausteinen;
- Vorschau: Ein Vorschaubild des Bausteins.

Neben den hier angebotenen Informationen wird Funktionalität zum Suchen ähnlicher Bausteinfenster, zum Filtern der Bausteine nach gewissen Kriterien sowie der Vergleich von Bausteinen unterstützt.

14.1.5 Ausblick auf weitere Entwicklungen

Eine wesentliche Voraussetzung für den vom Entwickler akzeptierten Einsatz von Softwarebausteinen ist ihre praktische Verfügbarkeit. Dies bedeutet einerseits ihre Auffindbarkeit sowie andererseits ihre Verwendbarkeit mit nur geringen Modifikationen. In bezug auf die erste Themenstellung wurde hier eine akzeptable Lösung entwickelt; in bezug auf die zweite Themenstellung sind wesentliche Verbesserungen denkbar.

So kann das Konzept von Dialogbausteinen, so wie sie in diesem Kapitel eingeführt sind, auf mehrere Arten erweitert werden. Es ist erstens denkbar, Parameter zur Spezifizierung der gewünschten Eigenschaften im Anwendungskontext des Dialogbausteins einzuführen. So können z. B. für einen variantenreichen Druckdialog verschiedene Möglichkeiten wie Druck von Ausschnitten, mehrseitiger Druck oder Rückwärtsdruck als Attributwerte angegeben werden. Eine entsprechende Variantenvielfalt wäre dann als Template für den Entwickler bereitzustellen.

Weiterhin könnte das Klassenkonzept bei Dialogbausteinen weiter verfeinert werden. Momentan bestehen Dialogbausteine im Sinn dieser Arbeit aus einem Fenster mit einer Anzahl von darin enthaltenen Interaktionsobjekten. Sinnvoll wäre es sicherlich auch, niedrigere oder größere Granularitätsstufen in Form eines Klassenbaums zu realisieren. Andererseits wird in diesem Ansatz der Entwickler mit einer größeren Anzahl von Gestaltungsvarianten konfrontiert, die wiederum das Erlernen von Metaregeln für den konsistenten Aufbau einer Benutzungsschnittstelle voraussetzen.

In bezug auf die weitere Verbesserung der Verfügbarkeit von Bausteinen sind Konzepte eines sogenannten intelligenten Assistenten denkbar. Ein Assistent erläutert dem Entwickler die Eigenschaften der Bausteine und bietet weitergehende Entscheidungshilfen bei der Auswahl an. Der Entwickler wird dabei stärker als in bisherigen Systemen innerhalb des Auswahlprozesses geführt.

Ein sehr wichtiges Hilfsmittel ist das Konzept der Verknüpfung von Bausteinen mit Online Styleguides. Ein Online Styleguide als Gliederungs- und Navigationshilfsmittel erleichtert die Entscheidung für adäquate Dialogbausteine wesentlich. Über dieses Konzept hinaus wäre das Schaffen einer integrierten Entwicklerumgebung sinnvoll, die in abgestimmter Form Case-Werkzeuge, User Interface Management Systeme, Bausteinbibliotheken sowie Online Styleguides umfaßt.

Die Verfügbarkeit von Bausteinbibliotheken kann sicherlich noch weiter gesteigert werden, wenn moderne Formen der Distribution in weltweit zugänglichen Netzen (Internet, World Wide Web) genutzt werden.

14.2 Zusammenfassung

Gerade objektorientierte Konzepte erlauben das Einführen von Dialogbausteinen und anderen Komponenten wie z. B. Benutzerwerkzeugen in moderne Informationssysteme. Diese Bausteine und Komponenten werden formal spezifiziert und modelliert, sie werden optimal und qualitätsgesichert erstellt. Bis zu diesem Schritt sind sie weitgehend implementierungsunabhängig. Sie sind optimal dokumentiert. Für eine spezifische Anwendung wird eine bestimmte Implementation mit Hilfe einer 3GL Sprache oder eines Implementationswerkzeuges wie z. B. eines User Interface Management Systems (aber auch z. B. eine Visual Basic Implementation) gewählt. Bausteine und Komponenten werden in Bibliotheken gehalten und sind über sog. Kataloge zugreifbar. Das hier vorgestellte Konzept erlaubt praktischen Software Re-use. Es ist von der Granularität her gröber als komplexe und unübersichtliche Klassenbibliotheken und orientiert sich an praktischen Benutzungsaufgaben.

15 Benutzerwerkzeuge

15.1 Das Konzept der Benutzerwerkzeuge

Benutzerwerkzeuge sind Strukturierungen der funktionalen Ebene der Mensch-Rechner-Interaktion; sie führen modale Bereiche in das Benutzungsschnittstellenkonzept ein. Damit strukturieren sie dem Benutzer die Aufgabenstellung.

Benutzerwerkzeuge sind Komponenten, die dem Benutzer definierte Eingriffs- und Gestaltungsmöglichkeiten (Konfigurationsmöglichkeiten) bieten. Sie sind ferner dadurch gekennzeichnet, daß sie mit anderen Benutzerwerkzeugen kooperieren. Zur Aufgabenbewältigung werden vom Benutzer ein oder mehrere Benutzerwerkzeuge aufgerufen, mit denen er jeweils klar umrissene Teilaufgaben (z. B. entlang einer Prozeßkette oder aber orthogonal zu unterschiedlichen Prozeßketten) parallel oder sequentiell bearbeiten kann. Dabei wird mit Benutzerwerkzeugen eine hohe Anpaßbarkeit der Software an sich verändernde Aufgaben und Abläufe erzielt. Dies ist z. B. bei einer Werkstattsteuerung wichtig, wenn bei sich verändernden Produktionsprogrammen neue Einplanungs- und Umplanungsvorgehensweisen angewandt werden.

Aus der Perspektive des Softwareentwicklers werden Konzepte der Spezialisierbarkeit, Individualisierbarkeit und Anpassung an Kundenwünsche durch definierte Änderbarkeit gefördert. Es wird eine Konfigurierbarkeit für spezielle Anwendungen ermöglicht. Benutzerwerkzeuge sollen aggregierbar sein. Sie sollen innerhalb eines konzeptuellen Rahmens erweiterbar sein.

15.2 Anforderungen an und Gestaltungsempfehlungen für Benutzerwerkzeuge

In Kroneberg (1995) werden Benutzerwerkzeuge bezüglich der arbeitswissenschaftlichen Kriterien Kompetenzförderlichkeit, Einsatz von Erfahrungswissen, Handlungsflexibilität sowie Aufgabenangemessenheit klassifiziert. Es werden dazu verallgemeinerbare und klassifizierende Gestaltungsempfehlungen ausgesprochen. Diese beinhalten:

- Benutzerwerkzeuge unterstützen vollständige Teile von Vorgangsketten. Es entstehen keine Medienbrüche oder Wechsel des Unterstützungssystems.
- Benutzerwerkzeuge bilden innerhalb einer Vorgangskette überschaubare, geschlossene Regelkreise.
- Werkzeuge sollen das Einbringen von Erfahrungswissen ermöglichen. Sie sollen alternative Simulationen unterstützen.

- Die Werkzeuge sollten das Einbringen von Erfahrungswissen auch auf der Ebene von Konfiguration, Funktionalität, Dialogablauf und Informationsgestaltung ermöglichen.
- Bei planenden Tätigkeiten sollen Planungsalternativen beschreib- und wählbar sein.
- Werkzeuge sollen situative Kooperationsformen zwischen Mitarbeitern unterstützen.
- Soweit es die Arbeitsaufgabe ermöglicht, sollten adäquate Hilfsmittel zur situativen Komplexitätsreduktion bereitgestellt werden.
- Auf Arbeitsaufgaben sind situationsspezifisch unterschiedliche Sichten zu ermöglichen. Der Benutzer muß über die Möglichkeiten der parametrisierten Makrobildung für wiederkehrende Handlungssequenzen verfügen.
- Andererseits sollen bei vorgegebenen Handlungssequenzen Möglichkeiten der Disaggregation von Objekten und Handlungssequenzen unterstützt werden.
- Repetitive Tätigkeiten sollten durch automatisierte Sequenzen unterstützt werden. Dabei sind Anwendungszweck, Einsatzvoraussetzung, Funktionsumfang und Limitierungen sowie die Art der Unterstützung auf Verlangen deutlich zu machen.
- Wenig strukturierte Tätigkeiten sind durch Bereitstellung von aktiven und passiven Unterstützungsarten in Form von Beratungs- und Assistenzfunktionen zu realisieren. Es sind angemessene Eingriffsmöglichkeiten des Benutzers in die Entscheidungsprozesse vorzusehen.

Es ist zwischen Prozeß- versus Objektbezug eines Werkzeugs zu unterscheiden. Weiterhin wird zwischen singulären und integrierenden Benutzerwerkzeugen unterschieden. Integrierende Werkzeuge sind horizontal integrierend (mehrere Objekte werden bearbeitet), vertikal integrierend (mehrere Tätigkeiten entlang einer Prozeßkette werden unterstützt) oder horizontal und vertikal integrierend.

15.3 Die Architektur von Benutzerwerkzeugen

Benutzerwerkzeuge stützen sich auf Fenstersysteme, Oberflächenbaukästen und letztendlich auf User Interface Management Systeme ab. Mit Hilfe dieser Werkzeuge werden größere Teile eines Benutzerwerkzeugs realisiert. Darüber hinaus stützen sich Benutzerwerkzeuge zur Realisierung weiterer Funktionalität auf Graphiksysteme, Simulationssysteme, Komponentensoftware oder wissensbasierte Systeme ab. Unter einer integrierenden Benutzungsschnittstelle ist ein Benutzerwerkzeug mit weiteren Benutzerwerkzeugen und weiteren Verarbeitungsroutinen, die nicht als eigenständiges Werkzeug ausgeprägt sind, integriert. Benutzerwerkzeuge kommunizieren eigenständig mit Datenbanken. Abbildung 15.1 visualisiert diese weitgehend allgemeingültige Architektur.

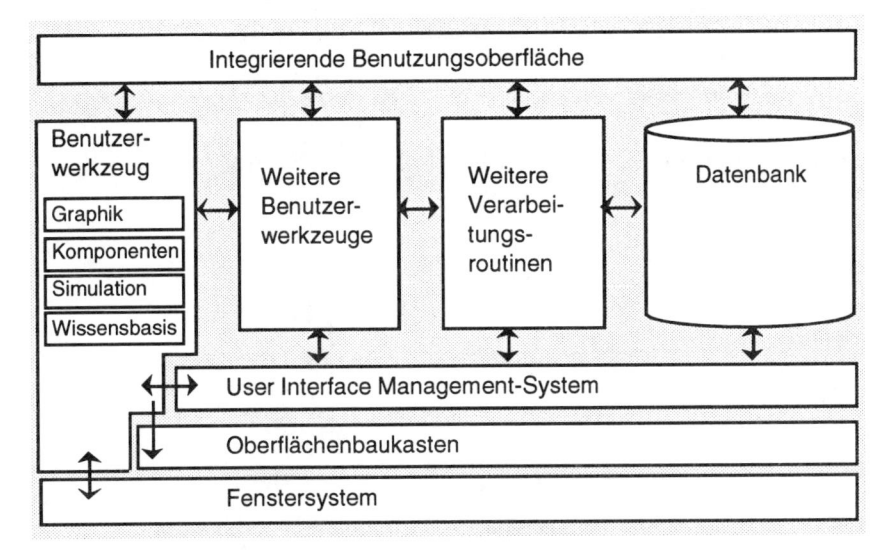

Abb. 15.1. Eine Architektur für Benutzerwerkzeuge

15.4 Benutzerwerkzeuge bei Leitständen

Bei Fertigungsinformations- und -kommunikationssystemen ist festzustellen, daß Funktionalitäten sehr umfangreich und unübersichtlich werden. Sie bedürfen einer wesentlich besseren Strukturierung (z. B. durch Benutzerwerkzeuge) als bisher. Als Ansatzpunkte zur Verbesseung der Situation werden propagiert:

- Modifikationswerkzeuge, um Planungsgrunddaten situativ anpassen zu können;
- Werkzeuge, um Verfügbarkeitsprüfungen (auch primäre Ressourcenplanung) durchführen zu können;
- die Unterstützung der dispositiv-planenden Tätigkeiten durch Zusammenstellung und Aufbereitung der für die Entscheidung notwendigen Informationen;
- das Bereitstellen von Auswertungen über die Planungsqualität der eigenen Arbeit als Eigenkontrolle;
- Auftragsverfolgungswerkzeuge als Kontrolle der einheitlichen Auftragsbearbeitung sowie
- Werkzeuge zur Unterstützung der Vergleichbarkeit sowie zur Unterstützung von Alternativplanungen.

Es wurden Tätigkeitsanalysen bei Fertigungsplanern und -steuerern durchgeführt. Weiterhin wurden Prozeßanalysen durchgeführt. Dabei stellten sich als wesentliche Prozesse in der Fertigungssteuerung das Einplanen, das Umplanen, Maßnahmen zur Verkürzung der Durchlaufzeit, Maßnahmen zur Aktualisierung der Arbeitsplanwerte, die Überwachung des Auftragsfortschritts sowie das Verplanen weiterer Ressourcen heraus. Aus diesen Analysen und der Analyse von Benutzerfähigkeiten und -fertigkeiten wurde ein Konzept für Benutzerwerkzeuge hergeleitet.

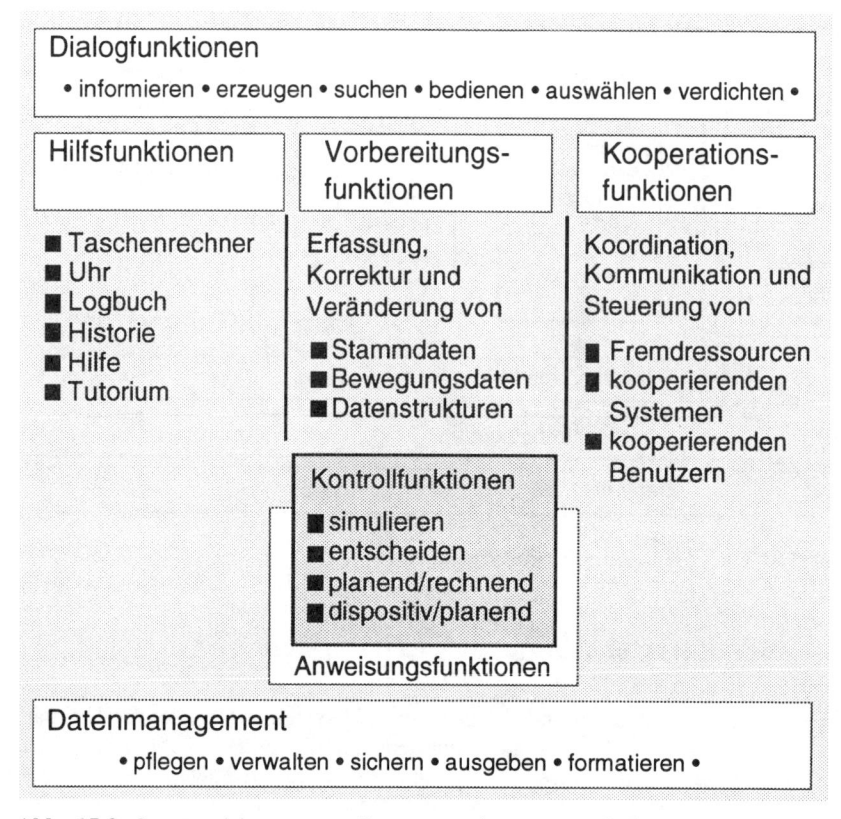

```
┌─────────────────────────────────────────────────────────────────┐
│ Dialogfunktionen                                                │
│   • informieren • erzeugen • suchen • bedienen • auswählen • verdichten • │
├──────────────────┬──────────────────────┬───────────────────────┤
│ Hilfsfunktionen  │ Vorbereitungs-       │ Kooperations-         │
│                  │ funktionen           │ funktionen            │
├──────────────────┼──────────────────────┼───────────────────────┤
│ ■ Taschenrechner │ Erfassung,           │ Koordination,         │
│ ■ Uhr            │ Korrektur und        │ Kommunikation und     │
│ ■ Logbuch        │ Veränderung von      │ Steuerung von         │
│ ■ Historie       │                      │                       │
│ ■ Hilfe          │ ■ Stammdaten         │ ■ Fremdressourcen     │
│ ■ Tutorium       │ ■ Bewegungsdaten     │ ■ kooperierenden      │
│                  │ ■ Datenstrukturen    │   Systemen            │
│                  │                      │ ■ kooperierenden      │
│                  │ ┌──────────────────┐ │   Benutzern           │
│                  │ │ Kontrollfunktionen│ │                       │
│                  │ │ ■ simulieren     │ │                       │
│                  │ │ ■ entscheiden    │ │                       │
│                  │ │ ■ planend/rechnend│ │                      │
│                  │ │ ■ dispositiv/planend│                      │
│                  │ └──────────────────┘ │                       │
│                  │ Anweisungsfunktionen │                       │
├──────────────────┴──────────────────────┴───────────────────────┤
│ Datenmanagement                                                 │
│   • pflegen • verwalten • sichern • ausgeben • formatieren •    │
└─────────────────────────────────────────────────────────────────┘
```

Abb. 15.2. Systematisierung von Benutzerwerkzeugen an Leitständen

15.5 Realisierte Benutzerwerkzeuge für einen Fertigungsleitstand

Es wurden 13 Benutzerwerkzeuge für diesen Bereich spezifiziert und implementiert. In Tabelle 15.1 sind die wichtigsten Daten über diese Werkzeuge zusammengefaßt.

15.5.1 Plantafel

Die Plantafel stellt dabei das zentrale Visualisierungs- und Interaktionselement für den Leitstand in Form eines Gantt-Diagramms dar. Auf der Plantafel wird ersichtlich, welcher Arbeitsvorgang (AVO) welcher Ressource zugeordnet ist und welche zeitlichen und logischen Zuordnungen zwischen Ressourcen bestehen.

15.5 Realisierte Benutzerwerkzeuge für einen Fertigungsleitstand

Tabelle 15.1. Klassifikation von realisierten Benutzerwerkzeugen an einem Fertigungsleitstand (Teil I)

Werkzeug	Objekt	Integration	Funktion	Benutzereingabe	Unterstützungsart	Unterstützungsziele	Ausgabegrößen
Plantafel	AT AVO R	HVI	PR DP KP	•Selektion AT oder AVO •Auslosen Einplanung/Umplanung •Informationsarten wählen	•Visualisierung •Interaktion •Simulation •Planung	•Planungstransparenz •Planungsoptimierung	•Auf Ressourcen zugeordnete Fertigungsaufträge bzw. AVOs
Arbeitsplaneditor	AT AVO	VI	VO (PR, DP)	•Modifikation Struktur/Daten von Fertigungsaufträgen •Information zu ATs auswählen •Alternative AVOs auswählen •Auswahl Ressourcen	•Visualisierung •Interaktion •Struktureditor für Daten	•Situative und erfahrungsgeleitete Aktualisierung von Daten und Datenstrukturen	•Veränderte Fertigungsaufträge (AVOs)
Navigator	alle Objekte	HI	IN (SY)	•Sichten und Objektauswahl •Eingabe Auswahlkriterien •Auswahl Standardsichten •Setzen von Parametern	•Visualisierung •Interaktion •Sichteneditor	•Navigationstransparenz •Strukturierung großer Datenmengen	•Individuell konfigurierte Sichten
Auftragsverfolger (Boxenprüfung)	AT AVO	HVI	KP (PR, DP,SY)	•Aufträge verschieben •Informationen zu ATs auswählen •Rückmeldedaten modifizieren	•Visualisierung •Interaktion •Direkt manipulatives Bearbeiten von Aufträgen	•Transparenz Auftragsstatus •Navigationstransparenz •Auftragsverfolgung	•Veränderte Fertigungsaufträge (AVOs)
Terminierungsberater	AT AVO	HVI	IN VO KO (KP, PR)	•Zuordnung von Planungsdurchlaufzeiten zu Aufträgen	•Visualisierung •Direkte Manipulation von Plandurchlaufzeiten	•Verbesserung Planungsgüte Auftragsdurchlauf	•Erfahrungswerte Durchlaufzeiten

Tabelle 15.1. Klassifikation von realisierten Benutzerwerkzeugen an einem Fertigungsleitstand (Teil II)

Werkzeug	Objekt	Integration	Funktion	Benutzereingabe	Unterstützungsart	Unterstützungsziele	Ausgabegrößen
Versionenverwalter	alle Objekte	HI	IN PL	•Anlegen, löschen, aufrufen von Planungsversuchen	•Visualisierung •Navigation •Versioneneditor	•Verbesserung Handhabbarkeit und Vergleichbarkeit von Planungsversionen	•Planungsversion
P-Mail	alle Objekte + Multimedia	HVI	KO AW	•Bearbeiten von Mitteilungen	•Multimedia Visualisierung •Dokumenteneditor	•Verbesserung Kommunikation und Kooperation	•Mitteilungen an andere Stellen
Struktureditor	genau 1 Objekt	S	IN V	•Editieren von sequentiellen Strukturen, Baum- und Netzstrukturen	•Direkte Manipulation von Navigations- und Verweisstrukturen •Struktureditor	•Transparenz von Strukturzusammenhängen •Strukturoptimierung	•veränderte Objektstruktur
Verknüpfungseditor	AT AVO	VI		•Redefinition von max. 7 Beziehungen zwischen ATs und AVOs	•Visualisierung/ graphisch-interaktive Beschreibung v. zusätzl. Beziehungen zw. Aufträgen (bzw. AVO) zur Berücksichtigung bei Ein-/Umplanungen	•Berücksichtigung relevanter Planungsabhängigkeiten	•Beziehungen, die bei Planungsläufen berücksichtigt werden sollen
Planungsberater	AT AVO	HVI	VO PR P	•Planungsstrategien •Planungsziele	•gemischt algorithmisch/benutzerinitiiert	•flexible Optimierung	•Mix von Planungsalgorithmen

15.5 Realisierte Benutzerwerkzeuge für einen Fertigungsleitstand

Tabelle 15.1. Klassifikation von realisierten Benutzerwerkzeugen an einem Fertigungsleitstand (Teil III)

Werk-zeug	Ob-jekt	Inte-gration	Funk-tion	Benutzereingabe	Unterstützungs-art	Unterstützungs-ziele	Ausgabe-größen
Auftrags-splitter und -zusammen-fasser	AT AVO	VI	VO DP	•Eingabe Splitmengen für ATS und AVOs •Selektion zusammenhängender Aufträge	•Visualisierung •Direkte Manipulation •Splitten und Zusammenfassen	•Schaffung von optimalen bzw. geeigneten Auftrags-(AVO-) losgrößen	•veränderte Fertigungsaufträge (oder AVOs)
Sichten-editor	1 Ob-jekt	VI	VO SY	•Auswahl aus Objektattributen	•Visualisierung •Schemaeditor	•Informationsreduktion auf im Kontext relevante Attribute	•aktualisierte Beschreibung der Attributmenge
Tabellen-editor	AT AVO	VI	IA IN (SY)	•Dateneingaben (Stamm- und Bewegungsdaten) •Datenbankabfragen	•Visualisierung •Interaktion •Datenmanipulation	•Erleichterter Datenbankzugriff	•Visualisierte Datenbanktabellen

Legende

Objekte: AT: Auftrag
AVO: Arbeitsvorgang
R: Ressource

Funktion: IA: Informationsaufnehmend
IN: Informierend
VO: Vorbereitend
PR: Planend – rechnend
DP: Dispositio – planend
KP: Kontrollierend – prüfend
AW: Anweisend
KO: Kooperierend
SY: Systembedienung

Integration: S: Singulär
VI: Vertikal integrierend
HI: Horizontal integrierend
HVI: Horizontal und vertikal integrierend

15.5.2 Arbeitsplaneditor

Der Arbeitsplaneditor ist eng mit der Plantafel verbunden. Er erlaubt eine situative Anpassung eines vorgegebenen Arbeitsplans. Dabei konzentrieren sich die Änderungen im Arbeitsplan auf Ressourcenzuordnungen und Modifikationen der Vorgabezeiten. Das Hinzufügen und Herausnehmen einzelner AVOs ist möglich. Alternative AVOs können Verwendung finden. Der dezentrale Arbeitsplaneditor ergänzt die zentralen Vorgaben des Arbeitsplans in der Arbeitsvorbereitung nach Abschluß der Konstruktion.

15.5.3 Navigation

Der Navigator ist ein Benutzerwerkzeug für die Definition von Benutzersichten auf die Fertigungsdaten für die Einstellung von Anzeigeparametern. Er erlaubt dem Benutzer, zwischen den verschiedenen Sichten (Fenstern) eines Leitstands zu navigieren. Der Navigator ermöglicht, durch die Selektion von Objektklassen bzw. Objekten und das Spezifizieren von Suchanfragen das Informationsangebot des Leitstands seinem Informationsbedarf anzupassen und effizient zu navigieren.

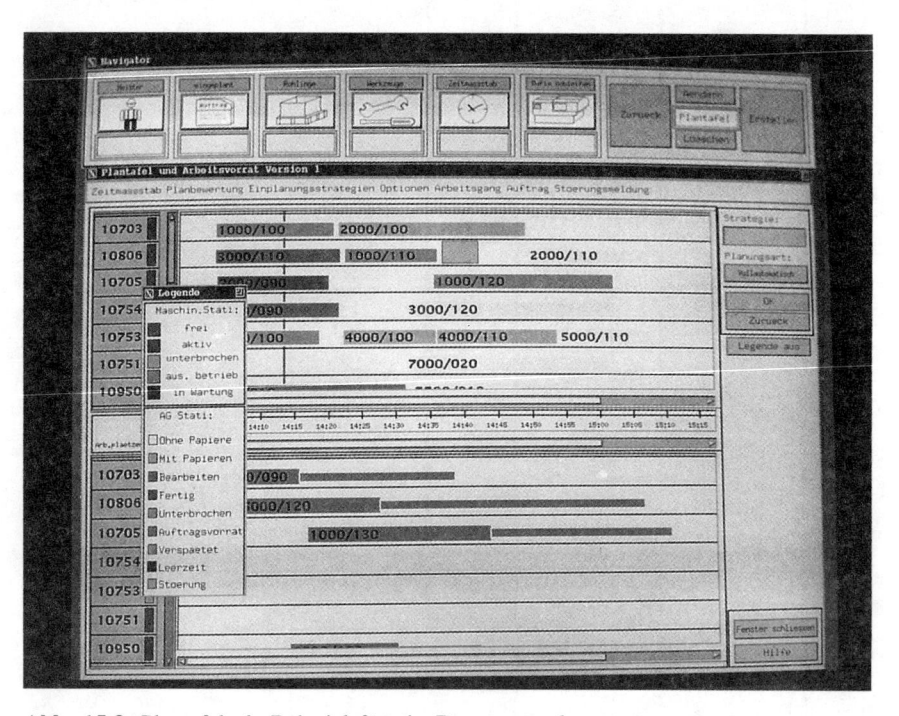

Abb. 15.3. Plantafel als Beispiel für ein Benutzerwerkzeug

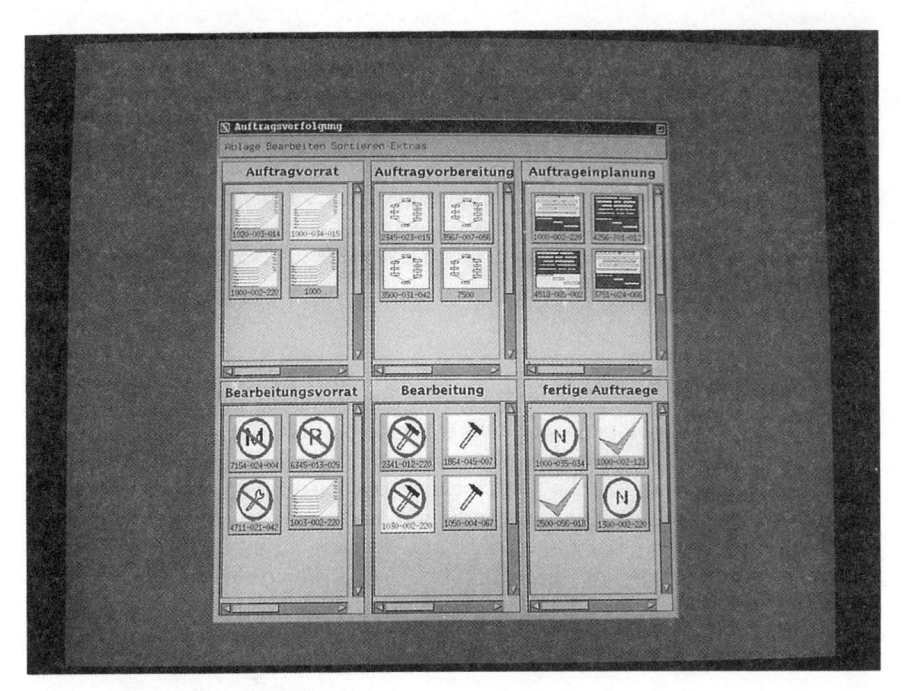

15.5 Realisierte Benutzerwerkzeuge für einen Fertigungsleitstand   271

Abb. 15.4. Auftragsverfolger als Beispiel für ein Benutzerwerkzeug

15.5.4 Auftragsverfolgung

Bei der Auftragsverfolgung nach dem Boxenprinzip werden Planungsobjekte entsprechend einem bestimmten gewählten Attributwert einem von mehreren Fenstern zugeordnet und dargestellt. Diese Darstellung wird z. B. für strukturierte Darstellungen von Aufträgen eingesetzt. In Abhängigkeit vom Status der Aufträge (ungeplant, eingeplant, Material bereitgestellt, in Transport, in Arbeit, geprüft, fertig) werden die Aufträge verschiedenen Statusfenstern zugeordnet. Das Boxenprinzip ist aus der traditionellen Wandtafel und den häufig in der Praxis verwendeten Hängetaschenordnern abgeleitet. Es erlaubt eine Auftragsverfolgung, die sich an den Vorkenntnissen der Mitarbeiter orientiert.

15.5.5 Terminierungsberater

Der Terminierungsberater ist ein Werkzeug für die Vorbereitung der Planung, indem er Unterstützung bei der Auswahl und Festsetzung von Planungsgrunddaten anbietet. Im Terminierungsberater werden Erfahrungswerte über die Verwendung von Vorgabezeiten für den Arbeitsplan gespeichert, gepflegt und angezeigt.

Der Versionenverwalter erlaubt es, unterschiedliche Versionen von Planungen zu erstellen, zu verwalten und zu aktivieren. Der Versionenverwalter kann auf unterschiedliche Leitstands- und Visualisierungsobjekte und Werkzeuge angewandt werden (Arbeitspläne, Plantafeln etc.).

15.5.6 Mailing

P-Mail ist ein Mailingsystem für die Bedürfnisse der Werkstatt. Es erlaubt die Kommunikation zwischen dem Leitstandsbenutzer und dem Benutzer von übergeordneten Planungssystemen sowie Mitarbeitern in anderen Unternehmensbereichen, mit Benutzern von hierarchisch gleichgesetzten Leitständen und weiteren Mitarbeitern (z. B. Qualitätswesen in der Fertigung). Dabei können die Kommunikationsobjekte auch multimediale Objekte (Bitmapgraphiken, Vidoesequenzen, Voice-Mail) sein.

15.5.7 Struktureditor

Mit Hilfe des Struktureditors werden Strukturen einzelner Ressourcen visualisiert und editiert. Dies können eine Anlagenstruktur, eine Werkstattstruktur, Strukturen von Maschinen innerhalb einer Maschinengruppe, eine Stückliste, Entsorgungsprodukte zu einem Herstellprodukt, Nebenproduktverwendungen oder benötigte Werkzeuge für eine Maschine oder einen Auftrag sein. Die Struktur kann sequentiell, baum- oder netzartig sein. Auf dieser Struktur können kritische bzw. wichtige Pfade markiert werden. Die Markierungen sind von anderen Programmen aus zugreifbar. So können beispielsweise die Einsatzstoffe markiert werden, für welche eine Verfügbarkeitsprüfung durchgeführt werden soll.

15.5.8 Verknüpfungseditor

Mit Hilfe des Verknüpfungseditors werden zeitliche Abhängigkeiten zwischen verschiedenen Auftragsobjekten in der Plantafel definiert. Diese Abhängigkeiten lassen sich sowohl zwischen Arbeitsgängen als auch zwischen Aufträgen oder Serien definieren. Diese Abhängigkeiten werden dann vom Einplanungsalgorithmus berücksichtigt. Weiterhin wird bei der Visualisierung ein automatisches Mitziehen anhängiger Aufträge bzw. Arbeitsgänge ermöglicht.

15.5.9 Planungsberater

Der heuristische Planungsberater ist ein komplexes Werkzeug. Es stellt verschiedene Einplanungsalgorithmen und -strategien unter Benutzerkontrolle zur Verfügung (vgl. Abschn. 15.6).

15.5.10 Auftragssplitter

Der Auftragssplitter erlaubt dem Benutzer, eine geeignete Disaggregation von Auftragsobjekten zu erstellen, mit denen er die Planung am Leitstand durchführen möchte. Dabei können sowohl Aufträge wie auch AVOs aufgespalten werden.

Analog ermöglicht der Auftragszusammenfasser dem Benutzer, Auftragsobjekte zusammenzufassen. Damit können eigene Arbeitsobjekte zusammengestellt werden, wie dies aus fertigungstechnischen Gründen sinnvoll ist.

15.5.11 Sichteneditor

Der Sichteneditor erlaubt eine visuelle Konfiguration der Objekte aufgrund von Attributen. Dadurch wird eine Anpaßbarkeit des Datenangebots an die Informationsbedürfnisse der Benutzer ermöglicht.

15.5.12 Tabelleneditor

Der Tabelleneditor ermöglicht den effizienten und situativen Zugriff auf Datenbanktabellen. So können Sichten auf Datenbanktabellen und zugehörige Datenbankabfragen einfach spezifiziert werden.

15.6 Ein individualisierbares, heuristisches Einplanungswerkzeug

Im folgenden wird ein komplexes Benutzerwerkzeug, der heuristische Einplaner, näher vorgestellt. Dies soll zum einen die Entwicklungsmethodik noch einmal verdeutlichen, zum anderen Grundprinzipien eines Benutzerwerkzeugs anhand eines komplexen Anwendungsfalls aufzeigen.

Rechnerbasierte Leitstände sind seit 1986 am Markt. Leitstände der ersten Generation verfügten dabei lediglich über manuelle Einplanverfahren mit Hilfe der sogenannten Plantafel. Ein entsprechendes Benutzerwerkzeug wurde bereits in Abschn. 15.5 vorgestellt. Dieses Werkzeug ließ dem Benutzer ähnlich wie die früher verwendeten Hängetaschenplantafeln komplette Freiheit bei der Einplanung. Andererseits gaben sie dem Benutzer auch keinerlei algorithmische Unterstützung. Bei der zweiten Generation von Leitständen ab etwa 1990 wurden auch aufgrund erhöhter Prozessorleistung automatisierte Einplanungsverfahren angeboten. Diese automatisierten Einplanungsverfahren haben den großen Nachteil, daß sie nur schwer mit den individuellen Einplanungsstrategien einzelner Unternehmen oder Bereiche in Einklang zu bringen sind, wie sie in Abhängigkeit von Produkt, Ressourcen, Arbeitsplänen und Vorerfahrungen der Meister in der Praxis gefahren werden. Daher wird im folgenden ein sogenanntes hybrides Benutzerwerkzeug vorgestellt, das die Fähigkeiten des erfahrungsgeleiteten Einplanens eines erfahrenen Meisters mit den Vorteilen eines automatisierten Verfahrens verknüpft und an den spezifischen Anwendungsfall in vielfältiger Hinsicht anpaßbar ist. Dies ist ein Standardbeispiel für ein Benutzerwerkzeug: Wo in früheren Systemen auf einen fest vorgegebenen Algorithmus gesetzt wurde, werden in dem hier vorgestellten Konzept verschiedene Verfahren für den Benutzer konfigurierbar angeboten; sie sind jederzeit auf Benutzerinitiative hin durch Eingriffe zu beeinflussen.

15.6.1 Methodisches Vorgehen zur Entwicklung des heuristischen Einplanungswerkzeugs

Es wurden in einem ersten Schritt bestehende automatisierte Lösungsansätze aus Ingenieurwissenschaften und OR (Operations Research) sowie der KI-Forschung untersucht. Es wurden ausführliche Fallstudien in Unternehmen durchgeführt, um vorhandene Einplanungsdefizite zu ermitteln. Ein wesentliches Ergebnis stellte dar, das sogenannte exakte und auch approximative Verfahren sich nicht als geeignet erwiesen. Es wurde eine Beschränkung auf heuristische Planungsverfahren vorgenommen. Diese weisen momentan etliche Schwachstellen in bezug auf ihre praktische Anwendbarkeit aus:

- die individuelle, betriebsspezifische Zerlegung der Einzelplanungsprobleme in Teilproblemstellungen;
- die individuelle Auslegung der Reihenfolge, in der die Entscheidungsvariablen entschieden werden;
- das Einbringen von neueren Verfahren aus OR und KI zur Eingrenzung des Suchraums;
- ein durch den Benutzer individuell anpassbarer Automatisierungsgrad.

Aufbauend auf dieser Analyse wurden Anforderungen an ein individualisierbares, heuristisches Einplanungswerkzeug erstellt, die über die bereits formulierten generellen Anforderungen hinausgehen und diese problemspezifisch ergänzen. Diese Anforderungen kann man wie folgt zu Anforderungsgruppen zusammenfassen:

- Flexibilität: individuelle Problemzerlegungen, individueller Ablauf und heuristische Entscheidung, individuelle Bewertung.
- angemessene Berücksichtigung automatisierter Verfahren: Eingrenzung von Alternativen, Optimierung der Einplanung.
- Wählbarkeit des Automatisierungsgrads: Ausprägung, Flexibilität, Einstellung durch Benutzer.
- Lösungsqualität: Erstellen eines zulässigen Belegungsplans.
- Effizienz: alternativ polynomialer Speicherplatzbedarf/ polynomialer Rechenaufwand.

Die untersuchten Einplanungsverfahren mit hohem Automatisierungsgrad verfügten durchweg über eine mangelnde Flexibilität in bezug auf individualisierbare Einplanungsverfahren. Es konnten allerdings aus den Feldstudien Modellkomponenten für individualisierbare, heuristische Einplanungsverfahren herausgearbeitet werden. Dabei wurde eine vergleichende, modellbasierte Analyse der Einplanungsverfahren durchgeführt. Die hieraus ermittelten Grundfunktionen bilden das Gerüst für Werkzeuge zur individualisierbaren heuristischen Planung.

15.6.2 Modellierung eines individuellen heuristischen Einplanungswerkzeugs

Auf der Basis der in der Literatur dokumentierten Fälle sowie der durchgeführten Fallstudien unter Verwendung des Rahmenmodells (vgl. Kap. 16) wurde ein Da-

15.6 Ein individualisierbares, heuristisches Einplanungswerkzeug

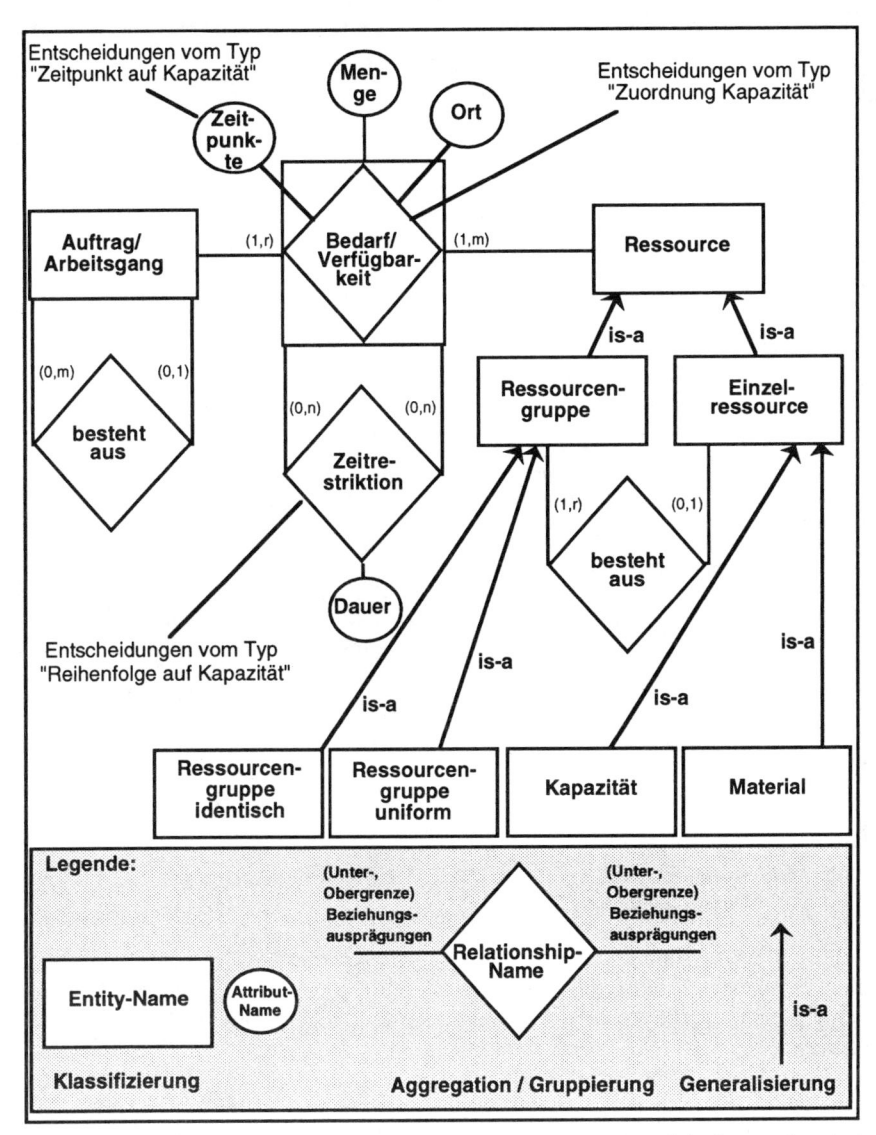

Abb. 15.5. Verallgemeinertes Datenmodell für ein individualisierbares, heuristisches Einplanungswerkzeug

tenmodell der Einplanungsproblematik entwickelt. Dieses Datenmodell ist in Abb. 15.5 gegeben.

Das vorläufige Funktionsgerüst aus den Feldstudien wurde hinsichtlich der Gesamtheit der Anforderungen zu einem Funktionenmodell erweitert, ergänzt und verfeinert. Die einzelnen Funktionen wurden dabei in eine Aufrufhierarchie eingebun-

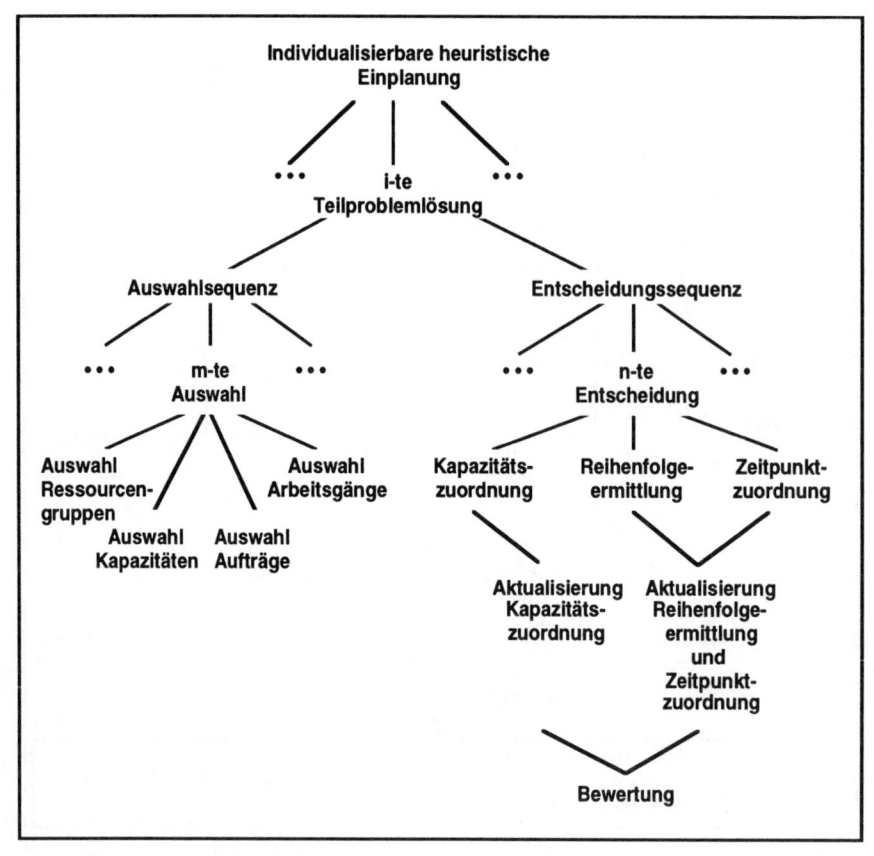

Abb. 15.6. Strukturdiagramm von Funktionen und Aufrufhierarchie für die individualisierbare, heuristische Einplanung

den (sogenannte Strukturdiagramme); es wurden relevante Parameter der Funktionen ermittelt und die Abläufe der Funktionen über sogenannte Struktogramme beschrieben.

Über die in Huthmann (1995) detailliert beschriebenen Modellkomponenten kann der heuristische Einplanungsprozeß durch den Anwender individuell auf die spezifische Problemstellung der einzelnen benutzenden Werkstätten ausgelegt werden. Dabei läßt sich über die Vorgabe von Parametern aus dem Funktionsmodell ein individuelles, heuristisches Verfahren konfigurieren. Dieses verfügt über eine oder mehrere "Teilproblemlösungen", die in sequentieller Weise abgearbeitet werden. Jede "Teilproblemlösung" besteht dabei jeweils aus einer "Auswahlsequenz" und einer nachgeschalteten "Entscheidungssequenz".

15.6 Ein individualisierbares, heuristisches Einplanungswerkzeug   277

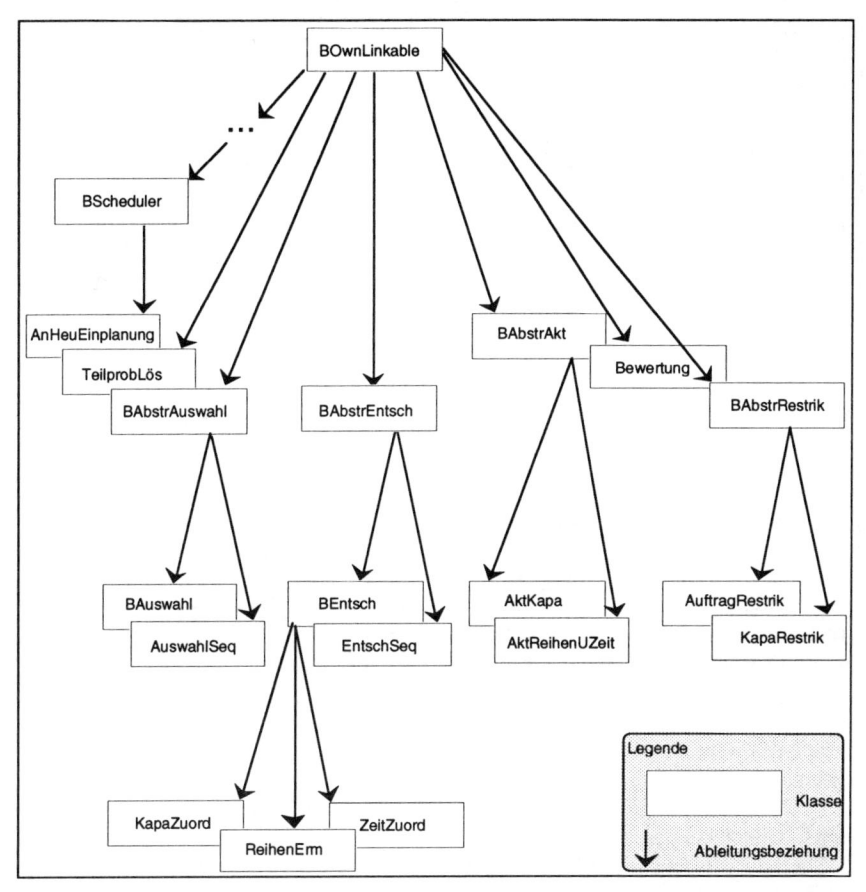

Abb. 15.7. Klassenmodell für ein individualisierbares, heuristisches Einplanungswerkzeug

Das so entworfene individualisierbare, heuristische Planungswerkzeug wurde mit Hilfe von fünf Fallstudien auf praktische Anwendbarkeit verifiziert. Gegenüber den in den vorhandenen Leitständen angebotenen Standardverfahren konnten mit Hilfe des individualisierbaren Werkzeugs erhebliche Verbesserungen bei Durchlaufzeiten und Ressourcenauslastungen erzielt werden (vgl. Huthmann, 1995).

15.6.3 Realisierung des Einplanungswerkzeugs

Aufgrund der geforderten a posteriori Erweiterbarkeit des Systems wurde entsprechend eine objektorientierte Feinspezifikation durchgeführt. Dazu wurde u. a. ein entspechendes Klassenmodell aufgestellt. In Abb. 15.7 wird dieses Klassenmodell als Klassenbaum wiedergegeben.

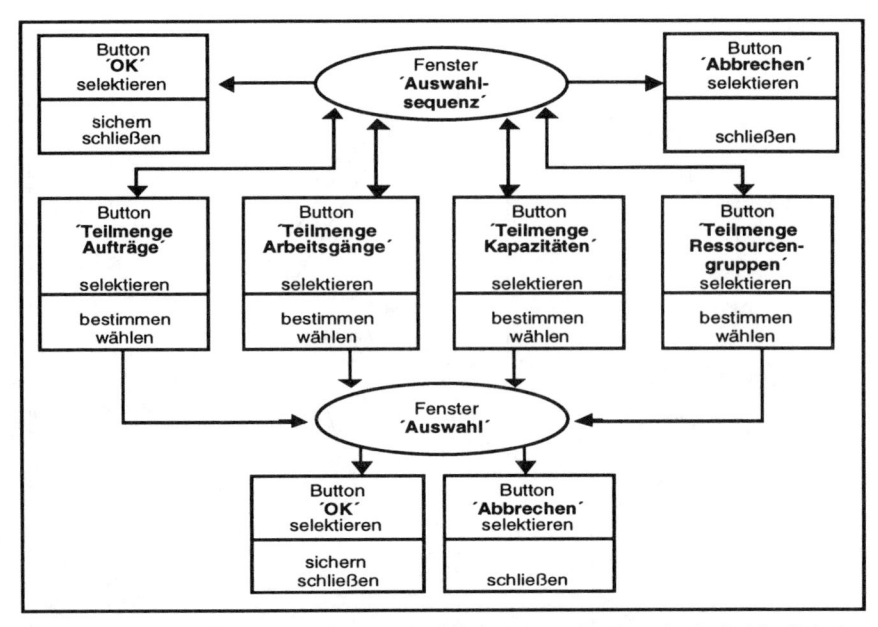

Abb. 15.8. Dialognetzmodell der Benutzungsschnittstelle für ein individualisierbares, heuristisches Einplanungswerkzeug (Ausschnitt)

Details des Klassenmodells sind in Fähnrich et al. (1992) sowie Huthmann (1995) dokumentiert. Die zugehörige Benutzungsschnittstelle wurde mit Hilfe sogenannter Dialognetze modelliert (vgl. Kap. 7). In Abb. 15.8 wird ein Teilausschnitt dieses Modells wiedergegeben.

Die Klassen wurden im Rahmen einer größeren Klassenbibliothek (vgl. Kap. 16) in C++ implementiert; die Benutzungsschnittstelle wurde aus Dialognetzbeschreibungen mit Hilfe des Dialog Managers IDM implementiert. Abbildung 15.9 zeigt dabei als Bildschirminhalt den zentralen Bildschirm zur Erzeugung und Bewertung eines heuristischen Einplanungsverfahrens.

Das hier vorgestellte Werkzeug wurde im FIKS-Leitstand eingesetzt. Es ist entsprechend seinem Werkzeugcharakter so implementiert, daß es auch als Zusatzfunktionalität für bestehende Leitstände angeboten werden kann. Darüber hinaus kann es als eigenständiges Simulationswerkzeug für eine Optimierung von Einplanungsverfahren für Werkstätten herangezogen werden. Auf der Basis dieses Simulationswerkzeugs können manuelle oder rechnerbasierte Einplanungsverfahren optimiert werden.

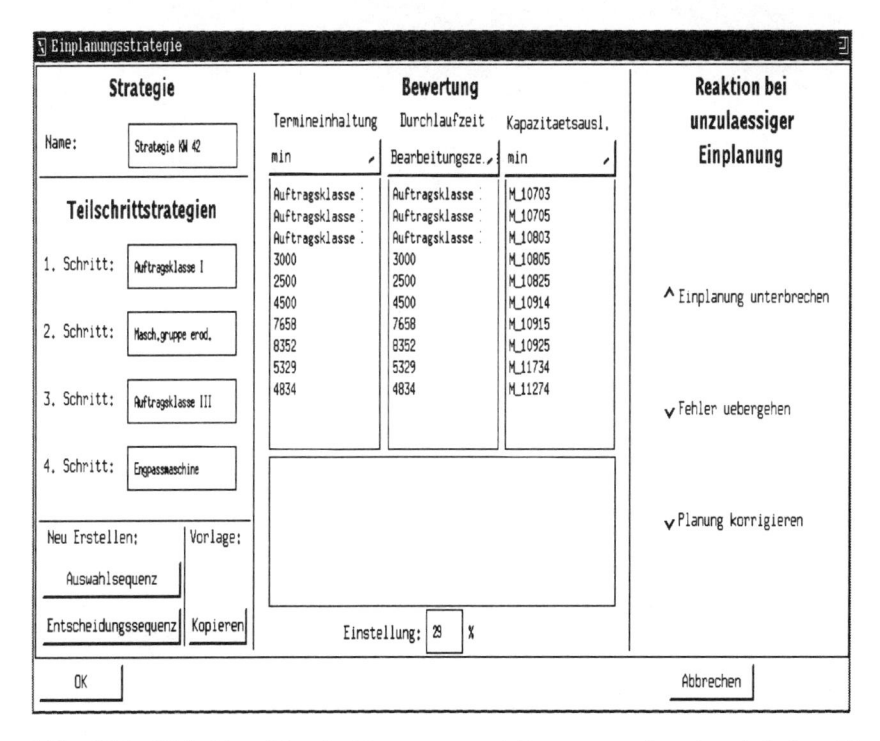

15.6 Ein individualisierbares, heuristisches Einplanungswerkzeug 279

Abb. 15.9. Bildschirmabdruck "Erzeugung und Bewertung einer heuristischen Einplanungsstrategie"

16 Objektorientierte Anwendungsrahmen für Fertigungsinformations- und -kommunikationssysteme

In diesem Kapitel wird stellvertretend für die Werkzeugklasse der sogenannten Anwendungsrahmen die Realisierung eines Anwendungsrahmens für Fertigungsinformations- und -kommunikationssysteme (FIKS) diskutiert. Die Basis von Anwendungsrahmen sollte eine Referenzarchitektur bilden. Im vorgestellten System wurde eine unternehmens- und prozeßneutrale Referenzarchitektur für Fertigungsinformations- und -kommunikationssysteme entwickelt. Dazu wurden Anforderungen an eine entsprechende Architektur aus praktischen Fallstudien heraus formuliert. Diese wurden in Form eines objektorientierten Modells sowie teilweise von Zustandsmodellen und Prozeßmodellen detailliert. Das Modell und die zugehörige Architektur wurde in Form eines Klassensystems (objektorientierte Bibliothek) als ein sogenannter Anwendungsrahmen implementiert. Aus diesem heraus kann durch Konfigurieren, aber im wesentlichen auch durch Weiterentwicklung auf der Basis einer objektorientierten Sprache, jeweils ein prozeß-, branchen- oder unternehmensspezifisches Fertigungsinformations- und -kommunikationssystem implementiert werden.

Eine vertiefte Diskussion der Funktionalität und Einsatzmöglichkeiten von Fertigungsinformationssystemen findet sich in Bullinger (1991), Bullinger et al. (1990), Bullinger et al. (1992), Fähnrich et al. (1992) sowie in Kroneberg (1995), Otterbein (1994), Huthmann (1995) Bamberger (1996) und Laubscher (1996). Aus der Klasse der Fertigungsinformations- und -kommunikationssysteme haben spezifisch Fertigungsleitstände große Beachtung gefunden. Abbildung 16.1 gibt eine funktionale Dekomposition für entsprechende Systeme.

In DIN (1989a) wurde das Fehlen von allgemein verbindlichen Standardisierungen z. B. in Form von Referenzarchitekturen für den FIKS-Bereich bemängelt und es wurde die Forderung nach einer entsprechenden Modellierung zum Ausdruck gebracht. Auch wurden mit dem Auftragssteuerungsmodell (DIN, 1989b; Dangelmaier, 1988) Fertigungsvorgänge aus Sicht der Fertigung in Form einer Prozeßstruktur modelliert. Bauer et al. (1991) schlagen ein grobes funktionales Modell für FIKS-Systeme vor. Ein entsprechender projektorientierter, anpaßbarer Anwendungsrahmen auf der Basis eines Referenzmodells läßt sich allerdings bisher in der Literatur nicht nachweisen.

Es wurden Anforderungen an Leitstände im spezifischen und Fertigungsinformations- und -kommunikationssysteme im besonderen erhoben:

- Realisierung einer verteilten Architektur für den dezentralen Einsatz;
- Einbindbarkeit in hierarchische und nicht-hierarchische Organisationsformen;
- eigenständige Einsetzbarkeit eines Leitstands als Fertigungssteuerungssystem.

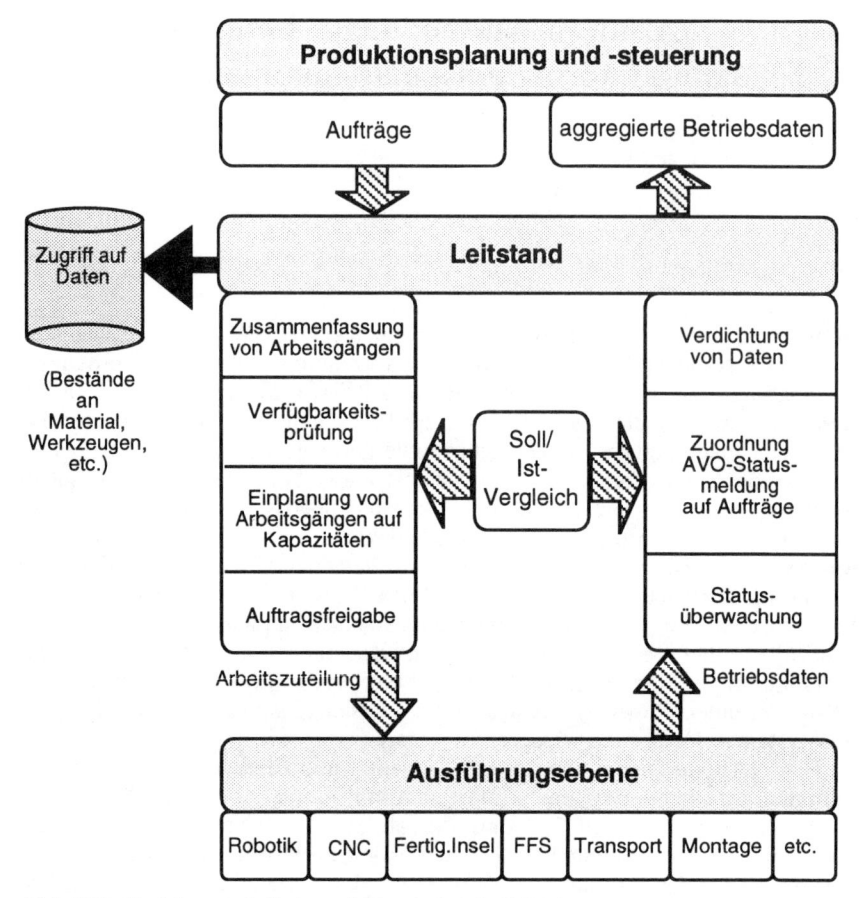

Abb. 16.1. Funktionsmodell eines elektronischen Leitstands

Diese drei ersten Anforderungen zielen auf die Anwendungsumgebung. Die folgenden Anforderungen sind Anforderungen an die zu realisierende Systemtechnik:

- Zum ersten wird Integrationsfähigkeit, Interoperabilität und Offenheit gefordert;
- weiterhin Flexibilität und Anpaßbarkeit an individuelle Eigenschaften von Fertigungen;
- des weiteren sind funktionale Anforderungen zu stellen; dies betrifft zum einen die Mehrressourcenplanung;
- weiterhin ist die Fähigkeit gefordert, Auftragsnetze (mehrere Aufträge sind in einer Reihenfolge in Beziehung zueinander zu setzen) zu realisieren;
- es sind alternative Planentwürfe und Simulationen zu ermöglichen;
- spezifische Planungsstrategien und -algorithmen können aus einer entsprechenden Sammlung ausgewählt werden;

- das Splitten und Joinen (Zusammenlegen von Fertigungsaufträgen und Arbeitsvorgängen) ist möglich;
- es sind komplexe Arbeitspläne realisierbar.

Im folgenden wird ein Anwendungsrahmen vorgestellt, der diese Anforderungen weitgehend erfüllt.

16.1 Hauptkomponenten eines Anwendungsrahmens für ein FIKS

Der Anwendungsrahmen besteht aus drei wesentlichen Komponenten: Erstens einem internen Objekt- und Informationsmodell. Dieses wird ausführlicher in Abschn. 16.2 beschrieben. Von der funktionalen Seite her besteht der Rahmen im wesentlichen aus Planungsalgorithmen, Bewertungsalgorithmen, Vergleichslösungen und Simulationen. Dabei wurden die in diesem Kapitel vorgestellten Werkzeugkästen zum heuristischen, interaktiven Ein- und Umplanen (Störungsmanagement) entwickelt. Darüber hinaus wurden die Modell- und Softwarekomponenten für Mehrressourcen-Planungen und kooperierende Planungseinheiten (z. B. Mehrfabrik-Planung) realisiert. Den dritten großen Teilbereich des Anwendungsrahmens bilden die Benutzungsschnittstellen. Hier wurden zum einen objektorientierte Modellkomponenten (Model-View-Controller) realisiert. Zum anderen wurden spezifisch für den FIKS-Bereich die in Kap. 12 und 13 vorgestellten Dialogbausteine und Benutzerwerkzeuge entwickelt und in den Anwendungsrahmen integriert.

16.2 Spezifikation eines Objektmodells für den Anwendungsrahmen

Ausgehend von einem einfachen ER-Modell wurden unternehmens- und prozeßneutrale Modelle von Arbeitsplänen, Aufträgen und Ressourcen entwickelt. Mit der Relation "Bedarf" wurde ein zentraler Teil modelliert, durch den beliebige Reihenfolgen und Hierarchiebeziehungen von Aufträgen darstellbar sind und entsprechende Planungsalgorithmen realisiert werden können. Die Teilmodelle werden zu einem anwendungsneutralen, abstrakten Fertigungsinformationssystem integriert. Dabei können substrukturierte Aufträge, Netze von Aufträgen und alternativen Arbeitsplänen verwaltet werden. Es wurde ein Kooperationsmodell zwischen mehreren Fertigungsinformationssystemen entwickelt, das sowohl hierarchische als auch gleichberechtigt nebeneinander arbeitende Fertigungsinformationssysteme ermöglicht. Abbildung 16.2 visualisiert das Ausgangsmodell auf der obersten Abstraktionsebene.

Ausgehend von diesem Ausgangsmodell wurde dasselbe schrittweise verfeinert. Dabei wurde für den Bereich der Arbeitspläne und Arbeitsbedärfe eine for-

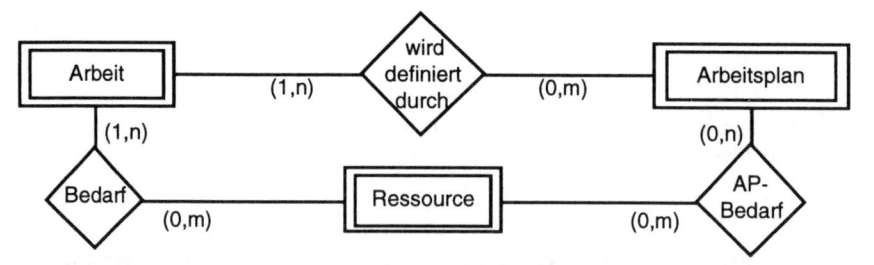

Abb. 16.2. Ausgangsmodell eines anwendungsneutralen, abstrakten Fertigungsinformationssystems auf oberstem Abstraktionsniveau

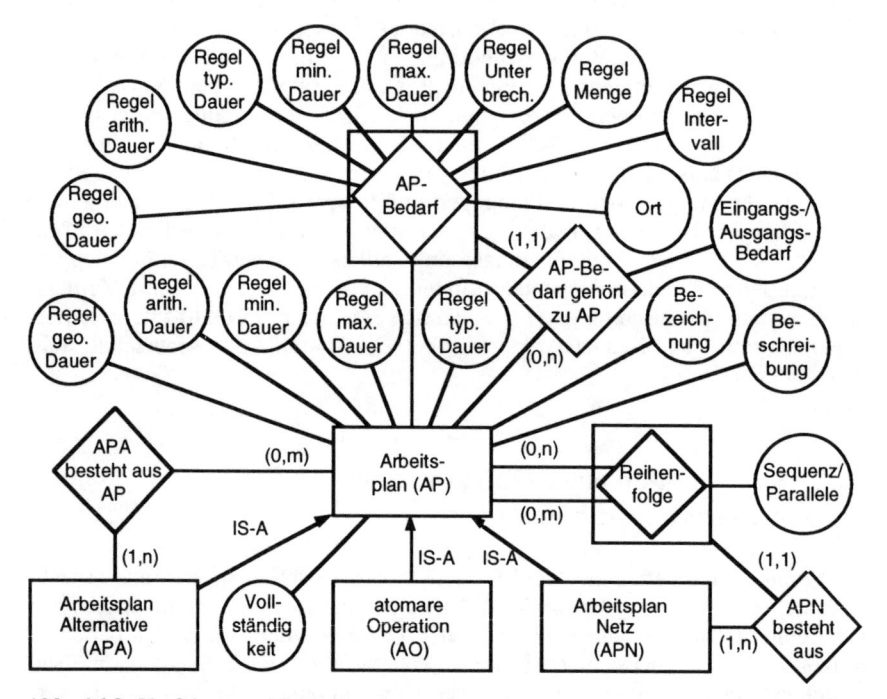

Abb. 16.3. Verfeinertes ERM für Arbeitspläne und Arbeitsplanbedärfe mit Entitäten, Relationen und Attributen sowie den jeweiligen Kardinalitäten

male Definition geleistet (vgl. Otterbein, 1994) und diese in ein verfeinertes ER-Modell umgesetzt. Abbildung 16.3 zeigt ein verfeinertes Modell für Arbeitspläne und Arbeitsplanbedärfe.

Als Ausgangsbasis für die Klassenbibliothek wurde ein ER-Modell gewählt, da zum Zeitpunkt der entsprechenden Arbeit objektorientierte Analysetechniken noch in der Entwicklung begriffen waren und die ER-Modellierung auch gerade für den betrieblichen Praktiker kommunizierbar war. Um die ER-Modellierung in

16.2 Spezifikation eines Objektmodells für den Anwendungsrahmen

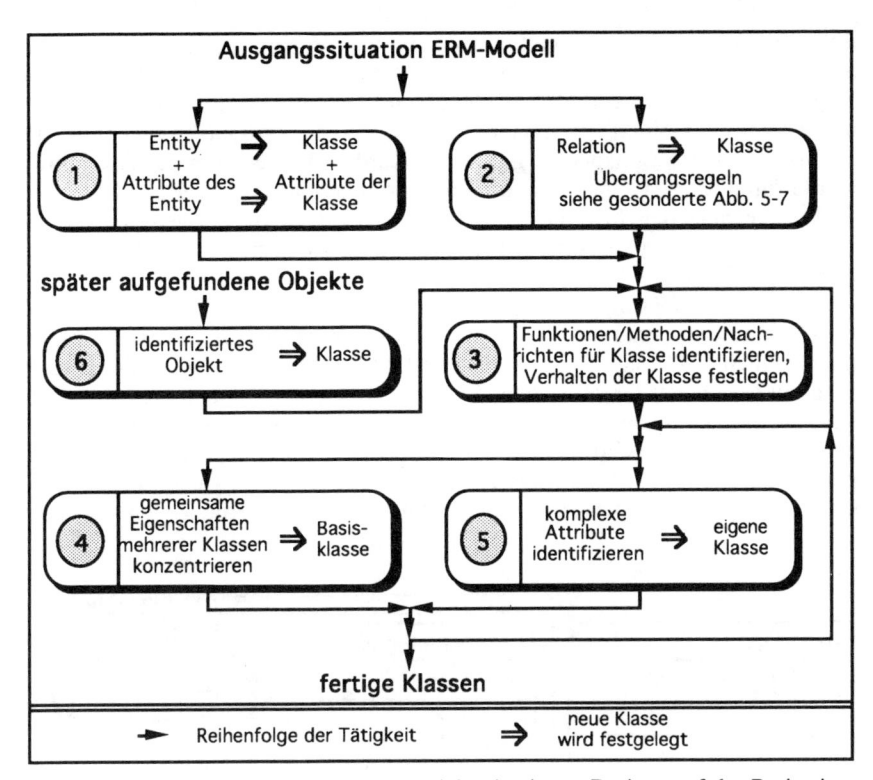

Abb. 16.4. Methode zur Ableitung eines objektorientierten Designs auf der Basis eines vorhandenen ER-Modells

das Design einer entsprechenden Klassenbibliothek zu überführen, wurde eine spezifische Methode erarbeitet, die in Abb. 16.4 dargestellt ist.

Entsprechend dieser Vorgehensweise wurden beispielhaft für den Bereich Arbeitspläne die in Abb. 16.5 dargestellten Klassen abgeleitet. Dabei sind es die abschattiert dargestellten Basisklassen, die grundlegende Datenstrukturen und Navigationsstrukturen für die Klassenbibliothek zur Verfügung stellen.

In Abb. 16.5 sind auch die benötigten Methoden und gemeinsamen Basisklassen identifiziert. Über die Modellierung der Klassen für Arbeitspläne hinaus wurden komplexe Attribute von Arbeitsplänen eigenständig als komplexe Attributklassen modelliert. Diese sogenannten Regelattribute sind in Abb. 16.6 für einen Teilbereich beispielhaft dargestellt.

Neben diese Klassen treten weitere Regelklassen z. B. zur Berechnung von Mengen, Zeitrahmen und Verhalten bei Unterbrechungen. Mit dem so gewonnenen Modell können einfache und komplexe Arbeitspläne dargestellt werden. Dabei können innerhalb des hierarchischen Modelles jederzeit anwendungsspezifische Vereinfachungen vorgenommen werden. Auch können auf den verschiedenen Planungsebenen Vergröberungen bzw. Verfeinerungen vorgenommen werden. So bleiben z. B. in einer Produktionsplanung und -steuerung Details der Fertigungssteuerung verborgen und müssen erst vor Ort (in der Fertigung) entschieden werden. Die diesbezüglichen Aggregationsverfahren wurden definiert und festgelegt. Durch den Einsatz von Regeln als Attribute der Entitäten konnte die notwendige Flexibilität für variable Mengen, Dauer, Zeitrahmen und Unterbrechungen in den Arbeitsplänen gewonnen werden. Diese Form der Abstraktion wurde durch das Klassenkonzept des objektorientierten Designs ermöglicht.

Entsprechend dem hier vorgestellten Schema wurden die übrigen Bereiche des verallgemeinerten Modells modelliert. Abbildung 16.7 zeigt beispielhaft ein vereinfachtes ER-Modell für Bedärfe.

Es wurden dabei die Abhängigkeiten von frühestem Anfangszeitpunkt und spätestem Endzeitpunkt der Einplanung verschiedener Bedarfe in ihren gegenseitigen zeitlichen Abhängigkeiten spezifiziert. Durch die Reihenfolgen der Bedärfe wird ein gerichteter Graph festgelegt. Eine getroffene Einplanungsentscheidung wird durch Laufen über diesen Graphen mit entsprechenden Korrekturen von frühesten Anfangszeiten und spätesten Endzeiten für alle durchlaufenen Bedärfe propagiert. Es wurden Propagierungsarten (z. B. Vorwärts- oder Rückwärtspropagierung) sowie die entsprechenden Eigenschaften der Propagierungsarten festgelegt.

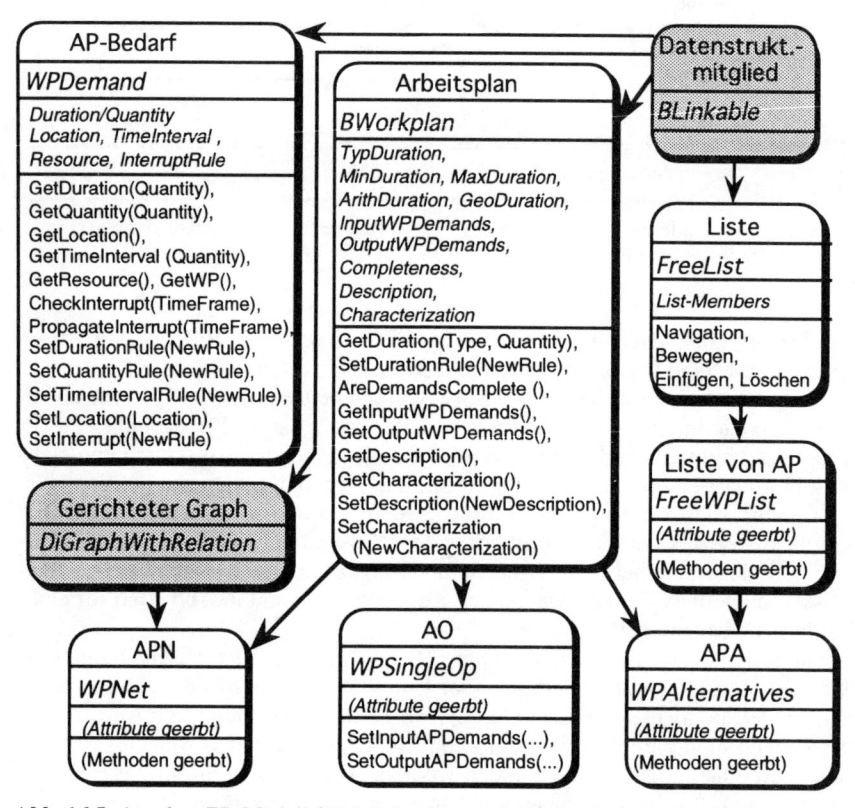

Abb. 16.5. Aus dem ER-Modell für Arbeitspläne und Arbeitsplanbedärfe entsprechend der Methodik in Abb. 16.4 abgeleitete Klassen für Arbeitspläne

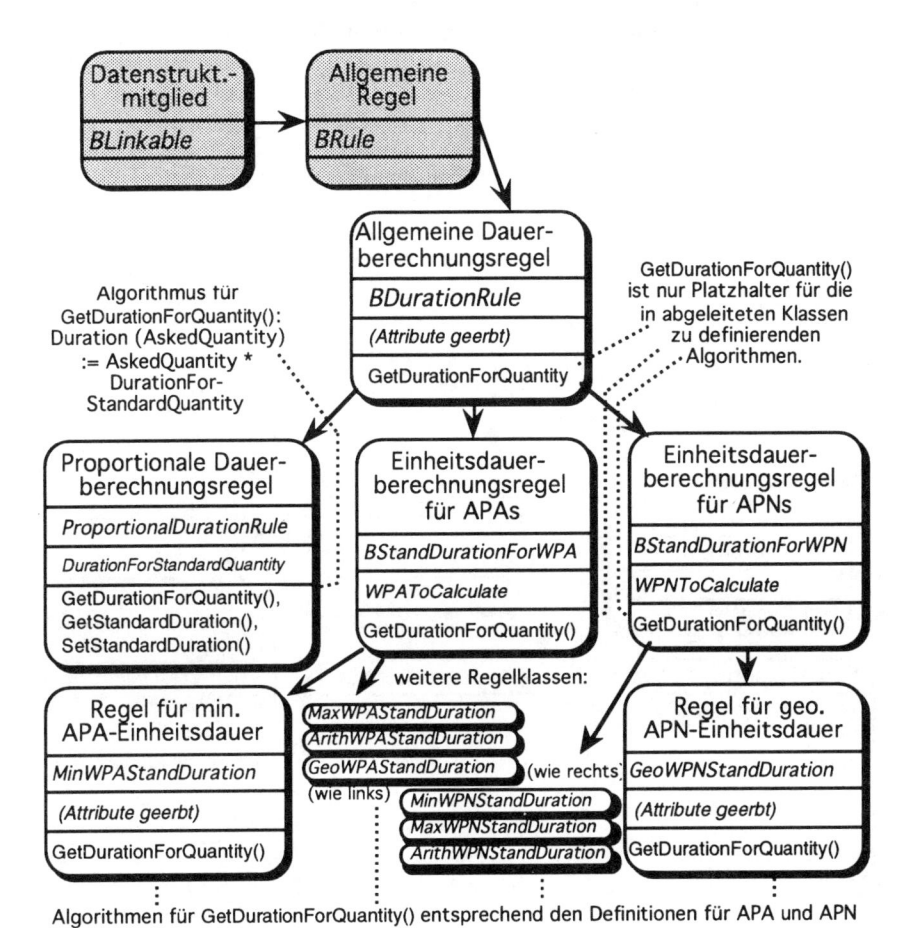

16.2 Spezifikation eines Objektmodells für den Anwendungsrahmen 287

Abb. 16.6. Basisklassen für Regeln zur Ermittlung der Dauer einer Arbeit aufgrund der gegebenen Menge

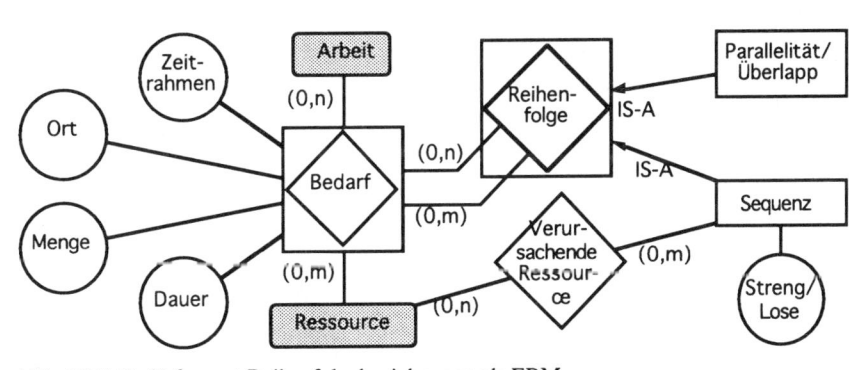

Abb. 16.7. Bedärfe samt Reihenfolgebeziehungen als ERM

16 Objektorientierte Anwendungsrahmen für FIKS

Auf der Basis dieser Spezifikation wurden wiederum Klassen für ein entsprechendes objektorientiertes Design entwickelt. Abbildung 16.8 zeigt die hier entwickelte Teilmenge des Klassensystems.

Auch für die Relation Bedarf wurden gemeinsame Basisklassen, komplexe Attribute sowie die benötigten Methoden identifiziert, spezifiziert und entwickelt. Durch die Relation Bedarf wird die Zuordnung von Ressourcen zur Entität

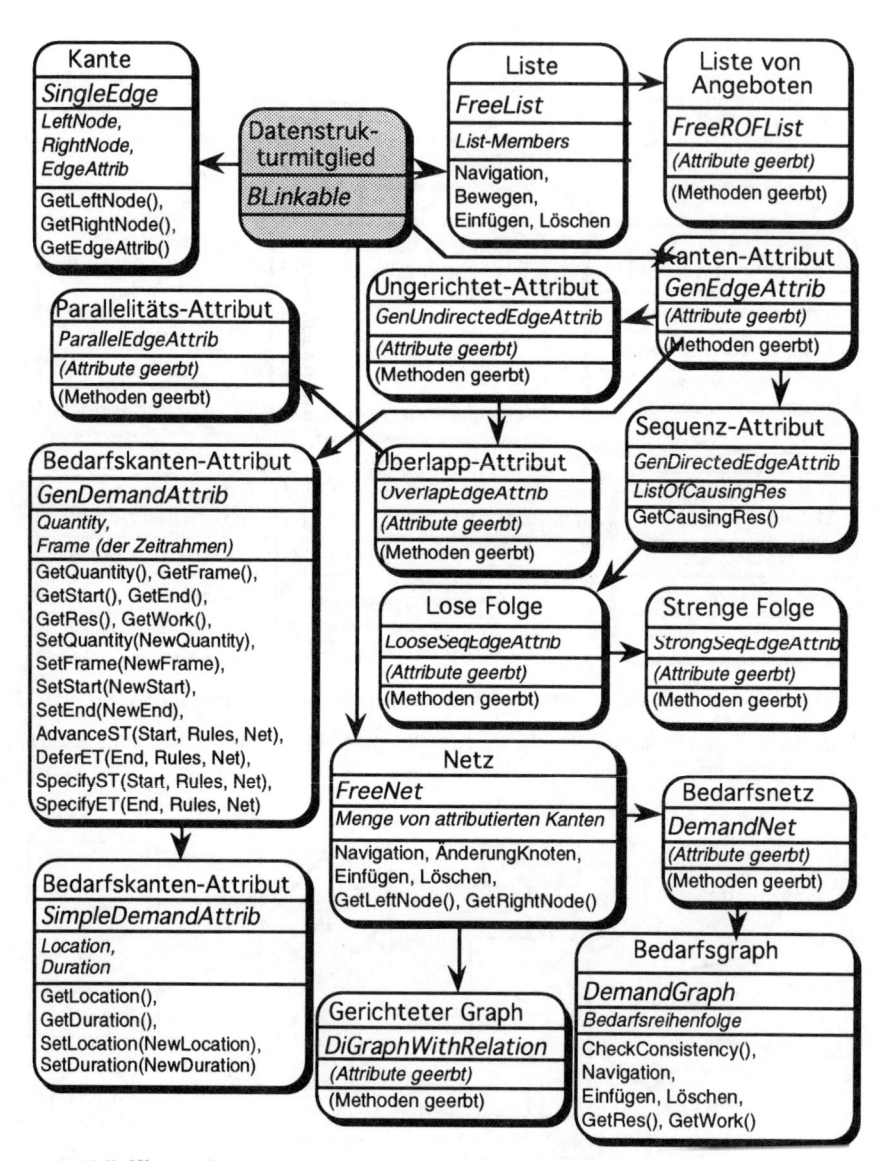

Abb. 16.8. Klassen für die Relation Bedarf und ihre Ableitung

16.2 Spezifikation eines Objektmodells für den Anwendungsrahmen   289

"Arbeit" verwaltet. Ebenso sind die Reihenfolgebeziehungen zwischen diesen Zuordnungen Bestandteil der Relation Bedarf. Spezielle Reihenfolgen, die während der Ausführung von Planungsalgorithmen benötigt werden, können innerhalb dieser Relation gebildet werden. Einer Entität "Arbeit" können beliebig viele Ressourcen zugeordnet werden, so daß die Grundlagen für eine Mehr-Ressourcen-Planung gelegt sind. In dem Modell wurden weiterhin die gegenseitigen Abhängigkeiten von Bedärfen definiert. Eine Abbildung des Bedarfs in Klassen gelang durch die Nutzung von Datenstrukturklassen als Basisklassen. Dadurch waren für

Datenstrukt.-mitglied
BLinkable

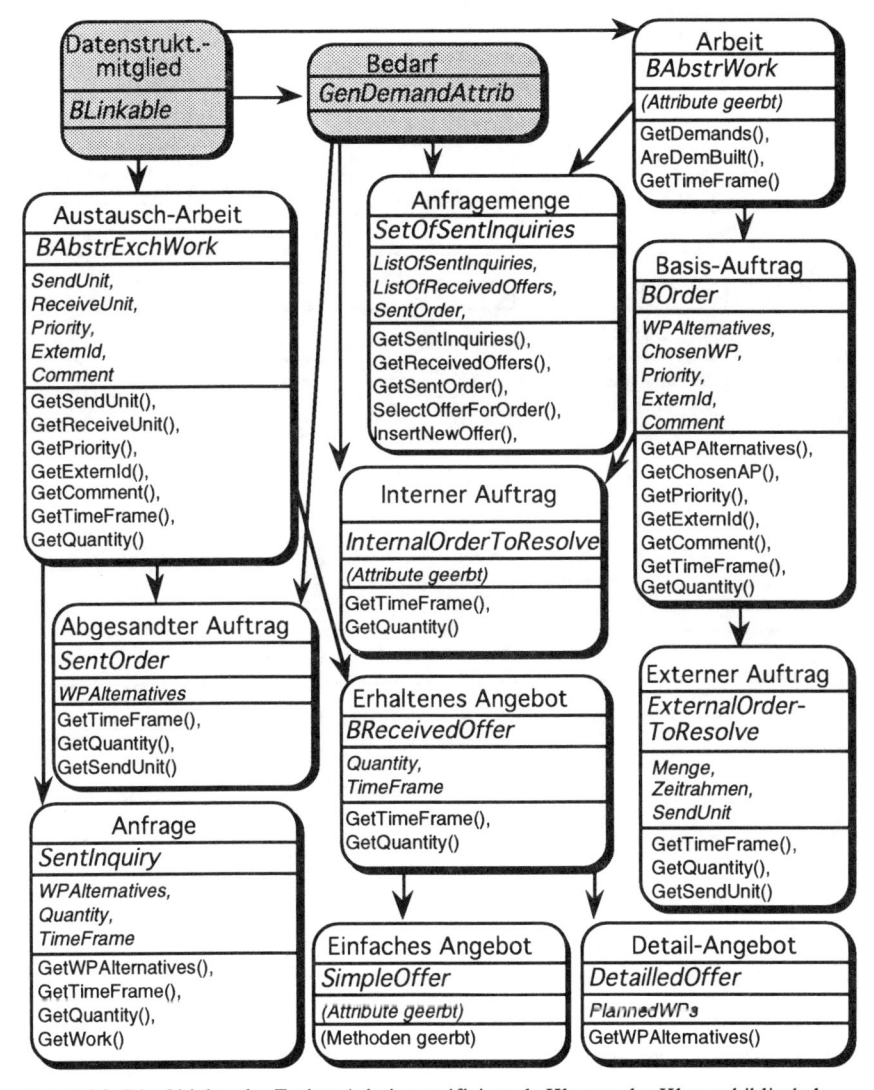

Bedarf
GenDemandAttrib

Arbeit
BAbstrWork
(Attribute geerbt)
GetDemands(),
AreDemBuilt(),
GetTimeFrame()

Austausch-Arbeit
BAbstrExchWork
SendUnit,
ReceiveUnit,
Priority,
ExternId,
Comment
GetSendUnit(),
GetReceiveUnit(),
GetPriority(),
GetExternId(),
GetComment(),
GetTimeFrame(),
GetQuantity()

Anfragemenge
SetOfSentInquiries
ListOfSentInquiries,
ListOfReceivedOffers,
SentOrder,
GetSentInquiries(),
GetReceivedOffers(),
GetSentOrder(),
SelectOfferForOrder(),
InsertNewOffer(),

Basis-Auftrag
BOrder
WPAlternatives,
ChosenWP,
Priority,
ExternId,
Comment
GetAPAlternatives(),
GetChosenAP(),
GetPriority(),
GetExternId(),
GetComment(),
GetTimeFrame(),
GetQuantity()

Abgesandter Auftrag
SentOrder
WPAlternatives
GetTimeFrame(),
GetQuantity(),
GetSendUnit()

Interner Auftrag
InternalOrderToResolve
(Attribute geerbt)
GetTimeFrame(),
GetQuantity()

Erhaltenes Angebot
BReceivedOffer
Quantity,
TimeFrame
GetTimeFrame(),
GetQuantity()

Externer Auftrag
ExternalOrderToResolve
Menge,
Zeitrahmen,
SendUnit
GetTimeFrame(),
GetQuantity(),
GetSendUnit()

Anfrage
SentInquiry
WPAlternatives,
Quantity,
TimeFrame
GetWPAlternatives(),
GetTimeFrame(),
GetQuantity(),
GetWork()

Einfaches Angebot
SimpleOffer
(Attribute geerbt)
(Methoden geerbt)

Detail-Angebot
DetailledOffer
PlannedWPs
GetWPAlternatives()

Abb. 16.9. Die Objekte der Entität Arbeit spezifiziert als Klassen der Klassenbibliothek

die Bedarfsklassen nur noch wenige zusätzliche Attribute und Methoden zu spezifizieren.

Entsprechend der hier vorgestellten Methodik wurde die Entität "Arbeit" (Aufträge und Arbeitsvorgänge) modelliert und ein entsprechendes Klassensystem entwickelt. Dabei wurden Kooperationsbeziehungen (hierarchische und gleichberechtigte Beziehungen) zwischen entsprechenden Teilsystemen eines Fertigungsinformationssystems berücksichtigt. Es wurde dazu ein allgemeines Kooperationsmodell entwickelt. Auf dieser topologischen Basis wurde eine Substrukturierung von Aufträgen rekursiv spezifiziert und die entsprechenden Klassen der Klassenbibliothek daraus abgeleitet. Abbildung 16.9 zeigt die entsprechende Teilmenge der Klassenbibliothek.

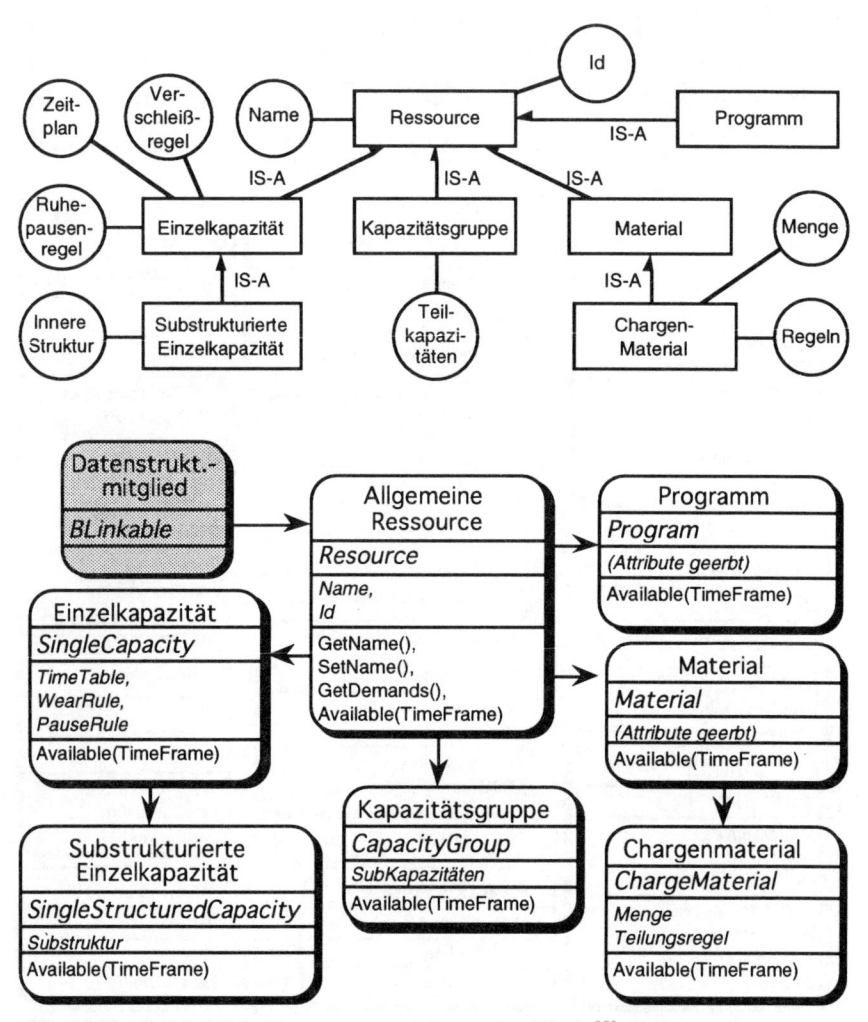

Abb. 16.10. ER-Modell für Ressourcen und daraus abgeleitete Klassen

16.2 Spezifikation eines Objektmodells für den Anwendungsrahmen 291

Durch die Ableitung der Aufträge als Grundeinheit der Arbeit vom Bedarf konnte eine einheitliche Darstellung der Reihenfolgeabhängigkeiten verschiedener Aufträge sowohl innerhalb einer Planungsebene als auch über mehrere Ebenen hinweg geschaffen werden, die die Existenz dieser Ebenen für Planungsalgorithmen transparent macht. Hierdurch werden alle innerhalb eines Systems vorhandenen Aufträge in einem durch diese Abhängigkeit definierten Netz gehalten. Es wurde ein Mechanismus auf der Basis von Anfrage, Angeboten und Aufträgen definiert, um sowohl gleichberechtigte als auch hierarchische Kooperationen zwischen Fertigungsinformationssystemen zuzulassen. Durch den Einsatz von Regelklassen konnte die nötige Flexibilität gewonnen werden, um Auftragssplits und Auftragsjoints technologieneutral darzustellen. Vererbungskonzepte der objektorientierten Analysen und des objektorientierten Designs wurden hier entscheidend benötigt. Zur Ausführung einer Arbeit wird der Einsatz einer oder mehrerer Ressourcen (Maschinen, Bediener, Werkzeuge, Material) benötigt. Jede dieser Ressourcen zeigt ein unterschiedliches Detailverhalten. Sie werden durch jeweils unterschiedliche Attribute beschrieben. Es wurden unterschiedliche Ressourcentypen wie Einzelkapazitäten (Maschinen, Werkzeuge, Haltevorrichtungen, Menschen), Kapazitätsgruppen (homogene und inhomogene Maschinengruppen, flexible Fertigungssysteme, Fertigungsinseln, Fabrikanlagen), Materialien sowie Programme eingeführt und modelliert. Abbildung 16.10 zeigt ein entsprechendes ER-Modell sowie die daraus abgeleiteten Klassen.

Aufgrund der vorgestellten Klassen und der damit verbundenen Abstraktion können Ressourcen aller Art bezüglich ihres Planungsverhaltens dargestellt werden. Die Repräsentation beschränkt sich dabei auf das Planungsverhalten dieser Ressourcen. Die Informationen technologischer Art (Technologieparameter) sind nicht aufgenommen. Organisatorische Zusammenhänge, die sich aus technologischen Restriktionen ergeben, können durch entsprechende aufgabenbezogene Darstellungen im Arbeitsplan aufgenommen und damit in der Planung verwendet werden.

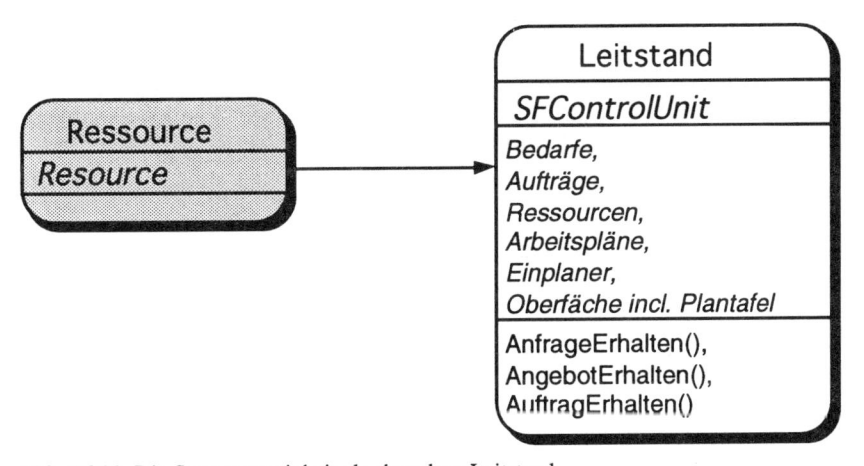

Abb. 16.11. Die Steuerungseinheit als abstrakter Leitstand

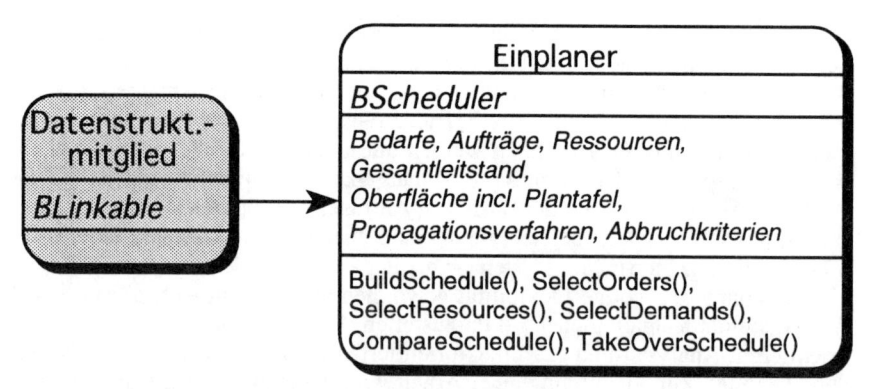

Abb. 16.12. Aufbau und Ableitung einer Einplanungsklasse

Aus den bisher vorgestellten Klassen ist ein abstraktes Fertigungsinformationssystem zusammenzuführen. Dabei werden zwei weitere wesentliche Konstrukte benötigt:

- Die Steuerungseinheit als abstraktes Fertigungsinformationssystem sowie
- die entsprechenden Planverwalter (Einplanung, Umplanung, Mehr-Fabrikplanung etc.).

Dabei steuert die Steuerungseinheit einen Bereich von Ressourcen und Aufträgen mit den existierenden Bedärfen. Innerhalb der Steuerungseinheit müssen alle Funktionen realisiert sein, die im Fertigungsinformationssystem durchzuführen sind. Abbildung 16.11 zeigt die entsprechende Klasse.

Beispielhaft für weitere Planungsverfahren wird in Abb. 16.12 eine Einplanungsklasse definiert.

Der hier vorgestellte Anwendungsrahmen kann in einem schrittweisen Prozeß zu einem Anwendungssystem entwickelt werden. Auf einer ersten Stufe können Software- und Systemhäuser anwendungsspezifische Fertigungsinformations- und -kommunikationssysteme mit seiner Hilfe entwickeln. Diese können sodann für den betrieblichen Einsatz weiter konfiguriert werden. Auf der letzten Stufe kann der Endanwenderbereich das Fertigungsinformations- und -kommunikationssystem spezifisch an seine Bedürfnisse anpassen.

16.3 Implementation des Anwendungsrahmens

Die Implementation des Systems wurde auf graphischen Arbeitsstationen und auf PCs durchgeführt. Als Programmiersprache wurde C++ sowie der UNIX-Makroprozessor M4 eingesetzt. Als Fenstersystem wurde X-Windows in Verbindung mit OSF-Motif eingesetzt. Das in Kap. 11 vorgestellte Werkzeug IDM wurde als User Interface Management System verwendet. Weiterhin wurde eine Umgebung für die Organisation, Dokumentation und das Management des dem Anwendungsrahmen zugrundeliegenden objektorientierten Klassensystems entwickelt und eingeführt. Das Klassensystem besteht aus ca. 500 Klassen mit einem Umfang von ca. 250 000 Zeilen. Das Klassensystem ist neben den bereits oben zitierten theoretischen Arbeiten und in den entsprechenden Handbüchern ausführlich dokumentiert.

16.4 Konzepte der Benutzungsschnittstelle des Anwendungsrahmens

Die Komponenten des Anwendungsrahmens wurden in verschiedenen Granularitätsstufen realisiert. Als Basismechanismus für die Dialog- und Präsentationsschicht steht das in Kap. 11 ausführlich diskutierte Werkzeug IDM zur Verfü-

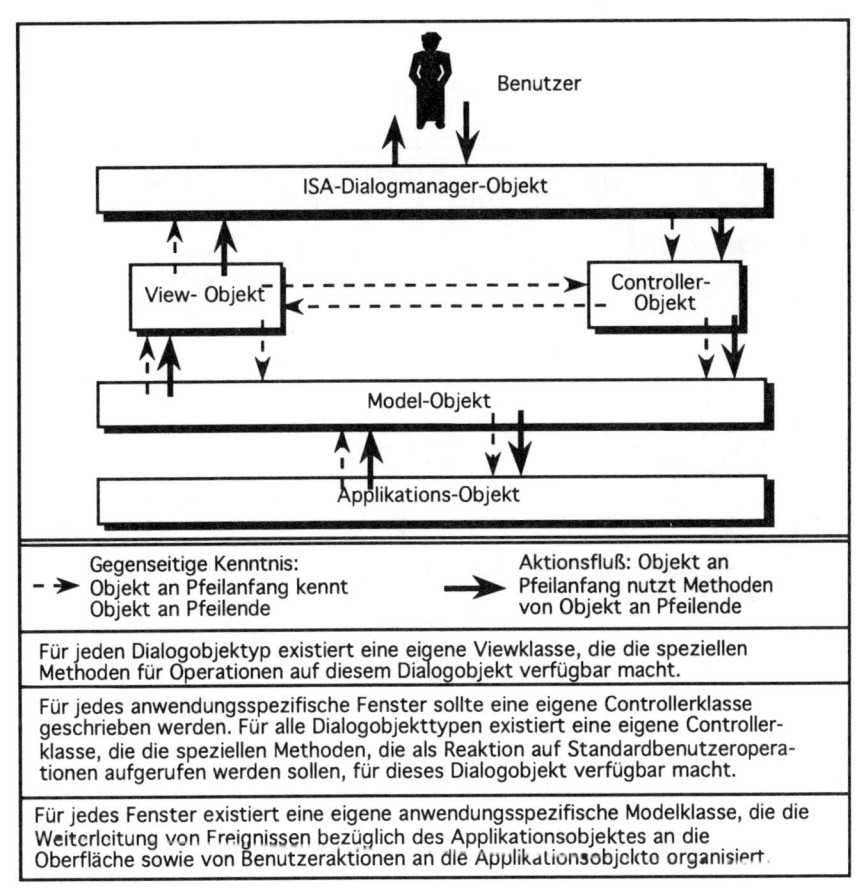

Abb. 16.13. An MVC angelehnter Mechanismus zur Realisierung der Anbindung der Benutzungsschnittstelle an das interne Objektmodell

gung. IDM wurde um portable und komplexe Spezialobjekte erweitert (Plantafel, Tabelle und interaktive Geschäftsgraphik). Neben dieses Werkzeug und die damit entwickelbaren Benutzungsschnittstellen wurden Teile der in Kap. 14 dargestellten Bausteine gestellt. Im Anwendungsrahmen finden sich auch die in Kap. 15 ausführlich erläuterten Benutzerwerkzeuge. Die weiteren in Kap. 15 und 16 vorgestellten Planungs- und Simulationswerkzeuge sind mit Hilfe des Anwendungsrahmens, wie er hier vorgestellt wird, realisiert worden.

Als Basismechanismus zur Kommunikation zwischen Benutzungsschnittstelle und internem objektorientierten Modell wurden entsprechende Klassen zur Realisierung eines Model-View-Controller-Konzepts implementiert. Mit Hilfe dieser Architektur läßt sich die sogenannte Versionsproblematik beim Abgleich von internen Objekten und Visualisierungsobjekten an der Benutzungsschnittstelle lö-

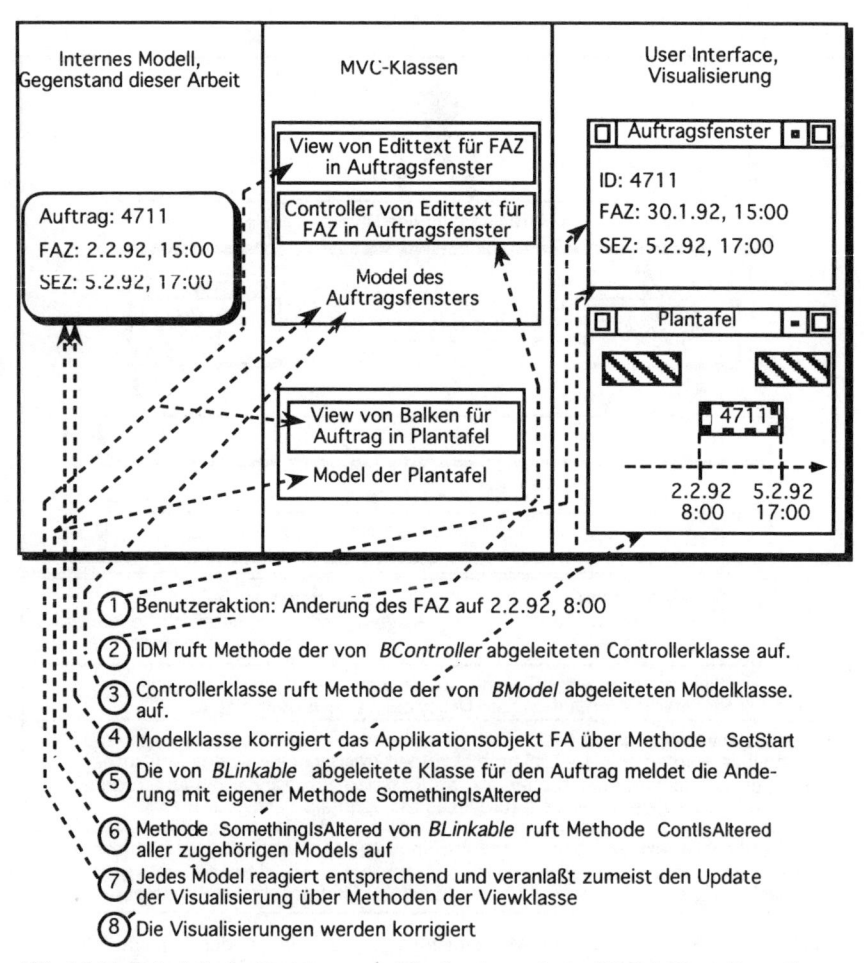

Abb. 16.14. Beispielhafte Funktionsweise des implementierten Model-View-Controllers

16.4 Konzepte der Benutzungsschnittstelle des Anwendungsrahmens 295

Anbindung an Datenstruktur
BLinkElem

Modell aus MVC
BModel
(Attribute geerbt)
(Methoden geerbt)

Spezifisches MVC-Modell
(frei wählbar)
Zugehörige Views,
Zugehörige Controller
ContIsAltered(),
(Weitere spezifische Methoden)

View aus MVC
BView
MyController,
MyModel,
MyDialogObject
GetController(),
GetModel(),
GetIDMId()

Controller aus MVC
BView
MyView,
MyModel
GetView(),
GetModel()

Viewklassen für spezielle Dialogobjekte:
IDMCheckboxView, IDMRadiobuttonView,
IDMListboxView, IDMPoptextView,
IDMGroupboxView, IDMWindowView,
IDMCanvasView, IDMEdittextView,
IDMImageView, IDMPushbuttonView,
IDMStatictextView, IDMTablefieldView

Controllerklassen für spezielle Dialogobjekte:
DefaultController,
IDMListboxController, IDMRadiobuttonController,
IDMCheckboxController, IDMPoptextController,
IDMCanvasController, IDMEdittextController,
IDMImageController, IDMPushbuttonController,
IDMStatictextController, IDMTablefieldController

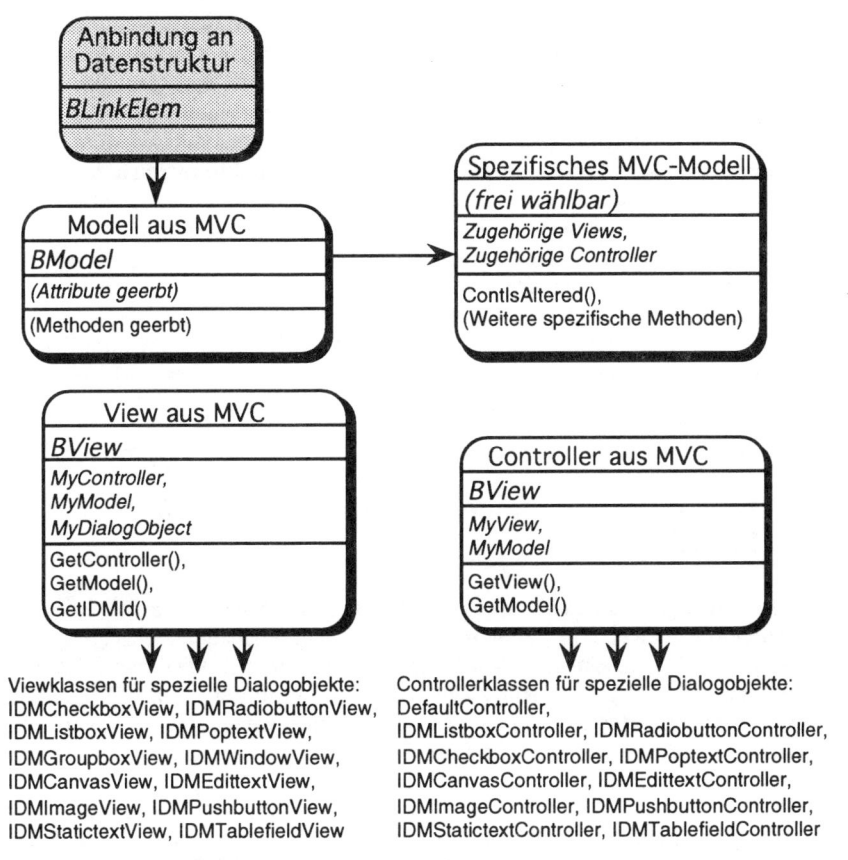

Abb. 16.15. Klassen der Implementierung des Model-View-Controller-Konzepts

sen. Das MVC-Modell wurde z. B. in der bekannten objektorientierten Sprache Small-Talk implementiert. Hierbei wird jedes Fenster (View) den Daten (Model) zugeordnet, die es anzeigen soll. Eine durch den Benutzer vorgenommene Änderung in einem der Fenster wird durch den Controller an das Modell zurückgemeldet. Dieses veranlaßt die Korrektur aller anderen Views. Abbildung 16.13 zeigt die hier gewählte Implementation des MVC-Konzepts.

Das Modellobjekt ist die Verbindung zwischen der Benutzungsschnittstelle und dem Applikationsobjekt, d. h. den Objekten des internen Objektmodells. Es besitzt genau eine View und ein Controllerobjekt für jedes an der Oberfläche existierende Dialogobjekt. Das Modellobjekt gibt mittels Aufruf von Methoden des View-Objekts Informationen an das Dialogobjekt weiter. Dieses ist für die Visualisierung verantwortlich. Das Controller-Objekt seinerseits leitet ausgewählte Benutzeraktionen an das Modellobjekt durch den Aufruf von dessen Methoden weiter. Letztendlich nimmt das Modellobjekt Änderungen am Applikationsobjekt durch Aufruf von dessen Methoden vor. Nur das Modellobjekt ist dazu autorisiert.

Umgekehrt werden Methoden des Modellobjekts durch das Applikationsobjekt aufgerufen, um über Änderungen zu informieren.

Ein Modell verwaltet somit seine zugehörigen Views und Controller. Eine View muß das Dialogobjekt, das Dialogobjekt den zugehörigen Controller, dieser wiederum das Modell kennen. Auch View und Controller müssen miteinander kooperieren können. Abbildung 16.14 illustriert die Funktionsweise des implementierten Mechanismus. Dabei wird die komplette Sequenz vom Empfang einer Benutzeraktion bis zur Korrektur der Visualisierungen aufgezeigt.

Zur Realisierung dieses Mechanismus wurden vier entsprechende Klassen implementiert. Diese sind aus einer Basisklasse abgeleitet und nutzen im wesentlichen dessen Mechanismen, Verbindungen zu den zugehörigen Applikationsobjekten herzustellen. Es sind dabei die drei Klassen Modell, View und Controller entsprechend Abb. 16.15 implementiert sowie eine frei ausprogrammierbare Klasse für eine kontextabhängige Instanziierung dieses Modells.

16.5 Einsatz des Anwendungsrahmens zum Bau eines Leitstands

In einem mittelständischen Unternehmen des Werkzeugbaus mit ca. 400 Mitarbeitern wurde der Anwendungsrahmen zur Entwicklung eines unternehmensspezifischen Leitstands zum Einsatz gebracht. Das Unternehmen produziert auf Kundenanfrage oder in Kleinserien. Rund 250 Personen sind in der Fertigung tätig. Das Produktspektrum besteht aus komplexen Bearbeitungswerkzeugen für Werkzeugmaschinen zur Holz- und Kunststoffbearbeitung. Es werden Standard- und Sonderwerkzeuge hergestellt.

Eine Ist-Analyse im Unternehmen ergab ein sehr ungünstiges Verhältnis von Durchlaufzeiten und Bearbeitungszeiten. Dies führte zu untragbaren Lieferzeiten. Als Ursachen für diese Situation wurde eine ungenaue PPS-Planung sowie mangelnde Transparenz der Fertigung identifiziert. Durch die Einführung von miteinander vernetzten Leitständen in der Fertigung sollten Termintreue, Flexibilität und Kapazitätsauslastung verbessert werden bei einer gleichzeitigen Reduzierung von Durchlaufzeiten und Lagerbeständen.

Für den im folgenden betrachteten Bereich (Schleifen, Erodieren) gehen pro Woche ca. 80 Kundenaufträge ein; aus diesen werden ca. 600 Fertigungsaufträge gebildet. Dieser Vorgang erfolgt durch das PPS-System auf der Basis der Vorgaben durch die Arbeitsvorbereitung. Fertigungsaufträge werden mit Arbeitsplänen versehen, aufgrund derer die einzelnen Arbeitsgänge in der Fertigung identifiziert werden. Die Arbeitsvorgänge jedes Fertigungsauftrags werden mittels Vorwärts- oder Rückwärtsterminierung in einem Simulationslauf eingeplant. Losgrößenbildung oder Rüstoptimierungen werden vom momentan eingesetzten PPS-System wegen der stark auftragsbezogenen Fertigung und dem hohen varianten Anteil nicht durchgeführt. Konnte ein Fertigungsauftrag mit allen Arbeitsvorgängen eingeplant werden, wird er fixiert und nach Drucken der Arbeitspapiere freigegeben. Umplanungen der Fertigungsaufträge sind nicht vorgesehen. Veränderungen und Verzögerungen sind durch manuelle Planungsvorgänge in der Fertigung aufzufangen. Im Rohteillager werden für die Durchführung der Aufträge die benötigten

16.5 Einsatz des Anwendungsrahmens zum Bau eines Leitstands

Rohteile in sogenannten Transporteinheiten zusammengestellt. Dabei werden mehrere Produktionsaufträge – entsprechend den Kriterien: identische Produktgruppe und gleicher Liefertermin – zusammengeführt und aus Optimierungsgründen gemeinsam durch die Fertigung geschleust. Es wurden große Diskrepanzen zwischen dem im PPS-System abgebildeten Auslastungsstand und der Realität in der Produktion beobachtet. Einplanungen erfolgen häufig auf einer falschen oder unvollständigen Basis.

Auf der Basis dieser Ist-Analyse wurde ein Soll-Konzept erarbeitet. Zwischen Produktion und PPS-System wird ein Netz von kooperierenden Leitständen gestellt, die jeweils einen Fertigungsbereich überwachen und einplanen. Das PPS-System liefert Fertigungsaufträge mit zugehörigen Arbeitsplänen an einen ersten Leitstand. Damit ist dieser verantwortlich für Durchführung und Weiterreichung. Dieser Zustand pflanzt sich durch die Fertigung fort. In Leitständen werden jeweils Rahmendaten wie frühester Anfangszeitpunkt und spätester Endzeitpunkt vorgegeben. Jeder dezentrale Bereich entwirft aufgrund seiner Menge von Fertigungsaufträgen und der vorgegebenen Rahmendaten eigene Pläne. Die Leitstände koordinieren sich horizontal. Sie informieren sich wechselseitig über Verschiebungen von Aufträgen. Das Bilden von Transporteinheiten und Splitten von Transporteinheiten bei Nachbearbeitungen wird unterstützt.

Das Unternehmen hat die Palette der am Markt verfügbaren Leitstandslösungen auf Einsatzfähigkeit hin untersucht. Es wurde kein System identifiziert, das ohne größere organisatorische Umstellungen in Produktions- und Arbeitsvorbereitung für den Einsatz in diesem Fall geeignet gewesen wäre. Es wurde entschieden, einen unternehmensspezifischen Leitstand auf der Basis des hier vorgestellten Anwendungsrahmens zu entwickeln.

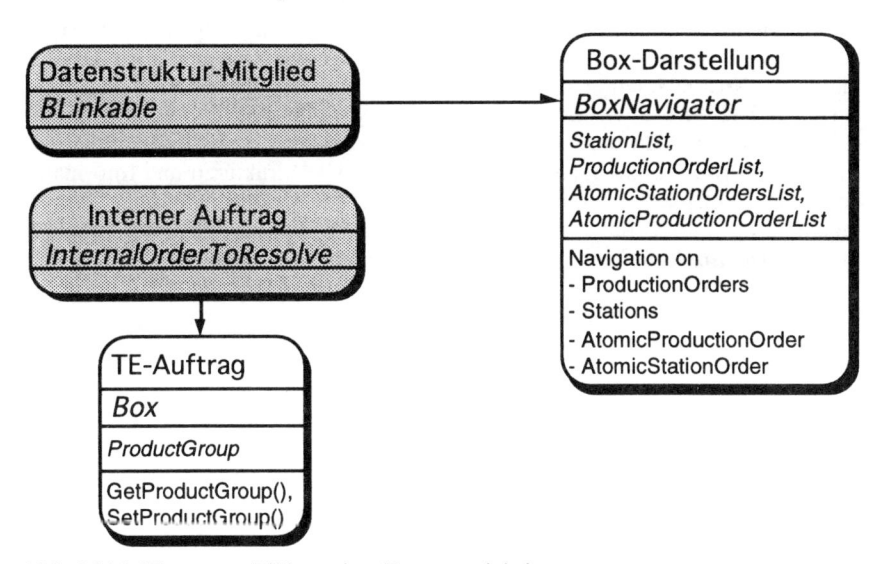

Abb. 16.16. Klassen zur Bildung einer Transporteinheit

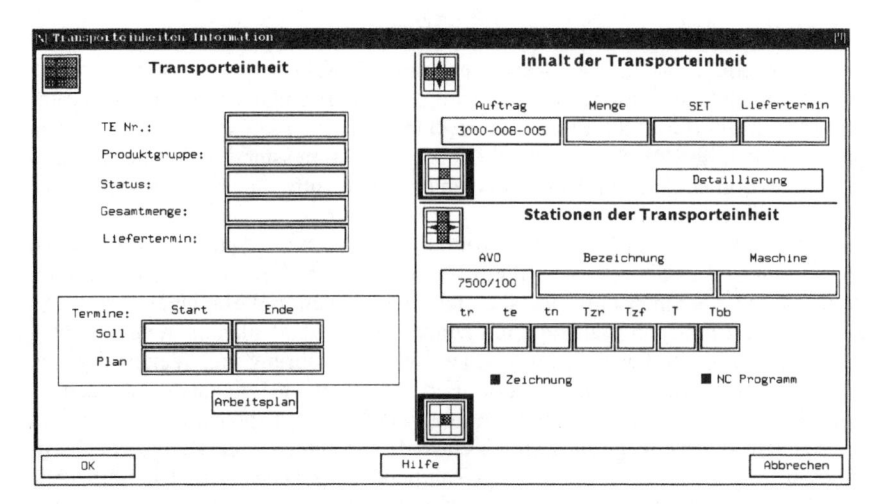

Abb. 16.17. Informationsfenster für eine Transporteinheit. Der Leitstand wurde prototypisch in die Produktion eingeführt und ausgetestet

Es wurde eine formale Analyse und ein Design (ER-Modell und Datenflüsse) durchgeführt. Beim Abgleich mit den Klasssen des Anwendungsrahmens ergaben sich folgende Ergebnisse: Der überwiegende Teil der Anwendungsobjekte konnte unmittelbar durch Klassen des Anwendungsrahmens repräsentiert werden. In allen weiteren Fällen (mit einer Ausnahme) konnten neue Klassen von den bereits vorhandenen durch Erweiterung abgeleitet werden. Das Konzept des Bildens von Transporteinheiten mußte zusätzlich in die Architektur eingefügt werden. Abbildung 16.16 zeigt die dazu notwendigen Klassen "TE-Auftrag" und "Box-Darstellung". Die Klasse "Interner Auftrag" wurde dabei um das Attribut Produktgruppe, aufgrund derer eine Transporteinheit zusammengestellt wird, erweitert. Instanzen dieser Klasse werden durch die spezielle Einplanungsklasse "BoxBuilder" erzeugt. Die Instanz einer Transporteinheit enthält alle Strukturen und Informationen, um die entsprechenden Bearbeitungsvorgänge abwickeln zu können. Zur Navigation innerhalb dieser Datenstrukturen wurde der Box-Navigator aus der allgemeinen Datenstrukturklasse "BLinkable" abgeleitet.

Der so entworfene Leitstand wurde implementiert. Abbildung 16.17 zeigt das Informationsfenster für eine Transporteinheit.

17 Ein Generator für heuristische Dialogsteuerungen

Bisher wurden Dialogmodelle für benutzerinitiierte Dialoge mit geringen rechnerinitiierten modalen Anteilen betrachtet. Im folgenden wird eine Technik vorgestellt, die rechnerinitiiert in Form eines Frage-Antwort-Dialogs ausgerichtet ist. Dabei ist dieser Dialogtyp besonders für Aufgabenanteile in betrieblichen Informationssystemen geeignet, die eine komplexe Objektstruktur aufweisen und beträchtliches Methoden-Know-how zu ihrer Bearbeitung erfordern. Beispiele solcher Aufgaben sind Diagnoseaufgaben, Konfigurationsaufgaben oder Planungsaufgaben. Im folgenden wird ein Generator für sogenannte heuristische Dialogsteuerungen vorgestellt.

17.1 Eine Architektur für heuristikbasierte Frage-Antwortsysteme

Die Architektur von heuristikbasierten Frage-Antwortsystemen ist wesentlich komplexer als die Architektur der bisher betrachteten graphischen, ereignisgesteuerten Dialogsysteme. Zu den bekannten Komponenten Präsentationsschicht und Dialogsteuerung treten dabei zumeist Struktureditoren bzw. Browser für eine strukturierte Navigation hinzu. Die Ausprägung dieser Werkzeuge ist abhängig vom Anwendungsbereich (Fehlerbäume, Strukturstücklisten, Vorranggraphen). Eine benutzerinitiierte Dialogsteuerung wird ergänzt durch ein Frage-Antwortsystem, das z. B. auf der Basis von Heuristiken Ereignisse für die Dialogsteuerung generiert bzw. Interventionen des Benutzers in Form von Anforderungen entgegennimmt. Ereignisse und Anforderungen können in Ausweitung dieses Modells auch extern z. B. in Peripheriegeräten oder Anwendungssystemen generiert werden.

Voraussetzungen, Zwischenergebnisse, Endergebnisse, objektartige Strukturen und logische Verknüpfungen z. B. in Form von Regeln werden in einer Wissensbasis abgelegt; auf dieser operiert ein Editor, mit dem die Wissensbasis in einem Generierungssystem angelegt und gepflegt bzw. auch in einem Laufzeitsystem abhängig von Systemzustand modifiziert werden kann. Ein Objektmanagementsystem für komplexe Datenstrukturen (Listen, Bäume, Objektstrukturen etc.) bildet zusammen mit einer tieferliegenden Datenbank die Basis für das Objektmanagement in der Wissensbasis. Aufwendiger als bei normalen graphisch-interaktiven Systemen sind auch Erklärungs- und Hilfekomponenten, da die Dialogstruktur sich für den Benutzer wesentlich komplexer darstellt.

```
┌─────────────────────────────────────────┐
│  │ Präsentationsschicht            │    │
│  ├─────────────────────────────────┤    │
│  │ Dialogschicht                   │    │
│  ├─────────────────────────────────┤    │
│  │ Struktureditor/Browser          │    │
│  └─────────────────────────────────┘    │
│         ↑                    ↓           │
│  ┌─────────────┐    ┌─────────────┐     │
│  │ Ereignisse  │    │ Anforderungen│    │
│  └─────────────┘    └─────────────┘     │
│         ↑                    ↓           │
│  ┌─────────────────────────────────┐    │
│  │ Inferenzsystem                  │    │
│  │ Frage-Antwort-System            │    │
│  │ Heuristiksteuerung              │    │
│  └─────────────────────────────────┘    │
│      ┌─────────────────────────┐        │
│      │     Wisenseditor        │        │
│      ├─────────────────────────┤        │
│      │     Wissensbasis        │        │
│      └─────────────────────────┘        │
│  ┌─────────────────────────────────┐    │
│  │ Objektmanagement                │    │
│  ├─────────────────────────────────┤    │
│  │ Datenbank                       │    │
│  └─────────────────────────────────┘    │
└─────────────────────────────────────────┘
```

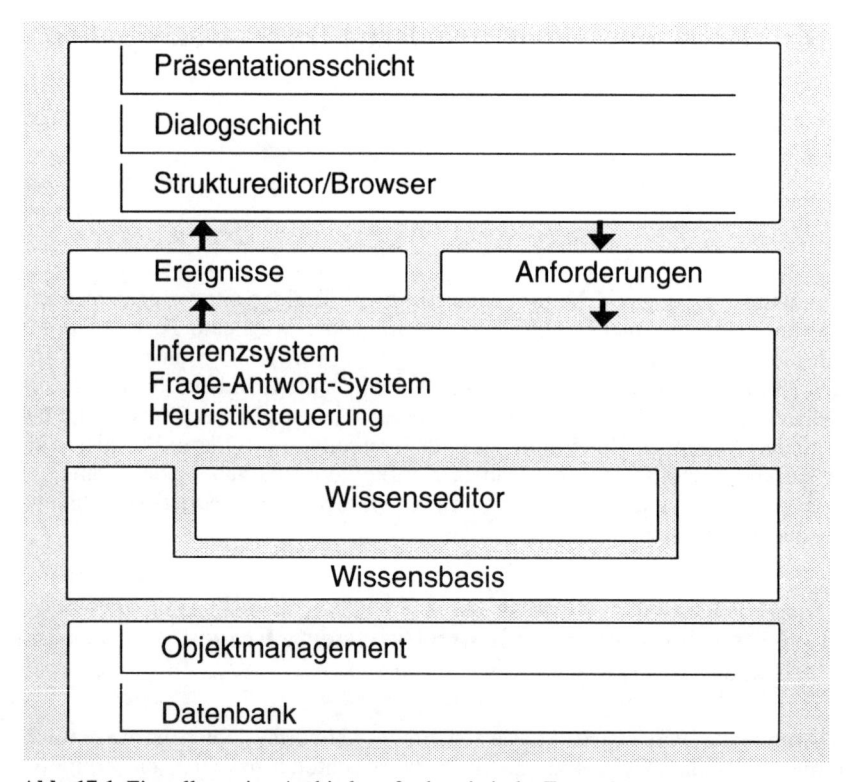

Abb. 17.1. Eine allgemeine Architektur für heuristische Frage-Antwortsysteme

Da sich das System evolutionär weiterentwickeln lassen soll und die Struktur der abgelegten Objekte sowie ihrer Beziehungen zueinander komplex ist, wird das System in ein Entwicklungs- und Laufzeitsystem aufgeteilt. Das Entwicklungssystem wird auch als Generator für die heuristische Dialogsteuerung bezeichnet. Frage-Antwort-gesteuerte Systeme dieser Art werden zumeist in Verbindung mit Diagnose-, Konfigurations- oder Planungssystemen verwendet.

Im Laufzeitsystem existiert eine entsprechend optimierte Benutzungsschnittstelle. Eine heuristisch basierte Frage-Antwortkomponente operiert mittels des Inferenzmechanismus auf der Wissensbasis. Hilfesystem und Erklärungskomponente geben dem Benutzer notwendige Erläuterungen während des Frage-Antwortdialogs. Fortgeschrittene Systeme sind zumeist multimedial ausgelegt.

17.2 Heuristikbasierte Frage-Antwortdialoge am Beispiel der Diagnose von Werkzeugmaschinen

17.2.1 Diagnose von Werkzeugmaschinen im Rahmen allgemeiner Instandhaltungsstrategien

Ziele zeitgerechter Instandhaltung sind die Sicherstellung der Produktion, die Erhöhung der Verfügbarkeit von Maschinen und Anlagen, die Vermeidung ihrer Ausfälle sowie die Optimierung des Instandhaltungsaufwands (Fähnrich,1990). Aufgrund von zunehmenden Vernetzungen und Verkettungen und einer erhöhten Automatisierung der Betriebsmittel steigen die Anforderungen an die Verfügbarkeit der technischen Systeme. Dies gilt insbesondere für die kapitalintensive Fertigung, wie sie etwa beim Einsatz von CNC-Werkzeugmaschinen vorliegt. Ein wichtiger Kostenblock liegt hier bei der Instandsetzung, die als einen wesentlichen Teil die Fehlerdiagnose umfaßt.

Unter ausfallbedingter Instandsetzung wird die Fehlersuche, die unvorhergesehene Instandsetzung, die durch Austausch, endgültiges Ausbessern oder vorläufi-

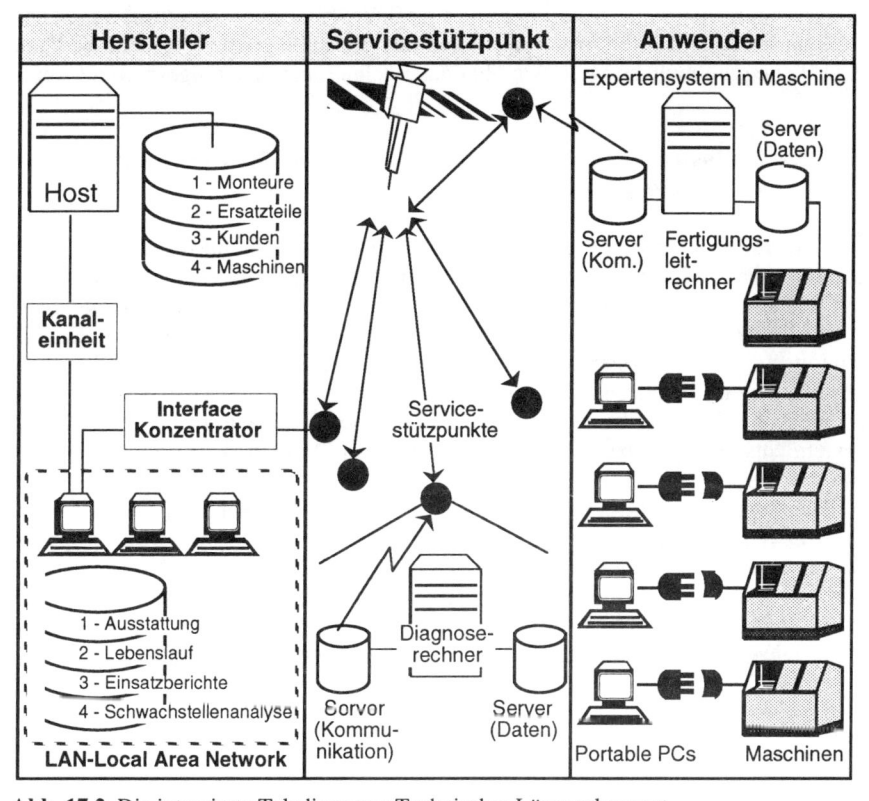

Abb. 17.2. Die integrierte Telediagnose: Technisches Lösungskonzept

ges Ausbessern erfolgen kann sowie die Auswertung und die Dokumentation der entsprechenden Vorgehen verstanden. Diagnosesysteme unterstützen das Instandhaltungswesen in den oben genannten Punkten.

Dabei sind die Systeme so auszulegen, daß sie sowohl von Service-Technikern als auch von Facharbeitern oder Meistern in unterschiedlichen Abstufungen genutzt werden können. Diagnosesysteme können dabei in der CNC-Maschine ablaufen; sie können auf gekoppelten PCs betrieben werden oder über eine DNC-Schnittstelle auf einem Leitrechner sowie mittels Datenfernübertragung auf einem Diagnoserechner beim Hersteller implementiert werden.

Es wurde ein dreistufiges Konzept für entsprechende technische Unterstützungssysteme entworfen (vgl. Fähnrich, 1990). Beim Anwender kommen dabei Diagnosesysteme in der Maschine oder auf einem Fertigungsleitrechner zum Einsatz. Eine weitere Möglichkeit liegt im Einsatz portabler PCs zur Diagnoseunterstützung. Servicestützpunkte des Herstellers verfügen über einen Diagnoserechner und sind über WANs mit den Systemen des Anwenders verbunden. Auf den Diagnoserechnern im Service-Stützpunkt befinden sich umfangreiche Diagnose-, Wartungs- und Konstruktionsunterlagen. Beim Hersteller befindet sich ein zentraler Diagnoserechner, auf dem verfügbare Monteure, vorhandene Ersatzteile, Kundenkenndaten und Maschinenkenndaten abfragbar sind. Auf einzelnen Arbeitsplatzrechnern kann auf Ausstattung, Lebenslauf, Einsatzberichte und Schwachstellenanalyse einzelner Anwendermaschinen zurückgegriffen werden. Es kann eine Bedientafelrechnersimulation über das Rechnernetzwerk eingespielt werden.

17.2.2 Ein heuristikbasiertes Frage-Antwortsystem für Diagnosesysteme an Werkzeugmaschinen

Für die Kontrollstrategie des Diagnosevorgangs (Diagnosedialog) reichen einfache Hypothesenbildung- und Hypotheseteststrategien nicht aus. Sie müssen erweitert werden um die Kommunikation mit externen Informationsträgern (Datenbanken, Aktorik und Sensorik) sowie vor allem um eine Heuristiksteuerung, die den Dialog mit dem Benutzer steuert. Die Heuristiksteuerung berechnet dabei eine beste Schätzung, welches Fehlersymptom zusätzlich zu den bereits bekannten als nächstes erhoben werden sollte. Dabei ist das heuristikbasierte Frage-Antwortsystem entsprechend der generellen Architektur in Abschn. 17.1 entwickelt worden.

Das System Ids (Integriertes Diagnosesystem) ist in zwei Systeme unterteilt, das Entwicklungssystem (IdsDv) und das Laufzeitsystem (IdsRt). Das Entwicklungssystem enthält einen graphischen Editor, der es erlaubt, die Diagnosedatenbank (Wissensbasis) einzugeben und zu verändern. Zusätzlich enthält es eine Prüfkomponente zur Überprüfung der Datenbasis auf Unvollständigkeit und Inkonsistenzen. Des weiteren kann man den Ablauf zur Laufzeit simulieren.

17.2 Heuristikbasierte Frage-Antwortdialoge   303

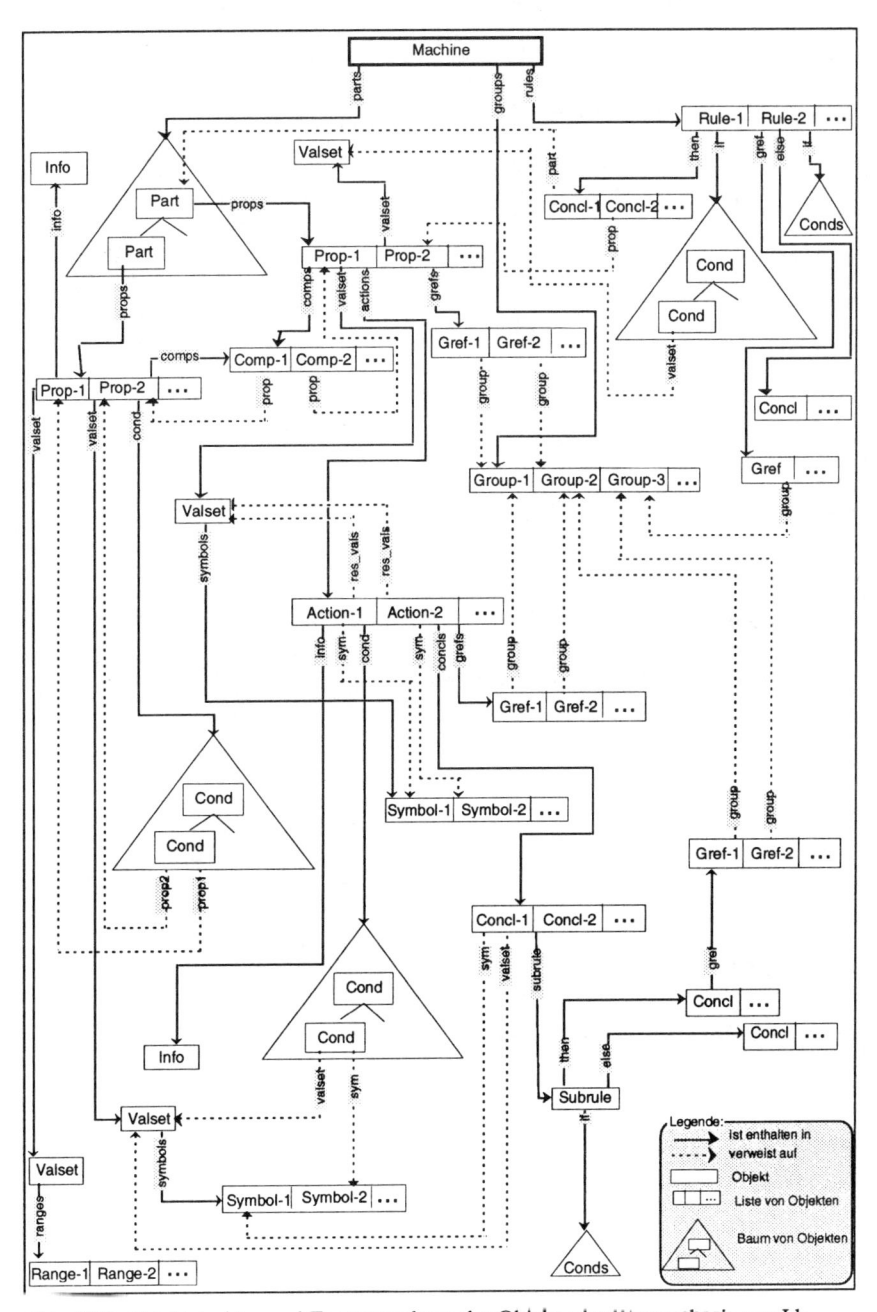

Abb. 17.3. Objektstruktur und Zusammenhang der Objekte der Wissensbasis von Ids

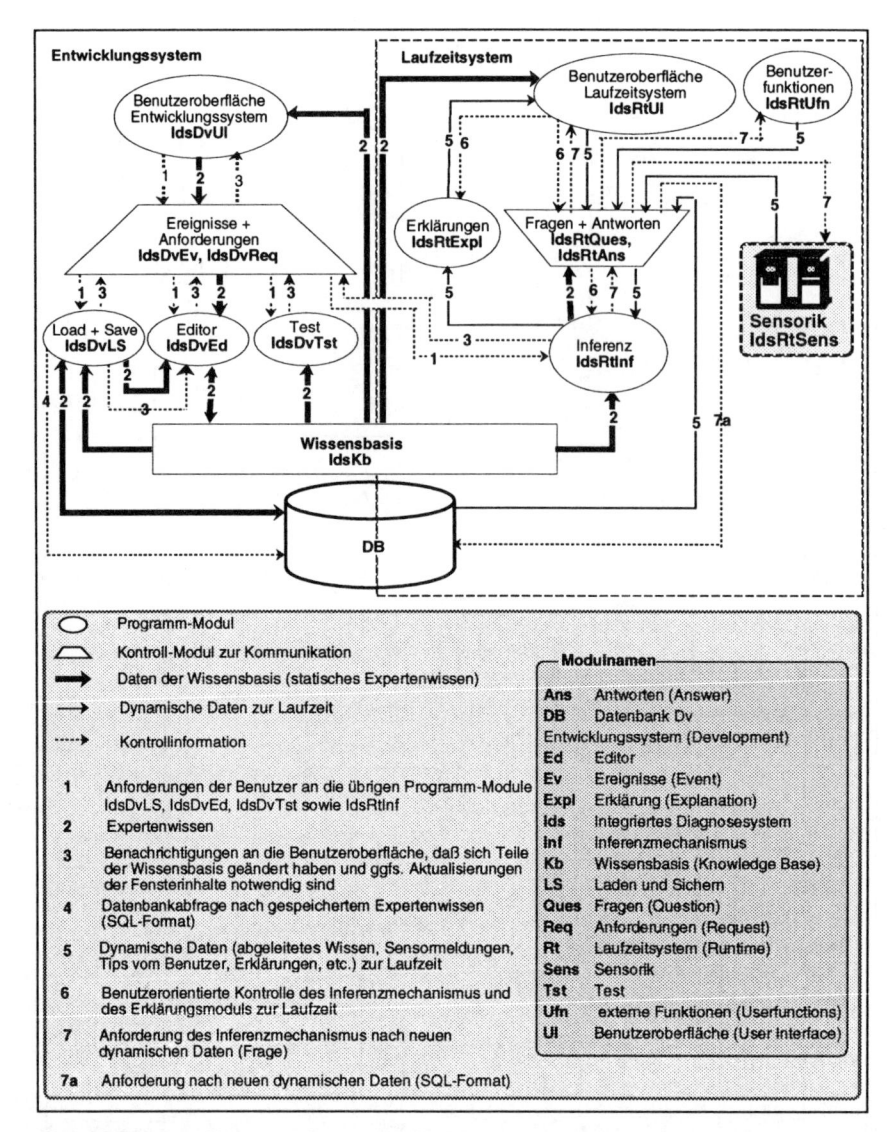

17 Ein Generator für heuristische Dialogsteuerungen

Abb. 17.4. Der Aufbau von Ids einschließlich Daten- und Kontrollfluß

Das Laufzeitsystem kann auf Personal Computern oder in Steuerungsrechnern ablaufen. Es existieren definierte Schnittstellen zum Zugriff auf die Steuerungsdaten. Das gesamte System ist in der Programmiersprache C geschrieben. Es ist damit sehr laufzeiteffizient und auf nahezu allen Rechnern und Steuerungen implementierbar. Oberhalb der verwendeten relationalen Datenbank wurde mit Hilfe der Wissensrepräsentation und Techniken der objektorientierten Programmierung eine komplexe Objektstruktur aufgebaut. Abbildung 17.3 zeigt die Struktur der dabei verwendeten Objekte sowie ihren Zusammenhang.

Als Laufzeitdialog wurde ein Frage-Antwortdialog gewählt. Dabei stellt das System dem Benutzer eine Folge von Fragen bzw. erteilt ihm Anweisungen. Die möglichen Antworten auf die Fragen werden systemseitig vorgegeben. Der Benutzer kann aus den vorgegebenen Antworten auswählen. Er kann bereits gegebene Antworten widerrufen (Undo). Der Benutzer kann aber auch die Initiativlage ergreifen und ihm wichtig erscheinende Fakten direkt eingeben, ohne vom System dazu aufgefordert worden zu sein. Des weiteren kann er Tips für vermutete Fehlerursachen abgeben; so kann er auf die weitere Dialogsteuerung Einfluß gewinnen.

Das Entwicklungssystem ist in mehrere Teilmodule aufgeteilt. Im Entwicklungssystem liegt die Kontrolle des Systems bei der Benutzungsschnittstelle (IdsDvUI). Die Benutzungsschnittstelle übernimmt dabei die Aufgaben der Darstellung der Fakten der Wissensbasis sowie die Eingabeverwaltung der Benutzereingaben. Den Kern des Entwicklungssystems bilden das Modul zur Ereignisverwaltung (IdsDvEv) und das Anforderungsmodul (IdsDvReq). Diese Module bilden die Schnittstelle zwischen der Benutzungsschnittstelle und den tieferliegenden Modulen. Dies sind zum einen der Editor zur Manipulation der Daten der Objekte der Wissensbasis (IdsDvEd); weiterhin das Testmodul für die Wissensbasis auf syntaktische und semantische Konsistenz (IdsDvTst); darüber hinaus eine externe Schnittstelle zum Laden und Abspeichern von Wissensbasen (Load & Save; IdsDvLS). Die Ablaufsteuerung (Inferenz: IdsRtInf) wird zu Simulationszwecken auch in der Entwicklungsumgebung benötigt.

Das Anforderungsmodul (IdsRtReq) setzt die Aktionen der Benutzungsschnittstelle in sogenannte Anforderungen an das System um. Das Ereignismodul (IdsRtEv) verwaltet die Benachrichtigung der Benutzungsschnittstelle von Änderungen in der Wissensbasis. Dazu erzeugen die internen Module, die eine Veränderung in der Wissensbasis bewirken können (im wesentlichen IdsRtEd) ein Ereignis, das von Ereignismodulen in verschiedene Warteschlangen eingereiht wird. Diese Warteschlangen werden dann zu definierten Zeitpunkten von der Benutzungsschnittstelle ausgewertet.

17.2.3 Eine Heuristikfunktion für Frage-Antwortsysteme

Die Verbindung von objektorientierten Techniken mit regelbasierten Systemen eignen sich, wie bereits mehrfach ausgeführt, besonders als Repräsentationsmechanismus für Benutzungsschnittstellen. Im folgenden wird gezeigt, daß dieser Repräsentationsmechanismus noch weitergehend genutzt werden kann. Bei Dialogen, die vom Frage-Antwort-Typ sind, läßt sich eine implizite Dialogsteuerung aus dem statischen und dynamischen Zustand der Regelbasis ableiten. Die Heuristik geht dabei in den folgenden Teilschritten vor:

- In einem ersten Schritt werden alle Elemente der Regelbasis daraufhin untersucht, ob die Ermittlung eines atomaren neuen Faktums zu einer Veränderung der Wahrheitswerte ihrer Bedingungsteile führen würde. Mit dieser Untersuchung wird die Menge aller Regeln sowie die Menge aller Vorbedingungen von Re-

geln auf diejenigen eingeschränkt, die einen sinnvollen Ansatzpunkt zur weiteren Untersuchung bilden.
- Im nächsten Schritt wird die Menge der verbliebenen atomaren Fakten (Eigenschaften) summarisch über alle Regeln der Regelbasis hinweg mit einer Bewertungsfunktion auf ihre Eignung als Fragekandidat hin bewertet.
- Dabei gehen zum einen statische Bewertungskriterien wie die Aufwände, die bei einer Beantwortung der Frage entstehen oder die Häufigkeit, mit der ein atomares Fakt in die Lösungsfindung (Diagnose, Planung) einging, ein. Dynamisch werden Transitivitätsmaße, Evidenzmaße, Effektivitätsmaße und situative Benutzereinschätzungen ("Tips") berücksichtigt.

Im folgenden wird eine entsprechende Heuristikfunktion für das hier vorgestellte Diagnosesystem genauer diskutiert. Bei dem hier gewählten Diagnosebeispiel sind elementare Fakten Attribute von Maschinenteilen, deren Werte bis dahin noch unbekannt sind. Die Menge aller noch unbekannten Eigenschaften wird in einem ersten Schritt soweit eingeschränkt, daß sinnvolle Fragekandidaten übrigbleiben. Dazu werden in aller Regel Bedingungen nach Eigenschaften untersucht, die eine Änderung des Bedingungswerts erzielen können. Für Bedingung wird die Menge der "interessanten Eigenschaften" einer Bedingung berechnet. Der Algorithmus ist in Abb. 17.5 angegeben. Eine genauere Diskussion findet sich in Fähnrich (1990). In dem unter 2 in Abb. 17.5 gekennzeichneten nächsten Schritt wird eine Gesamtmenge der "interessanten" Eigenschaften gebildet. In einem iterativen Prozeß wird diese Menge noch einer Bereinigung unterzogen. Aus diesen beiden Schritten ergibt sich eine Menge von Eigenschaften, die sinnvolle Kandidaten für eine nächste Frage an den Benutzer darstellen. Jede einzelne dieser Eigenschaften wird nun getrennt nach verschiedenen Kriterien bewertet. Diejenigen Eigenschaften, die die höchste Bewertung (den höchsten Wert der Heuristikfunktion) erhält, wird am Ende als nächste Frage ausgewählt. Dabei wird die Heuristik entsprechend Teil 3 in Abb. 17.5 berechnet. Es werden die einzelnen aktuellen Bewertungen mit den zugehörigen vordefinierten Gewichtungsfaktoren multipliziert und addiert. Die Bewertungskriterien gliedern sich in statische und dynamische Kriterien. Die statischen Kriterien werden bei Implementation des Systems festgelegt. Sie können evtl. auf statischer Basis nachgeführt werden. Die dynamischen Kriterien werden aus dem jeweiligen Zustand der Wissensbasis berechnet. Statische Kriterien sind in diesem Fall:

- Der Beantwortungsaufwand einer Eigenschaft; er gibt an, wie lange der Benutzer durchschnittlich braucht, um eine Frage nach dem Wert der Eigenschaft zu beantworten. Eigenschaften mit kurzer Beantwortungszeit werden höher bewertet. In die Beantwortungszeit gehen selbstverständlich auch Zeiten der Montage, Demontage etc. ein.
- Die Fehlerhäufigkeit einer Eigenschaft; bei der Systemimplementation wird festgelegt, wie häufig diese Eigenschaft einen als Fehler gekennzeichneten Wert annimmt. Damit werden Fehler, die nur sehr selten auftreten, später vom Benutzer erfragt.

1

$$\text{inter}(c) := \begin{cases} \text{unknown}(c) & \text{if } \text{typ}(c) = \text{atomic} \\ \bigcup_{x \in \text{subconds}(c)} \text{inter}(x) & \text{if } W(c) = U \\ \emptyset & \text{if } W(c) \in \{T, F\} \end{cases}$$

$\text{cond\_inter}(c) := \text{inter}(c) \setminus \{e \in \text{inter}(c) \mid \text{inactive\_groups}(e) \neq \emptyset$
$\text{or } W(\text{cond}(e)) = F\}$

2

$\text{interest}_0 := \bigcup_{c \in \text{rules}} \text{cond\_inter}(c)$

$\text{eliminate}_0 := \emptyset$

$\text{impossible}_i := \{e \in \text{interest}_i \mid \text{cond}(e) = U\}$

$\text{replace}_i := \bigcup_{e \in \text{impossible}_i} \text{cond\_inter}(\text{cond}(e))$

$\text{eliminate}_{i+1} := \text{eliminate}_i \cup \text{impossible}_i$

$\text{interest}_{i+1} := (\text{interest}_i \cup \text{replace}_i) \setminus \text{eliminate}_{i+1}$

3

$$\text{heu}(E) = \begin{cases} \left. \begin{array}{l} w\_exp * \exp(E) + \\ w\_freq * \text{freq}(E) + \end{array} \right\} \text{statisch} \\ \left. \begin{array}{l} w\_trans * \text{trans}(E) + \\ w\_evid * \text{evid}(E) + \\ w\_many * \text{many}(E) + \\ w\_tip * \text{tip}(E) \end{array} \right\} \text{dynamisch} \end{cases}$$

Abb. 17.5. Eine Heuristikfunktion für Frage-Antwort-Systeme

Die dynamischen Kriterien untersuchen den aktuellen Zustand der Diagnose (der Regelbasis) und bewerten die Eigenschaften nach ihrer Wichtigkeit für den weiteren Ablauf der Diagnose. An dynamischen Kriterien sind realisiert:

- Transitivität der Regeln; dabei werden alle Regeln dahingehend untersucht, daß die Folgerungstiefe einer Eigenschaft optimiert wird. Basisfragen, die nicht aus anderen Fragen ableitbar sind, bekommen eine höhere Bewertung.
- Evidenz; es werden Eigenschaften danach bewertet, wie viele weitere Eigenschaften notwendigerweise erfragt werden müssen, damit eine Regel abgearbeitet werden kann. Es werden hierbei Eigenschaften bevorzugt, die eine Regel zur Ausführung bringen, ohne daß weitere Eigenschaften abgefragt werden müssen.
- Verwendungshäufigkeit; es wird ermittelt, in wie viele Regeln diese Eigenschaft noch als relevante, interessante Bedingung eingeht. Es werden diejenigen Eigenschaften höher bewertet, die in möglichst vielen Regeln verwendet werden können.
- Höherbewertung durch Benutzerbonus; die Eigenschaften, die ein Benutzer mit einem Tip-Bonus versieht, werden höher bewertet als andere Eigenschaften. Die nächste ermittelte Frage wird vom Inferenzmechanismus an das Frage-Antwort-Modul weitergeleitet. Dieses bestimmt aufgrund von Tabellen, welches Modul (Benutzungsschnittstelle, Sensorik, Datenbank, externe Funktion) die entsprechende Frage zugeleitet bekommt. Kann eine Frage nicht beantwortet werden, so kann mit der als nächstwichtig eingestuften Frage fortgefahren werden. Abbildung 17.5 definiert den hier verwendeten Algorithmus.

18 Interaktive Dokumentationssysteme, elektronische Bücher und Hilfesysteme

Anwender von Computersystemen sehen sich traditionell mit einer Problemstellung konfrontiert: Systeme sind mittlerweile so komplex, daß der Benutzbarkeit ohne ein effektiv nutzbares Handbuch bzw. eine entsprechende Dokumentation Grenzen gesetzt sind. Dokumentationen sind oft jedoch nicht in ausreichendem Maße am Arbeitsplatz verfügbar, sie sind verliehen oder nicht aktuell. Außerdem gestaltet sich die Suche nach themenspezifischen Informationen in umfangreichen Handbüchern oft schwierig. Menge, Komplexität und Änderungsgeschwindigkeit der zu verwaltenden Dokumentationen sind oft zu groß für eine Papierdokumentation. Hier bietet sich die Verwendung eines rechnerbasierten interaktiven Dokumentationssystems an.

18.1 Anforderungen von Nutzern, Autoren und Software-Entwicklern

Ein Handbuchautor hat die Anforderung, in einem Dokumentationssystem die gewohnte Arbeitsumgebung verwenden zu können. Die Papierdokumentation und deren computerlesbare Fassung soll aus ein und derselben Quelle gewartet werden. Der Programmierer benötigt ein Hilfesystem, das kontextsensitiv in die Anwendung integrierbar ist. Andere Anwendungsmöglichkeiten von elektronischen Dokumentationssystemen sind denkbar: So als Handbuch für den Organisator oder für die Qualitätssicherung bzw. als Projekthandbuch oder allgemein als eine themenspezifische Loseblattsammlung. Auch der Einsatz für mehrsprachige Produktdokumentationen und bei technischen Übersetzungen ist dokumentiert. Daher sollte das System leicht erweiterbar und flexibel einsetzbar sein. Vor diesem Hintergrund wurde ein entsprechendes System IDS (interaktives Dokumentations-system) entwickelt:

- Es bietet eine graphische Benutzungsoberfläche, die durch Umsetzung der Buchmetapher dem Anwender einen intuitiven Zugang zur Information ermöglicht. Darüber hinaus kann der Anwender auf Funktionen zugreifen, die für ein Hypertext-System typisch sind, wie interaktive Querverweise und mächtige und komfortable Index- und Suchfunktionen.
- Ein Handbuchautor kann das System nutzen, um in der vertrauten Editierumgebung eines Textsystems oder anderer Standardwerkzeuge Handbücher zu erstellen. Sowohl Online-Handbücher als auch deren gedruckte Fassung werden aus derselben Quelle gewartet.

- Der Programmierer oder Anwendungsersteller verwendet das System zur Integration eines eigenen Hilfesystems in die zu erstellenden Anwendungen. IDS läßt sich an spezifische Bedürfnisse und Aufgaben anpassen und erweitern.

18.2 Vorteile elektronischer Dokumentationssysteme

In einer computerunterstützten Umgebung ist elektronische Dokumentation ein naheliegendes Arbeitsmittel. Die vermuteten Vorteile der Verwendung elektronischer Bücher im Sinne interaktiver Dokumentationssysteme lassen sich wie folgt zusammenfassen:

- Buchartige Bedienung: Die vertraute Struktur von Handbüchern wird nachempfunden. Alle wichtigen Strukturelemente von klassischen Handbüchern wie Inhaltsverzeichnis, Glossar, Register oder Abkürzungs- und Abbildungsverzeichnisse werden durch bereits erwähnte interaktive Systeme nachgebildet. Die graphische Benutzerführung erleichtert auch ungeübten Anwendern den Einstieg.
- Schnelle Zugriffe: Gegenüber der Papierdokumentation ermöglichen elektronische Dokumentationssysteme durch hypermediaartige Zugriffsstrukturen und Verwendung von Techniken des Information Retrieval einen schnellen Zugriff auf gewünschte Informationen. Textbestände von mehreren tausend Seiten können mittels einer Volltextsuche innerhalb kürzester Zeit nach einer bestimmten Phrase durchsucht werden. Dabei kann die Suche auch "unscharf" durchgeführt werden.
- Multimediaanbindungen: Die Funktionen der Lesekomponente des Systems können durch Bild-, Video- oder Toneinspielungen ergänzt werden. Dies ermöglicht eine weiterhin verbesserte Informationsaufbereitung. Weiterhin können aus dem Dokumentationssystem heraus beliebige ausführbare Programme gestartet werden.
- Individualisierung: Ein Handbuch kann durch den Anwender mit eigenen Notizen, Lesezeichen oder anwenderspezifischen Stylevorgaben ergänzt werden. Diese Ergänzungen bleiben auch bei Neuauflagen erhalten. Die Ergänzungen können individuell oder für einzelne Organisationseinheiten abgestuft (systemweit/Lesernotiz) wahrgenommen werden.
- Erweiterbarkeit und Lokalisierbarkeit: das System stellt einen Werkzeugkasten bereit, der es ermöglicht, Anpassungen an lokale Bedürfnisse (Länderspezifika, Firmenspezifika, Anwendungsspezifika) vorzunehmen. Es ist aus diesem Grund mit Hilfe eines Meta-Systems (User Interface Management Systems) entwickelt worden. Bei Beherrschung der Entwicklungsumgebung des Meta-Systems können mit Hilfe des Werkzeugkastens entsprechende Erweiterungen und Lokalisierungen vorgenommen werden. Zusätzlich erfolgt die Ablage der Dokumentationstexte in einer systemunabhängigen Datenbank im Format ODF (eine semantische Beschreibungssprache), um maximale Flexibilität zu erreichen.
- Integration mit DV-Anwendungen: Das interaktive Dokumentationssystem kann mit neu erstellten oder bestehenden Anwendungen z. B. als kontextsensi-

tives Hilfesystem oder Einlernsystem integriert werden. Dabei kann es mit mehreren voneinander unabhängigen Anwendungen bidirektional kommunizieren. Über die verschiedenen Anwendungen hinweg ist die Einhaltung eines einheitlichen Styles zu garantieren.
- Verwendung von Standard-Client-Umgebungen: Bei interaktiven Dokumentationssystemen können für die Erstellung von Online- und gedrucktem Handbuch Standard-Client-Systeme auf PCs wie z. B. Textverarbeitungssysteme verwendet werden. Dabei werden mit Hilfe dieser Standardwerkzeuge beide Präsentationsformen des Handbuchs in einer Quelle gepflegt. Weiterhin verwendbar sind Autorenumgebungen wie z. B. LATEX oder Markup-Sprachen wie SGML.
- Portabilität und Flexibilität: das System ist plattformunabhängig bezüglich der wesentlichen heute verwendeten Industriestandards wie MS-Windows, OS/2, Windows NT und der verschiedenen UNIX-Derivate. So kann z. B ein Online-Hilfesystem für eine Unix-basierte Anwendung mit Microsoft Word for Windows 2.0 oder Microsoft Word 6.0 auf einem PC erstellt werden. Dies wurde für das interaktive Dokumentationssystem dadurch gewährleistet, daß Portabilität und Flexibilität des Viewers durch ein Meta-System erreicht werden.
- Wirtschaftlichkeit: ein Online-Medium reduziert den Aufwand für die Vervielfältigung und Verbreitung von Dokumentationen im Gegensatz zu Papierdokumentationen wesentlich. Dem steht ein gewisser erhöhter Umfang bei der Erstellung gegenüber. Dieser erhöhte Umfang dient andererseits aber auch zur verbesserten Erschließung der Dokumente für den Benutzer. Mit einem interaktiven Dokumentationssystem bieten sich verbesserte Möglichkeiten zu kürzeren Neuauflagezyklen, um dem Nutzer der Information zeitgenaue Informationen zuführen zu können.

18.3 Die Architektur des interaktiven Dokumentationssystems IDS

Das System besteht aus mehreren Komponenten, die in Abb. 18.1 dargestellt sind. Die Hauptkomponenten dieses Systems sind demnach:
- Editierumgebungen für Quelldokumente; (z. B. IDS Word, IDS LATEX oder Interleaf bzw. FrameMaker);
- ODF-Repräsentationsmechanismus für online-fähige Dokumente;
- Konvertierer für das interne "Online Document Format" (IDS Convert), der die Formate der unterschiedlichen Client-Umgebungen in das interne Format ODF umwandelt;
- Eine Archivierungs- und Verwaltungskomponente (IDS Archive);
- Eine Laufzeitkomponente für den Benutzer zum Arbeiten mit Online-Büchern (IDS View);
- Ein Werkzeugkasten für individuelle Anwenderumgebungen (IDS Toolkit);
- Eine Funktionsbibliothek zur Kommunikation zwischen der IDS Laufzeitumgebung und externen Anwendungen (IDS Wire).

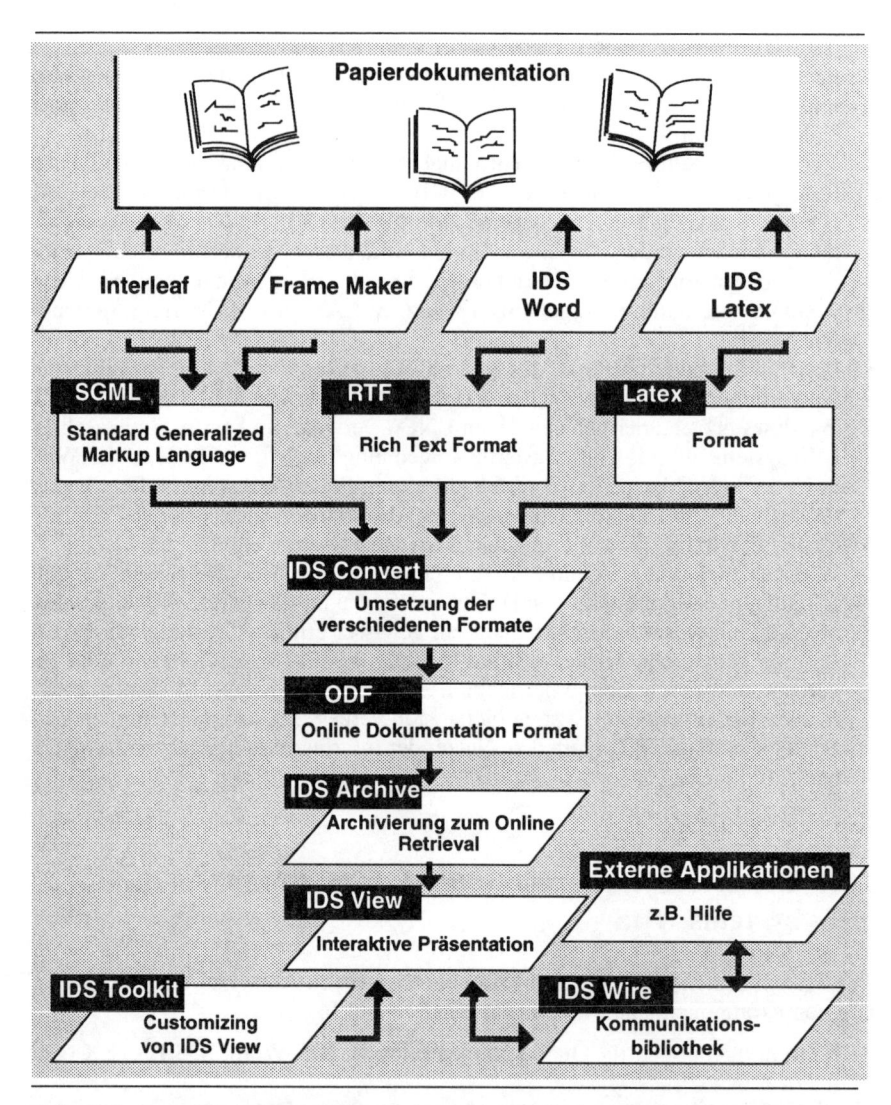

Abb. 18.1. Interaktives Dokumentationssystem IDS: Architektur und Informationsfluß

Dabei wird das Quelldokument mit Hilfe gängiger Textverarbeitungs- bzw. Dokumentationssysteme erfaßt. Zum Ausdrucken der Papierdokumentation kann auf die Funktionalität dieser Systeme zurückgegriffen werden. Vor der Präsentation des Dokuments auf dem Bildschirm wird es in das interne ODF-Format umgewandelt. Die Konvertierung wird durch das Teilsystem "Convert" des Dokumentationssystems realisiert, ein Filterprogramm, das die Abbildung zwischen den oben genannten Editierumgebungen und IDS View herstellt. Hierbei dient das Online

Documentation Format ODF als systemunabhängige Schnittstelle zwischen der Datenrepräsentation des Dokuments und IDS View.

Der Viewer des Systems realisiert die Präsentation des Dokuments auf dem Bildschirm und dient damit als Schnittstelle zum Benutzer. Die verfügbare Dokumentation wird in einzelne Handbücher unterteilt. Jedes Handbuch wiederum gliedert sich in kleinere logische Einheiten, die sog. Knoten. Sie bilden eine wesentliche Grundlage für die Navigationsfunktionalität.

ODF enthält textuelle Informationen ebenso wie strukturelle Informationen, die zur interaktiven Arbeit am Bildschirm notwendig sind. Hierzu gehören neben der Untergliederung des Dokuments auch Querverweise, ein Stichwortverzeichnis u. a. Die Möglichkeiten der breiten Beeinflussung von Layout und Typographie, wie sie DTP-Systeme bieten, wurden in ODF bewußt zugunsten einer semantischen Auszeichnung eingeschränkt. Dies ermöglicht eine übersichtliche und einheitliche Präsentation auf einem breiten Spektrum von Fenstersystemen sowie semantikgestützte Zugriffsmechanismen.

18.3.1 Das Erstellen von Dokumenten

Bei der Konzeption des Systems wurde bewußt darauf verzichtet, dem Benutzer ausschließlich Spezialwerkzeuge im Bereich von Dokumentenauszeichnungssprachen zur Verfügung zu stellen. Vielmehr hat der Autor eines elektronischen Buchs die Option, die Funktionalitäten des Systems über gewohnte PC-Umgebungen zu nutzen.

Dabei werden dem Autor erweiterte Versionen der gängigen Client-Standard-Anwendungen wie z. B. Word an die Hand gegeben. Die Kernelemente der Dokumente werden in diesen gewohnten Textsystemen mit ihren gewohnten Funktionalitäten erstellt. Aufzählungen, Tabellen, Querverweise und die Einbindung von Graphiken, Inhaltsverzeichnisse und Indizes werden daraus, sofern sie spezifiziert wurden, in IDS View automatisch erzeugt. Das RTF-Format (Rich Text Format) dient dabei als Übertragungsformat.

Erweitert wurden in IDS Word (bzw. auch in der Auszeichnungssprache LATEX) die Benutzungsschnittstellen der zugrundeliegenden Standardwerkzeuge um spezifische Menüs und Dialogfelder. Mit der zugrundeliegenden Zusatzfunktionalität werden die erweiterten interaktiven Fähigkeiten eines elektronischen Buchs definiert. Auch die Ergebnisse von Arbeitsvorgängen eines Editiervorgangs mit anderen Standardwerkzeugen im Bereich Graphik, Tabellenkalkulation, Planungssysteme oder Datenbankmanagement und Reportgenerierung können im Sinne eines zusammengesetzten Dokuments (compound document) eingebunden werden.

Über die Verwendung von Standard-PC-Werkzeugen hinaus können Auszeichnungssprachen (Markup Languages) als Repräsentationsmechanismus einschließlich entsprechender Editierwerkzeuge verwendet werden. Am bekanntesten sind hier LATEX (eine Auszeichnungssprache) sowie SGML (ISO 8879) mit Editierwerkzeugen bzw. Dokumentenmanagement-Systemen wie Interleaf bzw. FrameMaker.

Durch das hier dargestellte Vorgehen ist gewährleistet, daß ein gemeinsames Quelldokument für ein elektronisches und ein gedrucktes Buch gepflegt werden kann. Bei den späteren Konvertierungs-, Umsetzungs- und Darstellungsprozessen werden die wesentlichen Formatierungs- und Auszeichnungselemente aus dieser Repräsentation übernommen und für das jeweilige Präsentationsmedium (Papier/-Bildschirm) aufgearbeitet.

18.3.2 ODF – Das Online Documentation Format

Komponenten eines Textdokuments, die nicht den Inhalt repräsentieren, werden als "Auszeichnung" bzw. "Markup" bezeichnet. Die Zusammenfassung entsprechender Sprachelemente wird als Markup-Sprache bezeichnet. Dabei werden einerseits die logischen Elemente eines Textes kenntlich gemacht (also z. B. Kapitelüberschriften, Absätze, Tabellenköpfe, Tabellenfüße etc.). Andererseits repräsentieren Markup-Sprachen Formatierungsbefehle für das Layout und die Erscheinung der entsprechenden Texte.

Für diese zweite Form des Markups wird auch der Begriff prozedurales Markup verwendet. Im Gegensatz dazu hat sich für den weiter oben beschriebenen Themenkreis der Begriff eines generischen Markups, der die strukturellen Eigenschaften eines Textes beschreibt, herausgebildet. Durch die Einbettung des Inhalts eines Dokuments in prozedurales und generisches Markup wird eine wesentlich höhere Flexibilität bei der Bearbeitung und Präsentation von Dokumenten erreicht. Auch bietet dies die Möglichkeit, Dokumente portabel für verschiedene Zielmedien (Druck und unterschiedliche EDV-Plattformen) aufzubereiten.

Das Online Documentation Format ODF ist eine spezifische Markup-Sprache. Das Online Documentation Format ODF wurde mit dem Ziel der Portabilität entwickelt und enthält alle Informationen, die vom IDS Viewer zur Bildschirmdarstellung und zur Navigation im Text benötigt werden. ODF umfaßt damit eine Vielzahl von strukturellen und typographischen Elementen für Aufzählungen, Listen, komplexe Tabellen, Graphiken, mathematische Formeln, Querverweise und Verweise auf externe angebundene Funktionen. Die verschiedenen in ODF repräsentierten Online-Dokumente werden durch die Komponente IDS Archive verwaltet und von IDS View zur Laufzeit auf dem entsprechenden Bildschirm formatiert. Quelldokumente, die in ODF konvertiert wurden, sind in den entsprechenden unterstützten Systemen unverändert für den gewohnten Ausdruck auf Papier verfügbar.

18.3.3 Konvertierung von Texten

Standardformate der Editierumgebung sind die Formate der Produkte Word for Windows 2.0, Word 6.0, LATEX als eine weitverbreitete Markup-Sprache sowie Data Type Definitions (DTDs) der international standardisierten Markup-Sprache SGML (hierzu zählt auch HTML). Die entsprechenden internen Formate werden von einem jeweils produktspezifischen Konvertierer in das interne ODF-Format überführt. Dieses Konvertierungsprogramm ist als ein spezieller Filter für die entsprechenden Quellformate konzipiert. Für den Benutzer von IDS sind daher im Regelfall spezifische Kenntnisse von ODF als Zielformat dieses Konvertierungsprozesses nicht notwendig.

18.3 Die Architektur des interaktiven Dokumentationssystems IDS

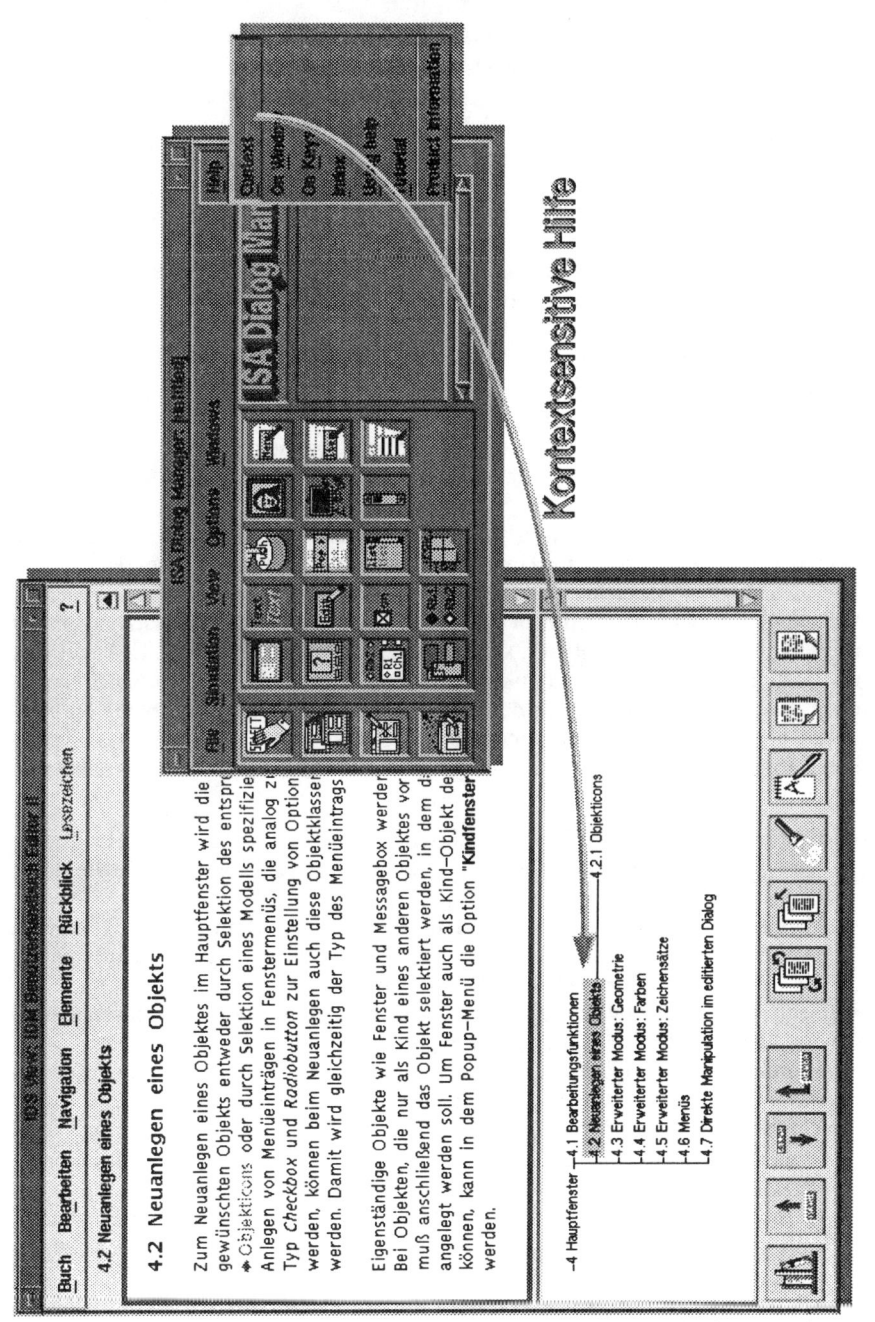

Abb. 18.2. Typische Benutzerumgebung eines elektronischen Dokumentationssystems im Kontext eines Hilfesystems. Das System wurde mit IDS und dem DIALOG MANAGER (IDM) realisiert

ODF ist ein volldokumentiertes ASCII-Format. Es ist damit relativ einfach möglich, Konverter für weitere bisher nicht unterstützte Editoren oder Textformate zu implementieren. Für eine solche Implementation werden allerdings genaue Kenntnisse der Syntax und Semantik von ODF benötigt.

18.3.4 Der Viewer: Die Benutzersicht des IDS Systems

IDS View ist die Präsentationskomponente von IDS. Es ist für alle unterstützten Plattformen verfügbar. Es unterstützt auf der Basis des Formats ODF alle gängigen Plattformen wie Microsoft Windows, OS/2 und OSF/Motif sowie alphanumerische Terminals. Dabei paßt sich die Textdarstellung jeweils automatisch den Gegebenheiten der darunterliegenden Plattform an: Listen, Tabellen, Graphiken, Hyperlinks, mathematische Formeln etc. werden entsprechend den Gegebenheiten des darunterliegenden Systems präsentiert. Es unternimmt auch Anpassungen zur Laufzeit wie z. B. die Anpassung komplexer Tabellen an aktuelle Fenstergrößen.

IDS View enthält einen interaktiven graphischen Browser zur Orientierung über die aktuelle Position im Handbuch und zur Präsentation eines Überblicks über den Aufbau der elektronischen Dokumentation. Darüber hinaus realisiert es vielseitige Navigationsfunktionen für Online-Dokumentationen. Zusätzlich enthält es Funktionalität zur gezielten Textsuche und zur Volltextrecherche. Es bietet eine Annotationenumgebung mit Funktionen wie persönlichen Notizen und Lesezeichen. Bei Weiterentwicklungen der Online-Dokumentation im Rahmen von Neuauflagen bleiben diese kontextspezifischen Anpassungen erhalten. Das System kennt folgende Navigationsfunktionen, die tabellarisch im folgenden beschrieben werden:

- Graphische Gliederung: Die hierarchische Gliederung des aktuellen Handbuchs wird graphisch dargestellt. Durch Anklicken kann eine gewünschte Stelle direkt erreicht werden.
- Historienfunktion: Um zu verhindern, daß sich der Benutzer im Dokument "verirrt", wird eine Liste der besuchten Knoten erstellt. Somit kann leicht zu früheren Textstellen zurückgefunden werden.
- Sequentielle Navigation: Der Benutzer kann die einzelnen Knoten sequentiell durchblättern. Dies entspricht dem Blättern in einem Buch.
- Hierarchische Navigation: Der Benutzer kann von einem Unterkapitel direkt in das übergeordnete Kapitel gelangen oder sich durch Überspringen von Unterkapiteln einen ersten Überblick verschaffen.
- Direkte Navigation: Der Benutzer kann einzelne Knoten direkt über das Inhaltsverzeichnis, den Index oder das Abbildungsverzeichnis erreichen.
- Querverweise: Im Text dargestellte Querverweise werden hervorgehoben dargestellt und können angeklickt werden. Der Benutzer gelangt damit an die entsprechende Stelle des Dokuments.
- Stichwortsuche: Der Benutzer kann im Index nach einzelnen Stichworten suchen. Ausgehend von der Liste gefundener Einträge können die entsprechenden Knoten ausgewählt werden.

- Freitextsuche: Ebenso kann der gesamte Dokumentationstext nach Begriffen durchsucht werden. Die Auswahl der gefundenen Textstellen erfolgt wie bei der Stichwortsuche.

Zusätzlich zu struktur- und inhaltsbezogenen Informationen des Dokuments kann der Benutzer eigene Lesehilfen hinzufügen:

- Lesezeichen: Wichtige Knoten können mit benannten Lesezeichen markiert und somit für zukünftige Zugriffe erreicht werden.
- Notizen: Der Benutzer kann an jeden Knoten eigene Notizen heften, ähnlich dem Einfügen von Haftnotizen in Büchern.

18.3.5 Der Autorenschreibtisch

IDS Archiv ist eine graphische Benutzungsoberfläche (Autorenschreibtisch), die ein Autor zur Verwaltung von Dokumentationen einsetzt. Mit dieser Komponente werden Manuskripte eines elektronischen Handbuchs angelegt und verwaltet. Ein Manuskript ist dabei intern als Verzeichnis innerhalb des zugrundeliegenden Dateisystems realisiert; es enthält alle Informationen, die einem bestimmten Handbuch zugeordnet sind. Dazu gehören im Regelfall der Quelltext in den entsprechenden Quellformaten, IDS-spezifische Informationsdateien, Graphikdateien oder andere einzubindende Dokumente.

Mit dem Archiv können Handbücher und Bücherregale zur Liste der existierenden Bücher und Regale hinzugefügt oder daraus entfernt werden. Aus dem Autorenschreibtisch heraus kann der Viewer gestartet werden, um die entsprechenden Handbücher einzusehen.

Im Kontext des Archivs wird mit für Autoren gewohnten Begriffen wie Manuskript, Handbuch und Bücherregal gearbeitet. Die Archivierungskomponente unterstützt bei der Vergabe von Signaturen und bei der Vorbereitung der Handbücher zur Volltextrecherche. Es macht organisatorische Details eines Dateiverwaltungssystems für den Benutzer des Autorenschreibtischs transparent.

18.3.6 Der Toolkit

Der Toolkit ermöglicht die individuelle Anpassung der Viewer-Komponente. Dabei können Firmenrichtlinien, Styleguides und Hardwareanforderungen die Ausgestaltung des Viewers beeinflussen. Weiterhin können eigene Dokumententypen und Formate (Graphikformate für technische Zeichnungen etc.) integriert werden. Die Gestaltung der Präsentationskomponente in Farben, Schriftarten oder Layout können durch den Toolkit verändert werden. Es können neue Icons, Menüeinträge oder Dialogfelder hinzugefügt werden. Der Toolkit ermöglicht die Anbindung von externen Anwendungen wie z. B. das Abspielen von Videosequenzen.

18.3.7 Inter-Prozeß-Kommunikation (IPC): Die WIRE-Bibliothek

Ein integriertes Dokumentationssystem soll in Client/Server-Architekturen nutzbar sein. Dies gilt für die Nutzung als Hilfesystem (gemeinsame Nutzung des Hilfeservers für mehrere Applikationen), als Online-Styleguide (zentraler Styleguide-Server für Entwicklungsteams) als auch für die generelle Nutzung als elektronisches Buch (zentraler Buchserver für mehrere Bücher und Anwendergruppen). Dies ergibt die Notwendigkeit einer IDS-unabhängigen, systemneutralen Kommunikationsbasis mit spezifischen Anwendungsprotokollen (z. B. für die Hilfefunktion).

Die IPC-Bibliothek WIRE (Window-based Interface for Remote Exchange) stellt eine Programmierschnittstelle für den systemneutralen Datenaustausch zwischen Fenstersystemapplikationen zur Verfügung. Sie ist für das Fenstersystem X Windows unter Verwendung des X Toolkit, für Microsoft Windows und für den Presentation Manager implementiert. Die Bibliothek verwendet Funktionen des Fenstersystems als Kommunikationsbasis. Unter dem X Windows System werden Daten über das X Protocol und den X Server ausgetauscht. Unter Microsoft Windows und Presentation Manager wird der DDE-Mechanismus (Dynamic Data Exchange) verwendet.

Die WIRE-Bibliothek wurde für den Transfer von kleinen Datenmengen entworfen und implementiert (einige hundert Byte oder wenige Kilobyte). Hauptanwendung ist der Austausch von Steuermeldungen zwischen Applikationen. Die WIRE-Bibliothek verwendet das Konzept eines dienstorientierten Datenaustauschs. Eine Applikation kann einen bestimmten Dienst zur Verfügung stellen; sie fungiert dann als Server für diesen Dienst. Eine andere Applikation kann das Vorhandensein eines bestimmten Dienstes überprüfen und sich als Client beim entsprechenden Server anmelden. Über Schnittstellenfunktionen können dem Server sodann Datenpakete (Messages) übermittelt werden. Die Antworten des Servers auf diese Datenpakete treffen als Ereignis (Event) beim Client ein.

Die Verbindung zwischen Server und Client ist hierbei vollständig asynchron. Die direkte Rückmeldung über Erfolg bzw. Mißerfolg einer vom Client initiierten Anfrage ist nicht möglich. Nach einer bestimmten Zeit treffen jedoch Events ein, die das Resultat einer Anfrage enthalten. Neben Rückmeldungen des Servers, die applikationsspezifische Daten enthalten, existieren Kontrollmeldungen, die von der Bibliothek intern generiert werden. Diesen Kontrollmeldungen kann beispielsweise entnommen werden, daß die Verbindung zum Server abgebrochen oder daß ein Dienst neu registriert wurde. Die Trennung zwischen Server und Client besteht jeweils für eine bestimmte Verbindung und einen bestimmten Dienst. Jeder Server kann von beliebig vielen Clients in Anspruch genommen werden. Jeder Client kann beliebig viele Dienste in Anspruch nehmen. Jeder Server kann beliebig viele (unterschiedliche) Dienste bereitstellen. Dieselbe Applikation kann zugleich Server und Client für verschiedene Dienste (oder auch denselben Dienst) sein.

Die hier vorgestellte Funktionsbibliothek IDS WIRE bildet, wie im nachfolgenden Unterkapitel verdeutlicht werden wird, die Basis z. B. zur Implementation eines Hilfesystems für graphisch-interaktive Informationssysteme.

18.4 Realisierung von Online-Hilfekomponenten

Eine der wesentlichen Anwendungen für Online-Dokumentationssysteme sind kontextsensitive Hilfesysteme. Dabei übernimmt die Funktionsbibliothek (IDS WIRE) die Kommunikation zwischen dem Viewer des Dokumentationssystems und der Benutzungsschnittstelle spezifischer Anwendungen. Ein Hilfesystem muß dabei mit der zu unterstützenden Anwendungsumgebung integriert sein. Es konnte nachgewiesen werden, daß die hierarchische Organisation einer typischen Bedieneroberfläche auf die Hierarchie der zugehörigen Online-Dokumentation projiziert werden kann. Durch diese Abbildung wird ein Mechanismus zur kontextsensitiven Hilfe implementierbar.

Abbildung 18.4 zeigt ein Beispiel für eine generierte kontextsensitive Hilfe. Dabei wird die Objekthierarchie der Dialogbox im unteren Teil der Hilfe als Baumstruktur mit dem entsprechenden Fokus auf das Attribut "Weckzeit" abgebildet. Im oberen Teil wird der Hilfetext dargestellt. Dabei steht die Hilfe in Übereinstimmung mit der Produktdokumentation und evtl. vorhandenen tutoriellen Unterlagen, die daraus entwickelt wurden.

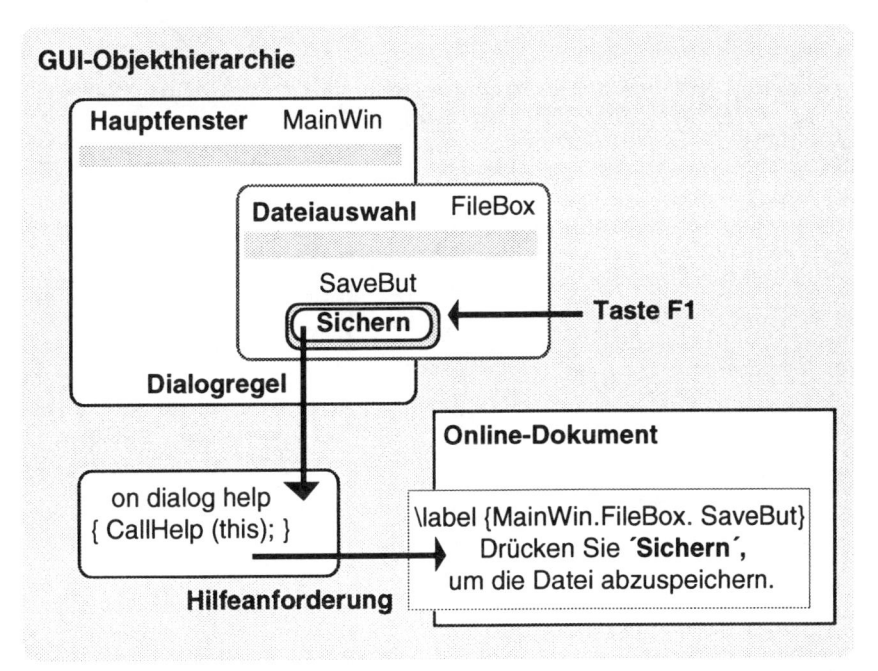

Abb. 18.3. Ablauf einer kontextsensitiven Hilfe mit den Schritten "Drücken einer Hilfetaste", "Analysieren der momentan im Focus stehenden Dialogregel" und "Generierung einer Hilfeanforderung an das Online-Dokument". Dabei wurde die Verwendung eines regelbasierten User Interface Systems wie z. B. des ISA Dialog Managers vorausgesetzt

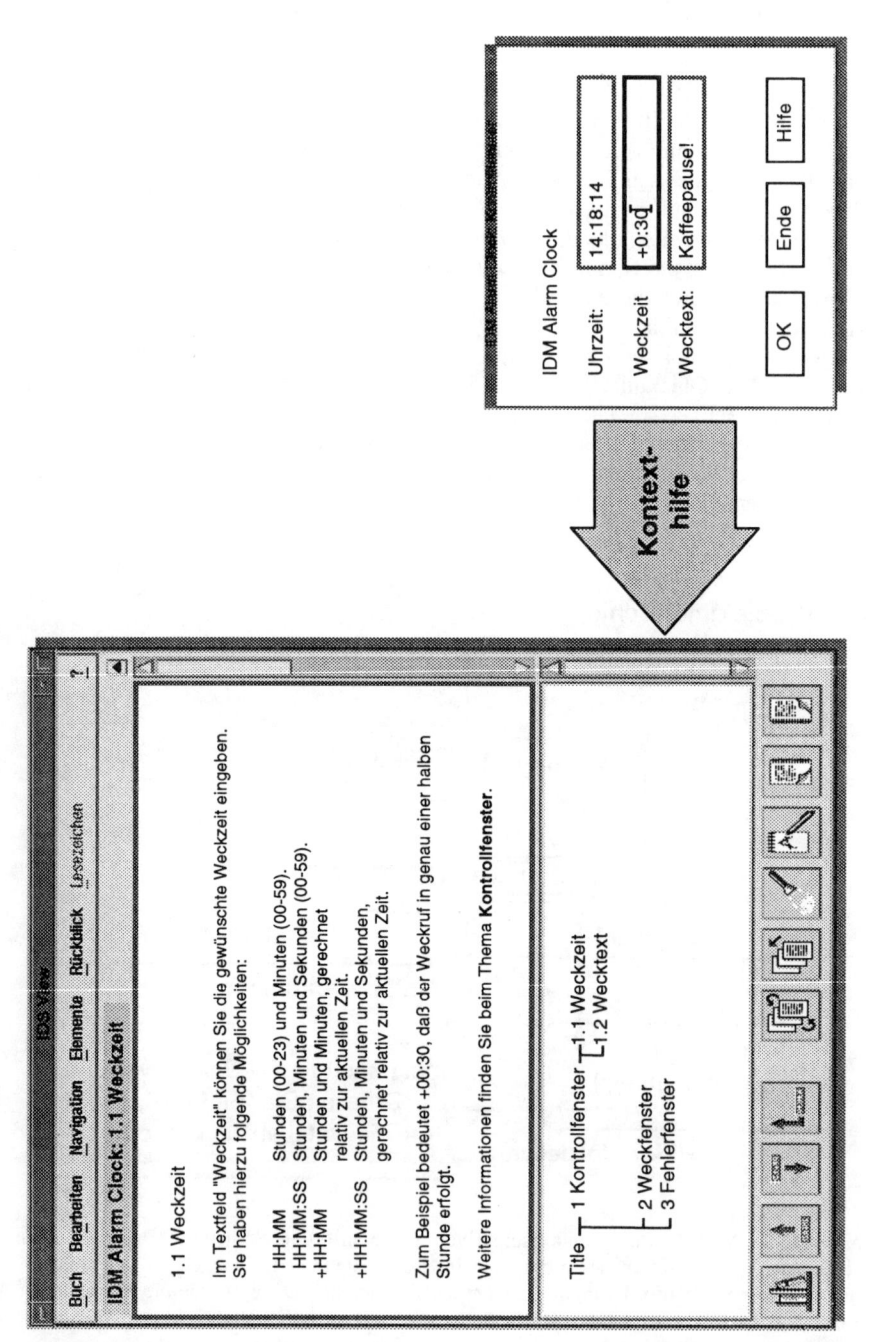

320 18 Interaktive Dokumentationssysteme, elektronische Bücher und Hilfesysteme

Abb. 18.4. Beispiel für eine Dialogbox und die unter Verwendung des IDS-Systems generierte kontextsensitive Hilfe

18.4 Realisierung von Online-Hilfekomponenten

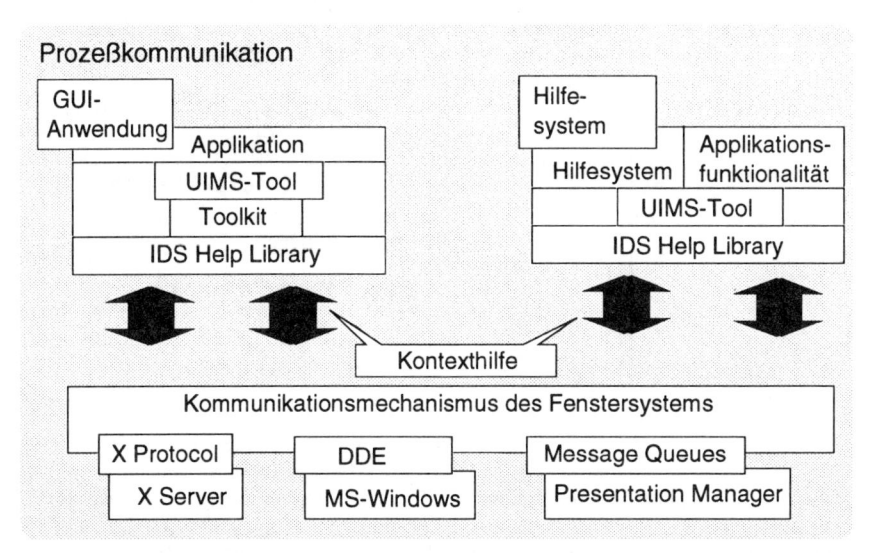

```
Prozeßkommunikation
┌─────────────────────────────────┐      ┌─────────────────────────────────┐
│ GUI-                            │      │ Hilfe-                          │
│ Anwendung  Applikation          │      │ system      Applikations-       │
│            UIMS-Tool            │      │ Hilfesystem funktionalität      │
│            Toolkit              │      │             UIMS-Tool           │
│            IDS Help Library     │      │             IDS Help Library    │
└─────────────────────────────────┘      └─────────────────────────────────┘
        ⇅           ⇅                Kontexthilfe      ⇅           ⇅
        Kommunikationsmechanismus des Fenstersystems
        ┌──────────────┐  ┌──────────────┐  ┌────────────────────┐
        │ X Protocol   │  │ DDE          │  │ Message Queues     │
        │ X Server     │  │ MS-Windows   │  │ Presentation Manager│
        └──────────────┘  └──────────────┘  └────────────────────┘
```

Abb. 18.5. Generelle Architektur eines Hilfesystems, das mit einer Anwendung über eine IDS Help-Bibliothek verbunden ist

Die generelle Systemarchitektur des Hilfesystems ist dabei in Abb. 18.5 dargestellt. Eine oder mehrere Anwendungen binden die IDS Help-Bibliothek unterhalb der Ebene der verwendeten Werkzeugkästen für die Benutzungsschnittstelle (Toolkit) an sich. Ein systemweites Hilfesystem ist eng mit dem entsprechenden Benutzungsschnittstellenwerkzeug (z. B.: User Interface Management System) gekoppelt und wertet dessen Dialogbeschreibungssprache syntaktisch und semantisch aus. Das Hilfesystem arbeitet dabei plattformübergreifend und nutzt die entsprechenden Nachrichtenprotokolle der darunter liegenden Fenstersysteme.

Das Hilfesystem kennt verschiedene Standardmechanismen, um bei einem gegebenen Objektpfad (A.B.C) verschiedene Formen der Kontextsensitivität auf unterschiedlichen Abstraktionsebenen zu realisieren.

Dabei wird standardmäßig der gesamte Pfad (A.B.C) im sogenannten "exact match" ausgewertet. Es wird, falls im Hilfesystem definiert, die konkrete Funktion eines Dialogelements im gesamten aktuellen Kontext als Hilfe angeboten. Wird nur der Detailstring "B.C" aufgefunden, so spricht man von einem "object match". Dabei wird die prinzipielle Funktion eines Dialogelements im allgemeinen Kontext interpretiert. Wird vom konkreten Objekt "C" abstrahiert, so spricht man von einem "context match". Dabei wird die konkrete Funktion der aktuellen Objektgruppe im aktuellen Kontext interpretiert.

Wie bereits erläutert, übernimmt die Bibliothek IDS WIRE den zwischen der Benutzungsschnittstelle der Anwendungssysteme und IDS View notwendigen Informationsaustausch. Hierfür stellt IDS View einen dedizierten Dienst zur Verfügung und definiert Nachrichtentypen, die das Aufblättern bestimmter Hilfeseiten ermöglicht. Dem Entwickler wird dafür die IDS Help-Bibliothek zur Verfügung gestellt. In dieser Bibliothek finden sich auch die Funktionen der zugrunde liegen-

Informationsrelevanz durch Kontextsensitivität und Fallback-Mechanismen				
Objektpfad	Einstiegspunkte			
A. B. C →	1	A. B. C		exact match
	2	B. C		object match
	3	C		
	4	A. B.		context match
	5	B.		
	6	A.		

Begriffserläuterung

exact match	Konkrete Funktion des Dialogelements im aktuellen Kontext (MainWin.FileBox.SaveBut)
object match	Prinzipielle Funktion des Dialogelements im allgemeinen Kontext (FileBox.SaveBut)
context match	Konkrete Funktion der Objektgruppe im aktuellen Kontext (TextWin.FileBox)

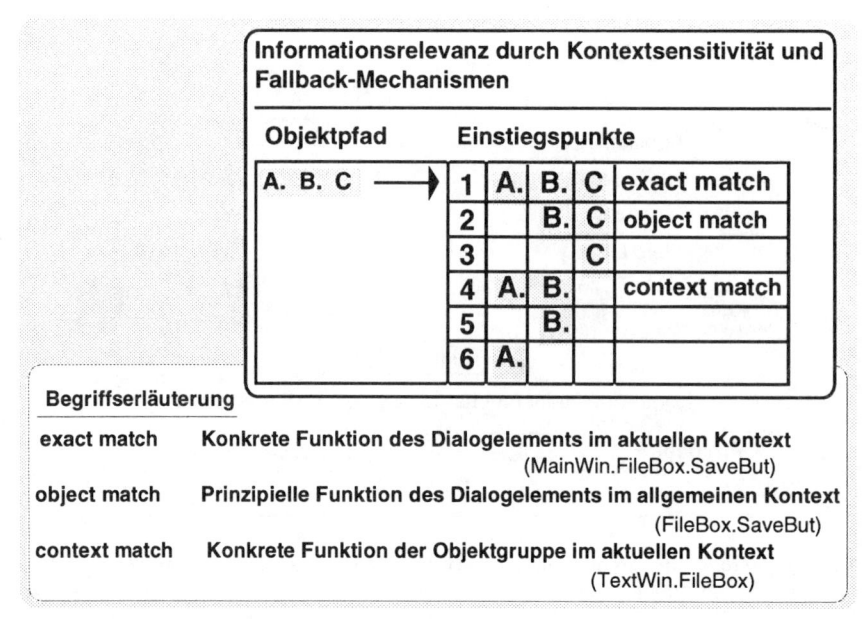

Abb.18.6. Realisierung von Kontextsensitivität auf unterschiedlichen Abstraktionsebenen bei einem Hilfesystem

den IDS Wire-Bibliothek. Die Funktionen der IDS Help-Bibliothek können in die IDM-Regelsprache des User Interface Management Systems integriert verwendet werden. Bei der Verwendung anderer User Interface Management Systeme sind entweder entsprechende Einbindungen geleistet worden oder entsprechende Programmierschnittstellen (C oder C++ Schnittstellen) vorhanden, über die eine entsprechende Einbindung und Versorgung mit programmiertechnischem Mehraufwand erfolgen kann.

Mit Hilfe dieser hier definierten Funktionen können nun verschiedene Konzepte der Benutzerhilfe realisiert werden. Diese sind im wesentlichen:

- Hilfe anfordern mit direktem Einstiegspunkt;
- Hilfe anfordern mit hierarchischen Pfaden entsprechend der vorgestellten Pfadanalyse (exact match, object match, context match);
- Automatische Konstruktion eines Hilfepfads in Abhängigkeit von einem Dialogobjekt mit Hilfe des Systems IDM;
- Dialoghilfen mit Keyboardfocus;
- Dialoghilfen mit Zeigerauswahl sowie
- zweistufige Dialoghilfen, bei denen z. B. nach einer Kurzbeschreibung entsprechende ausführliche Dokumentationen oder tutorielle Unterlagen angefordert werden können.

Mit dieser hier vorgestellten Bibliothek ist ein adäquates Hilfsmittel speziell auch in Kombination mit dem User Interface Management System IDM zur Hilfebehandlung und Einbindung von Online-Dokumentationen in den aktuellen Programmablauf gegeben.

18.5 Vorgehensweise bei der Entwicklung von elektronischen Büchern

Für die Entwicklung elektronischer Bücher liegen noch relativ wenig methodische Erfahrungen vor. Im Rahmen der hier vorgestellten Arbeiten wurden zum einen Handbücher für marktgängige Softwareprodukte erstellt. Weiterhin wurde z. B. ein Online Styleguide mit dem System entwickelt. Weitere Bücher sind in Bearbeitung. Bei der Erstellung dieser Bücher hat sich ein grob phasenartig strukturiertes Vorgehensmodell herauskristallisiert. Dabei sind die einzelnen Phasen generisch angelegt. Bei der Implementation eines spezifischen Buchs, das zu einer konkreten Buchklasse (z. B. Styleguide) gehört, sind sehr viel detailliertere Vorgehensweisen anwendbar. Abbildung 18.7 faßt die vier Hauptschritte Erfassung, Aufbereitung, Strukturierung und Präsentation bei der Erstellung eines elektronischen Buchs zusammen. Dabei wurden als Hauptbeteiligte an diesem Prozeß Redakteure bzw. Editoren, Beteiligte aus den Fachabteilungen sowie Werkzeugspezialisten und Methodenspezialisten aus den DV-Abteilungen identifiziert. Fallweise können externe Informationsdesigner hinzugezogen werden.

In einem ersten Schritt sind die relevanten Bestände an Informationsmaterial (Papier und papiergebunden oder DV-repräsentiert) zu sichten. In Zukunft werden zur Vereinfachung dieses aufwendigen Schritts Unternehmen verstärkt sogenannte Unternehmensgedächtnisse (Corporate Memories) als Sammlung relevanter multimedialer Materialien einführen.

Das gesichtete, ausgewählte und erfaßte Material muß sodann aufbereitet werden. Dabei ist auf das Einhalten technischer Randbedingungen genauso zu achten wie auf das Einhalten eines sprachlichen Stils und Vokabulars. Die Informationen werden auf dieser Ebene in Informationsklassen unterteilt und diesen zugeordnet.

In der Phase der Strukturierung wird eine globale Informationsstruktur festgelegt. Es werden Klassen von Informationsknoten gebildet. Zu jeder Klasse von Informationsknoten wird eine lokale Informationsstruktur definiert. Die verschiedenen elementaren Navigationsmöglichkeiten werden evaluiert, und es wird eine Navigationsstruktur als Kombination dieser elementaren Navigationsarten definiert.

In einem letzten Schritt wird die Präsentationssicht auf die so strukturierten und repräsentierten Informationen festgelegt. Hierbei sind im wesentlichen Layout sowie Informationsgestaltung und Design festzulegen. Es ist dabei auf Konsistenz zu achten. Andererseits müssen plattformspezifische Bedürfnisse, Besonderheiten und Anforderungen beachtet werden.

Diese vier Hauptphasen werden nicht streng sequenziell durchlaufen. Vielmehr werden die einzelnen Phasen versetzt zueinander durchgeführt und teilweise mehrfach iterativ durchlaufen. Auch werden einzelne Teile des Buchs aus pragmatischen Gründen schwerpunktartig vorangetrieben, während andere Teile erst zu einem späteren Zeitpunkt weiter verfeinert werden. In Zukunft wird sich sicherlich eine eigene Methodik für die Gestaltung elektronischer Bücher einschließlich der entsprechenden verfeinerten Werkzeuge herausbilden. In diesem Zusammenhang kann man auch von einem "Information Engineering" für elektronische Bücher sprechen. Die vorher bereits erwähnten Corporate Memories werden in Zukunft eine verbesserte Wiederverwendbarkeit und Auffindbarkeit von Informationen sicherstellen. So wird man in der Lage sein, auf die strukturierten und aufgearbeiteten Informationen verschiedene Sichten, z. B. für Kataloge, Bedienungsanleitungen, Marketing-Unterlagen oder andere Handbücher, zu gewinnen.

	Verantwortlichkeit	Gestaltungsaspekte	Werkzeuge und Methoden	
Erfassung	Redakteure Editoren Fachabteilungen DV-Abteilungen	• Texte • Tabellen • Formeln • Listen • Graphiken • Bilder • CAD-Zeichnungen • Multimedia-Informationen	• BK-Software • Markup-Sprachen • Datenbanken • Formularsysteme	• Tabellen-kalkulationen • Präsentations-software • Multimedia-Editoren
Aufbereitung	Redakteure Editoren Fachabteilungen DV-Abteilungen	Einhaltung technischer Randbedingungen Vokabular Stil Informationsklassen	• Textlänge • Gesamtumfang • Zeichensätze • Formate • Konvertierung • Einhalten eines Buch-Style-Guides • konsistentes Vokabular • Textlänge • Gesamtumfang • Zeichensätze • Formate • Konvertierung	• Corporate Identity • Textkörper/ • Zitat/Regel • Beschreibung • Definition • Referenz/Verweis • Hinweise • Überschrift • Seitenzahl • Kapitelnummern • Beispiele • Graphiken • Abbildungen • Animationen
Strukturierung	Redakteure Editoren Fachabteilungen DV-Abteilungen	globale Informationsstruktur	• Informationszeilen • Kapitel • Knoten • Auswahlmenü • Hauptmenü	• Inhaltsverzeichnis • Vokabularsuche • Register • Glossar
		lokale Informationsstruktur	Verwendung und Komposition der Informationsklassen	
		Navigation	• sequentiell • hierarchisch • baumstrukturiert	• Loseblattsammlung • Auswahlassistent • Hyperlinks
Präsentation	Redakteure Editoren	Layout Informationsgestaltung Design	• Konsistenz • Plattformspezifika • Seitenlayout	• Farben • Schriften • Icons

Abb. 18.7. Hauptphasen bei der Erstellung eines elektronischen Buchs

18.6 Weitere Entwicklungen und Anwendungen

Für eine Weiterentwicklung des Konzepts eines interaktiven Dokumentionssystems bieten sich mehrere Richtungen an:
- Verbesserungen an der Benutzungsschnittstelle;
- verbesserte Unterstützung bei der Aufbereitung von vorhandenem Material;
- gestärkte Einbindung in eine betriebliche Informationsinfrastruktur;
- Erweiterung der Anwendungsfelder für interaktive Dokumentationssysteme.

Bezüglich einer weiter verbesserten Benutzungsschnittstelle ist an einen verstärkten Einbau linguistischer Retrieval-Mechanismen für große Dokumente zu denken. Darüber hinaus kann das System angepaßt an einzelne Benutzer oder Benutzergruppen adaptives Verhalten z. B. in bezug auf bevorzugte Zugriffspfade oder bevorzugte Themenbereiche entwickeln und so die statische Zugriffsstruktur mit einer benutzerspezifischen oder benutzergruppenspezifischen Zugriffsstruktur überlagern.

Bestehende Textbestände sollten in Zukunft vereinfacht aufbereitet werden können. Dabei ist vorwiegend an das automatische Erstellen von Hyperlinks sowie das automatische Erstellen von Standardbuchkomponenten aus den vorgegebenen Texten zu denken. Hierzu werden strukturelle und inhaltliche Merkmale der Dokumente herangezogen. Hierfür müssen Methoden und Verfahren eines "Document Reengineering" entwickelt werden.

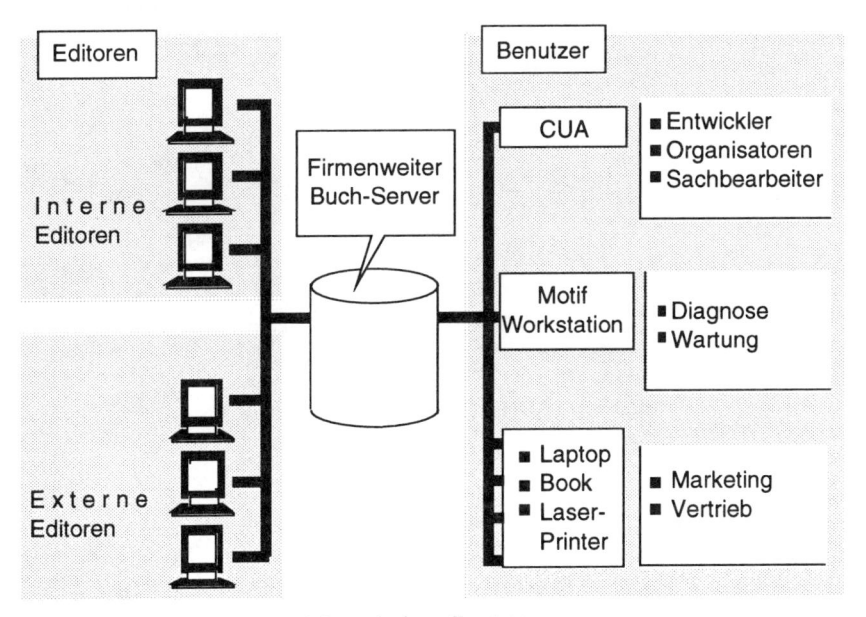

Abb. 18.8. Konzept eines elektronischen Buch-Servers

Sollten in einem Unternehmen eine Vielzahl von elektronischen Büchern editiert und genutzt werden, so bietet sich das Einrichten eines elektronischen Buch-Servers im Rahmen eines ganzheitlichen Dokumentenmanagements an. Ein elektronischer Buch-Server stellt dabei umfangreiche Speicherkapazitäten und Kommunikationsinfrastruktur bereit. Die am lokalen und mobilen Arbeitsplatz verfügbaren Endgeräte sind in dieses Konzept eingebunden. Auch lokale und zentrale Drukker werden vom Buch-Server genutzt. Es werden umfangreiche Autorenumgebungen für unterschiedliche Editorenteams bereitgestellt und gepflegt.

19 Ein Online Styleguide zur Unterstützung der Softwareentwicklung

Styleguides haben eine wesentliche Vereinheitlichung für graphisch-interaktive Benutzungsschnittstellen gebracht. Sie sind aus einer Entwicklungsmethodik für diese Systeme nicht mehr wegzudenken. Andererseits werden sie bisher nicht genügend in Form einer Werkzeugunterstützung für den Softwareentwickler angeboten – handelt es sich doch heute zumeist um eine papiergebundene Form der Informationsvermittlung mit ihren Vorteilen, aber auch allen ihren Nachteilen. Im folgenden wird dargestellt, wie neben diese klassische Form moderne Formen wie Online Styleguides gestellt werden können und diese um die Inhalte von Normen und anderen Regelwerken bereichert werden können.

19.1 Die Motivation zur Entwicklung von Online Styleguides

In den letzten zehn Jahren wurde eine Vielzahl von Richtlinien und Empfehlungen zur benutzergerechten Softwaregestaltung bei graphischen Benutzungsschnittstellen entwickelt. Diese lassen sich unterscheiden in sogenannte Herstellerstyleguides, herstellerunabhängige Richtlinien und Normen sowie unternehmensinterne Standardisierungen.

Herstellerrichtlinien wurden dabei spezifisch für die am Markt gängigen Fenstersysteme und Basisobjekte der Benutzungsschnittstelle (Toolkits) geschaffen. Diese herstellerspezifischen Styleguides sind teilweise stark unterschiedlich in Form und Inhalt und tragen dem Anwenderwunsch nach vereinheitlichten Benutzungsschnittstellen über alle benutzten Plattformen im Unternehmen hinweg keine Rechnung. Darüber hinaus bieten sie dem Entwickler keine adäquate Hilfestellung bei seinen Designaufgaben. So können aus den Richtlinien kaum entsprechende Benutzungsdialoge abgeleitet werden. Neben den Herstellerstyleguides wurden unterschiedliche nationale und internationale Normen und herstellerunabhängige Richtlinien von Mensch-Rechner-Schnittstellen entwickelt.

Diese Normen und herstellerunabhängigen Richtlinien sind relativ umfangreich, sie verbleiben jedoch auf einem hohen Abstraktionsniveau und lassen dementsprechend einen großen Interpretationsspielraum zu. Konkrete Gestaltungsrichtlinien für die Gestaltung benutzergerechter Software sind z. Zt. in den Normen nur begrenzt enthalten. Andererseits ist die Relevanz dieser Normen und herstellerunabhängigen Richtlinien für die Softwarequalitätssicherung hoch.

Weit verbreitet sind zudem herstellerspezifische Richtliniensammlungen (Firmenstyleguides). Diese konkretisieren und vereinheitlichen die vorgenannten Richtlinienwerke in bezug auf die Spezifika eines einzelnen Unternehmens oder einer Gruppe von Unternehmen. Neben die Motivation einer benutzergerechten Softwaregestaltung tritt dabei zumeist auch noch die Motivation der Durchsetzung eines einheitlichen Erscheinungsbilds des Unternehmens (Corporate Identity). Die praktische Arbeit mit einer Vielzahl von Normen, Richtlinien und Regelwerken ist überaus problematisch. Die Menge an Information ist groß, wenn nicht gar unüberschaubar. Die einzelnen Regelwerke sind teilweise inkonsistent bis widersprüchlich. Die in einem Kontext relevanten Gestaltungsregeln verlieren sich in einer großen Vielzahl von Regeln und Hinweisen. Weiterhin ist die Struktur der verschiedenen Regelwerke unterschiedlich aufgebaut und erfordert damit unterschiedliche Vorgehensweisen bei ihrer Erschließung. Ebenso unterschiedlich sind Konkretisierungsgrad und Gültigkeitsbereich. Hersteller-Styleguides enthalten sehr konkrete Gestaltungsregeln, deren Gültigkeitsbereich jedoch eingeschränkt ist (in der Regel auf herstellerspezifische Dialogelemente). Normen hingegen besitzen einen sehr großen Interpretationsspielraum (geringe Konkretisierung) mit dem Vorteil eines großen Gültigkeitsbereichs.

Die Interpretation dieser Regelwerke erfordert ein spezifisches Expertenwissen. Somit bleibt vielen Entwicklern heute nur der Schritt zu einem unternehmensspezifischen Styleguide auf der Basis der oben vorgestellten Styleguides unter Einbindung von unternehmensspezifischen Anforderungen. Diese entstehen zumeist aus der Zusammenarbeit zwischen Anwendungsentwicklern, Mitarbeitern der Qualitätssicherung und Softwareergonomen. Die Erstellung eines entsprechenden Styleguides ist anwenderseitig mit erheblichem Aufwand verbunden. Durch die bisherige papiergebundene Form der Styleguides vermindern sich die Probleme bei der Erschließung der entsprechenden Dokumente nicht wesentlich gegenüber herstellerspezifischen Styleguides oder allgemeingültigen Normen und Richtlinien.

Ein Weg, die oben dargelegte Problemstellung zu lösen, ist die Entwicklung eines "Online Styleguides" für graphische Benutzungsschnittstellen (GUIs). Mit der Realisierung eines GUI Online Styleguides können folgende Effekte erzielt werden:

- Einsatz neuer Methoden der Informationserschließung (z. B. durch Volltextsuche und Hyperlinks);
- Darstellung komplexer Sachverhalte durch multimediale Darstellung;
- Verfügbarkeit des Styleguides direkt am Entwicklungsplatz bzw. Arbeitsplatz des Designers oder Anwendungsentwicklers;
- verbesserte Wartbarkeit des Online Styleguides gegenüber papiergebundenen Versionen und als Folge eine höhere Akzeptanz des Styleguides bei Anwendungsentwicklern und Qualitätssicherern sowie
- die Möglichkeit zur zielgruppenspezifischen Anpassung des Online Styleguides durch entsprechende Experten beim Anwender.

Dabei soll der Styleguide sowohl im Onlinezugriff als auch in papiergebundener Form verfügbar gemacht werden können. Bei Bedarf soll der Anwender eine Entwicklungsumgebung erhalten, mit der er den Online Styleguide zu einem sogenannten "Entwicklerinformationssystem" weiterentwickeln kann.

19.2 Normen und herstellerunabhängige Richtlinien

Normen und Richtlinien erheben nicht den Anspruch, dem Anwendungsentwickler als direkte Anleitung zur Erstellung einer benutzergerechten Software zu dienen. Sie bieten vielmehr die Grundlage für die Formulierung konkreter, kontextbezogener Gestaltungsrichtlinien und für die Definition von Wertungskriterien bei der Evaluation einer Software z. B. im Zuge qualitätssichernder Maßnahmen.

19.2.1 ISO 9241

Seit Beginn der achtziger Jahre wird auf internationaler Ebene die ISO-Norm 9241 "Ergonomic Requirements for Office Work with Visual Display Terminals (VDTs)" (ISO 9241, 1994) vorbereitet. Dabei werden sowohl hardware- als auch softwareergonomische Aspekte der Bildschirmarbeit behandelt. Eine eigenständige Norm zu multimedialen Dialogen ist in Vorbereitung.

19.2.2 Die EU-Richtlinie 90/270/EWG

Die EU-Richtlinie 90/270/EWG (EU-Richtlinie 90/270/EWG, 1990) hat für den Bereich der Europäischen Union eine hohe Verbindlichkeit. Die Regierungen der einzelnen Mitgliedsstaaten sind aufgefordert, diese EU-Richtlinie in nationales Recht umzusetzen und die bisherigen nationalen Regelungen zu ersetzen oder zu ergänzen. Darüber hinaus wird sie weltweit eine hohe Bedeutung erlangen, da die mit der EU handelsmäßig verflochtenen Nationen diesen nun in bezug auf die EU-Richtlinie homogenisierten Markt berücksichtigen werden.

19.3 Herstellerstyleguides

Herstellerstyleguides vereinheitlichen Dialogelemente, Interaktionstechniken, Dialogobjekte und darauf anwendbare Funktionen für bestimmte Fenstersysteme. Treibende Kräfte hinter diesen Bemühungen waren einzelne Unternehmen oder ein Verbund mehrerer Unternehmen, die versuchten, ein breites Fundament für ihre eigenen Softwareprodukte zu schaffen.

19.3.1 OSF/Motif Styleguide

Der Industriestandard OSF/Motif (OSF/Motif Styleguide, 1993) ist aus dem Bedarf nach Vereinheitlichung des UNIX-Markts entstanden. OSF/Motif wird als ein auf X-Windows basierendes Toolkit angeboten und enthält eine Spezifikation bzw. Beschreibung des sogenannten "Look and Feel" (Präsentation und Dialogverhalten) von Dialogelementen. Spätere Versionen dieses Styleguides werden sich voraussichtlich an den CUA-Styleguide annähern.

19.3.2 IBM - SAA/CUA

Im Jahr 1987 wurden im Rahmen der Entwicklung einer neuen Gesamtarchitektur der IBM-Systeme (SAA – System Application Architecture) der CUA-Styleguide (CUA – Common User Access) vorgestellt, der auf dem Betriebssystem OS/2 und dem Presentation Manager aufsetzt. CUA-1987 berücksichtigt sowohl alphanumerische als auch grafische Benutzungsschnittstellen. Mittlerweile sind auch hier bereits geänderte und erweiterte Versionen erschienen.

19.3.3 The Apple–Human Interface Styleguide

Die erste Ausgabe der Human Interface Guidelines (Apple-Human Interface Guidelines, 1986) wurde von Apple 1986 veröffentlicht. 1992 erschien die zweite überarbeitete Version. Der Apple-Styleguide beschreibt die Dialogelemente des Apple-Desktops. Ein weiterer Schwerpunkt des Apple-Styleguides ist die Informationsgestaltung (Gestaltung von Piktogrammen und Icons, Einsatz von Farbe etc.). Ebenfalls ausführlich werden die unterschiedlichen Interaktionstechniken beschrieben, die innerhalb des Apple-Desktops mit der Maus möglich sind (Klick, Doppelklick, Drag & Drop etc.). Der Apple-Styleguide richtet sich weniger an den Anwendungsentwickler und Qualitätssicherer; vielmehr ist er ein sinnvolles, ergänzendes Tutorial bzw. eine ergänzende Benutzerdokumentation für Anwender, die ein vertieftes Verständnis der relativ einheitlichen Designprinzipien der Produkte dieses Hauses erlangen wollen.

19.3.4 The Windows Interface: An Application Design Guide

Für das marktführende Fenstersystem MS-Windows wird ein Styleguide herausgegeben (The Windows Interface, 1992), der im wesentlichen alle windows-spezifischen Dialogelemente detailliert festschreibt. Es wird jedoch wenig zur Dialoggestaltung und zu anwendungsorientierten Themenbereichen ausgesagt.

Mit der neuen Betriebssystemgeneration Windows 95 ist eine stark überarbeitete Version des aktuellen Styleguides erschienen. Seit Anfang 1995 ist eine Vorabversion des neuen Styleguides verfügbar. Dort werden erstmals Themenbereiche zur objektorientierten Dialogführung (Drag & Drop, Data-Centered Design, OLE etc.) aufgegriffen. Außerdem beschreibt der Windows 95-Styleguide einige neue Dialogelemente wie Notebook, Symbolleiste, Pop-Up-Menü etc.

19.4 Implementierung des Online Styleguides mit Hilfe des Autorensystems IDS

Der Online Styleguide wurde mit Hilfe des Autorensystems IDS (Interactive Documentation System) implementiert. IDS ist ein Werkzeug zur Erstellung von Online Hilfesystemen für graphisch-interaktive Anwendungssysteme (vgl. Kap.

18) sowie zur Generierung von elektronischen Büchern und damit auch von Online Styleguides.

Eine wesentliche Voraussetzung für den Einsatz von IDS als Autorensystem für einen "Online Styleguide" ist, daß IDS in Standardtextverarbeitungssystemen als Autorenumgebung benutzt werden kann. Die Dokumentation wird dabei mit Hilfe von Standard-PC-Werkzeugen erstellt und gepflegt. Der Ausdruck der Dokumentation erfolgt optional durch PC-Standardsoftware oder spezifische Druckaufbereitungsprogramme.

Dabei ist die Umsetzung der Buchmetapher eine wesentliche Eigenschaft von IDS, die im Online-Styleguide verwendet wird. Dies ermöglicht, daß der Anwender in der Online-Darstellung des Styleguides die typischen Merkmale eines Buchs wiederfindet, wie z. B. sequentielles Blättern, Suche im Register, Titelseite, Anlegen von Lesezeichen etc. Auch die Gliederungsstruktur des Manuskripts wird in der Online-Darstellung übernommen und angezeigt. Gleichzeitig kann der Anwender die charakteristischen Funktionen eines Online-Dokuments benutzen. Dazu zählen interaktive Querverweise (Hyperlinks), Volltextsuche, Historienfunktion etc., die in Standard-PC-Werkzeugen editiert werden.

Darüber hinaus bietet die Online-Darstellung mittels der Lesekomponente die Möglichkeit, an beliebigen Textstellen Notizen zu erzeugen. So können z. B. bestimmte Gestaltungsregeln des GUI Online Styleguides durch hinterlegte Notizen zusätzlich konkretisiert, d. h. an zielgruppenspezifische Bedürfnisse angepaßt werden.

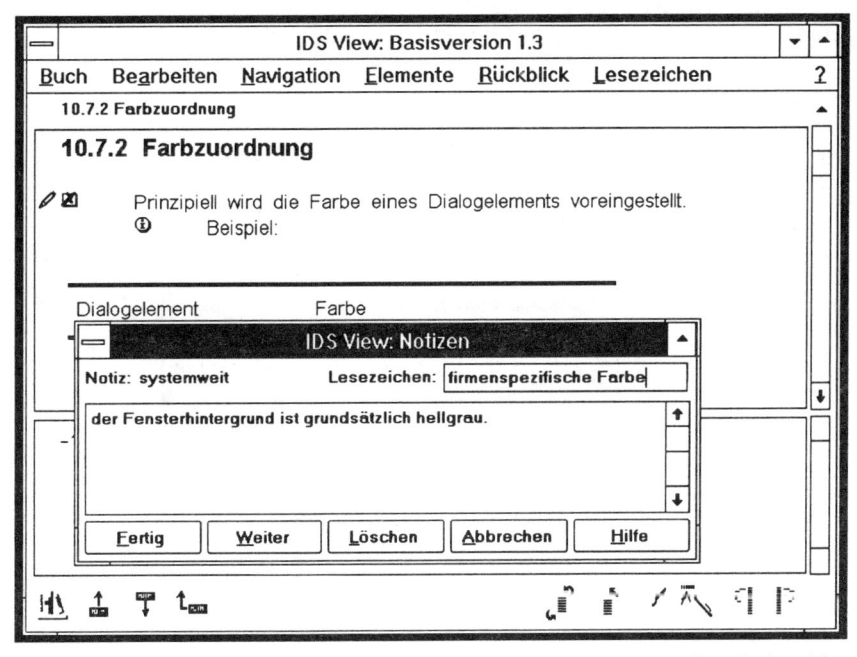

Abb. 19.1. Ablegen von Annotationen (Notizen) im Viewer des Online Styleguides

Tabelle 19.1. Klassen von Hauptinformationsknoten in einem GUI Online Styleguide

Haupt-informations-knoten	Inhalt	Klassifi-zierung	basiert hauptsäch-lich auf...
Titelseite	Titel des GUI Online Styleguides	Standardbuch-komponente	-
Vorwort der Autoren	Vorwort	Standardbuch-komponente	-
Inhaltsverzeichnis	Inhaltsverzeichnis des GUI Online Styleguides	Einstiegs-punkt	-
1. Was bietet der GUI Online Styleguide?	Einleitung	Standardbuch-komponente	-
2. Arbeiten mit dem GUI Online Styleguide	Gebrauchsanweisung für GUI Online Styleguide	Standardbuch-komponente	-
3. Wann ist Software bedienungsfreundlich?	Gestaltungsprinzipien für die Software	Normen und hersteller-unabhängige Richtlinien	ISO 9241, DIN 66 234
4. Benutzungs schnittstelle eines GUI-Systems	Konzepte der GUI-Systeme	Konzepte der GUI-Systeme	Windows, CUA, Motif
5. Dialogelemente im Überblick	Entscheidungshilfen für die Auswahl des richtigen Dialogelements	Einstiegs-punkt	-
6. Graphische Symbole (Icons)	Regeln zu Icons	Beschreibung von Dialog-elementen	Windows, CUA, Motif
7. Fenster	Regeln zu den unterschiedlichen Fensterarten von GUIs	Beschreibung von Dialog-elementen	Windows, CUA, Motif
8. Menüs	Regeln zu den unterschiedlichen Menüs von GUIs	Beschreibung von Dialog-elementen	Windows, CUA, Motif
9. Dialogelemente des Arbeitsbereichs	Regeln zu den Dialog-elementen des Arbeits-bereichs, wie Auswahllisten, Radioschalter, Kontroll-felder, Aktionstasten, etc.	Beschreibung von Dialog-elementen	Windows, CUA, Motif
10. Navigation, Selektion und Aktivierung	Beschreibung der Navigations-, Selektions- und Aktivierungstechniken mit Maus und Tastatur	Beschreibung von Interaktions-techniken	Windows, CUA, Motif

Tabelle 19.1. Klassen von Hauptinformationsknoten in einem GUI Online Styleguide (Fortsetzung)

11. Standard-Tastaturbelegung	Standard-Tastaturbelegung bei GUIs	Beschreibung von Interaktionstechniken	Windows, CUA, Motif
12. Systemmeldungen	Beschreibung der unterschiedlichen Meldungsarten bei GUIs	Thema der Informationsgestaltung	Windows, CUA, Motif
13. Hilfe	Beschreibung der unterschiedlichen Hilfearten	Thema der Informationsgestaltung	Windows, CUA, Motif, ISO 9241
14. Einsatz von Farbe	Regeln zum Einsatz von Farbe	Thema der Informationsgestaltung	-
15. Register	Stichwortverzeichnis	Einstiegspunkt	-
16. Glossar	Glossar	Einstiegspunkt	-
17. Synonyme	Darstellung der verschiedenen Synonyme für die im GUI Online Styleguide verwendeten Begriffe	Standardbuchkomponente	-
18. Literatur- und Quellenverzeichnis	Auflistung der Quellen, auf die der GUI Online Styleguide basiert; Liste für weiterführende Literatur	Standardbuchkomponente	-

19.4.1 Konzeption eines Online Styleguides: Einsatzgebiet und Zielgruppen

In der Norm IEEE zur Gestaltung von Benutzerhandbüchern für Softwareprodukte werden die Begriffe "Reference Manual" und "Tutorial Manual" geprägt. Online Styleguides sind Manuals im Sinne dieser Definition. Primäre Zielgruppen sind einerseits der Anwendungsentwickler sowie andererseits der Qualitätssicherer. Für den Anwendungsentwickler dient ein Online Styleguide als technisches Nachschlagewerk (Reference Manual). Für den Qualitätssicherer muß der Online Styleguide als Anleitung zur Evaluation dienen (Tutorial Manual).

Für den ambitionierten Endanwender kann ein Online Styleguide hilfreich sein bei der Vermittlung von Hintergrundwissen für die Verbesserung der Beherrschung von Benutzungsschnittstellen. In einem Online Styleguide können sowohl Fragen der benutzergerechten Softwaregestaltung als auch der Umsetzung einer Corporate Identity im Bereich der Anwendungssysteme behandelt werden.

19.4.2 Typen von Informationsknoten eines Online Styleguides

Bisherige Styleguides beschäftigen sich primär mit der Interaktions- und teilweise auch Dialogschicht von graphisch-interaktiven Systemen. Zu weitergehenden Fragestellungen wie Bausteingestaltung, Arbeitsteilung und Prozeßgestaltung (Workflow) sind bisher keine diesbezüglichen Lösungsvorschläge erarbeitet worden. Eine Standardgliederung für die Inhalte eines Online Styleguides ist wie folgt gegeben:

- Eine Übersicht über Normen und herstellerabhängige Regelwerke;
- Definition, Beschreibung und Kontrastierung von Dialogelementen;
- Definition, Beschreibung und Kontrastierung von Interaktionstechniken;
- benutzergerechte und Corporate Identity-konforme Informationsgestaltung;
- Gestaltung benutzerspezifischer Arbeitsumgebungen ("Desktops").

Neben diesen inhaltlichen Informationsknoten verfügt ein Online Styleguide über sogenannte Einstiegspunkte wie Register, Inhaltsverzeichnis etc. In gedruckten Büchern finden sich Konzepte wie Titelseite, Vorwort, Einführung, Quell- und Literaturverzeichnis. Diese Konzepte erweisen sich auch in elektronischen Büchern als hilfreich. Sie werden als sogenannte Standardbuchkomponenten abgebildet.

19.4.3 Globale Zugriffsstrukturen eines Online Styleguides

Die globale Zugriffsstruktur spielt eine wesentliche Rolle für die Benutzbarkeit eines elektronischen Buchs. Dabei wird sowohl die sequentielle Zugriffsstruktur eines Buchs als auch der hierarchische Zugriff über das Inhaltsverzeichnis nachgebildet. Ebenso nachgebildet werden aus Büchern bekannte Möglichkeiten, dedizierte Einstiegspunkte anzusteuern. Diese letztgenannten Zugriffspfade können durch Hypertextstrukturen für Querbezüge und Querverweise aufgebaut werden.

Baumartige Zugriffsstrukturen sind konzeptuell leicht vermittelbar. Teilweise ergeben sie jedoch ineffiziente Navigationsvorgänge. Hyperlinks gewähren eine

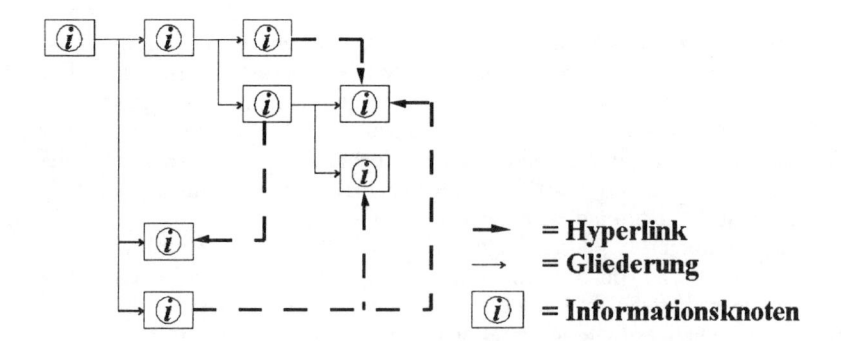

Abb. 19.2. Beispielhaftes Modell der globalen Zugriffsstruktur in einem Online Styleguide

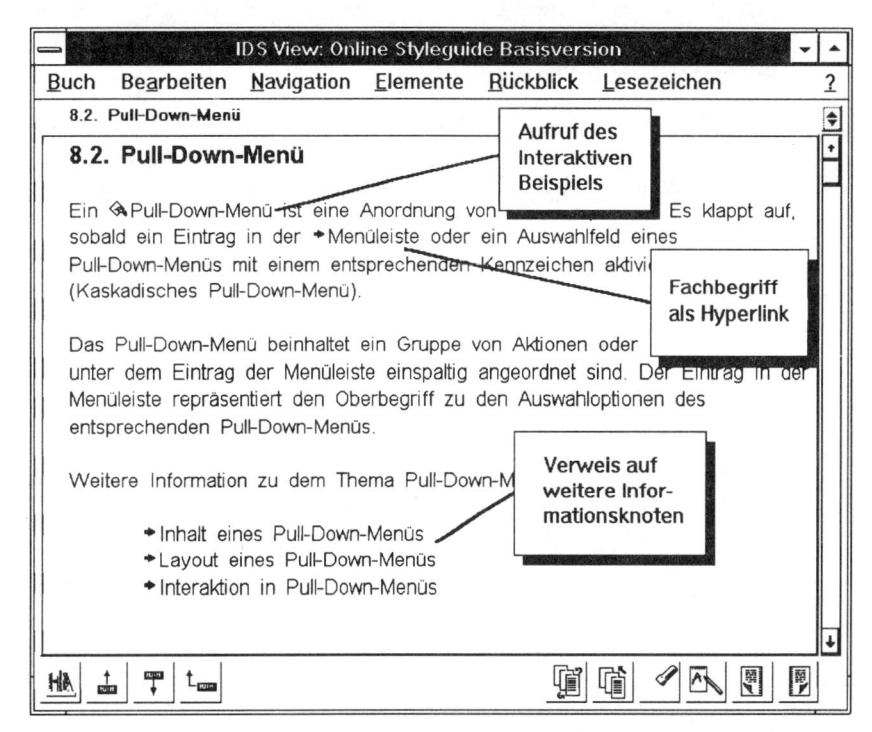

19.4 Implementierung des Online Styleguides mit Hilfe von IDS

Abb. 19.3. Beispielhafte Verwendung von Hyperlinks in einem Online Styleguide

effiziente Form der Navigation, sofern sie adäquat verwendet werden. Zu ihrer Verwendung wurden einige Regeln formuliert:

- Hyperlinks werden innerhalb eines Informationsknotens für alle Fachbegriffe erzeugt, die auch als Eintrag im Stichwortverzeichnis enthalten sind.
- Hyperlinks werden am Ende eines Informationsknotens als Verweis auf hierarchisch untergeordnete Informationsknoten eingefügt.
- Am Ende eines Informationsknotens werden Hyperlinks auf verwandte Themen eingefügt.

Zur Verbesserung der Strukturierung der Informationsknoten wurde ein Informationsknoten in einen sogenannten übergeordneten Informationsknoten sowie eine Menge untergeordneter Informationsknoten, die durch Hyperlinks verbunden sind, partitioniert. Ein Beispiel dafür ist die Definition eines Dialogobjekts, die Erläuterung seines Anwendungszwecks sowie der Aufruf eines interaktiven Beispiels aus einem übergeordneten Informationsknoten. In vernetzten untergeordneten Informationsknoten werden z. B. das Layout eines Dialogelements (Beschreibung des Layouts; Graphik eines Dialogelements für MS-Windows, OS/2 Presentation Manager und OSF/Motif; Aufruf eines interaktiven Beispiels) sowie die Interaktion mit einem Dialogelement (Beschreibung der Interaktion; Aufruf eines interaktiven Beispiels) abgehandelt.

19.4.4 Informationstypen zur Strukturierung der lokalen Struktur eines GUI Online Styleguides

Zur weiteren Strukturierung eines Styleguides werden standardisierte Informationstypen eingeführt. Mit ihnen wird ein Standardaufbau des Regelwerks erleichtert. Die folgende Aufzählung gibt eine Übersicht über die verwendeten Informationstypen:

- Überschrift: Überschrift des Informationsknotens.
- Einführung/Erläuterung: Erläuternder oder einführender Text.

```
Informationsknoten
    Überschrift
    Einführung ?
    Regel +
        Muß-Regel | Windows-Regel |
        OS/2-Regel | OSF-Motif-Regel |
        Soll-Regel
        Hinweis | Beispiel | Empfehlung *
    Aufruf für Graphik *
    Interaktiver Querverweis *

    Legende
    +   1 oder mehr..
    *   0,1 oder mehr..
    ?   0 oder einmal
    |   oder
```

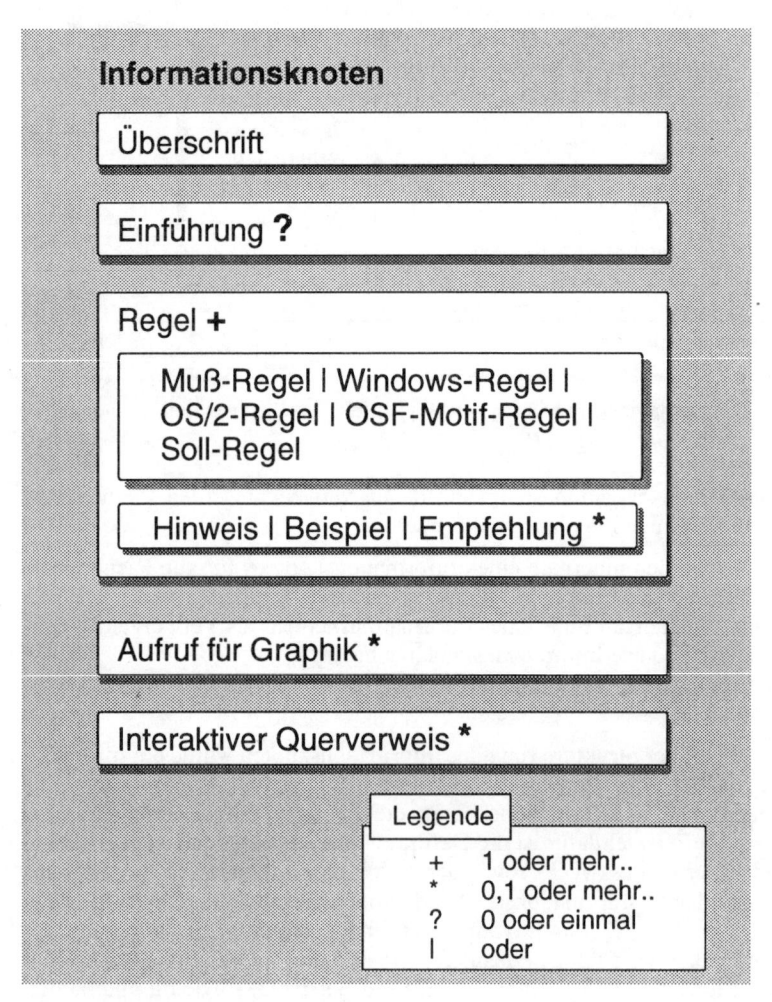

Abb. 19.4. Lokale Struktur eines Informationsknotens, basierend auf standardisierten Interaktionstypen

- Mußregel: Pflichtregel, die eingehalten werden muß und die plattformübergreifend gilt.
- Windows-Regel: Besonderheit in bezug auf MS-Windows.
- OS/2-Regel: Besonderheit für OS/2 Presentation Manager.
- OSF/Motif-Regel: Besonderheit für OSF/Motif.
- Sollregel: Sollregel, von der in begründeten Ausnahmen abgewichen werden kann.
- Empfehlung: Sinnvolle Empfehlung bei Regeln, die eine Konkretisierung erfordern.
- Hinweis/Beispiel: Hinweis oder Beispiel zu einer Regel.
- Verweis auf Graphik: Aufruf einer Beispielgraphik.
- Verweis auf interaktives Beispiel: Aufruf eines interaktiven Beispiels.
- Querverweis auf andere Informationsknoten.

Basierend auf diesen vorgegebenen Informationstypen läßt sich eine beispielhafte lokale Struktur für einen Informationsknoten entwickeln. Diese Struktur wird jeweils für eine Klasse von Informationsknoten gebildet. Das nachfolgende Beispiel bezieht sich auf die Klasse, die aus den Informationsknoten Dialogelemente, Interaktionstechniken und Informationsgestaltung gebildet wird.

Im Autorenwerkzeug sind zur Benutzerunterstützung jeweils Makros für die einzelnen Informationstypen vorgegeben, die in SGML-Notation entwickelt wurden. Diese Makros stellen Präsentationsformatierungen und spezifische Auszeichnungen der Elemente mit Hilfe von graphischen und textuellen Symbolen bereit.

19.5 Einstiegspunkte in einen GUI Online Styleguide

Einstiegspunkte führen den Benutzer auf kürzestem Weg zur gewünschten Information. Einstiegspunkte sind Inhaltsverzeichnisse, Stichwortverzeichnisse, Entscheidungstabellen, Synonymverzeichnisse und auch Glossare. Benutzer, die eine gezielte Information benötigen, werden zumeist den Einstieg über diesen Weg wählen.

19.5.1 Inhaltsverzeichnis und Stichwortverzeichnis

Das Inhaltsverzeichnis repräsentiert eine baumartige Zugriffsstruktur. Es enthält alle Überschriften der einzelnen Informationsknoten und Unterknoten, ihre Seitenzahl sowie einen Hyperlink zu den entsprechenden Informationsknoten.

Das Stichwortverzeichnis (Register, Index) ist eine Linearisierung dieses Zugriffsbaums. Der Benutzer hat die Möglichkeit, anhand eines Stichworts eine Referenz (Hyperlink, Seitenzahl) zum entsprechenden Informationsknoten aufzufinden. Zu einem Index können Unterindizes gebildet werden. Dies ist insbesondere hilfreich, wenn zu einem Index eine größere Menge von Referenzen existieren.

Tabelle 19.2. Auswahl von Dialogelementen anhand von Handlungszielen sowie die inverse Relation (Zuordnung von Handlungszielen zu einem Dialogelement)

Zahl der auszuwählenden Werte aus kleiner Wertemenge	Dialogelement
genau 1	• Radioschalter • Pull-Down-Menü • Pop-Up-Menü
mindestens 1	• Kontrollfeld
Nullselektion erlaubt	• Kontrollfeld

Dialogelement	Handlungsziel
Kontrollfeld	Auswahl aus kleiner diskreter Wertemenge
	Auswahlmenge ist konstant
	Auswahlmenge ist vorab bekannt
	Auswahl von beliebig vielen Elementen aus der Wertemenge
	Nullselektion ist erlaubt

Ein System, das eine Zugriffsstruktur über Stichworte realisiert, sollte zweckmäßigerweise auf einem Thesaurus basieren. Es sollte damit linguistische Varianten (Synonyme, grammatisch bedingte Variationen, unterschiedliche Schreibweisen etc.) adäquat behandeln.

19.5.2 Entscheidungstabellen und Synonymreferenzen

Ausgehend von designerischen Handlungszielen erlauben Entscheidungstabellen die Auswahl adäquater Dialogelemente. Diese Struktur kann in Form von Entscheidungstabellen abgebildet werden. Dabei werden dem Benutzer Einstiege über die Relation und die invertierte Relation angeboten. Für zukünftige Versionen des Online Styleguides sind entsprechende Relationen zu den Gestaltungsthemen "Farbgestaltung", "Dialogprinzipien", "Arbeitsobjekte" etc. geplant.

Der hier entwickelte Online Styleguide bietet Unterstützung für alle gängigen Industriestandards. Dort werden jedoch gleiche oder ähnliche konzeptuelle Inhalte mit unterschiedlichen Terminologien bezeichnet. Es ist für den Benutzer des Online Styleguides eine große Hilfe, wenn er auf Informationsknoten Synonymrecherchen durchführen kann und diese äquivalenten Begriffe z. B. in Listenform, alphabetisch geordnet oder aber thematisch geordnet präsentiert werden (Synonymverzeichnis). Zusätzlich führen die Begriffe des Stichwortverzeichnisses und des Synonymverzeichnisses zu einem entsprechenden Glossar, in dem eine Definition und Paraphrasierung für den entsprechenden Begriff gegeben werden.

19.6 Die Entwicklung zielgruppenspezifischer GUI Online Styleguides

Die bisher vorgestellte Version eines GUI Online Styleguides ist allgemeingültig und nicht spezifisch an die Belange einzelner Entwicklungsvorhaben angepaßt. Andererseits macht ein Styleguide sicherlich nur dann Sinn, wenn er für eine hinreichend große Menge gleichartiger Projekte genutzt werden kann. Um hier die richtige Balance zu finden, wurde die Möglichkeit geschaffen, daß ein Anwender einen zielgruppenspezifischen Styleguide (z. B. Firmenstyleguide, Branchenstyleguide, Styleguide für spezifische marktgängige Standardsoftware) entwickeln kann. Dabei können ihn gegebene technische Randbedingungen (z. B. spezielle Dialogelemente, spezielle Interaktionstechniken oder spezifische Anwendungsobjekte) oder auch Beschränkungen beim Einsatz graphisch-interaktiver Systeme z. B. aus Kompatibilitäts- oder Migrationsgesichtspunkten leiten.

In einem solchen zielgruppenspezifischen Styleguide können über die in einem Styleguide beschriebenen Elemente und Funktionen hinaus weitere, aus softwareergonomischer Sicht sinnvolle Themen wie z. B. Vorgehensweisen zur Dialoggestaltung, standardisierte Dialogabläufe, Anforderungen an Dokumentation und Hilfesysteme, Abkürzungslisten, Corporate-Identity-Themen und die momentan gültigen internationalen Normen, Richtlinien und Standards aufgenommen werden. Ein entsprechendes System kann bis hin zu einer kooperativen Entwicklerunterstützungsumgebung ausgebaut werden.

19.6.1 Zielgruppenspezifische Arbeitsobjekte und Objektsichten

Entsprechend softwareergonomischer Gestaltungssystematiken existieren neben den elementaren Dialogobjekten weitere zusammengesetzte Arbeitsobjekte bzw. eigenständige Arbeitsobjekte, die über die standardisierten Dialogobjekte hinausgehen. In diesen Objekten existieren kontextspezifische Objektsichten. Für diese Konzepte und Konstrukte werden in einem anwenderspezifischen GUI Online Styleguide zusätzliche Informationsknoten aufgebaut. Tabelle 19.3 gibt eine

Tabelle 19.3. Zielgruppenspezifische Arbeitsobjekte und Beschreibung ihres Verwendungskontexts

Objekttyp	Beschreibung
Anwendungsobjekte	Objekte, mit denen Datenobjekte dargestellt und manipuliert werden
Datenobjekte	Objekte, die Daten wie Texte, Graphiken, Töne etc. beinhalten
Geräte und Hilfsmittel	Objekte, mit denen Hilfsfunktionen wie z. B. Berechnungen, Zwischenspeicherung etc. durchgeführt werden können oder die physikalisch vorhandene Geräte wie Drucker, Bildschirm, Maus etc. repräsentieren
Containerobjekte	Objekte, die andere Objekte wie Anwendungs-, Daten- oder weitere Containerobjekte enthalten könen

beispielhafte Zusammenstellung von zielgruppenspezifischen Arbeitsobjekten. Weiterhin werden Festlegungen bezüglich der unterschiedlichen Sichten wie Komplettsichten, Detailsichten oder Parametersichten getroffen.

Darüber hinaus können spezifische Datenobjekte definiert und festgeschrieben werden. Dies können spezifische Dokumente (Formulare, Tabellen, Memos etc.), Datensätze (Kundendaten, Adreßdaten, Kontodaten etc.) oder objektorientierte Graphiken (CAD-Daten, Flußdiagramme) bzw. auch Konventionen bezüglich der Verwendung von Pixelgraphiken (Faxformate, GIFF-Formate etc.) sein. Auch hier werden entsprechende Sichten in ihren Attributen festgelegt.

19.6.2 Zielgruppenspezifische Dialogelemente und Fenstertypen

Im Kontext gewisser Anwendungsgebiete werden spezifische Dialogelemente benötigt. Dies sind z. B. eine Datenbankrecherche repräsentierende Tabellen, Plantafeln, graphische Selektionsfenster, Paletten und andere. Häufig werden dazu aus Basisdialogelementen verbundene Dialogelemente aufgebaut. Sofern das Dialogelement als eine geschlossene Einheit betrachtet werden kann, kann es im zielgruppenspezifischen Styleguide als eigenständiges komplexes Dialogelement definiert und beschrieben werden.

Neben diesen eigenständigen Dialogelementen existieren auch zielgruppenspezifische Standarddialogelemente wie z. B. Standardmenüs. Standardmenüs sind eine Ansammlung von Funktionen oder Optionen in einem Pull-down- oder Pop-up-Menü, die innerhalb mehrerer Anwendungen gleichartig eingesetzt werden sollen. Dadurch wird eine erhöhte Konsistenz über unterschiedliche Anwendungen erzielt. Im betrieblichen Kontext immer wieder auftauchende Objekte werden in unterschiedlichen Anwendungssystemen einheitlich dargestellt; weiterhin kann die Navigation und Interaktion zwischen unterschiedlichen Anwendungen eines modular aufgebauten Programmsystems vereinheitlicht werden.

Häufig werden zielgruppenspezifische Fenstertypen definiert und in ihren Attributierungen festgeschrieben. Dies kann Haupt- bzw. Sekundärfenster für die Detailsicht der modellierten Arbeitsobjekte betreffen. Auch denkbar sind Dialogfenster für spezielle charakteristische Funktionen wie z. B. standardisierte Suchfenster für die Suche in Datenbanken oder Eingabefenster für Parametereingaben.

19.6.3 Zielgruppenspezifische Interaktionstechniken und Informationsgestaltung

Die Standardstyleguides der De-facto-Marktstandards gehen von einer Interaktion mit dem System über Maus und Tastatur aus. Neben diesen Standardinteraktionstechniken für einen "Büroarbeitsplatz" existieren in unterschiedlichen Anwendungskontexten weitere Interaktionstechniken wie spezielle Funktionstasten, Lichtgriffel, Schreibstifte, Spracheingaben, berührungssensitive Bildschirme oder 3D-Interaktionstechniken. Diese Situation ist z. B. bei einem Terminal an einem Bankschalter (zusätzliche Funktionstasten zur schnellen Bearbeitung der Routinegeschäfte), bei einem Desktop-Publishing-Arbeitsplatz (Lichtgriffel für die Auswahl von DTP-Funktionen auf einem Funktionsbrett), am CAD-Arbeitsplatz

(Wertegeber für das Verschieben, Drehen und Zoomen des CAD-Modells) oder bei öffentlichen Informationssystemen (berührungssensitiver Bildschirm anstelle von Tastatur und Maus) gegeben. Zu diesen ergänzenden Interaktionstechniken werden Festlegungen in einem zielgruppenspezifischen Styleguide getroffen.

19.6.4 Zielgruppenspezifische Informationsgestaltung

Die Informationsgestaltung kann wesentlich über Festlegungen der Objektattribute der Dialogobjekte z. B. in Form von Modellen beeinflußt werden. Diese Festlegungen entsprechen z. B. den bekannten Gestaltgesetzen oder ästhetisch motivierten Festlegungen. Auch eine Umsetzung einer Corporate Identity beeinflußt die zielgruppenspezifische Informationsgestaltung. Beispiele sind die Ausrichtung der Dialogelemente an einem Gitter mit Vorgaben von konkreten Mindest- und Maximalabständen zwischen Dialogelementen; weiterhin die Vorgabe konkreter Farbpaletten für Dialogelemente im Rahmen einer Farbgestaltung. Auch die Gestaltung von Icons und Pictogrammen sowie das Anlegen eines Standardlexikons für Formulierungen (Vorgabe konkreter Begriffe für Arbeitsobjekte und Funktionen) können Inhalt der zielgruppenspezifischen Informationsgestaltung sein. Darüber hinaus können Schriftarten, Schrifttypen und Größen vorgegeben werden. Auch eine Palette graphischer Elemente kann so standardisiert werden.

19.6.5 Weitere Elemente eines firmenspezifischen Styleguides

Von wesentlicher Bedeutung für die praktische Arbeit ist das Einbinden von Dialogbausteinen. Hier müssen entsprechende Übergänge zwischen elektronischem Bausteinhandbuch und Repository, elektronischem Online Styleguide und den verwendeten Softwareentwicklungsumgebungen geschaffen werden. Neben dieser maßgeblichen Erweiterung eines Online Styleguides um fertige Softwarebausteine sind in jedem Fall noch zwangsläufige Anpassungsarbeiten bei einem zielgruppenspezifischen Styleguide notwendig. So müssen Titelseite, Vorwort, Copyright, Bemerkungen, Produktinformationen, Inhaltsverzeichnisse u. a. gänzlich neu erstellt werden. Aber auch Einleitung, Bedienungsanleitung, Literaturverzeichnis, Entscheidungstabellen, Register, Glossare und Synonymlisten sind zu ergänzen bzw. neu zu konzipieren.

19.6.6 Anwendungsspezifischer Online Styleguide für CNC-Programmiersysteme

Unternehmen des Werkzeugmaschinenbaus stellen ihre Programmiersysteme auf graphisch-interaktive Systeme um. Nachdem anfänglich nichtstandardisierte graphische Benutzungsoberflächen realisiert wurden, werden bei Systemen der zweiten Generation zunehmend Industriestandards wie Motif oder MS-Windows verwendet. In diesem Fall sind für die Entwickler entsprechende Styleguides bereitzustellen. In einem partizipativen Ansatz wurde in dem hier vorgestellten Fallbeispiel parallel zur Entwicklung der Anwendungssysteme von Entwicklern, Experten des Themenbereichs und externen Industriedesignern im Team mit Softwareergonomen ein Online Styleguide spezifiziert. In Gruppensitzungen wurden dedizierte Dialogelemente, Interaktionstechniken, Fenstertypen und Standardmenüs identifiziert. Weiterhin identifiziert wurden typische Dialogsequenzen. Die getroffenen Festlegungen wurden in einem GUI Online Styleguide mit den folgenden Schwerpunkten festgehalten:

Es wurde eine Funktionsleiste für das Hauptfenster des CNC-Systems benötigt, da am Maschine- und PC-Arbeitsplatz eine einheitliche Bedienung sichergestellt werden sollte. Die Funktionstasten sind frei belegbar und führen zum Teil in sogenannte modale Dialoge.

Es wurde ein Dialogelement "Tabelle" standardisiert. Dies wird zur übersichtlichen Darstellung benötigt, zur Bearbeitung von Datensätzen bzw. zeitlichen Zusammenhängen zwischen parallel ablaufenden und sich gegenseitig beeinflussenden Prozessen wie z. B. Initialisieren, Aufspannen, Spanen, Werkzeugwechsel etc. Dabei wurde das Dialogelement Tabelle samt einer Datenbankanbindung sowie das zur Interaktion mit der Tabelle benötigte Standardmenü normiert. Aus diesem generellen Dialogelement kann mittels Variation das Dialogelement Plantafel nebst Standardmenü Plantafel abgeleitet werden. Plantafeln visualisieren so zeitliche Zusammenhänge unterschiedlicher Prozesse mit Hilfe eines Zeitrasters und machen diese bearbeitbar.

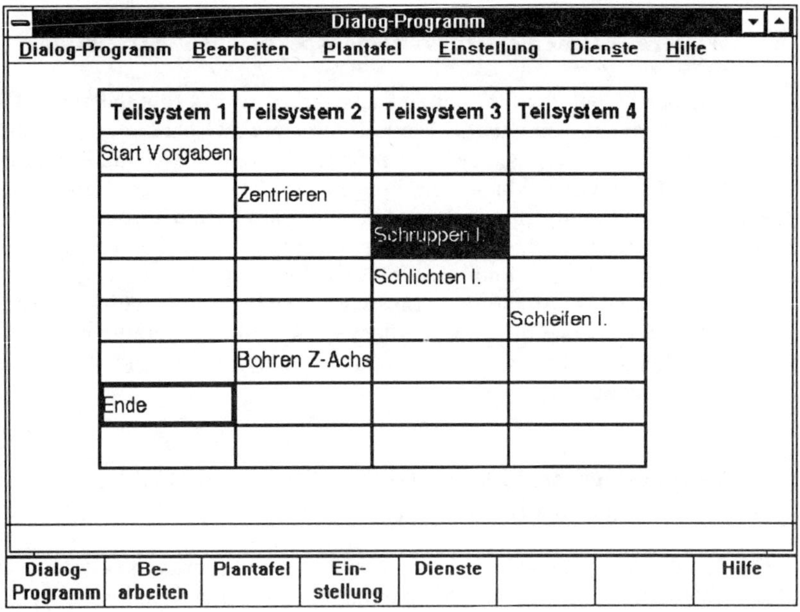

Abb. 19.5. Firmenspezifisch aufgebautes Hauptfenster mit Funktionsleiste und Plantafel

19.6 Die Entwicklung zielgruppenspezifischer GUI Online Styleguides

Werkzeug	Aufruf	Identifikation	Feedrate
Bohrer M10	203	BM10 455	2400
Bohrer M12	219	BM12 622	1800
Bohrer M16	388	BM16 112	870

- Tastaturfokus und Markierung in Zeile
- Gesperrte Zeilen
- Wert wurde von Maschine berechnet
- Zeile mit falscher Eingabe

Abb. 19.6. Firmenspezifisches Tabellenobjekt zur Darstellung von Werkzeugdaten

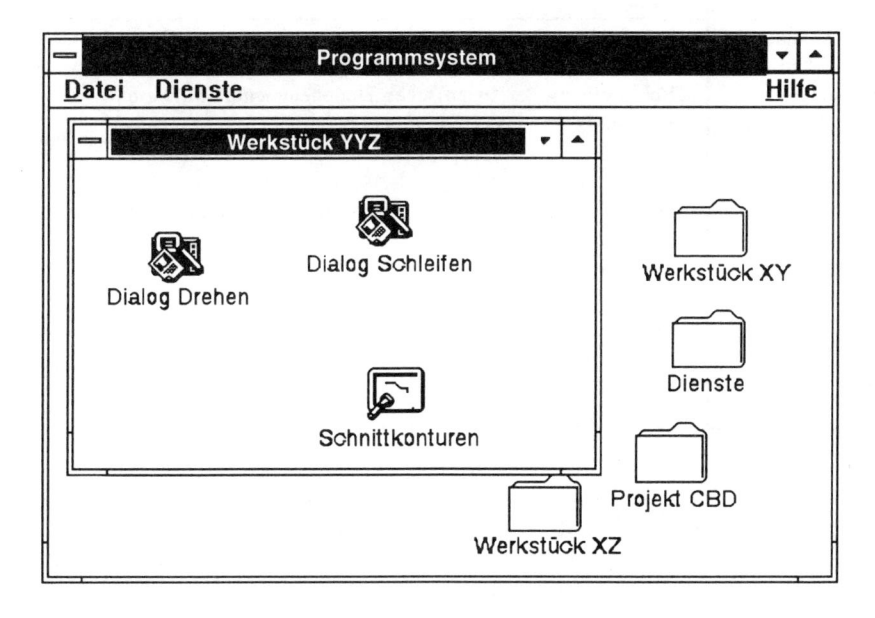

Abb. 19.7. Firmenspezifisches Einstiegsfenster mit firmenspezifischem Menü "Dienste zum effizienten Wechseln zwischen Anwendungen"

Dritter Schwerpunkt war die anwendungsspezifische Entwicklung von Daten- und Anwendungsobjekten in einem Einstiegsfenster (CNC-Programmierschreibtisch). Dieser Schreibtisch ist den bei modernen elektronischen Büroschreibtischen verwendeten Metaphern wie "Drag & Drop" oder "Cut & Paste" nachempfunden und ermöglicht dem Anwender das direkte Wechseln zwischen unterschiedlichen Anwendungen.

Tabelle 19.4. Vorgehen bei der Erstellung eines anwendungsspezifischen Styleguides für CNC-Programmiersysteme

Merkmal	Ausprägung
Zielgruppe:	Anwendungsentwickler zweier Unternehmen aus dem Maschinenbau.
Motivation:	Migration von alphanumerisch nach graphisch-orientierter Benutzungsschnittstelle.
Zugehöriges Projekt:	Generierung einer neuen Version eines Systems zur Programmierung von NC-gesteuerten Werkzeugmaschinen
Styleguide-Entwickler:	Projektleiter, Anwendungsentwickler aus beiden Firmen und externe Styleguide/GUI-Experten
Vorgehensweise:	• Firmenspezifische Funktionsmuster wurden erarbeitet. • Begleitende Spezifikation des Dialogs einer konkreten Anwendung. • Die Diskussionsergebnisse wurden schriftlich festgehalten und durch die Styleguide/GUI-Experten in den GUI Online Styleguide eingebunden.
Anpassung des GUI Online Styleguides:	• Entwicklung firmenspezifischer Anwendungs- und Datenobjekte. • Definition des Einstiegsfensters. • Beschreibung der spezifischen Dialogelemente *Tabelle* und *Plantafel*. • Definition der firmenspezifischen Standardmenüs *Dienste*, *Tabelle* und *Plantafel*. • Festlegung der Interaktion mit speziellen Funktionstasten, die ausschließlich an der Werkzeugmaschine vorliegen. • Entwicklung einer Funktionsleiste zur Indikation der aktuellen Belegung der Funktionstasten an der Werkzeugmaschine. • Beschreibung der Darstellung unterschiedlicher Stati für Eingabefelder. • Einbindung der Funktionsmuster als interaktive Beispiele. • Anpassung der Standardbuchkomponenten.

Eine weitere Fragestellung war die Darstellung der unterschiedlichen Formate für Eingabefelder. Firmenspezifische Dialogsequenzen wurden als Funktionsmuster in dem Styleguide zusätzlich beigefügten Dokumenten beschrieben und stehen dem Anwendungsentwickler als Dialogbausteine zur Verfügung. In Tabelle 19.4 wird noch einmal die Vorgehensweise und entsprechende firmen- und problemspezifische Anpassungsmaßnahmen zusammengefaßt.

19.6.7 Firmenspezifischer Styleguide für Dienstleistungsrechenzentren

Für Rechenzentren im Gesundheitsbereich und im karitativen Bereich wurde in einer gemeinsamen Arbeitsgruppe ein firmen- und problemspezifischer Online Styleguide entwickelt. Dieser sollte in Zukunft bei der Entwicklung neuer Versionen von Krankenhaus- und Gemeindeverwaltungssoftware eingesetzt werden. Der

Styleguide wurde weit vor der eigentlichen Entwicklung der Anwendungssoftware festgelegt. Dementsprechend lagen die Schwerpunkte in diesem Vorhaben weniger auf Dialogsequenzen und Dialogobjekten, als auf einer intensiven Informationsgestaltung und Anpassung des Styleguides an die in Zukunft zu verwendenden Plattformen. Auch hier wurde anwender- und benutzerpartizipativ in entsprechenden Arbeitsgruppen vorgegangen.

Neben der Informationsgestaltung wurde ein zweites Schwergewicht auf eine Bereinigung des Styleguides um OSF/Motif-spezifische Regeln gelegt, weil für die Entwicklungsplattform für die entsprechenden Rechenzentren MS-Windows und OS/2 bindend festgelegt wurden. Für die Kombination dieser beiden Styles wurde der Online Styleguide z. B. durch besondere Synonymverzeichnisse erweitert.

Tabelle 19.5. Vorgehensweise bei der Entwicklung eines firmenspezifischen Online Styleguides für den Bereich von Dienstleistungsrechenzentren

Merkmal	Ausprägung
Zielgruppe:	Anwendungsentwickler, Qualitätssicherer, Kunden aus einem Konsortium verschiedener Dienstleistungsrechenzentren.
Motivation:	Migration von alphanumerisch nach graphisch-orientierter Benutzungsschnittstelle, Vereinheitlichung der gemeinsam vertriebenen Software
Zugehöriges Projekt:	keines
Styleguide-Entwickler:	Anwendungsentwickler aus unterschiedlichen Unternehmen sowie externe Styleguide/GUI-Experten
Vorgehensweise:	• Einführendes Seminar mit den Themenschwerpunkten Styleguide und GUI-Design • Schrittweises Durcharbeiten des GUI Online Styleguides. • Gemeinsame Diskussion mit Hilfe von Skizzen, Grafiken und Beispielanwendungen • Die Diskussionsergebnisse wurden schriftlich festgehalten und durch die Styleguide/GUI-Experten in den GUI Online Styleguide eingebunden.
Anpassung des GUI Online Styleguides:	• Entwicklung neuer Informationsknoten mit den Themenschwerpunkten Gestaltung von Icons und Piktogrammen und Formulierungen von Meldungen. • Definition eines firmenspezifischen Icon-Sets. • Konkretisierungen der Empfehlungen zur Ausrichtung von Dialogelementen und zum Einsatz von Farbe • Eliminierung der Regeln für OSF/Motif. • Änderung der Gliederung des GUI Online Styleguides. • Anpassung des Informationsknotens Synonyme Begriffe an die verwendeten GUI-Werkzeuge. • Anpassung der Standardbuchkomponenten.

Nach Abschluß der Entwicklung des Online Styleguides wurde ein Pilotprojekt aufgesetzt, das Designvorschläge für zukünftige interaktive Softwaresysteme im Anwendungsbereich prototypenhaft erarbeitete. In diesem Prototypingvorhaben wurden sodann vorläufig weitere Festlegungen im Bereich der Interaktionstechniken, Dialogobjekte und anwendungsspezifischen Dialogobjekte getroffen. Diese wurden in einem vorläufigen Online Styleguide zusammengefaßt, der in den folgenden Jahren einer laufenden Evaluation bei der Abwicklung von Echtprojekten unterzogen werden wird. Hierbei stellte sich insbesondere die hohe Flexibilität und die komfortable Autorenumgebung eines Online Styleguides als hilfreich heraus. Der Online Styleguide wurde erfolgreich bei einer Vielzahl von Softwarehäusern, Finanzdienstleistern, öffentlichen Dienstleistern und produzierenden Unternehmen angewendet.

Standard-Icon-Set

	???		Archivieren, Datensicherung		Pause, Unterbrechen
	Datei, Form, Blatt, Datensatz		Daten wiederherstellen, zurückladen		Beenden, Stop, Abbrechen
	Datenbank, Menge von Sätzen		Löschen		Programm beenden, Ausgang
	Laden von Daten		Löschen rückgängig machen		Zwischenablage, Clipboard
	Speichern, Update		Drucken		Notiz eingeben, Textverarbeitung
	Sortieren		Nächster Satz, Vor		Berechnung durchführen, Taschenrechner aufrufen
	Suchen		Ende der Anzeige, Letzter Satz		Installation, Setup aufrufen
	Ausschneiden, Selektieren		Vorheriger Satz, Zurück		Anfang der Anzeige, Erster Satz
	Prüfen, Bestätigen				

Abb. 19.8. Firmenspezifisches Icon-Set für Dienstleistungsrechenzentren

19.7 Zusammenfassung und Ausblick

Auf der Basis eines Autorenwerkzeugs zur Entwicklung elektronischer Hilfe- und Dokumentationssysteme (elektronisches Buch) wurde ein Online Styleguide entwickelt, der erstmalig alle gängigen Marktstandards umfaßt. Der Styleguide kann in der Standardversion für Entwicklungs- und Designprojekte herangezogen werden. Er kann aber auch firmen- oder problemspezifisch erweitert werden. Dabei verbinden sich Zugriffs- und Darstellungsmechanismen von klassischen Büchern mit den Möglichkeiten einer elektronischen Ablage und eines elektronischen Retrievals. Es wurde eine Standardgliederungssystematik und Vorgehensweise für die Gestaltung eines GUI Online Styleguides erarbeitet. Es wurden etliche Feldprojekte zur Evaluation der entsprechenden Konzepte durchgeführt. Mehrere Punkte wurden aufgenommen, die die Richtung für weitere Entwicklungen in diesem Bereich vorgeben:

- Zum einen wird die technische Entwicklung durch zunehmende Vernetzung, den Einsatz von Multimediatechniken und neuen Interaktionsformen (Sprache, Gesten, Handschrift) bis hin zur Virtual Reality vorangetrieben. Diesen Entwicklungen müssen zukünftige Online Styleguides mit entsprechenden Normierungen Rechnung tragen. Zu diesem Zweck wurden erste Multimedia Styleguides in papiergebundener Form entwickelt und werden momentan in die entsprechende Arbeitsgruppe der ISO zur internationalen Standardisierung eingebracht. Eine Online-Version eines Multimedia Styleguides ist in Bearbeitung.
- Starke Veränderungen im Nutzungsverhalten der Systeme bahnen sich an. Der Computer wird ein Arbeitsgerät für jedermann; er wird überall Verwendung finden (Heimarbeit, Telekonferenzen, elektronische Foren). Dieser Situation ist insofern Rechnung zu tragen, als die Systeme mit noch weniger Lern- und Trainingsaufwand beherrschbar werden müssen. Hierzu ist eine noch sorgfältigere Gestaltung der Benutzungsoberfläche, die durch Online Styleguides unterstützt werden sollte, notwendig.
- Gesetzliche Bestimmungen wie im Zuge der Umsetzung der vorher zitierten EU-Richtlinie zwingen zu einem stärker überprüfbaren und standardisierten Vorgehen beim Design und bei der Entwicklung auch anwendungsspezifischer Software. In die gleiche Richtung zielen entsprechende Zertifizierungsbemühungen im Zuge der Qualitätsdiskussion. Hierzu ist es notwendig, Styleguides als einen Teil des innerbetrieblichen Qualitätssicherungssystems zu begreifen und in diesen Kontext zu stellen.
- Am Softwaremarkt zeichnen sich starke Veränderungen in Richtung auf sogenannte Komponentensoftware (Componentware) ab. Hier wird aus am Markt erhältichen vorgegebenen Baugruppen Software quasi "montiert". Somit ist nicht mehr die volle gestalterische Freiheit für den Entwickler von Software gegeben. Vielmehr müssen GUI Online Styleguides um Sammlungen von Bausteingruppen ergänzt werden, die entsprechenden ergonomischen Anforderungen Genüge tun. Neben die normative Komponente eines Styleguides tritt nunmehr die evaluierende und bewertende Komponente.

Diese erweiterten Anforderungen an das Hilfsmittel Online Styleguide führen zur Weiterentwicklung der internen Konzepte der Informationsaufbereitung im Rahmen von Online Styleguides. Hier lassen sich folgende Erweiterungsmöglichkeiten ausmachen:

- Inhaltlich: Aufnahme neuer komplexerer Dialogelemente; Integration neuer Interaktionsformen wie Sprache und Handschrift; Einbindung von Multimedia-Themen; Berücksichtigung der Entwicklung im Bereich Virtual Reality.
- Strukturell: Datenbankmäßige Erfassung und Pflege von Normen und Regeln; Anbindung des Styleguides als Hilfesystem zur Dialoggestaltung an GUI-Werkzeuge; Aufbau von Bibliotheken mit Standarddialogbausteinen und Anbindung an entsprechende Styleguides.
- Einbindung von Styleguides in Standardsoftwareentwicklungsumgebungen; Ausbau von Styleguides und Bausteinbibliotheken hin zu einem Entwicklerinformationssystem.

Die Anbindung des Styleguides an GUI-Werkzeuge sowie der Aufbau von Dialogbausteinbibliotheken sind Meilensteine auf dem Weg zu einem umfassenden Entwicklerinformationssystem, das neben dem eigentlichen GUI-Werkzeug Software-Engineering-Methoden, Styleguides, Normen und Qualitätssicherungskomponenten in einem umfassenden Entwicklerinformationssystem vereint.

Ausblick

Das vorliegende Buch orientiert sich an den Bedürfnissen eines heutigen System- oder Anwendungsentwicklers für betriebliche informationsverarbeitende Systeme. In den letzten Jahren hat sich jedoch das Schwergewicht der Anwendungen von Computersystemen zumindest aus Sicht von Forschung und Entwicklung in bezug auf drei Dimensionen wesentlich verschoben:

- Zum einen verschieben sich Nutzergruppen signifikant von kommerziellen Benutzergruppen zur nichtkommerziellen Nutzung von Computersystemen oder gar Nutzung interaktiver Konsumprodukte.
- Zum zweiten verschieben sich damit korrelierend Anwendungen hin zu mobilen Anwendungen im geschäftlichen Bereich, Heimapplikationen oder Online-Multimedia-Applikationen.
- Einhergehend mit dieser Entwicklung sind neue Paradigmen an der Benutzungsschnittstelle wie Multimedia, Hypermedia oder animierende Systeme der virtuellen Realität ins Zentrum des wissenschaftlich-technischen Interesses gerückt.

Diese technisch und wissenschaftlich interessanten Fragestellungen werden im hier vorgestellten Buch nicht berührt. Trotzdem sollten einige kurze Ausblicke in diese Thematik gegeben werden.

Bei den Benutzergruppen der Zukunft tritt neben den ausgebildeten oder sporadischen Nutzer im beruflichen und kommerziellen Kontext eine Vielzahl weiterer Nutzergruppen. Zum einen werden betriebliche Bereiche immer weiter von entsprechend einfach handhabbaren Systemen durchdrungen. Nach den ausgebildeten DV-Kräften, den Unterstützungskräften z. B. im Sekretariatsbereich, den Sachbearbeitern, den Technikern und Facharbeitern sowie letztendlich auch dem Management werden verstärkt Vertrieb und Kundendienst sowie in letzter Konsequenz der Kunde in die Nutzung der betrieblichen DV-Systeme einbezogen. Kleinere Unternehmen, Kleinstunternehmen und die private Nutzung (SOHO: Small Office, Home) bilden eine wichtige neue Kundengruppe. Im Gesundheitswesen, in der Aus- und Weiterbildung, im Verkehrsbereich: kaum ein Anwendungsgebiet, in dem nicht der massive Einzug computerisierter Systeme mit entsprechend zu gestaltenden Benutzungsschnittstellen zu beobachten wäre.

In den vorher angesprochenen Bereichen ergeben sich neue Anwendungen: Kundeninformationssysteme, die noch zu den klassischen betrieblichen Informationssystemen zu zählen sind; elektronische Kataloge, die bereits viele Multimediaelemente enthalten; diagnose- und wartungsunterstützende Systeme, die teilweise als wissensbasierte Frage- und Antwortsysteme mit Multimediaschnittstellen ausgelegt sind. In öffentlich zugänglichen Bereichen tauchen Informationskioske oder Point-of-Sale- bzw. Point-of-Information-Systeme auf. Standardapplikationen wandern in den Bereich der privaten Nutzung. Darüber hinaus werden neue Nutzungsformen wie die Nutzung von Online-Systemen im Bereich der Unterhaltung, der Weiterbildung, des interaktiven Fernsehens oder sogar der Gesundheitsfürsorge erprobt. Letzendlich wird der Zugang zur Computernutzung für alle denkbaren Benutzergruppen (Access for All) von Kindern bis zu Greisen, von der geschäftlichen bis zur privaten Nutzung in allen Lebenslagen und Lebenssituationen ein bestimmendes Merkmal der weiteren Entwicklung sein.

Die hier vorgestellten Paradigmen, Modelle, Methoden und Werkzeuge können in diese Welt hinein fortentwickelt werden. Letztlich ergibt sich bei jedem evolutionärem Schritt bei der Entwicklung von Computersystemen eine Verbreiterung der Anwendbarkeit; es wird anwendungsseitig Neuland betreten. Parallel dazu stieg bei jedem Schritt die Repräsentationsmächtigkeit der Mensch-Computer-Schnittstelle. Die zu repräsentierenden, zu verarbeitenden und darzustellenden Strukturen wurden in jedem Schritt komplexer. Es wurden jeweils zuerst neue Entwicklungssprachen bzw. -umgebungen geschaffen. Anschließend wurden Anknüpfungspunkte zum Vorhandenen im Bereich der Repräsentationsmechanismen gesucht. Diese wurden meist anknüpfend an Tradiertes fortgeschrieben und weiterentwickelt. So steht es auch in den oben beschriebenen Bereichen zu erwarten.

Wo stehen wir dabei und wo werden zukünftige Schwerpunkte sein? In den letzten fünf Jahren ist eine Vielzahl neuer Entwicklungssprachen, -umgebungen und -werkzeuge für die unterschiedlichsten Problemstellungen von Multimediasystemen über hypertextbasierte Systeme, browserbasierte Systeme bis hin zu virtuellen Realitäten entstanden. Der Markt ist in bezug auf technische Leistungsparameter dieser Entwicklungswerkzeuge noch in stetiger Bewegung. Bis auf den Bereich der Standardgraphik- und -animationswerkzeuge sind noch keine Marktstandards auszumachen. De-facto-Standards bzw. entsprechende Styleguides stehen kurz vor ihrer Ankündigung und stecken in de n Kinderschuhen. Die internationale Normung hat gerade begonnen, sich in Erweiterung der ISO 9241 der Thematik multimedialer Systeme anzunehmen. Eine Beschäftigung mit 3D-Graphiksystemen und Systemen der virtuellen Realität ist geplant. Der stürmische Prozeß der Werkzeugentwicklung dürfte innerhalb von fünf Jahren zu Markt- und anderen Standards führen, wie wir sie momentan im Bereich der graphisch-interaktiven Systeme vorfinden und wie sie in diesem Buch beschrieben sind.

Wichtiger im Bereich der Forschung und Entwicklung sind aufbauend auf diesen Systemen Repräsentationsmechanismen, Methoden und Werkzeuge für die Spezifikation und das Design dieser neuen Klassen von Anwendungssystemen mit erweiterten Paradigmen der Mensch-Computer-Interaktion. Wie werden essentielle Systemmodellierung und Sicht des Benutzers auf das System und diese Applikationen modelliert? Erleben wir in diesem Bereich Prototyping in Reinkultur? Wie werden entsprechende Projekte, bei denen die Form der Präsentation und die Interaktivität fast schon den logischen Inhalt überragen, kalkuliert? Wie werden sie projektiert und wie werden entsprechende Vorhaben geordnet einem Projektmanagement unterworfen? Diese Fragen sind heute nicht einfach zu beantworten. Es ist dabei ein interessantes Zusammenwachsen zwischen Methoden der Informatik im Software Engineering, Methoden des Infomation Engineerings, des klassischen Designs sowie der darstellenden Künste zu beobachten. Alles in allem eine interessante Konstellation für die methodischen Arbeiten der nächsten zehn Jahre. Die Welt des Computers bleibt spannend und faszinierend.

Abkürzungsverzeichnis

3GL	3rd Generation Language
4GL	4th Generation Language
Alpha-CM	Char Map Manager für a-numerisches System
Alpha-DP	Drawing Primitives für a-numerisches System
Alpha-LD	Logical Device Driver für a-numerisches System
Alpha-PD	Physical Device Driver für a-numerisches System
Alpha-WP	Windowing Primitives für a-numerisches System
ARIS	Architektur Integrierter Informationssysteme
ASCII	American Standard Code for Information Interchange
AVO	Arbeitsvorgang
B/E-Netz	Bedingungs-/Ereignisnetz
BS	Benutzungsschnittstelle
CAD	Computer-Aided Design
CASE	Computer-Aided Software Engineering
CDIF	CASE Data Interchange Format
CICS	Customer Information Control System
CIL	Component Integration Laboratories
CIM	Computer-Integrated Manufacturing
CIM-OSA	Computer-Integrated Manufacturing – Open System Architecture
CNC	Computerized Numerical Control
COM	Common Object Model
CSCW	Computer-Supported Cooperative Work
CUA	Common User Access; ein Marktstandard des Hauses IBM für graphisch-interaktive Benutzungsschnittstellen
DBMS	DataBase Management System (Datenbank-Management-System)
DDE	Dynamic Data Exchange
DDL	Dialog Description Language (Dialogbeschreibungssprache)
ddX	device dependent X
DEC	Digital Equipment Corporation
DFD	Data Flow Diagram (Datenflußdiagramm)
DIN	Deutsches Institut für Normung
diX	device independent X
DNC	Direct Numerical Control
DOS	Disk Operating System
DSOM	Distributed System Object Model
DSS	Decision Support System
DTD	Data Type Definition
DTP	Desktop Publishing
DV	Datenverarbeitung

DVI	Device Virtual Interface
E/A	Ein-/Ausgabe
ECMA	European Computer Manufacturers Association
EDV	Elektronische Datenverarbeitung
EER	Extended Entity-Relationship
EERM	Extended Entity-Relationship Model
ER	Entity-Relationship
ERM	Entity-Relationship Model; ein Repräsentationsmechanismus zur Datenmodellierung
ESPRIT	European Strategic Programme for Research in Information Technology
EU	Europäische Union
EWG	Europäische Wirtschaftsgemeinschaft
FIKS	Fertigungsinformations- und -kommunikationssystem
FMS	Forms Management System
GENIUS	Generator for User Interfaces Using Software Ergonomic Rules
GIF	Graphics Interchange Format
GIFF	Graphics Interchange File Format
GKS	Graphisches Kernsystem
GPI	Graphical Presentation Interface
GUI	Graphical User Interface (Graphische Benutzungsschnittstelle)
HLS	Hue, Lightness, Saturation
HP	Hewlett Packard
HUFIT	Human Factors in Information Technology; ein europäisches Referenzprojekt zur benutzergerechten Softwaregestaltung
I&K-System	Informations- und -kommunikationssystem
IBM	International Business Machines
IDM	Integrierter Dialog Manager
IDS	Interactive Documentation System
Ids	Integriertes Diagnosesystem
IEEE	Institute of Electrical and Electronics Engineers
IPC	Inter-Process Communication
IPS	Interaktives Programmiersystem
ISDN	Integrated Services Digital Network
ISO	International Organization for Standardization
KI	Künstliche Intelligenz
KSA	Kommunikationsstrukturanalyse
LAN	Local Area Network
LEX	LEXical Analyser; Werkzeug zur Definition von Parsern
MDE	Maschinendatenerfassung
MIS	Management Information System
MS	Microsoft
MVC	Model View Controller; ein Mechanismus zum bidirektionalen Abgleich von internem Objektmodell und Benutzungsschnittstellenobjekten bei graphisch-interaktiven Informationssystemen
NC	Numerical Control
NeWS	Network extensible Window System
ODBC	Open DataBase Connectivity

ODF	Online Documentation Format
OLE	Object Linking and Embedding
OLTP	Online Transaction Processing
OMT	Object Modelling Technique; ein Repräsentatiosmechanismus zur Objektrepräsentation
OOAD	Object-Oriented Analysis and Design
OQF	Online Query Facility
OR	Operations Research
OS/2	Operating System 2 - Betriebssystem für PCs
OSE	Open Systems Engineering; eine generische Systemarchitektur des Herstellers HP
OSF	Open Software Foundation; eine Vereinigung von EDV-Herstellern und Anwendern, die in der ersten Hälfte der 90er Jahre die Entwicklung von Marktstandards für graphisch-interaktive Benutzungsschnittstellen erfolgreich vorangetrieben hat
OSI	Open Systems Interconnect
PC	Personal Computer
PCTE	Portable Common Tool Environment
PEX	PHIGS Extension to X
PHIGS	Programmers Hierarchical Interactive Graphics System
POSIX	Portable Operating System for UNIX; Herstellervereinigung zur Normierung von Systemschnittstellen bei Betriebssystemen
PPS	Produktionsplanungs- und -steuerungssystem
RFA-Netze	Rollen-Funktions-Aktions-Netze
RGB	Rot Grün Blau
RTF	Rich Text Format
SAA	Systems Application Architecture; eine generische Systemarchitektur des Unternehmens IBM
SADT	Structured Analysis and Design Technique
SERM	Strukturiertes Entity-Relationship-Modell
SE	Software Engineering
SG	Zustandsgraph, der jedem Zustand eine Menge von Subzuständen und Superzuständen zuordnet
SGML	Standard Generalized Markup Language; ein Standard zur Spezifikation von Dokumententypen
SNA	Systems Network Architecture
SNI	Siemens-Nixdorf
SOM	System Object Model
SPE	Softwareproduzierende Einheit
SPS	Speicherprogrammierbare Steuerung
SPU	Software Producing Unit
SQL	Structured Query Language; eine standardisierte Datenbankabfragesprache
TCP/IP	Transmission Control Protocol/ Internet Protocol
TE	Transporteinheit
TOC	Task Object Chart
UIDL	User Interface Definition Language
UIL	User Interface Language

UIMS	User Interface Management System; eine Klasse hochstehender Entwicklungsumgebungen für graphisch-interaktive Systeme
UNIX	Betriebsystem für Workstations
VDT	Visual Display Terminal
VKD	Vorgangskettendiagramm
WAN	Wide Area Network
WIRE	Window-based Interface for Remote Exchange
WOP	Werkstattorientierte Produktionsunterstützung
WSI	Window System Interface
WYSIWYG	What You See Is What You Get
X-Windows	Fenstersystem für UNIX-Betriebssysteme
Xlib	Bibliothek des X-Windows-Systems
XVT	eXtensible Virtual Toolkit
YACC	Yet Another Compiler Compiler; Werkzeug zur Generierung von Übersetzern
ZF	Zustandsfunktion, die einem Tupel "Objektklasse" und "spezifischer Zeitpunkt während der Aufgabenbearbeitung" eine Menge von Objekten zuordnet, die sich in einem entsprechenden Zustand befinden
ZÜD	Zustandsübergangsdiagramm

Literatur

ANSI/X3/SPARC Study Group on Data Base Management Systems (1975). Interim Report 75-02-08. FDT (Bulletin of ACM-SIGMOD) 7, No. 2

Apple (1994). OpenDoc: Shaping Tomorrow's Software. White Paper. Apple

Apple-Human Interface Guidelines (1986). The Apple Desktop Interface. Apple Computer Inc., 20525 Mariani Avenue, Cupertino, CA 95014

Apple-Human Interface Guidelines (1992). Apple Computer Inc., 20525 Mariani Avenue, Cupertino, CA 95014

Bamberger, R. (1996). Entwicklung eines Werkzeuges zum Störungsmanagement in der Produktionsregelung. Dissertation. Fakultät für Konstruktions- und Fertigungstechnik, Universität Stuttgart

Bass, L.; Hardy, E., Little, R.; Seacord, R. (1990). Incremental Development of User Interfaces. In: Cockton, G. (Ed.). Engineering for Human-Computer Interaction: Proceedings of the IFIP TC 2/WG 2.7 Working Conference on Engineering for Human-Computer Interaction, Napa Valley, Ca., USA, 21-25 August 1989. Amsterdam: Elsevier

Bauer, R.; Bowden, J.; Browne, J.; Duggan, J.; Lyons, G. (1991). Shop Floor Control Systems. London, New York u. a.: Chapman &Hall

Beck, A.; Janssen, C. (1993). Vorgehen und Methoden für aufgaben- und benutzerangemessene Gestaltung von graphischen Benutzungsschnittstellen. In: Coy, W.; Gorny, P.; Kopp, I.; Skarpelis, C. (Hrsg.). Menschengerechte Software als Wettbewerbsfaktor. Stuttgart: Teubner, 200-221

Beck, A.; Ziegler, J. (1991). Methoden und Werkzeuge für die frühen Phasen der Software-Entwicklung. in: Ackermann, D.; Ulich, E. (Hrsg.). Software-Ergonomie '91. Stuttgart: Teubner

Boehm, B. W. (1976). Software Engineering. IEEE Transactions on Computers, Vol. 25, No. 12, December 1976, 1226-1241

Boehm, B. W. (1988). A Spiral Model of Software Development and Enhancement. IEEE Computer, May 1988, 61-72

Bullinger, H. J. (1991). WOP-Systeme als Flexibilisierungspotential für die Sicherung der Wettbewerbsfähigkeit von morgen. In: Berichte aus dem Fraunhofer-Institut für Produktionstechnik und Automatisierung (IPA), Stuttgart, Fraunhofer-Institut für Arbeitswirtschaft und Organisation (IAO), Stuttgart, Institut für industrielle Fertigung und Fabrikbetrieb der Universität Stuttgart (IFF), und Institut für Arbeitswissenschaft und Technologiemanagement der Universität Stuttgart; Band T24: Werkstattorientierte Produktionsunterstützung. Berlin, Heidelberg u. a.: Springer

Bullinger, H. J.; Erzberger, H.; Fähnrich, K.-P. (1990). Werkstattorientierte Produktionsunterstützung. In: Berichte aus dem Fraunhofer-Institut für Produktionstechnik und Automatisierung (IPA), Stuttgart, Fraunhofer-Institut für Arbeitswirtschaft und Organisation (IAO), Stuttgart, und Institut für industrielle Fertigung und Fabrikbetrieb der Universität Stuttgart; Band T17: Werkstattorientierte Produktionsunterstützung. Berlin, Heidelberg u. a.: Springer

Bullinger, H.-J.; Fähnrich, K.-P. (1982). Ergonomie der Hard- und Softwaregestaltung im Büro. In: Büro-Kommunikation Heute und Morgen: Einflüsse - Techniken - Systeme. Nagel, K. (Hrsg.). München, Wien: Oldenbourg, 161-179, 15 Bild., 4 Qu.

Bullinger, H.-J.; Fähnrich, K.-P. (1984). Symbiotic Man-Computer Interfaces and the User Assistant Concept. In: Human-Computer Interaction: Proceedings of the First U.S.A.-Japan Conference on Human-Computer Interaction, Honolulu, Hawaii, August 18-20, 1984. Salvendy, G. (Ed.). Amsterdam u. a.: Elsevier, 17-26, 5 Bild., 16 Qu.

Bullinger, H.-J.; Fähnrich, K.-P. (1991). User Interface Management - The Strategic View. In: Human Aspects in Computing: Proceedings of the 4th International Conference on Human-Computer Interaction, Stuttgart, Sept. 1-6, 1991; Vol. 1: Design and Use of Interactive Systems and Work with Terminals. Bullinger, H.-J. (Hrsg.). Amsterdam u. a.: Elsevier, 27-38. (Advances In Human Factors/ Ergonomics; 18 A)

Bullinger, H.-J.; Fähnrich, K.-P.; Erzberger, H. (1991). Planen, Programmieren und Prüfen in der Werkstatt: Werkstattorientiertes CIM. Technische Rundschau 83 (10), 26-34

Bullinger, H.-J.; Fähnrich, K.-P.; Groh, G.; Ilg, R. (1996). Online Styleguide für die Software-Entwicklung. Computerworld Schweiz 11/96, S.7ff.

Bullinger, H.-J.; Fähnrich, K.-P.; Groh, G.; Ziegler, J. (1996). Objekte und Aufgaben als Modelliervorlage,. Computerworld Schweiz 27/96, S.6ff.

Bullinger, H.-J.; Fähnrich, K.-P.; Hanne, K.-H. (1993). Kombinierte multimodale Mensch-Rechner-Interaktionen. In: Software-Ergonomie 93: Von der Benutzungsoberfläche zur Arbeitsgestaltung. Rödiger, K.-H. (Hrsg.). Stuttgart: Teubner, 87-97. (Berichte des German Chapter of the ACM; Band 39)

Bullinger, H.-J.; Fähnrich, K.-P.; Höpelman, J.-P.; Hanne, K.-H.; Rigoll, G.; Keck, B.; Schulz, A.; Kornmesser, B. (1985). An Integrated Approach to Language Processing. Speech Technology 3 (1), 62-68, 5 Bild., 13 Qu.

Bullinger, H.-J.; Fähnrich, K.-P.; Ilg, R. (1992). Der Benutzer in offenen Systemen. Offene Systeme 1 (1), 6-15

Bullinger, H.-J.; Fähnrich, K.-P.; Ilg, R. (1993). Benutzungsoberflächen und Entwicklungswerkzeuge. In: Handbuch Informationsmanagement: Aufgaben, Konzepte, Praxislösungen. Scheer, A.-W. (Hrsg.). Wiesbaden: Gabler, C. (5), 941-964

Bullinger, H.-J.; Fähnrich, K.-P.; Janssen, C. (1993). Graphische Benutzungsoberflächen: Kriterienkatalog und Marktübersicht '93. In: Bullinger, H.-J. (Hrsg.). Graphische

Benutzungsschnittstellen auf dem Prüfstand. IAO-Forum 30.09.1993. Stuttgart: Fraunhofer-Institut für Arbeitswirtschaft und Organisation

Bullinger, H.-J.; Fähnrich, K.-P.; Janssen, C. (1996). Ein Beschreibungskonzept für Dialogabläufe bei graphischen Benutzungsschnittstellen. In: Informatik Forschung und Entwicklung, 2/96 (11), 84-93

Bullinger, H.-J.; Fähnrich, K.-P.; Janssen, Ch.; Groh, G. (1993). Entwicklungsaufwand für GUI's kann mit Tools gesenkt werden. Computerwoche 20 (49). (3.12.1993), 5. 11-12

Bullinger, H.-J.; Fähnrich, K.-P.; Kopperger, D. (1995). Componentware: Integration von Dokumentenmanagement, Bürokommunikation und Anwendungssystemen in Client/Server-Umgebungen. In: Bullinger, H.-J. (Hrsg.). Dokumenten- und Workflow-Management. IAO-Forum 18.05.1995

Bullinger, H.-J.; Fähnrich, K.-P.; Raether, Ch. (1984). Task and User-Adequate Design of Man-Computer Interfaces in Production. In: Interact '84 = First IFIP Conference on Human-Computer Interaction, 4-7 Sept. 1984, London. (Conference Papers Volume 1). 0.0.: IFIP, 338-343, 9 Bild., 11 Qu.

Bullinger, H.-J.; Fähnrich, K.-P.; Shackel, B. (1985). Research Needs and European Collaboration in Human Computer Interaction. In: Ergonomics International 85: Proceedings of the Ninth Congress of the International Ergonomics Association, 2-6 Sept. 1985, Bournemouth, England. Brown, I. D. (Ed.). London, Philadelphia: Taylor & Francis, 196-198, 4 Qu.

Bullinger, H.-J.; Fähnrich, K.-P.; Sprenger, M. (1984a). Erkenntnisse zur software-ergonomischen Gestaltung von Dialogsystemen. In: Prozessrechner, Prozessdatenverarbeitung im Wandel, 4. GI/GMR/KfK-Fachtagung, Karlsruhe, 26.-28. Sept. 1984. Trauboth, H; Jäschke, A. (Hrsg.). (Informatik Fachberichte 86); Berlin, Heidelberg u. a.: Springer, 658-669, 12 Bild., 10 Qu.

Bullinger, H.-J.; Fähnrich, K.-P.; Sprenger, M. (1984b). User-Oriented and Task-Consistent Programming Interfaces for CNC-Machines. In: Proceedings of the 1st International Conference on Human Factors in Manufacturing. 3-5 April 1984, London. Lupton, T. (Ed.). Kempston: IFS Publ.; Amsterdam u.A.: North Holland, 55-68, 12 Bild., 11 Qu.

Bullinger, H.-J.; Fähnrich, K.-P.; Weisbecker, A. (1996). GENIUS: Generating Software-ergonomic User Interfaces. International Journal of Human-Computer Interaction, Vol. 8, No. 2, 115-144

Bullinger, H.-J.; Fähnrich, K.-P.; Ziegler, J. (1987a). Software-Ergonomics: History, State of the Art and Important Trends. In: Cognitve Engineering in the Design of Human-Computer Interaction and Expert Systems: Proceedings of the 2nd International Conference on Human-Computer Interaction, Honolulu, Hawaii, 10-14 August, 1987, Volume Ii. Salvendy, G. (Ed.). Advances in Human Factors/Ergonomics; 10 B. Amsterdam u. a.: Elsevier, 307-316, 27 Qu.

Bullinger, H.-J.; Fähnrich, K.-P.; Ziegler, J. (1987b). Software-Ergonomie - Stand und Entwicklungstendenzen. In: Software-Ergonomie '87: Nützen Informationssysteme dem Benutzer? Schönpflug, W; Wittstock, M. (Hrsg.). Berichte des German Chapter of the ACM; 29. Stuttgart: Teubner (5), 17-30

Bullinger, H.-J.; Fähnrich, K.-P.; Ziegler, J. (1989a). Human Factors in Information Technology: Results from a Large Cooperative European Research Programm. In: Work with Computers: Organizational, Management, Stress and Health Aspects; Proceedings of the Third International Conference on Human-Computer Interaction, Boston. Smith, M. J.; Salvendy, G. (Eds.). Amsterdam u. a.: Elsevier (5), 3-12

Bullinger, H.-J.; Fähnrich, K.-P.; Ziegler, J. (1989b). Human Factors in Information Technology: Results from a Large Cooperative European Research Programme. In: Esprit '89: Proceedings of the 6th Annual Esprit Conference, Brussels, November 27 - December 1,1989. Cemnision of the European Communities Directorate-General Telecommunications (Ed.). Dordrecht: Kluwer, ohne Seitenangabe

Bullinger, H.-J.; Fähnrich, K.-P.; Ziegler, J.; Groh, G. (1996). Konzeptueller Entwurf von Benutzerschnittstellen. Computerworld Schweiz 43/96, S.9ff.

Bullinger, H.-J.; Raether, Ch.; Fähnrich, K.-P.; Kärcher, M. (1985a). Software-Ergonomie im Produktionsbereich - Dargestellt am Beispiel der Analyse und Gestaltung von Programmiersystemen für Werkzeugmaschinen. In: Software-Ergonomie '85: Mensch-Computer-Interaktion; Tagung III/1985. 24. und 25.9.1985 in Stuttgart. Bullinger, H.-J. (Hrsg.). German Chapter of the ACM: Berichte (24). Stuttgart: Teubner, 86-97, 13 Bild., 15 Qu.

Bullinger, H.-J.; Raether, Ch.; Fähnrich, K.-P.; Kärcher, M. (1985b). Software-Ergonomie im Produktionsbereich. Technische Rundschau 77 (47), 158-166, 13 Bild., 15 Qu.

Bullinger, H.-J.; Rathgeb, M. (1994). Prozeßorientierte Organisationsstrukturen und Workflow-Management für Dienstleister. IAO-Forum Workflow Management bei Dienstleistern (Stuttgart, 22. Juni). Baden-Baden: FBO-Verlag

Chen, P. (1976). The Entity-Relationship Model – Towards a Unified View of Data. ACM Transactions on Database Systems, Vol. 1, No. 1, 9-36

Coad, P.; Yourdon, E. (1991). Object-Oriented Analysis. 2nd Edition. Englewood Cliffs, New Jersey: Prentice-Hall

Cox, Brad J. (1987). Object-Oriented Programming - An Evolutionary Approach. Reading, Massachusetts: Addison-Wesley

CUA (1989). Systems Application Architecture/Common User Access. Basic Interface Design Guide (BIDG). IBM Corp., SC26-4583

CUA (1991a). Systems Application Architecture/Common User Access. Guide to User Interface Design. Cary (NC): IBM Corp., SC34-4289

CUA (1991b). Systems Application Architecture/Common User Access. Advanced Interface Design Reference. Cary (NC): IBM Corp., SC34-4290

Cusumano, M. A. (1991). Japan's Software Factories. New York, Oxford: Oxford University Press

Dangelmaier, W. (1988). Auftragssteuerung in einem CIM-Konzept. In: Fertigungstechnisches Kolloquium (FTK). Stuttgart. S. 37-44

Date, C. J. (1986). An Introduction to Database Systems. Volume 1. Reading, Massachusetts: Addison-Wesley

DeMarco, T. (1979). Structured Analysis and System Specification. Englewood Cliffs, New Jersey: Prentice-Hall

Denert, E. (1977). Specification and Design of Dialog Systems with State Transition Diagrams. In: Morlet, E.; Ribbens, D. (Eds.). Proc. of the International Computing Symposium. Amsterdam: North-Holland, 417-427

Denert, E.; Siedersleben, J. (1991). Software-Engineering. Berlin, Heidelberg: Springer

DIN (1977). DIN 66001: Informationsverarbeitung, Sinnbilder für Datenfluß- und Programmablaufpläne. Berlin, Köln: Beuth

DIN (1981). DIN 25424, Teil 1

DIN (1985). DIN 66261: Informationsverarbeitung, Sinnbilder für Struktogramme nach Nassi-Shneiderman. Berlin, Köln: Beuth

DIN (1988). DIN 66 234. Teil 8. Bildschirmarbeitsplätze. Grundsätze ergonomischer Dialoggestaltung. Berlin, Köln: Beuth

DIN (1989a). Normung von Schnittstellen für die rechnerintegrierte Produktion (CIM). Standortbestimmung und Handlungsbedarf. Fachbericht 15. Berlin, Köln: Beuth, 1987, 1989

DIN (1989b). Schnittstellen der rechnerintegrierten Produktion (CIM). Fertigungssteuerung und Auftragsabwicklung. Fachbericht 21. Berlin, Köln: Beuth.

EU-Richtlinie 90/270/EWG (1990). Richtlinie des Rates vom Mai 1990 über die Mindestvorschriften bezüglich der Sicherheit und des Gesundheitsschutzes bei der Arbeit an Bildschirmgeräten (Fünfte Einzelrichtlinie im Sinne von Artikel 16 Absatz 1 der Richtlinie 89/391/EWG).

Fähnrich, K.-P. (1985a). European Human-Factors Laboratory in Information Technology. In: Human Factors in Manufacturing: Proceedings of the 2nd International Conference on Human Factors in Manufacturing and 4th IAO Conference, 11 - 13 June 1985, Stuttgart. Bullinger, H.-J. (Ed.). Kempston, Bedford: IFS-Publ., 213-222, 2 Bild., 6 Qu.

Fähnrich, K.-P. (1985b). Vorgehensweise zur Gestaltung großer Anwendersysteme Dialoggestaltung. Handbuch der Modernen Datenverarbeitung 22 (126), 31-44, 10 Bild., 2 Qu.

Fähnrich, K.-P. (1988a). Fortgeschrittene Informations- und Kommunikationstechnologie: Die Schnittstelle Mensch-Technik bei der rechnerintegrierten Fertigung im Werkstattbereich. FhG-Berichte (2), 13-17

Fähnrich, K.-P. (1988b). How to Design Dialog Systems for Large Computer Applications. In: Software Ergonomics: Advances and Applications. Bullinger, H.-J.; Gunzenhäuser, R. (Eds.). New York u. a.: Wiley, 27-51

Fähnrich, K.-P. (1988c). Software-Ergonomie: Stand der Technik und Perspektiven. Technische Rundschau 80 (25), 116-121

Fähnrich, K.-P. (1990a). CASE für graphisch-interaktive Systeme. In: Online '90: 13. Europäische Kongressmesse für technische Kommunikation; Hamburg, 05.02.-09.02.1990. Kongress VI. Fähnrich, K.-P. (Hrsg.). Velbert: Online, S. Vi.01.01 - Vi.01.34

Fähnrich, K.-P. (1990b). Ein System zur wissensbasierten Diagnose an CNC-Werkzeugmaschinen durch den Maschinenbediener. Dissertation. Berlin, Heidelberg u. a.: Springer.

Fähnrich, K.-P. (1991a). Architektur und Realisierung eines Multimedia-Dialogmanagers. In: Telekommunikation und multimediale Anwendungen der Informatik: Proceedings; GI-21. Jahrestagung, Darmstadt, 14.-18. Oktober 1991. Encarnacao, J. (Hrsg.). Berlin, Heidelberg u. a.: Springer. Getr. Z. (Informatik-Fachberichte; 293)

Fähnrich, K.-P. (1991b). Dialogmanagement: Stand, Trends, Entwicklungsperspektiven. In: Online '91: 14. Europäische Congressmesse für technische Kommunikation; Hamburg, 04.-05.02.1991. Congress VI. Fähnrich, K.-P. (Hrsg.). Velbert: Online, S. VI.09.01 - VI.09.20

Fähnrich, K.-P. (1991c). Über die künftige Entwicklung der Informations- und Kommunikationstechnologie. In: Handbuch des Informationsmanagements im Unternehmen. Bullinger, H.-J. (Hrsg.). München: C.H. Beck'sche Verlagsbuchhandlung, Band I, 759-769

Fähnrich, K.-P. (1991d). Was steckt unter der Benutzeroberfläche? User Interface Management. Technische Rundschau 83 (21), 28-32

Fähnrich, K.-P. (1993). Internationale Normierungen schaffen Einheitlichkeit: Gestaltung von Anwendungsoberflächen braucht Regeln. Computer Zeitung 40, 19.

Fähnrich, K.-P.; Görner, C.; Ilg, R. (1993). Reicht das aus? Styleguides zur Systementwicklung. Technische Rundschau 85 (36), 5. 76 - 78

Fähnrich, K.-P.; Groh, G. (1992). Mangelnde Einheitlichkeit: Worauf es beim Einsatz von UIMS ankommt. Computer Zeitung 23 (3), 15

Fähnrich, K.-P.; Groh, G. (1993a). Erhöhung der Lebenserwartung: User Interface Management (1. Teil). Technische Rundschau 85 (35/ 5), 100 - 104

Fähnrich, K.-P.; Groh, G. (1993b). User Interface Management Systeme auf dem Vormarsch. Office Management 41 (4), 40-44

Fähnrich, K.-P.; Groh, G.; Ilg, R.; Raether, Ch. (1996). Schnittstellenentwicklung im Baukastenprinzip. Computerworld Schweiz 15/96, S.6ff.

Fähnrich, K.-P.; Groh, G.; Janssen, Ch. (1993). Beurteilung und Auswahl von Tools zur Entwicklung grafischer Benutzerschnittstellen. Computerworld Schweiz 23, 6-9, 11-12

Fähnrich, K.-P.; Groh, G.; Kurz, E. (1996). Projektierung von Softwaresystemen dient der Kostensenkung. Maschinenmarkt, Würzburg 102 (1996) 30, S. 28 ff.

Fähnrich, K.-P.; Groh, G.; Raether, Ch. (1994). Benutzergerechte Gestaltung von graphischen Systemen (GUI's). Online 5, 28-38

Fähnrich, K.-P.; Groh, G.; Raether, Ch. (1996). Programmhandbücher sind auch Programme. Computerworld Schweiz 7/96, S.6ff.

Fähnrich, K.-P.; Groh, G.; Thines, M. (1991). Knowledge-Based Systems in Computer-Assisted Production. In: Production Research: Approaching the 21st Century. Pridham, M; O'Brien, Ch. (Eds.). London u. a.: Taylor & Francis (5), 598-699

Fähnrich, K.-P.; Hanne, K.-H. (1993). Aspects of Multimodal and Multimedia Human-Computer Interaction. In: Human-Computer Interaction: Software and Hardware Interfaces; Proceedings of the 5th International Conference on Human-Computer Interaction; HCI International '93; Orlando, Florida, August 8-13, 1993. - Vol. 2/ Salvendy, G.; Smith, M. J.(Eds.). Amsterdam u. a.. Elsevier, 440-445. (Advances in Human Factors/Ergonomics; L9b) ISBN 0-444-89540-X

Fähnrich, K.-P.; Hanne, K.-H.; Höpelman, J.-P. (1985a). Künstliche Intelligenz und Mensch-Maschine-Kommunikation. Etz 106, 7/8, 346-347, 350-352, 5 Bild., 11 Qu.

Fähnrich, K.-P.; Hanne, K.-H.; Höpelman, J.-P. (1985b). Neue Formen der Mensch-Maschine-Kommunikation. Technische Rundschau 77 (16), 82-91, 8 Bild., 38 Qu.

Fähnrich, K.-P.; Hanne, K.-H.; Rigoll, G. (1985). Maschinelle Sprachverarbeitung und Dialogprozessoren in der Produktion. Technische Rundschau 77 (36), 5. 106-112/ 12 Bild., 13 Qu.

Fähnrich, K.-P.; Huthmann, A.; Kroneberg, M.; Otterbein, T. (1992). Anpaßbarer Leitstand auf objektorientierter Basis. In: Information als Produktionsfaktor: 22. GI-Jahrestagung, 28.9.- 2.10.92, Karlsruhe. Görke, W; Rininsland, H.; Syrbe, M. (Hrsg.). Berlin, Heidelberg: Springer, 587-596. (Informatik Aktuell)

Fähnrich, K.-P.; Ilg, R.; Görner, C. (1993a). Firmen-Styleguides: Quo Vadis? Computerworld Schweiz 30 (5), 5-7

Fähnrich, K.-P.; Ilg, R.; Görner, C. (1993b). Styleguides zur Systementwicklung: Reicht das aus? Office Management 41 (10), 89 - 90

Fähnrich, K.-P.; Ilg, R.; Görner, C. (1994a). Benutzergerechte Softwaregestaltung. Design und Elektronik 9, 3. Mai 1994, 28-30

Fähnrich, K.-P.; Ilg, R.; Görner, C. (1994b). Normung verhindert Wildwuchs: Neue EU-Richtlinie zur benutzergerechten Softwaregestaltung. Computerwoche 26, 1.7.1994, Beilage Focus Nr. 3, 24-25

Fähnrich, K.-P.; Ilg, R.; Groh, G. (1994). Die Evaluation von Benutzerschnittstellen. Computerworld Schweiz 10, 7.3.1994, 7-9

Fähnrich, K.-P.; Janssen, Ch. (1991). User Interface Management Systeme und ihre Eingliederung in Anwendungsarchitekturen. In: Tool '91: Software- und Datenbankmanagement = Risc '91: Risc/ Transputer-Architekturen und Anwendungen; 2. Int. Fachmesse und Kongress, 26.-28.1.1991, Karlsruhe. Zorn, W.; Bender, K. (Hrsg.). Berlin, Offenbach: VDE, 69-78

Fähnrich, K.-P.; Janssen, Ch. (1992). Bewertungskriterien für User Interface Management Systeme. In: Information als Produktionsfaktor: 22. GI-Jahrestagung, 28.9.- 2.10.92,

Karlsruhe. Görke, W; Rininsland, H.; Syrbe, M (Hrsg.). Berlin: Springer (5), 694-698. (Informatik Aktuell)

Fähnrich, K.-P.; Janssen, Ch.; Groh, G. (1992a). Entwicklung von Benutzerschnittstellen. Design und Elektronik 10, 24-28

Fähnrich, K.-P.; Janssen, Ch.; Groh, G. (1992b). Entwicklungswerkzeuge für graphische Benutzerschnittstellen. Computer Magazin 21 (2), 6-13

Fähnrich, K.-P.; Janssen, Ch.; Groh, G. (1992c). Entwicklungshilfen für Oberflächen. Topix - 17, 10-12

Fähnrich, K.-P.; Janssen, Ch.; Groh, G. (1992d). Neue Konzepte für SW-Entwickler: Software-Werkzeuge für die Entwicklung von GUI's. Computerwoche 19 (35), Beilage Focus 2, 5. 36-38

Fähnrich, K.-P.; Janssen, Ch.; Groh, G. (1994). Entwicklungstools für grafische Benutzerschnittstellen. Computerworld Schweiz 16/94, S.6ff.

Fähnrich, K.-P.; Kärcher, M. (1991). The ISA Dialog Manager: Requirements for User Interface Management Systems. In: Human Aspects In Computing: Proceedings of the 4th International Conference on Human-Computer Interaction, Stuttgart, Sept. 1-6, 1991. Vol. L: Design and Use of Interactive Systems and Work with Terminals. Bullinger, H.-J. (Ed.). Amsterdam u. a.: Elsevier, 259-264. (Advances in Human Factors/ Ergonomics; 18 A)

Fähnrich, K.-P.; Kern, P. (1983). Benutzer- und aufgabengerechte Programmierschnittstellen an CNC-Maschinen. FhG-Berichte 3/4 , 42- 47, 11 Bild., 11 Qu.

Fähnrich, K.-P.; Koller, F.; Ziegler, J. (1990). Multex: Ein Multimedia Expertensystem zur Diagnose von Maschinen und Anlagen. Wgp-Kurzberichte 90/6 Industrie-Anzeiger 112 (7), 32-33

Fähnrich, K.-P.; Kornmesser, B.; Rigoll, G. (1987). Ein vollsynthetisches Sprachausgabesystem. Technische Rundschau 79 (9), 64-67, 5 Bild., 12 Qu.

Fähnrich, K.-P.; Kroneberg, M. (1990a). Benutzergerechtes Gestalten von Leitständen. In: Werkstattorientierte Produktionsunterstützung: IAO-Forum 10. und 11. September 1990 in Stuttgart. Bullinger, H.-J. (Hrsg.). (IPA-IAO Forschung und Praxis: T 17). Berlin, Heidelberg u. a.: Springer, 245-262.

Fähnrich, K.-P.; Kroneberg, M. (1990b). Leitstand: Aus dem Spiel wird Ernst. Computerwoche 17; 17. Beilage Focus Nr. 2 vom 27.April 1990, 31-33.

Fähnrich, K.-P.; Raether, Ch. (1985). Human-Computer Interaction in the Production - A Systematic Approach to the Design of CNC-Tools. In: Toward the Factory of the Future: Proceedings. Berlin, Heidelberg u. a.: Springer. 5, 876-881, 11 Bild., 14 Qu.

Fähnrich, K.-P.; Raether, Ch. (1987a). Gestaltung von NC/CNC-Systemen. Bundesarbeitsblatt 12 (5), 13-17, 5 Bild., 11 Qu.

Fähnrich, K.-P.; Raether, Ch. (1987b). Programmierschnittstellen an computergestützten Werkzeugmaschinen. In: Software-Ergonomie. Fähnrich, K.-P. (Hrsg.). München, Wien: Oldenbourg, 144-158, 10 Bild., 10 Qu.

Fähnrich, K.-P.; Raether, Ch. (1988a). Arbeitswissenschaftliche Erkenntnisse für NC/CNC-Systeme. In: Gesundheit am Arbeitsplatz: Neue Techniken menschengerecht gestalten. Bonn: Bundesminister für Arbeit und Sozialordnung, 76-88

Fähnrich, K.-P.; Raether, Ch. (1988b). Graphisch-interaktives Programmiersystem für CNC-Maschinen. FhG-Berichte 2, 22-25

Fähnrich, K.-P.; Raether, Ch. (1989). Benutzerschnittstelle selbst gestaltet. In: mc: die Mikrocomputer-Zeitschrift (3), 68-69

Fähnrich, K.-P.; Raether, Ch. (1991). User Interface Management Systeme für portable Dialog-Entwicklung in heterogenen Systemumgebungen. In: Software-Architekturen im Unternehmen: Komponenten, Modelle, Werkzeuge und Methoden; IAO-Forum, 13.11.1991, Stuttgart. Bullinger, H.-J. (Hrsg.). Berlin u. a.: Springer, 117-138. (IPA-IAO Forschung und Praxis: T 25)

Fähnrich, K.-P.; Raether, Ch.; Lauster, F. (1988). Do It Yourself: Prototyping von Benutzerschnittstellen. Technische Rundschau 80 (41), 102-105

Fähnrich, K.-P.; Ziegler, J. (1982). Software-Ergonomie als neuer Forschungsschwerpunkt. In: Humane Produktion - Humane Arbeitsplätze 4, 10, 14-15, 2 Bild., 5 Qu.

Fähnrich, K.-P.; Ziegler, J. (1984a). Mensch-Computer-Interaktion. Office Management 32 (12), 1178-1182, 5 Bild., 10 Qu.

Fähnrich, K.-P.; Ziegler, J. (1984b). Workstations Using Direct Manipulation as Interaction Mode Aspects of Design, Application and Evaluation. In: Interact '84 = First IFIP Conference on 'Human-Computer Interaction', 4-7 Sept. 1984, London. (Conference Papers Volume 2). O.O.: IFIP, 203-208, 6 Bild., 10 Qu.

Fähnrich, K.-P.; Ziegler, J. (1985). Direkte Manipulation als Interaktionsform an Arbeitsplatzrechnern. In: Software-Ergonomie '85: Mensch-Computer-Interaktion; Tagung III/1985. 24. und 25.9.1985, Stuttgart. Bullinger, H.-J. (Hrsg.). German Chapter of the ACM: Berichte; 24. Stuttgart: Teubner, 75-85, 5 Bild., 17 Qu.

Fähnrich, K.-P.; Ziegler, J. (1987). HUFIT - Human Factors in Information Technology. In: Esprit '87: Achievements and Impact; Proceedings of the 4th Annual Esprit Conference. Brussels, Sept. 28-29, 1987. Part B. The Commission of the European Communities (Ed.). Amsterdam u. a.: North Holland, 1443-1451, Zahlr. Qu.

Fähnrich, K.-P.; Ziegler, J.; Davies, D. (1987). HUFIT - Human Factors in Information Technology. In: Cognitive Engineering in the Design of Human-Computer Interaction and Expert Systems: Proceedings of the 2nd International Conference on Human-Computer Interaction, Honolulu, Hawaii, August, 10-14, 1987, Volume Ii. Salvendy, G. (Ed.). Amsterdam u. a.: Elsevier, 37-43, 21 Qu.

Fähnrich, K.-P.; Ziegler, J.; Galer, M. (1988). HUFIT - Human Factor Laboratories in Information Technology. Sigchi Bulletin 19 (31), 51-54

Fernström, Ch.; Narfelt, K.-H.; Ohlsson, L. (1992). Software Factory Principles, Architecture, and Experiments. IEEE Software, March 1992

Fisher, A. S. (1988). CASE Using Software Development Tools. New York: John Wiley & Sons

Floyd, C. (1984). A Systematic Look at Prototyping. In: Budde, R.; Kulenkamp, K.; Mathiassen, L.; Züllighoven, H. (Eds.): Approaches to Prototyping. Berlin, Heidelberg: Springer

Foley; J. D. (1991). User Interface Software Tools. In: Encarnacao, J. (Hrsg.). Telekommunikation und multimediale Anwendungen der Informatik. GI-21. Jahrestagung, Darmstadt, 14.-18. Oktober 1991. Berlin, Heidelberg: Springer

Görner, C. (1994). Vorgehenssystematik zum Prototyping graphisch-interaktiver Audio/Video-Schnittstellen. Dissertation. Berlin, Heidelberg: Springer

Green, M. (1985). Design Notation and User Interface Management Systems. In: Pfaff, G. (Hrsg.) User Interface Management Systems. Berlin, Heidelberg: Springer, 89-107

Green, M. (1986). A Survey of Three Dialog Models. ACM Trans. Graphics 6 (3) Jul., 244-275

Groh, G.; Fähnrich, K.-P. (1993). Mit GUI-Werkzeugen effizient Software entwickeln. Computerworld Schweiz 39, 27.09.93, 8-11

Groh, G.; Fähnrich, K.-P.; Kopperger, D. (1995). Componentware: Die Integration von Applikationen in Client/Server-Umgebungen. Computerworld Schweiz 6/95, S.7ff.

Hacker, W. (1986). Arbeitspsychologie. Psychische Regulation von Arbeitstätigkeiten. Bern: Huber

Hanne, K.-H. (1993). Systeme kombinierter multimodaler Mensch-Rechner-Interaktionen. Dissertation. Berlin, Heidelberg: Springer.

Hanne, K.-H.; Fähnrich, K.-P.; Höpelman, J.-P. (1985). Integrierte multimodale Mensch-Rechner-Kommunikation - ein Beispiel eines kombiniert natürlichsprachlichen und graphischen Systems. In: Software-Ergonomie '85: Mensch-Computer-Interaktion; Tagung III/1985. 24. und 25.9.1985, Stuttgart. Bullinger, H.-J. (Hrsg.). German Chapter of the ACM: Berichte 24. Stuttgart: Teubner, 66-74, 4 Bild., 31 Qu.

Hanne, K.-H.; Höpelman, J.; Fähnrich, K.-P. (1986). Combined Graphics - Natural Language Interfaces to Knowledge-Based Systems. In: Artificial Intelligence and Advanced Computer Technology Conference. Exhibition, 23-25 Sept. 1986, Wiesbaden, Conference Proceedings. Liphook, Hants (England): TCM Expositions, Getr. Z.

Harel, D. (1987). Statecharts: A Visual Formalism for Complex Systems. Science of Computer Programming, 8/1987, 231-274

Harel, D. (1988). On Visual Formalisms. Communications of the ACM, 31, 8 (May), 514-530

Hudson, S. E. (1989). Graphical Specification of Flexible User Interface Displays. In: Proceedings of the ACM SIGGRAPH Symposium on User Interface Software and Technology, UIST '89, November 1989. New York: ACM, 105-114

Huthmann, A. (1995). Individualisierbare heuristische Einplanung für rechnerbasierte Leitstände. Dissertation. Berlin, Heidelberg: Springer

IAT (1994). TASK - Technik der aufgabenbezogenen Software-Konstruktion. Projektbericht für den Projektträger "Arbeit und Technik". Institut für Arbeitswissenschaft und Technologiemanagent, Universität Stuttgart

IBM Corp. (1991). SAA/CUA Guide to User Interface Design. IBM Report SC34-4289-00

IBM Corp. (1993). Object-Oriented Interface Design: IBM Common User Access Guidelines. Carmel, IN: Que Corporation

ISO 9241 (1994). Ergonomic Requirements for Office Work with Visual Display Terminals (VDT's), Part 1-17, Entwurf

Jackson, M. (1975). Principles of Program Design. London: Academic Press

Janssen, Ch. (1996). Dialogentwicklung für objektorientierte, graphische Benutzungsschnittstellen. Dissertation. Berlin, Heidelberg: Springer

Krallmann, H.; Scholz-Reiter, B. (1990). CIM-KSA – Eine rechnergestützte Methode für die Planung von CIM-Informations- und Kommunikationssystemen. In: Reuter, A. (Hrsg.): Informatik auf dem Weg zum Anwender, Proc. 20. GI-Jahrestagung. Berlin, Heidelberg: Springer, 57-66

Kroneberg, M. (1995). Benutzerwerkzeuge an Fertigungssteuerungs-Leitständen. Dissertation. Berlin, Heidelberg: Springer

Kurz, E. (1996). Projektierungsverfahren für technische Software dargestellt an wissensbasierten Systemen. Dissertation. Berlin, Heidelberg: Springer

Kuschke, M. ; Beyer, T. (1991). Oberflächlich gesehen: User Interface Manager im Vergleich: TeleUSE und Serpent. iX, S. 30 - 38

Larson, J. A. (1992). Interactive Software: Tools for Building Interactive User Interfaces. Englewood Cliffs, New Jersey: Prentice Hall

Laubscher, H.-P. (1996). Ein objektorientiertes Modell zur Abbildung von Produktionsverbünden in Planungssystemen. Dissertation. Fakultät Konstruktions- und Fertigungstechnik, Universität Stuttgart

Luger, G. F.; Stubblefield, W. A. (1989). Artificial Intelligence and the Design of Expert Systems. Redwood City, California: The Benjamin/Cummings Publishing Company

Martin, J.; Odell, J. (1992). Object-Oriented Analysis and Design. Englewood Cliffs, N.J.: Prentice-Hall

Mayer, R. (1993). Ein rechnerunterstütztes System für die technische Dokumentation und Übersetzung. Berlin, Heidelberg: Springer

McMenamin, S. M.; Palmer, J. F. (1984). Essential Systems Analysis. Englewood Cliffs, N.J.: Prentice-Hall

Microsoft 1994: OLE 2.0 Design Specification

Myers, B. A., Rosson, M. B. (1992). Survey on User Interface Programming. In: CHI'92 Conference Proceedings. Reading (New York): ACM, 195-202

Neuron Data (1991). Nexpert Object Version 2.0. Application Programming Interface Reference Manual. Part Number Man-10-700-01. Palo Alto, California: Neuron Data

Nielsen, J. (1990). The Art of Navigating Through Hypertext. Communications of the ACM, March 1990, Vol. 33, No. 3, 296-310

Oberquelle, H. (1987a). Benutzerorientierte Beschreibung von interaktiven Systemen mit RFA-Netzen. In: Schönpflug, W.; Wittstock, M. (Hrsg.): Software-Ergonomie '87. Stuttgart: Teubner

Oberquelle, H. (1987b). Sprachkonzepte für benutzergerechte Systeme. Berlin, Heidelberg: Springer

OMG (1992). Common Object Request Broker

Oracle (1989). SQL*Plus User's Guide and Reference. Version 3.0. Part Number 5142-V3.0. Oracle Corporation

Oracle (1990a). Programmer's Guide to the ORACLE Precompilers. Version 1.3. Part Number 5315-V1.3. Oracle Corporation

Oracle (1990b). SQL Language Reference Manual. Version 6.0. Part Number 778-V6.0. Oracle Corporation

OSF/Motif Styleguide (1993). Revision on 1.2. Open Software Foundation, Eleven Cambridge Center, Cambridge, MA 02142

Otterbein, Th. (1994). Eine objektorientierte Architektur für Leitstände zur Feinplanung. Dissertation. Aus der Reihe: IPA-IAO, Forschung und Praxis, Band 198. Berlin, Heidelberg: Springer.

Parnas, D. L. (1972). On the Criteria to be Used in Decomposing Systems into Modules. Communications of the ACM, Vol. 5, No. 12, December 1972, 1053-1058

Perlman, G. (1987). An Axiomatic Model of Information Presentation. Proceedings of the Human Factors Society, 31st Annual Meeting 1987, 1229-1233

Puppe, F. (1990). Problemlösungsmethoden in Expertensystemen. Berlin, Heidelberg: Springer

Reisig, Wolfgang (1986). Petrinetze – Eine Einführung. 2. Aufl., Berlin, Heidelberg: Springer

Rembold, U. (1991). Einführung in die Informatik für Naturwissenschaftler und Ingenieure. München, Wien: Carl Hanser

Rigoll, G.; Fähnrich K.-P. (1984). Some Tools for Speaker-Independent, Isolated Word Recognition Systems Based on System Theory and System Dynamics Algorithms. In: Seventh International Conference on Pattern Recognition. Montreal/Canada, July 30 - August 2, 1984; Proceedings. Silver Spring, USA: IEEE Computer Soc. Press, 1248-1250, 8 Qu.

Rumbaugh, J.; Blaha, M.; Premerlani, W.; Eddy, F.; Lorensen, W. (1991). Object-Oriented Modelling and Design. Englewood Cliffs, N.J.: Prentice-Hall

Scheer, A.-W. (1991). Architektur integrierter Informationssysteme - Grundlagen der Unternehmensmodellierung. Berlin, Heidelberg: Springer

Schek, H. J. (1982). Datenbanksysteme I. Vorlesungsskript Datenbanksystem. Wintersemester 82/83. Technische Hochschule Darmstadt

Schlageter, G.; Stucky, W. (1983). Datenbanksysteme: Konzepte und Modelle. Stuttgart: Teubner

Streveler, D.; Wasserman, A. (1984). Quantitative Measures of the Spatial Properties of Screen Design. In: Shackel, B. (Ed.): Proceedings of the Second IFIP Conference on Human-Computer Interaction, INTERACT '84, Vol.1. Amsterdam: Elsevier Science Publishers, 81-89

TeleUSE (1991a). Tutorial. TeleSoft

TeleUSE (1991b). Reference Manual. TeleSoft

The Windows Interface (1992). An Application Design Guide. Microsoft Press, Redmond, Washington 98052 - 6399

The Windows Interface Guidelines (1995). A Guide for Designing Software. Draft, Microsoft Press, Redmond Washington 98052 - 6399, February 1995

Tullis, T. S. (1988). Screen Design. In: Helander, M. (Ed.): Handbook of Human-Computer Interaction. Amsterdam: North-Holland, 377-411

Udell, J. (1994). Componentware. Byte, May 1994

Ulich, E. (1991). Arbeitspsychologie. Stuttgart: C. E. Pöschel

van Hoof, A. J. M. (1995). Der logisch-pragmatische Gebrauch von Konditionalsätzen. Eine dialog-logische Analyse. Dissertation. Berlin, Heidelberg: Springer.

Voss, K. (1987). Nets in Databases. In: Rozenberg, G.; Brauer, W.; Reisig, W. (Eds.). Petri Nets: Applications and Relationships to Other Models of Concurrency. Berlin, Heidelberg: Springer

Wasserman, A. I. (1985). Extending Transition Diagrams for the Specification of Human-Computer Interaction. IEEE Trans. Software Engineering 11 (8), August, 699-713

Weisbecker, A. (1993). Toolkauf ist erst der Anfang. Computerwoche Focus Nr. 3, 20.08.1993, 4-13

Weisbecker, A. (1995). Ein Verfahren zur automatischen Generierung von software-ergonomisch gestalteten Benutzungsoberflächen. Dissertation. Berlin, Heidelberg: Springer.

Wertheimer, M.(1922). Untersuchung zur Lehre von der Gestalt. Psychologische Forschung 1, 47-58 und 4, 1923, 301-350

Young, D. A. (1990). The X Window System. Programming and Applications with Xt. OSF/Motif Edition. Englewood Cliffs, N. J.: Prentice Hall, 07632

Yourdon, E. (1989). Modern Structured Analysis. Englewood Cliffs, N. J.: Prentice-Hall

Yourdon, E.(1992). Die westliche Programmierkunst am Scheideweg. München: Carl Hanser

Ziegler, J. (1996). Eine Vorgehensweise zum objektorientierten Entwurf graphisch-interaktiver Informationssysteme. Dissertation. Berlin, Heidelberg: Springer

Sachverzeichnis

3-Ebenen-Modell 17
3D-Graphiksysteme 350
3GL-Sprachen 247; 262
4GL-Sprachen 131; 247; 256
4GL-Werkzeug 155

abgeleitete Attribute 116
Ablaufsteuerung 305
abstrahiertes Objektmodell 193
abstrakte Interaktionsobjekte 124
abstrakte Programmierschnittstellen 153
Abstraktion 19
Access for All 350
Activity Charts 22; 41
Aggregation 36
Aggregationsrelationen 55; 66
Aggregationssicht 59; 17
Aktionsobjekte 124
Aktoren 57; 60
Aktorensichten 60
algebraische Gleichungssysteme 76
alphanumerische Fenstersysteme 140
alphanumerische Systeme 216
analytisches Piktogramm 239
Anforderungsmodul 305
Anlagenstruktur 272
Annotationenumgebung 316
Anwendungsaktionen 218
Anwendungskomponente 151
Anwendungsobjekte 62; 298
Anwendungsrahmen (application framework) 144; 153; 247; 281; 283; 292; 296; 298
Anwendungsschnittstelle 151; 161
Anwendungssicht 97
Anwendungssystemprogrammierung 229
Applikationsobjekt 295
Arbeitsobjekte 339
Arbeitspläne 271; 296

Arbeitsplaneditor 270
Arbeitsvorgang (AVO) 266; 296
Arbeitswissenschaften 3
arbeitswissenschaftliche Kriterien 263
Archivierungskomponente 311
ASCII-Format 316
Assoziativ-Array 187; 192
Attributblock 70
Attributdarstellung 121
Attribute 197; 284
Attributsicht 58
Aufbereitung 323
Aufgaben- und Objekt-Management 175
Aufgabenangemessenheit 230; 263
Aufgabenhierarchie 40
Aufgabenmodell 31; 105
Aufgabenmodellierung 39
Aufrufhierarchie 275
Auftragsjoints 291
Auftragsnetze 282
Auftragsobjekte 272; 273
Auftragssplits 291
Auftragssplitter 272
Auftragssteuerungsmodell 281
Auftragsverfolgung 271
Auftragsverfolgungswerkzeuge 265
Auswahl 249
Auswahlsequenz 276
automatisch generierende Werkzeuge 155
automatische Generierung 3; 124; 152
automatisierte Einplanungsverfahren 273
Automatisierungsgrad 274
Autorenschreibtisch 317
Autorenwerkzeug 337; 347

Basisklassen 285; 288
Baumstruktur 197; 238
Bausteinbibliothek 143; 159; 182; 248; 259; 261; 348

Bausteinfunktionalität 249
Beantwortungsaufwand 306
Bearbeitung 249
Bearbeitungszustände 34
Bedarf 283
Bedingungs-/Ereignisnetze (B/E-Netze) 78
behavioural representation 74
Benchmark 179; 182; 184
Benutzeraktionen 218
benutzergerechte Softwaregestaltung 7; 327
benutzerinitiierte Dialoge 299
Benutzersicht 248; 270; 316
Benutzerwerkzeuge 3; 4; 8; 247; 263; 264; 283; 294
Benutzungsmodell 53
Benutzungsschnittstelle 1; 166; 247; 278; 283; 293; 295; 300; 305; 313; 319; 321; 325; 349
Benutzungsschnittstellenentwicklung 73; 89
Benutzungsschnittstellenentwurf 53
Benutzungsschnittstellenwerkzeuge 229
Benutzungssicht 97; 117
betriebliche DV-Systeme 349
betriebliche Informationssysteme 1; 5; 167; 193; 249; 299; 349
Bewertungsalgorithmen 283
Bibliotheken 153
Bidirektionale Zugriffspfade 65
Bildschirmlayout 228
bottom-up-Ansatz 103
Boxenprinzip 271
Branchenstyleguide 339
Browser 299; 316
browserbasierte Systeme 350
Bürokommunikationssysteme 173

CAD-CNC-Kopplung 227
call-back-functions 153
Canvas 220
CASE-Systeme 164
CASE-Werkzeuge 25; 155; 192; 261
CIM-Systeme 4
Client 318
Client-Standard-Anwendungen 313
Client-Systeme 137
Client/Server 137, 163

Client/Server-Architektur 8; 176; 184; 193; 318
Client/Server-Umgebungen 132
CNC Window Manager 246
CNC-Konfigurator 8
CNC-Programme 228
CNC-Programmierschreibtisch 343
CNC-Programmiersysteme 4; 238; 240; 242; 246; 341
CNC-spezifischer Toolkit 237
CNC-Werkzeugmaschinen 227; 229; 235; 240; 242; 301
Codegenerierung 88
Common Object Model 14
CommonView 144
Componentware 14; 248; 347
compound document 313
Computer-Aided Software Engineering (CASE) 25; 169
Concurrent Engineering 12
Constraints 63; 73; 76; 87; 192
constructional representation 74
Container 59; 61; 118
Container-Objekte 63
Controller 296
Controllerobjekt 295
CORBA 14
Corporate Identity 328; 333; 341
Corporate Memories 323
CUA-Standard 225

Data Base Management System (DBMS) 165
Data Dictionary 116; 192
Data Type Definitions (DTDs) 314
Datenbankabfragesprache (Online Query Facility – OQF) 173
Datenbankdesign 115
Datenbankmanagement 1; 172
Datenbankmanagementsysteme 11
Datenbankschnittstelle 222
Datenbanktabellen 273
Datenflußdiagramm (DFD) 19; 22; 32; 51
Datenflüsse 298
Datenintegration 26
Datenmodell 115; 133; 275
Datenmodellierung 1; 11
datenorientierte Modellierung 17; 115
Defaults 213

Definition von Sichten 117
Design der Benutzungsschnittstelle 116
Design-to-Component 14; 99
Designregeln 131
Detailsicht 117; 255; 256; 340
device dependent X (ddX) 237
device independent X (diX) 237
diagnose- und wartungsunterstützende Systeme 349
Diagnoseaufgaben 299
Diagnosedatenbank (Wissensbasis) 302
Diagnosedialog 302
Diagnosesystem 302; 306
Dialog 74
Dialog Manager 2; 88; 124; 182; 183; 192; 195; 207, 213; 222; 229; 237; 239; 246; 278; 292; 293
Dialogabläufe 73; 122; 184; 192
Dialogabläufe auf Fensterebene 75
Dialogabläufe auf Objektebene 75
Dialogaufgaben 248
Dialogbausteine 3; 8; 106; 229; 247; 250; 255; 256; 259; 261; 262; 283; 341
Dialogbeschreibungssprache 29; 154, 161; 167; 185; 193; 205; 207; 210; 220; 239; 321
Dialogbeschreibungstechniken 74
Dialogentwurf 89
Dialogfunktionen 248
Dialogmakros 83
Dialogmodell 71; 74; 195; 299
Dialogmodellierung 73
Dialognetze 72; 73; 78;109; 250; 278
Dialognetzmodell 278
Dialogobjekt 124; 167; 184; 195; 197; 213; 216; 219; 248; 335; 339
Dialogobjekt 295; 296
Dialogpartitionierung 241
Dialogregeln 201
Dialogrepräsentationssprachen 167
Dialogschicht 171; 293; 334
Dialogsicht 8; 64
Dialogsteuerung 151; 153; 161; 227; 299
Dienstleistungsrechenzentren 344
direkte Navigation 316
Distributed System Object Model (DSOM) 14
DNC-Schnittstelle 302
Document Reengineering 325
Dokumentation 309
Dokumentationssystem 5; 309
Dokumentenmanagement 326
Dokumentenmanagement-Systeme 313

Dokumentenmodelle 14
Drag & Drop 157; 225
Druckdialog 261
Dynamic Data Exchange 318
dynamische Constraints 63
dynamische Kriterien 306
dynamische Objekterzeugung 185
dynamische Teildialoge 82
dynamischer Nachladevorgang 221
dynamisches Modell 32
dynamisches Nachladekonzept 239
dynamisiertes Projektmanagement 14

E/A-Geräte 165
E/A-Schicht 171
Echtzeitsysteme 16; 39
ECMA-Referenzmodell 27
Editierumgebungen 311
Editor 90
Einfachheit 229
Einheitlichkeit 229
Einplanungsalgorithmus 272
Einplanungsverfahren 274; 278
Einstieg 249
Einstiegspunkte 334; 337
Einzelkapazitäten 291
elektronische Ablage 347
elektronische Dokumentationssysteme 309; 310
elektronische Hilfe- und Dokumentationssysteme 347
elektronische Kataloge 349
elektronischer Buch-Server 326
elektronischer Online Styleguide 341
elektronisches Bausteinhandbuch 341
elektronisches Buch 309; 313; 318; 323; 331; 334; 347
elektronisches Handbuch 317
elektronisches Retrieval 347
Elementaraufgaben 41
elementare Stati 238
embedded SQL 222
Entitäten 120; 284
Entity-Relationship-Diagramme 115
Entity-Relationship-Modell (ERM) 17; 31
Entscheidungssequenz 276
Entscheidungstabellen 338

Entscheidungsunterstützungssysteme (Decision Support Systems – DSS) 172
Entwicklungssystem 300; 302; 305
Entwicklungsumgebung 25
ER-Diagramme 116
ER-Modell 116; 283; 284; 286; 298
ER-Modellierung 112; 115; 284
Ereignis 16
Ereignisablaufanalyse 20
Ereignisbehandler (event handler) 76; 187, 191
Ereignisflüsse 43
Ereignisgraphen 78
Ereignismodell 76
Ereignismodul 305
ereignisorientierte Modellierung 16
ereignisorientierte Sprache 256
ereignisorientierte User Interface Management Systeme 88
ereignisorientiertes Dialogmodell 192
Ereignistyp 187
Ereignisverteiler 191
Ereignisverwaltung 305
Erfassung 323
Erweiterbarkeit 310
essentielle Ebene 28; 53
essentielle Modellierung 8; 39
essentielle Systemfunktionalität 53
essentielle Systemmodellierung 1; 350
essentielles Modell 105
essentielles Objekt- und Aufgabenmodell 53
EU-Richtlinie 329; 347
EUREKA Software Factory 13
Evidenz 308
Extended Entity-Relationship-Modell 17
Externe Ereignisse 239
Externe Prozesse 41

Facettenmethode 259
Fehler- und Hilfesysteme 9
Fehlerhäufigkeit 306
Fensterebene 73
Fenstersystem 137; 216; 264; 327
Fenstersystembausteine (Window Primitives) 138
Fertigungsauftrag 36; 296
Fertigungsinformationssystem 9; 283; 292

Fertigungsinformations- und -kommunikationssystem FIKS 4; 227; 265; 281; 292
Fertigungsleitstand 266; 281
FIKS-Leitstand 278
Filter 63
Filterobjekte 94
Filterreferenzen 61
firmenspezifischer Styleguide 341
Firmenstyleguide 327; 339
Flexibilität 311
Flußrelationen 44; 46; 78
Folientastaturen 237
formale Grammatiken 75
Formatfunktionen 218
Formatressource 219
Formularsysteme (Forms Management Systems) 174
Frage-Antwort-Dialog 299; 300; 305
Frage-Antwort-Modul 308
Frage-Antwort-System 299
Freitextmethode 259
Freitextsuche 317
funktionale Dekomposition 103
funktionale Modellierung 11
funktionales Modell 32
Funktionenmodell 275
Funktionsbibliothek 311
funktionsorientierte Modellierung 16
funktionsorientierte Navigation 57
funktionsorientierte Zugriffsformen 106
Funktionsreferenzen 59

Gadgets 142
Gantt-Diagramm 185; 266
Generalisierung 36
Generator 8; 247; 299
Generierung eines Auswahlfensters 133
Generierungssystem 299
generische Bausteine 108
generische Dialogobjekte 141
generisches Markup 314
generisches Prozeßmodell 12
generisches Rahmenmodell 12
Geometrie-Attribute 197
geschäftsvorfallgesteuerte Aufgabenbearbeitung 115
geschichtete Software-Architektur 171
geschlossene Container 61
Gestaltgesetze 127

Gestaltungsregeln 131
globale Informationsstruktur 323
globale Zugriffsstruktur 334
Granularitätsstufen 293
Graphiksysteme 264
Graphiktabletts 237
graphisch-interaktive Anwendungssysteme 330
graphisch-interaktive Benutzungsschnittstellen 8; 21; 137, 147, 150; 169, 183; 327
graphisch-interaktive CNC-Programmiersysteme 227
graphisch-interaktive Informationssysteme 1; 4; 8; 22; 97; 219; 318
graphisch-interaktive Programmiersysteme 229; 230; 235
graphisch-interaktive Systeme 168; 247; 334; 341; 350
graphische Benutzungsoberfläche 309
graphische Benutzungsschnittstellen 2; 25
graphische Gliederung 316
graphische Leitstände 4
graphische Modellierung 41
graphische Programmierschnittstelle 165
graphischer Oberflächenbaukasten 186
graphisches Kernsystem (GKS) 139
Groupbox 197
Groupware 173
GUI Online Styleguide 328; 331; 337; 339; 347
GUI-Werkzeuge 155; 348

Handbuch 309
Handlungsflexibilität 263
Herstellerstyleguides 327; 329
heuristikbasierte Frage-Antwortsysteme 299
Heuristikfunktion 305; 306
Heuristiksteuerung 302
heuristische Dialogsteuerungen 299
heuristische Frage-Antwort-Dialoge 9
heuristische Planungsberater 272
heuristisches Einplanungswerkzeug 274
Hierarchie-Attribute 198
hierarchische Navigation 316
hierarchisches Modell 17
Hierarchisierung 86; 117
Higraph 21

Hilfesystem 309; 318
Historienfunktion 316; 331
Höherbewertung 308
höhere Werkzeuge 152; 165
homogene Mengenobjekte 62
hybrides Benutzerwerkzeug 273
Hyperlink 325; 328; 331; 335; 337
Hypermedia 349
Hypermedia-Systeme 175
Hypermedia-Werkzeuge 155
Hypertext-System 309
hypertextbasierte Systeme 350
Hypertextmethode 259
Hypertextstrukturen 334

I&K-Systeme 40
Implementationsebene 29
Implementationssicht 97
individualisierbares Einplanungsverfahren 274
individualisierbares, heuristisches Einplanungswerkzeug 273; 274
Individualisierung 310
Inferenzmechanismus 308
Inferenzstrategie 129
Information Engineering 323; 350
Information Retrieval 310
Informationhiding 19
Informationskioske 349
Informationsknoten 323; 334; 335; 339
Informationsmodell 283
Informationssysteme 3; 7
Informationstypen 336
ingenieurmäßige Softwareentwicklung 11
Inhaltsverzeichnis 337
inhomogene Mengenobjekte 62
Instandsetzung 301
Instanz 213
Instanziierungen 120
integrierende Benutzerwerkzeuge 264
integrierende Benutzungsschnittstelle 264
integriertes Diagnosesystem (Ids) 302
intelligente Assistenten 261
Inter-Prozeß-Kommunikation (IPC) 318
interaktionale Ebene 29
Interaktionsobjekte 110; 247; 256; 261
Interaktionsschicht 334
interaktive Geschäftsgraphik 294

interaktives Dokumentationssystem 9; 309; 325
interaktives SQL 222
Interaktoren 144
Interface Builder 174
internationale Normung 3
Internationalisierung 207; 216
Internet 261
invertierte Relation 338
Ist-Analyse 296
iteratives Modell 12

kontextfreie Grammatiken 75
kontextsensitives Einlernsystem 310
kontextsensitives Hilfesystem 310; 319
Kontextsicht 97
Konvertierer 311
konzeptuelle Ebene 17; 29; 53
konzeptuelle Modellierung 8
konzeptuelle Sicht 184
konzeptueller Entwurf 89
Kooperationsmodell 290
Künstliche Intelligenz 2

Joinen 283

Kapazitätsgruppen 291
Kapselung 19
Kardinalitäten 67; 120; 284
KI-Forschung 4; 274
Klassen 143; 150; 213; 249; 278; 285; 296; 298; 323
Klassenbaum 261; 277
Klassenbibliothek 14; 262; 278; 284; 290
Klassenhierarchie 35
Klassenmodell 277
Klassensystem 281; 293
Klassifikationstheorie 19
Klassifizierung 19
Kommunikationsbibliothek 225
Kommunikationsinfrastruktur 326
Kommunikationsstrukturanalyse KSA 19
Kompetenzförderlichkeit 263
Komplettsichten 340
komplexe Arbeitspläne 283
komplexe Attribute 116; 285; 288
komplexe Interaktionsobjekte 219
komplexe Objekte 143
komplexe Objektstruktur 305
komplexe Stati 238
komplexe Stellen 81
Komponenten 8
Komponentensoftware 264; 347
Konfigurationsaufgaben 299
Konfigurationsmanagement 12
Konfigurator 240; 246
Konfigurierbarkeit 263
konkretes Dialogmodell 109
Kontext-Diagramm 101; 103

Laufzeitdialog 305
Laufzeitkern 186; 191
Laufzeitkomponente 311
Laufzeitsystem 299; 302
Layout-Attribute 198
Leitstand 182; 270; 272; 273; 281, 296
Leitstandsysteme 9
Lesezeichen 317
Listbox 220
Listensicht 133; 256; 257
logisches Objektmodell 110; 237
lokale Informationsstruktur 323
Lokalisierbarkeit 310

Mailingsystem 272
Makros 337
Management Information System (MIS) 173; 179; 183
Markup 314
Markup-Sprache 314
maschinenabhängige Phase 228
maschinenunabhängige Phase 228
Mehrebenen-Modell 28
Mehrfabrik-Planung 283
Mehrressourcenplanung 282; 283; 289
Meldung 249
Mengeninklusion 22
Mengenobjekte 60
Mengenreferenzen 61
Mengensichten 60
Mensch-Computer-Interaktion 1; 3; 350
Mensch-Computer-Schnittstelle 350
Mensch-Maschine-Kommunikation 2; 4
Mensch-Rechner-Dialog 74
Mensch-Rechner-Interaktion 39; 263
Mensch-Rechner-Schnittstellen 327

Meta-System 310
Meta-Werkzeuge 25
Metamodell 91
Metapher 55
Metriken 127
Migration 100; 184
Migrationsprojekte 112
Mikroebene 110
Min/Max-Notation 17
modale Bereiche 263
modale Dialoge 342
modale Stellen 81
Model-View-Controller (MVC) 206; 283; 294
Modellhierarchie 213
Modellierung von Prozeßketten 40
Modellierungskomponenten 39
Modellierungstechnik OMT 102
Modellobjekt 295
Modifikationswerkzeuge 265
Moduszeile 237
Multimedia 9; 349
Multimedia Dialog Manager 2
Multimedia Styleguides 347
Multimediaanbindungen 310
multimediale Benutzungsschnittstellen 186
multimediale Dialogobjekte 193
multimediale Objekte 272
Multimediaschnittstellen 349
Multimediasysteme 7; 350
multitaskingfähige Systeme 137

Navigation 237
Navigationsfunktionalität 121; 313
Navigationsfunktionen 316
Navigationsstruktur 323
Navigationstasten 237
Navigator 270
Netzwerkmodell 17
Nichtechtzeitsysteme 39
Normen 327; 329; 339
Notebook 221
Notizen 317

Oberflächenbaukästen (Toolkits) 141; 152; 264
Oberflächenbeschreibungssprachen 153

Oberflächeneditoren 150; 153; 186
Oberflächenobjekte 185; 187
Oberflächenwerkzeuge 152
Object Modelling Technique (OMT) 31
Objekt-Identifikator 187
Objektattribute 247
Objektbaukästen 216
Objektbezug 264
Objekte 195; 198; 270
Objektebene 51; 73
Objektflüsse 43
Objektklasse 36; 42; 237; 270
Objektkomponenten 38
Objektmanagementsystem 299
Objektmodell 8; 31; 102; 105; 167; 195; 237; 283
Objektmodellierung 1; 31; 112
objektorientierte Analyse 73; 291
objektorientierte Anwendungsrahmen 3; 4; 9; 281
objektorientierte Benutzungsschnittstellen 122
objektorientierte Bibliothek 281
objektorientierte Dialogbeschreibungssprache UIDL 186, 187
objektorientierte Dialogmodelle 229
objektorientierte Dialogprogrammierung 213
objektorientierte Feinspezifikation 277
objektorientierte Implementierung 191
objektorientierte Konzepte 262
objektorientierte Modellierung 18
objektorientierte Navigation 57
objektorientierte Oberflächenbaukästen 142, 147
objektorientierte Programmierung 304
objektorientierte Sprache 281; 295
objektorientierte UIMS 185
objektorientierte Zugriffsformen 106
objektorientiertes Design 291
objektorientiertes Klassensystem 292
objektorientiertes Modell 281; 294
Objektorientierung 13; 192
Objektreferenzen 61
Objektrepräsentationen 55
Objektsichten 55; 58; 339
Objektzustände 32
ODF-Repräsentationsmechanismus 311
offene Steuerungen 229
OMT-Notation 36
Online Documentation Format (ODF) 310; 311; 312; 314
Online Dokumentationssysteme 3; 319

Online Styleguide 3; 9; 261; 318; 323; 327; 333; 338; 341; 344; 347
Online-Handbücher 309
Online-Hilfesysteme 3; 330
Online-Multimedia-Applikationen 349
Open Database Connectivity 222
OpenDoc 14
Operations Research (OR) 274
Operationsblock 70
optionale Flüsse 80
optionale Stellen 80
Ortstransparenz 229

Papierdokumentation 309
paralleler Prozeß 42
Parametersichten 340
parametrisierte Makrobildung 264
Part-of-Beziehung 35
Petri-Netze 20; 51; 77
phasenorientierte Modelle 12; 14
Piktogramme 239
Piktogrammparser 246
Plantafel 182; 201; 266; 270; 271; 272; 273; 294; 342
Plantafelobjekt 95; 219
Planungsalgorithmen 283
Planungsaufgaben 299
Planungsberater 272
Planungsebene 291
Planverwalter 292
Plattformen 156
Plattformintegration 26
Point-of-Information-Systeme 349
Point-of-Sale-Systeme 349
Polymorphismus 19
Portabilität 131; 216; 311; 314
portable Dialogsysteme 216
Prädikat-Transitions-Netze 20; 51
Präsentation 323
Präsentationsintegration 27
Präsentationskomponente 151
Präsentationsobjekte 124
Präsentationsschicht 137, 157; 171; 184; 293; 299
Präsentationssicht 323
Presentation Dictionaries 192
Primärobjekt 69
Produktionsplanung und -steuerung 4

Produktionsplanungs- und -steuerungssystem (PPS-System) 8; 94; 100; 132; 296
Produktionsprogramme 263
Programmierwerkzeuge 150; 152
Projekthandbuch 309
Projektmanagement 11
Prototypenentwicklung 110
Prototyping 12; 110; 163; 168; 350
Prozeßbezug 264
Prozesse 41
Prozeßintegration 27
Prozeßmodelle 281
Prozeßmodellierung 1

Qualifizierer 67
qualifizierte Zugriffsrelationen 67
Qualitätssicherung 309
Qualitätssicherungssystem 347
Querverweise 316

Rahmenmodell 274
Rapid Prototyping 168
Reengineering 131
Reengineering-Projekte 112
Reference Manual 333
Referenzarchitektur 281
Regelattribute 285
regelbasierte Systeme 305
Regelbasis 127; 238; 305; 308
Regelkreise 263
Regelsprache 195; 201; 202; 220
Regelwerke 328
rekursive Mengenobjekte 63
Relationen 284; 338
Relationenmodell 17
Repository 341
Repräsentationsmechanismen 2; 313; 350
Ressourcen 144; 195; 196; 216; 266; 272; 288; 291
Ressourcentypen 291
Ressourcenverwaltung 227
Retrieval-Mechanismen 325
Re-use 248, 262
Richtlinien 327; 329; 339
Risikomanagement 14
Rollen-Funktions-Aktions-Netze 20

Sachverzeichnis

RTF-Format (Rich Text Format) 313

Schichtenmodell 7; 31
Schlüsselwortmethode 259
Schnittstellenbeschreibungssprache 165; 166
Seeheim-Modell 151
Seeheim-Schichtenmodell 222
Sekundärobjekte 69
semantische Datenmodelle 17
sequentielle Navigation 316
sequentieller Prozeß 42
Server 318
SGML 311; 313; 314; 337
Shadow-Attribute 214
Sichten 53; 54; 184; 270; 324
Sichten-Transitionen 70
Sichtendefinition 69; 255
Sichtendefinitionsschemata 70
Sichteneditor 273
Sichtenentwurf 89
Sichtenmodell 53; 54; 105
Sichtenobjekte 54
Sieben-Schichten-Modell 171
Simulationen 283
Simulationssysteme 264
Simultaneous Engineering 12; 103
singuläre Benutzerwerkzeuge 264
skalare Attribute 214
Softkey-Stati 241
Softkeybelegung 240
Softkeyleiste 228
Software Engineering 3; 7; 11; 40; 163; 169; 348; 350
Software-Architektur 169, 172
Software-Engineering-Werkzeuge 26
Software-Ergonomie 1
Softwarebausteine 13; 259; 261
Softwarebibliothek 260
Softwaredokumentation 91
Softwareentwicklung 327
Softwarefabrik 13
Softwaregeneratoren 133
Softwarekomponenten 99
Softwarelebenszyklus 1; 25
Softwarelebenszyklusphasen 177
Softwaremontage 13
Softwarewerkzeug 11; 137; 166
SOHO (Small Office, Home) 349
Soll-Konzept 297

spanende Fertigungsverfahren 227
Special Purpose Languages 167
Spiralmodell 12
Splitten 283
sprachbasierte Systeme 2
Sprachverarbeitung 4
SQL 222
SQL Interface 172
Stack-Modell 238
Standard Data Dictionary 131
Standard-Attribute 198
Standard-Client-Systeme 311
Standardbaugruppen 255
Standardbearbeitungsfunktionalität 121
Standardbuchkomponenten 325; 334
Standardformatfunktionen 219
standardisierte Informationstypen 336
standardisierte Softwareplattformen 132
Standardisierung 248
Standards 339
Stapelverarbeitungssysteme (Batch-Systeme) 172
Starttransition 79
Statecharts 20; 21; 41; 52
statische Kriterien 306
Status, Stati 238; 241; 242; 271
Statusfenster 271
Steuerungseinheit 292
Steuerungsintegration 27
Stichwortsuche 316
Stichwortverzeichnis 337
Störungsmanagement 283
Struktogramme 276
Strukturdiagramme 276
Struktureditor 272; 299
strukturierte Analyse 73
strukturierte Editoren 152; 161
strukturierte Navigation 299
strukturiertes Entity-Relationship-Modell 17
strukturiertes Prototyping 53
Strukturierung 323
Strukturierungsobjekte 55
Stückliste 272
Styleguide 3; 9; 247; 248; 251; 317; 350
Subdialoge 253
Synonymreferenzen 338
Synonymverzeichnis 338
System Application Architecture (SAA) 330
System Object Model (SOM) 14
Systemarchitektur 321
Systemeinstieg 251

Tabelle 342
Tabelleneditor 273
Tabellenobjekt (Tablefield) 95; 182; 219; 343
Task Object Chart (TOC) 31, 39; 104
Tastaturnavigation 240
technische Unterstützungssysteme 302
Technologieparameter 291
Teilproblemlösungen 276
Terminierungsberater 271
Tertiärobjekte 69
Textobjekte 221
textuelle Spezifikation 152
Thesaurus 338
TOC-Modell 43
Token 192
Toolkit 141; 166; 256; 317; 321; 327
top-down-Ansatz 103
Transaktionsmodul CICS 225
Transaktionssysteme (Online Transaction Processing Systems – OLTP) 172
Transitionenblock 70
Transitivität 308
Transporteinheiten 297
Tutorial Manual 333
tutorielle Systeme 9

übergeordnete Informationsknoten 335
UIMS-Generator 91
unidirektionaler Zugriffspfad 65
UNIX-Makroprozessor M4 292
UNIX-Shellscript-Interface 225
Unterdialognetze 81
untergeordnete Informationsknoten 335
unternehmensspezifischer Styleguide 328
unterstützte Plattformen 220
Upper-Case-Bereich 25
User Interface Description Language (UIDL) 187
User Interface Management 172
User Interface Management System (UIMS) 2; 8; 22; 73; 99; 110; 129; 150, 154; 165; 177; 183; 192; 195; 213; 229; 232; 235; 238; 240; 248; 261; 262; 264; 292; 310; 321; 322
User Interface Management Werkzeuge 207
User Interface Toolkits 152

User Support Systeme 3

V-Modell 12
Vektorattribute 214
Vererbung 19; 143; 159; 187; 191; 198; 213
Verfahrenstransparenz 229
Vergleichslösungen 283
Verknüpfungseditor 272
Versionenverwalter 271
verteilte Architektur 281
Verwaltungskomponente 311
Verwendungshäufigkeit 308
Verzweige-Dialog 255
View 295; 296
Virtual Reality 348
virtuelle Funktionen 143
virtuelle Geräteschnittstelle (DVI) 137
virtuelle Realität 349
Visual Display Terminals (VDT) 329
voll spezifizierte Dialognetze 84
Volltextrecherche 316
Volltextsuche 328; 331
Vor-/Nachbedingungen 70
Vorgänge 50
Vorgangskette 51; 263
Vorgangskettenmodell 20
vorgangsorientierte Navigation 57
vorgangsorientierte Zugriffsformen 106
Vorgangssichten 60
Vorgehensmodell 11; 97; 323

Warteschlangenverwaltungsprozeß 239
Wasserfallmodell 11
Werkstattinformations- und -kommunikationssystem 94
Werkstattinformationssysteme 4
Werkstattorientierte Produktionsunterstützung (WOP) 4
Werkstattsteuerung 263
Werkstattstruktur 272
Werkzeuge der vierten Generation 155
Werkzeugkasten 131; 311
Werkzeugmaschinen 227; 296; 301
Werkzeugunterstützung 25
Widgets 142
Window Management 137
Window Manager 240

Window System Interface (WSI) 237
Windowsysteme 137
Wirtschaftlichkeit 311
wissensbasierte Frage- und
  Antwortsysteme 349
wissensbasierte Systeme 264
Wissensbasis 299; 302
Wissensrepräsentation 304
WOP-Systeme 227
Workflow 19; 173; 225; 334
Workflow-Management-Systeme 57
Workflow-Systeme 16
World Wide Web 261

X-Windows 292; 329
X-Windows-System 139, 156; 216; 236;
  237
Xlib 174
Xt-Intrinsics 142

zielgruppenspezifische Arbeitsobjekte
  339
zielgruppenspezifische Dialogelemente
  340
zielgruppenspezifische Fenstertypen 340
zielgruppenspezifische Informationsgestaltung 341
zielgruppenspezifische Interaktionstechniken 340
zielgruppenspezifische Objektsichten
  339
zielgruppenspezifische Standarddialogelemente 340
zielgruppenspezifischer Styleguide 339;
  340
Zugriffsmodell 53
Zugriffspfad 64
Zugriffsrelationen 55
Zugriffsstruktur 325; 337
Zusatzfunktionen 232
Zustandsabstraktion 48
Zustandsfunktion 36
Zustandsgraph 36
Zustandsklasse 36
Zustandskomponenten 38
Zustandsmodell 36; 43; 281
Zustandsmodellierung 36
Zustandsnetzwerke 238

zustandsorientierte Zugriffsformen 106
zustandsorientierter Zugriff 57
Zustandstransitionsansätze 20
Zustandsübergangsdiagramme (ZÜD)
  21; 39; 75

Springer und Umwelt

Als internationaler wissenschaftlicher Verlag sind wir uns unserer besonderen Verpflichtung der Umwelt gegenüber bewußt und beziehen umweltorientierte Grundsätze in Unternehmensentscheidungen mit ein. Von unseren Geschäftspartnern (Druckereien, Papierfabriken, Verpackungsherstellern usw.) verlangen wir, daß sie sowohl beim Herstellungsprozess selbst als auch beim Einsatz der zur Verwendung kommenden Materialien ökologische Gesichtspunkte berücksichtigen.
Das für dieses Buch verwendete Papier ist aus chlorfrei bzw. chlorarm hergestelltem Zellstoff gefertigt und im pH-Wert neutral.

Springer

Druck: COLOR-DRUCK DORFI GmbH, Berlin
Verarbeitung: Buchbinderei Lüderitz & Bauer, Berlin